Java程序设计基础与应用

李广建　编著

内 容 简 介

本书全面地介绍了Java语言的基础知识。全书分为九章，涵盖了Java开发环境、Java的基本数据类型、基本语法、类和接口及其特性、常用的类和接口、异常处理、多线程、网络通信、数据库编程、输入/输出操作、用户界面设计、网络爬虫、信息检索等内容。全书力图兼顾系统性、知识性、实用性，在介绍Java的基本语言现象的同时，也提供了大量的示例程序及相应的说明，以帮助读者提高编程实践能力。

本书可作为高等学校Java程序设计课程的教材，也可作为Java语言的培训教材或Java语言爱好者的自学用书。

图书在版编目(CIP)数据

Java程序设计基础与应用/李广建编著. —北京：北京大学出版社，2013.10
ISBN 978-7-301-23231-6

Ⅰ. ①J… Ⅱ. ①李… Ⅲ. ①JAVA语言—程序设计 Ⅳ. ①TP312

中国版本图书馆CIP数据核字(2013)第222598号

书　　名：Java程序设计基础与应用
著作责任者：李广建　编著
责 任 编 辑：王　华
标 准 书 号：ISBN 978-7-301-23231-6/TP・1308
出 版 发 行：北京大学出版社
地　　址：北京市海淀区成府路205号　100871
网　　址：http://www.pup.cn　　新浪官方微博：@北京大学出版社
电 子 信 箱：zpup@pup.pku.edu.cn
电　　话：邮购部62752015　发行部62750672　编辑部62765014　出版部62754962
印 刷 者：北京大学印刷厂
经 销 者：新华书店
787mm×1092mm　16开本　34.75印张　677千字
2013年10月第1版　2013年10月第1次印刷
定　　价：69.00元

前　　言

本书试图较全面地介绍Java语言的基础知识，全书共分九章，介绍了Java语言的基础知识，包括Java语言概述、Java语言基础、Java面向对象程序设计、常用类与接口、Java编程技术、输入与输出、图形用户界面、Web搜索技术以及信息检索技术。

本书是根据我为信息管理与信息系统专业本科生开设的“面向对象程序设计Java”课程讲稿的一部分内容编写而成，承蒙北京大学主要专业课教材立项项目资助，使得本书得以正式出版。

徐树维、乔建忠、李芳、齐慧颖、王巍巍、李亚子、苏玉召、杨林等同志参加本书体例的讨论。在撰写本书的过程中，徐树维、乔建忠、李芳、齐慧颖、王巍巍同志参加了已有的课程讲稿的整理，并补充了一些新材料。

在开设“面向对象程序设计Java”课程的过程中，参阅和引用了大量的文献，不断对讲稿进行了补充，由于持续时间较长，加之篇幅有限，本书无法将参考和引用的文献一一列出，在此，对本书具名和未具名的参考文献的作者表示衷心的感谢。

北京大学出版社的王华同志耐心仔细地审读书稿，从书稿的内容到文字，与我多次交换意见，提出了非常中肯的修改意见。在此，对她深表谢意。

Java内容博大精深，由于水平所限，本书难免存在不足，甚至谬误，敬请专家、学者和读者批评指正。

李广建

2012年8月

目　录

第一章　面向对象的Java语言概述

Java是20世纪90年代出现的完全面向对象的程序设计语言，体现了计算机编程语言的新方法、新思想。本章首先介绍面向对象程序设计的基本概念、特点和基本思想；然后介绍面向对象的Java程序设计语言的发展概况、特点、运行机制和运行环境；最后简单介绍Java集成编程工具Eclipse。

1.1　面向对象技术程序设计

面向对象程序设计（Object-Oriented Programming，OOP）是计算机软件技术发展过程中的一个重大飞越，它能更好地适合软件开发在规模、复杂性、可靠性和质量、效率上的需求，因而被广泛应用，并逐渐成为当前的主流程序设计方法。

1.1.1　面向对象程序设计的基本思想

面向对象程序设计代表了一种全新的程序设计思路和表达、处理问题的方法。在解决问题的过程中，面向对象程序设计以问题中所涉及的各种对象为主要线索，关心的是对象以及对象之间的相互关系，以符合人们日常的思维习惯来求解问题，降低、分解了问题的难度和复杂性，提高了整个求解过程的可控性、可监测性和可维护性，从而能以较小的代价和较高的效率对问题进行求解。

简言之，面向对象程序设计的特点是使用对象模型对客观世界进行抽象，分析出事物的本质特征，从而对问题进行求解。面向对象程序设计的思想认为世界是由各种各样具有各自运动规律和内部状态的对象组成的，不同对象之间的相互通信和作用构成了现实世界。因此，人们应当按照现实世界本来的面貌理解世界，直接通过对象及其相互关系来反映世界，这样建立起来的系统才符合世界本来的面貌，才会对现实世界的变化有很好的适应性。所以，面向对象方法强调程序系统的结构应当与现实世界的结构相对应，应当围绕现实世界中的对象来构造程序系统。

所谓对象，是指现实世界的实体或概念在计算机程序中的抽象表示，具体地说，程序设计中的对象是指具有唯一对象名和一组固定对外接口的属性和操作的集合，它用来模拟组成或影响现实世界问题的一个或一组因素。其中，对象名是用于区别对象的标识；对象的对外接口是在约定好的运行框架和消息传递机制下与外界进行通信的通道；对象的属性表示它所处的状态；对象的操作（也称方法）是用来改变对象状态的特定功能。

具体地说，面向对象程序设计的思想主要体现在如下几个方面：

(1) 面向对象程序设计的核心和首要问题是标识对象，而不是标识程序中的功能（函数/过程）。从面向对象程序设计的角度来看，对象作为现实世界中事物的基本组成部分，是系统框架中最稳定的因素，对象描述清楚了，就能够很容易找出它们之间的关系，进而发现它们之间的相互作用,从而解决问题。

(2) 正是由于把标识对象作为解决问题的出发点,面向对象程序设计在整体上说是一种自底向上的开发方法。面向对象的基本思想将程序看作是众多协同工作的对象所组成的集合,这些对象相互作用构成了系统的完整功能,因此,在设计开发程序时,面向对象的方法按照标识对象、定义对象属性和操作、明确对象之间事件驱动和消息传递关系,最后形成程序的整体结构这样一个顺序进行设计。这个过程,是一个典型的自底向上的过程。

(3) 同任何应用系统开发一样,面向对象的程序设计也要经历系统分析、系统设计和系统实施等主要阶段。但是,由于面向对象程序设计在概念模式与系统组成模式上的一致性,就使得面向对象程序设计过程中的各个阶段是一种自然平滑的过渡,各阶段的界限不是那么明显。系统分析阶段的结果能够直接映射成系统设计阶段的概念,系统设计阶段的结果也可以方便地翻译成实施阶段的程序组件,反之亦然。这样,系统设计和开发人员就能容易地跟踪整个系统开发过程,了解各个阶段所发生的变化,不断对各个阶段进行完善。

总之,面向对象程序设计方法更符合人们对客观世界的认识规律,开发的软件系统易于维护,易于理解、扩充和修改,并支持软件的复用。因而从20世纪90年代开始,面向对象程序设计的方法逐渐成为软件开发的主流方法。

1.1.2 面向对象程序设计的发展历史

面向对象程序设计方法作为一种程序设计规范,与程序设计语言的发展密切相关。事实上,最早的面向对象程序设计的一些概念正是由一些特定语言机制体现出来的。

20世纪50年代后期,为了解决Fortran语言编写大型软件时出现的变量名在不同程序段中的冲突问题,Algol语言设计者采用了“阻隔”(Barriers)的方式来区分不同程序段中的变量名,在程序设计语言Algol60中用“Begin…End”为标识对程序进行分段,以便区分不同程序段中的同名变量,这也是首次在编程语言中出现保护(Protection)或封装(Encapsulation)的思想。

20世纪60年代,挪威科学家O. J. Dahl和K. Nygard等人采用了Algol语言中的思想,设计出用于模拟离散事件的程序设计语言Simula 67。与以往程序设计语言不同,Simula 67从一个全新的角度描述并理解客观事实,首次在程序设计中将数据和与之对应的操作结合成为一个整体,提出“封装”的概念,它的类型结构和以后的抽象数据类型基本是一样的。尽管Simula 67还不是真正的面向对象程序设计语言,但它提出的思想标志着面向对象技术正式登上历史舞台。

真正的面向对象程序设计语言是由美国Alan Keyz主持设计的Smalltalk语言。“Smalltalk”这个名字源自“Talk Small(少说话)”,意思是可以通过很少的工作量完成许多任务。Smalltalk在设计中强调对象概念的统一,引入了对象、对象类、方法、实例等概念和术语,采用了动态联编和单继承机制。用Smalltalk编写的程序具有封装、继承、多态等特性,由此奠定了面向对象程序设计的基础。20世纪80年代以后,美国Xerox公司推出了Smalltalk-80,引起人们的广泛重视。

Smalltalk语言出现,引发了学术界对面向对象程序设计的广泛重视,随之涌现出了很多面向对象的系统分析与设计方法,诞生了一系列面向对象的语言,如C++、Eiffe、Ada和

CLOS 等。其中，C++不仅继承了 C 语言易于掌握、使用简单的特点，而且增加了众多支持面向对象程序设计的特性，促进了面向对象程序设计技术的发展。

20 世纪 90 年代，美国 Sun Microsystems 公司提出的面向对象的程序设计语言 Java，被认为是面向对象程序设计的一次革命，Java 语言去除了 C++中为了兼容 C 语言而保留的非面向对象的内容，使程序更加严谨、可靠、易懂。尤其是 Java 所特有的"一次编写、多次使用"的跨平台优点，使得它非常适合在 Internet 应用开发中使用，Java 已经成为当前最为流行的面向对象的程序设计语言。

从面向对象程序设计语言的发展历程可以看出，面向对象程序设计语言是经过研究人员的不断改进与优化，才形成了今天的模样。正是由于这种语言更好地适应了软件开发过程中规模、复杂性、可靠性和质量、效率上的需求，并且在实践中得到了检验，逐渐成为当前主流的程序设计方法。

1.1.3　面向对象程序设计的特点

面向对象程序设计有许多特点，这里重点介绍其主要特点。

1. 抽象(Abstract)

抽象是日常生活中经常使用的一种方法，即去除掉被认识对象中与主旨无关的部分，或是暂不予考虑的这些部分，而仅仅抽取出与认识目的有关的实质性的内容加以考察。在计算机程序设计中所使用的抽象有两类：一类是过程抽象，另一类是数据抽象。

过程抽象将整个系统的功能划分为若干部分，强调功能完成的过程和步骤。面向过程的软件开发方法采用的就是这种抽象方法。使用过程抽象有利于控制、降低整个程序的复杂程度，但是这种方法本身自由度较大，难于规范化和标准化，操作起来有一定难度，质量上不易保证。

数据抽象是与过程抽象不同的抽象方法，它把系统中需要处理的数据和这些数据上的操作结合在一起，根据功能、性质、作用等因素抽象成不同的抽象数据类型。每个抽象数据类型既包含了数据，也包含了针对这些数据的授权操作，是相对于过程抽象而言更为严格、也更为合理的抽象方法。

面向对象程序设计的主要特点之一，就是采用了数据抽象的方法来构建程序的类、对象和方法。在面向对象程序设计中使用的数据抽象方法，一方面可以去除与核心问题无关的细节，使开发工作可以集中在关键、重要的部分；另一方面，在数据抽象过程中，对数据操作的分析、辨别和定义可以帮助开发人员对整个问题有更深入、准确的认识，最后抽象形成的抽象数据类型，则是进一步设计、编程的基础和依据。

2. 封装(Encapsulation)

封装是面向对象程序设计的重要特征之一，面向对象程序设计的封装特性与其抽象特性密切相关。封装是指利用抽象数据类型将数据和基于数据的操作结合并包封到一起，数据被保护在抽象数据类型的内部，系统的其他部分只有通过对象所提供的操作来间接访问对象内部的私有数据，与这个抽象数据类型进行交流和交互。

在面向对象程序设计中，抽象数据类型是用"类"这种面向对象工具可理解和可操作的结构来代表的。每个类里都封装了相关的数据和操作。在实际的开发过程中，类多用来构建系统内部的模块。由于封装特性把类内的数据保护的很严密，模块与模块之间仅通过严格控制的接口进行交互，大大减少了它们之间的耦合和交叉，从而降低了开发过程的复杂性，提高了开发的效率和质量，减少了可能的错误，同时也保证了程序中数据的完整性和安全性。

面向对象程序设计的这种封装特性还有另一个重要意义，就是抽象数据类型，即类或模块的可重用性大为提高。封装使得抽象数据类型对内成为一个结构完整、可自我管理、自我平衡、高度集中的整体；对外则是一个功能明确、接口单一、在各种合适的环境下都能独立工作的有机单元。这样的有机单元特别有利于构建、开发大型、标准化的应用软件系统，可以大幅度地提高生产效率，缩短开发周期和降低各种费用。

3. 继承(Inheritance)

继承是面向对象程序设计中最具有特色，也与传统方法最不相同的一个特点。继承是存在于面向对象程序的两个类之间的一种关系，是组织、构造和重用类的一种方法。当一个类具有另一个类的所有数据和操作时，就称这两个类之间具有继承关系。被继承的类称为父类或超类，继承了父类或超类所有属性和方法的类称为子类。通过继承，可以将公用部分定义在父类中，不同的部分定义在子类中。这样公用部分可以从父类中继承下来，避免了公用代码的重复开发，实现了软件和程序的可重用性；同时，对父类中公用部分的修改也会自动传播到子类中，而无需对子类做任何修改，这样有利于代码的维护。

一个父类可以同时拥有多个子类，这时该父类实际是所有子类的公共属性的集合，而每个子类则是父类的特殊化，是在父类公共属性的基础上进行的功能和内涵的扩展及延伸。

在面向对象程序设计的继承特性中，有单重继承和多重继承之分。所谓单重继承，是指任何一个类都只有一个单一的父类；多重继承是指一个类可以有一个以上的父类，它的静态数据属性和操作从所有父类中继承。采用单重继承的程序结构比较简单，是单纯的树状结构，掌握、控制起来相对容易。支持多重继承的程序，其结构则是复杂的网状，设计、实现都比较复杂。在现实世界中，问题的内部结构多为复杂的网状，用多重继承的程序模拟起来比较自然，但会导致编程方面的复杂性。单重继承的程序结构简单，实现方便，但要解决网状的继承关系则需要其他的一些辅助措施。

在面向对象的程序设计中，采用继承的机制来组织、设计系统中的类，可以提高程序的抽象程度，使之更接近于人类的思维方式，同时也可以提高程序的开发效率、减少维护的工作量。

4. 多态(Polymorphism)

多态是面向对象程序设计的又一个特殊特性。所谓多态，是指一个程序中同名的不同方法共存的情况。在使用面向过程的语言编程时，主要工作是编写一个个的过程或函数，这些过程和函数各自对应一定的功能，它们之间是不能重名的，否则在用名字调用时，就会产生歧异和错误。而在面向对象的程序设计中，有时却需要利用这样的“重名”现象来提高程序的抽象度和简洁性。

面向对象程序设计中的多态有多种表现方式，可以通过子类对父类方法的覆盖实现多态，也可以利用重载在同一个类中定义多个同名的不同方法，等等。多态的特点大大提高了程序的抽象程度和简洁性，更为重要的是，它最大限度地降低了类和程序模块之间的耦合性，使得它们不需要了解对方的具体细节，就可以很好地工作。这个优点，对应用系统的设计、开发和维护都有很大的好处。

1.2 Java简介

Java是美国Sun Microsystems公司研制的一种新型的程序设计语言。在高级语言已经非常丰富的背景下，Java语言脱颖而出，独树一帜，在瑞士TIOBE公司每月发布的程序开发语言排行榜中，Java连续多年名列榜首，说明了人们对Java的喜爱程度。

1.2.1 Java产生的历史与现状

1994年，美国Sun MicroSystems公司成立了Green项目开发小组，旨在研制一种能对家用电器进行控制和通信的分布式代码系统，当时这套系统被命名为Oak语言，这就是Java语言的前身。

1994年前后，正是Internet，特别是Web的大发展时期，Sun MicroSystems公司的研究人员发现Oak的许多特性更适合网络编程，于是在这方面进行一系列改进和完善，并获得了成功。1995年初，Sun MicroSystems公司要给这种语言申请注册商标，由于Oak已经被人注册，必须要为这种语言找到一个新的名字。在公司召开的命名征集会上，Mark Opperman提出Java这个名字，据说，Mark Opperman是因品尝咖啡时得到灵感的。Java是印度尼西亚爪哇岛的英文名称，该岛因盛产高质量的咖啡而闻名，常被用来当做优质咖啡的代名词，Mark Opperman的这个提议，得到了所有人的认可和律师的通过，Sun MicroSystems公司用Java这个名字进行了注册，并以一杯热气腾腾的咖啡作为标志(logo)，Java语言由此诞生。

Java从诞生到今天，不断进行改进和更新。其发展历程大致可以分成以下几个阶段。

1. 诞生期——Java1.0和Java1.1

Java1.0版本的出现是为了帮助开发人员建立运行环境并提供开发工具。1996年1月23日，Sun MicroSystems公司发布了第一个Java开发工具JDK1.0，JDK(Java Development Kit)，JDK1.0由运行环境(Java Runtime Enviroment，JRE)及开发工具(即JDK)组成，其中运行环境又包括了Java虚拟机(Java Virtual Machine，JVM)、API(应用程序接口)和发布技术。随后的第二年(1997年)，Sun MicroSystems公司对1.0版本进行了较大的改进，推出了JDK1.1版本，其中增加了JIT(Just-In-Time)编译器。

2. 发展期——Java1.2和Java1.3

1998年12月，Java1.0诞生近三年后，Sun Microsystems公司推出Java1.2，并将其改名为Java2，且把Java1.2以后的版本统称为Java2，同时将JDK1.2也改名为J2SDK(SDK的全称为Software Development Kit，意为软件开发工具)，从此Java进入了快速发展的阶段。1999年，Sun Microsystems公司发布Java的三个版本：标准版(J2SE，Java2 Standard Edition)、企业版(J2EE，Java2 Enterprise Edition)和微型版(Java2 Micro Edition，J2ME)，以适应不同的应用开发要求。2000年，JDK1.3版本发布，Java1.3版本在Java1.2取得成功的基础上进行了一些改进，主要是对API做了改进和扩展。

3. 成熟期——Java1.4、Java1.5 和 Java1.6

自 Java2 平台开始，Java 的发展日趋成熟稳定，此后的 Java1.4、Java1.5 和 Java1.6 版本主要在分布式、稳定性、可伸缩性、安全性和管理方面进行了改进和提高。Java1.4 比 Java1.3 版本的运行效率提高了一倍，而从 Java1.5 版本开始，Java1.5 改名为 Java5.0，J2SE1.5 改名为 J2SE5.0，更好的反映出 J2SE 的成熟度和稳定性；Java1.6（J2SE6.0）则更强调管理的易用性，为外部管理软件提供更多的交互信息，并更好的集成了图形化用户界面。从 2004 年开始，为了更加突出 Java 本身，而不是 Java 的某个版本编号，Java 的三个版本陆续更名，去掉其中的编号 2，J2SE、J2EE、J2ME 更名为 Java SE、Java EE 和 Java ME。

经过不断完善和发展，Java 已经得到业界的广泛认可，主要体现在工业界认可、软件开发商青睐和编程人员欢迎等几个方面。

工业界认可。目前绝大部分计算机企业包括 IBM、Apple、DEC、Adobe、Silicon Graphics、HP、Oracle、Toshiba 以及 Microsoft 等公司都购买了 Java 的许可证，用 Java 开发相应的产品。这说明 Java 已得到了工业界的认可。

软件开发商青睐。除购买 Java 许可证，用 Java 开发新产品以外，众多的软件厂商还在自己已有的产品上增加 Java 接口，以使自己的产品支持 Java 的应用，例如 Oracle、Sybase，Versant 等数据库厂商开发了 CGI 接口，使得这些数据库支持 Java 开发。

编程人员欢迎。Java 的一个重要特点是其网络编程能力，因而成为网络时代编程人员最为欢迎的程序设计语言，各行业对掌握 Java 编程语言的人员需求量也非常大。使用 Java 是体现编程人员的能力的重要标志之一。

上述事实说明，Java 是一种得到广泛应用并有很好发展前景的程序设计语言。

1.2.2 Java 语言的特点

Java 语言之所以能够受到如此众多的好评并拥有如此迅猛地发展速度，与其本身的特点是分不开的。Java 的主要特点如下：

1. 面向对象设计

面向对象设计是 Java 的标志特性。作为一种纯粹的面向对象程序设计语言，Java 不再支持面向过程的设计方法，而是从面向对象的角度思考和设计程序。Java 通过创建类和对象来描述和解决问题，支持封装、继承、重载、多态等面向对象特性，提高了程序的可重用性和可维护性。

2. 简单易用

Java 最初的产生源于对家用电器的控制，其设计以简单易用、规模小为原则。一方面，Java 的语法非常简单，它不再使用其他高级程序设计语言中诸如指针运算、结构、联合、多维数组、内存管理等复杂的语言现象，降低程序编写的难度；另一方面，Java 提供了极为丰富的类库，封装了各种常用的功能，程序设计人员无需对这些常用的功能再自行编写程序，只要直接调用即可，尽可能降低了程序设计人员的工作量。

3. 平台无关性

Java 的平台无关性主要体现在三个方面。首先，Java 运行环境是 Java 虚拟机，Java 虚拟机负责解释编译后的 Java 代码并将其转换成特定系统的机器码，再由机器加以执行。

Java虚拟机屏蔽了具体平台的差异性,用Java编写的应用程序无需重新编译就可以在不同平台的Java虚拟机上运行,实现了平台无关性。其次,Java的数据类型被设计成不依赖于具体机器,例如,整数总是32位,长整数总是64位。这样,Java基本数据类型及其运算在任何平台上都是一致的,不会因平台的变化而改变。第三,Java核心类库与平台无关,对类库的调用,不会影响Java的跨平台性。

4. 安全性和健壮性

Java去除了指针和内存管理等易出错的操作,在程序设计上增强了安全性。再有,Java作为网络开发语言,提供了多层保护机制增强安全性,例如不允许Applet运行和读写任何浏览器端机器上的程序等。此外,Java注重尽早发现错误,Java编译器可以检查出很多开发早期的错误,增强了程序设计的安全性和健壮性。

5. 性能优异

Java可以在运行时直接将目标代码翻译成机器指令,充分地利用硬件平台资源,从而可以得到较高的整体性能。另外,Sun Microsystems公司等与Java有关的厂商在不断完善Java的即时(Just-In-Time)编译器技术,旨在提高Java的运行速度,从现在的有基准测试来看,Java的运行速度超过了典型的脚本语言,越来越接近C和C++。

6. 分布式

分布式特性是指在由网络相连的不同平台上,可以在独立运行时间内运行不同程序。Java作为一种强大的网络开发语言,其能力主要体现在开发分布式网络应用。Java语言本身的特点很适合开发基于Internet的分布式应用程序,并且提供了完备的适应分布式应用的程序库。Java支持TCP/IP协议及其他协议,可以通过URL地址实现对网络上其他对象的访问,实现分布式应用。

7. 多线程

Java支持多线程技术,允许在程序中并发地执行多个指令流或程序片段,更好地利用系统资源,提高程序的运行效率。Java不仅支持多线程,而且对线程划分了优先级,更好地支持系统的交互和实时响应能力。此外,Java还具备线程同步功能,确保了计算结果的可预测性,有助于对程序做更好的控制。

1.2.3 Java程序的运行机制

Java程序的运行机制与C/C++等程序设计语言有较大的差别,这种差别也是保证Java具有更强动态性和平台无关性的基础。概括来说,Java的运行有三个步骤:编写、编译和运行。

编写是指利用编辑器生成Java程序代码,形成Java源文件。Java程序以.java为后缀。一个Java应用程序中可能会包括多个Java的类,这些类可以放在同一个Java源文件中,也可以为每一个类分别编写一个源文件。

编译是指Java编译器将编辑好的Java源程序转换成JVM可以识别的字节码的过程。字节码是一种独立于操作系统和机器平台的中间代码,用二进制形式表示,由JVM解释后才能在机器上执行。编译成功后,Java编译器生成后缀名为.class的字节码文件。如果一个Java源程序中包含了多个类,编译后会生成多个对应的.class文件。

运行是指 JVM 将编译生成的.class 字节码文件翻译为与硬件环境及操作系统匹配的机器代码，并运行和显示结果。JVM 可以将 Java 字节码程序和具体的操作系统和硬件区分开，而不用考虑程序文件要在何种平台上执行，保证了 Java 语言的平台无关性和动态性。

如图 1-1 所示，Java 程序编写、编译和运行的过程。

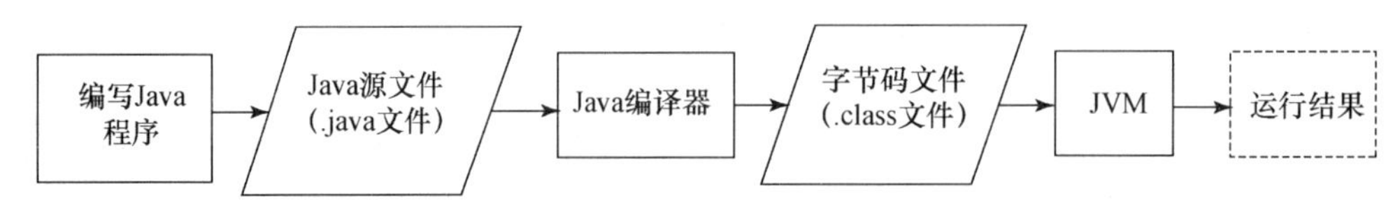

图 1-1 Java 程序运行过程

1.2.4 Java 程序的类型

Java 支持开发 4 种基本类型的程序，它们分别是 Java 应用程序(Java Application)、Java 小应用程序(Java Applet)、服务器端小程序(Java Servlet)以及可重用的 Java 组件 Javabean。这四种类型的 Java 程序都遵循 Java 语言的基本编程结构并且都要在 Java 虚拟机上运行，它们的表现形式都是 Java 的类。

1. Java 应用程序

Java 应用程序(Java Application)是指完整的、可以独立运行的 Java 程序。一个 Java 应用程序由一个或多个类组成。Java 应用程序经过编译之后，可在 Java 虚拟机上独立运行，完成一定的功能。在组成 Java 应用程序的类中，必须有一个类中包含有 main()方法(或称 main()函数)，该方法是 Java 的内置方法，作用是提供 Java 应用程序的入口，Java 虚拟机从 main()方法开始执行 Java 应用程序。包含 main()方法的类，称为 Java 应用程序的主类(简称主类)，在编写 Java 源程序时，如果将 Java 应用程序所包含的多个类同时写在一个文件中，则该文件名必须要和主类的类名保持一致，并以.java 为扩展名。如果将不同的类分别写在不同的文件中，通常将源文件命名为与其包含的类名相同，并以.java 为扩展名。

2. Java 小应用程序

Java 小应用程序，也称 Java Applet，或简称 Applet，是一种嵌在 HTML 页中，靠 Web 浏览器激活 Java 虚拟机来运行的程序。也就是说，Applet 本身不能独立运行，必须以 Web 浏览器为其容器才能运行，因此，可以简单地将 Applet 理解成由 Web 浏览器来执行的程序。Applet 部署在服务器端，当用户访问表示了嵌入了 Applet 的网页时，相应的 Applet 会被下载到客户端的机器上执行。Applet 通常用来在网页上实现与用户的交互功能或者实现动态的多媒体效果，使得网页更具活力。能够执行 Applet 的浏览器必须支持 Java。

3. 服务器端小程序

服务器端小程序，也称 Java Servlet，或简称 Servlet，是一种用 Java 编写的服务器端程序。Servlet 以 Web 服务器为容器，靠 Web 服务器来加载和运行。和 Applet 一样，Servlet 本身不能独立运行，但与 Applet 不同的是，Applet 在客户端运行，而 Servlet 在服务器端运行。Servlet 的作用是接收、处理客户端的请求并将响应发送到客户端，从而实现了客户计算机与服务器计算机之间的交互。利用 Servlet 技术，可以扩展 Web 服务器的能力，充分利用 Web 服务器上的资源(如文件、数据库、应用程序等)。能够执行Servlet的服务器必须支持Java。

4. Javabean

Javabean是一种用Java编写的可重用的软件组件,目前尚没有统一的中文译名。Javabean本身不能独立运行,必须以Java应用程序、Applet、Servlet或者Javabean为容器才能运行。Javabean有两种类型,一种是可视化的Javabean,另一种是非可视化的Javabean。可视化的Javabean具有图形界面,可以包括窗体、按钮、文本框、报表元素等。非可视化的Javabean不包括图形界面,主要用来实现业务逻辑或封装业务对象。可视化的Javabean是Javabean的传统应用,随着网络的兴起,非可视化的Javabean应用越来越广泛,它与JSP(Java Server Pages)技术相结合,成为当前开发Web应用的主流模式。

1.3 Java运行环境

要在一台计算机上编写和运行Java程序,首先要建立Java运行环境。建立Java运行环境就是在计算机上安装Java开发工具包(JDK),并在计算机中设置相应的参数,使得Java程序在计算机中正确的运行。

1.3.1 JDK环境

JDK是Sun Microsystems公司提供的免费Java开发工具包,现在分化成为三种版本:J2SE、J2EE和J2ME。J2SE是用于工作站和个人计算机的标准开发工具包;J2EE是应用于企业级开发的工具包;J2ME主要用于面向消费电子产品,是使Java程序能够在手机、机顶盒、PDA等产品上运行的开发工具包。本书主要介绍J2SE。图1-2是J2SE基本结构的示意图。

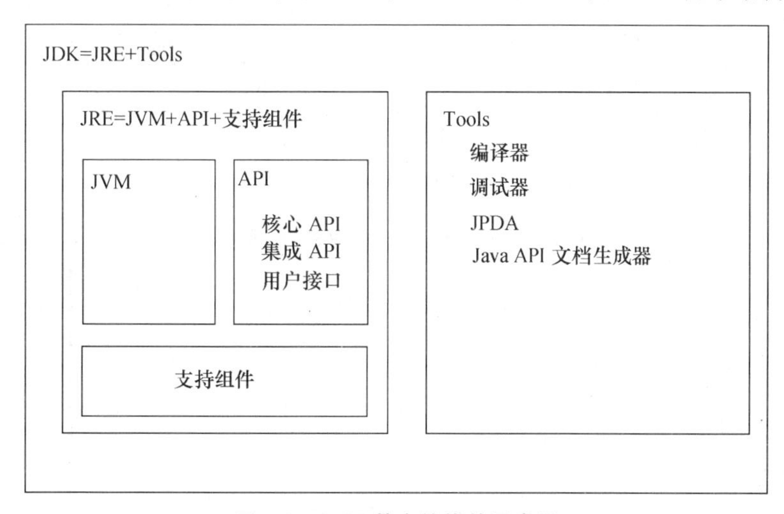

图1-2 J2SE基本结构的示意图

从图1-2中可以看出,JDK包含了所有编译、调试、运行Java程序所需要的工具,由JRE和开发工具组成。JDK中的开发工具主要包括Java编译器、Java调试器、常用于远程调试的JPDA(Java Platform Debugger Architecture,Java平台调试架构)以及用于从Java源代码中抽取注释,以生成API帮助文档的Java API文档生成器。

JRE 是 Java 的运行环境，由 JVM 加上 Java API 以及其他一些支持组件构成，用于运行 Java 程序。其中，API 的具体表现形式是 Java 的类库，是编程时可以利用的预编写的代码，主要包括核心 API（如语言类库、工具类库、I/O 类库等）、集成类库（如数据库互联的类库等）以及用户接口包（如用户图形界面类库、图形类库等）。支持组件主要包括从 Web 下载和运行 Java 应用程序的 Java Web Start 软件以及用于支持 Java Applet 在浏览器中运行的 Java Plug-in 软件。

JVM 负责解释 Java 的字节码以便计算机能够加以执行，是 Java 平台核心。JVM 模拟了计算机的硬件，如处理器、堆栈、寄存器等，还具有相应的指令系统。JVM 只能执行 Java 字节码文件(.class 文件)。

1.3.2 JDK 的安装与配置

在使用 Java 之前，需要先安装 JDK。一般要求 JDK 1.2 或以上版本，推荐使用 JDK 1.4 及以上版本。

1. JDK 的下载和安装

JDK 的最新版本可以在 http://www.oracle.com/technetwork/java/javase/downloads/index.html 网站上下载[①]。下载时要注意自己计算机的操作系统类型，下载的安装程序应当与自己计算机的操作系统相匹配。这里介绍 JDK1.6 版本，其 Windows 环境下安装文件的文件名为 jdk-6u21-windows-i586.exe。

具体安装步骤如下：

(1) 双击安装文件 jdk-6u21-windows-i586.exe，安装程序在收集系统信息之后，会弹出安装向导，如图 1-3 所示。

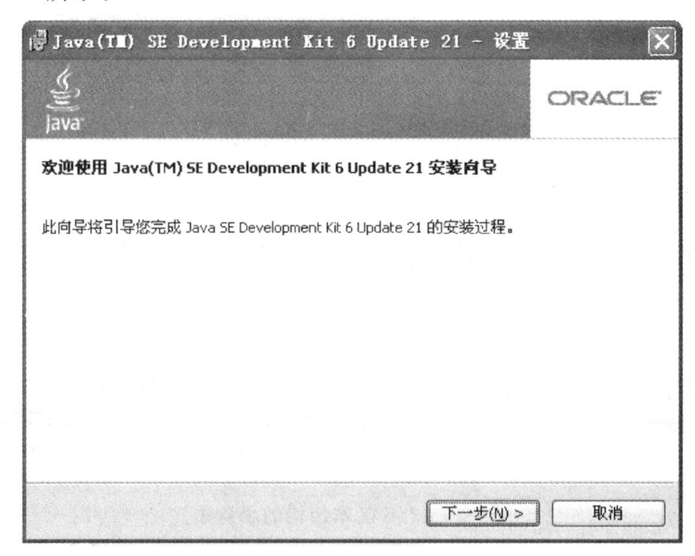

图 1-3 JDK 安装向导

① 由于 Java 不断有新版本推出，因此本书中提供的网址会随时间而变化，请读者根据网站的提示进行下载。本书后续章节中的网址也存在这样的现象，请读者注意。

(2) 单击"下一步"按钮。系统默认将 JDK 安装到 C:\Program Files\Java\jdk1.6.0_21\目录下,用户可以不使用默认的安装路径,通过单击"更改"按钮,可以改变安装路径,例如 D:\Java\jdk1.6.0_21\。如果用户更改了 JDK 的安装路径,要注意记住这个路径,在以后应一直使用这个路径。图 1-4 是修改过 JDK 安装路径的向导界面。

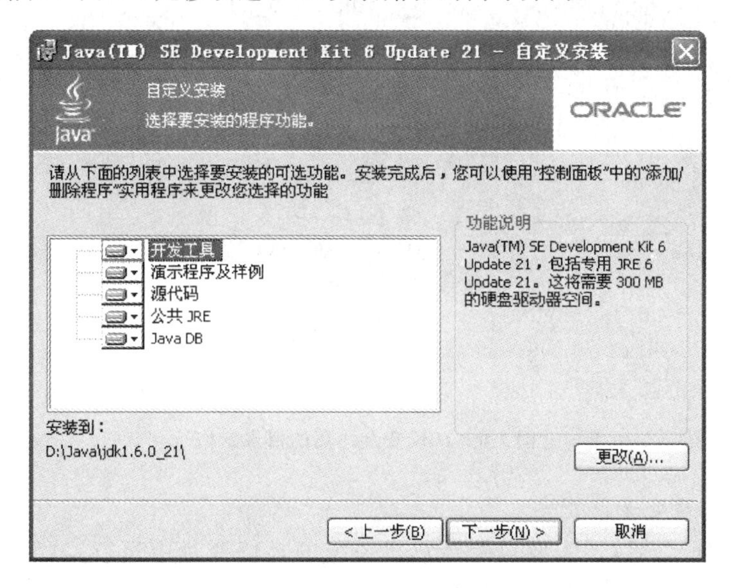

图 1-4 修改过 JDK 安装路径的向导界面

(3) 单击"下一步"按钮,安装程序会自动在指定目录下安装 JDK。安装完成后,向导继续提示安装 JRE,JRE 的默认安装路径是 C:\Program Files\Java\jre6\,用户可以单击"更改"按钮改变 JRE 的安装路径,例如改成 D:\Java\jre6\。图 1-5 是修改过 JRE 安装路径的向导界面。

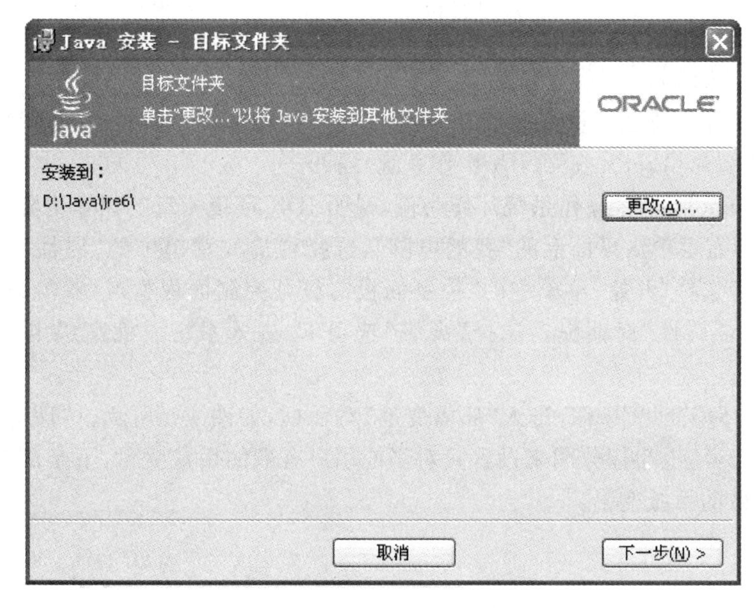

图 1-5 修改过 JRE 安装路径的向导界面

(4) 继续单击“下一步”按钮,安装 JRE,直至出现完成对话框即可,单击“完成”按钮,结束安装。本例将 JDK 和 JRE 均安装在 D:\Java\目录下,图 1-6 是安装之后的目录结构。

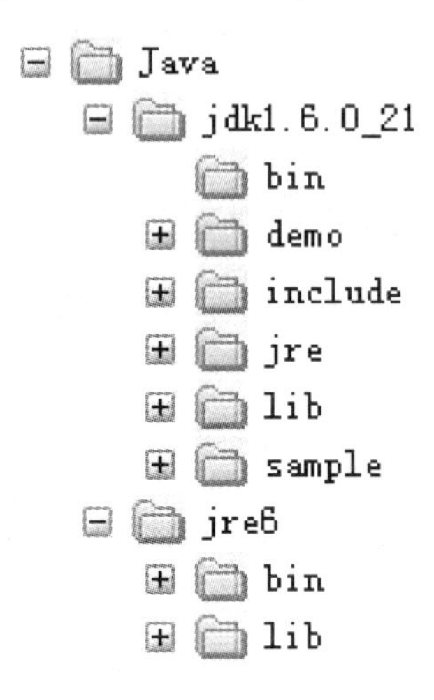

图 1-6 JDK 安装之后的目录结构

2. JDK 的环境变量设置

JDK 安装完成之后,还需要设置计算机系统的环境变量中运行路径(path)和类路径(classpath),以便其他软件能够确定 JDK 的安装位置。

运行路径变量记录 JDK 各个命令程序所在的路径,系统根据这个变量的值来查找相应命令程序。因此,在运行路径变量中加上 JDK 命令程序所在的路径,JDK 的命令程序都放在“\bin”目录下(见图 1-6),例如,对于安装在 D:\Java\jdk1.6.0_21\目录下的 JDK 来说,运行路径变量的值应该设置 D:\Java\jdk1.6.0_21\bin,这样,在运行 JDK 命令程序时就不必输入路径名了。

类路径变量用来记录用户定义的类和第三方定义的类所在的路径,通常将类路径设为当前路径(用“.”表示)。

当运行路径和类路径变量有多个值(多个路径)时,相邻两个路径之间用分号(Windows 操作系统)或者冒号(Linux 或 UNIX 操作系统)隔开。

以下以 Windows XP 操作系统环境为例,说明 JDK 环境变量的设置步骤。

(1) 用鼠标右键单击桌面上的“我的电脑”,选择弹出式菜单中的“属性”,打开“系统属性”对话框,或者选择“开始”菜单中的“控制面板”,打开控制面板窗口,双击其中的“系统”,也可以打开“系统属性”对话框。选择“高级”选项卡,进入系统属性高级卡界面,如图 1-7 所示。

(2) 单击“环境变量”按钮,进入“环境变量”对话框,如图 1-8 所示。“环境变量”对话框分成上下两个部分,上半部分用来设置只对当前用户有效的用户变量,下半部分用来设置对所有用户都有效的系统变量。

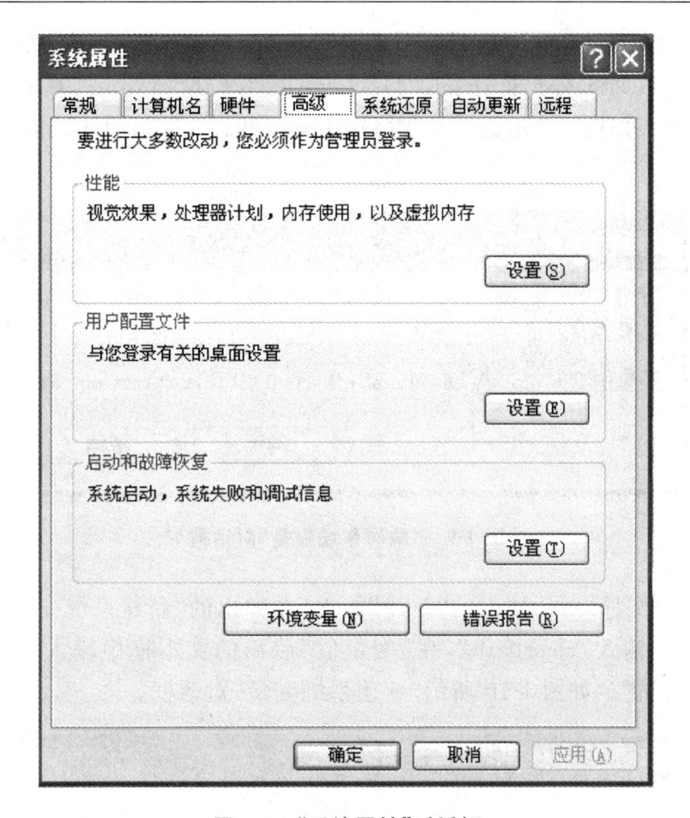

图 1-7　“系统属性”对话框

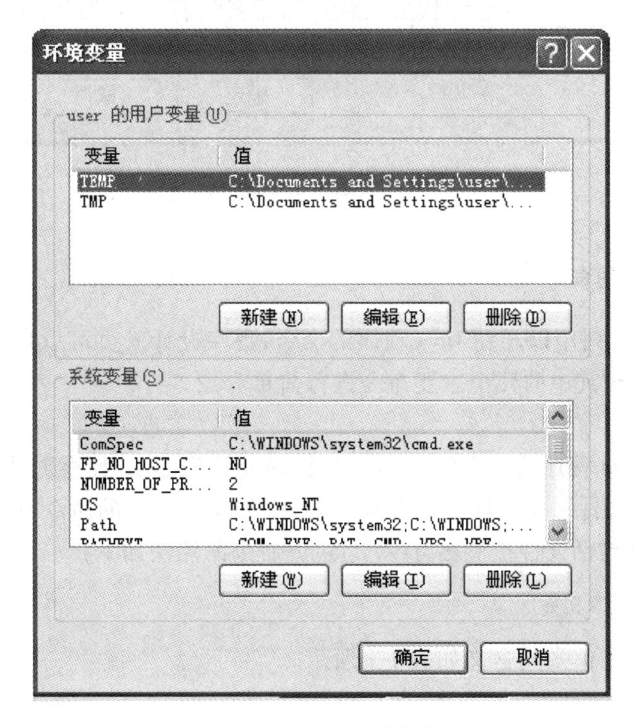

图 1-8　“环境变量”对话框

(3) 在“系统变量”列表框中选择“Path”并单击“编辑”按钮，在弹出的“编辑系统变量”对话框中“变量值”后面的文本框中添加“D:\Java\jdk1.6.0_21\bin;”并单击“确定”按钮，完成运行路径的设置。如图 1-9 示出了添加“D:\Java\jdk1.5.0_10\bin;”值后的“编辑系统变量”对话框。

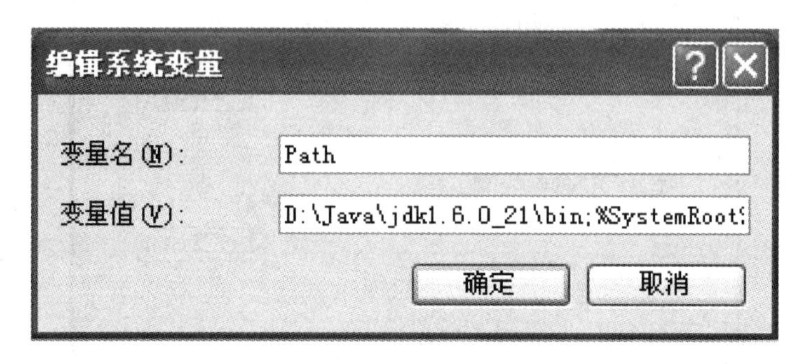

图 1-9 “编辑系统变量”对话框

(4) 单击“环境变量”对话框中的“新建”按钮，在弹出的“新建系统变量”对话框的“变量名”后面的文本框中输入“classpath”，在“变量值”后面的文本框中输入“.”，单击“确定”按钮，完成类路径的设置。如图 1-10 所示“新建系统变量”对话框。

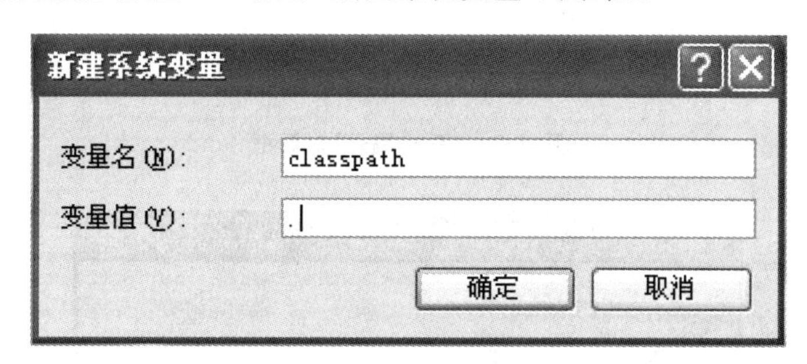

图 1-10 “新建系统变量”对话框

1.3.3 JDK 常用命令

JDK 包括了一系列用以开发 Java 程序的命令，程序设计人员可以用这些命令调试和运行 Java 程序。下面对其中的几个主要命令进行简单介绍。

1. Javac 编译器

javac.exe 是 Java 程序的语言编译器。该编译器读取 Java 程序源代码文件，并将其编译成类文件(.class 文件)，类文件中包含有 Java 字节码。javac 的命令行中必须要指定 Java 序源文件，并且必须包括文件扩展名.java。javac 命令的用法如下：

```
javac 〈选项〉〈源文件〉
```

其中，常用选项的值及其含义如表 1-1 所示。

表1-1　javac.exe命令的常用选项及其含义

选项值	含义
-g	生成所有调试信息，调试信息包括行号和源文件信息
-g:none	不生成任何调试信息
-nowarn	关闭警告信息，编译器将不显示任何警告信息
-verbose	输出有关编译器正在执行的操作的消息，包括被编译的源文件名和被加载的类名
-deprecation	输出使用已过时的API的源位置
-classpath〈路径〉	指定查找用户类文件和注释处理程序的路径
-cp〈路径〉	指定查找用户类文件和注释处理程序的路径
-processorpath〈路径〉	指定查找注释处理程序的路径
-d〈目录〉	指定存放生成的类文件的位置
-s〈目录〉	指定存放生成的源文件的位置
-encoding〈编码〉	指定源文件使用的字符编码
-help	输出本命令选项的帮助信息

2. Java解释器

java.exe是Java语言的解释器，用来解释执行Java字节码文件。其用于执行.class文件的语法是：

```
java [选项] class文件名 [参数...]
```

其中，class文件名是以.class为扩展名的Java字节码文件，与javac.exe命令不同，java命令行中只需指明字节码文件名即可，不必再写扩展名.class。参数是要传给类中main()方法的参数，多个参数用空格分隔。

java.exe还可以执行扩展名为.jar的可执行Java归档文件(Java Archive File)，用法如下：

```
java [-选项]-jar JAR文件名 [参数...]
```

其中JAR文件以.jar为扩展名的可执行Java归档文件。参数是要传给类中main()方法的参数，多个参数用空格分隔。

java.exe命令中常用选项的值及其含义如表1-2所示。

表1-2　java.exe命令的常用选项及其含义

选项值	含义
-verbose	输出有关编译器正在执行操作的消息，包括被编译的源文件名和被加载的类名
-classpath〈路径〉	指定查找用户类文件和jar文件的路径
-cp〈路径〉	指定查找用户类文件和jar文件的路径
-version	显示Java版本，程序不再运行
-showversion	显示Java版本，程序继读运行
-help	输出本命令选项的帮助信息
-?	输出本命令选项的帮助信息

3. Java 归档文件生成器

JVM 除了可以运行扩展名为.class 文件外，还可以运行扩展名为.jar 文件的可执行的 JAR(Java Archive File)文件。JAR 文件是一种压缩格式的文件，它可以将一个应用程序所涉及的多个.class 文件及其相关的信息(如目录、运行需要的类库等)打包成一个文件，从而提高了 Java 程序的便携性。JAR 文件通常用来发布 Java 应用程序和类库。

JDK 中的 jar.exe 命令负责生成 JAR 文件，其用法是：

jar {ctxui 参数} [vfm0Me 参数] [JAR 文件] [manifest 文件] [应用程序入口点] [-C 目录] 文件名...

jar.exe 命令中常用参数的值及其含义如表 1-3 所示。

表 1-3　jar.exe 命令的常用参数及其含义

类型	参数值	含义	说明
ctxui 参数	c	创建新的 JAR 文件	每次 jar 命令中只能包含 c、t、x、u、i 中的一个
	t	列出 JAR 文件的内容目录	
	x	解压缩 JAR 文件中的指定文档或所有文档	
	u	添加文件到现有的 JAR 文件中	
	i	为指定的 JAR 文件生成索引信息	
vfm0Me 参数	v	生成详细报告并在标准输出中输出	vfm0Me 中的参数可以任选，也可以不选
	f	指定 JAR 文件名，通常这个参数是必备的	
	m	指定需要包含的清单(manifest)文件	
	0	仅存储，不压缩	
	M	不创建清单文件，此参数会忽略 m 参数	
	e	为可执行 JAR 文件指定应用程序入口点	
JAR 文件	JAR 文件名	需要生成、查看、更新或者解压缩的 JAR 文件名	
Manifest 文件	manifest.mf	清单文件，位于 JAR 文件中的 META-INF 子目录下，用来存放 JAR 文件的相关属性信息，缺省名为 manifest.mf	
应用程序入口点	主类类名	指定应用程序的入口点，值为 Java 应用程序的主类类名	
-C 目录	目录命	转到指定目录下去执行 jar 命令的操作。它相当于先使用 cd 命令转该目录下再执行不带-C 参数的 jar 命令，它只能在创建和更新 JAR 文件时使用	
文件名...	文件名或目录名	指定一个文件/目录列表，这些文件/目录就是要添加到 JAR 文件中的文件/目录。如果指定了目录，那么 jar 命令打包时会自动把该目录中的所有文件和子目录都打入到 JAR 文件中	

除以上命令外，JDK 还提供多种工具，包括 Java Applet 查看器(appletviewer.exe)、Javah 头文件生成器(javah.exe)、Java 反编译器(javap.exe)、Jdb 调试器(jdb.exe)、Java API 文件生成器(javadoc.exe)等，这里不再一一介绍。

1.3.4　应用程序示例

以下用一个简单例子来说明Java应用程序编译、执行的过程。

【例1.1】一个简单的Java应用程序。

```
//A Very Simple Example //1行
public class MyFirstJava {
  public static void main(String[] args) {
      new MyFirstJava(). output();
  }//5行
  public void output(){
      System. out. println("This is my first Java program. ");
  }
}
```

1. 编辑Java源程序

JDK本身没有提供编辑工具，可以使用任何第三方的文本编辑器，例如使用Windows的记事本程序，输入例1.1的代码。例1.1是一个比较简单的Java应用程序，其中：

第1行"//"引导的内容是Java语言的注释信息。Java编译器在编译过程中会忽略程序注释的内容。在程序使用注释时，能够增加程序的可读性。

第2行是类的定义，保留字class用来定义一个新的类，其类名为MyFirstJava，class前面的保留字public是修饰符，说明这个类是一个公共类。整个类的定义由大括号{}括起来(即第2行最后的"{"和第9行的"}")，其内部是类体。

第3行定义了一个main()方法，这是Java应用程序必须定义的一个特殊方法，是程序的入口。其中，public表示访问权限，指明可以从本类的外部调用这一方法；static指明该方法是一个类方法，它属于类本身，而不与某个具体对象相关联；void指明main()方法不返回任何值。main()方法也用大括号{}括起(即第3行最后的"{"和第5行的"}")。

第6行为MyFirstJava类定义了一个output()方法，该方法名称前面的public保留字说明这个方法可以从外部调用，void保留字说明这个方法没有返回值。output()方法中只有一条语句：

```
System. out. println("This is my first Java program. ");
```

这条语句的功能是在标准输出设备(显示器)上输出一行字符：

```
This is my first Java program.
```

上述语句调用了System类的标准输出流out的println()方法，该方法的作用是将圆括号内的字符串在屏幕上输出，并换行。System类位于Java类库的java. lang包中。

在main()方法中，用new保留字创建MyFirstJava类的实例，并调用该实例的output()方法(程序第4行)，实现程序的输出。

输入结束后，保存文件，并将文件起名为MyFirstJava. java，这里假定文件保存在E:\Java\Program目录下。注意，文件名必须与类名相同(字母的大小写也要一致)。至此，Java

源程序编辑完毕。利用“Windows 资源管理器”可以在 E:\Java\Program 目录下看到 MyFirstJava.java 文件。

2. 编译源程序

使用 javac 命令对源程序进行编译，将 Java 源程序转换成字节码。

单击“开始”→“所有程序”→“附件”→“命令提示符”，打开“命令提示符”窗口，进入 E:\Java\Program，并键入“javac MyFirstJava.java”，回车后可以看到图 1-11 所示界面，表明编译成功。这时，E:\Java\Program 目录下会多出字节码文件 MyFirstJava.class。

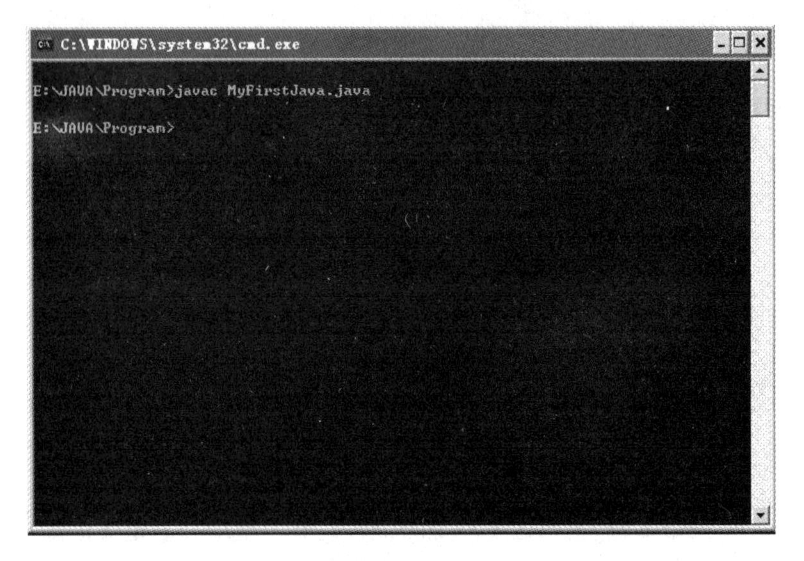

图 1-11　编译成功界面

如果程序输入有错，假定程序第 4 行的最后漏掉了“;”，则编译器会给出错误提示，如图 1-12 所示。这时，不会生成 MyFirstJava.class 文件。

图 1-12　编译出错界面

3. 执行程序

程序被正确编译成字节码后，就可以用 java 命令来执行。在"命令提示符"窗口中键入"java MyFirstJava"，可以看到本程序的执行结果，如图 1-13 所示。

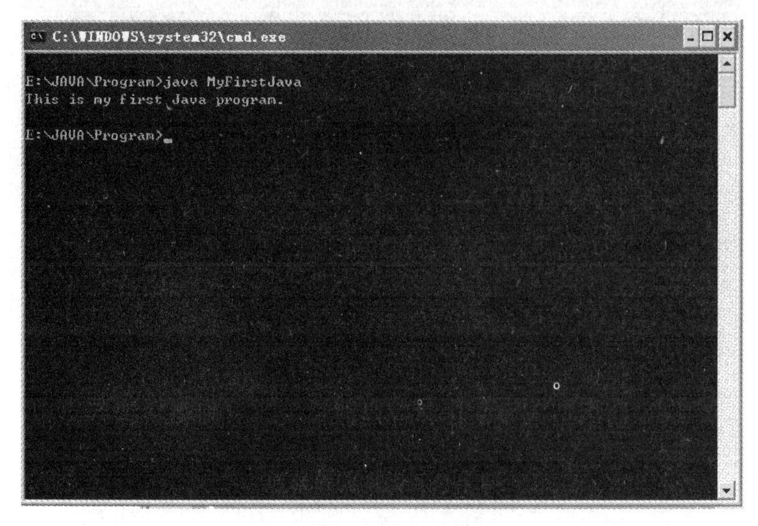

图 1-13　程序执行窗口

4. 生成并执行 JAR 文件

可以使用 jar 命令将编译后的. class 文件包封成可执行 JAR 文件(. jar 文件)，并用 java—jar 命令执行该文件。

"命令提示符"窗口中键入："jar cfe MyFirstJava. jar MyFirstJava MyFirstJava. class"

可以生成 JAR 文件，命令执行成功后(如图 1-14 所示)，E:\Java\Program 目录下会多出一个 MyFirstJava. jar 文件。

在上述命令中，cfe 参数的含义请参阅表 1-3，MyFirstJava. jar 表示要生成的 JAR 文件名，MyFirstJava 指示程序的入口，即本程序的主类名，MyFirstJava. class 指示要加以包封的类。

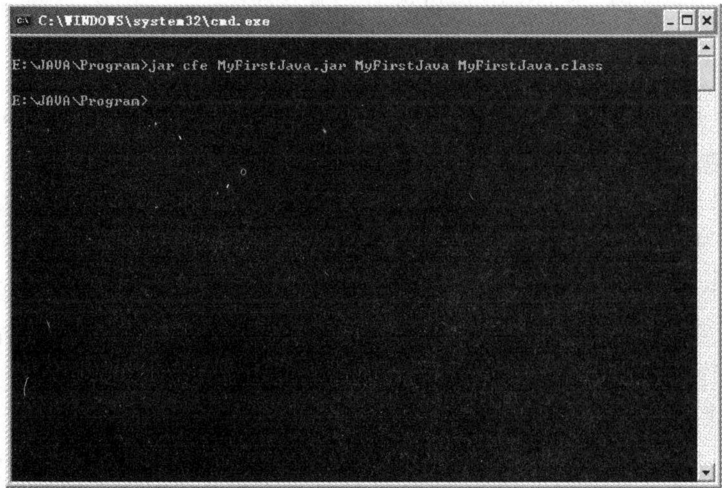

图 1-14　jar 命令成功界面

执行 MyFirstJava. jar 时，在“命令提示符”窗口中键入“java-jar MyFirstJava. jar”，可以看到本程序的运行结果，如图 1-15 所示。

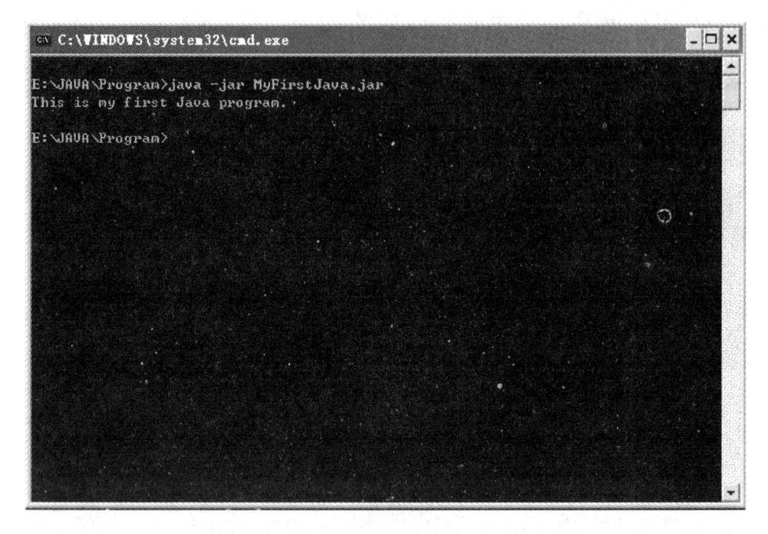

图 1-15　JAR 文件执行成功界面

1.4　Java 集成开发环境 Eclipse

JDK 以命令行的方式为程序开发人员提供了必要开发工具，虽然简单，但使用起来并不是很方便，特别是无法满足大型 Java 应用开发的要求。随着 Java 的广为流行，第三方公司开发的 Java 语言集成开发环境(Integrated Development Environment，IDE)应运而生。集成开发环境是一种提供程序开发环境的应用程序，它将程序的编辑、编译、调试、运行等功能集成到一起，并利用图形用户界面(GUI)来方便开发人员的操作，以便提高工作效率。IDE 是程序开发人员必备和必会的工具。常用的 Java IDE 有 NetBeans、JBuilder、Eclipse、Visual J＋＋、JCreator 等，本书使用 Eclipse 作为开发环境。

1.4.1　Eclipse 概况

1998 年，美国 IBM 公司整合公司的内部研究力量，开始致力于开发一种通用的应用软件集成开发环境。2000 年，IBM 将研发出来的系统命名为 Eclipse。2001 年，IBM 发布 Eclipse 1.0 版本并将这套投资了 4 千万美元的系统捐赠给了开发源码社区，同时，还组建了 Eclipse 联盟，主要任务是支持并促进 Eclipse 开源项目的进一步发展。2004 年初，在 Eclipse 联盟的基础上成立了独立的、非营利性的合作组织——Eclipse 基金会(Eclipse Foundation)，负责对 Eclipse 项目进行规划、管理和开发。Eclipse 基金会的网址是 http://www.eclipse.org/，可在该网站上免费找到 Eclipse 的各种版本和相关资源。

Eclipse 最大的特点是采用开放的、可扩展的体系结构，它有三个组成部分：Eclipse 平台(Eclipse Platform)、Java 开发工具(Java Development Toolkit，JDT)以及插件开发环境(Plug-in Development Environment，PDE)。Eclipse 平台是 Eclipse 的通用环境，用于集成

各种插件,为插件提供集成环境,各种插件(包括JDT和PDE)通过Eclipse平台来运行和发挥作用。JDT本身是一种插件,提供Java应用程序编程接口,是Java程序的开发环境。PDE是插件的开发和测试环境,支持对插件的开发。由此可见,Eclipse的功能已经远远超出了Java集成开发环境的范围。事实上,Eclipse的目标是创造一个广泛的开发平台,为集成各种开发工具(插件)提供必要服务,使得开发人员能够将不同的工具整合到Eclipse中,在一个统一的软件环境下开发应用系统,提高工作效率。

自1.0版本发布以来,Eclipse每年都有新的版本发布。从Eclipse 3.1版开始,除了版本号以外,还对Eclipse进行了代号命名,Eclipse 3.1版本的代号为IO(木卫1,伊奥),Eclipse 3.2版本的代号为Callisto(木卫四,卡里斯托),Eclipse 3.3版本的代号为Eruopa(木卫二,欧罗巴),Eclipse 3.4版本的代号为Ganymede(木卫三,盖尼米德),Eclipse 3.5版本的代号为Galileo(伽利略),Eclipse 3.6版本的代号为Helios(太阳神),Eclipse 3.7版本的代号为Indigo (靛青),Eclipse4.2版本的代号为Juno(朱诺)。表1-4示出了Eclipse的主要版本。

表1-4　Eclipse的主要版本

版本	发布时间
Eclipse 1.0	2001年11月7日
Eclipse 2.0	2002年6月27日
Eclipse 2.1	2003年3月27日
Eclipse 3.0	2004年6月25日
Eclipse IO(3.1)	2005年6月27日
Eclipse Callisto(3.2)	2006年6月29日
Eclipse Ganymede(3.3)	2007年6月25日
Eclipse Eruopa(3.4)	2008年6月17日
Eclipse Galileo(3.5)	2009年6月24日
Eclipse Helios(3.6)	2010年6月23日
Eclipse Indigo(3.7)	2011年6月22日
Eclipse Juno(4.2)	2012年6月27日

1.4.2　Eclipse安装与汉化

Eclipse用Java语言开发IDE环境,它本身也要在Java虚拟机运行,同时Eclipse还要使用JDK的编译器,因此,运行Eclipse之前,要先安装并正确配置JDK。JDK的安装和配置在前面已经做过介绍。

1. Eclipse的下载和安装

Eclipse是开放源代码项目,可以到http://www.eclipse.org/网站上免费下载Eclipse的最新版本。这里介绍Eclipse Galileo的Eclipse IDE for Java EE Developers,其Windows环境下安装文件的文件名为eclipse-jee-galileo-win32.zip。

Eclipse是绿色软件,在下载完成后,只需要将对应的压缩包文件eclipse-jee-galileo-win32.zip解压缩到指定位置,例如D:\eclipse,即可完成安装。安装完成后,安装目录D:\

eclipse 下会多出一个 eclipse 子目录，Eclipse 就安装在该子目录下，如图 1-16 所示安装完成后 D:\eclipse\eclipse 目录下的结构。

图 1-16　Eclipse 的目录结构

双击图 1-16 中的 eclipse.exe 文件，启动 Eclipse，出现 Eclipse 的启动画面，如图 1-17 所示。

图 1-17　Eclipse 的启动画面

启动画面结束后，Eclipse 弹出"选择工作空间"对话框，提示用户指定工作空间(workspace)的位置。工作空间是指存放 Java 项目(Java project)目录，缺省值是"C:\Documents and Settings\计算机用户名\workspace"。假定今后创建的 Java 项目都放在 E:\Java\Program 目录下。单击"Browse"按钮，在弹出的对话框中选择 E:\Java\Program

目录，再单击“确定”按钮，即可完成工作空间的设定。单击“选择工作空间”对话框中的“OK”按钮，进入 Eclipse 的欢迎界面。图 1-18 示出了“选择工作空间”对话框，图 1-19 示出了 Eclipse 的欢迎页面。

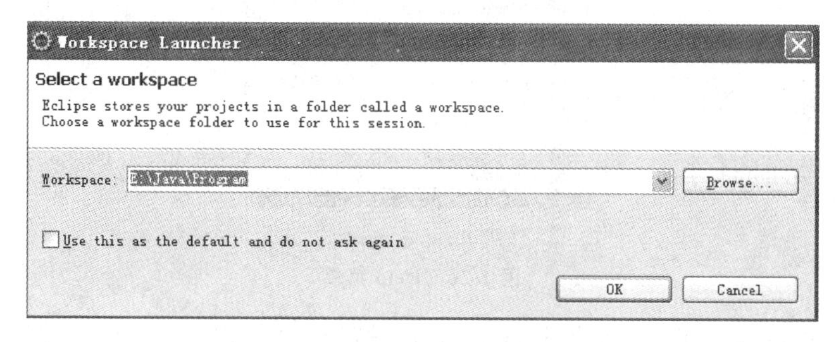

图 1-18　“选择工作空间”对话框

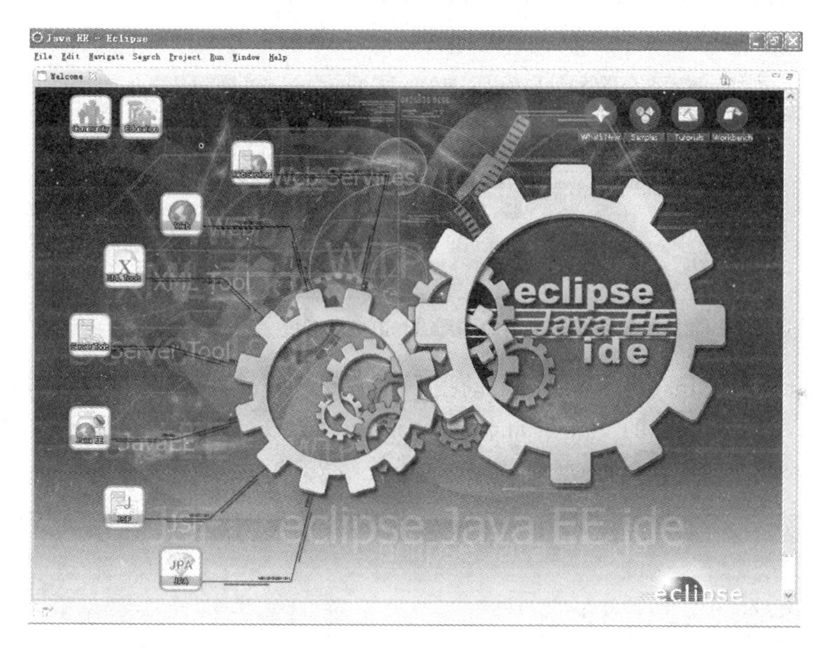

图 1-19　Eclipse 的欢迎页面

单击 Eclipse 欢迎界面左上角的“×”，关闭欢迎页面，即可进入 Eclipse 的主画面。

2. Eclipse 的汉化

Eclipse 是多语言的开发平台，通过安装 Eclipse 多国语言包，Eclipse 可以自动实现开发环境的本地化。

Eclipse 下的 Eclipse Babel Project 负责语言包的开发和更新，Babel 项目首页为 http://www.eclipse.org/babel/，下载的首页为 http://www.eclipse.org/babel/downloads.php。

安装语言包通常有两种方法，一种是自动联机安装，另一种是手动安装。

(1) 自动联机安装。

自动联机安装中文语言包的具体过程如下：

① 在 Eclipse 主界面中如图 1-20 所示选择菜单“Help”→“Install New Software”。

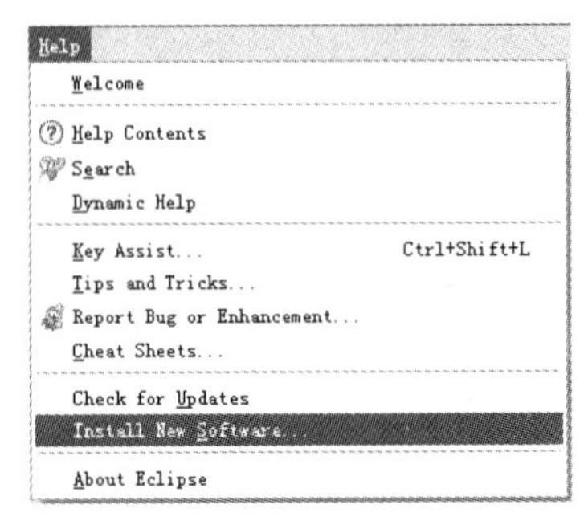

图 1-20　Help 菜单

② 在弹出的“Install”对话框中单击“Add”按钮，会弹出“Add Site”对话框，在其中“Location”后面的文本框中输入语言包更新地址：http://download.eclipse.org/technology/babel/update-site/galileo，如图 1-21 所示。单击“OK”按钮。

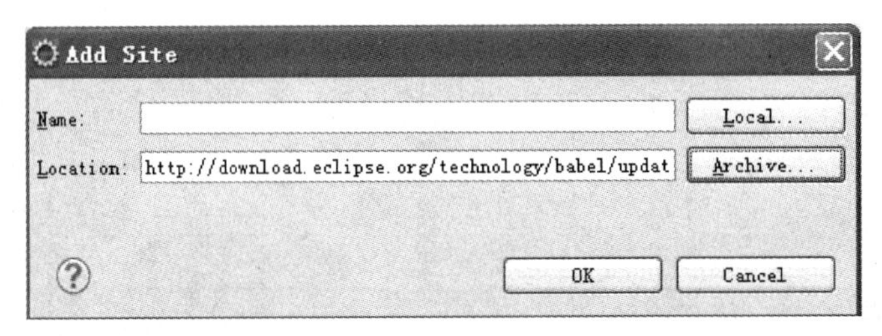

图 1-21　“Add Site”对话框

③ Eclipse 返回“Install”对话框，自动搜寻能够安装的软件包，并显示出可用于安装的软件包列表。选中列表中的“Babel language package in Chinese(Simplified)”，如图 1-22 所示。单击“Next”按钮。此后根据屏幕提示操作，完成安装。

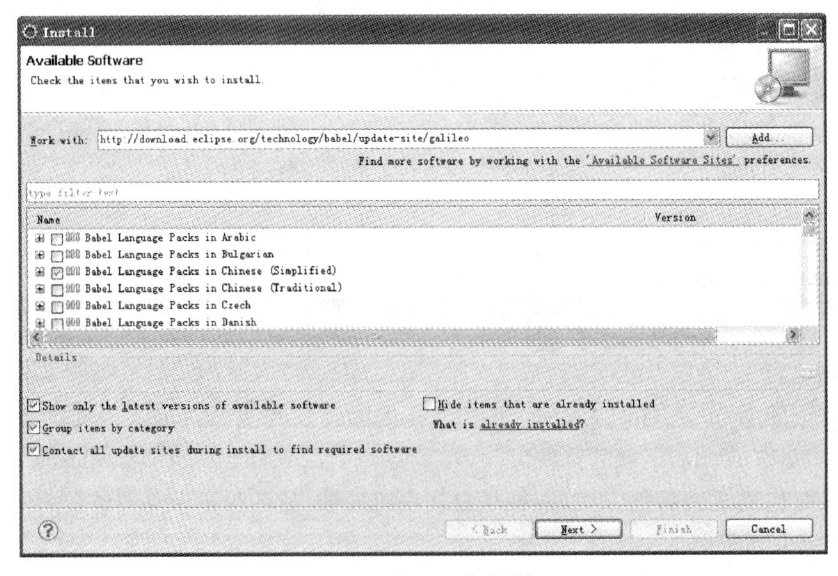

图 1-22　“Install”对话框

④ 重启 Eclipse，就会出现汉字界面。

(2) 手动安装。

自动联机安装简单便捷，但比较耗时。也可以使用手动安装的方法，自行汉化 Eclipse，过程如下：

① 在 http://www.eclipse.org/babel/downloads.php 网站上下载相应的中文语言包，例如下载 BabelLanguagePack-eclipse-zh_3.5.0.v20110723105825.zip。

② 关闭 Eclipse(注意，安装各种插件时，必须先关闭 Eclipse)。在 Eclipse 安装目录的\eclipse 子目录下(本例为 D:\eclipse\eclipse)创建一个任意名称的子目录，例如名称为 language 的子目录，将语言包解压缩到该子目录中。

③ 在 Eclipse 安装目录的\eclipse 子目录下创建子目录 links，并在该目录中新建一个任意名称的文本文件，例如名称为 language.start，在文本文件中键入如下信息：

```
"path=d:\\eclipse\\eclipse\\language"
```

即将路径指向语言包的安装目录，注意路径中反斜杠为双写。

④ 重新启动 Eclipse，此时界面将显示为中文环境。若仍然存在界面上有部分内容没有完全汉化的情况，关闭 Eclipse，删除 Eclipse 安装目录中的 configuration 子目录下面的 org.eclipse.update 目录，然后再重新启动 Eclipse 即可。

1.4.3 Eclipse 主要界面

Eclipse 的界面由透视图(Perspective)组成，一个透视图是视图(View)、菜单、工具栏、编辑器等的组合，用来满足不同类型 Java 程序开发工作的需要。简单地说，透视图提供开发界面的布局，Eclipse 缺省的透视图是 Java EE 透视图，开发 Java 应用程序时使用 Java EE 透视图。

选择菜单"窗口"→"打开透视图"→"Java"，Eclipse 的界面变为缺省的 Java 透视图，如图 1-23 所示。

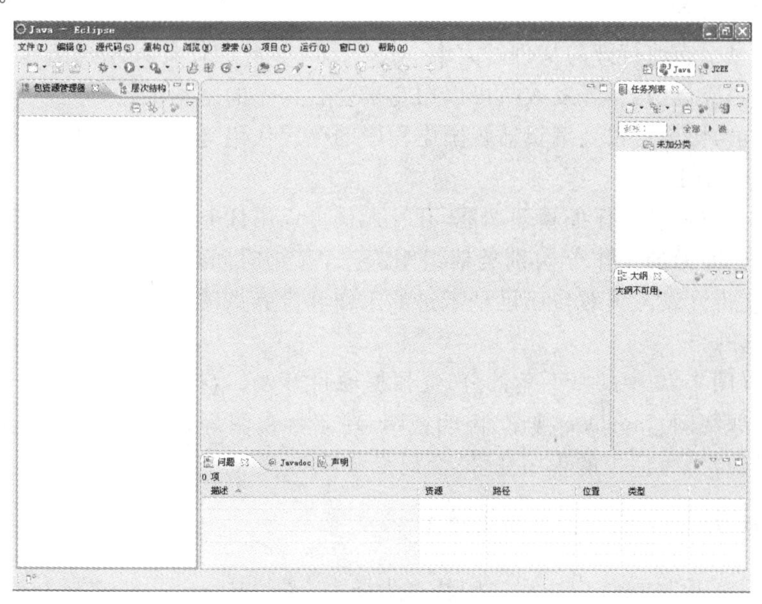

图 1-23 缺省的 Java 透视图

以下简要介绍 Java 透视图的主要组成部分：

1. 菜单栏

菜单栏位于透视图的最上方，包括文件、编辑、源代码、重构、浏览、搜索、项目、运行、窗口和帮助等菜单。每个菜单含有若干个菜单项，分别执行不同的操作。

2. 工具栏

主工具栏位于菜单栏的下方，它包括了菜单中提供的常用操作，提供一种快捷访问 Eclipse 功能的方法。主工具栏中的组成部分可以定制。除主工具栏外，还有视图工具栏和快捷工具栏，在某些视图中包含了视图工具栏，列出了视图中的主要操作。快捷工具栏在缺省的情况下位于透视图的最下方，可以帮助开发人员快速访问各种视图。

3. 包资源管理器视图

包资源管理器视图显示所创建的 Java 项目的层次结构，包括 Java 项目所在的文件夹、包含的包(package)、每个包里含有的源文件名称、每个源文件中包含的类及其方法等。用鼠标拖动包资源管理器视图，可以改变包资源管理器视图的位置(其他的视图也是如此)。

4. 层次结构视图

层次结构视图显示所创建的 Java 源文件中类的层次结构，它由两部分组成，一部分显示 Java 项目中的选定的类的层次结构，另一部分显示该类的成员，包括成员变量和成员函数。开发人员可以用层次结构视图 Java 项目中的类、子类以及父类。

5. 编辑器视图

编辑器视图(图 1-23 中间部分)是进行代码编写和调试的核心区域，除了一般的编辑功能以外，它还提供了丰富的编辑命令和展示方式(例如用不同的颜色显示不同的代码)，开发人员可以通过编辑器视图编辑不同格式的代码(Java、JSP、XML 等)，并且可以设置程序断点等，方便程序调试。在编辑程序代码时，编辑器视图中会随时显示出各种语言提示，帮助开发人员提高代码的编辑质量。

6. 大纲视图

大纲视图显示当前打开的文件的大纲，对应于 Java 源文件的大纲视图包括所有类以及类的成员变量和成员函数，开发人员可以用它来查看程序的基本结构，并且可以通过单击视图中的类或成员，快速定位到编辑器视图中程序的相应代码部分。

7. 任务列表视图

任务列表视图提供了任务管理功能，开发人员可以用任务列表视图来管理自己的工作，例如可以将自己要做的工作分门别类地组织起来，安排时间计划，Eclipse 系统会自动对任务进行提醒，使得开发人员对自己已经做过的工作和没有做的工作一目了然。

8. 其他视图

其他视图(图 1-23 中的左下角部分)会根据项目开发、运行和调试的进程做出显示。常见的视图有问题视图、JavaDoc 视图、声明视图、控制台视图等，用来帮助开发人员查看程序存在的问题、Java 源程序中的程序注释、全局变量声明、运行结果等。

1.4.4 用 Eclipse 开发 Java 应用程序

使用 Eclipse 开发 Java 应用程序的基本步骤为：建立 Java 项目；建立 Java 类；编写相应代码；调试和运行；如有需要，也可以生成可运行的 JAR 文件。

下面以 MyFirstJava. java 为例，简要说明开发过程。

(1) 如图 1-24 所示，选择菜单“文件”→“新”→“Java 项目”。此操作完成后会弹出“新建 Java 项目”对话框。

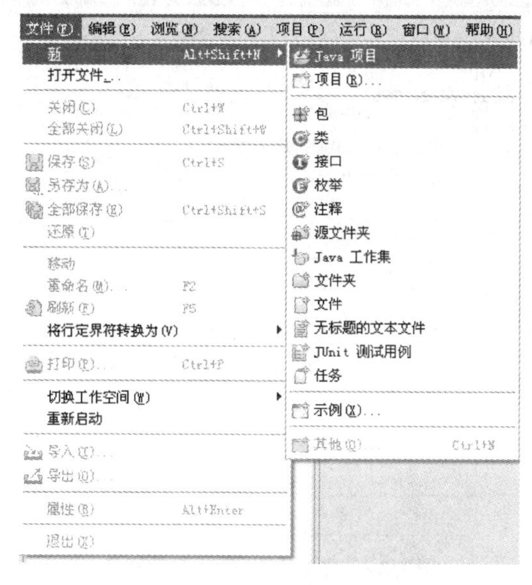

图 1-24　建立 Java 项目的菜单操作

(2) 在“新建 Java 项目”对话框的“项目名”后面的文本框中填写项目名称 MyFirstJava，如图 1-25 所示。此后单击完成，Eclipse 进入 Java 透视图。这时 E:\JAVA\Program 目录下会多出子目录 MyFirstJava。

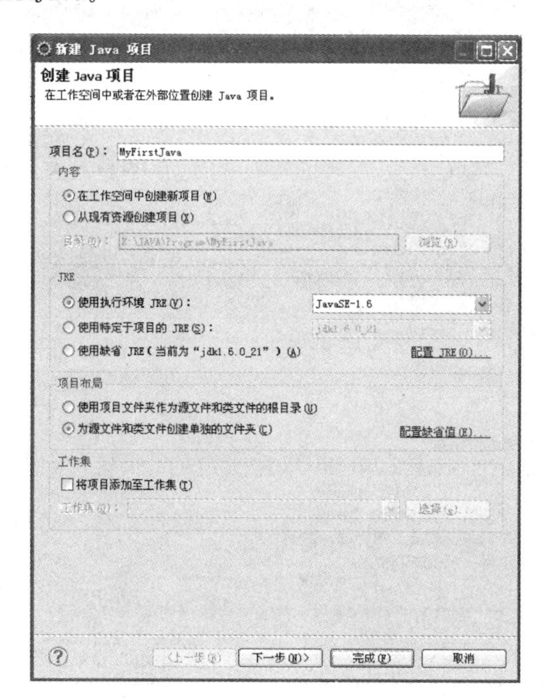

图 1-25　“新建 Java 项目”对话框

(3) 右击"包资源管理器"中对应项目的名称,选择弹出式菜单中的"新建"→"类",如图 1-26 所示。此操作完成后会弹出"新建 Java 类"对话框。

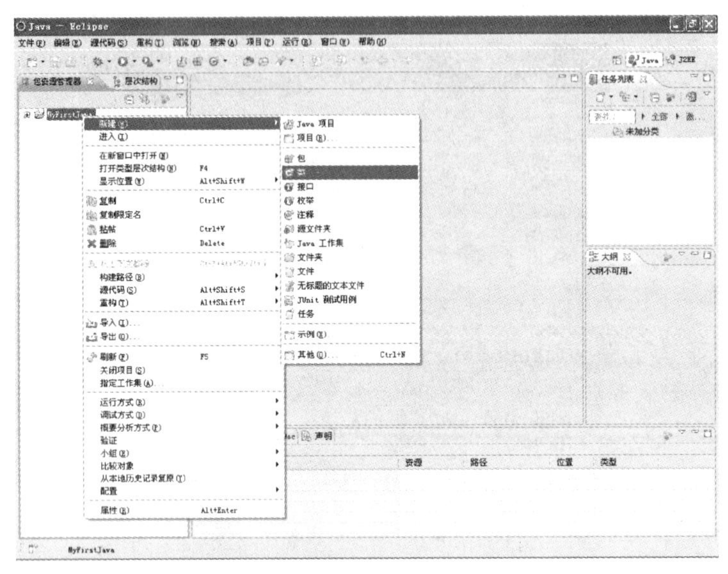

图 1-26 建立 Java 类的菜单操作

(4) 在"新建 Java 类"对话框中,在"名称"后面的文本框中输入类名 MyFirstJava,同时选中"想要创建哪些方法存根?"下面的"public static void main(String[] args)"选项,如图 1-27 所示。此后单击"完成"按钮,Eclipse 进入 Java 透视图并显示出编辑器视图。

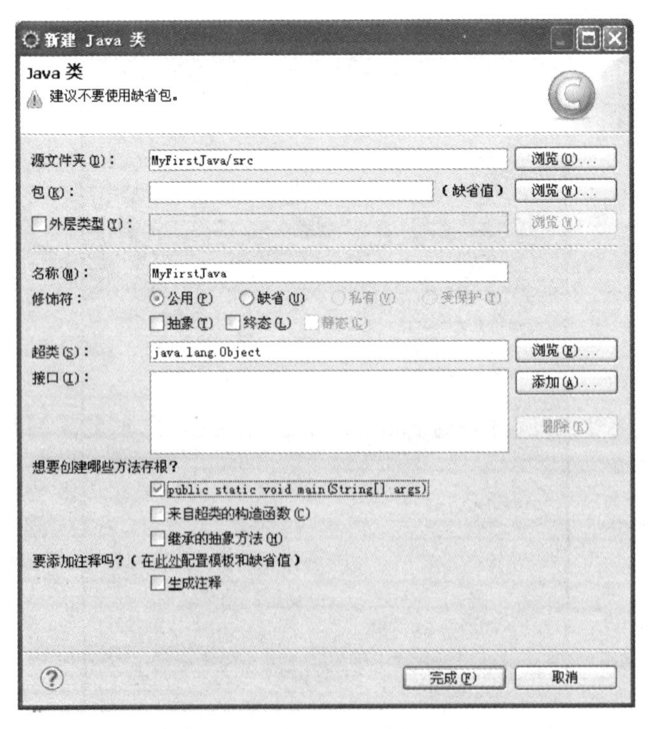

图 1-27 "新建 Java 类"对话框

(5) 在编辑器视图中输入代码，如图1-28所示。

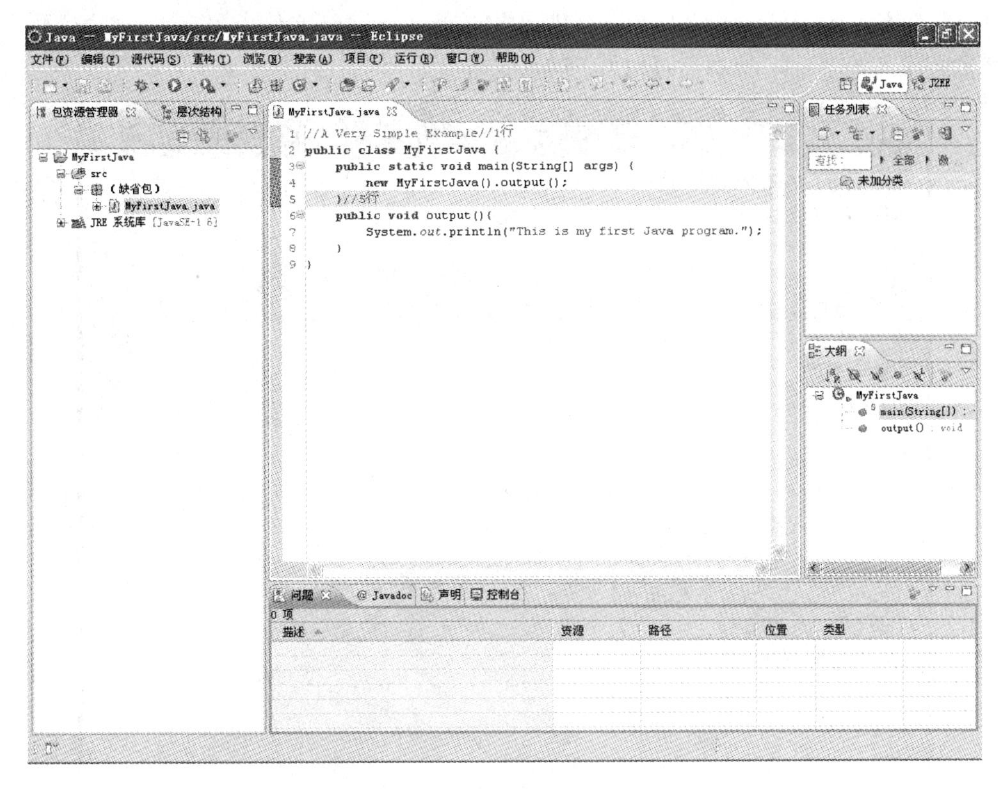

图 1-28　在编辑器视图中输入代码

(6) 单击菜单"运行"→"运行方式"→"Java应用程序"，Eclipse提示保存资源，单击"确定"按钮，源程序MyFirstJava.java被保存在E:\Java\Program\MyFirstJava\src目录下，控制台视图会显示程序运行结果，如图1-29所示，表明程序运行正确，这时在E:\JAVA\Program\MyFirstJava\bin目录下会生成MyFirstJava.class文件。如果Java源程序中存在错误，控制台视图会给出提示，同时，问题视图也会列出错误所在。

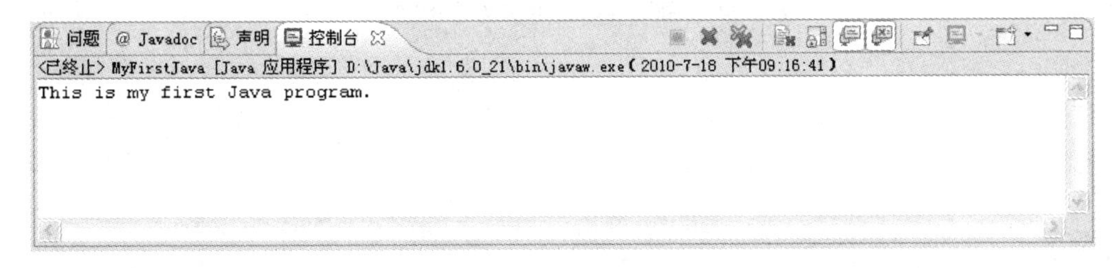

图 1-29　程序运行结果

(7) 如果要生成JAR文件，选择菜单"文件"→"导出"，Eclipse会弹出"导出"对话框，在该对话框中选定Java下的"可运行的JAR文件"，单击按钮"下一步"，Eclipse就会弹出"可运行的JAR文件导出"对话框，在启动配置下的下拉列表框中选定"MyFirstJava-MyFirstJava"(第1个MyFirstJava表示类名，第2个MyFirstJava表示项目名称，此项操作指明应用程序入口点)。在导出目标下输入“E:\Java\Program\MyFirstJava.jar”。单击“完成”按钮,在 E:\Java\Program 目录下会生成 MyFirstJava.jar 文件。用 java-jar 命令可以执行这个文件。如图 1-30 所示“可运行的 JAR 文件导出”对话框。

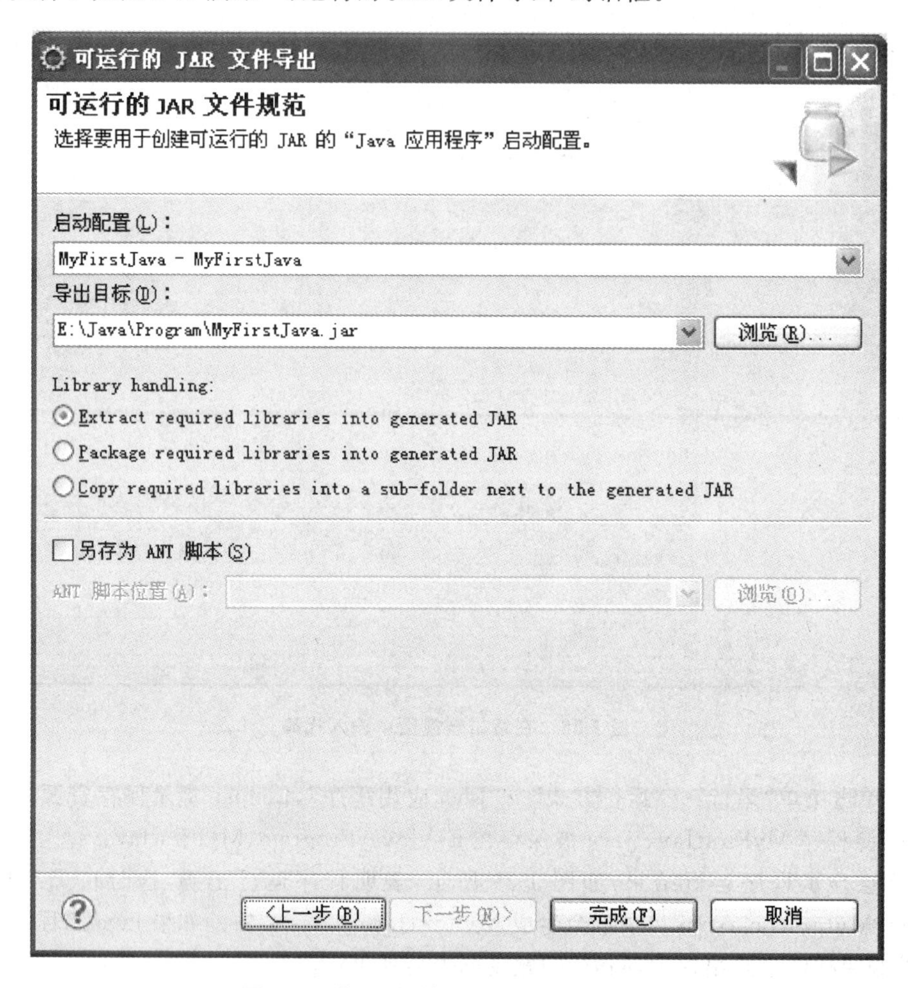

图 1-30 “可运行的 JAR 文件导出”对话框

第二章　Java 语言基础

本章介绍 Java 语言的基础知识，包括 Java 应用程序的结构、Java 的基本词法、数据类型和流程控制语句等。掌握这些基础知识，是正确编写 Java 程序的前提条件。

2.1　Java 程序的结构

Java 语言是一种面向对象的程序设计语言，所有的 Java 程序都是由类组成的，类被写在一个或多个以.java 为扩展名的源文件中。一个 Java 程序的源代码文件可以包括一个或多个.java 文件。.java 文件是 Java 的编译单元(compilation units)。

除空格和注释以外，每个编译单元由以下内容构成：

一个程序包语句(package statement)；

一个或多个导入语句(import statements)；

一个或多个类声明(class declarations)；

一个或多个接口声明(interface declarations)。

程序包语句用于说明编译单元中的类和接口所属的包(package)，包的作用是将类或接口分组。程序包语句是可选的，如果省略了程序包语句，则编译单元中的所有的类和接口都位于缺省包中。程序包语句的保留字是 package。

导入语句用于引入包、类或接口，它说明程序使用了外部的包或包中的类或接口。导入语句可选，如果不使用导入语句，则表明程序没有使用其他的包、类或接口。在 Java 语言中，类和接口可以分成系统定义的和用户自定义的两种类型。系统定义的类和接口是 Java 系统已经实现的标准类和接口的集合(称为系统类库)，它们被分门别类地组织成若干个包。在编程时，开发人员可以使用导入语句引入这些包、类和接口，利用它们已经实现的功能。同样，对于用户自定义的类和接口，通过导入语句可以重用这些代码。另外，对于第三方实现的类库，也可以用导入语句引入并加以利用。有一点要注意，Java 自带的 java.lang 包(包括了 Java 基本语言的类库)，在程序运行时会自动导入，无需显式地指明。导入语句的保留字是 import。

类声明用来对类进行定义。类是对一组具有相同数据成员和相同操作成员的对象的定义，是对象的模板，说明了类的特征和行为。作为一种面向对象的程序设计语言，Java 的基本组成部分就是类。用 Java 语言编程的过程，实质上就是设计类的过程，包括定义类的数据成员和操作成员，并通过类的实例化(创建类的实例或对象)来实现程序的功能。类声明的保留字是 class。

接口声明用来对接口提供定义。接口是一种由常量和抽象方法组成的特殊形式的类。接口的作用是定义方法的模板，它本身并不对方法做具体实现，也就是说，接口告诉程序“做什么”，但并不具体说“怎么做”，接口中的方法要由实现它的类来完成。使用接口的好处是可以规范实现接口的类的方法。接口声明的保留字是 interface。

每个 Java 的编译单元可以包含多个类或接口，但是每个编译单元中最多只能有一个类或者接口是公共的(public)。对于 Java 应用程序来说，至少有一个编译单元的公共类内要包含 main()函数，作为程序的执行起点。其他类型的 Java 程序则不必如此。

以下用程序实例说明 Java 程序的结构。

【例 2.1】在控制台上显示系统当前时间，源文件名为 DisplayDate. java。

```
/ * 源文件名：DisplayDate. java * / //1 行
package showdate;
import java. util. Date;
public class DisplayDate {
    public static void main(String[] args) {//5 行
        DateShow dateshow=new DateShow();
        dateshow. show();
    }
}
class DateShow {//10 行
    public void show() {
        System. out. print("当前时间：");
        System. out. println(new Date());
    }
}//15 行
```

第 1 行为注释，说明本程序的源文件名为 DisplayDate. java。

第 2 行是程序包语句，指明本程序中的类都放在 showdate 这个包中。

第 3 行是导入语句，它导入程序代码中要用到的所有额外的类。本例中，程序在 13 行使用了 Date 类，这个类在 Java 类库 java. util 包中。除了 java. lang 包中的类，其他用到的所有 Java 类库的类，都必须用导入语句引入，否则系统会给出出错信息。

本例中包括了两个类，分别在第 4 行和第 10 行定义。DisplayDate 类是程序的主类，被定义为公共的(public)，说明可以从程序的外部来访问。DateShow 类前面没有修饰符 public，表明它的访问权限是缺省的，只能被同一个包中的其他类访问。在本例中，DateShow 类只能被 showdate 包中的其他类(即 DisplayDate 类)访问。

第 6 行和第 7 行是 main()方法的语句，第 6 行定义了 DateShow 类的实例，该实例的名称为 dateshow。第 7 行的语句调用了对象 dateshow 的方法 show()。

第 11 行定义了 DateShow 类的 show()方法。

第 12 行语句在屏幕上输出字符串"当前时间："。

第 13 行中的 new Date()定义的 Date 类的实例，返回当前系统的时间，然后用 out 的 println()方法将时间输出到屏幕上。

print()方法和 println()方法的区别在于，前者在输出完毕后不换行，后者在输出完毕后会自动换行。所以，例 2.1 的运行结果是：

```
当前时间：Tue Jul 20 21:45:20 CST 2010
```

2.2 Java语言的词法

Java语言的词法规定了Java程序代码字符序列的构成，包括字符集、标识符、转义符、关键字、字面量，分隔符，操作符和注释等。这里重点介绍字符集、标识符、分隔符、关键字和注释，其他内容在相关章节中介绍。

2.2.1 字符集

Java语言使用Unicode编码系统，Unicode是一种为满足多语言字符而设计开发的字符集。在Unicode之前，不同语言的计算机系统使用不同的字符编码系统，例如，中国大陆地区常用编码有GBK18030、GBK和GB2312，台湾和香港地区使用Big5编码，日本使用JIS，欧洲国家也各自有自己的编码标准。众多编码系统的存在，给计算机信息处理和信息的共享带来了困难。一方面，一个同样的字符，在不同的编码方案中可能用不同的编码表示，与此类似，同样的编码，在不同的编码方案中可能表示不同的字符；另一方面，特定的字符可能在某种编码方案中找不到对应的编码，例如，早期的计算机使用ASCII编码，只支持英文，不支持其他语言，不能够在计算机上存储和显示非英文字符。

为了解决这些问题，Unicode联盟设计并开发了Unicode编码方案，它用一个2字节数字(16位二进制数)唯一地表示一个字符，使得在Unicode字符集中任何一种语言中的文字都可以被唯一地表示出来，解决了编码唯一性的问题。只要遵循Unicode方案，就可以在一个统一的框架下将不同语言中的字符表示出来。目前，Unicode已经为拉丁文(英文)、中文、日文、韩文、西里尔文(俄文)、希腊文、西伯莱文、阿拉伯文等语言定义了编码，包括这些语言中使用的字符和各自的符号，如标点符号、数学符号、技术符号、箭头、装饰标志、区分标志等。

Java语言使用Unicode字符集对语言编码，从而支持跨语言、跨平台的信息处理。在Java语言中，“字母”、“数字”、“字符”这些概念，要比人们日常的理解广泛得多。Java字母是指“A”～“Z”、“a”～“z”或世界语言中任何一个相当于字母的Unicode字符，如希腊字母、俄文字母、一个汉字、一个日文假名等。换句话说，Java支持用非英语语言书写程序。例如使用汉字作为类名、变量名、常量名。同样，Java的数字除了指传统的“0”～“9”以外，还包括任何一种语言中地位与数字相当的Unicode字符。

由于Unicode是一种大字符集，可以表示多种语言，且不同语言在Unicode中的表示是唯一的。因此，判断一个Java字母或数字是否相同，要看其Unicode编码是否相同，而不是看其外观表现形式。例如，拉丁字母A、希腊字母A、西里尔字母A的外在表现形式相同，但编码不同，分别是\u0041、\u0391和\u0430，所以在程序中被当做不同的字符来处理的。这一点，在Java程序设计时要特别注意。

2.2.2 标识符

标识符(Identifier)是程序中用来区别各种成分的唯一名称。Java 程序中的类名、接口名、变量名、常量名、方法名、参数名等均用标识符来标识。Java 语言对标识符有如下规定:

(1) 一个标识符是一个长度无限制的字母和数字序列,并且只能以字母、下划线(_)或美元符号($)为开头,其他部分可以由字母、数字、下划线或美元符号组成。

(2) 字母和数字来自 Unicode 字符集中的字母和数字,字母包括西方语言中的拉丁字母、希腊字母等以及东方语言中的汉字、日语假名、韩语中的字母和字等;数字包括阿拉伯数字。

(3) 一个标识符不能和关键字(保留字)、boolean 字(true 或 false)、null 字具有相同的拼写。

(4) Java 区分大小写,MyClass 和 myclass 是不同的标识符,在声明和使用时要特别注意这一点。

以下是符合规范的标识符和不符合规范的标识符的示例:

(1) 符合规范的标识符。

ArticleName　　$TotalAmount　　_sys_path_1　　金额

(2) 不符合规范的标识符。

-book　　@email　　978_isbn　　pop-menu　　public

在符合规范的标识符中,“ArticleName”全部由拉丁字母组成,并且不是 Java 的关键字,因此是合法的标识符。“$TotalAmount”由美元符号及拉丁字母组成,也是合法的。“_sys_path_1”以下划线开头,后面是字母、下划线和数字,是合法的标识符。“金额”由汉字组成,属于 Java 的字母范围,故也是合法的 Java 标识符。

在不符合规范的标识符中,“-book”、“@email”、978_isbn”的开头字符不是字母、下划线或美元符号,不符合标识符的组成规范,因而不合法。“pop-menu”也是不合法的标识符,因为其中含有“-”,“public”虽然符合标识符的组成规范,但 public 是 Java 的关键字,所以不能再用作标识符。

Java 类库中的 Character 类,有两个测试字符是否是标识组成部分的方法:

```
public static boolean isJavaIdentifierStart(char ch)
public static boolean isJavaIdentifierPart(char ch)
```

isJavaIdentifierStart()方法以要测试的字符 ch 为参数,如果字符 ch 可以作为 Java 标识符的首字符,则返回 true;否则返回 false。isJavaIdentifierPart()方法也以要测试的字符 ch 为参数,如果字符 ch 可以作为 Java 标识符的一部分,则返回 true;否则返回 false。这两个方法均为静态方法,可以直接应用,无需建立 Character 类的实例。

【例 2.2】测试字符是否可以作为标识符。

```
public class IDTest {
    public static void main(String[] args) {
            System.out.println("“A”可以作为标识符的首字符:"
                    + Character.isJavaIdentifierStart('A'));
```

```
            System.out.println("“$”可以作为标识符的首字符:"
                    + Character.isJavaIdentifierStart('$'));
            System.out.println("“-”可以作为标识符的首字符:"
                    + Character.isJavaIdentifierStart('-'));
            System.out.println("“-”可以作为标识符的一部分:"
                    + Character.isJavaIdentifierPart('-'));
            System.out.println("“金”可以作为标识符的首字符:"
                    + Character.isJavaIdentifierStart('金'));
            System.out.println("“融”可以作为标识符的一部分:"
                    + Character.isJavaIdentifierPart('融'));
        }
    }
```

例2.2的运行结果为：

```
“A”可以作为标识符的首字符：true
“$”可以作为标识符的首字符：true
“-”可以作为标识符的首字符：false
“-”可以作为标识符的一部分：false
“金”可以作为标识符的首字符：true
“融”可以作为标识符的一部分：true
```

2.2.3 分隔符

Java分隔符(seperator)是用来区分程序中各种基本成分的标记字符，它对源代码进行分隔，帮助编译器阅读和理解源程序。Java规范中定义了“()”、“{}”、“[]”、“;”、“,”、“.”等分隔符。如表2-1所示这些分隔符的含义。

表2-1 Java语言分隔符

分隔符	含义
()	圆括号。标识方法(函数)的参数表;标识条件控制语句中的条件;指明类型转换时的类型;指定表达式的运算优先级
{ }	花括号。定义语句块、方法体、类体;还用来定义数组的初始值
[ ]	方括号。声明数组、访问数组的元素
;	分号。语句结束符,表示一条语句(程序包语句、导入语句、变量或常量声明语句、赋值语句、自增/自减语句、方法调用语句、创建类实例语句、断言语句、break语句、continue语句、return语句、throw语句等)结束;分隔for语句中的条件说明
,	逗号。分隔方法(函数)的参数;分隔变量声明中的变量列表;分隔数组的初始值等
.	圆点。表示包的层次结构;引用类的属性或方法

此外，空格、回车符、换行符、制表符等也能起到分隔作用。空格、回车符、换行符、制表符等统称空白符。在Java语言中，两个相邻的语言成分中必须用分隔符或者空白符分隔，

一个空白符和连续的多个空白符是等价的，作用相同，都起分隔作用。

【例 2.3】分隔符的示例，源文件名为 SeperatorExample. java。

```
package pkg1. pkg2. pkg3;//1 行
public class SeperatorExample {
    public static void main(String[] args) {
        int a,b,c;
        int[] anArray={1,2,3}; //5 行
        a=anArray[0];b=anArray[1];
        c=anArray[2];
        SeperatorExample s=new SeperatorExample();
        s. show(a,b,c);
    }//10 行
    void show(int x,int y,int z){
        System. out. println("本例用于说明分隔符的用法。"
                            +"以下 x、y、z 都是整数：");
        System. out. println("x="+x);
        System. out. println("y="+y);//15 行
        System. out. println("z="+z);
    }
}
```

第 1 行语句指明了类 SeperatorExample 所在的包，包的结构用圆点“. ”分隔开，最后用“;”表示语句结束。(以下各条语句均用“;”结尾，不再一一说明)

第 4 行语句声明了三个整型变量 a、b、c，它们之间用逗号“,”隔开。

第 5 行语句声明了一个整型数组并对数组初始化，方括号“[]”表示数组声明，花括号“{}”指明了数组的初始值，数组元素的值用逗号“,”隔开。

第 6 行包括了两条语句，它们引用了数字元素，数组的下标用方括号“[]”括起。Java 允许在一行内包括多条语句，每条语句用“;”为结束符。第 7 行也引用了数组元素，这条语句单独写在一行内。

第 9 行语句引用了实例 s 的方法 show()，实例名与方法名之间用圆点“. ”分隔。show()方法的参数表用括号“()”括起，参数用逗号“,”隔开。

第 11 行声明的方法 show，其参数定义用括号“()”括起，参数用逗号“,”隔开。

第 12、13 行是一条语句，两行用空白符(换行)分开，分号“;”写在第 13 行，表明语句在第 13 行结束。这种写法通常用在较长的语句，以方便开发人员阅读。用这种方式书写的语句与写在同一行中的语句等价。

第 3 行中的“{”和第 10 行的“}”将第 4 行到第 9 行的多条语句括起，表明这些语句是一个语句块，同时，这个语句块也是 main()方法的方法体。同理，第 12 行至 16 行的语句构成了 show()方法的方法体。

第 2 行中的“{”至第 18 行的“}”之间包含了类 SeperatorExample 的所有方法和变量，它们之间的内容构成了 SeperatorExample 类的类体。

例 2.3 的输出是：

```
本例用于说明分隔符的用法。以下 x、y、z 都是整数：
x=1
y=2
z=3
```

2.2.4 关键字

关键字(Keyword)也称为保留字，是程序设计语言本身已经使用且被赋予特定含义的一些标识符，编译器在编译过程中会对这些标识符做特殊处理。用户在编写程序时，只能按程序设计语言的规定使用关键字，而不能再赋予它们新的含义，例如，不能将它们当做类名、变量名或方法名来使用。

Java 中这种特殊的标识符可以分成三类。第一类是已经被使用的关键字，包括表示基本数据类型的关键字(如 int、float 等)、与访问控制有关的关键字(如 public、private 等)、与流程控制有关的关键字(如 if、else 等)、与类、接口、方法、变量的声明、访问及使用有关的关键字(如 class、interface 等)、与例外处理有关的关键字(如 try、catch 等)、包语句和导入语句的关键字(import 和 package)以及断言关键字(assert)。第二类是被保留但当前尚未使用的关键字，这样的关键字有两个，一个是 goto，另一个是 const。第三类是 true、false、null 这三个字面量，它们在 Java 语言规范中没有被列入关键字，但是被赋予了特定的含义。true、false 分别表示布尔数据类型的“真”、“假”，null 是“空”类型。因此这三个字面量也具有关键字的性质，不能用作其他目的。如表 2-2 所示 Java 的关键词表(包括字面量)。另外，需要注意，Java 中的关键字和 true、false、null 这三个字面量均为小写。

表 2-2　Java 关键字表

已经使用的关键字	与基本数据类型有关的关键字	boolean　double　byte　char　float　int　long　short
	与访问控制有关的关键字	private　public　protected
	与流程控制有关的关键字	break　case　continue　default　do　else1　for　if　instanceof　return　switch　while
	与类、接口、方法、变量的声明、访问及使用有关的关键字	abstract　class　enum　extends　final　interface　implements　native　new　static　strictfp　super　synchronized　this　transient　void　volatile
	与例外处理有关的关键字	try　catch　finally　throws throw
	包语句和导入语句的关键字	import　package
	断言关键字	assert
尚未使用的关键字		const　goto
字面量		true　false　null

2.2.5 注释

注释与标注是程序中的说明性文字，其作用是提高程序的可读性和可理解性，方便代码的维护。注释仅用于源程序进行说明，编译器在编译源程序时会忽略其中的所有注释。Java 语言中有 3 种类型的注释。

1. 行注释

这种类型的注释内容写在同一行内，不换行。行注释的基本形式是：

```
//注释内容
```

行注释既可以写在要注释的代码的前面一行或后面一行，也可以与要注释的代码写在同一行。如果注释与代码写在同一行，要写在语句的结束符之后，通常用“代码行＋Tab键＋注释”的格式。如果注释和代码不在同一行内，注释行的缩进方式应该与要注释的代码的缩进方式相同。

2. 块注释

块注释指多行注释，通常用来说明文件、方法、数据结构或算法，一般位于要加以说明的内容之前。块注释以“/ * ”为开始。以“ * /”为结束，基本格式是：

```
/ *
注释内容
 * /
```

这种注释也可以只包括单行内容，其用法与“//”注释相同。基本格式为：

```
/ * 注释内容 * /
```

3. 文档注释

文档注释是 Java 语言特有的一种注释，这种类型的注释内容可以用 javadoc 命令抽取出来，生成 HTML 文档，形成专门的程序说明文档。文档注释一般用来说明类、接口、构造函数、方法、属性，基本格式是：

```
/ * *
注释内容
 * /
```

Java 语言对文档的写法做了详细的规定，并定义了其中使用的标记如“@return”、“@param”、“@ see”等，有关这方面的详细内容，请参阅 http://www.oracle.com/technetwork/java/javase/documentation/index-137868.html。

2.3 数据类型

Java 语言的数据类型可以分为基本数据类型(primitive types)和引用数据类型(reference types)。程序中任何常量、变量、表达式的值、参数值、返回值，都必须是上述类型中的一种。如表 2-3 所示 Java 语言的数据类型。

表 2-3　Java 语言的数据类型

类别	名称	相关标识符
基本数据类型	整数型	byte
		short
		int
		long
	浮点型	float
		double
	字符型	char
	布尔型	boolean
引用数据类型	类	class
	接口	interface
	数组	[]

以下介绍基本数据类型，引用数据类型在相关章节中介绍。

2.3.1　基本数据类型

Java语言的基本数据类型包括整型、浮点型、字符型和布尔型。其中，整数型包括字节型整数(byte)、短整数(short)、整数(int)和长整数(long)等4种类型。浮点型包括单精度浮点数(float)和双精度浮点数(double)。如表2-4所示Java基本数据类型所占位数和取值范围。

表 2-4　Java 基本数据类型所占位数和取值范围

数据类型	所占二进制位数	取值范围
byte	8位(1字节)	－128～127
short	16位(2字节)	－32 768～32 767
int	32位(4字节)	－2 147 483 648～2 147 483 647
long	64位(8字节)	－9 223 372 036 854 775 808～9 223 372 036 854 775 807
float	32位(4字节)	1.4E-45～3.4028235E38
double	64位(8字节)	4.9E-324～1.7976931348623157E308
char	16位(2字节)	'\u0000'(0) ～'\uffff'(655335)
boolean	8位(1字节)	true,false

(1) 4种不同的整型类型表示的整数范围不同，long型整数表示的范围最大，byte型整数表示的范围最小。

(2) 浮点型主要处理含有小数点的数，float只有6位或7位有效数字，而double可以提供15位或16位有效数字。

(3) char类型使用unicode编码，占用2个字节，范围在"\u0000"～"\uffff"之间，前128字节编码与ASCII编码兼容。

(4) boolean型只有两个值true和false，Java官方教程对boolean有如下说明：boolean数据类型只有两种可能的值true和false，该数据类型用作跟踪真/假状态的简单标志，这种数据类型表示一位信息，但“长度”没有精确定义。

(5) Java 为每种数据类型规定了固定的存储空间，不随机器环境的变化而变化，保证了Java 程序的跨平台。

2.3.2 字面量

字面量(Literal)，也称文字量，是指用文字表示的量，它可以代表基本数据类型、字符串类型的值，也可以表示空类型。

1. 整型字面量

整型字面量有十进制数、八进制数和十六进制数 3 种表示方式。

十进制的字面量可以是 0，也可以由非零数字(1～9)加任何数字组成。例如，5、0、13456等。

八进制的字面量以零开头，后面跟着一个或多个 0～7 中的数字，例如，017，0，0123等等。

十六进制的字面量以 0x 或 0X 开头，后面是一个或多个 0～9 或 a～f 或 A～F 之间的数字或字母。例如，0x17，0x0，0xf，0xD。

在 Java 中，int 和 long 型是比较常用的整型类型，一般情况下，一个字面量被默认为 int型，如果要特别表示一个整型字面量是 long 型的，要在数字的后面加上后缀“L”或“l”。由于“l”容易与“1”混淆，一般建议使用“L”为长整型文字量的后缀。

2. 浮点型字面量

浮点型字面量是代表有小数部分的十进制值，有两种表示方式，一种是标准记数法，一种是科学记数法。

标准记数法用十进制小数形式来表示，由数字(0～9)和小数点(.)组成，且必须有小数点，例如，3.9、0.23 等。

科学记数法用指数形式表示浮点型字面量，由小数(或整数)和指数两部分组成，小数(或整数)部分是一个小数或整数，指数部分包括字母 e 或 E 加带符号的整数。例如，2.3e3、2.3E3、0.2e-4 等。

浮点型字面量有 float 和 double 两种类型，没有任何后缀的字面量被默认为 double 型。也可以显式地指明一个字面量类型，用后缀“f”或“F”表示单精度浮点数，例如 16.6F、3.0616f 表明这两个数是 float 型的，用后缀“d”或“D”表示双精度浮点数，例如 2.166E-6D、600046.263d 表明这两个数是 double 型的。

3. 布尔字面量

布尔常量只有两种值：true 和 false，分别代表真和假。

4. 字符字面量

字符字面量是用单引号(“'”)号括起来的单个字符，字符可以是 Unicode 字符集中的任何一个字符。另外，对于一些无法用键盘输入或容易引起歧义的字符，用“\”加上特定字符来表示，称为转义字符。如表 2-5 所示 Java 的常用转义字符。

表 2-5　转义字符表

转义字符	含　义	转义字符	含　义
'\n'	换行	'\\'	反斜杠
'\t'	水平制表符	'\"'	双引号
'\b'	退格	'\''	单引号
'\r'	回车键	'\ddd'	八进制，d为八进制数
'\f'	换页	'\udddd	Unicode码字符，d为十六进制

5. 字符串字面量

字符串字面量是用双引号（“""”）括起来的零个或多个字符。例如，“Hello World”、“HelloWorld”。字符串中可以包括转义字符，例如，“Hello\n Java World”，该串中包括换行转义符，会显示出如下形式：

```
Hello
Java World
```

6. 空字面量

空字面量null用来表示不确定的对象，仅适用于引用数据类型。如果一个引用数据类型被赋值为null，表明该对象不再有任何引用。

2.3.3　变量

变量是用来存储数据的内存空间，变量的值在程序运行中是可变的，程序通过变量名来引用变量的值，变量名必须是一个合法的Java标识符。

1. 变量声明和初始化

Java中的变量声明通常包括三部分：变量类型、变量名和初始值，其中变量的初始值是可选的。声明变量的语法如下：

```
数据类型 变量名[＝初始值][，变量名[＝初始值]…]；
```

“数据类型”可以是基本数据类型，分别是byte、short、int、long、float、double、char、boolean，也可以是引用类型，如类或接口的名称等（类和接口将在本书的后面介绍）。

“变量名”必须是合法的Java标识符。变量名应该尽量简短，便于记忆，并能体现变量的用途。一般情况下，要用有意义的单词对变量命名，如果变量名中包含了多个有意义的单词，则第一个单词全部小写，其他单词的首字母大写，如isVisible。对于一次性的临时变量，可以用单个字母命名，例如i，j，k，m、n等。

“＝初始值”用来对变量赋值，在声明变量的同时就对变量赋值，即为变量的初始化。“初始值”必须是一个有效的字面量或者是一个有效的表达式。也可以在声明变量时不对变量初始化，而是在以后使用时对变量赋值。

Java允许在一行之内同时声明多个变量，这时，要用逗号（“，”）将各个变量分隔开，最后以分号（“；”）结束。通常建议一行只声明一个变量，这样有助于保持程序结构清楚。

【例2.4】变量声明与初始化。

```
public class VariableDemo {     //1 行
    public static void main(String[] args) {
        byte myFirstByte=12,mySecondByte=14;
        short MyShort=22;
        int  myInteger;     //5 行
        long myLong=0x1f4;
        float myFloat=0.55F;
        double myDouble=1.1E22;
        char myChar='A';
        boolean myBoolean=true;     //10 行
        myInteger=100;
        System.out.println("myFirstByte 的值是: " + myFirstByte);
        System.out.println("mySecondByte 的值是: " + mySecondByte);
        System.out.println("MyShort 的值是: " + MyShort);
        System.out.println("myInteger 的值是: " + myInteger);//15 行
        System.out.println("myLong 的值是: " + myLong);
        System.out.println("myFloat 的值是: " + myFloat);
        System.out.println("myDouble 的值是: " + myDouble);
        System.out.println("myChar 的值是: " + myChar);
        System.out.println("myBoolean 的值是: " + myBoolean);     //20 行
    }
}
```

第 3 行声明了两个 byte 型变量,中间用“,”隔开,并分别初始化为 12 和 14。

第 5 行声明了 int 型变量,但没有赋初值。在程序第 11 行,将该 int 型变量赋值为 100。

第 6 行声明了 long 型变量,初始值使用了十六进制数 0x1f4(对应十进制数是 500)。

第 7 行声明了 float 型变量,由于浮点型字面量被默认为是 double 型,所以该变量的初始值必须显性地表明是一个单精度浮点数,即写成 0.55F。如果不加后缀 F,写成“float myFloat=0.55;”,系统会给出错误提示:“类型不匹配:不能从 double 转换为 float”。

第 8 行声明了 double 型变量,初始值使用了科学计数法。

例 2.4 的输出是:

```
myFirstByte 的值是: 12
mySecondByte 的值是: 14
MyShort 的值是: 22
myInteger 的值是: 100
myLong 的值是: 500
myFloat 的值是: 0.55
myDouble 的值是: 1.1E22
myChar 的值是: A
myBoolean 的值是: true
```

2. 变量的作用域

变量作用域是指变量在一个程序中有效的区域。变量名在同一作用域中必须是唯一的，在不同的作用域才允许存在相同名字的变量。变量的作用域取决于两个因素，一是声明变量的位置，一是与变量相关的语句块位置，语句块是用花括号括起的语句序列。一个变量的作用域是声明这个变量所在的语句块，变量在声明它的语句块(包括该语句块中嵌套的语句块)范围内是有效的，出了这个语句块，变量就失效不能再使用了。还有一些变量是以参数形式出现的，例如方法的参数、例外处理参数、条件控制语句的条件等，这些参数形式的变量的作用域限于声明它们的方法或语句后面的语句块(包括该语句块中嵌套的语句块)。

【例 2.5】变量作用域。

```
public class VariableScope {//1 行
    int globalVar=1;
    public static void main(String[] args) {
        int i=5;
        VariableScope variablescope=new VariableScope();//5 行
        variablescope.testVar(i);
        for(int j=1;j<10;j++){
            System.out.println("从 for 语句访问 i 的值是：" + i);
            System.out.println("j 的值是：" + j);
        }//10 行
        System.out.println("i 的值是：" + i);
        System.out.println("variablescope 实例的成员变量值是：" + variablescope.
        globalVar);
        //System.out.println("j 的值是：" + j);
        //System.out.println("paramVar 的值是：" + paramVar);
    } //15 行
    void testVar(int paramVar){
        int localVar=2;
        System.out.println("globalVar 的值是：" + globalVar);
        System.out.println("paramVar 的值是：" + paramVar);
        System.out.println("localVar 的值是：" + localVar);      //20 行
        {
            int innerVar=10;
            System.out.println("从内嵌语句块访问 paramVar 的值是：" + paramVar);
            System.out.println("从内嵌语句块访问 localVar 的值是：" + localVar);
            System.out.println("从内嵌语句块访问 globalVar 的值是："+ globalVar);
            //25 行
            System.out.println("innerVar 的值是：" + innerVar);
        }
        //System.out.println("innerVar 的值是：" + innerVar);
    }
}//30 行
```

第 2 行声明了全局变量 globalVar，它是 VariableScope 类的成员变量，其作用域是整个类的实例，在第 1 行的“{”到第 34 行的“}”之间都是有效的。因而，程序可以在第 12 行的语句中访问 VariableScope 类的实例 variablescope 的成员变量 globalVar，也可以在第 18 行的语句和第 25 行的语句中分别访问全局变量 globalVar。

第 4 行声明了局部变量 i，它的作用域是 main()方法体，即在第 3 行的“{”到第 15 行的“}”之间是有效的，可以在第 8 行的语句和第 11 行的语句中分别访问这个变量。

第 7 行中声明了变量 j，这个变量仅在 for 语句的语句体范围内有效(第 7 行的“{”到第 10 行的“}”之间)，出了这个范围，变量 j 就不能被访问了。第 9 行的语句是可以执行的语句。如果将第 13 行中注释符去掉，系统就会给出出错提示：“无法解析 j”。

同样，第 18 行声明的局部变量 localVar 仅在 testVar()方法体内有效(第 16 行的“{”到第 29 行的“}”之间)，可以在第 21 行、第 27 行加以访问。第 16 行声明的参数变量 paramVar 具有与局部变量 localVar 相同的作用域。如果将第 14 行的注释符去掉，系统会给出出错提示：“无法解析 paramVar”。

第 22 行声明的变量 innerVar 仅在第 21 行的“{”到第 27 行的“}”之间的语句块内有效。第 30 行的语句与变量 innerVar 的声明语句在同一个语句块内，可以访问变量 innerVar。第 28 行语句位于变量 innerVar 所在的语句块之外，这时变量 innerVar 已经失效，如果去掉第 28 行语句中的注释符，系统会给出出错提示：“无法解析 innerVar”。

例 2.5 的运行结果是：

```
globalVar 的值是：1
paramVar 的值是：5
localVar 的值是：2
从内嵌语句块访问 paramVar 的值是：5
从内嵌语句块访问 localVar 的值是：2
从内嵌语句块访问 globalVar 的值是：1
innerVar 的值是：10
从 for 语句访问 i 的值是：5
j 的值是：1
从 for 语句访问 i 的值是：5
j 的值是：2
从 for 语句访问 i 的值是：5
j 的值是：3
从 for 语句访问 i 的值是：5
j 的值是：4
从 for 语句访问 i 的值是：5
j 的值是：5
从 for 语句访问 i 的值是：5
```

```
j 的值是：6
从 for 语句访问 i 的值是：5
j 的值是：7
从 for 语句访问 i 的值是：5
j 的值是：8
从 for 语句访问 i 的值是：5
j 的值是：9
i 的值是：5
variablescope 实例的成员变量值是：1
```

2.3.4 常量

常量是不随程序运行而改变的量。常量有两种表示方式，一种是用一个字面量来表示常量，这时，常量不必声明就可直接使用。另一种表示方式是与变量相类似，用合法的 Java 标识符作为常量的名字，对这个名字赋初值，并在以后的程序中引用这个名字。常量的声明规则与变量声明基本相同，但要以关键字 final 为修饰符，以这种方式声明的常量也称 final 变量。声明常量的语法如下：

final 数据类型 常量名[＝常量值][，常量名[＝常量值]…]；

final 是 Java 的关键字，表明声明了一个常量或 final 变量，使用 final 关键字声明的常量，一旦被赋值，其值就不能改变。

"数据类型"是基本数据类型，分别是 byte、short、int、long、float、double、char、boolean。

"常量名"必须是合法的 Java 标识符。与变量一样，常量也应该尽量使用有意义的单词来命名，一般情况下，Java 的常量名常用大写字母，如果常量名中包含了多个有意义的单词，则单词之间用下划线"_"隔开，如 MAX_VALUE。

"＝常量值"指明了常量的值。"常量值"必须是一个有效的字面量或者是一个有效的表达式。也可以在声明常量时不赋值，以后需要时再赋值。

【例 2.6】求圆的面积。

```
public class ConstDemo {//1 行
    public static void main(String[] args) {
        ConstDemo constdemo= new ConstDemo();
        System.out.print("第一次计算。");
        constdemo.calculateArea1(5);//5 行
        System.out.print("第二次计算。");
        constdemo.calculateArea2(5);
        System.out.print("第三次计算。");
        constdemo.calculateArea3(5);
    }//10 行
    void calculateArea1(double radius){
```

```
        final double PI=3.1415926;
        System.out.println("半径为"+radius+",圆的面积是："+ PI * radius * radius);
        //PI=3.14;
    }//15 行
    void calculateArea2(double radius){
        final double PI;
        PI=3.1415926;
        System.out.println("半径为"+radius+",圆的面积是："+ PI * radius * radius);
        //PI=3.14; //20 行
    }
    void calculateArea3(double radius){
        System.out.println("半径为"+radius+",圆的面积是：" + 3.1415926 * radius *
        radius);
    }
}//25 行
```

例 2.6 说明了常量的声明和使用方式。第 12 行的语句声明了常量 PI,并同时赋值。第 17 行只声明了常量 PI,在第 18 行的语句中才对 PI 赋值。第 23 行用一个字面量指明常量(缺省的浮点型字面量是 double 型的)。这三种计算方法的效果一致。

用 final 声明的常量,一旦赋值,就不能改变。如果去掉第 14 行和第 20 行的注释符,系统会报错。

例 2.6 的运行结果是：

```
第一次计算。半径为 5.0,圆的面积是：78.539815
第二次计算。半径为 5.0,圆的面积是：78.539815
第三次计算。半径为 5.0,圆的面积是：78.539815
```

2.3.5 类型转换

数据类型的转换,是程序设计中经常遇到的问题,例如,Java 的基本数据类型包括 byte、short、int、long、float 和 double,它们能够表示的数值的范围和在内存中所占的位数是不一样的,当不同类型的数进行算术运算时,Java 系统要自动将不同类型的数转换成同一种类型,然后做相应的算术运算,并按某种类型返回结果。

Java 语言提供自动类型转换和强制类型转换两种机制。

1. 自动类型转换

自动类型转换,也称隐式类型转换,是由系统自动完成的类型转换,无需程序设计人员书写代码。

在 Java 中,下列情况由系统进行自动转换：

(1) 将取值范围小的数据类型转换成取值范围大的数据类型。例如：

```
int a=10;
float b=a;
```

其中，a为整型，b为单精度浮点数，b的范围比a大，在第二条语句中，系统先将a的值自动转换为单精度浮点数，再赋给b。这两条语句执行后，a的值是10，b的值是10.0。

(2) 当有多个不同的数据类型参加运算时，系统自动将取值范围小的数据类型转换成取值范围大的数据类型，再进行运算，结果的类型是取值范围大的数据类型。例如：

```
long y=100;
int z=10;
long x=y+z;      //不能写成 int x=y+z;
```

其中，y是长整型，z是整型，两者做加法运算时，系统自动将z转换成长整型进行运算，得到的结果x也是长整型。第3条语句不能写成"int x=y+z;"，否则系统会给出错误提示："类型不匹配：不能从long转换为int"。

2. 强制类型转换

强制类型转换，也称显式类型转换，是指必须通过代码指定才能完成的类型转换。在将取值范围大的数据类型转换成取值范围小的数据类型时，必须使用强制类型转换。强制类型转换可能造成数据精度损失。

强制类型转换的一般语法格式是：

(数据类型)变量名或表达式；

例如，声明如下两个变量：

```
int MyInteger;
long MyLong = 556;
```

要把MyLong的值赋给MyInteger，必须进行强制类型转换，即先把变量MyLong中保存的数据的数据类型从long型转换成int型后，才能赋给MyInteger。即：

```
MyInteger = (int) MyLong;
```

再看一个例子，有如下两条语句：

```
short i=365;
i=i+3;
```

初看起来，这两条语句没有什么问题，但在实际运行中会有错误出现。原因在于，i=i+3中使用了字面量3，系统将没有后缀的整数默认为int型，而i被声明为short型，所以在运算时，i+3中的i值被自动转换为int型参加运算，运算结果也是int型的，而"="左边的i是short型，将int型的值放到short型变量中，必须使用强制转换。应将语句"i=i+3;"改成：

```
i=(short)(i+3);
```

2.4　数　　组

数组是Java中一种常用的引用类型。数组是这样一种存储结构，它存储了具有相同数据类型的一组数据，其中的每一个数据称为数组的一个元素，每个相应的元素都被编号，这些编号统称为下标。数组类型的变量称为数组变量，数组中每个元素用数组变量名称加上下标来表示。一个数组中的元素的个数,称为数组的长度。在 Java 中,数组的下标从 0 开始。

2.4.1 数组的声明

数组在使用之前必须事先声明,声明数组与声明变量的方法类似,要指定数组存放元素的数据类型、数组变量的名称并且用“[]”指明当前声明的是数组变量。

声明数组的一般语法格式如下:

```
数组元素类型[ ] 数组变量名;
```

或

```
数组元素类型  数组变量名[ ];
```

由于数组可以存放任何类型的数据,因此“数组元素类型”既可以是简单数据类型,也可以是引用数据类型。以下代码声明了不同类型的数组:

```
int[] anArrayOfInt;                  //声明整型的数组
int anArrayOfInt[];                  //与上述声明等价,声明整型的数组
float[] anArrayOfFloats;             //声明单精度浮点数数组
float anArrayOfFloats[];             //与上述声明等价,声明单精度浮点数数组
Object[] anArrayOfObjects;           //声明 Object 型数组
Object anArrayOfObjects[];           //与上述声明等价,声明 Object 型数组
```

2.4.2 为数组分配内存

数组声明仅仅给出了数组的名称和数组元素的数据类型,要真正使用数组,还必须指定数组元素的个数,使得 JVM 为数字分配内存空间。

在 Java 中为数字分配内存空间有两种方法,一种是直接静态初始化数组,另一种是用 new 关键字为数组分配内存空间。

1. 直接静态初始化数组

与对变量初始化一样,数组也可以在声明的同时初始化,方法是直接将数组的元素按顺序放在“{}”之中,元素之间用逗号“,”分开,并用赋值运算符“=”赋值给数组变量。语法格式为:

```
数组元素类型[ ] 数组变量名={元素 1,元素 2,元素 3,……元素 n};
```

或

```
数组元素类型  数组变量名[ ]= {元素 1,元素 2,元素 3,……元素 n};
```

其中,“元素”可以是字面量,也可以是变量,如果是变量,必须要保证该变量已经有初始值,另外,“元素”的数据类型必须与“数组元素类型”指定的类型相一致。

例如,以下代码声明并初始化了整型数组 ArraryOfInt:

```
int[] ArraryOfInt={1,2,3,5,6,7,9,10};
```

初始化后数组 ArraryOfInt 共有 10 个元素，分别为 1、2、3、4、5、6、7、8、9、10。

以下代码使用了变量来初始化数组：

```
int x=1;
int[] ArraryOfInt={x,2,3,5,6,7,9,10};
```

初始化后数组 ArraryOfInt 同样有 10 个元素，分别为 1、2、3、4、5、6、7、8、9、10。

2. 用 new 关键字为数组分配内存空间

数组本身作为一种引用类型，可以用 new 关键字来为一个数组分配内存。new 关键字在分配数组内存的同时，还会对数组自动赋初值，数值型数组被自动初始化为 0 或 0.0，字符型数组被自动初始化为“\u0000”，布尔型数字被自动初始化为 false、对象数组被自动初始化为 null。

用 new 关键字为数组分配内存空间的语法格式如下：

```
数组变量名=new 数组元素类型[数组长度];
```

例如，下面的代码声明了一个整型数组，并为它分配了可以存放 10 个整型元素的内存：

```
int[] anArrayOfInt;                 // 声明整型的数组
anArrayOfInt = new int[10];        //为数组分配内存
```

也可以将数组的声明语句与内存分配语句合成一条语句，例如：

```
int[] anArrayOfInt = new int[10];        //声明整型的数组并为数组分配内存
```

使用 new 关键字也可以对数组元素进行初始化，相当于将分配内存语句与直接静态初始化数组语句结合起来使用，例如，以下代码用 new 关键字初始化了 10 个整型元素：

```
int[] ArraryOfInt=new int[]{1,2,3,5,6,7,9,10};
```

注意，Java 规定：如果提供了数组初始化操作，则不能定义维表达式。在用 new 关键字初始化数组时，第二个[]中不能再写数组长度。

2.4.3　数组的访问

声明数组并为其分配内存之后，就可以使用数组了。使用数组通常是访问数组的元素，即引用数组的元素或为数组元素赋值，数组元素的表示方式如下：

```
数组变量名 [元素下标];
```

以下代码对数组元素进行排序，并将排序后的数组元素显示出来。代码演示了数组的声明、初始化、数组元素的访问。在这段代码中使用了数组的重要属性 length，该属性返回数组元素的个数。由于数组下标是从 0 开始的，所以数组元素的最大下标是 length 属性的返回值减 1。

```
int[] intArray= { 10, 32,984,234,345,9,234,87};//声明并初始化数组
for (int i = 0; i < intArray.length; i++) {
        for (int j = i + 1; j < intArray.length; j++) {
                if (intArray[i] > intArray[j]) {
```

```
                    int temp = intArray[i];
                    intArray[i] = intArray[j];
                    intArray[j] = temp;
                }
            }
        }
        for (int  i = 0; i < intArray.length; i++){ //显示排序后的数组
            System.out.print(intArray[i] + " ");
        }
```

2.4.4 数组的数组

Java 中没有多维数组的概念,多维数组是通过数组的数组来实现的。如前所述,Java 的数组元素可以是任何数据类型,当然也可以是数组类型,也就是说,一个数组的元素本身是一个数组。如果一个数组的每个元素都是一个数组,则这个数组就相当于一个二维数组,同样,如果数组元素是数组,且该数组类型的元素本身的元素又是数组,则整个数组就相当于一个三维数组,依次类推,通过这种机制,Java 可以处理任意维数的数组。

1. *声明数组的数组*

声明数组的一般语法格式如下:

```
数组元素类型[][][][]……[] 数组变量名;
```

或

```
数组元素类型  数组变量名[][][][]……[];
```

用上述语法可以声明任意维数的数组,例如,以下代码声明了一个双精度浮点型二维数组:

```
double myArrary[][];
```

2. *为数组的数组分配内存*

数组的数组在本质上是一维数组,只是该数组的元素本身又是数组。因此,为数组的数组分配内存与一维数组的内存分配一样,也有两种方法,一种是用{}直接初始化数组,另一种是使用 new 关键字。

以下代码直接静态初始化了一个二维数组:

```
double myArrary[][]={
                      {3.8,5.6,3.3,8.9},
                      {4.5,5.0,6.4,6.3,23.7,67.8},
                      {2.2,20.5}
                      };
```

直接初始化数组的数组,一维数组中的每个元素本身又是一个数组,只要满足这个条件就可以,每个元素的数组的长度可以不同,这样就增加了整个数组的灵活性。

与在一维数组中使用 new 关键字分配内存空间一样,可以用下列代码为二维数组分配

内存空间(二维以上的数组依次类推):

```
double myArrary [][]=new double[3][5];
```

上述代码为数组 myArrary 分配了 3 行 5 列的空间，同时将所有的数组元素初始化为 0.0。

在为数组的数组分配内存空间时，可以只指定某些维长度，而不必指定所有维的长度，只要遵循不能在空维(即没有指定长度的维)之后再指定数组的维数这个原则即可，例如：

```
double myArrary [][]=new double[3][];
```

以上代码指定了数组 myArrary 包含 3 个元素，且每个元素均为双精度浮点数的数组，但这些双精度浮点数数组的元素是不确定的，允许在以后对数组的操作中再行确定。

3. 访问数组的数组

数组的数组的本质是嵌套的一维数组，对多位数组元素的访问，可以通过用数组元素的下标来实现，访问多维数组元素的语法是：

```
数组变量名 [第 1 维元素下标][第 2 维元素下标]……[第 n 维元素下标];
```

【例 2.7】三维数组的声明、内存分配与使用。

```
public class MultiArray {//1 行
    static void show(int[][][] array) {
        for(int i = 0; i < array.length; i++)
         for(int j = 0; j < array[i].length; j++)
          for(int k = 0; k < array[i][j].length;k++)//5 行
           System.out.println(
                  "array["+i+"]"+"["+j+"]"+"["+k+"]="
                  +array[i][j][k]);
    }
    static void setElement(int[][][] array,int iniValue) {//10 行
        for(int i = 0; i < array.length; i++)
            for(int j = 0; j < array[i].length; j++)
                for(int k = 0; k < array[i][j].length;k++)
                    array[i][j][k]=(int)(Math.random() * iniValue);
    }//15 行
    public static void main(String[] args) {
        System.out.println("第一个数组(固定声明数组的每一维):");
        int[][][] array1 = new int[2][2][4];
        setElement(array1,100);
        show(array1);//20 行
        System.out.println("第二个数组(动态确定数组的维数):");
        int[][][] array2 = new int[3][][];
        for(int i = 0; i < array2.length; i++) {
            array2[i] = new int[2][];
```

```
                for(int j = 0; j < array2[i].length; j++)//25 行
                    array2[i][j] = new int[3];
            }
            setElement(array2,10);
            show(array2);
        } //30 行
    }
```

在本例中，用两种方式声明并为数组分配空间。在主方法中，程序第 18 行声明了一个 2×2×4 的三维数组 array1。setElement()方法(见程序第 10 行至 15 行)用随机数对三维数组的各个元素赋值。主方法中的第 19 行程序调用 setElement()方法，将数组 array1 的元素赋值为 100 以内的随机数，并在第 20 行调用 show()方法将数组 array1 的元素显示出来。show()方法的功能是显示一个三位数组的每一个元素(见程序第 2 行至 9 行)。

程序第 22 行的内存分配语句只确定了三维数组 array2 的第一维，程序第 24 行对数组的第一维的元素进行内存分配，指明数组第一维的每一个元素是一个二维数组，该二维数组有两个一维元素，每个元素本身又是一个数组，该数组的元素个数未定，程序第 26 行为数组 array2 的第二维分配内存空间，指明数组 array2 的第二维包含了一个有 3 个元素的一维数组。至此，确定了三维数组 array2 的每一维的维数，这时，array2 是一个 3×2×3 的三位数组。程序第 28 行和 29 行分别调用函数 setElement()及 show()，对 array2 元素赋值(值为 10 以内的随机数)并显示出来。

本程序使用了随机数对数组赋值，每次运行的结果数值会有不同，某次运行结果如下：

```
第一个数组(固定声明数组的每一维)：
array[0][0][0]=20
array[0][0][1]=97
array[0][0][2]=16
array[0][0][3]=76
array[0][1][0]=75
array[0][1][1]=89
array[0][1][2]=29
array[0][1][3]=76
array[1][0][0]=2
array[1][0][1]=20
array[1][0][2]=95
array[1][0][3]=8
array[1][1][0]=35
array[1][1][1]=57
array[1][1][2]=4
array[1][1][3]=14
```

```
第二个数组(动态确定数组的维数):
array[0][0][0]=7
array[0][0][1]=3
array[0][0][2]=0
array[0][1][0]=7
array[0][1][1]=0
array[0][1][2]=1
array[1][0][0]=9
array[1][0][1]=9
array[1][0][2]=9
array[1][1][0]=7
array[1][1][1]=0
array[1][1][2]=1
array[2][0][0]=8
array[2][0][1]=0
array[2][0][2]=6
array[2][1][0]=4
array[2][1][1]=4
array[2][1][2]=4
```

2.5　运算符与表达式

运算符又称操作符,是Java中代表特定运算的符号。变量、常量、运算符以及方法调用按照一定规则的组合,构成了表达式。其中,变量、常量和方法调用统称为操作数。表达式具有唯一确定的值。

在Java中,可以按不同的标准对运算符分类,从功能角度,运算符可以分成算术运算符、关系运算符、条件运算符、逻辑运算符、位运算符以及赋值运算符等。从运算符连接的操作数的数目,运算符可以分为一元运算符、二元运算符和三元运算符。

2.5.1　算术运算符及其表达式

算术运算符对操作数进行算数运算,由算术运算符构成的表达式称为算术表达式。按照所需操作数个数的不同,算术运算符分为一元运算符和二元运算符。如表2.6所示算术运算符及其功能说明。

表 2-6　算术运算符及其功能

类型	运算符	运算含义	表达式示例	说明
一元运算符	++	加 1	x++或++x	x=x+1
			y=++x	相当于 x=x+1;y=x;
			y=x++	相当于 y=x;x=x+1;
	--	减 1	y--或--y	y=y-1
			y=--x	相当于 x=x-1;y=x;
			y=x--	相当于 y=x;x=x-1;
	-	取负	-x	将 x 的值取负
二元运算符	*	乘	x*y	求 x 与 y 相乘的积
	/	除	x/y	求 x 除以 y 的商
	%	取余数	x%y	求 x 除以 y 所得的余数
	+	加	x+y	求 x 与 y 相加的和
	-	减	x-y	求 x 与 y 相减的差

Java 的一元算术运算符包括"++"、"--"和"-"。它们只需要一个操作数。"++"、"--"既可以放在操作数的前面,也可以放在操作数的后面。分别称为前置加 1 或前置减 1 操作、后置加 1 或后置减 1 操作。前置加 1 或前置减 1 操作的规则是:先将相关操作数加 1 或减 1,再与其他运算对象进行运算。后置加 1 或后置减 1 操作的规则是:先参加其他运算对象的运算,再实现相关操作数的加 1 或减 1 操作。例如:

```
int x=-2;                          //x的值为-2
int y;
System.out.println("x="+x);        //显示"x=-2"
x=-x;                              //取负操作,x的值为2
System.out.println("x="+x);        //显示"x=2"
y=++x*3;                           //前置操作,x先加1,再参加运算
System.out.println("x="+x);        //显示"x=3"
System.out.println("y="+y);        //显示"y=9"
y=x++*3;                           //前置操作,x先参加运算,再加1
System.out.println("x="+x);        //显示"x=4"
System.out.println("y="+y);        //显示"y=9"
```

Java 的二元算术运算符包括"*"、"/"、"%"、"+"、"-"。使用二元算术运算符时应注意以下几点:

(1)"+"运算符表示操作数相加,结果值为操作数之和。同时,该运算符还用来连接字符串,结果是连接后的字符串。例如:

```
int x=5;                           //声明了整型变量x,并赋初值
int y=6;                           //声明了整型变量y,并赋初值
int z=x+y;                         //做加法运算
System.out.println("z="+z);        //显示"z=11"
```

```
String s1 = "用+号连接了";          //声明了字符串 s1,并赋初值
String s2 = "两个字符串";           //声明了字符串 s2,并赋初值
String s3 = s1+s2;                  //将 s1 和 s2 连接起来
System.out.println("s="+s3);        //显示"s=用+号连接了两个字符串"
```

(2) 除法运算的结果与操作数的数据类型有关。如果操作数都是整型,则运算结果为整型,值是商的整数部分,小数部分被截断。如果操作数中至少有一个浮点数,则运算结果也为浮点数,且类型为操作数中取值范围大的那种数据类型。例如:

```
int x=5/3;                          //操作数都是整型
System.out.println("5/3= " +x);     //取商的整数部分,显示"5/3= 1"

double y=23/3.8;                    //3.8 被默认为 double 型,结果也是 double 型的
System.out.println("23/3.8= " + y); //显示"23/3.8= 6.052631578947369"
```

若要保留整数除法的小数部分,则至少要对其中的一个操作数做强制类型转换,将其转换为浮点数,例如:

```
float x=(float)5/3;                 //将操作数 5 转换成 float 型
System.out.println("5/3= " +x);     //显示"5/3= 1.6666666"
```

(3) 取余数运算,求两数相除所得的余数。取余数的操作数既可以是整数,也可以是浮点数。取余数运算的结果值是商为个位数时所对应的余数。当操作数均为整数时,运算结果也为整数;当操作数至少一个是浮点数时,运算结果为浮点数。浮点数的取余数运算,由于数字精度问题,运算的结果会有一定的误差,例如:

```
float x=34.6f % 2.8f;               //操作数是单精度浮点数
System.out.println("x="+x);         //显示"x=0.99999905"

double y=34.6%2.8;                  //操作数是双精度浮点数
System.out.println("y="+y);         //显示"y=1.0000000000000036"
```

负数也可以参加取余数运算,若第一个操作数为负,则取余数运算的值为负,若第一操作数为正,则取余数运算的值为正,例如:

```
int x=5%3;                          //操作数均为整数
System.out.println("x=" + x);       //显示"z=2"

int y=(-5)%3;                       //第一个操作数是负数
System.out.println("y=" +y);        //显示"y=-2"

int z=5%(-3);                       //第一个操作数是正数
System.out.println("z=" + z);       //显示"z=2"
```

2.5.2 关系运算符及其表达式

关系运算符为二元运算符,用来比较两个操作数的大小,由关系运算符构成的表达式称

为关系表达式。表 2-7 示出了关系运算符及其功能。

表 2-7　关系运算符及其功能

运算符	运算含义	表达式示例	说明
<	小于	6<9	6<9 成立，表达式值为真
>	大于	5>4	5>4 成立，表达式值为真
<=	小于等于	'B'<='b'	B 的编码小于 b 的编码，表达式值为真
>=	大于等于	'A'>='3'	A 的编码大于 3 的编码，表达式值为真
==	等于	4==4	4 和 4 相等，表达式值为真
!=	不等于	(5+4)!=10	9 不等于 10，表达式值为真

说明：

(1) 关系表达式返回的结果为 boolean 类型，值为 true 或者 false。例如：

```
boolean z=(7+8)<=10;
System.out.println ("z="+z);        //显示"z=false"
```

(2) "<"、">"、"<="、">="等比较大小的运算符，其操作数只能是整数类型、浮点数类型和字符类型，比较时只考虑值的大小，不考虑操作数的数据类型，例如：

```
System.out.println (10>10f);           //显示"false"
System.out.println('a'<100);           //显示"true",a 的编码值为 97,小于 100
```

(3) "=="、"!="的操作数可以是任何数据类型，既可以是基本数据类型，也可以是引用数据类型。当操作数是基本数据类型时，只比较数值是否相等，不考虑数值的数据类型。当操作数是引用类型时，不是比较其内容是否相同，而是比较操作数是否引用了同一个对象。例如：

```
int[] a={1,2,3};
int[] b={1,2,3};
System.out.println(a==b);              //显示"false"
b=a;
System.out.println(a==b);              //显示"true"
```

在上述代码中，声明了两个整型数组 a 和 b，并赋初值，两者都包含三个元素，分别是 1、2、3。虽然数组 a 和 b 的元素个数和值都相同，但却是两个不同的对象，因此第一个"System.out.println(a==b);"语句中的比较结果是 false。在"b=a;"这条语句中，将 a 引用的对象赋值给 b，这时，a 和 b 引用了同一个对象，所以，第二个"System.out.println(a==b);"语句中的比较结果是 true。

2.5.3　逻辑运算符及其表达式

逻辑运算符是指做逻辑运算的符号，由逻辑运算符构成的表达式称为逻辑表达式。Java 中共有六个逻辑运算符，其中一个为一元运算符，其他为二元运算符。如表 2-8 所示逻辑运算符及其功能。

表 2-8　逻辑运算符及其功能

<table>
<tr><th>类型</th><th>运算符</th><th>运算含义</th><th>表达式示例</th><th>具体功能</th></tr>
<tr><td>一元运算符</td><td>!</td><td>非运算,取反</td><td>! x</td><td>若 x 为 true,表达式的值为 false,反之,为 true</td></tr>
<tr><td rowspan="5">二元运算符</td><td>&&</td><td>简洁与</td><td>x&&y</td><td>仅当 x 和 y 都是 true 时,表达式的值才为 true</td></tr>
<tr><td>&</td><td>非简洁与</td><td>x&y</td><td>仅当 x 和 y 都是 true 时,表达式的值才为 true</td></tr>
<tr><td>||</td><td>简洁或</td><td>x||y</td><td>仅当 x 和 y 都是 false 时,表达式的值才为 false</td></tr>
<tr><td>|</td><td>非简洁或</td><td>x|y</td><td>仅当 x 和 y 都是 false 时,表达式的值才为 false</td></tr>
<tr><td>^</td><td>异或</td><td>x^y</td><td>x、y 同为 true 或 false 时,表达式的值为 false,反之,为 true</td></tr>
</table>

说明:

(1) 逻辑运算符的操作数必须是 boolean 类型,运算结果也是 boolean 型的。逻辑运算符通常用关系运算表达式作为操作数,对关系运算表达式结果做进一步的逻辑运算,例如:

```
int x=5;
int y=7;
System.out.println (x>y|(23 * x-18 * y)<x);          //显示"true"
```

逻辑运算符的优先级低于条件运算符,在表达式“x>y|(23 * x-18 * y)<x”中,先计算“x>y”(结果为 false)和“(23 * x-18 * y)<x”(结果为 true),再计算两者的逻辑或,最终结果是 true。

(2) 逻辑运算符“&”和“&&”执行相同运算,但两者计算的方法有所不同,“&&”优先计算左边的操作数,如果左边的操作数是 false,就不再计算右边操作数,直接得出整个逻辑运算表达式的值是 false。“&”则总是要计算两边的操作数,并根据它们的结果返回整个逻辑运算表达式的值。

(3) “|”和“||”的计算方法与“&”和“&&”相类似,“||”优先计算左边的操作数,若左边操作数的值是 true,就不再继续计算右边的操作数,直接得出整个逻辑运算表达式的值是 true。“|”总是要计算两边的操作数,在至少有一边为 true 时,返回 true。

(4) “^”为异或运算,只有在左右两个操作数相异时,即一个是 true,一个是 false 时,结果才为 true,其他情况逻辑运算表达式的结果都为 false。例如:

```
int x=5;
int y=7;
System.out.println (x<y^(23 * x-18 * y)<x);          //显示"false"
```

2.5.4　位运算符和表达式

位运算符对操作数的二进制形式进行运算,用位运算符构成的表达式称为位运算表达式。在 Java 中,位运算有两种类型,一种是按着操作数的二进制形式逐位做逻辑运算,另一种是对操作数做左移位或者右移位操作。位运算的操作数只能是 char、short、int、long 等整数数据类型。表 2-9 说明了位运算符及其功能。

表 2-9 位运算符及其功能

类型		运算符	运算含义	表达式示例	具体功能
按位逻辑运算	一元运算符	~	按位求反	~x	对 x 的二进制形式按位求反,0 变成 1,1 变成 0
	二元运算符	&	位与	x&y	对 x 和 y 的二进制形式做逐位与运算
		|	位或	x|y	对 x 和 y 的二进制形式做逐位或运算
		^	位异或	x^y	对 x 和 y 的二进制形式做逐位异或运算
位移运算	二元运算符	>>	按位右移	x>>y	x 的各个位右移 y 位
		<<	按位左移	x<<y	x 的各个位左移 y 位
		>>>	逻辑右移	x>>>y	x 按无符号数逻辑右移 y 位

说明:

(1) 在 Java 中的 7 个位运算符中,"~"是一元运算符,只需要一个操作数,其他 6 个位运算符均为二元运算符,需要两个操作数。

(2) 位运算符的操作数只能是整数数据类型,即操作数只能是 char、short、int、long 类型。所以,尽管"&"、"|"、"^"等符号也被用作逻辑运算符,但可以通过它们连接的操作数来判断它们是逻辑运算符还是位运算符。如果操作数是 boolean 型,则这三个运算符是逻辑运算符;若操作数是整数型,这三个操作符是位运算符。

(3) 在 Java 中,除 char 类型以外,所有的整数类型都是有符号的整数,并且每种数据类型在机器中的位数都是固定的,例如,int 型的数据总是用 32 位二进制数表示。正数用二进制表示,左边不足的位补零,负数用正数的补码表示。将一个正数的二进制码按位取反,再将得到的值加 1,即为这个整数所对应的负数。例如,2 的二进制表示是"00000000000000000000000000000010",-2 的二进制表示是"11111111111111111111111111111110"("00000000000000000000000000000010"按位取反是"11111111111111111111111111111101",再加 1 是"11111111111111111111111111111110")。同样,对一个负数的解码过程是先对其所有的位取反,再加 1,即可得到这个负数的绝对值。以下是与位逻辑运算有关的例子:

① 按位求反。

```
int x = 4;
x=~x;      //按位求反
System.out.println("x="+x);
```

在上例中,4 的二进制表示是"00000000000000000000000000000100",执行"x=~x;"之后,x 的值为"11111111111111111111111111111011",对应的十进制数是-5,故本例结果显示"x=-5"。

② 位与、位或及位异或操作。

```
int a=13;                          //a 的二进制形式是 1101(略去左边的 0,下同)
```

```
int b=10;                          //b的二进制形式是1010
int c,d,e;
c=a&b;                             //位与后c=1000(二进制),十进制为8
d=a|b;                             //位或后d=1111(二进制),十进制为15
e=a^b;                             //位异或后d=0111(二进制),十进制为7
System.out.println("c="+c);        //显示"c=8"
System.out.println("d="+d);        //显示"d=15"
System.out.println("e="+e);        //显示"e=7"
```

(4) 位移运算"<<"执行二进制位左移操作,位移时,所有的二进制位都参加位移,每移动1位,左边最高位均被丢弃,右边最低位被补0。例如:

```
int a=25;
int b=-729191;
int c,d;
c=a<<3;
d=b<<12;
System.out.println("c="+c);
System.out.println("d="+d);
```

在上例中,a的二进制形式是"00000000000000000000000000011001",b的二进制形式是"11111111111101001101111110011001",执行"c=a<<3;"操作后,将a左移三位,丢弃高三位的0,并在低三位上补0,c的二进制值为"00000000000000000000000011001000",对应十进制数是200。执行"d=b<<12;"操作后,将b左移12位,丢弃前面12个1,并在后12位上补0,d的二进制值为"01001101111110011001000000000000",对应的十进制数是1308200960。故本例的结果是:

```
c=200
d=1308200960
```

(5) ">>"和">>>"均执行右移操作,两者的区别在于,用">>"右移时,数值的符号位保持不变(最高位是符号位,0表示正数,1表示负数),被移走的最高位用原来的值填补。最高位原来是0,位移后仍然为0;最高位原来是1,位移后仍然为1,同时舍弃被移走的低位数。用">>>"右移时,不考虑符号位的值,位移后总在左边最高位补0。例如:

```
int a=4;
int b=-4;
int c,d,e;
c=a>>1;
d=b>>1;
e=b>>>1;
System.out.println("c="+c);
System.out.println("d="+d);
System.out.println("e="+e);
```

在上例中，a的二进制形式是“00000000000000000000000000000100”，b的二进制形式是“11111111111111111111111111111100”。执行“c=a>>1;”操作之后，将a右移1位，舍去最后一位0，并在最高位上补0(原来的最高位是0)，这时，c的二进制值为“00000000000000000000000000000010”(对应的十进制数是2)。执行“d=b>>1;”操作之后，将b右移1位，丢弃最后1位0，最高位补1(原来的最高位是1)，这时，d的二进制值是“11111111111111111111111111111110”(对应的十进制数是−2)。执行“e=b>>>1;”操作后，将b右移1位，丢弃移走的0，并在最高位上补0，e的二进制值是“01111111111111111111111111111110”(对应的十进制数是2147483646)。所以，本例的运行结果是：

```
c=2
d=-2
e=2147483646
```

2.5.5 赋值运算符及其表达式

赋值运算符用于对变量或对象赋值，赋值运算符是二元运算符，左边的操作数必须是一个变量，右边的操作数可以是已赋值的变量、常量、表达式、对象引用、引用类的属性或方法等。含有赋值运算符的表达式称为赋值表达式。Java的赋值运算符有两类，一类是简单赋值运算符，它只起到做赋值运算的作用，另一类是复合赋值运算符，它指示先进行某种运算，再将运算的结果做赋值运算。如表2-10所示赋值运算符及其功能。

表2-10 赋值运算符及其功能

类型	运算符	运算含义	表达式示例	具体功能
简单赋值运算	=	赋值	x=y	把y的值赋给x
复合赋值运算	+=	加法赋值运算	x+=y	x、y相加，结果赋值给x，等价于x=x+y
	-=	减法赋值运算	x-=y	x减去y，结果赋值给x，等价于x=x-y
	*=	乘法赋值运算	x*=y	x、y相乘，结果赋值给x，等价于x=x*y
	/=	除法赋值运算	x/=y	x除以y，结果赋值给x，等价于x=x/y
	%=	取余赋值运算	x%=y	x除以y，余数赋值给x，等价于x=x%y
	&=	位与赋值运算	x&=y	x、y做位与运算，结果赋值给x，等价于x=x&a
	|=	位或赋值运算	x|=y	x、y做位或运算，结果赋值给x，等价于x=x|y
	^=	位异或赋值运算	x^=y	x、y做位异或运算，结果赋值给x，等价于x=x^a
	<<=	左移赋值运算	x<<=y	x左移y位，结果赋值给x，等价于x=x<<y
	>>=	右移赋值运算	x>>=y	x右移y位，结果赋值给x，等价于x=x>>y
	>>>=	无符号逻辑右移赋值运算	x>>>=y	x右移y位，结果赋值给x，等价于x=x>>>y

说明：

(1) 简单赋值运算符“＝”的作用是将右边的值赋给左边的变量。使用简单赋值运算符时有以下几点要注意：第一，它不同于数学中的等号，其意思是“赋值”，不是“等于”，例如，“x＝x＋1”的意思是将变量 x 中的内容加 1，然后再送回到 x 单元中；另外，在 Java 中，表示“等于”的运算符是“＝＝”，要注意条件运算符“＝＝”与赋值运算符“＝”两者的区别；第二，如果“＝”两边的数据类型不一致，需要把右边的数据类型转换为左边的数据类型再进行赋值，数据类型的转换包括自动转换和强制转换，转换方法和转换规则请参阅“2.3.5 类型转换”；第三，在 Java 中，允许用简单赋值运算符同时对多个变量赋值，例如：

```
int x,y,z;
x=y=z=10;
```

等价于：

```
int x,y,z;
z=10;
y=z;
x=y;
```

(2) 包含算术运算的复合赋值运算(＋＝、－＝、*＝、/＝、%＝)，其左边和右边的操作数必须满足算术运算的要求，运算过程也遵循相应算术运算的规则。另外，“＋＝”除了用于计算两个数之和以外，也可以用来连接两个字符串，例如：

```
String s1="abc",s2="def";
s1+=s2;
System.out.println(s1);                    //显示“abcdef”
```

(3) 包含位运算的复合赋值运算(&＝、|＝、^＝、<<＝、>>＝、>>>＝)，其左边和右边的操作数必须满足位运算的要求，运算过程遵行相应位运算的规则，例如，左右两边的操作数必须是整数数据类型。

2.5.6　条件运算符及其表达式

条件运算符“?:”是一个三元运算符，相当于一个简化的 if-else 语句，其基本语法是：

```
条件? 结果1:结果2
```

其中，“条件”为逻辑表达式或关系表达式，其值必须是 true 或者 false。“结果 1”和“结果 2”是条件运算的返回结果，它们可以是常量、变量，也可以是表达式，但必须有确定的值。当“条件”为 true 时，返回“结果 1”的值，当“条件”为 false 时，返回“结果 2”的值，例如：

```
int x=5,y=8,z=7,v;
v=(x>2)? y+1:z+1;                  //x的值为5。x>2为true，返回y+1的值
System.out.println(v);             //显示“9”
```

由条件运算符构成的表达式称为条件表达式。条件表达式返回结果的数据类型取决于“结果 1”和“结果 2”的数据类型，条件表达式返回结果的数据类型遵循以下规则：

(1) 如果"结果 1"和"结果 2"具有相同的数据类型,则该数据类型就是条件表达式返回结果的数据类型。

(2) 当"结果 1"和"结果 2"中的一个的数据类型是 byte、short 或 char,另一个是一个 int 型的常量值,若 int 型的常量的数值在 byte、short 或 char 型数值允许的范围内,则条件表达式返回结果的数据类型仍然是 byte、short 或 char,例如:

```
int x=5;
byte a=5;
byte b=(x>2)? a:125;            //正确,int 型常量在 byte 型的取值范围内
byte c=(x>2)? a:200;            //编译出错,数值 200 超出 byte 型的取值范围
int d=(x>2)? a:200;             //正确,a 被转换为 int 型,再赋值给 d
```

(3) 如果"结果 1"和"结果 2"的数据类型不相同,且不满足规则(2),则条件表达式返回结果的数据类型是"结果 1"和"结果 2"中取值范围大的那种数据类型。

```
double x=5.6;
int z=10,y=2;
System.out.println((z==10)? y+1:x);   //y+1 的值被转换为 double 型返回,显示"3.0"
```

2.5.7 运算优先级和运算顺序

当有多个运算符和操作数一起构成一个表达式时,必须要明确先做哪些运算,后做哪些运算,也即要规定各种运算的优先级,优先级高的运算先执行,优先级低的运算后执行,例如先乘除后加减,就说的是运算优先级。在运算优先级相同的情况下,还必须要规定相同优先级运算的次序,即从左到右进行计算,还是从右到左进行计算,这就是运算顺序,也称结合性。

除了运算符本身被规定有优先级和结合性外,还可以利用 Java 的分隔符来指定表达式的运算次序,例如可以使用括号"()"指明优先计算表达式中的某些部分。如表 2-11 所示 Java 表达式的运算优先级和运算顺序。

表 2-11 Java 表达式的运算优先级和运算顺序

(优先级 1 为最高,优先级 14 为最低)

优先级	运算符或分隔符	描述	结合性
1	()	优先计算	从左到右
2	++	加 1	从右到左
	--	减 1	
	-	取负	
	!	非运算	
	~	按位求反	

续表

<table>
<tr><th>优先级</th><th>运算符或分隔符</th><th>描述</th><th>结合性</th></tr>
<tr><td rowspan="3">3</td><td>*</td><td>乘</td><td rowspan="19">从左到右</td></tr>
<tr><td>/</td><td>除</td></tr>
<tr><td>%</td><td>取余数</td></tr>
<tr><td rowspan="2">4</td><td>+</td><td>算术加</td></tr>
<tr><td>-</td><td>算术减</td></tr>
<tr><td rowspan="3">5</td><td><<</td><td>左位移</td></tr>
<tr><td>>></td><td>右位移</td></tr>
<tr><td>>>></td><td>右位移</td></tr>
<tr><td rowspan="4">6</td><td><</td><td>小于</td></tr>
<tr><td><=</td><td>小于等于</td></tr>
<tr><td>></td><td>大于</td></tr>
<tr><td>>=</td><td>大于等于</td></tr>
<tr><td rowspan="2">7</td><td>==</td><td>相等</td></tr>
<tr><td>! =</td><td>不等</td></tr>
<tr><td>8</td><td>&</td><td>与</td></tr>
<tr><td>9</td><td>^</td><td>异或</td></tr>
<tr><td>10</td><td>|</td><td>或</td></tr>
<tr><td>11</td><td>&&</td><td>简洁与</td></tr>
<tr><td>12</td><td>||</td><td>或</td></tr>
<tr><td>13</td><td>?:</td><td>条件运算</td><td>从右到左</td></tr>
<tr><td>14</td><td>=
*=
/=
%=
+=
-=
<<=
>>=
>>>=
&=
^=
|=</td><td>赋值运算</td><td>从右到左</td></tr>
</table>

2.6 流 程 控 制

一般情况下，程序的语句按书写的次序逐行执行，但是，为了完成特定的程序逻辑，有时需要有条件地执行特定的语句代码，而不仅仅是顺序执行代码。这时，就需要使用流程控制语句。Java提供三类流程控制语句：选择控制语句、循环控制语句以及跳转控制语句。

2.6.1 选择控制语句

选择控制语句功能是根据条件来选择执行相应的程序分支。Java 的选择控制语句有两种：一种是 if 语句，另一种是 switch 语句。前者一般用于双分支选择，后者用于多分支选择。

1. if 语句

if 语句有三种形式：简单 if 语句、if-else 语句以及嵌套 if-else 语句。

(1) 简单 if 语句。

简单 if 语句的语法为：

```
if(条件)
    {语句块}
```

其中，“条件”可以是条件表达式，也可以是逻辑表达式或者是布尔变量，取值是 true 或者 false。“语句块”包括多条语句，要用“{}”括起。若语句块中只有一条语句，可以省略花括号，简化成：

```
if(条件)
        语句；
```

简单 if 语句的流程是：当“条件”成立时(值为 true)，选择执行“{语句块}”或“语句”，再执行 if 语句的后继语句；当“条件”不成立时(值为 false)，则直接执行 if 语句的后续语句。例如：

```
int a=10,b=9;
if(a>b){
    System.out.println("a="+a);
    System.out.println("b="+b);
    System.out.println("a 大于 b");
}
if(a<b){
    System.out.println("b="+b);
    System.out.println("a="+a);
    System.out.println("a 小于 b");
}
if (a==b)
     System.out.println("a 等于 b,值为"+a);
```

上述程序用于比较 a 和 b 的大小，并根据比较的结果显示不同的内容。注意，其中第三个 if 语句中只包括了一条语句，省略了花括号。

(2) if-else 语句。

if-else 语句的语法为：

```
if(条件)
```

```
    {语句块 1}
else
    {语句块 2}
```

if-else语句的流程是：当“条件”为true时，执行“{语句块 1}”；否则执行“{语句块 2}”。执行完相应的语句部分后，程序继续执行if-else语句的后继语句。当if-else语句中“语句块1”或“语句块2”是单个语句时，外层的花括号可以省略，写作：

```
if(条件)
    语句 1;
else
    语句 2;
```

以下程序比较两个数的大小，并按大小输出数值：

```
double a=3.5,b=9.8;
if(a>=b) {
     System.out.println("a="+a);
     System.out.println("b="+b);
}
else{
    System.out.println("b="+b);
    System.out.println("a="+a);
}
```

(3) 嵌套if-else语句。

嵌套if-else语句的语法为：

```
if(条件 1)
    {语句块 1}
else if(条件 2)
    {语句块 2;}
……
else if(条件 n)
    {语句块 n}
else
    {语句块 m}
```

嵌套if-else语句是一种多分支选择结构，执行的流程是依次计算“条件i”的值，如果某个条件为true，就执行其后的语句块，同时忽略其余else if子句。若所有条件都为false，则执行最后一个else后面的语句块。在执行完嵌套if-else语句的相应部分后，程序跳转到嵌套if-else语句的后继语句。

在嵌套if-else语句中，可以有任意个else if部分，但只能有一个else。另外，当“语句块i”是单个语句时，其外层的花括号可以省略。

以下程序示例用嵌套if-else语句将百分制的成绩转换为A、B、C、D和E：

```
int score = 76;
char grade;
if (score >= 90) {
      grade = 'A';
} else if (score >= 80) {
     grade = 'B';
} else if (score >= 70) {
     grade = 'C';
} else if (score >= 60) {
     grade = 'D';
} else {
     grade = 'F';
}
System.out.println("Grade = " + grade);
```

程序的输出是“Grade = C”。请注意,程序中变量 testscore 值是 76,满足多个 else if 中的条件(76 >= 70,76 >= 60),按嵌套 if-else 语句的执行规则,它依次计算是否满足“条件i”,一旦找到了第一个被满足的条件,就执行其后的语句,并且不再计算其他的条件。在本例中,首先满足条件“76 >= 70”,执行“grade = 'C';”,而条件“76 >= 60”不会再被计算,也就不会执行语句“grade = 'D';”。

2. switch 语句

switch 语句也称开关语句,是一种分支选择控制语句。在处理较多分支选择时,switch 语句比 if-else if 语句更加清楚。switch 语句的语法格式为:

```
switch (条件) {
    case 条件结果值 1:
        (一条或多条)语句 1;
        break;
    case 条件结果值 2:
        (一条或多条)语句 2;
        break;
    ……
    case 条件结果值 n:
        (一条或多条)语句 n;
        break;
    default:
        (一条或多条)语句 m;
        break;
    }
```

说明:

(1) switch、case 和 default 是 switch 语句的关键字。case 子句的数量没有限制。default 及与其相关的“语句 m”可以省略。

(2)“条件”是开关控制表达式,它必须是能够转换成int型的字面量或者结果能够转换成int型变量或表达式。

(3)“条件结果值i”必须是常量或常量表达式,类型为byte、short、int或char。且不同的case子句中的“条件结果值”不能相同。

(4) switch语句的执行过程为:计算“条件”的值,然后将该值与第一个case子句的“条件结果值”比较,若二者相同,则程序执行第一个case分支中的语句;否则,将“条件”的值与第二个case子句的“条件结果值”比较,依此类推。如果“条件”的值没有相同的“条件结果值”,则执行default子句。若default子句不存在,程序跳出switch语句,执行switch语句的后继语句。

(5) break是跳转控制语句,可以省略。break语句提供了switch语句的出口,当执行到break语句时,程序会跳出switch语句,执行switch语句的后继语句。若省略了break语句,则第一个满足“条件”值的case子句及其后面的所有case子句和default子句都会被执行。

【例2.8】用switch语句改写的将百分制成绩转换为五分制成绩的程序。

```
public class SwitchDemo { //1行
    public static void main(String[] args) {
        int score = 76;
        char grade;
        switch((score>=90)? 1:(score>=80)? 2:(score>=70)? 3:(score>=60)? 4:5)
            {//5行
            case 1:
                grade = 'A';
                break;
            case 2:
                grade = 'B';//10行
                break;
            case 3:
                grade = 'C';
                break;
            case 4://15行
                grade = 'D';
                break;
            default:
                grade = 'F';
        }//20行
        System.out.println("Grade = " + grade);
    }
}
```

上例中,利用条件运算表达式将判断条件转换为整型数值,条件运算符的结合性为“自右向左”,“(score >= 90)? 1:(score >= 80)? 2:(score >= 70)? 3:(score >= 60)?

4:5"等价于"(score >= 90)? 1:((score >= 80)? 2:((score >= 70)? 3:((score >= 60)? 4:5)))"。

2.6.2 循环控制语句

循环控制语句用于使得程序反复执行某些语句，直至达到预定的要求。Java 提供了三种循环控制语句：for 语句、while 语句和 do-while 语句。

1. for 语句

for 语句是一种循环次数确定的循环控制语句，其基本语法为：

```
for (初始条件;终止条件;增量) {
    语句块;
}
```

说明：

(1) "初始条件"初始化循环的表达式，它仅在循环开始时执行一次。"初始条件"通常是赋值表达式，对变量赋初值。"初始条件"既可以是一条赋值表达式，也可以是用逗号隔开的多个赋值表达式。

(2) "终止条件"决定什么时候循环结束。for 语句的每次循环都会计算"终止条件"，若"终止条件"结果为 true，则程序执行"语句块"，否则，结束 for 循环，执行 for 语句的后继语句。"终止条件"的返回值必须是 true 或 false。

(3) "增量"是使得"初始条件"中的变量增加或减少的表达式，每执行一次 for 循环时，程序都会执行"增量"表达式，然后判断是否满足"终止条件"，以便决定是否继续循环。"增量"既可以是一条赋值表达式，也可以是用逗号隔开的多个赋值表达式。

(4) "语句块"可以包括一条语句或多条语句，当只有一条语句时，花括号"{}"可以省略。

(5) "初始条件"、"终止条件"、"增量"均为可选，若省略它们，for 语句为无限循环。注意，分号不能省略。例如：

```
for (;;) {
    语句块;
}
```

【例 2.9】显示数组的元素。

```
public class ForDemo {  //1 行
  public static void main(String[] args) {
      int[] myArray={1,2,3,4,5,6};
      for(int i=0;i<=myArray.length-1;i++){
          System.out.print(myArray[i]+"  ");//5 行
      }
  }
}
```

程序第3行定义了一个数组myArray，并赋初值。

第4行用for语句遍历数组元素。其中，定义了int型变量i作为for循环的初始条件，i的作用域仅限于for语句。终止条件是i<=myArray.length-1，在Java中，数组是复合数据类型，它有一个属性length，表示数组的长度(即元素的个数)，数组元素的下标从0开始，故数组元素的下标为0至myArray.length-1。

在Java中，还提供了一种遍历集合类型的for语句，称为增强型for语句。集合是一种包含多个对象的数据类型，每一个对象是集合中的一个元素，例如Java中数组、向量等都属于集合类型。用增强型for语句可以快速访问集合类型中的元素，其语法是：

```
for (循环变量类型 循环变量:集合变量){
    语句块;
}
```

说明：

(1)“集合变量”是指要访问的集合变量名称，如数组变量名、向量变量名等。

(2)“循环变量”必须在for语句的语句体中定义，这一点与普通for语句不一样，普通for语句中的“初始条件”中的变量可以在for语句之前声明。

(3)增强型for语句的执行过程是：每循环一次，就依次从要访问的集合中取出一个元素，并存放到“循环变量”中。因此，“循环变量”必须与要访问的集合中元素数据类型相一致，或者是要访问的集合中元素数据类型能够自动转换到的数据类型。

【例2.10】用增强型for语句显示数组的元素。

```
public class ForDemo {   //1行
  public static void main(String[] args) {
      int[] myArray={1,2,3,4,5,6};
      for(int arrayElement:myArray){
          System.out.print(arrayElement+"   ");//5行
      }
  }
}
```

本例与例2.9有相同的运行结果。

2. while语句

while语句是一种“先判断、再循环”的循环语句，也称前判循环语句。while语句语法为：

```
while(条件) {
    语句块;
}
```

说明：

(1)“条件”必须是关系表达式、逻辑表达式或者是布尔字面量，while语句的执行过程是：首先判断“条件”是否成立(true或false)，如果“条件”的值是true，则执行“语句块”。之后再判断“条件”,以决定是否继续执行“语句块”,以此类推。如果“条件”的值为 false,则循环结束,执行 while 语句的后继语句。

(2) “语句块”可以是单个语句,也可以是复合语句,若是单个语句,花括号“{}”可以省略。

(3) 一般要在“语句块”中改变“条件”中控制循环条件的变量值,以确保 while 循环能够结束。如果“条件”是布尔字面量,则通常在“语句块”内使用跳转语句如 break 等保证 while 语句不会陷入“死循环”。

【例 2.11】打印九九乘法表。

```
public class WhileDemo {//1 行
  public static void main(String[] args) {
     int i=1;
     while (i<=9){
          for(int j=1;j<=i;j++){//5 行
               System.out.print(j+" * "+i+"="+ j*i +"\t");
          }
          System.out.println();
          i++;
     }//10 行
  }
}
```

通常的九九乘法表是一个二维表,x 轴从 1 至 9,y 轴从 1 至 9,x 与 y 的交点为 x * y 的值。本程序包括两层循环,外层循环使用 while 语句,用来控制沿 y 轴的循环,内层循环使用了 for 语句,用来控制沿 x 轴的循环。第 3 行声明了 while 语句的循环控制变量 i,其初值为 1。第 4 行说明了 while 语句的循环条件,如果 i<=9,就执行第 5 行至 9 行的语句。第 5 行的 for 语句用来显示九九乘法表中每一行中的内容。在九九乘法表中,第 i 行的内容只有 i 个(例如,第三行只有 1 * 3、2 * 3 和 3 * 3),其余为空。所以,每个 for 循环的范围是从 1 至 i (包括 i)。第 6 行打印九九乘法表同一行中的内容,每次打印不换行,故使用 print()方法,其中的“\t”是水平制表符,用来保证不同内容单元格可以对齐。第 8 行是 for 语句的后继语句,其作用是换行。第 9 行使循环控制变量 i 增 1。本程序输出如下:

```
1*1=1
1*2=2   2*2=4
1*3=3   2*3=6    3*3=9
1*4=4   2*4=8    3*4=12   4*4=16
1*5=5   2*5=10   3*5=15   4*5=20   5*5=25
1*6=6   2*6=12   3*6=18   4*6=24   5*6=30   6*6=36
1*7=7   2*7=14   3*7=21   4*7=28   5*7=35   6*7=42   7*7=49
1*8=8   2*8=16   3*8=24   4*8=32   5*8=40   6*8=48   7*8=56   8*8=64
1*9=9   2*9=18   3*9=27   4*9=36   5*9=45   6*9=54   7*9=63   8*9=72
9*9=81
```

3. do-while 语句

do-while 语句是一种“先循环、后判断”的循环语句，也称判断循环语句。其语法为：

```
do{
    语句块;
}while(条件);
```

说明：

（1）do-while 语句与 while 语句相反，它先执行“语句块”，再计算 while 后面的“条件”，如果“条件”为 false，则执行 do-while 语句的后继语句，否则，继续执行“语句块”，以此类推。也就是说，do-while 不管循环控制条件为何，都要至少循环一次。

（2）“语句块”可以是单个语句，也可以是复合语句，若是单个语句，花括号“{}”可以省略。

（3）“while(条件);”中的分号是系统要求的，不能省略。

【例 2.12】用 do-while 语句打印九九乘法表。

```
public class DoWhileDemo {//1 行
    public static void main(String[] args) {
        int i=1;
        do{
            for(int j=1;j<=i;j++){//5 行
                System.out.print(j+" * "+i+"="+j * i+"\t");
            }
            System.out.println();
            i++;
        }while(i<=9);//10 行
    }
}
```

本例输出与例 2.11 相同。

2.6.3 跳转控制语句

跳转语句可以改变程序的执行顺序，Java 语言提供了 break、continue 和 return 等 3 种转移控制语句。

1. break 语句

break 语句有 3 种用法。

第一种是在 switch 语句中使用，用来为 switch 语句提供出口。在例 2.8 中，如果省略了其中 break 语句，程序输出是“Grade = F”。这是因为，由于省略了 break，“case 3:”、“case 4:”和“default:”后面的语句都会被执行，最后被执行的语句是“grade = 'F';”，程序输出是“Grade = F”。

break 语句的第二种用法是使得程序无条件地退出循环。在 for、while 和 do-while 语句中，用 break 语句强行退出循环。在 for、while 和 do-while 循环中，如果遇到 break 语句，其后的任何语句都不会被执行，也不受循环条件的限制，程序会跳转到循环语句的后继语句。对于多重嵌套循环，break 语句跳出离他最近的循环，即跳出最内层循环。

【例 2.13】求 100 以内的素数。素数也叫质数，是指只能被 1 和自身整除的大于 1 的自然数。

```
public class PrimeDemo {//1 行
  public static void main(String[] args) {
      int i;
      int j;
      for(i=2;i<=100;i++){//5 行
            for(j=2;j<=i;j++){
                  if(i%j==0) break;
            }
            if(i==j){
                  System.out.print(i);//10 行
                  System.out.print("   ");
            }
      }
  }
}//15 行
```

在本例中，使用了双重 for 循环，外层循环(第 5 行)从 2 至 100，用来遍历 2 至 100 中的每一个自然数，在外层的 for 语句中，变量 i 为 2 至 100 中的一个特定的自然数。内层循环(第 6 行)从 2 循环至 i，当找到 2 至 i 之间的第一个将 i 整除的数(i%j==0)时，就执行 break 语句(第 7 行)，程序跳出内层循环，执行第 9 条语句。第 9 条语句判断 i 是否等于 j，若 i 等于 j，说明 2 至 i 之间能整除 i 的数就是 i 自己，因此 i 是素数，程序继续将 i 显示出来，否则，程序什么都不做，继续执行外层循环(第 5 行)。

break 语句的第三种用法是使程序跳转到标号指定语句块之后的第一条语句。这种用法通常用来退出多重嵌套循环，语法是

```
break 标号;
```

注意，在 break 语句的这种用法中，break 语句必须包含在用标号标识的语句块内。

【例 2.14】在控制台上显示一个由星号"*"组成的矩形。

```
public class BreakLabelDemo {//1 行
  public static void main(String[] args) {
      int j=0;
  WhileStop:
      while (true){//5 行
            for (int i=1; i<=10; i++) {
                  if (j==5)
                        break WhileStop;
                        System.out.print("*");
```

```
            }//10 行
            j++;
            System.out.println();
        }
        System.out.println("显示 5 行 * 号,每行有 10 个 *。执行完毕");
    }   //15 行
}
```

程序第 3 行声明了变量 j,用来记录已经显示的行数。第 4 行使用了标号 WhileStop,该标号用于标注 while 语句(第 5 行至 13 行)。程序第 7 行判断 j 是否等于 5,若 j 等于 5,说明已经显示了 5 行 * 号,程序执行第 8 行,程序跳转到标号 WhileStop 标注的语句块后面的语句,即执行程序第 14 行。否则,程序执行第 9 行,并继续 for 循环和 while 循环。本例的输出为:

```
**********
**********
**********
**********
**********
显示 5 行 * 号,每行有 10 个 *。执行完毕
```

2. continue 语句

continue 语句只能使用在循环结构内部,其作用是跳过本次循环中尚未执行的语句,继续执行下一轮循环。

continue 语句有带标号和不带标号两种形式,语法与 break 语句类似。不带标号的 continue 语句用来退出循环体的当前循环,对于嵌套的循环结构,它只对最内层的循环结构起作用。带标号的 continue 语句通常在嵌套循环结构中使用,功能是跳过循环中尚未执行的语句,使程序进入标号所标识的循环层次进行下一次循环。

【例 2.15】求 50 以内的 7 的倍数,并在控制台上显示这些数,同时显示出该数是 7 的几倍。

```
public class ContinueDemo {//1 行
    public static void main(String[] args) {
        for(int i=1; i<=50; i++) {
            if (i%7 != 0)
                continue; //5 行
            System.out.println(i + "=7*"+i/7);
        }
    }
}
```

程序第 4 行判断 i 是否能被 7 整除，若余数不为 0，则该数不是 7 的倍数，程序执行第 5 行，逃过第 6 行的语句，进行 i 值的下一轮循环。

【例 2.16】在控制台上显示由星号“ * ”组成的三角形。

```
public class ContinueLabelDemo {//1 行
  public static void main(String[] args) {
      nextRow:
            for(int row=1;row<=5;row++){
                  System.out.println();//5 行
                  for(int i=0;i<(5-row);i++)
                        System.out.print(" ");
                  for(int column=1;column<=9;column++){
                        System.out.print(" * ");
                        if(column>=2 * row-1){//10 行
                              continue nextRow;
                        }
                  }
            }
  }//15 行
}
```

本例在控制台上显示由 5 行星号组成的三角形。程序第 3 行为外循环的标号。程序第 6 行和第 7 行显示星号前面的空格，三角形图案中第 row 行的星号前面有(5-row)个空格。程序第 8 行的 for 循环用来显示星号，每行显示(2 * row-1)个星号，程序第 10 行判断图案中的第 row 行是否显示了(2 * row-1)个星号，若是，则跳转出标号 nextRow 指明的 for 循环的当前一轮循环，并进入下一轮循环。本例运行结果：

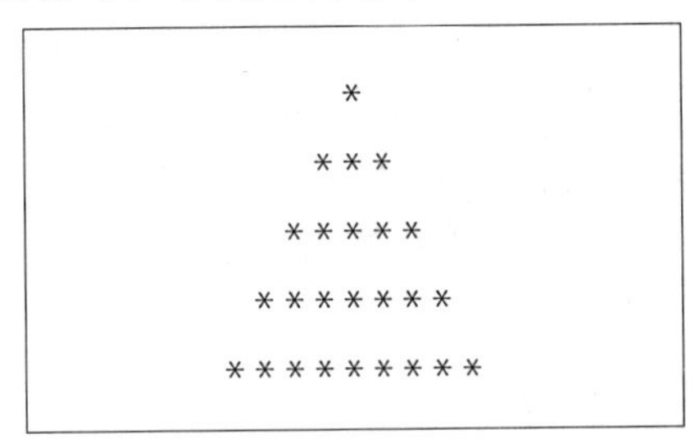

3. return 语句

return 语句返回方法的值，并终止当前方法的执行，将程序控制权交给调用方法的语句。return 语句语法格式如下：

```
return [表达式];
```

其中，“表达式”为可选参数，表示要返回的值。“表达式”的数据类型必须与方法声明中的返回值类型一致，当两者不一致时，应该使用强制类型转换对“表达式”的数据类型进行转换。

【例 2.17】求一个数的绝对值。

```
public class AbsDemo {//1 行
  public static void main(String[] args) {
      int x=5,y=-10,z=0;
      System.out.println("x="+x+",其的绝对值是："+abs(x));
      System.out.println("y="+y+",其绝对值是："+abs(y));//5 行
      System.out.println("z="+z+",其绝对值是："+abs(z));
  }
  private static int abs(int x) {
      if (x>0){
            return x;//10 行
      }else if (x<0){
           return-x;
      }else {
           return 0;
      }//15 行
  }
}
```

本例声明了静态方法 abs()（见程序第 8 行至 16 行），它使用 return 语句返回一个数的绝对值。本例的输出为：

```
x=5,其的绝对值是：5
y=-10,其绝对值是：10
z=0,其绝对值是：0
```

第三章　Java 语言面向对象程序设计

本章介绍 Java 语言面向对象编程的基础知识，内容包括与 Java 的类和接口、与类和接口有关的技术特性，包括包、嵌套类与嵌套接口、泛型、反射等。

3.1　Java 语言中的类

Java 程序最基本的组成单位就是类。类是对象的模板，在类的基础上可以建立多个对象实例，Java 程序通过引用对象实例的属性和方法，从而实现预定的功能。Java 程序设计实际上就是合理规划、设计、实现一系列能够解决实际问题的类。

3.1.1　类的声明

在 Java 中，根据类在程序中的位置，可以将类分成嵌套类(nested class)和顶层类(top level class)，嵌套类是指在其他类的类体中定义的类，如果一个类不是被嵌套的类，则称之为顶层类。

类的声明由关键字 class 引出，基本语法如下：

```
[修饰符][static][ final][ abstract][ strictfp]class 类名
                        [extends 父类名] [implements 接口名]{
    类体
}
```

以下对 Java 类的各个组成部分加以说明。

1. 修饰符

在 Java 类声明中包括如下修饰符：public、private、protected 以及缺省修饰符。其中：

public：可选，用于修饰顶层类和成员类，表明该类是一个公共类，公共类是可以被任何其他类所使用的类。注意，在同一个 Java 源文件中只能有一个 public 类。

private：可选，用于修饰成员类，表明该类是一个私有类，私有类只能被其顶层类所访问，不能被任何外部类访问。

protected：可选，用于修饰成员类，指明该类是一个受保护的类，它只能被其顶层类、顶层类的子类以及与其顶层类在相同包中的类所访问，其他不属于上述范围的类不能对受保护的类进行访问。

缺省修饰符：定义类时，可以省略前面的修饰符，这时，这个类只能被与其在同一个包中的类所访问，而不允许被其他包中的类访问。

2. static

static 关键字用于修饰成员类，指明该类是一个静态类，静态类是其顶层类的固有对象，不用创建实例，可以直接引用。

3. final

关键字 final 指明类是最终类，最终类是指没有子类的类，最终类不能被继承。

4. abstract

关键字 abstract 指明类是抽象类，抽象类没有完全实现，不能被实例化，也不能直接引用。注意，abstract 和 final 不能同时修饰同一个类。

5. strictfp

用 strictfp 关键字表示精确浮点数，用该关键字修饰的类指明了该类中的所有运算都严格按浮点运算规范 IEEE-754 进行，以便确保运算的精确性。

6. class 类名

class 关键字告诉编译器这是一个类。类名必须是一个合法的 Java 标识符。一般情况下，用名词和名词词组(词与词之间不加空格)对类名命名，每个单词的首字母大写。

7. extends 父类名

extends 关键字指明当前定义的类是从“父类名”指明的那个类派生(继承)而来的。在 Java 中，被继承的类称为父类或超类(Super Class)，继承的类称为子类。子类具有父类的特征，也可以有属于自己的特征。“父类名”指明的类必须在定义当前类之前已经定义过，而且，一个类只能有一个父类。

8. implements 接口名

implements 关键字指明当前的类实现了一个或多个接口，接口是一种与类很相似的结构，它可以包含多个方法和变量，但都没有具体实现。Java 允许一个类实现多个接口，这时，implements 后面的多个“接口名”用逗号分隔开。另外，“接口名”指明的接口必须事先已经定义过。

9. 类体

类体是类的功能的具体实现，由成员属性、成员方法等组成。详细情况在后面介绍。

3.1.2　类的使用

在 Java 程序中，除静态类可以直接使用以外，使用其他类型的类，要经历创建对象、对象的使用、释放对象三个步骤。

1. 创建对象

对象是类的实例，在创建对象时，首先应声明一个对象变量，该变量的类型是一种引用数据类型，数据类型的名称就是所定义的类的名称。假定已经定义了一个类 ClassExample，也就是说，已经创建了一种数据类型 ClassExample，此后，可以声明一个 ClassExample 类型的变量，声明的方法与第二章中变量声明的规则相同：

```
ClassExample classExample;
```

变量 classExample 是 ClassExample 类型的变量。与使用基本数据类型的变量相类似，引用数据类型的变量 classExample 需要被实例化和初始化。实例化和初始化一个对象的语法是：

```
对象变量名=new 构造方法(构造方法的参数列表);
```

关键字new用来实现类的实例化，为对象分配内存空间，存放对象，这个对象被“对象变量名”指明的变量所引用。所谓引用，是指“对象变量名”所表示的变量本身并非真正地存储了对象本身，而是存储了Java所分配的对象内存空间的地址，也即对象变量本身包含的值是指向对象内存空间的地址值。

“构造方法”，也称构造函数，是类中定义的一种特殊成员方法或成员函数，其作用是对对象进行初始化。构造方法的名称与类定义中的类名相同，如果在类定义中没有显性地定义构造方法，Java编译系统会默认该类有一个无参数的构造方法。对classExample变量实例化和初始化的实例如下：

```
classExample=new ClassExample ();
```

与基本数据类型的变量相类似，也可以在声明对象变量的同时对对象变量实例化和初始化，例如：

```
ClassExample classExample=new ClassExample ();
```

2. 对象的使用

对象被初始化之后，就可以使用对象了。使用对象包括引用对象的成员变量(属性)和调用对象的成员函数(方法)。基本语法为：

```
对象变量名.成员变量名;
对象变量名.成员函数名;
```

假定在定义类ClassExample时定义了属性property和方法method()，则用该对象的语句为：

```
classExample. property;
classExample. method();
```

【例3.1】 求矩形的面积，演示对象的创建和使用。源文件为RectangleArea. java。

```
public class RectangleArea {//1行
    public static void main(String[] args) {
        int width=200, height=300;
        Rectangle myRectangle = new Rectangle();
        int myRectArea=myRectangle. getArea(width, height);//5行
        System. out. println("矩形宽为：   "+myRectangle. width);
        System. out. println("矩形高为：   "+myRectangle. height);
        System. out. println("矩形面积为：   "+myRectArea);
    }
}//10行
class Rectangle {
    int width,height;
    public int getArea(int a,int b) {
        width=a;
        height=b;//15行
```

```
            return a * b;
        }
    }
```

本例有两个类,放在同一个Java源文件RectangleArea.java中。RectangleArea类的修饰符是public,指明该类可以从外部访问。Rectangle类缺省了修饰符,指明这个类只能被与其在同一个包中的类所访问,RectangleArea类和Rectangle类在同一个源文件内,属于同一个包,因此,RectangleArea类可以访问Rectangle类。

程序第12行声明了两个全局变量width和height,全局变量是类的属性,可以从外部访问。第13行至17行是RectangleArea类的方法,其功能是将传过来的矩形宽和高(参数a和b)分别赋值给width和height,并返回矩形的面积。

程序第4行创建了RectangleArea类的实例myRectangle。第5行调用实例myRectangle的getArea()方法。getArea()方法的返回值被赋值给变量myRectArea。在调用getArea()方法的同时,myRectangle的属性width和height也被赋值(见程序第14和第15行),因此,程序第5至7行可以分别显示出矩形的宽、高和面积。本例运行结果:

```
矩形宽为:      200
矩形高为:      300
矩形面积为:    60000
```

3. 对象的比较

对象比较通常可以使用"=="和"equals()"方法。

"=="是Java用于比较的运算符,既可以用来比较简单数据类型的变量,也可以用来比较引用类型的变量。在比较简单类型变量时,如果两个简单类型的值相等,比较的结果值返回true,否则返回false。在比较引用类型时,只有两个引用类型变量指向同一个对象,比较的结果才返回true,否则返回false。

"equals()"方法是从Object类中继承的方法。Object类是所有Java类的根类,其他类(包括用户自己创建的类)从Object类继承了equals()方法。使用这个方法,可以对两个对象进行比较。Object类的equals()方法与"=="运算符相同,其比较的规则是:对于任何非空引用值x和y,当且仅当x和y引用同一个对象时,该方法才返回true,这时,x==y也具有值true。

在Java中,有很多类重写了equals()方法,这些类的equals()有自己的特点,常见重写了equals()方法的类有String、Double、Float、Long、Integer、Short、Byte、、Boolean、BigDecimal、BigInteger等等,这些类的equals()方法的比较规则不是判断两个引用类型的变量是否引用了同一对象,而是判断两个引用类型变量的类型、内容是否都相同,若相同,则比较结果为true,否则比较结果为false。因此,在使用具体类的equals()时,请查阅Java API文档,搞清楚其equals()方法是从Object类中直接继承的,还是该类重写了equals()方法,如果equals()方法被重写了,应按重写后的规则比较两个对象。

【例3.2】对象比较。源文件为ObjectComparison.java。

```
public class ObjectComparison {//1 行
    public static void main(String[] args) {
        System.out.println("创建三个对象 obj1、obj2 和 Obj3");
        MyObject obj1 =new MyObject();
        MyObject obj2 =new MyObject();//5 行
        obj1.myVar=100;
        obj2.myVar=100;
        MyObject obj3=obj2;
        System.out.println("obj1==obj2 的运算结果为："
                    +(obj1==obj2));//10 行
        System.out.println("obj1.equals(obj2)的运算结果为："
                    +(obj1.equals(obj2)));
        System.out.println("obj2==obj3 的运算结果为："
                    +(obj2==obj3));
        System.out.println("obj2.equals(obj3)的运算结果为："//15 行
                    +(obj2.equals(obj3)));
        System.out.println("————————————————————");
        System.out.println("创建三个 Integer 对象 intObj1、intObj2 和" +
                        "intObj3");
        Integer intObj1=new Integer(100);// 20 行
        Integer intObj2=new Integer(100);
        Integer intObj3=intObj2;
        System.out.println("intObj1==intobj2 的运算结果为："
                        +(intObj1==intObj2));
        System.out.println("intObj1.equals(intObj2)的运算结果为："//25 行
                        +(intObj1.equals(intObj2)));
        System.out.println("intObj2==intOobj3 的运算结果为："
                        +(intObj2==intObj3));
        System.out.println("intObj2.equals(intObj3)的运算结果为："
                        +(intObj2.equals(intObj3)));  //30 行
    }
}
class MyObject{
    int myVar;
    void show(){//35 行
        System.out.println("myVar："+myVar);
    }
}
```

程序第 33 行至 38 行定义了类 MyObject。第 4 行和第 5 行创建 MyObject 的两个实例 obj1 和 obj2，这两个实例是不同的对象引用。第 8 行声明了实例 obj3，并将 obj2 赋值给 obj3，obj2 和 obj3 指向同一个对象。按 Object 的对象比较规则，由于“==”运算符和

“equals()”方法在比较时都是判断变量是否引用了同一个对象，所以，程序第 10 行的“obj1 ==obj2”和程序第 12 行的“obj1. equals(obj2)”均返回 false，而程序第 14 行的“obj2==obj3”和程序第 16 行的“obj2. equals(obj3)”均返回 true。

程序 20 和 21 行创建了两个 Integer 类的实例 intObj1 和 intObj2，它们虽然指向不同的对象，但内容均为 100。程序第 22 行声明了实例 intObj3，并将 intObj2 赋值给 intObj3，intObj2 和 intObj3 指向同一个对象。按“==”运算符的比较规则，intObj1 和 intObj2 指向了不同对象，故程序第 24 行中的“intObj1==intObj2”返回值是 false，而由于 intObj2 和 intObj3 指向了同一对象，故程序第 28 行中的“intObj2==intObj3”返回值是 true。

Integer 类重写了从 Object 继承来的 equals()方法，该方法在 Integer 对象的内容相同时返回 true。所以，程序第 26 行中的“intObj1. equals(intObj2)”和第 30 行中的“intObj2. equals(intObj3)”均返回 true。

程序运行结果：

```
创建三个对象 obj1、obj2 和 Obj3
obj1==obj2 的运算结果为：false
obj1. equals(obj2)的运算结果为：false
obj2==obj3 的运算结果为：true
obj2. equals(obj3)的运算结果为：true
——————————————————————
创建三个 Integer 对象 intObj1、intObj2 和 intObj3
intObj1==intobj2 的运算结果为：false
intObj1. equals(intObj2)的运算结果为：true
intObj2==intOobj3 的运算结果为：true
intObj2. equals(intObj3)的运算结果为：true
```

4. 释放对象

释放对象就是清除类实例化和初始化过程中为对象分配的内存空间。Java 使用了一种全新的内存管理机制，JVM 会自动跟踪程序创建的对象，当一个对象不再被使用时，JVM 会自动回收该对象占用的内存空间。因此，在用 Java 语言编写程序时，无需考虑内存回收问题，一切交由 JVM 来处理。这样，既提高了编程的效率，也保证了程序的健壮性。

如果要在程序中显式地释放已经存在的对象，可以用两种方法，一种是将对象变量赋值为 null，另一种是调用 System 类的 gc()方法。例如：

```
ClassExample classExample=new ClassExample ();
System.out.println(classExample.property);
……
classExample=null;
```

或者

```
ClassExample classExample=new ClassExample ();
```

```
System. out. println(classExample. property);
……
System. gc();
```

请注意,无论是将对象变量赋值为 null,还是调用 System 类的 gc()方法,并不意味着马上启动 JVM 的内存回收功能,仅仅是通知 JVM 希望它做内存回收,至于 JVM 何时回收内存,取决于 JVM 的内存回收策略。

3.2 成员变量

成员变量说明了类的状态,是类的数据,也称为类的属性和字段。

3.2.1 成员变量的声明

成员变量应在类体中声明,并且位于任何方法体之外。方法体内的变量是局部变量,不是成员变量。在 Java 中,成员变量会被自动地赋初值,但局部变量必须被显式地赋初值,否则,系统会给出出错信息。

声明成员变量的语法是:

```
[修饰符] [static] [final] [transient] [volatile]  变量类型  变量名;
```

"修饰符":可选,用于说明变量的访问权限,可选的修饰符有 public、protected、private 及缺省。

"static":可选,指明变量是静态变量,静态成员变量也称类变量,若省略该关键字,表示变量是实例变量。

"final":可选,指明变量是最终变量,最终变量指定变量值在程序运行过程中不能被改变,这样的变量实际上是一个常量。

"transient":可选,指明变量是临时变量,不允许被序列化。在将对象保存在磁盘上时,不希望保存其中的某些数据(变量的值),但可以把这些变量声明为 transient。

"volatile":可选,说明变量为共享变量,在多线程的程序中,如果一个变量被声明成 volatile,则所有的线程都共享该变量的值。

"变量类型":必备,可以是 Java 中的任何数据类型,包括简单类型、数组、类和接口。

"变量名":必备,必须是一个合法的 Java 标识。成员变量在同一个类中名称必须是唯一的,不允许重名,但 Java 允许成员变量与同一类中的某个方法重名。

【例 3.3】访问成员变量。源文件为 MemberVar. java。

```
public class MemberVar {//1 行
    public static void main(String[] args) {
        TestObj testObj=new TestObj();
        System. out. println("myByte="+testObj. myByte);
        System. out. println("myShort="+testObj. myShort); //5 行
        System. out. println("myInteger"+testObj. myInteger);
        System. out. println("myLong="+testObj. myLong);
```

```
        System.out.println("myFloat="+testObj.myFloat);
        System.out.println("myDouble="+testObj.myDouble);
        System.out.println("myChar="+testObj.myChar);//10 行
        System.out.println("myBoolean="+testObj.myBoolean);
        System.out.println("执行 myInteger 方法后的值="+testObj.myInteger());
    }
}
class TestObj {//15 行
    byte myByte;
    short myShort;
    int myInteger;
    long myLong;
    float myFloat;//20 行
    double myDouble;
    char myChar;
    boolean myBoolean;
    int myInteger(){
        int i;//25 行
        i=999;
        return i;
    }
}
```

程序的第 15 行至 29 行定义了类 TestObj。其中第 16 行至 23 行声明了 8 个成员变量(属性),程序第 24 至 28 行定义了类 TestObj 的方法 getMyInteger()。在主类 MemberVar 中创建 TestObj 类的实例 testObj(见程序第 3 行),分别访问该实例的 8 个属性和方法 getMyInteger()。程序运行结果是:

```
myByte=0
myShort=0
myInteger0
myLong=0
myFloat=0.0
myDouble=0.0
myChar=_
myBoolean=false
执行 myInteger 方法后的值=999
```

注意,在本例中,对成员变量没有做初始化,但程序仍可以执行,说明 Java 会给成员变量自动赋初值,初值如表 3-1 所示。但是,如果将程序第 26 行去掉,则出现错误信息"局部变量 i 可能尚未初始化",说明局部变量必须显式地初始化。另外,在本例中,成员变量

myInteger 与方法 myInteger ()重名，这在 Java 中是允许的。

表 3-1　成员变量自动赋初值表

数据类型	初始值
byte	0
short	0
char	\u0000
int	0
long	0L
float	0.0F
double	0.0D
boolean	false
对象引用	null

3.2.2　成员变量的访问控制

public、private、protected 等修饰符限定了对成员变量的访问，如表 3-2 所示不同修饰符的访问控制范围。

表 3-2　成员变量的访问控制范围

修饰符 \ 访问范围	类本身	不在同一包中的子类	同一包中的类（包括子类）	所有类
public	允许访问	允许访问	允许访问	允许访问
private	允许访问	不允许访问	不允许访问	不允许访问
protected	允许访问	允许访问	允许访问	不允许访问
缺省修饰符	允许访问	不允许访问	允许访问	不允许访问

1. public

public 是 Java 最常用的访问修饰符，用 public 修饰的成员变量可以为任何类所访问，称为共有变量，是公开程度最高的变量。

【例 3.4】public 变量的访问示例。PublicDemo 类放在源文件为 PublicDemo.java 中，PublicVar 类放在源文件为 PublicVar.java 中。

```
/*------PublicDemo 类------*/   //1 行
package pkg1;
import pkg2.PublicVar;
public class PublicDemo {
    public static void main(String[] args) {   //5 行
        PublicVar publicVar=new PublicVar();
        publicVar.getSquare(5);
        System.out.println("平方值="+publicVar.squaredValue);
    }
```

```
} //10 行

/ * ------PublicVar 类------ * / //1 行
package pkg2;
public class PublicVar {
    public int squaredValue; //5 行
    public void getSquare(int x){
            squaredValue=x * x;
    }
}
```

例 3.4 中,有两个源文件 PublicDemo. java 与 PublicVar. java。他们分别定义了两个类 PublicDemo 及 PublicVar,这两个类分属于两个不同的包 pkg1 和 pkg2。

PublicVar 类的功能是求整数的平方值,其中程序第 5 行声明了成员变量 squaredValue,该变量的访问控制权限为 public,允许任何类对其访问。

PublicDemo 类的功能是创建 PublicVar 类的实例(见程序第 6 行),并调用其 getSquare()方法(见程序第 7 行)和成员变量 squaredValue(见程序第 8 行)。

例 3.4 表明,尽管 PublicDemo 类和 PublicVar 类不在同一个包中,但 squaredValue 变量被声明为 public 的,它可以被不同的包中的类所访问。

本例运行结果:

```
平方值=25
```

2. private

private 修饰的成员变量只能被它所定义的类访问,也称为私有变量。私有变量不允许任何外部类访问。

【例 3.5】 private 变量的访问示例。源文件在 PrivateVarDemo. java 中。

```
public class PrivateVarDemo {//1 行
    public static void main(String[] args) {
        PrivateVar privateVar=new PrivateVar();
        privateVar. showMyWar();
        System. out. println(privatevar. myVar); // 此句出错 //5 行
    }
}
class PrivateVar{
    private int myVar;
    void showMyWar(){//10 行
        myVar=100;
        System. out. println("myVar="+myVar);
    }
}
```

例 3.5 在同一个源文件中定义了两个类，这两个类均位于缺省包内。但由于成员变量 myVar 被声明成 private 的，所以，它只允许定义它的类加以访问(见程序第 11 行和第 12 行)，却不能在 PrivateVarDemo 类中访问。程序第 5 行出错："字段 PrivateVar. myVar 不可视"。如果将程序第 5 行注释去掉，则程序可以正常运行，控制台显示："myVar=100"。

3. protected

protected 修饰的成员变量称为受保护变量，它可以被定义它的类及其子类所访问，而且，子类可以与定义 protected 变量的类不在同一个包类。同时，protected 变量还可以被同一个包中的其他类所访问。

【例 3.6】 protected 变量的访问示例。

```
public class ProtectedVarDemo {//1 行
    public static void main(String[] args) {
        ProtectedVar protectedVar=new ProtectedVar();
        protectedVar.showMyWar();
        System.out.println("myVar in ProtectedVarDemo=" //5 行
                    +protectedVar.myVar);
    }
}
class ProtectedVar{
    protected int myVar;//10 行
    void showMyWar(){
        myVar=100;
        System.out.println("myVar in ProtectedVar="+myVar);
    }
}//15 行
```

本例是例 3.5 的一种改进形式，差别在于将成员变量 myVar 的修饰符改成了 protected。这样，变量 myVar 允许在同一个包中的其他类访问，程序第 6 行可以引用该变量。本例程序运行结果是：

```
myVar in ProtectedVar=100
myVar in ProtectedVarDemo=100
```

4. 缺省修饰符

在声明成员变量时省略 public、private、protected 修饰符，表明该变量的访问权限是缺省的。具有缺省访问权限的成员变量只能被与其在同一个包中的其他类访问，与其在同一个包中的子类当然也可以访问该成员变量，但是，如果该类的子类与其不在同一个包中，子类也不能访问父类中的缺省访问权限的成员变量。

【例 3.7】 缺省访问权限的成员变量的访问示例。DefaultVarDemo 类位于源文件 DefaultVarDemo.java 内，DefaultVar 类位于源文件 DefaultVar.java 内，SubDefaultVar 类位于源文件 SubDefaultVar.java 内。

```
/*------DefaultVarDemo类-------*/  //1行
package pkg1;
import pkg2.SubDefaultVar;
public class DefaultVarDemo {
    public static void main(String[] args) {//5行
        DefaultVar defaultVar=new DefaultVar();
        defaultVar.setMyVar();
        System.out.println("defaultVar.myVar="+defaultVar.myVar);
        SubDefaultVar subDefaultVar=new SubDefaultVar();
        subDefaultVar.setSuperVar();//10行
    }
}

/*--------DefaultVar类--------*/  //1行
package pkg1;
    public class DefaultVar {
    int myVar; //protected int myVar;
    void setMyVar(){  //5行
        myVar=100;
    }
}

/*--------SubDefaultVar类------*/  //1行
package pkg2;
import pkg1.DefaultVar;
public class SubDefaultVar extends DefaultVar {
    public void setSuperVar(){//5行
        myVar=111;
        System.out.println("super.myVar="+myVar);
    }
}
```

本例定义了三个类 DefaultVarDemo、DefaultVar 和 SubDefaultVar。DefaultVarDemo 类及 DefaultVar 类位于同一个包 pkg1 中，SubDefaultVar 类是 DefaultVar 的子类，但两者不在同一个包中，子类 SubDefaultVar 位于包 pkg2 中。

DefaultVar 类中的成员变量 myVar 被声明为缺省的，按缺省修饰符的访问权限规定，该变量可以被同一包中的类访问，因此，DefaultVarDemo 类程序第 8 行可以引用 defaultVar.myVar。尽管 SubDefaultVar 类是 DefaultVar 的子类，但由于两者不在同一个包中，子类不能继承不在同一个包中的父类的缺省访问权限的成员变量。所以 SubDefaultVar 类中程序第 6 行和第 7 行出现错误："字段 DefaultVar.myVar 不可视"。

若将 DefaultVar 类程序第 4 行改成"protected int myVar;"，程序可以正常运行，输出结果如下。这是因为，protected 变量允许不在同一包中的子类访问。

```
defaultVar.myVar=100
super.myVar=111
```

3.2.3 实例变量和类变量

按照成员变量的生命周期划分，成员变量可以分成实例变量和类变量两种类型。

实例变量与类的实例(对象)紧密地联系在一起，当创建了一个类的实例后，Java 系统会为该实例分配内存，使用者必须通过类的实例来访问其实例变量。实例变量为类的实例所拥有，一旦类的实例被销毁，这个实例的相应实例变量也就被销毁了。一个类可以有多个实例，不同的实例尽管他们的实例变量的名字是相同的，但各自的实例变量的值是不同的。

类变量与实例变量不同，它为类所拥有，不管一个类有多少个实例，这些实例均共享该类的类变量。类变量可以直接通过类名引用，当然也可以通过实例来引用(通常不推荐这样做)。

类变量用关键字 static 来声明，不使用 static 关键字的成员变量均为实例变量。

【例 3.8】实例变量和类变量。

```
public class StaticVarDemo {//1 行
static int staticVar=100;
int instanceVar=100;
    public static void main(String[] args) {
    StaticVarDemo staticVarDemo1=new StaticVarDemo();//5 行
    StaticVarDemo staticVarDemo2=new StaticVarDemo();
    StaticVarDemo staticVarDemo3=new StaticVarDemo();
    System.out.print("通过类名访问类变量：");
    System.out.println(StaticVarDemo.staticVar);
    System.out.print("通过实例访问类变量：");//10 行
    System.out.println(staticVarDemo1.staticVar);
    System.out.println("-----------------------");
    //通过类名修改类变量
    StaticVarDemo.staticVar=200;
    System.out.println("通过类名修改后的类变量(staticVar)："+staticVar);//15 行
    System.out.println("通过类名引用(StaticVarDemo)："
                       +StaticVarDemo.staticVar);
    System.out.println("通过实例引用(staticVarDemo1)："
                       +staticVarDemo1.staticVar);
    System.out.println("通过实例引用(staticVarDemo2)："//20 行
                       +staticVarDemo2.staticVar);
    System.out.println("通过实例引用(staticVarDemo3)："
                       +staticVarDemo3.staticVar);
    System.out.println("-----------------------");
    //通过实例名修改类变量  //25 行
```

```
        staticVarDemo1.staticVar++;
        System.out.println("通过实例名修改后的类变量"
                        +"(staticVarDemo1.staticVar):"  +staticVar);
        System.out.println("通过类名引用(StaticVarDemo):"
                        +StaticVarDemo.staticVar);//30行
        System.out.println("通过实例引用(staticVarDemo1):"
                        +staticVarDemo1.staticVar);
        System.out.println("通过实例引用(staticVarDemo2):"
                        +staticVarDemo2.staticVar);
        System.out.println("通过实例引用(staticVarDemo3):"//35行
                        +staticVarDemo3.staticVar);
        System.out.println("------------------------");
        //对实例变量操作
        staticVarDemo1.instanceVar+=1;
        staticVarDemo2.instanceVar+=2;//40行
        staticVarDemo3.instanceVar+=3;
        System.out.println("实例变量的值(staticVarDemo1):"
                        +staticVarDemo1.instanceVar);
        System.out.println("实例变量的值(staticVarDemo2):"
                        +staticVarDemo2.instanceVar);//45行
        System.out.println("实例变量的值(staticVarDemo3):"
                        +staticVarDemo3.instanceVar);
    }
}
```

本例定义了类StaticVarDemo，它包括一个类变量staticVar和实例变量instanceVar，分别被赋初值100(见程序第2行和第3行)。主方法中创建了三个实例staticVarDemo1、staticVarDemo2和staticVarDemo3。

程序第9行和第11行分别用类名和实例名访问类变量staticVar，它们的值均为100。程序第14行将类变量staticVar赋值为200，再用类名和实例访问该类变量时，其值变为200(见程序第15行至24行)。程序第6行通过实例修改类变量，第28行至36行分别用类名和实例名引用类变量，结果是修改后的类变量值201。这段程序表明，类变量被类及其所有实例共享，类变量一旦被赋值和修改，其值会影响到整个类和所有的实例。

程序第39至41行对实例变量进行操作，程序第42行至47行引用三个实例的值，分别显示出101、102、103。这段程序表明，实例变量依附于具体的实例，必须通过实例来访问，每个实例变量各自独立，互不影响。

请注意，由于实例变量属于具体的实例，因而必须在创建实例后才能访问，在类被实例化之前，实例变量不可用。类变量属于整个类，可以通过类名直接引用，无需对类初始化。

本例运行结果：

```
通过类名访问类变量：100
通过实例访问类变量：100
----------------------
通过类名修改后的类变量(staticVar)：200
通过类名引用(StaticVarDemo)：200
通过实例引用(staticVarDemo1)：200
通过实例引用(staticVarDemo2)：200
通过实例引用(staticVarDemo3)：200
----------------------
通过实例名修改后的类变量(staticVarDemo1.staticVar)：201
通过类名引用(StaticVarDemo)：201
通过实例引用(staticVarDemo1)：201
通过实例引用(staticVarDemo2)：201
通过实例引用(staticVarDemo3)：201
----------------------
实例变量的值(staticVarDemo1)：101
实例变量的值(staticVarDemo2)：102
实例变量的值(staticVarDemo3)：103
```

3.3 成员方法

成员方法实现了类的行为，具体表现为类体中执行某种操作的程序段，与其他语言中的函数或过程相似。成员方法也称成员函数。

3.3.1 成员方法的声明

类的成员方法由方法的声明和方法体两部分组成，通常放在成员变量的声明之后。声明成员方法的一般格式如下：

```
[修饰符][static][final][abstract][native][synchronized]返回值类型 方法名([参数表])
                                        [throws 异常类型]{
                方法体
}
```

修饰符：可选，用于说明方法的访问权限，可选的修饰符有 public、protected、private 及缺省。它们的访问权限与成员变量的访问权限相同。

“static”：可选，指明方法为静态方法，静态方法也称类方法，若省略该关键字，表示方法是实例方法。类方法的使用规则与类变量的使用规则相同，实例方法的使用规则与实例变量的使用规则相同。

“final”：可选，指明方法是最终方法，最终方法可以被继承，但不能被覆盖。也就是说，最终方法可以被子类继承和使用，但不能在子类中重新定义最终方法。

“abstract”：可选，指明方法是抽象方法，抽象方法是没有被实现的方法，它没有方法体。如果一个类包括了抽象方法，该类必须被定义为抽象类。

“native”：可选，指明方法是本地方法，本地方法是用其他程序设计语言实现的方法。JDK 提供了 Java 本地接口 JNI(Java Native Interface)，使 Java 虚拟机能够运行嵌入 Java 程序中的其他语言的代码。在引用本地方法时，必须使用关键字 native，同时，本地方法在声明时不能有方法体。例如：

```
public native void displayInfo();
```

其中，displayInfo()方法是用非 java 代码实现的方法，在 Java 代码中声明，表示可以在以后的程序中引用该方法。需要注意，使用本地方法会影响 Java 的跨平台性。

“synchronized”：可选，指明方法是同步方法，在多线程程序中使用，对方法加锁，防止多个线程同时访问这个方法。

“返回值类型”：必备，可以是 Java 的任何一种数据类型，包括简单类型和引用类型。如果方法有返回值，则方法体中必须包括 return 语句。如果方法没有返回值，则返回值类型要用 void 关键字表明，表示该方法无返回值。

“方法名”：必备，必须是合法的 Java 标识。方法名通常可以由一个或多个单词构成，一般第一个单词以小写字母作为开头，后面其他单词用大写字母开头。由于方法表示类的行为，为反映方法的含义，方法名的第一个单词大多使用动词。

“参数表”：可选，表示要传给方法的参数类型和参数名称。参数表的语法为：

```
数据类型 参数名[数据类型 参数名,…]
```

其中，“数据类型”是 Java 的任意一种数据类型，“参数名”必须是合法的 Java 标识，其命名规范与变量名命名规范相同。在方法定义中使用的参数，称为“形式参数“，简称“形参”，目的告诉方法的调用者应该传递什么样的参数，形参的值在方法调用时指定，用来传递给形参的数据，称为“实际参数”，简称“实参”。形参在方法声明和方法体中使用，可以在方法体中直接访问参数名表示的变量。实参在方法调用时使用。

“方法体”：方法体用来实现方法的功能，是一段 Java 代码，由 Java 语句组成。

3.3.2　成员方法的类型

在 Java 中有三种成员方法：主方法、构造方法以及普通方法。

1. 主方法

主方法就是类中的主方法，也称 main()方法或 main()函数，是 Java 应用程序中必不可少的一个方法，是 Java 应用程序的入口。在 Java 的应用程序中，必须包含一个可被 JVM 调用的类，这个类被称为主类，主类必须含有主方法，Java 应用程序就是从这个方法开始执行的，也就是说，Java 应用程序执行的第一个方法就是主方法。

主方法的语法如下：

```
public static void main(String[] args){
```

```
        方法体
    }
```

或者

```
    public static void main(String args[]){
            方法体
    }
```

以上两种形式完全等价，差别在于参数的声明方式。主方法的参数是一个数组，数组的声明有两种形式，它们均适用于主方法。以下对主方法的组成部分进行解释。

“public”：指明主方法是一个公共方法，允许任何外部类进行访问。由于主方法是 Java 应用程序的入口，它必须被声明为 public 的。

“static”：指明主方法是一个静态方法，也即是类方法。表明无需创建实例，就可以调用类方法。这样，JVM 可以通过命令行中指定运行的类的主方法来运行 Java 应用程序。

“void”：指明主方法没有返回值。

参数：主方法的参数是一个 String（字符串）类型的数组，args 是参数的名称，可以改成任意的名称，但必须是合法的 Java 标识。主方法的参数是从命令行中接收的，所以也称命令行参数。注意，不管在应用程序中是否使用了主方法的参数，也不管执行程序过程中是否在命令行中提供了参数，主方法在定义时都必须有参数。

【例 3.9】主方法的使用

```
public class MainArgs {//1 行
    public static void main(String[] args) {
        int argNum=args.length;
        if (argNum==0)
            System.out.println("运行程序时没有给定参数");//5 行
        else {
            System.out.println("运行程序时给定了"+argNum+"个参数");
            for (int i=0;i<argNum;i++){
                System.out.println("第"+(i+1)+"个参数为"+args[i]);
            }//10 行
        }
    }
}
```

本程序演示了主方法参数的传递和处理过程。程序使用数组对象的 length 属性，返回数组的长度（见程序第 3 行）。如果数组 args 的长度为 0（见程序第 4 行），表明没有提供命令行参数，程序显示“运行程序时没有给定参数”（见程序第 5 行），若数组 args 的长度不为 0（程序第 6 行），则利用 for 循环将给定的参数显示出来（见程序第 8 行至 10 行）。

本程序的源文件名为 MainArgs.java。编译之后，在 DOS 命令行中键入：

```
java MainArgs,
```

这时，由于没有给定命令行参数，程序会显示出“运行程序时没有给定参数”。

若给定命令行参数，也即在 JDK 的 java 命令中的类名后面给出参数的值，多个参数值用空格分开。这些参数会传给主方法的 args，第一个参数对应数组元素 args[0]，第二个参数对应数组元素 args[1]，以此类推。例如，在 DOS 命令行中键入：

```
java MainArgs abc def
```

程序会将给定的参数显示出来。如图 3-1 所示为不给出参数和给定参数时的程序执行结果。

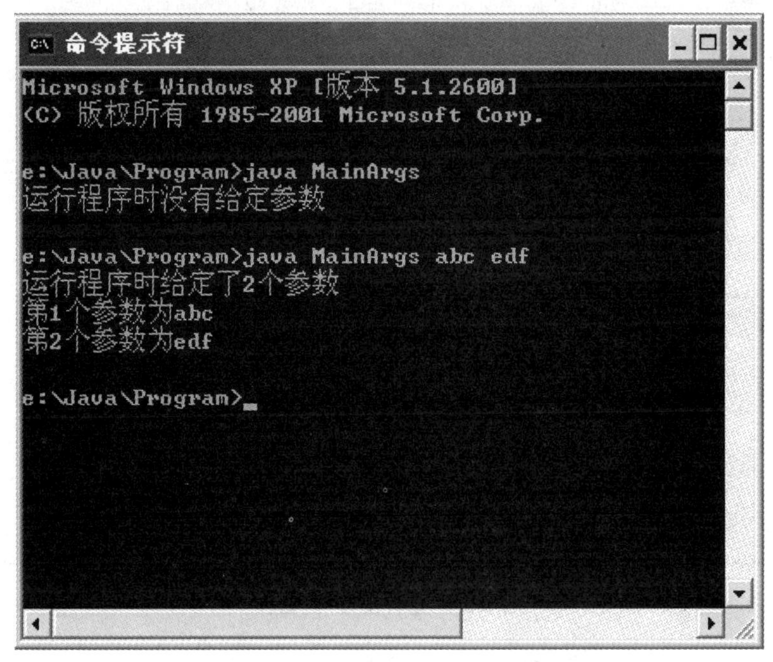

图 3-1 在命令行方式下传递主方法的参数

在 Eclipse 中，可以通过运行配置菜单来设定命令行参数，操作方法如下：

(1) 选择菜单“运行”→“运行配置”(图 3-2)，进入“运行配置”对话框。

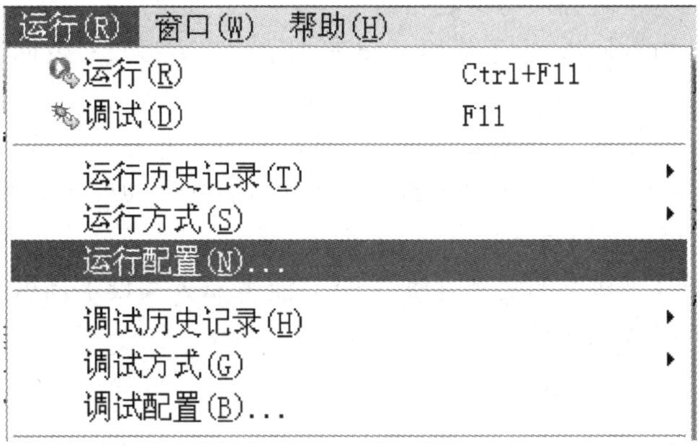

运行(R) 窗口(W) 帮助(H)
运行(R) Ctrl+F11
调试(D) F11
运行历史记录(T)
运行方式(S)
运行配置(N)...
调试历史记录(H)
调试方式(G)
调试配置(B)...

图 3-2 “运行配置”菜单

(2) 在"运行配置"对话框(图 3-3)中,在对话框的左侧选中要配置的应用程序(本例选中 MainArgs)。然后,单击右侧"自变量"选项卡,在第一个文本框中(程序自变量(A))加入相应参数即可,如果有多个参数则以空格分隔(或者用 Enter 键分隔)。最后单击"运行"按钮。

图 3-3 "运行配置"对话框

2. *构造方法*

构造方法(Constructor),也称构造函数,是 Java 类中的一种特殊方法,它在创建类的实例时使用,作用是对类进行初始化,例如对成员变量赋值等。构造方法的声明定义与成员方法类似,但有如下特点:

(1) 构造方法的方法名必须与类名相同;

(2) 构造方法没有返回值,也不使用 void 来指示构造方法没有返回值,方法体中不使用 return 语句;

(3) 一个类中至少存在一个构造方法,如果在类中没有显式地定义任何构造方法,则 Java 编译器会为类自动创建一个不带参数的缺省构造方法。如果在类中显式地定义了构造方法,则编译器不会再创建缺省构造方法;

(4) 构造方法只在创建类的实例时使用,即只能用 new 关键字调用,不能使用前面谈到的方法访问表达式调用构造方法。

【例 3.10】对类进行初始化。

```
public class Book {//1 行
    private String title,author,publisher;
```

```
    Book (String myTitle,String myAuthor,String myPublisher){
        title=myTitle;
        author=myAuthor;//5 行
        publisher=myPublisher;
    }
    String getTitle(){
        return title;
    }//10 行
    String getAuthor(){
        return author;
    }
    String getPublisher(){
        return publisher;//15 行
    }
    public static void main(String[] args) {
        Book myBook=new Book("2008 中国环境质量报告",
                             "中华人民共和国环境保护部",
                             "中国环境科学出版社");//20 行
        System.out.println("书　名:"+myBook.getTitle());
        System.out.println("作　者:"+myBook.getAuthor());
        System.out.println("出版社:"+myBook.getPublisher());
    }
}//25 行
```

程序第 3 行显式地定义了 Book 类的构造方法，该构造方法有三个参数。程序第 18 行至 20 行用 new 关键字创建了实例 myBook。在创建实例的过程中，通过构造方法传递参数，对成员变量 title、author 和 publisher 进行了初始化(见程序第 4 行至 6 行)。程序第 8、11、14 行定义了三个方法，分别返回初始化后的成员变量的值。本程序运行结果：

```
书　名：2008 中国环境质量报告
作　者：中华人民共和国环境保护部
出版社：中国环境科学出版社
```

3. 普通方法

普通方法是指除了主方法、构造方法以外的方法，也就是通常所说的用分隔符小圆点(.)调用的方法，包括类方法和实例方法，前者用关键字 static 来修饰，可以直接通过类名引用，后者不使用关键字 static 修饰，只能通过类的实例名称来引用。

除了 3.3.1 中介绍的方法声明以外，JDK1.5 以上版本还提供了一种为方法提供可变参数的格式：

[修饰符] [static][final][abstract][native] [synchronized]返回值类型 方法名([固定参数列表],数据类型...可变参数名)

在这种格式中,用三个小圆点表示后面的参数的个数是不确定的,它等价于将小圆点后面的参数当做数组来处理。这种参数的语法同样也适用于主方法和构造方法。使用这种语法时要注意,可变参数只能有一个,如果在定义中既包括固定参数,也包括可变参数,则可变参数必须放在参数列表中的最后。

【例 3.11】找出一组正整数中的最大数。

```
public class VarargsDemo {//1 行
    int getMax1(int... num){
        int max=0;
        for(int i:num){
            if(i>max){//5 行
                max=i;
            }
        }
        return max;
    }//10 行
    int getMax2(int... num){
        int max=0;
        for(int i=0;i<num.length;i++){
            if(max<num[i]){
            max=num[i];  //15 行
            }
        }
        return max;
    }
    public static void main(String[] args) {//20 行
        VarargsDemo varargsDemo=new VarargsDemo();
        System.out.print("getMax1 计算出的最大数:");
        System.out.println(varargsDemo.getMax1(5,12,45,24,20));
        System.out.print("getMax2 计算出的最大数:");
        System.out.println(varargsDemo.getMax2(5,12,45,24,20));//25 行
    }
}
```

本例演示了用两种不同的方法处理可变参数。第 2 行的方法 getMax1 用增强型 for 语句来找到一组正整数中的最大数,第 11 行的方法 getMax2 用遍历数组的 for 语句找到一组正整数中的最大数。从本例看出,可变参数在方法体内被表示为一个数组,可以在方法体内使用对数组的操作方法来处理可变参数。本例运行结果:

```
getMax1 计算出的最大数:45
getMax2 计算出的最大数:45
```

参数传递是一个对象与其他对象交换信息的重要手段。在Java中,采用传值的方式传递参数,但不同的数据类型传递的值略有不同。

对于char、byte、int、long、float和double等简单数据类型、数字封装类(AtomicInteger,AtomicLong,BigDecimal,BigInteger,Byte,Double,Float,Integer,Long,Short))以及String类等没有修改内容的类,Java传递的是值的副本。在方法体中对传递过来的值所做的任何修改,都仅仅是改变了副本的值,不会影响到原有的值。也就是说,上述类型的参数传递时,方法的形参有自己的存储空间,调用方法的实参将自己的值复制给形参,形参的值存储在自己的存储空间内,修改形参的值不会影响实参的值。

对于数组、类、接口等引用数据类型,Java传递的是引用值的副本,这时,传递到方法中的引用值会仍然引用(指向)被传递的对象。如果在方法体中对该值引用的对象进行修改,就必然会影响到原对象的内容。但如果在方法体中修改引用值本身,使其不再指向原来的对象,所进行的修改就不会影响到原来的对象。换句话说,传递引用类型时,方法的实参与形参共享同一存储空间,除非在方法体中显式地改变形参的存储空间。

【例3.12】方法的参数传递。

```
public class PassingArgs {//1行
    void changePrimtive(int i) {
        i=100;
    }
    void changeString(String s) { //5行
        s="changed";
    }
    void changeWithNewObj(int[] myArray) {
        myArray = new int[4];
        for (int i = 0; i < myArray.length; i++) { //10行
            myArray[i]=50;
        }
    }
    void changeArrary(int[] myArray) {
        for (int i = 0; i < myArray.length; i++) { //15行
            myArray[i]=0;
        }
    }
    public static void main(String[] args) {
        PassingArgs passingArgs=new PassingArgs();      //20行
        //传递整型数
        int i=20;
        System.out.println("传递整数参数之前: i=" + i);
        passingArgs.changePrimtive(i);
        System.out.println("传递整数参数之后: i=" + i); //25行
        //传递String对象
```

```
        String s="unchanged";
        System.out.println("传递 String 参数之前：s=" + s);
        passingArgs.changeString(s);
        System.out.println("传递 String 参数之前：s=" + s); //30 行
        int[] originalArray={12,15,68,32};
        //传递数组对象,并在方法体内改变引用值
        System.out.print("传递数组参数之前：");
        for (int j= 0; j < originalArray.length; j++) {
            System.out.print(originalArray[j]+" ");//35 行
        }
        passingArgs.changeWithNewObj(originalArray);
        System.out.println();
        System.out.print("传递数组参数之后：");
        for (int j= 0; j < originalArray.length; j++) { //40 行
            System.out.print(originalArray[j]+" ");
        }
        //传递数组对象
        System.out.println();
        System.out.print("传递数组参数之前：");//45 行
        for (int j= 0; j < originalArray.length; j++) {
            System.out.print(originalArray[j]+" ");
        }
        passingArgs.changeArrary(originalArray);
        System.out.println();//50 行
        System.out.print("传递数组参数之后：");
        for (int j= 0; j < originalArray.length; j++) {
            System.out.print(originalArray[j]+" ");
        }
    }//55 行
}
```

本例定义了四个方法，其中，changePrimtive()方法(见程序第 2 行至 4 行)和 changeString()方法(见程序第 5 行至 7 行)的参数分别为 int 和 String 类型，在调用这两个方法时，实参和形参有不同的存储空间，这两个方法内部对形参的操作不会改变实参的值。因此，主方法中的第 22 行中声明并初始化的 int 变量 i，在作为参数传递给 changePrimtive()方法之前和之后的值，均为 20。同样，第 27 行声明并初始化的 String 型变量 s 的值也不会因为调用了 changeString 方法而改变，其值始终为“unchanged”。

changeWithNewObj()方法的参数为数组，数组为引用类型，当在主方法第 37 行中调用 changeWithNewObj 方法时，传递的是数组对象的引用值的副本。但是，changeWithNewObj()方法中的第 9 行又重新建立了一个新的对象引用，此时，方法的形参 myArray 与主类中实参 originalArray(见程序第 37 行)指向的内容已经不相同了，正是由于 myArray 和

originalArray 两者有不同指向，因而在方法 changeWithNewObj 中对 myArray 数组元素的赋值并不会改变 originalArray 数组的元素值。所以，主方法中执行第 37 至 42 行之后，originalArray 数组的元素值并没有改变。

changeArrary()方法（程序第 14 行至 18 行）与 changeWithNewObj()方法不同，其方法体中没有改变 myArray 的引用。在主方法中调用 changeArrary 方法（程序第 49 行）之后，myArray 和 originalArray 指向同一对象，且 changeArrary 方法中没有改变 myArray 的指向。因此，对 myArray 数组的操作会改变它所指向的对象，而 originalArray 也指向这个对象，主方法中第 52 行至 54 行显示的 originalArray 数组元素的值是改变之后的值（元素的值均为 0）。

本例的运行结果是：

```
传递整数参数之前：i=20
传递整数参数之后：i=20
传递 String 参数之前：s=unchanged
传递 String 参数之前：s=unchanged
传递数组参数之前：12 15 68 32
传递数组参数之后：12 15 68 32
传递数组参数之前：12 15 68 32
传递数组参数之后：0 0 0 0
```

3.3.3　this 关键字

Java 关键字 this 在类的构造方法和普通方法中使用，用于指代类的当前实例或构造方法，它仅能用于构造方法和实例方法，不能在静态方法中使用。this 关键字在使用前不需要声明。

this 关键字作为一个指代变量，基本上有如下三种用法：

1. 引用成员变量或成员方法

第一种用法是在引用成员变量时，用来指示引用的是当前对象的成员变量。例如，对于例 3.10 中的 Book 类，可以改写成如下：

```
public class Book {//1 行
    private String title,author,publisher;
    Book(String title,String author,String publisher){
        this.title=title;
        this.author=author; //5 行
        this.publisher=publisher;
    }
    ……
}
```

其中，Book 类的构造方法对成员变量进行初始化，成员变量的初值由构造方法的参数给出，而且，构造方法的参数与成员变量同名。这样，更便于程序的阅读。但是，由于成员变量的名称为 title、author 和 publisher(第 2 行)，构造方法中的参数名称也是 title、author 和 publisher(第 3 行)，因此，在创建 Book 类的实例时，就需要用 this 关键字指明将参数值赋给当前实例中的成员变量，程序第 4 行至 6 行中的 this. title、this. author、this. publisher 分别代表 Book 类实例的 title、author、publisher 属性，而程序第 4 行至 6 行中的 title、author、publisher 则代表构造方法中的参数。从而，Java 系统能够确定 this. title 指的是成员变量，title 指的是参数变量，this. title＝title 的意思是将参数的值传递给当前实例的成员变量。

注意，如果在上述代码中第 4 行至 6 行分别改成 title＝title、author＝author、publisher＝publisher，系统会给出警告“对变量赋值不生效”，程序仍可运行，但 Book 实例的 title、author、publisher 的值分别为 null、null、null，也就是说，Book 实例的属性 title、author、publisher 值只具有系统初始化的值，而不是创建实例时初始化的值。

对于成员变量和局部变量，也可以用 this 关键字将两者区分开来。例如，当方法中的局部变量与成员变量重名时，在方法体中将局部变量的值赋给成员变量时，也要用 this 关键字把两者区分开。例如，假定给 Book 类增加一个 setDefaultPublisher( ) 方法，用来设置 publisher 属性的值，代码如下：

```
void setDefaultPublisher(){
      String publisher="北京大学出版社";
      this. publisher=publisher;      // 使用 this 区分局部变量与全局变量
}
```

同样，上述原理也适用于成员方法，可以用 this 关键字显式地指明调用当前对象的方法。例如，可以为 Book 类增加一个 setDefaultValue()，设置 title 属性值和 publisher 属性，该方法中调用了 setDefaultPublisher()方法，代码如下：

```
void setDefaultValue(){
      this. title="技术哲学";
      this. setDefaultPublisher();//调用当前实例中的方法
}
```

2. 指代构造方法

this 关键字的第二种用法是指代构造函数，用来在类的构造方法中调用本类的其他构造方法，具体语法是：

```
this(参数表)
```

例如，对于 Book 类，可以增加一个出版社(publisher)属性为缺省的构造方法(缺省值为“北京大学出版社”)：

```
class Book{//1 行
      String title, author,publisher;
      int price;
      Book(String title,String author){
```

```
            this(title,author,"北京大学出版社",32); //5 行
        }
        Book(String title,String author,String publisher,int price){
            this.title=title;
            this.author=author;
            this.publisher=publisher; //10 行
            this.price=price;
        }
        ……
    }
```

在上例中，一共定义了两个构造方法，它们的参数的个数各有不同，第一个构造方法使用 this()的形式调用第二构造方法。JAVA 通过参数的类型、数量和顺序来判断 this()指的是哪个构造方法。

使用 this 指代构造方法应注意，这种形式只能在构造方法中使用，并且，this()必须放在它所在的构造方法的第一行。

用 this()调用同一类的其他构造方法，可以充分利用其他构造方法的代码，减少程序代码的重复书写量。不过，过多地使用这种方式，会降低代码的可读性。

3. 指代当前对象

this 关键字还可以指代当前对象，当要在方法中全面引用当前对象，例如将当前对象作为参数传递给另一个对象，或者将当前对象作为返回值时，就可以使用 this 关键字来指代当前对象。

【例 3.13】this 关键字指代当前对象。

```
public class ThisAsObject {//1 行
    public static void main(String[] args) {
        Book book=new Book("用电安全技术","崔政斌 编");
        System.out.println("----------通过 Book 类访问图书信息----------");
        System.out.println("图书名："+book.title);  //5 行
        System.out.println("图书作者："+book.author);
        System.out.println("所属丛书："+book.seriesBook.title);
        System.out.println("丛书出版社："+book.seriesBook.publisher);
        System.out.println("----------通过 SeriesBook 类访问图书信息----------");
        SeriesBook bk=book.seriesBook.getSeriesBook();//10 行
        System.out.println("图书名："+bk.book.title);
        System.out.println("图书作者："+bk.book.author);
        System.out.println("所属丛书："+bk.title);
        System.out.println("丛书出版社："+bk.publisher);
    }//15 行
}
class Book{
    String title;
```

```
        String author;
        SeriesBook seriesBook;//20 行
        Book(String title,String author){
              this.title=title;
              this.author=author;
              seriesBook=new SeriesBook(this);
        }//25 行
}
class SeriesBook{
        String title;
        String publisher;
        Book book;//30 行
        SeriesBook(Book book){
              this.title="现代生产安全技术丛书";
              this.publisher="化学工业出版社 ";
              this.book=book;
        }//35 行
        SeriesBook getSeriesBook(){
              return this;
        }
}
```

程序第 24 行，this 指代 Book 类的当前对象，将当前对象作为参数传递给 SeriesBook 类的构造方法。程序第 37 行，this 指代 SeriesBook 类的当前对象，将当前对象作为返回值。本例分别用 Book 类的实例和 SeriesBook 类的实例获得图书的信息。程序运行结果如下：

```
----------通过 Book 类访问图书信息----------
图书名：用电安全技术
图书作者：崔政斌 编
所属丛书：现代生产安全技术丛书
丛书出版社：化学工业出版社
----------通过 SeriesBook 类访问图书信息----------
图书名：用电安全技术
图书作者：崔政斌 编
所属丛书：现代生产安全技术丛书
丛书出版社：化学工业出版社
```

3.3.4 方法重载

方法重载(overloading)是 Java 实现多态的重要手段之一，它允许程序用统一的方法来处理不同的数据类型。具体表现在程序中，就是可以在一个类中定义多个重名的方法，但这些方法的参数个数、参数类型或参数的顺序有所不同，Java 系统通过参数个数、类型或顺序的区别来确定实际调用哪一个方法的代码。

在例 3.12 中，程序定义了四个方法 changePrimtive、changeString、changeWithNewObj 和 changeArrary，这些方法的功能都是改变参数的值，只是传来的参数类型有所不同。有了方法重载的概念以后，可以对这些方法做如下改动：

```
//对应于原来的 changePrimtive 方法
void change(int i) {
    i=100;
}

//对应于原来的 changeString 方法
void change(String s) {
    s="changed";
}

//对应于原来的 changeWithNewObj 方法和 changeArrary 方法
//用变量标识是否在方法体内改变引用值，true 为改变，false 为不改变
void change(boolean flag,int[] myArray) {
    if (flag) myArray = new int[4];
    for (int i = 0; i < myArray.length; i++) {
        myArray[i]=0;
    }
}
```

在主方法中调用方法的代码如下：

```
//对应原来的 passingArgs.changePrimtive(i);
passingArgs.change(i);

//对应原来的 passingArgs.changeString(s);
passingArgs.change(s);

//对应原来的 passingArgs.changeWithNewObj(originalArray);
passingArgs.change(true,originalArray);

//对应原来的 passingArgs.changeArrary(originalArray);
passingArgs.change(false,originalArray);
```

由此可见，利用方法的重载，可以充分利用已有的代码，增强程序的抽象度和封装性，简化方法的调用，提高代码的可维护性。

方法重载的前提是唯一性，要确保 Java 系统能够唯一地确定在程序中调用哪个方法（这期间可能会包括必要的数据类型转换），否则，将不允许使用重载。具体地说，使用方法

重载时要注意以下几点：

(1) 构造函数和普通函数都可以重载；

(2) 重载时方法参数的个数或者类型必须不同；

(3) 只有方法的多个参数类型不一样时，不同的参数顺序才允许重载；

(4) 重载方法的返回值、访问权限可以不同；

(5) 方法的可变参数和数组参数在方法体内都作为数组处理，带有相同类型的可变参数和数组参数的方法不能重载；

(6) 仅具有不同访问权限、不同抛出异常类型的方法不能重载。

【例 3.14】构造方法和普通方法的重载。

```
public class OverloadTest { //1 行
    private Book[] booksList;
    OverloadTest(){
        Book[] booksList={
            new Book("郁达夫随笔:伤感行旅","郁达夫","北京大学出版社",38.0f),//
            5 行
            new Book("教育法学","李晓燕 主编","高等教育出版社",23.9f),
            new Book("普通化学原理与应用","彼德勒","高等教育出版社",89.0f),
            new Book("机关工会工作指南","郭洪美","中国工人出版社",36.0f)
        };
        this.booksList=booksList; //10 行
    }
    OverloadTest(Book... book){
        booksList=book;
    }
    void getBookInfo(){//15 行
        System.out.println("全部图书:");
        for(int i=0;i<booksList.length;i++){
            System.out.println("\t"+(i+1)+"."+booksList[i].title+
                               "\t"+booksList[i].author+
                               "\t"+booksList[i].publisher+//20 行
                               "\t"+booksList[i].price);
        }
    }
    void getBookInfo(float price){
        System.out.println("价格为""+price+""的图书:"); //25 行
        int m=1;
        for(int i=0;i<booksList.length;i++){
            if (booksList[i].price==price){
                System.out.println("\t"+m+"."+booksList[i].title+
                                   "\t"+booksList[i].author+//30 行
                                   "\t"+booksList[i].publisher);
```

```
                m++;
            }
        }
    }//35 行
    void getBookInfo(String publisher){
        System.out.println("出版社为“"+publisher+"”的图书:");
        int m=1;
        for(int i=0;i<booksList.length;i++){
            if (booksList[i].publisher==publisher){ //40 行
                System.out.println("\t"+m+"."+booksList[i].title+
                                   "\t"+booksList[i].author+
                                   "\t"+booksList[i].price);
                m++;
            }    //45 行
        }
    }
    void getBookInfo(float price,String publisher){
        System.out.println("价格为“"+price+"”且出版社为“"+publisher+"”的图书:");
        int m=1; //50 行
        for(int i=0;i<booksList.length;i++){
            if ((booksList[i].price==price)
                              &(booksList[i].publisher==publisher)){
            System.out.println("\t"+m+"."+booksList[i].title+
                           "\t"+booksList[i].author);  //55 行
            m++;
            }
        }
    }
    //参数顺序不一样//60 行
    void getBookInfo(String publisher,float price){
        System.out.println("出版社为“"+publisher+"”且价格为“"+price+"”的图书:");
        int m=1;
        for(int i=0;i<booksList.length;i++){
            if ((booksList[i].publisher==publisher) //65 行
                              &(booksList[i].price==price)){
                System.out.println("\t"+m+"."+booksList[i].title+
                               "\t"+booksList[i].author);
                m++;
            }   //70 行
        }
    }
    void getBookInfo(float...price){
```

```
            String s="";
            int m=1; //75 行
            for(float bookPrice:price){
                s=s+bookPrice+" ";
            }
            System.out.println("价格为“"+s.trim()+"”的图书:");
            for(float bookPrice:price){ //80 行
                int i=0;
                while(i<booksList.length){
                    if(bookPrice==booksList[i].price){
                        System.out.println("\t"+m+"."+booksList[i].title+
                                        "\t"+booksList[i].author+//85 行
                                        "\t"+booksList[i].publisher+
                                        "\t"+booksList[i].price);
                        m++;
                    }
                    i++;//90 行
                }
            }
        }
        //void getBookInfo(float[] price){}//方法重复
        public static void main(String[] args) {//95 行
            OverloadTest overloadTest=new OverloadTest();
            overloadTest.getBookInfo();
            overloadTest.getBookInfo(36f);
            overloadTest.getBookInfo("高等教育出版社");
            overloadTest.getBookInfo(89f,"高等教育出版社");//100 行
            overloadTest.getBookInfo("北京大学出版社",38f);
            overloadTest.getBookInfo(36f,28f);//找 36 元和 28 元的图书
            overloadTest=null;
            overloadTest=new OverloadTest(
                    new Book("艺术批评学","陈汗青","北京大学出版社",28.0f), //
                    105 行
                    new Book("工程力学","范钦珊","高等教育出版社",71.0f)
                    );
            overloadTest.getBookInfo();
        }
}//110 行
class Book{
    String title;
    String author;
    String publisher;
```

```
        float price; //115 行
        Book(String title,String author,String publisher,float price){
            this.title=title;
            this.author=author;
            this.publisher=publisher;
            this.price=price; //120 行
        }
    }
```

本例演示了构造方法和普通方法的重载。

程序第111行至122行定义了类Book，该类用来存放图书的基本信息，包括书名、作者、出版社和价格，它们分别对应Book类的title、author、publisher和price属性。每一种图书就是Book类的一个实例。Book类的构造方法用来对图书信息进行初始化(见程序第116行至121行)。

程序第2行声明了一个Book类型的数组booksList，该数组的元素是Book类的实例，booksList数组的每一个元素代表了一种图书。OverloadTest有两个构造方法：无参数的构造方法和有参数的构造方法。无参数的构造方法(见程序第3行至11行)对booksList数组初始化。在该构造方法中，先对Book类型的数组booksList初始化(程序第4行至9行)，再将初始化的数组booksList赋值给成员变量booksList(程序第10行)。有参数的构造方法(程序第12行至程序第14行)接收创建实例时传来的参数，并将参数赋值给成员变量booksList。

OverloadTest类有6个重载的方法getBookInfo()。程序第15行至23行定义的getBookInfo()方法无参数，功能是遍历成员变量booksList数组，显示每一种图书的书名、作者、出版社和价格信息。程序第24行至35行定义的getBookInfo()方法以浮点数为参数，功能是显示符合参数指定价格的图书信息。程序第36行至47行定义的getBookInfo()方法以字符串为参数，功能是显示参数指定出版社的图书信息。程序第48行至59行定义的getBookInfo()方法有两个参数，功能是显示同时满足两个参数指定的图书信息。程序第61行至72行也有两个参数，功能与前一个方法相同。但这两个方法的参数次序不同，Java系统可以唯一地确定调用哪个方法，因此可以与前一个方法重载。程序第73行至93行定义的getBookInfo()方法具有可变参数，与前面所得方法的参数均不相同，也是可以重载的。注意，如果去掉第94行的注释，将会出现错误，因为，可变参数的方法与数组参数的方法不能重载。

程序第79行的trim方法用于返回字符串的副本，该副本移除了字符串的前导空白和尾部空白。

本例的运行结果：

```
全部图书：
    1. 郁达夫随笔：伤感行旅        郁达夫          北京大学出版社   38.0
    2. 教育法学                    李晓燕   主编   高等教育出版社   23.9
    3. 普通化学原理与应用          彼德勒          高等教育出版社   89.0
    4. 机关工会工作指南            郭洪美          中国工人出版社   36.0
价格为“36.0”的图书：
    1. 机关工会工作指南            郭洪美          中国工人出版社
出版社为“高等教育出版社”的图书：
    1. 教育法学                    李晓燕   主编   23.9
    2. 普通化学原理与应用          彼德勒          89.0
价格为“89.0”且出版社为“高等教育出版社”的图书：
    1. 普通化学原理与应用          彼德勒
出版社为“北京大学出版社”且价格为“38.0”的图书：
    1. 郁达夫随笔：伤感行旅        郁达夫
价格为“36.0 28.0”的图书：
    1. 机关工会工作指南            郭洪美          中国工人出版社   36.0
全部图书：
    1. 艺术批评学                  陈汗青          北京大学出版社   28.0
    2. 工程力学                    范钦珊          高等教育出版社   71.0
```

3.4 类的继承

允许在一个存在的类定义的基础上派生创建一个或多个新类，这种技术称为继承。新建的派生类叫做子类，它自动拥有基础类的所有属性和方法，同时还可以增加新的数据（属性）或新的功能（方法）。产生派生类的那个类，则被称为父类、超类或基类。

在 Java 语言中，所有的类都是 Object 的子类，都是通过直接或间接地继承 Object 形成的，从而形成了以 Object 类为基类的层次结构。在 Java 的类库中，如果没有特别指明该类继承了哪个类，就意味着该类继承了 Object 类。同样，在用户定义一个类时，如果未指明该类的继承关系，就说明该类是 Object 类的直接子类，它自动拥有 Object 类的 equals()、finalize()、toString()、clone()等方法。

一般情况下，如果多个类之间有着大部分相同的属性和方法，就可以从这些类中抽象出一个父类，在父类中定义这些共同的属性和方法，子类在继承父类后，就自然有了这些共同的属性和方法，不需重新定义。这样，子类就可以更加专注地实现自己特有的属性及方法，从而实现了代码复用，提高软件生产的效率和质量，同时能更加有效地组织程序的结构，提高代码的可读性。

3.4.1　继承的实现

在 Java 中使用 extends 关键字实现继承，继承的基本语法如下：

```
class A extends B{
    ……
}
```

其中，A 是新建的子类，B 为父类，必须是已经定义过的父类。需要注意，Java 只支持单继承，一个子类只能有一个父类，但一个父类可以有多个子类。也就是说，extends 关键字后面只能有一个类，但允许有 class A extends B{}、class C extends B{}、class E extends B{}。

根据表 3-2 中所示的访问权限，如果父类和子类在同一包中，子类会继承父类中的所有修饰符为 public、protected 和缺省访问权限的成员变量和成员方法。如果子类和父类不属于同一个包，则子类只继承父类中的修饰符为 public 和 protected 的成员变量和成员方法。

在加载子类时，先加载父类，执行父类参数缺省的构造方法，然后执行子类。对于静态变量、静态方法和静态程序块，在装载类时进行加载，加载顺序是：先初始化父类的静态变量、静态方法或静态程序块，再初始化子类的静态变量、方法或静态程序块。对于实例变量和方法，在创建子类对象时加载，加载顺序是：先初始化父类的成员变量和构造方法，再初始化子类的成员变量和构造方法。

【例 3.15】类的加载顺序。

```
class SuperClass{   //1 行
    static int iniVariable (String s){
        System.out.println("正在初始化变量"+s);
        return 5;
    }    //5 行
    private int superInstanceV=iniVariable("superInstanceV");

    private static int superStaticV=iniVariable("superStaticV");
    //静态程序块
    static {//10 行
        System.out.println("父类静态变量 superStaticV 已经被初始化为"+superStaticV);
    }
    //父类构造方法
    SuperClass(){
        System.out.println("父类构造方法运行……");//15 行
        System.out.println("父类静态变量 superStaticV="+superStaticV);
        System.out.println("父类实例变量 superInstanceV="+superInstanceV);
    }
}
public class SubClass extends SuperClass{//20 行
    private int subInstanceV=iniVariable("subInstanceV");
```

```
    //子类构造方法
    public SubClass(){
        System.out.println("子类构造方法运行……");
        System.out.println("子类实例变量 subInstanceV=" +subInstanceV); //25 行
    }
    private static int subStaticV=iniVariable("subStaticV");
    //静态程序块
    static {
        System.out.println("子类静态变量 subStaticV 已经被初始化为"+subStaticV); //30 行
    }
    public static void main(String[] args){
        System.out.println("用 new 关键字创建子类实例……");
        new SubClass();
    }//35 行
}
```

本类有两个,一个是父类 SuperClass,一个是子类 SubClass。父类中定义了实例变量 superInstanceV(程序第 6 行)和静态变量 superStaticV(程序第 8 行),它们分别调用静态方法 iniVariable ()进行初始化。此外,父类中还定义了静态代码块(程序第 10 行至 12 行),静态代码块是在装载类时就自动执行的代码,通常用来执行初始化任务,它由 JVM 直接调用,在类装载时运行,无需其他程序调用,并且只执行一次。静态代码块的写法是在表示代码块的"{}"之前加上关键字 static。

同样地,子类 SubClass 也定义了自己的实例变量(程序第 21 行)、静态变量(程序第 27 行)、静态代码块(程序第 29 行至 31 行),并调用父类的 iniVariable ()方法来初始化变量。注意,在本例中,父类和子类在同一个包中,父类的 iniVariable ()方法的修饰符为缺省,故子类可以继承父类。

在程序运行时,会首先初始化父类的静态变量 superStaticV,然后初始化子类的静态变量 subInstanceV。此后,程序第 34 行创建 SubClass 的实例,由于 SubClass 继承了 SuperClass,所以会先初始化父类的成员变量 superInstanceV,并运行父类的构造方法,再初始化子类的成员 subInstanceV,运行子类的构造方法。本例的运行结果如下:

```
正在初始化变量 superStaticV
父类静态变量 superStaticV 已经被初始化为 5
正在初始化变量 subStaticV
子类静态变量 subStaticV 已经被初始化为 5
用 new 关键字创建子类实例……
正在初始化变量 superInstanceV
父类构造方法运行……
父类静态变量 superStaticV=5
父类实例变量 superInstanceV=5
正在初始化变量 subInstanceV
子类构造方法运行……
子类实例变量 subInstanceV=5
```

3.4.2　类型转型

在第二章，曾经谈到过基本数据类型的转换。事实上，Java的引用数据类型同样存在着类型转换问题。如前所述，Java通过继承，形成了以Object为基类的类体系结构。在继承关系中，子类与其超类之间，在类型上有着某种天然的联系，它们之间就有可能存在着类型的转换。同样，在后面谈到的接口及其实现类之间，也存在类似的情况。在Java中，如果需要用一种对象类型代替另一种对象类型，就需要进行对象类型转换。

与基本数据类型转换一样，对象类型的转换也有自动转换和强制转换两种机制。前者无需在程序中显式地写出类型转换的代码，由Java自动完成。后者则要求在程序中明确指明要将当前对象转换到哪种对象类型。

从转型的方向看，对象类型转换包括向上转型和向下转型。

向上转型是将一个具体的类型朝着其基类的方向转型，通常是将一个具体的类转为其上位类类型，由于子类具备父类的属性和方法，因此向上转型是一种安全的转型，通过自动转换就可以完成。不过，经过向上转型的对象将失去自己的属性和方法，只能使用转换后的对象类型所具有的属性和方法。

向下转型与向上转型刚好相反，是从基类向具体类的方向转型。子类除了具备父类的属性和方法以外，还有自己特有的属性和方法，在将一个上位类类型转换成下位类类型的过程中，容易出现转换的双方特征不一致，从而导致转换失败。因此，向下转型是一种不安全的转型，必须使用强制转型，告诉JVM如何进行转换。JVM根据要强制转换的类型检查转换的双方是否匹配，如果匹配，则进行转型，否则，就会抛出异常。

如上所述，在强制类型转换过程中，如果转换的类型不匹配，系统会抛出异常。为了避免这种情况的发生，应该在转换之前能显式地判断要加以转换的类型，以决定是否做进一步的转换。Java提供了关键字instanceof来判断一个对象是否是指定类的实例，语法如下：

```
object instanceof class
```

其中，object为任意对象表达式或null类型，class为任意已定义的对象类。若object是class的一个实例或其派生类对象，则上述表达式返回true。若object不是指定类的一个实例或者object是null，则返回false。

【3.16】对象类型转换。

```
public class ObjectCasting {//1 行
    public static void main(String[] args) {
        //向上转型
        SuperClass classA=new SubClass();
        classA.superMethod1();//5 行
        //classA.subMethod2();
        //向下转型
        SuperClass classB=new SuperClass();
        //SubClass classC=(SubClass) classB;
        if (classB instanceof SubClass) //10 行
```

```
                System.out.println("classB是SubClass的实例,可以转型");
            else
                System.out.println("classB不是SubClass的实例,不可以转型");
        }
}//15行
class SuperClass{
    void superMethod1(){
        System.out.println("SuperClass Method1");
    }
}//20行
class SubClass extends SuperClass{
    void subMethod1(){
        System.out.println("SubClass Method1");
    }
    void subMethod2(){//25行
        System.out.println("SubClass Method2");
    }
}
```

本例中,SubClass 类继承了超类 SuperClass。主类程序第 4 行创建了 SubClass 类的实例,并将其转型为 SuperClass,由于 SubClass 类是 SuperClass 的子类,可以自动转型。执行该语句后,classA 为 SuperClass 类型的对象。向上转型后的对象只能使用父类的属性和方法(见程序第 5 行),如果去掉程序第 6 行的注释,就会出现编译错误:“没有为类型 SuperClass 定义方法 subMethod2()”。

程序第 10 行至 13 行用 instanceof 关键字判断 classB 是否是 SubClass 类型,classB 被创建为 SuperClass 的实例(程序第 8 行),显然不是 SubClass 的实例,程序会执行第 13 行的分支。程序运行结果为:

```
SuperClass Method1
classB 不是 SubClass 的实例,不可以转型
```

去掉程序第 9 行的注释,classB 被定义为 SuperClass 类型,classC 为 SubClass 类型,程序第 9 行的功能是向上转型,必须使用强制转型(SubClass) classB。注意,如果第 9 行程序写成“SubClass classC＝classB”,系统会出现编译错误,并要求“将强制类型转换添加至 SubClass”。去掉第 9 行的注释之后,程序没有编译错误,但运行出错:

```
Exception in thread "main" java.lang.ClassCastException:
SuperClass cannot be cast to SubClass
    at ObjectCasting.main(ObjectCasting.java:9)
```

这是因为,向下转型是不安全的转型,不能保证转型的成功。合理的方法是使用 instanceof 关键字来防止出现异常。

3.4.3 覆盖与隐藏

在Java中，子类可以继承父类的成员变量和成员方法，同时可以对父类的特征予以增强。实现这种特性有两种方式：一种方式是在子类中声明父类中没有的属性和方法；另一种方式是重新声明已经有的属性和方法，将这些属性和方法赋予新的含义或更多的功能。对于后一种情况，称为属性或方法的覆盖或隐藏，即子类中的属性或方法覆盖或隐藏了超类的属性或方法。

1. 变量的隐藏

如果子类中的变量与父类中的变量重名，则称子类中的变量隐藏(hiding)了父类中的同名变量。

隐藏变量和被隐藏变量的数据类型、访问权限可以不一致，同时允许在子类中用静态变量来隐藏父类中的实例变量，也允许在子类中用实例变量来隐藏实例变量、静态变量。

被隐藏的变量为类变量(静态变量)时，可以通过类名直接访问和引用。

被隐藏的变量为实例变量时，可以通过父类的对象进行访问和引用。

若要通过子类对象访问和引用父类中被隐藏的变量，需先将子类转换成父类类型。

2. 方法的隐藏与覆盖

如果子类中的成员方法与父类中的成员方法有相同的方法名称、参数个数和类型，则称子类中的方法隐藏或覆盖了父类中的方法。通常，当成员方法是静态方法时，称子类中的静态方法隐藏了父类中的静态方法，而当成员方法是实例方法时，称子类中的实例方法覆盖(overriding)了父类中的实例方法。注意，静态方法和实例方法不能相互隐藏或覆盖。

如果父类中方法的返回类型是引用类型，则子类中的同名方法的返回类型可以声明为超类方法返回类型的子类型；如果返回类型是基本类型，则隐藏或覆盖的方法的返回类型必须与超类方法的返回类型相同。

子类中同名方法的访问控制范围必须大于或等于父类中同名方法的限制级别，按表3-2中的访问控制范围，访问修饰符的范围从大到小依次为：public、protected、缺省修饰符、private。

子类中同名方法抛出的异常范围不能大于父类同名中方法抛出的异常的范围。

final方法不能被覆盖或隐藏。

被隐藏的静态方法的引用和访问规则与被隐藏的变量的访问规则相同。

覆盖方法的调用基于动态绑定机制，在程序运行期间判断对象的实际类型并根据对象的实际类型来调用相应的方法，子类中的覆盖方法被优先调用。当在被转换成父类类型的子类对象上调用一个实例方法时，如果这个方法在子类中有覆盖方法，则执行的是子类中的方法。

【例3.17】隐藏与覆盖。

```
public class Overriding_hiding {//1 行
    public static void main(String[] args) {
        System.out.println("\t-----从各自的类中访问属性和方法-----");
        SuperClass superA=new SuperClass();
        SubClass subA=new SubClass();//5 行
        System.out.println("访问父类的属性和方法：");
```

```
            System.out.println("\tsuperA 的属性="+superA.name);
            System.out.println("\tname="+superA.getObject().name);
            superA.showName();
            SuperClass.statM();  //10 行
            System.out.println("访问子类的属性和方法：");
            System.out.println("\tsubA 的属性="+subA.name);
            System.out.println("\tname="+subA.getObject().name);
            subA.showName();
            SubClass.statM();//15 行
            System.out.println("\t"+"-----类型转换后访问属性和方法-----");
            System.out.println("向上转型,将子类转型成父类：");
            SuperClass superB=subA;
            System.out.println("\tsuperB 的属性="+superB.name);
            System.out.println("\tname="+superB.getObject().name);//20 行
            superB.showName();
            superB.statM();//不建议这样做
            SuperClass.statM();
        }//25 行
}
class SuperClass{
        public String name="这是父类";
        static void statM(){
              System.out.println("\t 执行父类静态方法   ");
        }//30 行
        void showName(){
             System.out.println("\t 父类名称:"+name);
        }
        SuperClass getObject(){
              System.out.print ("\t 执行父类 getObject()方法   ");//35 行
              return this;
        }
}
class SubClass extends SuperClass{
        String name="这是子类";//40 行
        void showName(){
             System.out.println("\t 子类名称:"+name);
        }
        protected staticvoid statM(){
             System.out.println("\t 执行子类静态方法");//45 行
        }
        SubClass getObject(){
             System.out.print("\t 执行子类 getObject()方法   ");
             return this;
        }//50 行
}
```

本例中，SubClass类继承了超类SuperClass（见程序第39行）。子类隐藏了父类的成员变量name和静态成员方法statM()，同时覆盖了父类中的showName()方法、getObject()方法以及statM()方法。注意，子类在隐藏父类的成员变量时改变了父类成员变量的访问控制范围（父类的成员变量访问控制范围见程序第27行，子类的成员变量访问控制范围见程序第40行），另外，子类中的静态方法statM()的访问控制权限也比父类同名方法的访问权限有所扩大（分别见程序第28行和程序第44行），getObject()方法的返回值的类型是父类方法返回值的子类型（分别见程序第34行和程序第47行）。这些在Java中都是允许的。

主类分别演示了从不同途径访问类的属性和方法的结果。程序第7行至9行演示了创建一个父类对象，通过该对象访问父类的属性和方法。程序第12行至14行演示了创建一个子类对象，通过子类对象访问子类的属性和方法。这两部分代码都是通过创建独立的对象来达成访问，并无特别之处。

程序第18行至21行演示了通过向上转型后的对象来访问属性和方法。程序第18行将子类对象subA向上转型成父类对象superB。根据隐藏变量的访问规则，将子类转换成父类类型后调用的属性为父类中声明的属性，故superB.name返回的是父类中的属性值“这是父类”（程序第19行），程序第20行和21行调用了实例方法getObject()和showName()，这两个方法在子类中都有同名的隐藏方法，按覆盖方法的访问规则，程序优先调用子类中的同名方法，也就是说，它们实际执行的是程序第41行和47行定义的方法。请注意，getObject()方法的返回值是SubClass类型，而superB是SuperClass类型，所以getObject()方法的返回值会被自动地向上转型为SuperClass类型，因此superB.getObject().name表达式中实际应用的是父类中的name属性，其值为“这是父类”。程序第22行和第23行调用被隐藏的静态方法，两者等价。本例输出如下：

```
        -----从各自的类中访问属性和方法-----
访问父类的属性和方法：
    superA 的属性＝这是父类
    执行父类 getObject()方法          name＝这是父类
    父类名称：这是父类
    执行父类静态方法
访问子类的属性和方法：
    subA 的属性＝这是子类
    执行子类 getObject()方法          name＝这是子类
    子类名称：这是子类
    执行子类静态方法
        -----类型转换后访问属性和方法-----
向上转型，将子类转型成父类：
    superB 的属性＝这是父类
    执行子类 getObject()方法          name＝这是父类
    子类名称：这是子类
    执行父类静态方法
    执行父类静态方法
```

3.4.4 super 关键字

super 关键字与前面谈到过的 this 关键字作用相类似，也是一个指代变量，用于在子类中指代父类对象。与 this 关键字一样，super 关键字在使用前不需要声明，也不能在静态方法中使用。

super 关键字的一种用法是在子类中引用父类中的属性或方法。在继承关系中，若子类和父类中的成员变量或方法同名，则父类中的成员变量或方法就会被子类中的成员变量或方法隐藏或覆盖。如果要在子类中调用父类中的成员变量或方法，就需要使用 super 关键字显式地告诉 JVM 调用的是父类的变量或方法。具体的语法是：

```
super.变量名；
super.成员函数据名(参数表)；
```

super 关键字的另一种用法是在子类中指代父类的构造方法。在加载子类时，会先加载父类，执行父类无参数的构造方法，但不会自动地执行父类的其他构造方法。事实上，在继承关系中，每个子类的构造方法都隐含地调用了父类的无参数构造方法。这样，如果在子类中需要调用父类的其他构造方法对父类对象进行初始化，则必须使用 super 关键字指明调用父类的那个构造方法。调用父类构造方法的语句写在子类构造方法的第一行，并且，不能在子类的同一个构造方法中既用 super 关键字调用父类构造方法，又用 this 关键字调用本类构造方法。调用父类构造方法的语法如下：

```
super (参数表)；
```

应该注意的是，在介绍构造方法时曾经指出，一个类中至少存在一个构造方法，如果在类中没有显式地定义任何构造方法，则 Java 编译器会为类自动创建一个不带参数的默认构造方法。如果在类中显式地定义了构造方法，则编译器不会再创建默认构造方法。所以，在继承关系中，如果子类没有显式调用父类带参数的构造方法，就必须在父类中显式地定义无参数的构造方法。

【例 3.18】super 的使用。

```
public class SuperDemo extends SuperClass{//1 行
    String name;
    SuperDemo(String name){
        super(name);
        this.name="Sub"+name;//5 行
    }
    void showName(){
        System.out.println("从子类方法显示 name 的内容:"+name);
    }
    void showSuperName(){//10 行
        super.showName();
    }
    public static void main(String[] args) {
```

```
        SuperDemo superDemo=new SuperDemo("Class");
        superDemo.showName();//15 行
        superDemo.showSuperName();
    }
}
class SuperClass{
    String name;//20 行
    SuperClass(String name){
        this.name=name;
    }
    void showName(){
        System.out.println("从父类方法显示 name 的内容:"+name); //25 行
    }
}
```

本例中,SuperDemo 类继承了 SuperClass 类。父类第 21 行中定义了带参数的构造方法 SuperClass(String name),子类第 4 行用 super 关键字调用了这个构造方法,用以对父类初始化。注意,如果删除子类第 4 行的语句,则必须在父类中声明一个无参数的构造方法。子类的 showName()方法覆盖了父类中的同名方法,在子类上调用 showName()方法时,优先执行的是子类中声明的这个方法,而不是父类中的 showName()方法。为了能在子类中调用父类中的 showName()方法,程序第 11 行使用了 super 关键字。本例的输出为:

```
从子类方法显示 name 的内容:SubClass
从父类方法显示 name 的内容:Class
```

3.5　接口与抽象类

接口和抽象类是 Java 语言中定义抽象类型的两种方式。面向对象程序设计中的重要特征之一就是抽象,通过抽象,可以抓住事物的主要特征。在解决实际问题时,可以用接口或抽象类来达到抽象的目的,形成对对象描述的“约定”或“契约”,规定一个对象所应该具备的特征和能力,再进一步通过对接口或抽象类的实现,形成一个个具体的对象。

3.5.1　接口的定义与实现

接口与类一样,也是一种引用类型,由一项列属性和方法的声明组成。与类不同的是,首先,接口中定义的方法只能有方法名称、参数及其类型、返回值类型,不能有方法体;其次,接口中的成员变量只能是常量,并且总是 static 和 final 的;最后,接口没有构造方法,不能被实例化。

定义接口的关键字为 interface,基本语法如下:

```
[修饰符] interface 接口名称 [extends 父接口名列表 ]{
```

```
        接口体
    }
```

其中：

1. 修饰符

只有两种，一种是 public，另一种是缺省修饰符。修饰符为 public 时，表明接口可以被任何类和接口使用。缺省修饰符则表明该接口只能被同一个包中的其他类和接口使用。

2. interface 接口名称

interface 关键字告诉编译器这是一个接口。接口名称必须是一个合法的 Java 标识符，命名原则与类名的命名原则相类似，但习惯上使用形容词，例如 Runnable、Comparable 等。

3. extends 父接口名列表

用于指定当前接口的父接口，语法与类声明的 extends 子句基本相同，不同的是接口允许多重继承，一个接口可有多个父接口，多个父接口之间用逗号分隔。

4. 接口体

接口体包括属性和方法。接口中定义的变量均为 final、static 和 public 的，即使省略了这些关键字也是如此。接口中的方法没有方法体，方法声明之后紧跟着分号“;”，而不是花括号“{}”，且所有方法均为 public 和 abstract 的，即使省略了这些关键字也是如此。

以下代码声明了两个接口，其中 BookComparable1 继承了 BookComparable，这时，BookComparable1 自动拥有了 BookComparable 中定义的方法，相当于 BookComparable1 中有三个抽象方法 isLarge()、isOld(BookComparable book)和 isCheaper(BookComparable book)。

```
interface BookComparable {
    public void isLarge (BookComparable book);
    public boolean isOld(BookComparable book);
}
interface BookComparable1 extends BookComparable {
    public boolean isCheaper(BookComparable book);
}
```

从以上代码可见，接口本身定义了方法的“模板”，但没有任何具体的行为内容。要实现接口需要定义一个类，由这个类实现接口“模板”的具体功能。一个类可以实现多个接口，在 implements 子句中使用逗号分开(具体语法请参见“3.1.1 类的声明”)，同时，这个类必须实现接口中定义的所有抽象方法，即使是接口中定义的方法在其实现类中什么都不做，也要在类中显式地写出这个方法，并在方法声明后面写上花括号“{}”。

在实现接口时，允许一个类同时实现多个接口，而不同的接口中可能存在着重名的常量或方法。这就需要在类中明确地指出当前引用的是哪个接口中的常量或者方法。对于接口中的重名常量，由于它们均被定义成 static 的，可以用接口作为限定名来直接访问。而对于接口中的重名方法，则只需在类中实现一次就可以了。

实现了接口的类，本身是接口的实例对象，也可以进行转型操作，即接口类型变量与实现接口的类变量可以相互转换。将一个实现了接口的类转换成接口类型是向上转型，向上转型是安全的，可以自动实现。将接口类型转换成实现接口的类的类型，是向下转型，向下转型是不安全的，必须使用强制转型。

【例3.19】接口的使用。

```
public class Book implements BookComparable{//1 行
    private String title;
    private String pubYear;
    private float price;
    //Book 类的构造方法 //5 行
    Book(String title,String pubYear,float price){
        this.title=title;
        this.pubYear=pubYear;
        this.price=price;
    }//10 行
    //Book 类自己的方法
    String showTitile(){
        return title;
    }
    //Book 类自己的方法    //15 行
    String showpubYear(){
        return pubYear;
    }
    //Book 类自己的方法
    float showPrice(){//20 行
        return price;
    }
    //主方法
    public static void main(String[] args) {
        System.out.println("接口的名称是："+BookComparable.name);//25 行
        Book book1=new Book("Book1","1977",33.5f);
        Book book2=new Book("Book2","1980",20.6f);
        System.out.println("与"+book2.showTitile()+"相比,"+book1.showTitile()+
                        "是"+(book1.isOld(book2)?"旧书":"新书"));
        System.out.println("与"+book2.showTitile()+"相比,"+book1.showTitile()+//
                        30 行
                        "的价格"+(book1.isCheaper(book2)?"便宜":"昂贵"));
    }
    //实现接口中声明的方法
    public boolean isCheaper(BookComparable book) {
        Book aBook=(Book) book;//35 行
        if (this.showPrice()<=aBook.showPrice())
            return true;
```

```
            else
                    return false;
        }  //40 行
        //实现接口中声明的方法
        public void isLarge(BookComparable book) {
        }
        //实现接口中声明的方法
        public boolean isOld(BookComparable book) {//45 行
            Book aBook=(Book)book;
            int thisBookYear=Integer.parseInt(this.showpubYear());
            int aBookYear=Integer.parseInt(aBook.showpubYear());
            if (thisBookYear<=aBookYear)
                    return true;//50 行
            else
                    return false;
        }
    }
    //接口定义 //55 行
    interface BookComparable {
        String name="BookComparable";
        public void isLarge(BookComparable book);
        public boolean isOld(BookComparable book);
        public boolean isCheaper(BookComparable book);//60 行
    }
```

本例中声明了一个名为 BookComparable 的接口，该接口定义了三个抽象方法(见程序第 58 行至 60 行)以及一个静态常量(见程序第 57 行，尽管程序中没有明确写出该常量是 final 和 static 的)。注意，接口中三个方法的参数是 BookComparable 类型的。

Book 类实现了 BookComparable 的接口(见程序第 1 行)，在其类体中实现了 BookComparable 接口定义的三个抽象方法(见程序第 34 行至 53 行)。程序并没有实际使用 isLarge()方法，但在 Book 类中仍然需要将该方法列出，其方法体中什么都不写。

程序第 25 行显示接口的 name 值。接口的属性 name 是静态的，可以用 BookComparable.name 形式直接引用。程序第 26 行和第 27 行创建了两个 Book 类的实例 book1 和 book2。程序第 29 行和第 31 行分别调用了实例 book1 中实现的 isOld()方法和 isCheaper()方法，并且以实例 book2 为参数，在这个过程中，发生了一次向上转型，由系统自动完成。在 isOld()方法和 isCheaper()方法的方法体内，为了能够使用 Book 类自己的方法 showPrice()和 showpubYear()，需要将传过来的 BookComparable 类型转换成 Book 类型，这属于向下转型，必须使用强制转型(见程序第 35 行和第 46 行)。

本例运行结果：

```
接口的名称是：BookComparable
与Book2相比，book1是旧书
与Book2相比，book1的价格昂贵
```

3.5.2 抽象类

与接口一样，抽象类也是一种抽象类型，它包括一个或多个抽象方法，本身不能实例化。抽象类可以被其他类所继承，由其派生类实现抽象类定义的抽象方法。抽象类在定义时用abstract来修饰，凡是被声明为abstract的类都是抽象类。

抽象类与接口有很多相似之处，如它们都不能被实例化、都包含了未实现的方法、都需要由派生类来加以实现等等，但两者无论是在设计理念、实现的语法上，都有着本质上的不同。

首先，在设计理念上，抽象类和接口是两种完全不同的引用类型，抽象类是对对象的抽象，具有类的特征，而接口是区别于类类型的一种引用类型，它不用于对对象进行抽象，更多的是对功能的抽象。抽象类及其派生类在概念本质上是相同的，它们形成了完整的类层次体系，接口与其实现类则不要求在概念本质上相一致，接口的实现类除了实现接口规定的“约定”或“契约”以外，可以与接口没有任何关系。在实际应用中，如果对象的行为是对象的固有特征，则应使用抽象类来对其进行抽象，否则，则应该使用接口来对其加以抽象。

其次，在属性描述上，抽象类可以有自己的成员变量，这些成员变量可以被抽象类的派生类所继承，并且可以由派生类重新定义和赋值。接口的属性则是static和final的，必须在接口定义中赋初值，接口实现类中只能使用这些属性，不能重新定义和赋值。

第三，在方法描述上，抽象类中可以包括抽象方法，也可以不包括抽象方法，而且，抽象类可以包括有非抽象的方法，也就是说，抽象类中的方法可以有方法体，也可以没有方法体，抽象类的派生类只需要覆盖其中的抽象方法即可。接口中所有的方法都必须是抽象的方法，不允许有实现的方法，接口的实现类必须实现接口中定义的所有方法。

第四，在具体实现上，抽象类具有类的特征，实现抽象类的方式是继承，Java只支持单继承，一个类只能继承一个抽象类。接口允许多重实现，一个类可以同时实现多个接口。

【例3.20】抽象类。

```
public class AbstractDemo{//1行
    public static void main(String[] args) {
        Book book= new Book("2001",42.5f);
        Journal journal = new Journal("2010",55f);
        System.out.print("这是一本"+book.showType());//5行
        System.out.print("出版日期是："+book.showpubYear());
        System.out.println("价格是："+book.showPrice());
        System.out.print("这是一本"+journal.showType());
        System.out.print("出版日期是："+journal.showpubYear());
        System.out.println("价格是："+journal.showPrice());      //10行
    }
```

```
}
abstract class Publication {
    public String showType() {
        return "图书";//15 行
    }
    public abstract String showpubYear();
    public abstract float showPrice();
}
class Book extends Publication {//20 行
    private String pubYear;
    private float price;
    Book(String pubYear,float price){
        this. pubYear=pubYear;
        this. price=price;//25 行
    }
    public float showPrice() {
        return price;
    }
    public String showpubYear() {//30 行
        return pubYear;
    }
}
class Journal extends Publication{
    private String pubYear;//35 行
    private float price;
    Journal(String pubYear,float price){
        this. pubYear=pubYear;
        this. price=price;
    }//40 行
    public float showPrice() {
        return price;
    }
    public String showpubYear(){
        return pubYear;//45 行
    }
    public String showType() {
        return "期刊";
    }
}//50 行
```

本例中声明了一个名为 Publication 的抽象类,该抽象类定义了两个抽象方法(见程序第 17 行至 18 行)以及一个实现了的方法(见程序第 14 行至 16 行)。

Book类和Journal类继承了Publication类，实现了其中的抽象方法，而且，Journal类不仅继承了Publication类的showType()方法，同时还覆盖并重写了这个方法。程序第3行和第4行分别创建了Book类和Journal类的实例，程序第5行至10行分别显示了Book类和Journal类实例的特征。

注意本例与例3.19的区别，本例中，Publication类(出版物类)是对各种出版物的抽象，每种出版物都有自己的出版日期(可以通过showpubYear()方法显示出来)、价格(可以通过showPrice()方法显示出来)以及类型(可以通过showType()方法显示出来，本例中缺省时显示的是"图书")，这些是出版物的共性，只是随具体类型的出版物的不同而不同。因此，可以将出版物设计成一个抽象类，而图书(Book)和期刊(Journal)则可继承这个抽象类，并具体根据自己的特征实现这个抽象类。在例3.19中的比较价格(isCheaper()方法)、比较出版日期(isOld()方法)等特征，并不是出版物(Publication)这类对象所固有的特征，仅仅是为了完成比较的任务而需要的功能，所以，在例3.19中将它们设计成接口而不是抽象类。这反映出接口和抽象类在设计理念上的不同。

本例的运行结果：

```
这是一本图书 出版日期是：2001 价格是：42.5
这是一本期刊 出版日期是：2010 价格是：55.0
```

3.6　类与接口的其他技术特性

除了有前面讲过的特性以外，Java中的类和接口还有诸如包、泛型、反射等其他一些技术特性，这里对这些特性进行介绍。

3.6.1　包

Java程序由一系列类组成，特别是对一些大型应用来说，往往由许多程序设计人员合作完成，很容易出现类重名的问题。这时，就需要对众多的类进行合理的组织。同样，Java API也提供了众多编写好的类，供开发人员调用，这些类也需要做合理的组织。Java是通过包(package)来对类和接口进行组织的。所谓包，实际上就是一组具有共同特征的类或接口的集合。可以用文件系统来类比Java的包，一个包对应一个文件夹，该文件夹中存放着一系列.class文件(类和接口)，同一个文件夹中的类不允许重名，不同的文件夹中的类可以重名，引用时用文件夹的名称(包名)加以限定，从而解决类名冲突问题。一个文件夹的下面可以有子文件夹(子包)，对类或接口做进一步区分，从而形成了包的层次结构。

1. 包的声明

声明包的方法是在Java源文件第一行使用package关键字加包名，用来表明该文件中定义的类或接口都属于这个包。如果不使用package关键字，表明源文件中的类或接口都存储在缺省包中，缺省包中没有名字，所以不能被其他包所引用。声明包的语法如下：

下面是package声明的通用形式：

package 包名[.子包名 1[.子包名 2……]];

package 关键字：必须放在程序源文件中的第一行。

包名和子包名：用于指定当前类或接口所在的目录或子目录，包名和子包名之间用圆点(.)分隔，包名的命名约定是：包名通常使用小写字母命名。

在 Eclipse 中，声明一个包的方法如下：

(1) 创建一个 Java 项目，例如项目名称为 pkgProg。这个过程与前面讲过的 Java 项目创建没有任何区别。

(2) 选择菜单"文件"→"新"→"包"，如图 3-4 所示，或右键选择"新建"→"包"，如图 3-5 所示。

图 3-4 用菜单创建包

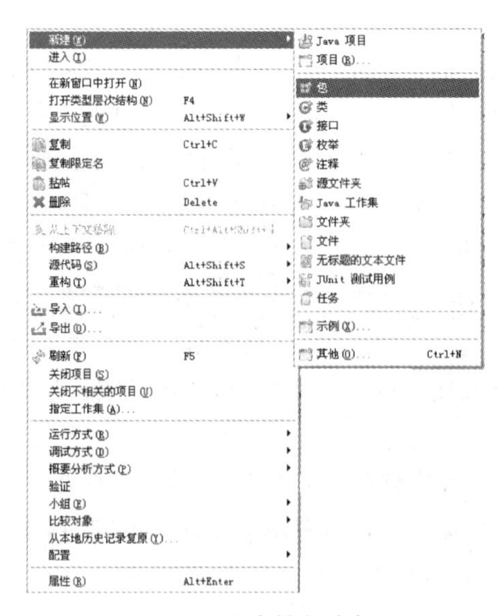

图 3-5 用右键创建包

(3) 单击菜单中的“包”之后,弹出“新建Java包”向导,如图3-6所示。在“名称”栏中输入包名,例如pkg,单击“完成”,在Eclipse的“包资源管理器”视图中可以看到创建的包,如图3-7所示。

图3-6　“新建Java包”向导

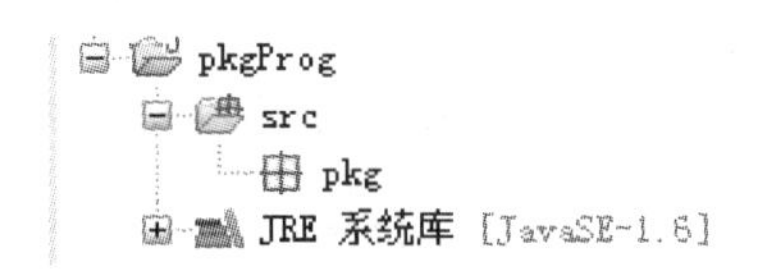

图3-7　已创建包pkg

在所创建的包下创建类,创建的类均会被放在该包下。

2. 包的引用

为了使用已定义过的包,必须用一定的方法引用包,引用包有四种方法:导入整个包、导入一个类或接口、直接使用包名作类名或接口的前缀、静态导入。

(1) 导入整个包。

利用import关键字,可以导入整个包,语法为:

```
import 包名[.子包名1[.子包名2……]].*;
```

*号表示当前程序可以使用导入的包中的所有类和接口,例如:

```
import pkg.*;
```

注意,*号仅表示当前源程序可以使用指定包名称下的使用类和接口,但不包括指定包名称所包含子包中的类和接口。如果要同时使用一个包及其子包中的类和接口,必须对包和子包中的类和接口分别使用 import 关键字。例如：

```
import pkg. *
import pkg. subpkg. *
```

在 Java 源文件中，可以使用任意多个 import 语句，这些 import 语句必须位于 package 语句之后，源文件的类或接口之前。

(2) 导入一个类或接口。

如果只使用某个包中的一个类或接口，则可以只导入这个类或接口，而不需要导入整个包。基本语法是：

```
import 包名[. 子包名 1[. 子包名 2……]]. 类名或接口名；
```

例如：

装载一个类或接口可使用语句：

```
import pkg. MyClass;
```

上述语句只导入 pkg 包中的 MyClass 类。

(3) 直接使用包名作类名或接口的前缀。

在不使用 import 关键字导入包的情况下，也可以使用包中的类和接口。这时，需要在类名或接口名的前面加上包名作为前缀。例如，要在程序中创建 pkg 包中的 MyClass 类的实例，但又没有使用 import 关键字导入这个类，则可以使用如下语句：

```
pkg. MyClass myClass= new pkg. MyClass ();
```

(4) 静态导入。

静态导入用来导入类中定义的类方法和类变量，基本语法是：

```
import static  包名. 类名. * ;
```

或

```
import static 包名. 类名. 类变量的名字;
import static 包名. 类名. 类方法的名字;
```

这种方法仅限于导入的类静态变量和静态方法，通过静态导入方法导入静态成员，可以在源程序中像在本地定义了的静态成员那样直接使用，不必再用类名作为前缀。但如果被导入的类中除静态成员以外，还包括实例成员，并且当前程序需要使用这些实例成员，则必须在当前源程序中利用前三种方法导入或使用。

【例 3.21】包的引用。

```
//源程序 PgkTest. java   1 行
package test;
import pkg1. * ;
import pkg1. subpkg1. SubPkgClass;
import static pkg2. Pkg2Class. * ;//5 行
public class PgkTest {
```

```
    public static void main(String[] args){
        //同时使用包和子包中的类,需分别导入
        PgkClass pc1=new PgkClass();
        pc1.show();//10行
        SubPkgClass pc2=new SubPkgClass();
        pc2.display();
        //静态导入,直接使用静态方法
        showInfo();
        //非静态方法使用  15行
        pkg2.Pkg2Class pc3=new pkg2.Pkg2Class();
        pc3.getInfo();
    }
}
//源程序 PgkClass.java  1行
package pkg1;
public class PgkClass {
    public void show(){
        System.out.println("this is PkgClass");//5行
    }
}
//源程序 Pkg2Class.java  1行
package pkg2;
public class Pkg2Class {
    public static void showInfo(){
        System.out.println("this is Pkg2Class by static method");//5行
    }
    public void getInfo(){
        System.out.println("this is Pkg2Class by instance method");
    }
}//10行
//源程序 SubPkgClass.java  1行
package pkg1.subpkg1;
public class SubPkgClass {
    public void display(){
        System.out.println("this is SubPkgClass");//5行
    }
}
```

本例包括了四个源程序,放在不同的包中。PgkTest.java 为主程序,放在 test 包中,该程序调用了其他包中的类。主程序第 9 行创建 PgkClass 类的实例,PgkClass 类来自 pkg1 包,源程序在 PgkClass.java 中。要使用 PgkClass 类,需要在主程序中导入该类(见主程序第 3 行)。主程序第 11 行使用了 SubPkgClass 类,该类放在 pkg1.subpkg1 包中,尽管该包是 pkg1 的子包，要使用其中的类，也需要对类单独导入（见主程序第 4 行）。主程序第 5 行用静态导入的方式导入了 pkg2 包中的 Pkg2Class 类，静态导入的类的静态成员可以像本地静态成员那样使用，所以主程序可以直接使用 Pkg2Class 类的静态方法 showInfo()（见主程序第 14 行）。静态导入只对类的静态成员起作用，使用其非静态成员时，需要利用非静态导入的方式或以包名为前缀，主程序第 16 行利用包名为前缀，创建 Pkg2Class 类的实例并使用了该实例的非静态方法 getInfo()（见主程序第 16 行和第 17 行）。本例运行结果：

```
this is PkgClass
this is SubPkgClass
this is Pkg2Class by static method
this is Pkg2Class by instance method
```

3.6.2 嵌套类和嵌套接口

嵌套类是在一个类或接口内部声明的类，嵌套类又包括成员类（Member Class）、局部类（Local Class）和匿名类（Anonymous Class）。同样，也可以在一个类或接口的内部声明一个接口，该接口称为嵌套接口。由于接口并不实现任何行为，所以，嵌套接口都是成员接口。包含嵌套类或嵌套接口的类和接口分别称为封装类（Enclosing Class）和封装接口（Enclosing Interface）

1. 成员类

成员类是在封装类或封装接口中作为成员声明的类。成员类包括静态成员类和非静态成员类。

成员类具有如下特征：

(1) 静态成员类中既可以定义静态成员，也可以定义非静态的成员，非静态成员类中不能定义静态变量和方法；

(2) 静态成员类中能直接访问封装类的所有静态成员，但不能访问封装类的非静态成员；

(3) 非静态成员类可以访问封装类的所有成员；

(4) 在成员类中访问封装类的成员时，若封装类的成员与成员类的成员不重名，则可以直接用成员名进行访问；若封装类与成员类的成员名重名，则成员类的成员可以直接用名称访问，访问封装类实例成员要使用以下语法：

```
封装类类名.this.封装类实例成员名;
```

访问封装类静态成员的语法是：

```
封装类类名.封装类静态成员名;
```

(5) 可以在封装类之外创建静态成员类的实例，创建静态成员类实例的语法为：

```
封装类类名.静态成员类类名 实例变量名=new 封装类类名.静态成员类类名();
```

在封装类之外创建非静态成员类实例时，需要先创建封装类的实例，然后使用以下语法创建非静态成员类实例：

封装类类名.非静态成员类类名 实例变量名＝封装类实例变量名.new 非静态成员类类名()；

(6) 在封装类之外访问静态成员类的静态成员时，需要用封装类的名称作为前缀，语法如下：

封装类类名.静态成员类类名.静态成员名；

(7) 接口中的成员类总是 public 和 static 的，接口中成员类的静态成员可以在封装接口之外直接使用，语法为：

封装接口名称.成员类类名.静态成员名；

【例 3.22】成员类的使用。

```
package memberclass;//1 行
class EnclosingClass {
    static String name="封装类";  //封装类的成员变量
    int x=5;
    int y; //5 行
    class MemberClass1{ //非静态嵌套类
        String name="非静态成员类 MemberClass1";
        int y=9;
        public void display()  {
            System.out.println("MemberClass1 的 display()方法：");//10 行
            //访问成员类的变量
            System.out.println("MemberClass1 的 name="+name);
            //访问封装类的静态变量
            System.out.println("EnclosingClass 的 name="+EnclosingClass.name);
            //访问封装类的非静态变量，变量 x 不重名  //15 行
            System.out.println("封装类的非静态变量 x="+x);
            //访问重名的非静态变量
            System.out.println("MemberClass1 的非静态变量 y="+y);
            System.out.println("EnclosingClass 的非静态变量 y="+EnclosingClass.this.
            y);
            //访问封装类的实例方法  //20 行
            EnclosingClass.this.prtInfo1();
        }
    }
    static class MemberClass2{//静态嵌套类
        static String name="静态成员类 MemberClass2";//25 行
        static void show(){
            System.out.println("MemberClass2 的 show()方法：");
            System.out.println("MemberClass2 的 name="+name);
            //静态嵌套类只能访问封装类的静态成员
```

```
                System.out.println("EnclosingClass 的 name="+EnclosingClass.name);
                //30 行
                //访问封装类的静态方法
                prtInfo();
                }
                //静态嵌套类的非静态方法
                void getInfo(){//35 行
                    System.out.println("这是 MemberClass2 的非静态方法");
                }
        }
        //封装类的静态方法
        public static void prtInfo(){//40 行
            System.out.println("这是封装类的静态方法");
        }
        //封装类的实例方法
        public void prtInfo1(){
            System.out.println("这是封装类的实例方法"); //45 行
        }
        //封装类的实例方法
        public void doSth(){
            System.out.println("以下执行 MemberClass2 的 doSth()方法:");
            //建立嵌套类 MemberClass1 的对象mc   50 行
            MemberClass1 mc=new MemberClass1();
            mc.display(); //通过mc 调用嵌套类 MemberClass1 的成员方法 doSth()
        }
}
//接口   //55 行
interface EnclosingInterface{
        public static class MemberClass3{
            static void doPrt(){
                System.out.println("这是接口成员类的方法");
            }//60 行
        }
        void innerM();
}
//主类
public class MemberClassDemo implements EnclosingInterface{//46 行
        public static void main(String[] args) {
            //创建封装类的实例,调用其实例方法 ec.doSth()
            EnclosingClass ec=new EnclosingClass();
            ec.doSth();
            System.out.println("----------------------"); //70 行
```

```
        //在封装类之外访问静态成员类的静态成员
        EnclosingClass.MemberClass2.show();
        System.out.println("----------------------");
        //在封装类之外创建非静态成员类实例
        EnclosingClass.MemberClass1 emc=ec.new MemberClass1();//75行
        emc.display();
        System.out.println("----------------------");
        //在封装类之外创建静态成员类的实例
        EnclosingClass.MemberClass2 esmc=new EnclosingClass.MemberClass2();
        esmc.getInfo();//调用静态成员类中的非静态方法 //80行
        System.out.println("----------------------");
        //调用接口的成员类的方法
        EnclosingInterface.MemberClass3.doPrt();
    }
    //实现接口的方法 //85行
    public void innerM() {}
}
```

本例中定义了一个封装类EnclosingClass和一个封装接口EnclosingInterface。封装类EnclosingClass中嵌套了两个类MemberClass1和MemberClass2。MemberClass1是非静态类成员类(程序第6行至23行),它可以访问封装类的所有成员,其中的display()方法演示了如何在非静态成员类内部访问封装类成员。MemberClass2是静态成员类(程序第24行至38行),其中的show()方法演示了如何在静态成员类内部访问封装类的静态成员。

封装类EnclosingClass中的实例方法doSth()访问非静态类成员类MemberClass1,访问的方式与调用普通类没有什么不同,见程序第51行和第52行。

封装接口EnclosingInterface包含一个成员类MemberClass3,见程序第57行至61行。主类MemberClassDemo实现了接口EnclosingInterface,并访问该接口成员类的静态方法doPrt()(程序第83行)。

在主类中,创建了EnclosingClass类的实例,并调用其doSth()方法(程序第68行和69行)。此外,程序还演示了如何创建嵌套类的实例(程序第75行和第79行)。

本例输出结果:

```
以下执行MemberClass2的doSth()方法:
MemberClass1的display()方法:
MemberClass1的name=非静态成员类MemberClass1
EnclosingClass的name=封装类
封装类的非静态变量x=5
MemberClass1的非静态变量y=9
EnclosingClass的非静态变量y=0
```

```
这是封装类的实例方法
--------------------
MemberClass2 的 show()方法:
MemberClass2 的 name=静态成员类 MemberClass2
EnclosingClass 的 name=封装类
这是封装类的静态方法
--------------------
MemberClass1 的 display()方法:
MemberClass1 的 name=非静态成员类 MemberClass1
EnclosingClass 的 name=封装类
封装类的非静态变量 x=5
MemberClass1 的非静态变量 y=9
EnclosingClass 的非静态变量 y=0
这是封装类的实例方法
--------------------
这是 MemberClass2 的非静态方法
--------------------
这是接口成员类的方法
```

2. *局部类*

局部类是在封装类的方法中定义的嵌套类，与局部变量类似，其作用域是定义它的代码块。

局部类的典型用法是与接口相配合，用局部类来实现接口，并在方法中返回接口类型。这样做的目的是提高程序的灵活性，一方面，用局部类实现接口不受封装类的影响，不管封装类是否实现了接口，局部类都可以以自己的方式实现接口，从而提高程序的灵活性；另一方面，在某些特定的情况下，封装类的方法定义可能与接口中的方法定义相冲突，利用内部类实现接口，可以解决冲突问题。再有，利用局部类实现接口可以对外屏蔽接口的具体实现，直接使用封装类方法返回的接口类型，而不必关心接口实现的技术细节。

局部类的特征如下：

(1) 局部类类名不能与其封装类重名；

(2) 局部类可以是 abstract 和 final 型，访问修饰符只能是缺省的，不能是 public、private 或 protected；

(3) 局部类中不允许包括静态成员(变量和方法)；

(4) 在局部类中只能访问它所在方法中的 final 型变量，不能访问非 final 型的变量；

(5) 在局部类中可以访问封装类的成员，如果局部类成员与封装类成员不重名，可以直接用成员名进行访问；如果封装类成员与局部类成员重名，局部类成员可以直接用名称访问，访问封装类实例成员需要使用以下语法：

封装类类名.this.封装类实例成员名；

访问封装类静态成员的语法是：

封装类类名.封装类静态成员名；

(6) 内部类只在定义它的代码段中可见，只能在封装类内部使用，在封装类之外是不可见的，不能在封装类之外创建局部类的实例。

【例3.23】局部类实例。

```
package innerClass;//1 行
public class OuterClass {
    public static void main(String[] args) {
        OuterClass oc=new OuterClass();
        OuterInterface ob=oc.getInterf();//5 行
        boolean x=ob.isLarge(6);
        System.out.println(x);
    }
    public OuterInterface getInterf(){
        class LocalClass implements OuterInterface{//10 行
            public boolean isLarge(int value) {
                return (value<=10)? true:false;
            }
        }
        return new LocalClass(); //15 行
    }
}
//外部接口
interface OuterInterface {
    //接口定义的方法  //20 行
    public boolean isLarge(int outerValue);
}
```

本例中，第19行至22行定义了接口OuterInterface。程序第9行定义了封装类的方法getInterf()，其中包含了局部类LocalClass，该类实现了外部接口OuterInterface。getInterf()方法返回LocalClass类的实例(实际上是接口OuterInterface类型)。主方法中程序第4行创建OuterClass类的实例，第5行调用其getInterf()方法，返回接口OuterInterface的具体实现。程序第6行调用已实现的方法isLarge(int value)进行两个数的比较，程序第7行显示比较结果，本例运行结果为true。

3. 匿名类

匿名类是指没有名称的类，一般情况下，如果用一个类对另一个进行扩展(继承)或者实现一个特定的接口，同时，这个类实现的功能比较简单，或者在程序中只使用一次，就可以用匿名类的方式创建这个类的实例。创建匿名类的语法如下：

```
new 类名或接口名(){
    类体;
}
```

其中,“类名或接口名”指明了匿名类继承或实现的类或接口,并且,所创建的匿名类会被自动向上转型成“类名或接口名”指明的类型;还需注意,“;”表明创建匿名类的语句结束,是必须的。

匿名类的特性如下:

(1) 匿名类必须是一个具体的对象,不允许是 abstract 的,也不可以是 static;

(2) 匿名类的类体必须将其继承或实现的内容具体化,这点与普通类没有区别;

(3) 匿名类本身没有名字,所以没有自己的构造方法,只能用 super 关键字调用其父类的构造方法;

(4) 匿名类只能是 final 型的,其中包括的所有变量和方法都是 final 型的。

【例 3.24】将例 3.23 修改为使用匿名类。

```
package innerClass;//1 行
public class OuterClass {
    public static void main(String[] args) {
        OuterClass oc=new OuterClass();
        OuterInterface ob=oc.getInterf();//5 行
        boolean x=ob.isLarge(6);
        System.out.println(x);
    }
    public OuterInterface getInterf(){
        return new OuterInterface(){//10 行
            public boolean isLarge(int value) {
                return (value<=10)? true:false;
            }
        };
    }//15 行
}
//外部接口
interface OuterInterface {
    //接口定义的方法
    public boolean isLarge(int outerValue);     //20 行
}
```

本例中,getInterf()方法的返回值是一个匿名类,类型为 OuterInterface。本例运行结果为 true。

4. 成员接口

成员接口(member interface)是指在封装类或封装接口中声明的接口,当一个接口被嵌套在一个类中时,该接口的访问修饰符可以是 public、private 和缺省的,private 接口只能在封装类的内部实现和使用。当一个接口被嵌套另一个接口中时，成员接口自动拥有封装接口的访问范围，可以在外部加以实现。

【例3.25】成员接口示例。

```
package innerInterface;//1行
public class InnerInterfaceDemo implements Outer.InnerInterface {
    public static void main(String[] args) {
        Outer o=new Outer();
        Outer.InnerCls obj=o.outerMethod(); //5行
        obj.innerMethod();
        InnerInterfaceDemo a=new InnerInterfaceDemo();
        a.innerMethod();
    }
    public void innerMethod() {//实现嵌套接口的方法 //10行
        System.out.println("从外部实现了公用内部接口");
    }
}
class Outer{
    //定义内部接口 InnerInterface      //15行
    public interface InnerInterface{
        void innerMethod();
    }
    //定义内部类 InnerCls 实现内部接口 InnerInterface
    public class InnerCls implements InnerInterface{ //20行
        public void innerMethod(){
            System.out.println("在内部实现了公用内部接口");
        }
    }
    public InnerCls outerMethod(){ //25行
        return new InnerCls();
    }
}
```

本例中，Outer类嵌套了一个接口InnerInterface(见程序第16行至18行)，Outer类还嵌套了一个内部类InnerCls(见程序第20行至24行)，它实现了成员接口。Outer类的方法outerMethod()用于返回内部类InnerCls的实例(见程序第26行)。由于成员接口InnerInterface被定义成public的，它也可以在其他类中实现。InnerInterfaceDemo类在外部实现了Outer类的成员接口InnerInterface(见程序第2行以及程序第10行至12行)。程序第4行创建Outer类的实例，第5行返回内部类InnerCls的实例，第6行调用InnerCls实现的接口方法innerMethod()。InnerInterfaceDemo类实现了内部接口InnerInterface的方法innerMethod()，程序在第7行创建InnerInterfaceDemo类的实例，在第8行调用其实现的接口方法innerMethod()。本例输出为：

```
在内部实现了公用内部接口
从外部实现了公用内部接口
```

3.6.3 泛型

Java 语言的泛型是 JDK1.5 版本之后引入的新特性。泛型(Generic type 或 generics)是对 Java 语言类型系统的一种扩展,它支持创建可以按类型进行参数化的类、接口或方法。类型参数是使用参数化类型时指定类型的一个占位符,就像方法的形式参数是运行时传递的值的占位符一样。具体地说,泛型就是将所操作的数据类型参数化,即该数据类型被声明为一个参数,声明的类型参数在使用时用具体的类型来替换。

在 Java 编程中,常常需要在容器中存放数据或从容器中取出数据,并根据实际情况转型为相应的数据类型,但在转型过程中极易出现错误且很难发现。而使用泛型则可以在访问数据时明确指明数据的类型,将问题暴露在编译阶段,由编译器检测,从而避免 Java 在运行时出现类型转型异常,增加程序的可读性与稳定性,提高程序的运行效率。

1. 泛型的声明

如果一个类或接口包含了一个或多个类型变量,则称该类或接口为泛型类或泛型接口。泛型类和泛型接口的声明语法与普通类和接口的声明相类似,只是类名或接口名的后面多了类型参数表,类型参数表用尖括号括起,紧跟在类名或接口名的后面。

泛型类的声明语法:

```
[修饰符] [static][ final][ abstract][ strictfp]class 类名〈类型参数表〉
                          [extends 父类名] [implements 接口名] {
    类体
}
```

泛型接口的声明语法:

```
[修饰符] interface 接口名称〈类型参数表〉[extends  父接口名列表 ] {
    接口体
}
```

其中,参数列表可以包括若干个表示类型的参数,多个参数之间用逗号分隔。在 Java 中,类型参数可以使用任何字符,通常约定使用大写的单个字母,一般情况下,用 T 表示任意类型(必要时还可以使用 S、U 等字母),K、V 分别表示“键值对”中的“键”和“值”的类型,E 表示集合中的元素类型、N 表示数字等等。例如,以下代码声明了一个包含两个类型变量的泛型类:

```
class GenCls<T,U>{
    ……
}
```

Java 中也可以定义泛型方法,泛型方法是指使用了类型参数的方法,包括泛型构造方法和普通的泛型方法,它们的声明分别与构造方法及普通方法相类似,不同的地方在于,要在构造方法的方法名之前或在普通方法的返回值之前增加类型参数列表并用尖括号括起，表明该方法使用了类型参数。所定义的类型参数既可以出现在方法的参数表中，也可以出现在方法体中。

需要注意，泛型方法既可以存在于泛型类或泛型接口中，也可以在普通的类或接口中定义泛型方法。另外，泛型方法自身定义的类型参数的作用域限于该方法本身。因此，如果泛型类或泛型接口中的泛型方法使用了已经定义的类型参数，则应该避免在普通泛型方法中重复定义该类型参数，否则会因作用域的不同而出现类型隐藏错误。对于静态泛型方法，需要在静态泛型方法中显式地定义类型参数，这是因为，泛型类中的静态方法不能访问该类的类型参数。

例如，以下代码演示了如何定义泛型方法：

```
//泛型类中的泛型方法定义
class GenCls<T,U>{//定义了 T、U 类型
    GenCls(T t,U u){//泛型构造方法，使用了 T、U 类型的参数
    }
    void setValue(T t){//泛型方法，使用了 T 类型的参数
        ……
    }
    T getValue(){//泛型方法，返回 T 类型的数据
        ……
        return ……;
    }
    static <T> void getValue1(T t){//静态泛型方法，定义了静态类型参数 T，返回静态的 T 类
        型数据
        ……
    }
    <S> S[] doAction(S[] s){//泛型方法，定义了 S 类型，使用了 S 类型的数组，返回 S 类型的
        数组
        ……
        return……;
    }
}
//普通类中的泛型方法
class NonGenCls{
    <T> void setValue(T t){//泛型方法，定义了 T 类型，使用了 T 类型的参数
        ……
    }
    <T> T getValue(){//泛型方法，定义了 T 类型，返回 T 类型的数据
        ……
        return ……;
    }
}
```

还应该注意，泛型仅仅是Java语言的一种源代码机制，Java程序在实际运行中并不存在类型参数，这与Java语言处理泛型的方式有关。Java处理泛型时，使用了“类型擦除”技术。所谓类型擦除技术，是指在编译过程中对每个泛型类型只生成唯一的一份目标代码，在这份代码中，删除（擦除）所有的泛型信息，用具体的类型来代替泛型。如果在定义阶段泛型有边界，就用其最顶级的父类型来替换，如果没有定义泛型的边界，就用Object类型来替换。在实际使用时，与泛型有关的所有实例都被映射到上述目标代码上，编译器在需要的地方加上类型检查和类型转换的代码，来维持类型的兼容性，并生成普通的非泛型的字节码。

2. 泛型的使用

如前所述，泛型实际上是类型的参数化，它在声明阶段定义参数化的类型，在使用阶段将参数化的类型具体化。需要注意的是，被具体化的参数类型只允许是引用数据类型，而不可以是基本数据类型char、byte、short、int、long、float、double、boolean。

声明泛型类的具体实例，必须用具体的数据类型来替换类定义中的类型参数表中的泛型类型并用尖括号括起。例如，以下语句声明泛型类GenCls〈T，U〉的一个具体实例genCls：

```
GenCls<String, Integer> genCls;
```

用new关键字创建泛型类的具体实例时，要在引用的构造方法名称的后面、构造方法的参数表之前，指明泛型类的具体数据类型并用尖括号括起，如果构造方法的参数表中包含有类型参数，也必须将这些类型参数替换为具体的数据类型，例如：

```
genCls=new GenCls<String,Integer>("ABC", new Integer(0));
```

当然，与创建普通类的实例一样，也可以在声明实例的同时创建实例，例如：

```
GenCls<String, Integer> genCls=new GenCls<String,Integer>("ABC",new Integer(0));
```

泛型类也可以出现在继承关系中。当一个类的父类是泛型类时，其子类可以是一个泛型类，也可以是一个具体的类，前者在定义时必须要在子类名称的后面指明类型参数，后者则需要在父类名称中指明具体的参数类型。同时，泛型类的子类必须通过显式构造方法将类型参数传给父类，以保证继承的顺利进行。以下代码说明如何指定继承泛型类的子类：

```
//泛型类继承泛型类，子类要指明类型参数
class SubClass1<T, U> extends GenCls<T,U>{
    //继承泛型类需要显式地定义构造方法，传递参数类型
    SubClass1(T t, U u) {
        super(t, u);
        ……
    }
}
//具体类继承泛型类，需要指定父类的具体参数类型
class SubClass2 extends GenCls<String,Integer>{
    //继承泛型类需要显式地定义构造方法，传递参数类型
    SubClass2(String t, Integer u) {
```

```
            super(t, u);
            ……
        }
    }
```

在继承关系中，当父类是具体类、子类是泛型类时，定义子类只需指定子类的类型参数即可，例如：

```
    class SubClass3<T> extends SuperClass{
        ……
}
```

实现泛型接口的子类定义与继承中的子类定义相类似，以下用代码说明接口的实现与继承：

```
    //定义一个泛型接口
    interface GenInterface<T>{
        ……
    }
    //具体类实现了泛型接口，需要指定被实现接口的具体参数类型
    class GenIntImlp1 implements GenInterface<String>{
        ……
    }
    //泛型类实现了泛型接口，需要指定实现接口的类型参数
    class GenIntImlp2<T> implements GenInterface<T>{
        ……
    }
    //泛型接口继承泛型接口，需要指定子接口的类型参数
    interface GenIntf<T> extends GenInterface<T>{
        ……
    }
```

普通泛型方法的使用比较简单，由于Java编译器可以通过参数类型、个数等信息推断出调用哪一个方法，所以，可以如同普通方法那样调用泛型方法，例如：

```
    Integer[] b=genCls.doAction(a);
```

如有必要，也可以在调用泛型方法时指明方法的具体类型，在方法名称之前指明泛型方法的具体数据类型并用尖括号括起，例如：

```
    Integer[] b=genCls.<Integer>doAction(a);
```

【例3.26】泛型的定义与使用。

```
    package generics;//1行
    public class GenericsDemo {
        public static void main(String[] args) {
```

```
        //创建泛型类的实例
        GenCls<String,Integer> genCls = new GenCls<String,Integer>("ABC",new Integer
        (0));//5 行
        //显示泛型的类型及值
        genCls.showType();
        //定义字符对象数组
        Integer[] a={1,2,3,4,5,6,7,8,9,10};
        //返回倒置后的字符对象数组 //10 行
        a=genCls.doAction(a);
        //显示字符对象数组
        for(int i=0;i<a.length;i++){
            System.out.print(a[i]+" ");
        } //15 行
    }
}
//泛型类
class GenCls<T,U>{//定义了 T、U 类型
    private T varT;//20 行
    private U varU;
    GenCls(T t,U u){//泛型构造方法,使用了 T、U 类型的参数
        this.varT=t;
        this.varU=u;
    }//25 行
    void showType(){
        //显示 T、U 具体类型和值
        System.out.println("T 是"+this.varT.getClass().getName()+" 值为："+this.
        varT.toString());
        System.out.println("U 是"+this.varU.getClass().getName()+" 值为："+this.
        varU.toString());
    }//30 行
    //泛型方法
    <S> S[] doAction(S[] s){//将数组内容倒置并返回
    int len = s.length;
    for(int i=0;i<len/2;i++){
        S tmp = s[i];//35 行
        s[i] = s[len-1-i];
        s[len-1-i] = tmp;
    }
        return s;
    }//40 行
}
```

本类定义了泛型类 GenCls〈T,U〉(见程序第 19 行),它包含了泛型构造方法 GenCls(T t, U u)和普通的泛型方法 doAction(S[] s),后者功能是将数组元素倒置。主类中,程序第 5 行创建泛型类的实例,显示类型参数的具体类型和值(见程序第 7 行),定义整型对象数组(程序第 9 行),并将其作为参数传给 doAction(S[] s)方法(见程序第 11 行),最后显示出返回的数组内容(见程序第 13 行至 15 行)。本例输出为:

```
T 是 java.lang.String 值为: ABC
U 是 java.lang.Integer 值为: 0
10 9 8 7 6 5 4 3 2 1
```

3. 有界类型参数与通配符

有界类型是对泛型类型的限制,在用 T、U 之类表示泛型的符号定义泛型时,并没有限制泛型的范围,这时,泛型实际上相当于 Object,即仅仅指明了泛型是一个对象而已。在特定的应用中,可能只希望定义的泛型是某个类或其子类类型,而不是全部的子类类型,例如,希望一个泛型类只封装 Number 类或其子类的实例。这种类型是有所限制的泛型,称为有界类型。有界类型的定义是在参数表使用 extends 关键字,语法是:

〈T extends 类名或接口名〉

表明 T 有上界,只能是指定的类(或接口)及其子类(或子接口),超出这个范围,则编译出错。

【例 3.27】有界类型。

```
public class BoundedTypeDemo {
    public static void main(String[] args) {
    new GenClass<Integer>(new Integer(5)).showType();
    new GenClass<Double>(new Double(5.0)).showType();
    //new GenClass<String>("abc").showType();//5 行
    }
}
class GenClass<T extends Number>{
    private T varT;
    GenClass(T t){//10 行
        this.varT=t;
    }
    void showType(){
        System.out.println("T 是"+varT.getClass().getName()+" 值为: "+varT.toString
        ());
    }//15 行
}
```

例 3.27 中定义了泛型类 GenClass,其泛型类型是有界的,只能是 Number 或其子类的实例(见程序第 8 行)。程序第 3 行和第 4 行在创建泛型类的实例时,分别用 Integer 类和

Double 类的实例来替换泛型类型。Integer 类和 Double 类都是 Number 类的子类，符合 GenClass 类中泛型的要求，故程序可以正常运行。如果去掉程序第 5 行的注释，将出现编译错误："边界不匹配：类型 String 并不是类型 GenClass〈T〉的有界参数〈T extends Number〉的有效替代项。"

泛型在使用时必须用具体的类型替换，但在实际上，程序设计过程中为了保持处理的通用性，例如，在一个方法的形参中指定一个任意类型的泛型，调用方法时再传入具体类型的泛型参数。为了解决这样的问题，Java 引入了泛型通配符"?"。

泛型通配符"?"为泛型所指定的类型提供了使用上的灵活性，它表示"未知的类型"。泛型通配符用在类型参数表中，语法为：

〈?〉	可以接受任何类型，支持对成员变量的读操作
〈? extends 类名或接口名〉	上界为指定的类或接口，支持对成员变量的读操作
〈? super 类名或接口名〉	下界为指定的类或接口，支持对成员变量的读写操作

假设，一个程序中的 showValue()方法要在引用一个已定义的泛型类 GenCls〈T〉中，要求能够引用该泛型类所封装的任意类型，则可以将 showValue()设计成：

```
void showValue(GenCls<?> genCls){ ……}
```

showValue()方法中的形参表示可以是任意类型的泛型，其实参既可以是 GenCls〈Object〉，也可以是 GenCls〈String〉、GenCls〈Integer〉等等。也就是说，对于任意泛型类型 T，GenCls〈?〉是 GenCls〈T〉的超类型。

一般情况下，一个类通常会支持对成员变量的读、写操作。典型的，可以定义如下泛型类：

```
class GenCls<T>{
    private T varT;
    T getVlue(){
        return varT;
    }
    void SetValue(T t){
        this.varT=t;
    }
}
```

对于其中的读操作，由于执行 getVlue()方法之后，其返回类型是确定的，即返回值 varT 的类型已经被具体的数据类型所替代。因此，只要 GenCls 实例中的泛型被指明为是可以兼容 varT 的类型，getVlue()方法就可以正常运行。形如〈?〉、〈? extends T〉、〈? super T〉这三种表示方法，均符合上述要求，因而这三种形式的泛型定义都支持读操作。

对于其中的写操作，在执行 SetValue()方法之前，编译器必须能够正确地进行类型推断，以便用具体的类型替换其中的泛型。就〈?〉和〈? extends T〉而言，它们定义的泛型是任意一种类型或者是 T 的某个子类，也就是说，所定义的泛型类实例是一个可以容纳任意类型的容器或可以容纳 T 的子类型的容器。对于容纳任意类型的容器，编译器无法准确推断它的具体类型是什么，因而在编译 SetValue()方法时会给出编译错误信息，同样，〈? extends T〉只能说明定义的泛型是 T 的某个子类，但不知道具体是哪个子类，对〈? extends T〉定义的某种类型的类型推断存在着不确定性，一个能容纳父类类型的容器，不一定能够容纳该类的子类类型，因此，在编译 SetValue()方法时也会给出编译错误信息。

〈? super T〉表示定义的泛型是以 T 类为下限的某种类，也就是 T 类的超类。对于这样的容器，编译器显然可以对即将传来的具体类型做出推断，一个能容纳子类类型的容器，必然也能够容纳该类的超类类型，所以在编译 SetValue()方法时不会出现编译错误。这就是〈? super T〉支持写操作的原因。

【例 3.28】通配符示例。

```
public class WildcardsDemo {//1 行
    public static void main(String[] args) {
        //? 的用法，演示一
        GenCls〈String〉 genCls1=new GenCls〈String〉();
        GenCls〈Integer〉 genCls2=new GenCls〈Integer〉();//5 行
        genCls1. SetValue("abc");
        genCls2. SetValue(new Integer(100));
        new WildcardsDemo(). showValue(genCls1);
        new WildcardsDemo(). showValue(genCls2);
        //? 的用法，演示二  //10 行
        GenCls〈?〉 genClsG1=new GenCls〈String〉();
        System. out. println(genClsG1. getVlue());
        //genClsG1. SetValue("abc");
        //extends 用法
        GenCls〈? extends Number〉 genClsG2=new GenCls〈Integer〉(); //15 行
        //genClsG2. SetValue(new Integer(101));
        System. out. println(genClsG2. getVlue());
        //super 用法
        GenCls〈? super Number〉genClsG3=new GenCls〈Object〉();
        genClsG3. SetValue(new Integer(101)); //20 行
        System. out. println(genClsG3. getVlue());
    }
    void showValue(GenCls〈?〉 genCls){
         System. out. println(genCls. getVlue());
    } //25 行
}
//泛型类
class GenCls〈T〉{
     private T varT;
     T getVlue(){ //30 行
          return varT;
     }
```

```
        void SetValue(T t){
            this.varT=t;
        }      //35 行
    }
```

本例定义的泛型类 GenCls〈T〉(见程序第 28 行至 36 行)。在 WildcardsDemo 类中定义了方法 showValue(),其参数可以接受任何类型的泛型(见程序第 23 行)。程序第 8 行和第 9 行分别以 GenCls〈String〉、GenCls〈Integer〉形式的类作为实参,调用 showValue()方法。

程序第 11 行和第 12 行演示了通配符“?”的另一种用法。第 12 行程序表明通配符“?”支持对成员变量的读取操作,若去除程序第 13 行的注释,将出现编译错误,表明通配符“?”不支持对成员变量的写操作。同样,若除去程序第 16 行的注释,也会出现编译错误,表明〈? extends T〉形式的泛型定义也不支持对成员变量的写操作。程序第 20 行或第 21 行可以正常执行,表明〈? super T〉形式的泛型定义同时支持对成员变量的读和写操作。

3.6.4 反射

一般情况下,创建一个类的实例,需要使用 new 关键字。使用这种方式的前提是,在程序编译期间就已经知道了所要创建的对象的名称,但在某些应用程序中,可能直到程序运行的时候才能决定是否使用特定的类。例如,应用程序可能只在运行时才知道类的. class 文件是否存在,如果这个类存在,则引用这个类,否则,程序不再引用这个类,或者,应用程序只能在运行阶段才能够确定一个类有哪些属性和方法。对于这类情况,显然有 new 关键字是不够的。为了处理这种情况,Java 引入了一种在程序运行状态下动态发现和绑定类、类的属性和方法的机制,这种机制称为 Java 的反射机制。

实现 Java 反射机制有 Class 类、Field 类、Constructor 类和 Method 类。其中 Class 类在 java. lang 包中,其余的几个类在 java. lang. reflect 包中。

Class 类是一个泛型类(声明为 Class〈T〉),代表正在运行的 Java 应用程序中的一个类和接口类,其实例封装了它所代表的类或接口的属性、方法以及其他相关元素的信息。利用这个类,可以获得它所封装的类或接口的相关信息,也可以创建它所封装的类的实例。

Field 类代表了动态绑定的类或接口中的属性,其实例封装了 Class 类的实例所表示的类或接口中的属性信息。Field 类的实例一般由 Class 类的相关方法返回。通过 Field 类,可以获得 Class 类封装的类或接口的属性信息,也可以访问 Class 类封装的类或接口的属性,即对属性赋值或取得属性的值。

Constructor 类代表了动态绑定的类中的构造方法,其实例封装了 Class 类的实例所表示的类中的构造方法信息。通过 Constructor 类,可以获得 Class 类封装的类的构造方法信息,也可以利用获得的构造方法创建 Class 类封装的类的实例。Constructor 类的实例一般由 Class 类的相关方法返回。

Method 类代表了动态绑定的类或接口中的普通方法,其实例封装了 Class 类的实例所表示的类或接口中的普通方法信息。通过 Method 类,可以获得 Class 类封装的类的普通方法信息,也可以执行 Class 类封装的类的实例中的方法。Method 类的实例一般由 Class 类的相关方法返回。

在以下的举例中，假设要动态绑定一个 Student 类，该类的定义如下：

```
package student;
public class Student {
    public String name;
    public Student(){
        this("王大庆");//缺省的姓名
    }
    public Student(String name){
        this.name=name;
    }
    public String getName(){
        return name;
    }
    public void setName(String name){
        this.name=name;
    }
}
```

1. 获取动态绑定的类或接口

Class 类的实例封装了动态绑定的类或接口，获取动态绑定的类或接口实际上是要创建 Class 类的实例。Class 类没有构造方法，本身不能用 new 关键字显式地获得 Class 类的实例，Class 类提供了三种获取实例的方法：

（1）使用字面量获得 Class 类的实例，语法如下：

```
动态绑定的类的类名.class
```

例如，以下代码中的 st 封装了 Student 类：

```
Class<student.Student> st= student.Student.class;
```

对于 int 等基本数据类型，可以通过它们封装类的 Type 属性获得对应 Class 实例。例如，以下代码表示基本类型 int 的 Class 实例：

```
Class<Integer> st= Integer.TYPE;
```

（2）使用 Class 类的静态方法 forName()获得 Class 类的实例，forName()方法的语法如下：

```
public static Class<?> forName(String className) throws ClassNotFoundException
```

该方法返回与由字符串 className 指定名称的类或接口相关联的 Class 对象。例如，以下代码中的 st 封装了 Student 类：

```
Class<?> st = Class.forName("student.Student");
```

（3）使用 Object 类的 getClass()方法获得 Class 类的实例。Java 中的所有类都是基类 Object 的直接子类或间接子类，都继承了 Object 类的 getClass()方法，其语法如下：

```
public final Class<?> getClass()
```

该方法返回当前对象的运行时类。例如，以下代码中的 st 封装了 Student 类：

```
student.Student stObj=new student.Student();
Class<?> st= stObj.getClass();
```

2．获取动态绑定类或接口的属性信息

获取动态绑定类或接口的属性信息涉及两个步骤，首先用 Class 类的相关方法返回封装动态绑定类或接口属性信息的 Field 类实例，再用 Field 类的相关方法获取属性信息。

(1) Class 类中获取 Field 类实例的方法。

Class 类中获取 Field 类实例的方法包括：

① public Field[] getDeclaredFields()/getFields() throws SecurityException。

返回 Field 类型数组，数组的元素为动态绑定类或接口中已经声明的属性/被声明为 public 的属性，如属性不存在，数组长度为 0。

② public Field getDeclaredField(String name)/getField(String name)
throws NoSuchFieldException, SecurityException。

返回类或接口中已经声明的具有 name 指定名称的属性/被声明为 public 的属性，该属性封装在 Field 实例中。如属性不存在，抛出 NoSuchFieldException 异常。

(2) Field 类中获取动态绑定类属性信息的方法。

Field 类中获取动态绑定类属性信息的方法包括：

① public String getName()。

返回当前 Field 对象表示的属性的名称。

② public Class<?> getType()。

返回一个 Class 对象，它封装了 Field 对象所表示字段的数据类型。

③ public int getModifiers()。

以整数形式返回当前 Field 对象表示属性的 Java 语言修饰关键字。返回值由 java.lang.reflect.Modifier 类的静态常量定义，含义如表 3-3 所示。若属性包括多个修饰用的关键字，返回值为表 3-3 中相应的常量值之和，例如，若成员变量用 public static 修饰，则此方法的返回值为 9。

表 3-3　获取动态绑定类或接口属性信息的方法

修饰成员变量的关键字	对应的常量名称与值
abstract	ABSTRACT (1024)
final	FINAL(16)
public	PUBLIC(1)
private	PRIVATE(2)
protected	PROTECTED(4)
native	NATIVE(256)
static	STATIC(8)
缺省	0

以下代码动态绑定 Student 类，并获取该类的成员变量信息：

```
Class<student.Student> st= student.Student.class;//获得表示 Student 类的 class 实例
Field[] field=st.getDeclaredFields();//获得所有的属性(成员变量)
String fieldType="";
String modifier="";
String fieldName="";
for (int i = 0; i<field.length; i++){//遍历所有的属性
    Class<?> type=field[i].getType();//获得表示当前属性的类型
    if (type.equals(String.class)){//将属性类型转化为可读形式
        fieldType="String";
    }else if(type.equals(Integer.TYPE)){
        fieldType="int";
    }
    int m=field[i].getModifiers();//获得属性的修饰符
    if (m ==1){//将属性的修饰符转化为可读形式
        modifier="public";
    }else if(m==2){
        modifier="private";
    }
    fieldName=field[i].getName();//获得属性的名称
    System.out.println(modifier+" "+fieldType+" "+fieldName);//显示"public String
    name"
    }
```

3. 获取动态绑定类的构造方法信息

动态绑定类的构造方法信息封装在 Constructor 类中，该类的实例由 Class 类的以下方法返回：

① public Constructor<?>[] getConstructors() throws SecurityException。

② public Constructor<T> getConstructor(Class<?>... parameterTypes) throws NoSuchMethodException, SecurityException。

③ public Constructor<?>[] getDeclaredConstructors() throws SecurityException。

④ public Constructor<T> getDeclaredConstructor(Class<?>... parameterTypes) throws NoSuchMethodException, SecurityException。

其中，parameterTypes 表示构造方法的参数类型。parameterTypes 的顺序必须与构造方法中形参的顺序相一致。除此之外，这四个方法与获取 Field 类实例的方法性质相似。

获得 Constructor 类的实例之后，可以使用该类中的相关方法返回动态绑定类的构造方法信息，主要包括：

① public String getName()。

返回构造方法的名称，用法与 Field 类中的同名方法相似。

② public int getModifiers()。

返回构造方法的修饰符，用法与 Field 类中的同名方法相似。

③ public Class〈?〉[] getParameterTypes()。

按动态绑定类中的声明顺序返回构造方法的参数类型，如果构造方法不带任何参数，则返回一个长度为 0 的数组。

④ public Class〈?〉[] getExceptionTypes()。

返回动态绑定类中构造方法抛出异常的类型。如果构造方法不抛出异常，则返回一个长度为 0 的数组。

例如，以下代码可以返回动态绑定的 Student 类的带参数的构造方法的名称及参数类型：

```
Constructor<?> c=st.getDeclaredConstructor(String.class);
System.out.println(c.getName());//显示"student.Student"
System.out.println(c.getParameterTypes()[0]);//显示"class java.lang.String"
```

4. 获取动态绑定类的普通方法信息

与获得动态绑定类的构造方法相类似，Class 类提供了返回动态绑定类普通方法信息的方法，这些方法的返回值类型为 Method 类型，该类型的返回值封装了动态绑定类的普通方法信息：

① public Method[] getMethods() throws SecurityException。

② public Method getMethod(String name, Class〈?〉... parameterTypes) throws NoSuchMethodException, SecurityException。

③ public Method[] getDeclaredMethods() throws SecurityException。

④ public Method getDeclaredMethod(String name, Class〈?〉... parameterTypes) throws NoSuchMethodException, SecurityException。

其中，②、④方法中的参数的含义是：name 用于指定的方法名称，parameterTypes 用于指定方法的参数类型。

从返回的 Method 对象中获得动态绑定类普通方法信息的方法包括：

① public String getName()：返回方法的名称。

② public int getModifiers()：返回方法的修饰符。

③ public Class〈?〉[] getParameterTypes()：返回方法的参数类型。

④ public Class〈?〉[] getExceptionTypes()：返回方法抛出的异常。

例如，以下代码可以返回动态绑定的 Student 类的所有普通方法的名称：

```
Class<student.Student> st= student.Student.class;
Method[] m=st.getDeclaredMethods();
for (int i = 0; i<m.length; i++){
    System.out.println(m[i].getName());
} //显示"getName"和"setName"
```

5. 创建动态绑定类的实例

在Java的反射机制中，将使用动态绑定类的构造方法创建实例分成两种情况：一种是调用其无参数的构造方法创建实例；另一种是调用其有参数的构造方法创建实例。前者，只需使用Class类的newInstance()方法即可完成，该方法的声明如下：

```
public T newInstance() throws InstantiationException,IllegalAccessException
```

例如，以下代码调用Student类的无参数构造方法创建实例：

```
Class<student.Student> st= student.Student.class;
student.Student sti=st.newInstance();
```

Class类的newInstance()只能调用动态绑定类的无参数构造方法创建实例，如果动态绑定类自身没有无参数的构造方法，newInstance()方法会抛出InstantiationException异常。

调用动态绑定类的有参数的构造方法创建实例，需要先获得动态绑定类的构造方法，再调用Constructor类的newInstance()方法，该方法的定义如下：

```
public T newInstance(Object... initargs)
        throws InstantiationException,
                IllegalAccessException,
                IllegalArgumentException,
                InvocationTargetException
```

其中，initargs作为构造方法的参数传递给构造方法，如果动态绑定类构造方法的参数类型为基本类型，则参数的对象类型会被自动转换为基本数据类型。

例如，以下代码调用Student类的有参数构造方法创建实例：

```
Class<student.Student> st= student.Student.class;
Constructor<?> c=st.getDeclaredConstructor(String.class);
student.Student st1=(student.Student)c.newInstance("张明明");
```

6. 调用动态绑定类的属性和方法

Java提供两种调用动态绑定类的属性和方法的方式：一种是直接使用动态绑定类的属性名称和方法名称访问属性或方法；另一种是使用Field类的get()或set()方法访问属性，或者使用Method类的invoke()方法调用动态绑定类的方法。

(1) 直接使用名称访问属性或方法。

这种方法与访问非动态绑定类的属性与方法没有区别，在动态绑定类的实例名称后加小圆点“.”，再加上属性名称或方法名称，就可以实现对属性和方法的调用。例如，以下代码调用Student类的name属性和setName()及getName()方法：

```
Class<student.Student> st= student.Student.class;
student.Student sti=st.newInstance();
sti.setName("张明光");
System.out.println(sti.getName());//显示"张明光"
System.out.println(sti.name);//显示"张明光"
```

（2）使用 Field 类访问属性。

Field 类提供了 get()和 set()方法，用来访问动态绑定类的属性，这两个方法的语法如下：

① public Object get(Object obj) throws IllegalArgumentException，IllegalAccessException。

以 Object 类型返回当前 Field 对象中封装的属性的值，参数 obj 指定了从中获得属性值的动态绑定类的实例。

② public void set(Object obj，Object value) throws IllegalArgumentException，IllegalAccessException。

设置当前 Field 对象中封装的属性的值，参数 obj 指定了要设置属性值的动态绑定类的实例，value 指定了要设置的属性值。如果动态绑定类属性的参数类型为基本类型，则参数 value 的对象类型会被自动转换为基本数据类型。

例如，以下代码先设置 Student 类的 name 属性，再将该属性的值读出：

```
Class<student.Student> st= student.Student.class;
Field f=st.getField("name");
student.Student sti=st.newInstance();
f.set(sti, "王世光");
System.out.println(f.get(sti));//显示"王世光"
```

（3）使用 Method 类的调用方法。

Method 类提供了 invoke()方法，用来调用动态绑定类的方法，invoke()方法的语法如下：

```
public Object invoke(Object obj,Object... args)
          throws IllegalAccessException,
                 IllegalArgumentException,
                 InvocationTargetException
```

该方法用于调用当前 Method 对象中封装的方法，返回值为调用的动态绑定类方法的返回值，参数 obj 指定的调用的方法所在的动态绑定类的实例，args 为所调用的方法的参数，如果动态绑定类方法的参数类型为基本类型，则参数 args 的对象类型会被自动转换为基本数据类型。如果所调用的方法没有参数，则 args 可以省略。

例如，以下代码调用 Student 类的 setName()和 getName()方法：

```
Class<student.Student> st= student.Student.class;
Method m1 = st.getDeclaredMethod("setName", String.class);
Method m2 = st.getDeclaredMethod("getName");
student.Student sti=st.newInstance();
m1.invoke(sti, "李春燕");
System.out.println(m2.invoke(sti));//显示"李春燕"
```

第四章 Java 的常用类与接口

Java 语言提供丰富的类库，类库是事先已经编写好的、可供程序员调用的类或接口，它们为程序员提供编程接口 API，类库中的类或接口按照用途归属于不同的包中，实现了编程过程中的基础和常用功能。利用这些 API，不必每次都从最基本的功能开始编码，从而简化程序设计的过程。

4.1 概　　述

如表 4-1 所示常用的 Java 类的包。其中，java. lang 这个包是 Java 语言的最重要的包，包含了 Java 的核心类，在使用时由系统自动加载，程序设计人员不需要显示地使用 import 语句导入这个包。

表 4-1　常用的 Java 类的包

程序包名	内容
java. applet	提供创建 applet 所必需的类和 applet 用来与其 applet 上下文通信的类
java. awt	包含用于创建用户界面和绘制图形图像的所有类
java. awt. event	提供处理由 AWT 组件所激发的各类事件的接口和类
java. io	提供与输入输出有关的类
java. lang	提供利用 Java 编程语言进行程序设计的基础类
java. math	提供数学计算的类
java. net	为实现网络应用程序提供类
java. util	实用的数据类型类，包含集合、日期和时间设置、随机数生成器等类和接口
javax. swing	提供一组“轻量级”组件，尽量让这些组件在所有平台上的工作方式都相同
javax. swing. event	供 Swing 组件触发的事件使用

Java API 文档介绍了 Java 类库中的类与接口、类与类之间的关系、每个类和接口的属性与方法、如何使用类库中的类等，是学习和使用 Java 语言中必备的参考资料。Java 提供联机形式的 API 文档，也提供下载包形式的 API 文档，下载包形式的 API 文档有中文版本。安装 JDK1. 6 之后，安装目录下包括文件“README_zh_CN. html”，其中指明了如何下载 Java API 文档。使用者可以根据提示下载相关文档。

另外，JDK 安装目录下的“src. zip”文件中包含了 Java 核心 API 的所有类的源文件，通过这些源文件，可以看到 Java 类库中的类和接口是如何定义的，这些代码有助于帮助开发者学习和使用 Java 编程语言。

4.2 数据封装类

作为一种面向对象的程序设计语言，从提高效率的角度，Java 定义了 8 种简单数据类型 byte、short、int、long、float、double、char 和 boolean。简单数据类型能够直接转换为二进制代码，从而提高了计算机的处理效率。但是，从面向对象的角度来说，简单数据类型不是对象，不具备对象的特征，不能满足 Java 中在某些情况下要将它们当做对象来处理的要求。为此，Java 语言提供了简单数据类型的包封类(Wrapper)，用来将 Java 的基本数据类型封装成类，以使得简单数据类型能够参与到对象层次的操作中来。这类包封类包括 Number 类、Byte 类、Short 类、Integer 类、Long 类、Float 类、Double 类、Character 类、Boolean 类。上述 9 个类位于 java.lang 包内。另外，在实际应用中，应用程序要处理的数值可能会超过现有数据类型所表示的范围，为了提高运算精度，Java 还提供了表示更大数值的类 BigInteger 和 BigDecimal，这两个类封装了比基本数据类型所能表示的更大的数值。BigInteger 和 BigDecimal 类位于 java.math 包内。

4.2.1 Number 类

Number 类是一个抽象类，代表了数字的抽象，是 Byte、Double、Float、Integer、Long、Short、BigInteger 和 BigDecimal 类的超类。

1. 构造方法

Number 类只有一个无参数的构造方法：

```
Number()
```

2. 常用方法

Number 类提供了 6 个数字转换方法，分别将数值转换为 byte、double、float、int、long 以及 short 型的数据。Number 的子类必须实现这些方法：

(1) public byte byteValue()。

以 byte 形式返回指定的数值。

(2) public short shortValue()。

以 short 形式返回指定的数值。

(3) public abstract int intValue()。

以 int 形式返回指定的数值，本方法为抽象方法。

(4) public abstract long longValue()。

以 long 形式返回指定的数值，本方法为抽象方法。

(5) public abstract float floatValue()。

以 float 形式返回指定的数值，本方法为抽象方法。

(6) public abstract double doubleValue()。

以 double 形式返回指定的数值，本方法为抽象方法。

4.2.2 Number类的子类

Number子类包括Byte、Double、Float、Integer、Long、Short、BigInteger和BigDecimal，其中Byte、Double、Float、Integer、Long、Short对应了基本数据类型byte、double、float、int、long、short。它们封装了对应的基本数据类型的数值以及与对该数值相关的操作方法。这几个子类比较类似，以下以Integer类为例，说明这些类的特征。

1．构造方法

Integer类有两个构造方法：

(1) Integer(int value)。

创建Integer对象，用以表示指定的value值。

(2) Integer (String s)。

创建Integer对象，用以表示参数s指定的int类型的值。参数s的内容应该是数字形式，并被看做是一个十进制数。否则，会抛出NumberFormatException异常。

以下代码演示了Integer类构造方法的使用：

```
//用int型变量作为参数创建Integer对象
int iniValue=22;
Integer i1=new Integer(iniValue);

//用字面量作为参数创建Integer对象
Integer i22=new Integer(24);

//用String型变量作为参数创建Integer对象
String s="123";
Integer i3=new Integer(s);

//用String型字面量作为参数创建Integer对象
Integer i4=new Integer("23");
```

2．常用属性

Integer类的常用属性包括：

(1) public static final int MAX_VALUE。

int类型可取的最大值，值为$2^{31}-1$。

(2) public static final int MIN_VALUE。

int类型可取的最小值，值为-2^{31}。

(3) public static final int SIZE。

值为用二进制补码形式表示int值的位数，值为32。

以下代码显示Integer类的属性值：

```
System.out.println(Integer.SIZE);
System.out.println(Integer.MAX_VALUE);
System.out.println(Integer.MIN_VALUE);
```

3. 常用方法

Integer 类的常用方法有：

(1) public int intValue ()。

将当前对象代表的数值以 int 类型返回。

(2) public short shortValue()。

将当前对象代表的数值以 short 类型返回。

(3) public long longValue()。

将当前对象代表的数值以 long 类型返回

(4) public float floatValue()。

将当前对象代表的数值以 float 类型返回。

(5) public double doubleValue()。

将当前对象代表的数值以 double 类型返回。

(6) public String toString()。

将当前对象代表的数值以 String 类型返回，返回值为有符号的十进制表示形式。

(7) public static String toString(int i, int radix)。

返回用 radix 指定基数表示的 i 的字符串表示形式。

(8) public int compareTo(Integer anotherInteger)。

在数值上比较两个 Integer 对象所代表的值，值的符号参与比较。如果当前对象代表的值大于 anotherInteger 代表的值，则返回大于 0 的值。如果当前对象代表的值小于 anotherInteger 代表的值，则返回小于 0 的值。若两者相等，则返回 0。

(9) public static int parseInt(String s)。

将字符串 s 作为有符号的十进制整数返回。除了第一个字符可以用来表示负值的"-"之外，字符串 s 中的字符都必须是十进制数字。否则，抛出 NumberFormatException 异常。

(10) public static int parseInt(String s, int radix)。

按 radix 指定的基数将字符串 s 解析为有符号的整数并返回该整数。除了第一个字符可以是用来表示负值"-"之外，字符串 s 中的字符必须都是指定基数的数字。否则，抛出 NumberFormatException 异常。

(11) public boolean equals(Object obj)。

将当前对象与指定的对象 obj 相比较。当且仅当参数不为 null，并且两个对象代表的值相同时，返回值才为 true。

(12) public static Integer valueOf(String s)。

返回一个代表参数 s 给出的值的 Integer 对象。参数 s 的内容应该是数字形式，并被看做是一个十进制数。否则，会抛出 NumberFormatException 异常。

(13) public static Integer valueOf(int i)。

返回一个代表参数 i 给出的值的 Integer 对象。

4.2.3 Character 类

Character 类封装了 char 类型的数据，它可以容纳单一的字符数值并定义了简洁的方法来操作或者检查单一字符数据。

1. 构造方法

Character类只有一个构造方法：

```
public Character(char value)
```

该构造方法的参数必须为一个char类型数据，用于创建由参数指定的数值构成的实例。例如：

```
//用char类型变量创建Character对象
char ch='p';
Character p= new Character(ch);

//用字符字面量创建Character对象
Character a = new Character('a');
```

2. 常用属性

Character类的常用属性有表示char类型最大取值的MAX_VALUE(值为'\uFFFF')、最小取值的MIN_VALUE('\u0000')以及char类型的二进制长度SIZE(16)。

3. 常用方法

Character类除具有与数值封装类相类似的用于对封装值进行处理、比较的方法，如charValue()、compareTo()、equals()、toString()、valueOf()等等，还提供一些判断字符的类别、字符大小写转换的方法。

(1) public static boolean isDigit(char ch)。

确定ch是否为数字。如果ch为数字，则返回true;否则返回false。

(2) public static boolean isLetter(char ch)。

确定指定字符ch是否为字母。如果ch为字母，则返回true;否则返回false。

(3) public static boolean isLowerCase(char ch)。

确定ch是否为小写字母。如果字符为小写，则返回true;否则返回false。

(4) public static boolean isUpperCase(char ch)。

确定ch是否为大写字母。如果字符为大写，则返回true;否则返回false。

(5) public static char toLowerCase(char ch)。

将ch转换成小写形式。

(6) public static char toUpperCase(char ch)。

将ch转换成大写形式。

(7) public static int digit(char ch, int radix)。

返回使用radix指定基数的字符ch的数值。若ch的值是一个使用指定基数的无效数字，则返回-1。

(8) public static char forDigit(int digit, int radix)。

返回使用radix指定基数的特定数字digit的字符表示形式。若digit的值不是一个使用指定基数的有效数字，则返回null。

4.2.4 Boolean类

Boolean类封装了boolean类型的值，它有两个构造方法：

(1) public Boolean(boolean value)。

创建一个表示value参数的Boolean对象。

(2) public Boolean(String s)。

创建一个表示s参数的Boolean对象。如果参数s不为null，且在忽略大小写时等于"true"，则创建一个表示true值的Boolean对象。否则，创建一个表示false值的Boolean对象。

Boolean类常见的方法有booleanValue()、compareTo()、equals(Object obj)、parseBoolean(String s)、toString()、valueOf()。这些方法的使用与数字的封装类相类似。

【例4.1】数据封装类的使用。

```
public class WraperDemo {//1行
    public static void main(String[] args) {
        //创建Byte对象
        System.out.println("创建了Byte对象");
        byte b=12;//5行
        DataWrapper<Byte> aByte=new DataWrapper<Byte>(new Byte(b));
        aByte.getMaxMinValue();
        aByte.getValue();
        //创建Integer对象
        System.out.println("创建了Integer对象");//10行
        int in=120;
        DataWrapper<Integer> aInt=new DataWrapper<Integer>(new Integer(in));
        aInt.getMaxMinValue();
        aInt.getValue();
        //创建double对象 //15行
        System.out.println("创建了double对象");
        double db=125;
        DataWrapper<Double> aDb = new DataWrapper<Double>(new Double(db)); aDb.
        getMaxMinValue();
        aDb.getValue();  //20行
        //创建Character对象
        System.out.println("创建了Character对象");
        char ch='e';
        DataWrapper<Character> aCh=new DataWrapper<Character>(new Character(ch));
        aCh.getValue();  //25行
        //创建boolean对象
        System.out.println("创建了Boolean对象");
        boolean bln=true;
        DataWrapper<Boolean> aBln=new DataWrapper<Boolean>(new Boolean(bln));
```

```
        aBln.getValue();//30行
    }
}
class DataWrapper<T>{
    T var;
    DataWrapper(T t){//35行
        var=t;
    }
    void getMaxMinValue(){
        if (var instanceof Byte){
            byte largestByte = Byte.MAX_VALUE;//40行
            byte smallestByte = Byte.MIN_VALUE;
            System.out.println("最小 byte 值是 " + smallestByte);
            System.out.println("最大 byte 值是 " + largestByte);
            System.out.println();
        }else if(var instanceof Integer){//45行
            int largestInt = Integer.MAX_VALUE;
            int smallestInt = Integer.MIN_VALUE;
            System.out.println("最小 int 值是 " + smallestInt);
            System.out.println("最大 int 值是 " + largestInt);
            System.out.println();   //50行
        }else if(var instanceof Double){
            double largestDouble = Double.MAX_VALUE;
            double smallestDouble = Double.MIN_VALUE;
            System.out.println("最小 double 值是 " + smallestDouble);
            System.out.println("最大 double 值是 " + largestDouble);//55行
            System.out.println();
        }
    }
    void getValue(){
        if (var instanceof Number){//60行
            Number nObj=(Number)var;
            byte bv=nObj.byteValue();
            short sv=nObj.shortValue();
            int iv=nObj.intValue();
            long lv=nObj.longValue();//65行
            float fv=nObj.floatValue();
            double dv=nObj.doubleValue();
            System.out.println("当前对象的值是："+nObj.toString());
            System.out.println("当前对象的 byte 值是："+bv);
            System.out.println("当前对象的 short 值是："+sv); //70行
            System.out.println("当前对象的 int 值是："+iv);
```

```
                System.out.println("当前对象的 long 值是："+lv);
                System.out.println("当前对象的 float 值是："+fv);
                System.out.println("当前对象的 double 值是："+dv);
                System.out.println();  //75 行
            }else if(var instanceof Character){
                Character cObj=(Character)var;
                char c=cObj.charValue();
                System.out.println("当前对象的值是："+cObj.toString());
                System.out.println(cObj.toString()+(Character.isDigit(c)?"是数字":"不是数
                字")); //80 行
                System.out.println(cObj.toString()+(Character.isLetter(c)?"是字母":"不是字
                母"));
                System.out.println(cObj.toString()
                        +(Character.isUpperCase(c)?"是大写字母":"不是大写字母"));
                System.out.println(cObj.toString()
                        +(Character.isLowerCase(c)?"是小写字母":"不是小写字母"));
                        //85 行
                System.out.println();
            }else if(var instanceof Boolean){
                Boolean bObj=(Boolean)var;
                System.out.println("当前对象的值是："+bObj.toString());
        } //90 行
        }
    }
```

本程序定义了一个泛型类 DataWrapper(见程序第 33 行至 92 行)，用来封装数据封装对象。其 getMaxMinValue()方法判断泛型类型是否是 Byte、Integer、Double 类型的实例(见程序第 39 行、第 45 行和第 51 行)，并根据判断结果显示这些类所能表示的数字的大小。getValue()方法判断泛型类型是否是 Number、Character、Boolean 类型的实例(见程序第 60 行、第 76 行和第 87 行)。对于 Number 类，显示它封装数字的各种表示形式(程序第 62 行至 74 行)。对于 Character 类，显示封装的值以及该值是字母、还是数字以及大小写情况(程序第 77 行至 86 行)。对于 Boolean，只显示它封装的值(程序第 88 行和 89 行)。

主类中分别创建了 Byte、Integer、Double、Character、Boolean 类型的 DataWrapper 实例，并调用其 getMaxMinValue()方法和 getValue()方法。本程序的输出：

```
创建了 Byte 对象
最小 byte 值是-128
最大 byte 值是 127

当前对象的值是：12
当前对象的 byte 值是：12
当前对象的 short 值是：12
```

```
当前对象的 int 值是：12
当前对象的 long 值是：12
当前对象的 float 值是：12.0
当前对象的 double 值是：12.0

创建了 Integer 对象
最小 int 值是-2147483648
最大 int 值是  2147483647

当前对象的值是：120
当前对象的 byte 值是：120
当前对象的 short 值是：120
当前对象的 int 值是：120
当前对象的 long 值是：120
当前对象的 float 值是：120.0
当前对象的 double 值是：120.0

创建了 double 对象
最小 double 值是 4.9E-324
最大 double 值是  1.7976931348623157E308

当前对象的值是：125.0
当前对象的 byte 值是：125
当前对象的 short 值是：125
当前对象的 int 值是：125
当前对象的 long 值是：125
当前对象的 float 值是：125.0
当前对象的 double 值是：125.0

创建了 Character 对象
当前对象的值是：e
e 不是数字
e 是字母
e 不是大写字母
e 是小写字母

创建了 Boolean 对象
当前对象的值是：true
```

4.2.5 BigInteger 类

BigInteger 类封装了任意精度的整型数。在要处理超过了 long 型所能表示的整数时，可以使用 BigInteger 类。BigInteger 类还提供了加、减、乘、除、绝对值、相反数、最大公约数等多种操作方法。

1. 构造方法

BigInteger 类包括了多种构造方法，其中最常用的有两个构造方法：

(1) BigInteger(String s)。

该构造方法将参数 s 指定的字符串表示形式转换为 BigInteger 对象。参数 s 必须为十进制整数形式，否则，构造方法将抛出 NumberFormatException 异常。

(2) BigInteger(String s, int radix)。

该构造方法将参数 s 指定的字符串表示形式转换为 BigInteger 对象，参数 radix 是在解释 s 时使用的基数。若 s 不是指定基数数值的有效表示形式，或者 radix 不是 Java 能处理的有效基数，构造方法将抛出 NumberFormatException 异常。

2. 常用属性

BigInteger 类的属性如表 4-2 所示。

表 4-2 BigInteger 类的属性

修饰符与数据类型	属性名称	说明
public static final BigInteger	ZERO	BigInteger 的常量 0
public static final BigInteger	ONE	BigInteger 的常量 1
public static final BigInteger	TEN	BigInteger 的常量 10

3. 常用方法

BigInteger 类的常用方法如表 4-3 所示。

表 4-3 BigInteger 类的常用方法

修饰符与返回值	方法名称	说明
public BigInteger	add(BigInteger val)	加法运算
public BigInteger	subtract(BigInteger val)	减法运算，val 为减数
public BigInteger	multiply(BigInteger val)	乘法运算
public BigInteger	divide(BigInteger val)	除法运算，val 为除数
public BigInteger	mod(BigInteger m)	模运算，m 为模数，返回值为非负值
public BigInteger	remainder(BigInteger val)	取余数
public BigInteger[]	divideAndRemainder(BigInteger val)	商和余数，返回的数组中第一个元素是商，第二个元素是余数
public BigInteger	pow(int exponent)	幂运算
public BigInteger	gcd(BigInteger val)	最大公约数
public BigInteger	abs()	绝对值
public BigInteger	negate()	相反数

续表

修饰符与返回值	方法名称	说明
public BigInteger	and(BigInteger val)	位与运算
public BigInteger	or(BigInteger val)	位或运算
public BigInteger	xor(BigInteger val)	位异或运算
public BigInteger	not()	取反运算
public BigInteger	shiftLeft(int n)	左移 n 位
public BigInteger	shiftRight(int n)	右移 n 位
public BigInteger	max(BigInteger val)	最大值
public BigInteger	min(BigInteger val)	最小值
public int	compareTo(BigInteger val)	当前对象代表的数值小于、等于或大于 val 代表的数值，分别返回－1、0 或 1
public boolean	equals(Object x)	当且仅当 Object 对象代表的值等于当前对象代表的值时，返回 true
public int	intValue()	转换为 int 型数值
public long	longValue()	转换为 long 型数值
public float	floatValue()	转换为 float 型数值
public double	doubleValue()	转换为 double 型数值
public String	toString()	将当前对象代表的数值以 String 类型返回，返回值为有符号的十进制表示形式

【例 4.2】BigInteger 的常用操作。

```
import java.math.BigInteger;//1 行
public class BigIntegerDemo {
    public static void main(String[] args) {
        // 创建两个 BigInteger 对象
        BigInteger bi1 = new BigInteger("123456789");//5 行
        BigInteger bi2 = new BigInteger("987654321");
        //取相反数
        System.out.println("bi2 的相反数=\t" + bi2.negate());
        // 加法
        System.out.println("bi2+bi1=\t" + bi2.add(bi1)); //10 行
        //减法
        System.out.println("bi2-bi1=\t" + bi2.subtract(bi1));
        // 乘法
        System.out.println("bi2 * bi1=\t" + bi2.multiply(bi1));
        // 除法 //15 行
        System.out.println("bi2/bi1=\t" + bi2.divide(bi1));
        //余数
        System.out.println("bi2/bi1 的余数=\t" + bi2.remainder(bi1));
        //幂
```

```
        System.out.println("bi2 的 5 次方=\t" + bi2.pow(5)); //20 行
        //最大公约数
        System.out.println("最大公约数=\t" + bi2.gcd(bi1));
        //求出最大数
        System.out.println("最大数=\t\t" + bi2.max(bi1));
        // 求出最小数  //25 行
        System.out.println("最小数=\t\t" + bi2.min(bi1));
        //商和余数
        BigInteger result[] = bi2.divideAndRemainder(bi1);
        System.out.println("商是=" + result[0]+ ";余数是=" + result[1]);
        //比较大小 //30 行
        switch (bi2.compareTo(bi1)){
            case -1:
                System.out.println(bi2+"小于"+bi1);
                break;
            case 0://35 行
                System.out.println(bi2+"等于"+bi1);
                break;
            case 1:
                System.out.println(bi2+"大于"+bi1);
                break;//40 行
        }
    }
}
```

本例演示了 BigInteger 的常用操作，程序输出为：

```
bi2 的相反数=      -987654321
bi2+bi1=          1111111110
bi2-bi1=          864197532
bi2 * bi1=        121932631112635269
bi2/bi1=          8
bi2/bi1 的余数=   9
bi2 的 5 次方=    939777062001603235922334849289141350612575601
最大公约数=       9
最大数=           987654321
最小数=           123456789
商是=8;余数是=9
987654321 大于 123456789
```

4.2.6 BigDecimal 类

BigDecimal类封装了任意精度的有符号十进制数，其代表的数值由整数非标度值(unscaled Value)和标度值(scale)两个量指定而成：

$$\text{BigDecimal类代表的数} = \text{unscaledValue} \times 10^{-\text{scale}}$$

其中，unscaledValue(非标度值)为任意精度的整数，scale(标度值)为32位的整数。也就是说，当标度值为零或正数时，该值指定了小数点在非标度值中的位置，即指明了BigDecimal类代表的数值的小数位数；当标度值为负数，则BigDecimal类所代表的数值为非标度值乘以10的负scale次幂。例如，非标度值为1234和标度值为2所指定的BigDecimal类型数值是12.34，而非标度值为1234和标度值为－2所指定的BigDecimal类型数值则是123400(1234×10^2)。

在要处理超过了double型所能表示的数值时，可以使用BigDecimal类。BigDecimal类还提供了算术运算、精度处理、比较、格式转换等多种操作方法。

1. *构造方法*

BigDecimal类的常用构造方法如下：

(1) BigDecimal(BigInteger val)。

以val为非标度值创建BigDecimal对象，标度值为零。

(2) BigDecimal(BigInteger unscaledVal, int scale)。

创建有非标度值unscaledVal和标度值scale指定的BigDecimal对象。

(3) BigDecimal(String val)。

将参数val指定的字符串表示形式转换为BigDecimal对象，参数s必须为十进制数字形式，否则，构造方法会抛出NumberFormatException异常。

(4) BigDecimal(double val)。

将val转换为BigDecimal对象。

(5) BigDecimal(int val)。

将val转换为BigDecimal对象，标度值为零。

(6) BigDecimal(long val)。

将val转换为BigDecimal对象，标度值为零。

在上述构造方法中，值得特别注意的是BigDecimal(double val)，由于double型数值的表示精度问题，构造方法BigDecimal(double val)可能无法实现完全精确的转换。例如，以下代码显示的值是0.1000000000000000055511151231257827021181583404541015625，而不是0.1：

```
BigDecimal bd=new BigDecimal(0.1);
System.out.println(bd.toString());
```

为了解决这一问题，创建精确表示0.1的BigDecimal对象，应使用以下代码：

```
String s= Double.toString(0.1);
BigDecimal bd=new BigDecimal(s);
System.out.println(bd.toString());
```

2. 常用属性

BigDecimal 类的属性有两类，一类是常量值，包括三个值：ZERO、ONE 和 TEN。另一类是表示舍入模式(roundingMode)的属性，用于指示如何处理小数部分。如表 4-4 所示 BigDecimal 类的常用属性，其中前三个属性是常量值，其余的属性为舍入模式。

表 4-4　BigDecimal 类的属性

修饰符与数据类型值	属性名称	说明
public static final BigDecimal	ZERO	常量 0，标度为 0
public static final BigDecimal	ONE	常量 1，标度为 0
public static final BigDecimalr	TEN	常量 10，标度为 0
public static final int	ROUND_UP	最后一位如果大于 0，则向前进位，正负数都如此。例如 5.61≈5.7
public static final int	ROUND_DOWN	最后一位不管是什么都会被舍弃。例如 5.69≈5.6
public static final int	ROUND_CEILING	如果当前对象表示的是正数，则按 ROUND_UP 模式处理；如果表示的是负数，则按照 ROUND_DOWN 模式处理。例如 7.32≈7.4；−7.32≈−7.3
public static final int	ROUND_FLOOR	与 ROUND_CEILING 相反，如果当前对象表示的是正数，则按照 ROUND_DOWN 模式处理；如果表示的是负数，则按照 ROUND_UP 模式处理
public static final int	ROUND_HALF_UP	四舍五入模式，如果最后一位小于 5，则舍弃；如果大于等于 5，则进位
public static final int	ROUND_HALF_DOWN	如果最后一位小于等于 5，则舍弃；如果大于 5，则进位。例如 6.75≈6.7
public static final int	ROUND_HALF_EVEN	如果倒数第二位是奇数，按照 ROUND_HALF_UP 处理；如果是偶数，按照 ROUND_HALF_DOWN 来处理。例如，7.15≈7.2，8.45≈8.4

3. 常用普通方法

BigDecimal 类的常用方法如表 4-5 所示。

表 4-5　BigDecimal 类的常用方法

修饰符与返回值	方法名称	说明
public BigDecimal	setScale(int newScale, int roundingMode)	在当前对象基础上，返回一个有指定标度值和舍入模式的新 BigDecimal 对象
public BigDecimal	setScale(int newScale)	返回一个新 BigDecimal 对象，其标度值为指定值，其值在数值上等于当前对象的值。如果不能创建这样的对象，则抛出 ArithmeticException 异常

续表

修饰符与返回值	方法名称	说明
public BigDecimal	add(BigDecimal val)	加法运算,结果的标度值取加数和被加数的标度值最大者
public BigDecimal	subtract(BigDecimal val)	减法运算,val为减数。结果的标度值取减数和被减数的标度值最大者
public BigDecimal	multiply(BigDecimal val)	乘法运算,结果的标度值取乘数及被乘数两者标度值之和
public BigDecimal	divide(BigDecimal val, int scale, int roundingMode)	除法运算,val为除数。scale指定了结果的标度值,roundingMode指定了舍入模式
public BigDecimal	divide(BigDecimal val, int roundingMode)	除法运算,val为除数。结果的标度值为被除数的标度值,roundingMode指定了舍入模式
public BigDecimal	divide(BigDecimal val)	除法运算,val为除数。如果无法除尽,则抛出ArithmeticException异常
public BigDecimal	remainder(BigDecimal val)	取余数
public BigDecimal[]	divideAndRemainder(BigDecimal val)	商和余数,返回的数组中第一个元素是商,第二个元素是余数
public BigDecimal	pow(int exponent)	幂运算
public BigDecimal	abs()	绝对值
public BigDecimal	negate()	相反数
public BigDecimal	movePointLeft(int n)	将小数点向左移动n位
public BigDecimal	movePointRight(int n)	将小数点向右移动n位。
public BigDecimal	max(BigInteger val)	最大值
public BigDecimal	min(BigInteger val)	最小值
public int	compareTo(BigDecimal val)	当前对象代表的数值小于、等于或大于val代表的数值,分别返回-1、0或1。比较时只考虑值,不考虑标度
public boolean	equals(Object x)	当且仅当Object对象代表的数值及其标度值与当前对象代表的数值及其标度值均相等时,返回true
public int	intValue()	转换为int型数值
public long	longValue()	转换为long型数值
public float	floatValue()	转换为float型数值
public double	doubleValue()	转换为double型数值
public BigInteger	toBigInteger()	转换为BigInteger对象
public String	toString()	将当前对象代表的数值以String类型返回,返回值为有符号的十进制表示形式
public static BigDecimal	valueOf(double val)	将val转换为BigDecimal对象
public static BigDecimal	valueOf(long val)	将val转换为BigDecimal对象

续表

修饰符与返回值	方法名称	说明
public static BigDecimal	valueOf(long unscaledVal, int scale)	将 unscaledVal 转换为 BigDecimal 对象，标度值由 scale 指定
public int	precision()	返回当前对象的精度(非标度值的数字个数)。零值的精度是 1
public BigInteger	unscaledValue()	返回当前对象的非标度值
public int	scale()	返回此当前对象的标度。如果为零或正数，则标度是小数点后的位数。如果为负数，则将该数的非标度值乘以 10 的负 scale 次幂。例如，－3 标度是指非标度值乘以 1000

【例 4.3】BigDecimal 对象的使用。

```
import java.math.BigDecimal;//1 行
public class BigDecimalDemo {
    public static void main(String[] args) {
        //创建一个代表正数 11.2946 的 BigDecimal 对象
        BigDecimal bd1=new BigDecimal("11.2946");  //5 行
        //创建一个代表负数-11.2946 的 BigDecimal 对象
        BigDecimal bd2=new BigDecimal("-11.2946");
        //创建一个代表正数 4 的 BigDecimal 对象
        BigDecimal bd3=new BigDecimal("4");//
        //返回一个标度为 1、舍入模式为 ROUND_DOWN 的新对象//10 行
        System.out.println ("在 bd1(11.2946)基础上返回标度为 1、"
                    +"舍入模式为 ROUND_DOWN 的新对象:\t"
                    +bd1.setScale(1, BigDecimal.ROUND_DOWN));
        //显示 bd1 对象的精度(非标度值的数字个数)
        System.out.println("bd1 对象(11.2946)的精度:\t"+bd1.precision()); //15 行
        //显示 bd1 对象的标度
        System.out.println("bd1 对象(11.2946)的标度:\t"+bd1.scale());
        //显示 bd1 对象的标度
        System.out.println("bd1 对象(11.2946)的非标度值:\t"
                +bd1.unscaledValue()); //20 行
        //用指定的标度和舍入模式计算 11.2938 除以 4 的值(11.2938/4=2.82365)
        System.out.println("正数(2.82365)ROUND_UP:\t\t"
                +bd1.divide(bd3,4,BigDecimal.ROUND_UP));
        System.out.println("正数(2.82365)ROUND_DOWN:\t"
                +bd1.divide(bd3,4,BigDecimal.ROUND_DOWN));//25 行
        System.out.println("正数(2.82365)ROUND_CEILING:\t"
                +bd1.divide(bd3,4,BigDecimal.ROUND_CEILING));
```

```
            System.out.println("正数(2.82365)ROUND_FLOOR:\t"
                    +bd1.divide(bd3,4,BigDecimal.ROUND_FLOOR));
            System.out.println("正数(2.82365)ROUND_HALF_UP:\t"//30 行
                    +bd1.divide(bd3,4,BigDecimal.ROUND_HALF_UP));
            System.out.println("正数(2.82365)ROUND_HALF_DOWN:\t"
                    +bd1.divide(bd3,4,BigDecimal.ROUND_HALF_DOWN));
            System.out.println("正数(2.82365)ROUND_HALF_EVEN:\t"
                    +bd1.divide(bd3,4,BigDecimal.ROUND_HALF_EVEN));//35 行
            //用指定的标度和舍入模式计算-11.2938 除以 4 的值(=-2.82365)
            System.out.println("负数(-2.82365)ROUND_UP:\t"
                    +bd2.divide(bd3,4,BigDecimal.ROUND_UP));
            System.out.println("负数(-2.82365)ROUND_DOWN:\t"
                    +bd2.divide(bd3,4,BigDecimal.ROUND_DOWN));//40 行
            System.out.println("负数(-2.82365)ROUND_CEILING:\t"
                    +bd2.divide(bd3,4,BigDecimal.ROUND_CEILING));
            System.out.println("负数(-2.82365)ROUND_FLOOR:\t"
                    +bd2.divide(bd3,4,BigDecimal.ROUND_FLOOR));
            System.out.println("负数(-2.82365)ROUND_HALF_UP:\t"//45 行
                    +bd2.divide(bd3,4,BigDecimal.ROUND_HALF_UP));
            System.out.println("负数(-2.82365)ROUND_HALF_DOWN:\t"
                    +bd2.divide(bd3,4,BigDecimal.ROUND_HALF_DOWN));
            System.out.println("负数(2.82365)ROUND_HALF_EVEN:\t"
                    +bd2.divide(bd3,4,BigDecimal.ROUND_HALF_EVEN));  //50 行
        }
    }
```

本例演示了 BigDecimal 对象的精度和标度处理,程序输出为:

```
在 bd1(11.2946)基础上返回标度为 1、舍入模式为 ROUND_DOWN 的新对象:  11.2
bd1 对象(11.2946)的精度:  6
bd1 对象(11.2946)的标度:  4
bd1 对象(11.2946)的非标度值:  112946
正数(2.82365)ROUND_UP:  2.8237
正数(2.82365)ROUND_DOWN:  2.8236
正数(2.82365)ROUND_CEILING:  2.8237
正数(2.82365)ROUND_FLOOR:  2.8236
正数(2.82365)ROUND_HALF_UP:  2.8237
正数(2.82365)ROUND_HALF_DOWN:  2.8236
正数(2.82365)ROUND_HALF_EVEN:  2.8236
负数(-2.82365)ROUND_UP:  -2.8237
```

```
负数(－2.82365)ROUND_DOWN： －2.8236
负数(－2.82365)ROUND_CEILING： －2.8236
负数(－2.82365)ROUND_FLOOR： －2.8237
负数(－2.82365)ROUND_HALF_UP： －2.8237
负数(－2.82365)ROUND_HALF_DOWN： －2.8236
负数(2.82365)ROUND_HALF_EVEN： －2.8236
```

4.3 字符串类

字符串是由零个或多个字符组成的序列，是一种组织字符的数据结构，用来表示文本的数据类型。在Java中，将字符串作为内置的对象处理，所以字符串属于引用类型。Java中的String类、StringBuffer类以及StringBuilder类，都是专门处理字符串的类，String类用于处理定长字符串，StringBuffer和StringBuilder类用于处理变长字符串。字符串处理类都在java.lang包中。

4.3.1 String类

由String类创建的对象不允许再作修改和变动，即String类代表了一个字符串常量，这一点可以从String类的定义中看出。首先，String类本身被定义成final型的，表明它不可以被继承；其次，String类内部表示用于表示字符串值、字符串中字符个数等私有变量均被定义成final型的，这意味着String类所代表的字符串一旦创建，就不能再改变了。

String类的方法包括检查字符串序列中的单个字符、比较字符串、搜索字符串、提取子字符串、创建字符串副本以及对字符串做大小写转换等。如果对字符串只进行上述操作，而不改变字符串本身，应使用String类。

1. 字符串的创建

创建字符串有多种方式，归纳起来可以分成三情况：第一种情况是用常量表达式创建字符串对象，第二种用变量表达式创建字符串对象，第三种用String类的构造方法创建字符串对象。

(1) 用常量表达式创建字符串对象。

用常量表达式(字符串字面量、字符串常量或它们的拼接)创建字符串对象，有两种形式：一种是直接通过赋值语句将字符串字面量或字符串常量赋值给String类型的变量，另一种是将若干字符串字面量或字符串常量拼接后赋值给String类型的变量。它们的语法如下：

```
String 变量名=字面量或字符串常量；
String 变量名=字符串字面量(常量)+字符串字面量(常量)+……；
```

例如，以下语句创建了一个字符串对象：

```
String s="abc"；
```

对于字符串字面量或字符串常量，Java会在编译期间创建一个称之为字符串池的内存空间(字符串池由String类维护，可以调用intern()方法来访问字符串池)，用来存放字符串字面量或字符串常量对象。在编译形如“String s="abc";”语句时，JVM会首先在字符串缓冲池确定是否存在字符串常量对象“abc”，如果存在这样的对象，就将字符串变量s指向该对象，从而创建对象s的引用。如果不存在这样的对象，就在字符串缓冲池创建一个这样的对象，并将字符串变量s指向该对象。对于形如“"ab"+"c"”的常量，Java会在编译期间自动优化为常量“"abc"”。因此，在用相同的字面量或字符常量创建多个字符串对象时，不管使用了多少个变量名称，它们的指向都是同一个对象。例如：

```
//用字符串字面量或字符串常量创建字符串对象
String s1="abc";
String s2="abc";
System.out.println(s1 == s2);//显示true,表明s1和s2指向同一个对象

String s3="ab"+"c";//编译期自动优化为String s3 = "abc";
System.out.println(s1 == s3);//显示true,表明s1和s3指向同一个对象

final String s4="ab";
String s5=s4+"c";//编译期自动优化为String s5 = "abc";
System.out.println(s1 == s5);//显示true,表明s1和s5指向同一个对象
```

(2) 用变量表达式创建字符串对象。

用变量表达式创建字符串对象是指用已经存在的若干个String类对象变量，拼接后赋值给一个新的String类型的变量，从而创建一个新的String类对象，语法如下：

```
String 变量名=字符串变量+字符串变量+……;
```

对于字符串变量表达式来说，Java无法在编译阶段确定其值，只有到了执行阶段才能确定字符串变量的值，通过拼接字符串变量所得到的对象是运行期间创建的，它并不存储在字符串池中，而是在字符串池之外动态分配。因此，即使是用同样的拼接字符串变量创建的不同字符串对象，它们的指向也是不同的。例如：

```
//用变量表达式创建字符串对象
String s1 = "abc";
String s2 = "def";
String s3 = "abcdef";

String s4 = s1+"def";//编译阶段无法确定s1+"def"的值,只能在执行阶段确定
System.out.println(s3 == s4); //显示false,表明s3和s4不指向同一个对象

String s5 = "abc"+s2;// 编译阶段无法确定"abc"+s2的值,只能在执行阶段确定
System.out.println(s3 == s5); //显示false,表明s3和s5不指向同一个对象

String s6 = s1 + s2; //编译阶段无法确定s1 + s2的值,只能在执行阶段确定
System.out.println(s3 == s6); //显示false,表明s3和s6不指向同一个对象
```

```
String s7 = s1 + s2; //编译阶段无法确定 s1 + s2 的值,只能在执行阶段确定
System.out.println(s7 == s6); //显示 false,表明 s7 和 s6 不指向同一个对象
```

(3) String 类的构造方法。

常用的 String 类的构造方法如表 4-6 所示。

表 4-6　String 类的常用构造方法

构造方法	说明
String()	创建一个空的字符串常量
String(String str)	利用一个已经存在的字符串常量 str 创建一个新的 String 对象,该对象的内容与给出的字符串常量 str 相同。str 可以是另一个 String 对象,也可以是一个用双引号括起来的字面量
String(char ch[ ])	利用已经存在的字符数组 ch 的内容创建一个新的 String 对象
String(StringBuffer buf)	利用一个已经存在的 StringBuffer 对象 buf 创建一个新的 String 对象
String(StringBuilder builder)	利用一个已经存在的 StringBuilder 对象 builder 创建一个新的 String 对象

2. 处理字符串中的字符

字符串由字符组成,String 类提供了若干与处理其组成字符有关的方法。

(1) public int length()。

返回此字符串的长度,即返回字符串中按 Unicode 编码的字符的个数。

(2) public char charAt(int index)。

返回 index 指定位置处的字符。index 表示字符串中字符的位置,范围从 0 到 length()-1。字符串中第一个字符的位置为 0 处,第二个字符的位置为 1 处,依此类推,最后一个字符的位置为 length()-1 处。若 index 的值为负数或大于字符串的长度,方法抛出 IndexOutOfBoundsException 异常。

(3) public int indexOf(int ch)/lastIndexOf(int ch)。

indexOf(int ch)方法返回 ch 指定的字符在字符串中第一次出现的位置。lastIndexOf (int ch)方法返回 ch 指定的字符在字符串中最后一次出现的位置。如果字符串不存在 ch 指定的字符,则返回-1。

(4) public int indexOf(int ch, int fromIndex)/lastIndexOf(int ch, int fromIndex)。

indexOf(int ch, int fromIndex)方法返回字符串中在 fromIndex 指定的位置及之后第一次出现字符 ch 的位置。lastIndexOf(int ch, int fromIndex)返回字符串中在 fromIndex 指定的位置及之前最后一次出现字符 ch 的位置。如果字符串中不存在满足条件的 ch,则返回-1。

(5) public String replace(char oldChar,char newChar)。

用 newChar 替换当前字符串中出现的所有 oldChar,并将得到的字符串作为一个新字符串返回。如果当前字符串中没有 oldChar,则返回对当前字符串对象的引用。执行替换后,当前字符串不会改变。

【例 4.4】统计字符串中特定字符出现的次数。

```
    public class CountChar {//1 行
        public static void main(String[] args) {
            String s="This is a Java program";
            char target='a';
            countByCharAt(s,target);//5 行
            countByIndexof(s,target);
            countByLastIndexof(s,target);
        }
        static void countByCharAt(String s,char target){
            int count=0;//10 行
            for(int i=0;i<s.length();i++){
                if(s.charAt(i)==target)
                    count++;
        }
        System.out.print("用 charAt 方法统计结果为："+count+"。"); //15 行
        System.out.println(" 替换后的字符串为："
                +s.replace(target, '\u25A0'));
}
static void countByIndexof(String s,char target){
    int count=0; //20 行
    int index=-1;
    while (true){
        index=s.indexOf(target,index+1);
        if(index>=0){
            count++; //25 行
        }else{
            break;
        }
    }
    System.out.print("用 indexof 方法统计结果为："+count+"。"); //30 行
    System.out.println(" 替换后的字符串为："
            +s.replace(target, '\u25A0'));
}
static void countByLastIndexof(String s,char target){
    int count=0;//35 行
    int index=s.length();
    for(;;){
        index=s.lastIndexOf(target,index-1);
        if (index==-1){break;}
            count++; //40 行
```

```
    }
    System.out.print("用 lastIndexof 方法统计结果为："+count+"。");
    System.out.println(" 替换后的字符串为："
            +s.replace(target, '\u25A0'));
    } //45 行
}
```

本例定义了三个静态方法 countByCharAt()、countByIndexof()、countByLastIndexof()，它们分别演示了用 String 类的 charAt()、indexof()和 lastIndexof()方法统计字符串 s 中字符 a 出现的次数，然后用字符“■”(Unicode 码为\u25A0)替换字符串中的 a(见程序第 17 行、第 32 行、第 44 行)。程序的输出为：

```
用 charAt 方法统计结果为：4。替换后的字符串为：This is ■ J■v■ progr■m
用 indexof 方法统计结果为：4。替换后的字符串为：This is ■ J■v■ progr■m
用 lastIndexof 方法统计结果为：4。替换后的字符串为：This is ■ J■v■ progr■m
```

(6) public void getChars(int srcBegin,int srcEnd,char[] dst,int dstBegin)。

将一部分字符从当前字符串复制到目标字符数组 dst 中。要复制的第一个字符位于字符串的 srcBegin 位置，复制的最后一个字符位于 srcEnd 位置之前(即位于 srcEnd-1 位置处)。复制的字符从 dst 数组下标 dstBegin 位置开始存放。

(7) public byte[] getBytes()/getBytes(String charsetName)。

getBytes()方法使用当前的默认字符集将字符串编码为 byte 序列，并将结果存储到一个新的 byte 数组中。getBytes(String charsetName) 使用 charsetName 指定的字符集将字符串编码为 byte 序列，并将结果存储到一个新的 byte 数组中。charsetName 为支持的字符集名称，包括 GBK、ISO-8859-1、GB2312、UTF-8、US-ASCII 等。若 charsetName 为无效的字符集名称，则抛出 UnsupportedEncodingException 异常。

(8) public char[] toCharArray()。

将此字符串转换为一个字符数组。

【例 4.5】按不同的编码方案获取字符串中的字符。

```
import java.io.UnsupportedEncodingException;//1 行
public class StringDemo {
    public static void main(String[] args) throws UnsupportedEncodingException {
        //创建字符串对象，编码为系统缺省编码
        String s="Hi,你好 Java";  //5 行
        //按系统缺省编码将字符串 s 转换成字符数组
        char[] cchar=s.toCharArray();
        //显示字符数组
        System.out.println(cchar);
        //按系统缺省编码将字符串中的字符复制到的 byte 数组//10 行
        s.getChars(0, s.length()-1, cchar, 0);
        System.out.println(cchar);
```

```
        //创建按系统缺省编码的 byte 数组
        byte[] bDefault =s.getBytes();
        //显示按系统缺省编码的 byte 数组//15 行
        showString(bDefault);
        //创建按 UTF-8 编码的 byte 数组
        byte[] bUTF8=s.getBytes("UTF-8");
        //显示按 UTF-8 编码的 byte 数组
        showString(bUTF8);  //20 行
        //创建按 GBK 编码的 byte 数组
        byte[] bGBK=s.getBytes("GBK");
        //显示按 GBK 编码的 byte 数组
        showString(bGBK);
    }//25 行
    //静态方法,显示 byte 数组内容
    static void showString(byte[] b){
        //用 byte 数组创建字符串对象
        String s=new String(b);
        //显示字符串//30 行
        System.out.println(s);
    }
}
```

本例演示了将字符串中的字符转换为 char 型数组和 byte 型数组，在 GBK 编码环境下，程序的运行结果如下。结果中的第 4 行显示为乱码，这是因为，程序运行在 GBK 编码环境，控制台显示字符时使用的是 GBK 编码，但在程序第 18 行将字符串中的字符转换成了按 UTF-8 编码 byte 数组，程序第 18 行调用 showString()方法，其中，用 byte 数组创建了字符串 s，由于这时 byte 数组是按 UTF-8 编码的，所以，创建的字符串 s 也是按 UTF-8 编码的，将 UTF-8 编码的字符串显示到按 GBK 编码的控制台上，自然就出现乱码。

```
Hi,你好 Java
Hi,你好 Java
Hi,你好 Java
Hi 锛屼綘濂絁 ava
Hi,你好 Java
```

3. 子字符串处理

子字符串是指一个字符串中存在的任意一个连续的字符序列，简称子串。同对字符串中的字符处理一样，String 类提供了可以确定子串在字符串中位置的方法，包括 indexOf (String str)、indexOf(String str, int fromIndex)、lastIndexOf(String str)、lastIndexOf (String str, int fromIndex)。这些方法的使用与前面的同名方法类似。此外，处理子字符串的方法还有：

(1) public String substring(int beginIndex)。

提取当前字符串中从 beginIndex 开始到结束位置的子串,并将其作为一个新的 String 类返回。如果 beginIndex 为负或大于当前字符串的长度,则抛出 IndexOutOfBoundsException 异常。

(2) public String substring(int beginIndex,int endIndex)。

提取当前字符串中从 beginIndex 开始到 endIndex-1 位置的子串,并将其作为一个新的 String 类返回。如果 beginIndex 为负,或 endIndex 大于当前字符串的长度,或 beginIndex 大于 endIndex,则抛出 IndexOutOfBoundsException 异常。

(3) public boolean startsWith(String substr)/endsWith(String substr)。

判断当前字符串是否以子串 substr 为开始或结束。如果是以子串 substr 开始或结束,则返回 true;否则返回 false。如果 substr 是空字符串,或者等于当前字符串的内容,也返回 true。

(4) public boolean startsWith(String substr,int beginIndex)。

判断当前字符串从 beginIndex 位置开始的子字符串是否以 substr 为开始。此方法的结果等价于 this.substring(beginIndex).startsWith(substr)。

(5) public String[] split(String regex)。

用指定的正则表达式 regex 分割当前字符串,并返回一个字符串数组,该字符串数组的元素是分割得到的子串。当前字符串中出现的子串 substr 都要进行分解,所得的字符串数组中不包括结尾空字符串。如果当前字符串中不包含子串 substr,则返回当前字符串。例如:

"abcabfbabab".split(" "); 返回 1 个元素的字符串数组,元素为"abcabfbabab"。

"abcabfbabab".split(""); 返回 12 个元素的字符串数组,元素为""、"a"、"b"、"c"、"a"、"b"、"f"、"b"、"a"、"b"、"a"、"b"。

"abcabfbabab".split("ab"); 返回 3 个元素的字符串数组,元素为""、"c"、"fb",结尾匹配"ab"所得到的空字符串被丢弃。

正则表达式是一种定义模式匹配和替换的规范,有关正则表达式的内容请参阅第 11 章。

(6) public String replaceFirst(String regex, String replacement)/replaceAll(String regex, String replacement)。

用给定的 replacement 替换当前字符串中与正则表达式 regex 相匹配的子串。replaceFirst()方法只替换第一个相匹配的子串,replaceAll()则替换所有相匹配的子串。如果正则表达式的语法无效,这两个方法都抛出 PatternSyntaxException 异常。

(7) public String trim()。

返回一个新字符串,该字符串去掉了当前字符串中的前部空白和尾部空白。

【例 4.6】查找文本中的子串。

```
public class SubstrDemo {//1 行
    public static void main(String[] args) {
        String s = "Java is Simple. Java was designed\n" +
```

```
                "to make it much easier to write bug\n" +
                "free code. According to Sun's Bill\n" +//5行
                "Joy, shipping C code has, on average,\n" +
                "one bug per 55 lines of code. The most\n" +
                "important part of helping programmers\n" +
                "write bug-free code is keeping the\n" +
                "language simple. ";  //10行
        //用空格替换掉文本中的换行符\n
        s=s.replaceAll("\n", " ");
        splitDemo(s);
        System.out.println("------");
        subStringDemo(s);//15行
    }
    static void splitDemo(String s){
        // 用.号分割字符串
        String[]  ss = s.split("\\.");
        //显示每一句话 //20行
        for(int i=0;i<ss.length;i++)
            System.out.println("第"+(i+1)+"句: "+ss[i].trim()+".");
    }
    static void subStringDemo(String s){
        int i=0;//25行
        int index;
        int len=0;
        String ss;
        for(;;){
            //查找子串"."的位置 //30行
            index=s.indexOf(".",i);
            //取出一句话
            ss=s.substring(i, index+1);
            len++;
            System.out.println("第"+len+"句: "+ss.trim()); //35行
        //下次查找子串"."的起始位置
          i=index+1;
          //若下次查找子串"."的起始位置超过s的长度,则程序结束
          if (i>=s.length()){break;}
        }//40行
    }
}
```

给定一个英文文本,从中提取出每一句话,英文文本中的句子用句号"."作为结束符。本例演示了分别用split()方法和substring()方法提取英文句子。程序中定义的splitDemo()

方法，使用了 String 类的 split()方法分割文本(程序第 19 行)，其中的参数"\\."表示以“.”为分隔符，分割字符串 s，结果存放在字符串数组 ss。由于分割出来的字符串中不包括英文句号，在程序第 22 行又增加了“.”，在这一行中，使用了 String 类的 trim()方法去掉字符串数组元素的开始与结尾的空白。程序还定义了 subStringDemo()方法，该方法使用 String 类的 substring()方法分割文本(程序第 31 行和第 33 行)。

由于原始字符串中包含回车符，程序在处理原始字符串之前，用 String 类的 replaceAll()方法，将回车符全部替换成空格(程序第 12 行)。本例输出为：

```
第 1 句：Java is Simple.
第 2 句：Java was designed to make it much easier to write bug free code.
第 3 句：According to Sun's Bill Joy, shipping C code has, on average, one bug per 55 lines of code.
第 4 句：The most important part of helping programmers write bug-free code is keeping the language simple.
------
第 1 句：Java is Simple.
第 2 句：Java was designed to make it much easier to write bug free code.
第 3 句：According to Sun's Bill Joy, shipping C code has, on average, one bug per 55 lines of code.
第 4 句：The most important part of helping programmers write bug-free code is keeping the language simple.
```

4. 字符串的转换

String 类提供了与其他数据类型之间进行转换的 valueOf()方法以及字符串大小写的转换方法。

(1) public static String valueOf()。

本方法可以将相应的数据类型转换为字符串，valueOf()有不同的重载形式，如表 4-7 所示。

表 4-7　将相应的数据类型转换为字符串

返回值	方法	说明
public static String	valueOf(boolean b)	如果参数 b 为 true，则返回一个等于“true”的字符串；否则，返回一个等于“false”的字符串
public static String	valueOf(char c)	返回由参数 c 构成的字符串，该字符串只包括一个字符
public static String	valueOf(int i)	返回参数 i 的字符串表示形式
public static String	valueOf(long l)	返回参数 l 的字符串表示形式
public static String	valueOf(float f)	返回参数 f 的字符串表示形式
public static String	valueOf(double d)	返回参数 d 的字符串表示形式

例如，以下代码将双精度数转换为字符串：

```
String ss=String.valueOf(12345.6); //s的内容为"12345.6"
```

(2) public String toUpperCase()/public String toLowerCase()。

这两个方法分别将当前字符串转换成大写或小写，并作为一个新字符串的返回。例如，以下代码可以转换字符串的大小写：

```
String s = "HELLO JAVA";
s = s.toLowerCase();//s的内容为"hello java"
```

(3) public static String format(String format,Object... args)。

将args对象的内容格式化成新字符串并返回，参数format指定了新字符串的格式。参数format的格式为：

```
%[被格式化对象$][标志][宽度][.精度]转换方式
```

其中：

"被格式化对象"为十进制整数形式，指明args参数在参数列表中的位置。在format()方法中，被格式化的对象args是可变参数，"被格式化对象"用来表示当前要格式化第几个args，第一个args参数用 "1$" 表示，第二个args参数用 "2$" 表示，依此类推。若缺省，则顺序格式化参数args，并将它们作为一个字符串返回。

"标志"指明转换后的格式。"标志"必须与"转换方式"相匹配。常见的标志有：①-：左对齐；②#：只适用于转换为八进制和十六进制，转换成八进制时在结果前面加0，转换成十六进制时在结果前面加0x；③+：结果总是包括一个"+"号或"-"号，通常只适用于十进制，若对象为BigInteger才可以用于八进制和十六进制；④空格：正值前加空格，负值前加负号，通常只适用于十进制，若对象为BigInteger才可以用于八进制和十六进制；⑤0：结果左边用零来填充；⑥逗号：每3位数字之间用","分隔，只适用于十进制；⑦()：若参数是负数，则结果中不添加负号而是用圆括号把数字括起来。以上标志除"-"和"0"不能同时使用以外，其他标志可以结合使用。

"宽度"为非负十进制整数形式，表明要向格式化后字符串中的最少字符数。

"精度"为一个非负十进制整数形式，通常用于浮点转换，指明小数点分隔符后的位数。

"转换方式"表明应该如何格式化参数args，必须与"标志"相匹配。常用的"转换方式包括以下几类：① 整数转换，d指示转换为十进制数；o指示转换为八进制数；x或X指示转换成十六进制数；② 浮点数转换，e或E指示转换为使用计算机科学记数法的十进制数；f指示转换为一个普通十进制浮点数；g或G指示转换为一个浮点数并自动选择使用普通记数法或科学记数法；③ 日期转换，tY或TY指示转换为用四个字符表示的年份；ty或Ty指示转换为用两个字符表示的年份；tm或Tm指示转换为两个字符表示的月份，"01"是一年的第一个月，"02"是一年的第二个月，以此类推；tB或TB表示转换成特定语言环境的完整月份名称，例如"一月"或"January"；tb或Tb指示转换成特定语言环境的月份简称，例如"Jan"；td或Td指示转换为一个月中的天数，用两个字符表示，"01"是一个月的第一天，"02"是一个月的第二天，以此类推；ta或Ta指示转换成特定语言环境的星期几的全称，例如"星期日"

或“Sunday”；tA 或 TA 指示转换成特定语言环境的星期几的简称，如“Sun”；④ 时间转换，tH 或 TH 指示转换成 24 小时制的小时；tI 或 TI 指示转换成 12 小时制的小时；tM 或 TM 指示转换成小时中的分钟；tS 或 TS 指示转换成分钟中的秒；tL 或 TL 指示转换成秒中的毫秒；tp 或 Tp 指示转换成特定语言环境的上午或下午标记，例如“am”或“上午”；tZ 或 TZ 指示转换成时区的缩写形式的字符串；⑤ 日期与时间组合转换，为方便日期与时间的转换，Java 还提供了一些简写形式，用来指示格式化常见的日期/时间组合，tR 或 TR 等价于“%tH:%tM”；tT 或 TT 等价于“%tH:%tM:%tS”；tr 或 Tr 等价于“%tI:%tM:%tS %Tp”；tD 或 TD 等价于“%tm/%td/%ty”；tF 或 TF 等价于“%tY-%tm-%td”；tc 或 Tc 等价于“%ta %tb %td %tT %tZ %tY”。

此外，还允许参数 format 中包括不需要转化的子字符串，这些子字符串将按原样返回到转换后的字符串中。应该注意，在参数 format 中“%”是被赋予了特殊的含义，作为 format 的前缀，因此，要输出“%”本身，需要在“%”前面再增加一个“%”，表示将“%”按原样保留到新字符串中。

【例 4.7】format()方法的使用。

```
import java.util.Date;
public class FormatDemo {
    public static void main(String[] args) {
        //数值转换
        //宽度最少为 9 九位，不足 9 位补齐，其中第一个参数不足 9 为，左侧用空格补齐
        System.out.println(String.format("%9d,%9d",12345678,1234567890));

        /*'-' 字符串左对齐，不可以与“用 0 填充”同时使用 */
        System.out.println(String.format("%-9d",12345678));

        /*'0' 字符串不足 10 位，左边用 0 填充。 */
        System.out.println(String.format("%010d",12345678));


        /*返回最少 9 位字符串，每 3 位数字之间用“,”分隔。 */
        System.out.println(String.format("%,9d",1234567));

        //结果总是包含+号或-号
        System.out.println(String.format("%+9d&%+9d",1234567,-123));

        //如为负数，则用括号括起来，如不是则不处理
        System.out.println(String.format("%(5d&%(5d",-123456,1234));

        /*' ' 正值前加空格，负值前加负号 */
        System.out.println(String.format("% 9d&% 9d",-123456,12345));
```

```
        //只将第二个 args 格式化为十六进制数
        System.out.println(String.format("%2$#9x",12345678,1234));

        //转换为科学记数法形式的字符串,字符串为10位,小数位为3位,不足10位补0
        System.out.println(String.format("%010.3e",112345678.9));

        //时间日期转换

        Date d=new Date();
        //转换成24小时制
        System.out.println(String.format("%tY年%tm月%Td日" +
                        "%tH时%tM分%tS秒",d,d,d,d,d,d));

        //转换成12小时制
        System.out.println(String.format("%tY年%tm月%Td日%tp" +
                        "%tI时%tM分%tS秒",d,d,d,d,d,d,d));

        //组合转换,等价于"%tH:%tM"
        System.out.println(String.format("%tR",d));

        //组合转换,等价于"%tY-%tm-%td"
        System.out.println(String.format("%tF",d));

        //%转换
        System.out.println(String.format("%d%%", 12));
    }
}
```

本例演示了 String 类 format()方法的用法,本例的输出为:

```
12345678,1234567890
12345678
0012345678
1,234,567
  +1234567&      -123
(1 23456)& 1234
  -123456&      12345
  0x4d2
01.123e+08
2011年11月12日15时59分37秒
2011年11月12日下午03时59分37秒
15:59
2011-11-12
12%
```

5. 字符串连接和比较

主要有以下三个方法：

(1) public String concat(String str)。

将指定字符串 str 连接到当前字符串的结尾，连接的结果作为一个新字符串返回。该方法的效果等价于：当前字符串＋str。例如：

```
String s1=new String("Hello");
String s2="Java";
String s3=s1.concat(" ").concat(s2);//s3 的内容为"Hello Java"
String s4=s1+" "+s2;//s4 的内容为"Hello Java"
```

(2) public boolean equals(String str)/equalsIgnoreCase(String str)。

equals(String str)方法比较当前字符串与参数 str，若两者内容相同(包括字符的大小写)，则返回 true；否则返回 false。equalsIgnoreCase(String str)方法在比较时则会忽略字符的大小写，例如：

```
String s1=new String("Java");
String s2="java";
System.out.println(s1.equals(s2));//显示 false
System.out.println(s1.equalsIgnoreCase(s2));//显示 true
```

(3) public int compareTo(String str)/ compareToIgnoreCase(String str)。

按字典顺序比较当前字符串与参数 str 两个字符串，compareToIgnoreCase(String str)方法不考虑字符串中字符的大小写。若当前字符串小于参数 str，返回小于 0 的数，如当前字符串等于参数 str，返回 0，若当前字符串大于参数 str，返回大于 0 的数。例如：

```
String s1=new String("Java");
String s2="java";
System.out.println(s1.compareTo(s2));//显示小于 0 的数，这里显示-32
System.out.println(s2.compareTo(s1));//显示大于 0 的数，这里显示 32
System.out.println(s1.compareToIgnoreCase(s2));//显示 0
```

4.3.2 StringBuffer/StringBuilder 类

StringBuffer 类和 StringBuilder 类是两个兼容的字符串类，具有相同的方法，都用来表示可变长度的字符串，区别在于 StringBuffer 类是一个线程安全的类，而 StringBuilder 类则是一个线程不安全的类。一般情况下，对于多线程程序，应使用 StringBuffer 类，对于单线程程序，考虑到执行的效率，应建议优先采用 StringBuilder 类。StringBuilder 类的处理速度要比 StringBuffer 类快。

1. 构造方法

StringBuffer/StringBuilder 类所创建的对象是可扩充、修改的字符串，在创建 StringBuffer 类的对象时既可以给出字符串的初值，也可以不给出字符串的初值。

(1) public StringBuffer()/StringBuilder(String str)。

创建一个不包括字符的字符串缓冲区,初始容量为 16 个字符。

(2) public StringBuffer(int capacity)/StringBuilder(int capacity)。

创建一个不包括字符的字符串缓冲区,初始容量由参数 capacity 指定。

(3) public StringBuffer(String str)/StringBuilder(String str)。

创建一个字符串缓冲区,缓冲区的内容为 str 指定的字符串内容。字符串缓冲区的初始容量为 16 加上字符串参数 str 的长度。

2. 主要方法

StringBuffer/StringBuilder 类除具有与 String 类行为类似的方法如 length()、replace()、substring()、indexOf()、lastIndexOf()、charAt()等,它们的重要特征是提供了对字符串变量做添加、插入、修改之类的操作。

(1) public StringBuffer/StringBuilder append(Object obj)。

向当前字符串尾部追加数据。本方法有多种重载形式,其参数可以被重载为 boolean、char、char[]、double、float、int、long、String、StringBuffer 等形式的数据。例如:

```
StringBuffer sb=new StringBuffer();
sb.append("abc");
System.out.println(sb);//显示 abc
StringBuilder sbu=new StringBuilder("abc");
sbu.append(sb);
System.out.println(sbu);//显示 abcabc
```

(2) public StringBuffer/StringBuilder insert(int offset, Object obj)。

在 offset 指定的位置处插入数据,其中参数 obj 可以被重载为 boolean、char、char[]、double、float、int、long、String、StringBuffer 等形式的数据。例如:

```
StringBuilder   sbu1=new StringBuilder("abcabc");
sbu1.insert(3, "--");
System.out.println(sbu1);//显示 abc--abc
```

(3) public StringBuffer/StringBuilder delete(int start, int end)。

删除当前 StringBuffer/StringBuffer 对象中从位置 start 开始,到 end 位置之前(即 end-1 位置)的子串。例如:

```
StringBuffer sb=new StringBuffer("abcdef");
sb.delete(1, 5);
System.out.println(sb);//显示 af
```

(4) void setCharAt(int index, char ch)。

将当前字符串中 index 位置的字符设置成字符 ch。例如:

```
StringBuffer sb=new StringBuffer("abcdef");
sb.setCharAt(1, 'a');
System.out.println(sb);//显示 aacdef
```

(5) public void setLength(int newLength)。

重新设置字符串缓冲区中字符串的长度，如果 newLength 小于当前的字符串长度，将截去多余的字符。例如：

```
StringBuffer sb=new StringBuffer("abcdef");
sb.setLength(3);
System.out.println(sb);//显示 abc
```

(6) public int capacity()。

返回为当前字符串缓冲区的总空间，返回值是 JVM 为当前字符串缓冲区分配的空间大小，而不是字符串的实际长度。例如：

```
StringBuffer sb=new StringBuffer();
System.out.println(sb.capacity());//显示 16,缺省容量为 16

StringBuilder sbu=new StringBuilder("abc");
System.out.println(sbu.length());//显示 3,字符串长度为 3
System.out.println(sbu.capacity());//显示 19,容量为 16 加字符串长度

StringBuffer sb1=new StringBuffer(32);
sb1.append("abc");
System.out.println(sb1.length());//显示 3,字符串长度为 3
System.out.println(sb1.capacity());//显示 32,容量指定的 32
```

4.4 日期与时间

时间和日期处理是应用程序中经常要实现的功能，Java 语言提供了丰富的时间和日期处理的类库，其中 Date(日期类)、Calendar(日历类)和 DateFormat(日期格式)是其中三个最为基本的类。Date 的主要功能是创建日期对象并获取日期；Calendar 类的主要功能是对时间和日期进行处理，例如获取或者设置一个日期与时间数据或其中的组成部分、不同的格式时间和日期的转换等；DateFormat 类的主要功能对时间和日期进行格式化，以便应用程序实现与系统及语言无关的时间和日期解析。

Date 和 Calendar 位于 java.util 包，DateFormat 类位于 java.text 包，使用这些类时要导入相应的包。

4.4.1 Date 类

Date 类封装了一个表示日期的长整型数，该长整型数是以 GMT(格林威治标准时间) 1970 年 1 月 1 日 00:00:00 为基准时刻的毫秒数，正数为该标准时刻之后经过的毫秒数，负数为该标准时刻之前的毫秒数。

1. 构造方法

Date 类共有 6 个构造方法，其中有 4 个构造方法已经被标记为过时，不推荐使用。目前

只有两个常用的构造方法。

(1) public Date()。

创建代表当前系统时间的 Date 对象,时间精确到毫秒。

(2) public Date(long date)。

创建 Date 对象,该对象代表了参数 date 指定的时间,date 是以 1970 年 1 月 1 日 00:00:00 GMT 为基准时刻的毫秒数。

2. 普通方法

(1) public boolean after(Date when)。

比较两个 Date 对象。当且仅当当前对象表示的时间比 when 表示的时间晚,才返回 true;否则返回 false。若 when 为 null,抛出 NullPointerException 异常。

(2) public boolean before(Date when)。

比较两个 Date 对象。当且仅当当前对象表示的时间比 when 表示的时间早,才返回 true;否则返回 false。若 when 为 null,抛出 NullPointerException 异常。

(3) public int compareTo(Date anotherDate)。

比较两个日期的顺序。如果当前对象表示的时间等于参数 anotherDate 表示的时间,返回值为 0;如果当前对象表示的时间在参数 anotherDate 表示的时间之后,返回大于 0 的值;如果当前对象表示的时间在参数 anotherDate 表示的时间之前,返回小于 0 的值。

(4) public boolean equals(Object obj)。

比较两个日期的相等性。当且仅当参数不为 null,并且是一个表示与当前对象相同的时间点(到毫秒)的 Date 对象时,结果才为 true。

(5) public long getTime()。

返回当前对象表示的毫秒数(自 1970 年 1 月 1 日 00:00:00 GMT 为基准时刻)。

(6) public void setTime(long time)。

设置当前对象,使之表示 1970 年 1 月 1 日 00:00:00 GMT 以前或以后 time 毫秒的时间点。time 为负值,表示 1970 年 1 月 1 日之前的时间,time 为正值,表示 1970 年 1 月 1 日之后的时间。

(7) public String toString()。

把当前 date 对象转换为以下形式的字符串: dow mon dd hh:mm:ss zzz yyyy。其中,① dow 是一周中的某一天(Sun, Mon, Tue, Wed, Thu, Fri, Sat)。② mon 是月份(Jan, Feb, Mar, Apr, May, Jun, Jul, Aug, Sep, Oct, Nov, Dec)。③ dd 是一月中的某一天(01 至 31),显示为两位十进制数。④ hh 是一天中的小时(00 至 23),显示为两位十进制数。⑤ mm 是小时中的分钟(00 至 59),显示为两位十进制数。⑥ ss 是分钟中的秒数(00 至 61),显示为两位十进制数。⑦ zzz 是时区(并可以反映夏令时)的缩写,例如 CST 为中国标准时间(China Standard Time),GMT 是格林威治标准时间(Greenwich Mean Time)。⑧ yyyy 是年份,显示为 4 位十进制数。

toString()方法在将 Date 类封装的长整型数转换成上述时间格式时,具体表示形式取决于机器的时间表示形式设置,例如,对于以下代码:

```
System.out.println(new Date().toString());
```

若机器的时区被设置成格林威治标准时间，则显示：

```
Tue Nov 09 15:10:23 GMT 2010
```

若机器的时区被设置成北京时间，则显示：

```
Tue Nov 09 23: 10:23 CST 2010
```

4.4.2 Calendar 类

早期版本的 Date 类还包括一些处理日期和时间的方法，如获取年、月、日等，现在这些方法 Java 已经不再推荐使用，而是推荐用 Calendar 类对日期和时间进行处理。在处理日期和时间方面，Calendar 类的功能更为强大。

1. 获得 Calendar 对象

Calendar 类是一个抽象类，本身不能创建实例，其构造方法被定义成 protected，但该类提供了获得 Calendar 实例的静态方法 getInstance()，可以用 getInstance()获得 Calendar 的实例：

```
Calendar now = Calendar.getInstance();
```

上述语句返回一个代表当前时间的 Calendar 对象，该对象使用了系统默认时区和默认语言环境对当前日期和时间进行了初始化。

2. 常用属性

Calendar 类提供了一系列表示时间组成部分(年、月、日、时、分、秒)的属性(以下统称日历字段)，如表 4-8 所示。

表 4-8 Calendar 类的常用属性

修饰符与数据类型值	属性名称	说明
public static final int	YEAR	年
public static final int	MONTH	月，取值为 JANUARY(0)、FEBRUARY(1)、MARCH(2)、APRIL(3)、MAY(4)、JUNE(5)、JULY(6)、AUGUST(7)、SEPTEMBER(8)、OCTOBER(9)、NOVEMBER(10)、DECEMBER(11)
public static final int	WEEK_OF_YEAR	当前年中的星期数
public static final int	WEEK_OF_MONTH	当前月中的星期数
public static final int	DATE	一个月中的某一天
public static final int	DAY_OF_MONTH	一个月中的某一天，与 DATE 属性等价
public static final int	DAY_OF_YEAR	当前年中的天数
public static final int	DAY_OF_WEEK	指示一个星期中的某天，取值为 SUNDAY(1)、MONDAY(2)、TUESDAY(3)、WEDNESDAY(4)、THURSDAY(5)、FRIDAY(6)、SATURDAY(7)
public static final int	DAY_OF_WEEK_IN_MONTH	当前月中的第几个星期

续表

修饰符与数据类型值	属性名称	说明
public static final int	AM_PM	指示 HOUR 是在中午之前还是在中午之后。例如，在 10:04:15.250 PM 这一时刻，AM_PM 为 PM
public static final int	AM	从午夜到中午之前这段时间的 AM_PM 字段值
public static final int	PM	从中午到午夜之前这段时间的 AM_PM 字段值
public static final int	HOUR	上午或下午的小时。用于 12 小时制时钟(0-11)。中午和午夜用 0 表示，不用 12 表示。例如，在 10:04:15.250 PM 这一时刻，HOUR 为 10
public static final int	HOUR_OF_DAY	一天中的小时。用于 24 小时制时钟。例如，在 10:04:15.250 PM 这一时刻，HOUR_OF_DAY 为 22
public static final int	MINUTE	一小时中的分钟
public static final int	SECOND	一分钟中的秒
public static final int	MILLISECOND	指示一秒中的毫秒

3. 普通方法

Calendar 类的常用方法如下：

(1) public boolean after(Object when)。

比较当前 Calendar 对象的时间是否在指定 Object 表示的时间之后。如果当前 Calendar 对象的时间在 when 表示的时间之后，则返回 true；否则返回 false。当且仅当 when 是一个 Calendar 实例时才返回 true。否则该方法返回 false。

(2) public boolean before(Object when)。

比较当前 Calendar 对象的时间是否在指定 Object 表示的时间之前。如果当前 Calendar 对象的时间在 when 表示的时间之前，则返回 true；否则返回 false。

(3) public int compareTo(Calendar anotherCalendar)。

比较两个 Calendar 对象表示的时间值。如果当前对象表示的时间等于参数 anotherDate 表示的时间，返回值为 0；如果当前对象表示的时间在参数 anotherDate 表示的时间之后，返回大于 0 的值；如果当前对象表示的时间在参数 anotherDate 表示的时间之前，返回小于 0 的值。

(4) public boolean equals(Object obj)。

比较两个日历的相等性。当且仅当参数是同一日历系统的 Calendar 对象时，结果才为 true。

(5) public abstract void add(int field, int amount)。

根据日历的规则，为给定的日历字段添加或减去指定的时间量。其他字段会自动修正。参数 field 为日历字段，例如 field 可以是 Calendar.DAY_OF_MONTH。参数 amount 是为字段添加的日期或时间量。

(6) public int get(int field)。

返回给定日历字段 field 的值。

(7) public void set(int field, int value)。

将给定的日历字段 field 设置为给定值 value。

(8) public final void set(int year,int month, int date)。

设置日历字段 YEAR、MONTH 和 DAY_OF_MONTH 的值。相应的值分别是参数 year、month、date 所代表的值。

(9) public final void set(int year, int month, int date, int hourOfDay, int minute)。

设置日历字段 YEAR、MONTH、DAY_OF_MONTH、HOUR_OF_DAY 和 MINUTE 的值。相应的值分别是参数 year、month、date、hourOfDay、minute 所代表的值。

(10) public final void set(int year, int month, int date, int hourOfDay, int minute, int second)。

设置字段 YEAR、MONTH、DAY_OF_MONTH、HOUR、MINUTE 和 SECOND 的值。相应的值分别是参数 year、month、date、hourOfDay、minute、second 所代表的值。

(11) public final Date getTime()。

返回一个表示当前对象时间值的 Date 对象。

(12) public long getTimeInMillis()/public void setTimeInMillis(long millis)。

返回/设置一个表示当前对象时间值,以毫秒为单位。

(13) public final void setTime(Date date)。

使用给定的 Date 对象设置当前对象时间。

(14) public final void clear()/public final void clear(int field)。

清除所有/指定的日历字段值。

【例 4.8】获得当前时间,分别按 Date 类的缺省格式和程序自定义的格式显示出来,同时,本例还演示了如何使用 Calendar 类的 add()方法。

```
import java.util.Calendar;//1 行
import java.util.Date;
public class CalendarDemo {
    public static void main(String[] args) {
        //获得 Calendar 类实例 //5 行
        Calendar calendar = Calendar.getInstance();
        //将 Calendar 时间转换为 Date 时间
        Date date=calendar.getTime();
        //按 Date 格式显示当前时间
        System.out.println("当前时间(Date):\t"+date.toString());//10 行
        //显示自定义格式显示当前时间
        System.out.print("当前时间(自定义):\t");
        DTShow(calendar);
        //清除所有日历字段
        calendar.clear();//15 行
        //将新日期设置为 2010 年 12 月 31 日
        calendar.set(2010, 11, 31);
```

```
        //显示自定义格式显示新设置的时间
        System.out.print("新设置的时间：\t\t");
        DTShow(calendar);//20行
        //将月份加1
        calendar.add(Calendar.MONTH, 2);
        //显示增加月份后的时间
        System.out.print("增加月份后的时间：\t");
        DTShow(calendar);//26行
    }
    //获取表示时间的字符串并显示
    static void DTShow(Calendar calendar){
        //获得各个日历字段
        int year=calendar.get(Calendar.YEAR);//获得年//30行
        //获得月，月份从0开始，实际月份为返回值+1
        int month=calendar.get(Calendar.MONTH)+1;
        //获得日
        int day=calendar.get(Calendar.DATE);
        //获得小时 //25.行
        int hour=calendar.get(Calendar.HOUR_OF_DAY);
        //获得分钟
        int minute=calendar.get(Calendar.MINUTE);
        //获得秒
        int second=calendar.get(Calendar.SECOND);//40行
        //获得毫秒
        int millisecond=calendar.get(Calendar.MILLISECOND);
        //获得星期
        int week=calendar.get(Calendar.DAY_OF_WEEK);
        //组织时间字符串，其中调用tansformWeek函数将星期转换成汉字//45行
        String s=year+"年"+month+"月"+day+"日"+tansformWeek(week)
                +hour+"时"+minute+"分"+second+"秒"+millisecond+"毫秒 ";
        System.out.println(s);
    }
    //将代表星期的整数转换成汉字//50行
    static String tansformWeek(int week){
        String s = null;
        switch (week){
        case Calendar.SUNDAY:
            s="星期日";//55行
            break;
        case Calendar.MONDAY:
            s="星期一";
            break;
```

```
            case Calendar. TUESDAY://60 行
                s="星期二";
                break;
            case Calendar. WEDNESDAY:
                s="星期三";
                break;//65 行
            case Calendar. THURSDAY:
                s="星期四";
                break;
            case Calendar. FRIDAY:
                s="星期五";//70 行
                break;
            case Calendar. SATURDAY:
                s="星期六";
                break;
            }//75 行
            return s;
        }
    }
```

在本例中，程序第 28 行的 DTShow()方法的功能是获得日历的各个字段值并将它们显示出来，它主要使用 Calendar 类的 get()方法。程序第 51 行的 tansformWeek()方法的功能是使用 switch 语句将获得的表示星期几的整数转换成星期的汉字表示形式。在 DTShow()方法中，要注意的是，Java 中表示月份的常量是从 0 开始的，即 0 代表一月、2 代表二月，以此类推，因此，用 Calendar 类的 get()方法获得表示月份的整数加上 1，才是要表示的实际月份数。相反，Java 中表示星期的常量则是从 1 开始的，即 1 表示周日、2 表示周一、……、7 表示周六，换算时要做适当的处理。在 tansformWeek()方法中直接使用了 Calendar 类的常量，所以不需要进行换算。

在主程序中，首先获取表示当前时间的 Calendar 类的实例(见程序第 6 行)，将其转换为 Date 对象(见程序第 8 行)并按 Date 对象的格式显示时间(见程序第 10 行)，此后，调用 DTShow()方法按自定义格式显示时间(见程序第 13 行)。程序第 15 行调用 Calendar 对象的 clear()方法清空日历，再将 Calendar 对象的当前时间设置成 2010 年 12 月 31 日(见程序第 17 行)并显示出来(见程序第 20 行)。程序第 22 行使用 Calendar 对象的 add()方法将月份加 2，add()方法可以自动修正日历字段，所以增加后的时间是 2011 年 2 月 28 日，而不是 2010 年 2 月 31 日。

在某一时刻运行上述程序，程序显示的结果为：

```
当前时间(Date)：        Thu Nov 11 22:38:21 CST 2010
当前时间(自定义)：      2010 年 11 月 11 日星期四 22 时 38 分 21 秒 31 毫秒
新设置的时间：          2010 年 12 月 31 日星期五 0 时 0 分 0 秒 0 毫秒
增加月份后的时间：      2011 年 2 月 28 日星期一 0 时 0 分 0 秒 0 毫秒
```

4.4.3 DateFormat 类

在以上的例子中，使用了Calendar类的get()方法获取各个日历字段，在将它们按预定的格式组织成字符串，从而在屏幕上显示特定格式的时间，但程序比较复杂。使用Java的DateFormat类，可以更加方便地解决这类问题。DateFormat类以与语言无关的方式格式化并解析日期或时间，同时还可以实现日期时间到文本以及文本到日期时间的转换。

DateFormat类提供SHORT、MEDIUM、LONG和FULL四种格式化风格(style)。每种格式的表现形式又会因所处的语言环境(Locale)不同而不同。以下是中文语言环境和英文语言环境下不同时间风格的示例：

中文环境(中国标准时间)：

SHORT风格：10-11-11 下午 3:00
MEDIUM风格：2010-11-11 15:00:36
LONG风格：2010年11月11日 下午03时00分36秒
FULL风格：2010年11月11日 星期四 下午03时00分36秒 CST

英文环境(太平洋标准时间)：

SHORT风格：11/10/10 11:10 PM
MEDIUM风格：Nov 10, 2010 11:10:32 PM
LONG风格：November 10, 2010 11:10:32 PM PST
FULL风格：Wednesday, November 10, 2010 11:10:32 PM PST

1. 获得DateFormat对象

与Calendar一样，DateFormat类也是一个抽象类，不能创建实例。要创建DateFormat类的对象，需要使用DateFormat类提供的获取实例方法。如表4-9所示DateFormat类获取实例的方法。

表4-9 获取DateFormat类实例的常用方法

修饰符与返回值	方法名称	说明
public static final DateFormat	getInstance()	返回具有SHORT风格和默认语言环境的实例
public static final DateFormat	getDateInstance()	返回用默认语言环境和默认风格表示日期的实例
public static final DateFormat	getDateInstance(int style)	返回用指定风格(style)和默认语言环境表示日期的实例
public static final DateFormat	getDateInstance(int style, Locale aLocale)	返回用指定风格(style)和指定语言环境(aLocale)表示日期的实例
public static final DateFormat	getTimeInstance()	返回用默认语言环境和默认风格表示时间的实例
public static final DateFormat	getTimeInstance(int style)	返回用指定风格(style)和默认语言环境表示时间的实例

续表

修饰符与返回值	方法名称	说明
public static final DateFormat	getTimeInstance(int style, Locale aLocale)	返回用指定风格(style)和指定语言环境(aLocale)表示时间的实例
public static final DateFormat	getDateTimeInstance()	返回用默认语言环境和默认风格表示日期时间的实例
public static final DateFormat	getDateTimeInstance(int dateStyle, int timeStyle)	返回用用指定日期风格(dateStyle)和时间风格(timeStyle)以及默认语言环境表示日期时间的实例
public static final DateFormat	getDateTimeInstance(int dateStyle, int timeStyle,Locale aLocale)	返回用用指定日期风格(dateStyle)、时间风格(timeStyle)以及语言环境(aLocale)表示日期时间的实例

表 4-9 中的语言环境参数 aLocale 为 Locale 类型(该类在 java. util 包中),Locale 类是 Java 为照顾不同地区、不同文化在表达数值、时间等方面的差异而设置的类,大致相当于一个地区的标识符,它提供了一些属性,这些属性为常用的语言环境创建 Locale 对象,这些对象对应了语言环境参数 aLocale 的取值。常用的属性有:

```
public static final Locale CHINA        //中国语言环境
public static final Locale CANADA       //加拿大英语语言环境
public static final Locale ENGLISH      //英语语言环境
public static final Locale FRENCH       //法语语言环境
public static final Locale UK           //英语语言环境
public static final Locale US           //美语语言环境
```

2. 常用属性

DateFormat 类提供表示格式化风格的属性,如表 4-10 所示。这些属性对应于表 4-9 中相应方法中 style、dateStyle 和 timeStyle 参数的取值。

表 4-10 DateFormat 类表示格式化风格的常量

修饰符与数据类型值	属性名称	说明
public static final int	SHORT	SHORT 风格
public static final int	MEDIUM	MEDIUM 风格
public static final int	LONG	LONG 风格
public static final int	FULL	FULL 风格

3. 普通方法

DateFormat 类中有两个比较重要的方法,一个是 format()方法,其定义如下:

```
public final String format(Date date)
```

该方法的功能是将一个 Date 对象格式化为 DateFormat 对象规定的日期和/或时间格

式,并以字符串的形式返回。

【例 4.9】按不同的时间表示形式显示当前时间,该程序的功能是获得当前时间,并分别用缺省的时间格式、中国语言环境下四种格式化风格以及美国语言环境下四种格式化风格显示出当前时间。

```
import java.text.DateFormat;//1行
import java.util.Date;
import java.util.Locale;
public class DateFormatDemo {
    public static void main(String[] args) {//5行
        //取得当前时间
        Date date = new Date();
        System.out.print("按缺省方式显示当前时间:\t");
        showDateTime(date);
        //按中国时间形式显示当前时间//10行
        System.out.println("按中国时间形式显示当前时间:");
        System.out.print("\tSHORT 形式时间:\t"); showDateTime(date, DateFormat.
        SHORT,DateFormat.SHORT,Locale.CHINA);
        System.out.print("\tMEDIUM 形式时间:\t");
        showDateTime(date, DateFormat.MEDIUM, DateFormat.MEDIUM, Locale.
        CHINA);//15行
        System.out.print("\tLONG 形式时间:\t");
        showDateTime(date,DateFormat.LONG,DateFormat.LONG,Locale.CHINA);
        System.out.print("\tFULL 形式时间:\t");
        showDateTime(date,DateFormat.FULL,DateFormat.FULL,Locale.CHINA);
        //按美国时间形式显示当前时间//20行
        System.out.println("按美国时间形式显示当前时间:");
        System.out.print("\tSHORT 形式时间:\t");
        showDateTime(date,DateFormat.SHORT,DateFormat.SHORT,Locale.US);
        System.out.print("\tMEDIUM 形式时间:\t");
        showDateTime(date, DateFormat.MEDIUM, DateFormat.MEDIUM, Locale.US);//
        25行
        System.out.print("\tLONG 形式时间:\t");
        showDateTime(date,DateFormat.LONG,DateFormat.LONG,Locale.US);
        System.out.print("\tFULL 形式时间:\t");
        showDateTime(date,DateFormat.FULL,DateFormat.FULL,Locale.US);
    }//30行
    static void showDateTime(Date date){
        DateFormat df = DateFormat.getDateTimeInstance();
        String s=df.format(date);
        System.out.println(s);
    }//35行
```

```
    static void showDateTime(Date date,int dateStyle,int timeStyle,Locale aLocale){
        DateFormat df = DateFormat.getDateTimeInstance(dateStyle,timeStyle,aLocale);
        String s=df.format(date);
        System.out.println(s);//40 行
    }
}
```

在本例中，有两个重载的静态方法 showDateTime()，只有一个 Date 型参数的方法 showDateTime()用来按缺省方式显示当前时间(见程序第 31 行)，第二个 showDateTime()用来按不同的格式显示当前时间(见程序第 36 行)，其中的 dateStyle、timeStyle、aLocale 三个参数决定了显示时间的风格和语言环境。这两个方法均分别使用 getDateTimeInstance()方法获得 DateFormat 类的实例 df(见程序第 32 行和程序第 37—38 行)，并用 df 对象的 format()方法对日期时间格式化。本例在某时刻的运行结果为：

```
按缺省方式显示当前时间：    2010-11-11 22:43:51
按中国时间形式显示当前时间：
    SHORT 形式时间：        10-11-11 下午 10:43
    MEDIUM 形式时间：       2010-11-11 22:43:51
    LONG 形式时间：         2010 年 11 月 11 日 下午 10 时 43 分 51 秒
    FULL 形式时间：         2010 年 11 月 11 日 星期四 下午 10 时 43 分 51 秒 CST
按美国时间形式显示当前时间：
    SHORT 形式时间：        11/11/10 10:43 PM
    MEDIUM 形式时间：       Nov 11, 2010 10:43:51 PM
    LONG 形式时间：         November 11, 2010 10:43:51 PM CST
    FULL 形式时间：         Thursday, November 11, 2010 10:43:51 PM CST
```

DateFormat 类中另一个重要方法是 parse()，该方法的功能是根据 DateFormat 对象指定的风格和语言环境解析一个表示日期和/或时间的字符串，定义如下：

```
public Date parse(String source) throws ParseException
```

其中，source 是要解析的字符串，该字符串的格式必须符合 DateFormat 对象指定的风格和语言环境，若解析成功，parse()方法返回一个 Date 对象，否则，parse()会抛出 ParseException 异常，例如，以下代码会抛出异常：

```
String s="2010 年 11 月 11 日 星期四 下午 03 时 00 分 00 秒 CST";
DateFormat df = DateFormat.getDateTimeInstance();
Date dt=df.parse(s);
```

因为，字符串 s 用 FULL 风格表示时间，DateFormat 的实例 df 的风格为缺省(MEDIUM 风格)，故在调用 parse()方法时会抛出异常。

【例 4.10】解析一个表示时间的字符串，获取字符串中的日历字段，根据日历字段判断给定字符串中的日期是星期几，最后用 Full 风格将字符串表示的时间显示出来。

```
import java.text.DateFormat;//1 行
import java.text.ParseException;
import java.util.Calendar;
import java.util.Date;
import java.util.Locale;//5 行
public class DateParse {
    public static void main(String[] args) throws ParseException {
        // 给定一个字符串
        String s="2009 年 5 月 1 日 上午 9 时 20 分 30 秒";
        //显示字符串 //10 行
        System.out.println("给定时间串是："+s);
        //获取 DateFormat 实例
        DateFormat df = DateFormat.getDateTimeInstance(
                    DateFormat.LONG,DateFormat.LONG,Locale.CHINA);
        //按 df 规定的格式解析 s  //15 行
        Date newDate=df.parse(s);
        //获得 Calendar 类的实例
        Calendar calendar=Calendar.getInstance();
        //将日历设置成解析得到的时间
        calendar.setTime(newDate);//20 行
        //创建数组,存放中文星期
        String weekDay[]={null,"周日","周一","周二","周三",
                            "周四","周五","周六"};
        //获得年月日星期
        int year=calendar.get(Calendar.YEAR);//获得年 //25 行
        int month=calendar.get(Calendar.MONTH)+1;//获得月
        int day=calendar.get(Calendar.DATE);//获得日
        int week=calendar.get(Calendar.DAY_OF_WEEK);//获得星期
        //将星期转换成中文
        String dayOfWeek=weekDay[week];//30 行
        //显示该年月日是星期几
        System.out.println(year +"年"+month+"月"+day+"日"
                            +"是"+dayOfWeek);
        //用 FULL 风格显示 s 代表的时间
        System.out.println("给定时间串""+s+""的 FULL 风格是:");//35 行
        df = DateFormat.getDateTimeInstance(
            DateFormat.FULL,DateFormat.FULL,Locale.CHINA);
        System.out.println("\t"+df.format(newDate));
    }
}//40 行
```

在本例中，程序第 13—14 行用 getDateTimeInstance()方法获取 DateFormat 类的实例 df，该实例的日期和时间风格为 LONG，语言环境为 CHINA。程序第 16 行用 parse()方法对给定的时间字符串 s 进行解析，得到一个 Date 对象 newDate。程序第 20 行用 Calendar 类的 setTime()将此对象表示的时间转换为 Calendar 类型，以便获取该时间的日历字段。在本例中，用数组 dayOfWeek 存放星期的中文表达形式(见程序第 22—23 行)，数组元素的下标与 get(Calendar.DAY_OF_WEEK)方法的返回值对应，注意，表示星期几的值为 1 至 7，所以将数组 dayOfWeek 的第一个元素设为 null，从第二个元素(下标为 1)开始存放星期的中文表示形式，这样，可以用 get(Calendar.DAY_OF_WEEK)方法的返回值为数组下标，将返回的星期转换为中文形式(见程序第 30 行)。本例的输出结果是：

```
给定时间串是：2009 年 5 月 1 日 上午 9 时 20 分 30 秒
2009 年 5 月 1 日是周五
给定时间串"2009 年 5 月 1 日 上午 9 时 20 分 30 秒"的 FULL 风格是：
2009 年 5 月 1 日 星期五 上午 09 时 20 分 30 秒 CST
```

4.5 集　　合

集合是一组具有共同属性的对象的统称，集合中的每一个对象称为一个集合的元素。通常，一个集合中的元素的个数是可变的。在程序设计过程中，可以将集合看做是容器，用来容纳一组具有共同属性的数据并对它们进行相应的操作。

为了方便对集合的处理，Java 在 java.util 包中定义了一系列表示和处理集合的接口和类(统称为 Java 集合框架，Java Collection Framework)。这些接口和类封装了集合的数据结构及相关的常用算法，在实际使用时程序设计人员只需直接实现或调用它们即可，而无需再为一些基本的操作写代码，从而提高了编程的效率。

在 Java 集合框架中，所有的集合都被实现为泛型。使用泛型的好处是在创建集合的同时明确集合中对象的类型，在编译阶段就可以发现例如向集合中添加了类型不一致的元素这样的错误，提高了程序的健壮性。

Java 的集合框架中主要包括 Collection 接口、Iterator 接口、List 接口及其实现类、Set 接口及其实现类、Map 接口及其实现类。

4.5.1 Collection 接口与 Iterator 接口

1. Collection 接口

Collection 接口是 List 接口和 Set 接口的父接口，定义了对集合操作的通用方法，这些方法可以实现对集合元素的增、删、改、查询和转换等操作。List 接口和 Set 接口继承了这些方法。Collection 接口的主要方法如表 4-11 所示。

表 4-11 Collection 接口的主要方法

修饰符与返回值	方法名称	说明
boolean	add(E e)	向当前对象中添加 elemet。增加成功返回 true
boolean	addAll(Collection〈? extends E〉 c)	将指定集合 c 中的所有元素都添加到当前对象中。增加成功返回 true
boolean	remove(Object elemet)	删除元素,从当前对象中移除指定 elemet。删除成功返回 true
boolean	removeAll(Collection〈?〉 c)	删除当前对象中由集合 c 指定的所有元素。删除成功返回 true
void	clear()	清除当前对象中的所有元素。
boolean	contains(Object elemet)	判断 elemet 是否在当前对象中存在,存在返回 true,否则返回 false
boolean	containsAll(Collection〈?〉 c)	判断集合 c 是否在当前对象中存在,存在返回 true,否则返回 false
boolean	retainAll(Collection〈?〉 c)	仅保留当前对象中那些也包含在指定对象 c 中的元素,也即移除当前对象中未包含在 c 中的所有元素。操作成功返回 true
int	size()	返回当前对象中的元素个数
boolean	isEmpty()	当前对象是否为空,如果当前对象不包含元素,则返回 true
Iterator〈E〉	iterator()	返回在当前对象的元素的 Iterator(迭代器)实现
boolean	equals(Object o)	比较当前对象与指定对象 o 是否相等,若相等,则返回 true
Object[]	toArray()	将当前对象转换为 Object 数组

2. Iterator 接口

Iterator 接口是对 collection 进行迭代的迭代器,Collection 接口本身没有定义获取集合中元素的方法,但其 iterator()方法可以返回 Iterator 接口的实现,利用这个接口中的方法,可以对 Collection 中的元素进行访问,实现对集合元素的遍历。Iterator 接口的方法包括:

(1) boolean hasNext()。

判断是否有下一个元素可以迭代,若有,则返回 true。

(2) E next()。

返回迭代的下一个元素。没有元素可以迭代,则抛出 NoSuchElementException 异常。

(3) void remove()。

从迭代器指向的 collection 中移除迭代器返回的最后一个元素。本方法只有在调用 next()方法后才可以使用,而且每次执行 next()方法之后最多只能调用一次本方法。如果进行迭代时用调用了本方法之外的其他方式修改了迭代器所指向的 collection,则迭代器的行为是不确定的。

【例 4.11】Iterator 接口的使用。

```
import java.util.*;//1 行
public class IteratorDemo{
    public static void main(String args[]){
        Collection<String> col=  new ArrayList<String>(); //创建集合
        col.add("a");  //添加元素 //5 行
        col.add("b");
        col.add("c");
        Iterator<String> iter = col.iterator();// 返回 Iterator 接口实现
        System.out.println("删除之前的集合内容：");
        while (iter.hasNext()){  // 判断是否有元素   //10 行
            String s=iter.next();
            System.out.println(s); //输出内容
            if(s=="b") iter.remove();//删除元素 b
        }
        Object[] ss=col.toArray();// 转换成对象数组   //15 行
        System.out.println("删除之后的集合内容：");
        for(int i=0;i<ss.length;i++)
            System.out.println(ss[i]);
    }
}//20 行
```

本例演示了迭代器的使用。程序第 4 行创建了 ArrayList 实例，并向上转型为 Collection。程序第 5 行至 7 行添加集合的元素。程序第 8 行返回迭代器的实现，第 10 行至 14 行遍历该迭代器，输出集合的元素。其中，程序第 13 行删除集合中的元素 b。程序第 15 行至 18 行，将集合转换成对象数组，并显示出来。本例输出为：

```
删除之前的集合内容：
a
b
c
删除之后的集合内容：
a
c
```

4.5.2 List 接口及其实现类

1. List 接口

List 是 Collection 的子接口，代表了有序的元素集合，实现 List 接口的类所封装的元素是有顺序的并且元素的内容可以重复。List 接口继承了 Collection 的所有方法，并在此基础上增加了 10 个方法：

(1) public void add(int index, E element)。

在 index 指定的位置处插入指定元素 element。若 index 位置上已经存在元素,则该元素及其所有后续元素将向右移动。List 中的第一个元素的位置为 0。

(2) public boolean addAll(int index, Collection〈? extends E〉 c)。

从 index 指定的位置开始插入集合 c 的所有元素。新元素将按照它们在集合 c 的迭代器中的顺序出现在当前 List 中。如果在操作中修改了集合 c,则本方法的行为是不确定的。若插入成功,返回 true。

(3) public E set(int index, E element)。

用元素 element 替换中 index 位置上的元素。返回值为替换前 index 位置上的元素。

(4) E get(int index)。

返回 index 位置上的元素。

(5) public E remove(int index)。

删除 index 位置上的元素。删除后所有的后续元素向左移动。返回值为被删除的元素。

(6) public int indexOf(Object o)。

返回 List 中第一次出现的指定元素 o 的位置;如果其中不包含元素 o,则返回－1。

(7) public int lastIndexOf(Object o)。

返回 List 中最后出现的指定元素 o 的位置;如果其中不包含元素 o,则返回－1。

(8) public List〈E〉 subList(int fromIndex, int toIndex)。

返回一个从 fromIndex 为开始到 toIndex-1 位置处元素构成的 List。本方法返回的 List 实际上是当前 List 的视图,对这两个 List 任何一个的修改,都会导致另外 List 的改变。

(9) public ListIterator〈E〉 listIterator()。

返回当前 List 元素的 ListIterator 实现。

(10) ListIterator〈E〉 listIterator(int index)。

返回从指定位置 index 处开始的元素的 ListIterator 实现。

2. ListIterator 接口

ListIterator 接口是对 List 进行迭代的迭代器,它是 Iterator 接口的子接口。ListIterator 接口增强了 Iterator 接口,可以双向遍历 List 的元素。除了继承自 Iterator 接口的方法以外,ListIterator 接口还包括以下 6 个方法:

(1) boolean hasPrevious()。

逆向迭代 ListIterator,若存在上一个元素,则返回 true。

(2) E previous()。

返回迭代的上一个元素。没有元素可以迭代,则抛出 NoSuchElementException 异常。

(3) int previousIndex()。

返回上一个元素的位置。如果当前位置指针已经是 List 的开始,则返回－1。

(4) int nextIndex()。

返回下一个元素的位置。如果当前位置指针已经是 List 的结尾,则返回－1。

(5) void add(E e)。

将指定的元素 e 插入到当前位置指针的前面,当前位置指针保持不变。因此,无论是否执行此操作,都不会影响 next()方法的返回结果,但执行此操作之后,再调用 previous()方法时,将返回刚刚插入的元素 e。

(6) void set(E e)。

用指定元素 e 替换 next()方法 或 previous()方法返回的最后一个元素。只有在最后一次调用 next()方法或 previous()方法后,既没有调用 remove() 也没有调用 add() 时才可以调用本方法。

请注意,以上所谓的"当前位置指针",总是位于调用 previous()方法和 next()方法返回的元素之间,而并非指向迭代器中的某个具体元素。也就是说,执行 previous()方法之后立即执行 next()方法,将返回的是同一个元素。反之亦然。

3. ArrayList 类

ArrayList 类实现了 List 接口,内部使用数组结构存储元素,提供了类似于数组的能力,与数组不同的是,ArrayList 类中元素的个数可以根据应用程序的需要增加和减少,实现动态调整。因此,ArrayList 类比数组更加灵活,而且,ArrayList 类提供了一系列对元素进行增删改的方法,应用起来更加方便。

ArrayList 类有三个构造方法:

(1) public ArrayList()。

创建一个初始容量为 10 的空列表。

(2) public ArrayList(int initialCapacity)。

创建一个具有指定初始容量 initialCapacity 的空列表。若 initialCapacity 为负值,则抛出 IllegalArgumentException 异常。

(3) public ArrayList(Collection〈? extends E〉 c)。

创建一个包含集合 c 的元素的列表,这些元素按照集合 c 的迭代器返回的顺序排列。

ArrayList 类除了实现 List 接口的方法外,还提供处理容量的方法,如表 4-12 所示。

表 4-12 ArrayList 类处理容量的方法

修饰符与返回值	方法名称	说明
public void	trimToSize()	将 ArrayList 实例的容量调整为列表的实际大小。应用程序可以使用此操作来最小化 ArrayList 实例的存储量。当确定不再添加元素时,可以调用这个方法来释放空余的内存
public void	ensureCapacity(int minCapacity)	将 ArrayList 实例的容量指定为 minCapacity。在添加大量元素前,应用程序调用本方法来增加 ArrayList 实例的容量。这可以减少递增式再分配的次数,以提高插入效率

3. LinkedList 类

LinkedList 类也是 List 接口的实现类,内部使用双向链表结构存储元素,优势在于可以高效地插入和删除其中的元素,但随机访问元素的速度较慢,这个特征正好与 ArrayList 的特性相反。因此，如果程序需要反复对集合做插入和删除操作，应选用 LinkedList 类。而如果重点在随机访问元素内容，则应使用 ArrayList 类。

LinkedList 类有两个构造方法：

(1) public LinkedList()。

创建一个空列表。

(2) public LinkedList(Collection〈? extends E〉 c)。

创建一个包含集合 c 的元素的列表，这些元素按照集合 c 的迭代器返回的顺序排列。

LinkedList 类还实现了 Deque 接口和 Queue 接口，实现了这两个接口中指定的方法，用于处理首部或尾部的元素，这些方法如表 4-13 所示。

表 4-13 LinkedList 类处理首部或尾部元素的方法

修饰符与返回值	方法名称	说明
public void	addFirst(E e)/addLast(E e)	将指定元素 e 插入/添加到当前列表的开头/结尾
public boolean	offerFirst(E e)/offerLast(E e)	将指定元素 e 插入/添加到当前列表的开头/结尾。成功则返回 true，否则返回 false
public E	removeFirst()/removeLast()	获取并移除当前列表的第一个元素/最后一个元素。如果当前列表为空，抛出 NoSuchElementException 异常
public E	pollFirst()/pollLast()	获取并移除当前列表的第一个元素/最后一个元素。如果当前列表为空，则返回 null
public E	getFirst()/getLast()	返回当前列表的第一个元素/最后一个元素。如果当前列表为空，抛出 NoSuchElementException 异常
public E	peekFirst()/peekLast()	获取当前列表的第一个元素/最后一个元素。如果当前列表为空，则返回 null

【例 4.12】ArrayList 与 LinkedList 类的使用。

```
import java.util.*;
public class ListDemo {
    public static void main(String args[]) {
        //创建 ArrayList 实例
        ArrayList<Integer> list = new ArrayList<Integer>();
        // 给 list 添加元素
        for (int i=0;i<5;i++){
            list.add(new Integer(i));
        }
        //创建 LinkedList 实例
        LinkedList<Integer> link = new LinkedList<Integer>(list);
        //显示元素
        System.out.println("list 的内容:"+list);
        System.out.println("link 的内容:"+link);
        //将 list 的元素加 10
```

```
        for (int i=0;i<list.size();i++){
            list.set(i, list.get(i)+10);
        }
        //显示 list 的元素
        System.out.println("元素加 10 后,list 的内容:"+list);
        //将 list 的所有元素添加到 link 元素的前面
        link.addAll(0,list);
        //显示 link 的元素
        System.out.println("增加后 link 的内容:" + link);
        //删除 link 中的偶数
        Iterator<Integer>  iter=link.iterator();
        while (iter.hasNext()){   // 判断是否有元素//10 行
            Integer x=iter.next();
            if (x%2==0)iter.remove();
        }
        //显示 link 的元素
        System.out.println("删除后的 link 内容:" + link);
        //在 link 的头尾个增加一个元素
        link.addFirst(new Integer(100));
        link.addLast(new Integer(100));
        //显示 link 的元素
        System.out.println("link 内容:" + link);
    }
}
```

本例演示了 ArrayList 和 LinkedList 类的基本操作，程序输出为：

```
list 的内容:[0, 1, 2, 3, 4]
link 的内容:[0, 1, 2, 3, 4]
元素加 10 后,list 的内容:[10, 11, 12, 13, 14]
增加后的 link 内容:[10, 11, 12, 13, 14, 0, 1, 2, 3, 4]
删除后的 link 内容:[11, 13, 1, 3]
link 内容:[100, 11, 13, 1, 3, 100]
```

4.5.3 Set 接口及其实现类

1. Set 接口

Set 接口也是 Collection 的子接口，代表了没有重复的元素集合，也就是说，实现 Set 接口的类所封装的元素不允许重复。Set 接口本身没有定义自己的方法，其方法全部继承自 Collection 接口，但对这些方法进行了更为严格的限制，例如 add()方法不允许添加重复的元素等。

2. HashSet 类

HashSet 类具体实现了 Set 接口，该类采用散列表(Hash 表)存储元素，因此其元素的顺序是随机的，与添加时的顺序无关。同时，该类的元素也不允许重复。

HashSet 类本身也没有定义新的方法，常用的构造方法有：

(1) public HashSet()。

创建一个新实例，其内容为空，默认初始容量是 16。

(2) public HashSet(Collection〈? extends E〉 c)。

创建包含指定集合 c 元素的实例。

(3) public HashSet(int initialCapacity)。

创建一个新实例，其初始容量由参数 initialCapacity 指定。

【例 4.13】HashSet 类的使用。

```
import java.util.HashSet;//1 行
public class HashSetDemo {
    private HashSet<String> hs=new HashSet<String>();
    static int count=0;
    public static void main(String[] args) {//5 行
        HashSetDemo hsd=new HashSetDemo();
        //增加元素
        hsd.addElement("1");
        hsd.addElement("2");
        hsd.addElement("3");//10 行
        hsd.addElement("4");
        hsd.addElement("1");
        //显示元素
        hsd.ptintElement();
        //删除元素 //15 行
        hsd.removeElement("3");
        //显示元素
        hsd.ptintElement();
    }
    void addElement(String s){//20 行
        count++;
        //判断元素是否重复,重复时给出提示
        if(hs.add(s)){
        System.out.println("第"+count+"次添加成功,元素为："+s);
        }else{//25 行
        System.out.println("第"+count+"次添加失败,元素为："+s);
        }
    }
    void ptintElement(){
```

```
            System.out.println("HashSet 中的元素"+hs);//30 行
        }
        void removeElement(String s){
            hs.remove(s);
        }
    }//35 行
```

本例演示了 HashSet 类的使用，方法 addElement()用于向 HashSet 实例中添加元素，程序第 23 行至 27 行判断是否添加成功，并给出相应提示。方法 removeElement() 删除 HashSet 实例中的指定元素。方法 ptintElement()显示 HashSet 实例中的元素。从运行结果中可以看出，HashSet 类中元素的顺序按散列方式确定，并非元素的添加顺序。本例的输出为：

```
第 1 次添加成功，元素为：1
第 2 次添加成功，元素为：2
第 3 次添加成功，元素为：3
第 4 次添加成功，元素为：4
第 5 次添加失败，元素为：1
HashSet 中的元素[3, 2, 1, 4]
HashSet 中的元素[2, 1, 4]
```

3. TreeSet 类

TreeSet 类也是 Set 接口的具体实现，其封装的元素不重复。与 HashSet 类不同，TreeSet 类的元素不是散列的，而是有序的。TreeSet 类支持元素的排序，缺省时采用自然排序，元素按对象中元素固有的排序方式排列，同时，还允许应用程序对元素进行定制排序。

TreeSet 类中的所有元素都必须实现 Comparable 接口，并且要实现该接口的 compareTo(T obj)方法，此方法指定了元素的缺省排序方式。compareTo(T obj)方法比较当前对象与指定对象 obj 的大小，当前对象小于、等于或大于指定对象，该方法分别返回负整数、零或正整数。

TreeSet 类的常用构造方法包括：

(1) public TreeSet()。

创建一个新的实例。其元素按缺省排序方式进行排序。

(2) public TreeSet(Collection〈? extends E〉 c)。

创建包含指定集合 c 元素的实例。其中的元素按缺省排序方式进行排序。

(3) public TreeSet(Comparator〈? super E〉 comparator)。

创建一个新的实例。其元素按指定比较器 comparator 规定的排序方式排序。比较器 comparator 是 Comparator 接口的具体实现，Comparator 接口包括了一个必须实现的方法：

```
int compare(T o1,T o2)
```

上述方法用于比较两个类型的大小，它根据第一个参数小于、等于或大于第二个参数分别返回负整数、零或正整数。改变该方法的返回值符号，就可以改变 TreeSet 实例中元素的排序方式，从而达到定制排序的目的。

TreeSet 类还实现了 SortedSet 接口及 NavigableSet 接口中的一些方法，如表 4-14 所示。

表 4-14 TreeSet 类的一些常用方法

修饰符与返回值	方法名称	说明
public Comparator〈? super E〉	comparator()	返回当前对象的排序比较器。如果当前对象使用了元素的缺省排序，则返回 null
public E	first()/last()	返回当前对象中的第一个元素/最后一个元素，如果当前对象为空，则返回 NoSuchElementException
public E	higher(E e)/lower(E e)	返回当前对象中严格大于/小于给定元素 e 的最小元素。如果不存在这样的元素，则返回 null
public E	floor(E e)/ceiling(E e)	返回当前对象中小于等于/大于等于给定元素 e 的最大元素/最小元素。如果不存在这样的元素，则返回 null
public E	pollFirst()/pollLast()	返回并移除第一个元素/最后一个(最高)元素。如果此 set 为空，则返回 null

【例 4.14】TreeSet 类的使用。

```
import java.util.Comparator;//1 行
import java.util.TreeSet;
public class TreeSetDemo {
    public static void main(String[] args) {
        //创建 TreeSet 实例，其中元素按缺省排序方式排序//5 行
        TreeSet<Student> ts=new TreeSet<Student>();
        //添加元素
        ts.add(new Student("Zhang",18));
        ts.add(new Student("Li",20));
        ts.add(new Student("Huang",21));//10 行
        ts.add(new Student("Wang",19));
        //显示元素
        System.out.print("ts 按姓名升序排序:");
        printTreeSet(ts);
        //按姓名降序排序//15 行
        TreeSet<Student> ts1=new TreeSet<Student>(new CurrentComp());
        //添加元素
        ts1.add(new Student("Zhang",18));
```

```
            ts1.add(new Student("Li",20));
            ts1.add(new Student("Huang",21));//20 行
            ts1.add(new Student("Wang",19));
            //显示元素
            System.out.print("ts1 按姓名降序排序:");
            printTreeSet(ts1);
            //显示 TreeSet 的比较器//25 行
            System.out.println("ts 的比较器:"+ts.comparator());
            System.out.println("ts1 的比较器:"+ts1.comparator());
            //删除元素
            System.out.print("删除 ts 的第一个元素:"+ts.pollFirst().name+",集合为: ");
            printTreeSet(ts);//30 行
        }
        static void printTreeSet(TreeSet<Student> ts){
            for (Student ss:ts){
                System.out.print(ss.name+"("+ss.age+")"+" ");
            }//25 行
            System.out.println();
        }
}
//定义排序方式
class CurrentComp implements Comparator<Student>{//40 行
    //实现 Comparator 接口的方法,按降序排列
    public int compare(Student o1, Student o2) {
        return-o1.name.compareTo(o2.name);
    }
}//45 行
//实现了 Comparable 接口,规定了缺省排序方式
class Student implements Comparable<Student> {
    String name;
    int age;
    Student(String name,int age){ //50 行
        this.name=name;
        this.age=age;
    }
    //实现 Comparable 接口的方法,按姓名升序排列
    public int compareTo(Student o) {//55 行
        return this.name.compareTo(o.name);
    }
}
```

本例演示了 TreeSet 类用法，TreeSet 类中的元素为 Student 类型，它实现了 Comparable 接口(见程序第 47 行)，并规定了缺省的排序方式(见程序第 55 行至 57 行)。CurrentComp 类实现了 Comparator 接口(见程序第 40 行)，其中定义了一种排序方式(见程序第 42 行至 44 行)。在主类中，程序第 6 行创建了 TreeSet 类实例 ts，该实例中的元素按缺省方式排列。程序第 16 行创建了另一个 TreeSet 类实例 ts1，该实例使用 CurrentComp 类中定义的排序方式。程序第 26 行和 27 行分别显示了两个 TreeSet 类实例的比较器。程序第 29 行和 30 行演示了如何从 ts 中删除第一个元素。本例的输出为：

```
ts 按姓名升序排序:Huang(21) Li(20) Wang(19) Zhang(18)
ts1 按姓名降序排序:Zhang(18) Wang(19) Li(20) Huang(21)
ts 的比较器:null
ts1 的比较器:CurrentComp@1fb8ee3
删除 ts 的第一个元素:Huang,集合为: Li(20) Wang(19) Zhang(18)
```

4.5.4　Map 接口和 Map. Entry 接口

1. Map 接口

Map 接口是 Java 集合框架中的与 Collection 接口并列的重要接口，它用于存储键值(key-value)对，在实现 Map 接口的对象中，key 的名称不能相同，并且每个 key 只能映射一个 value。

Map 接口定义了对键值对集合操作的通用方法，这些方法可以实现对键值对的增、删、改和查询等操作。Map 接口的主要方法如表 4-15 所示。

表 4-15　Map 接口的主要方法

修饰符与返回值	方法名称	说明
V	put(K key,V value)	将 key 和 value 指定的键值对加入到当前对象。如果 key 已经存在，则用 value 取代原有的值，并返回原有键值对中的 value，如果 key 不存在，则返回 null
void	putAll(Map <? extends K,? extends V> m)	将来 m 中的所有元素添加当前对象
V	remove(Object key)	删除 key 指定的键值对，如果存在 key 指定的键值对，返回该键值对的 value 值，否则，返回 null
void	clear()	清除当前对象中的所有键值对
V	get(Object key)	返回 key 指定的键值对中的 value 值，如果 key 不存在，则返回 null
boolean	containsKey(Object key)	判断是否存在 key 指定的键值对，存在返回 true，否则返回 false
boolean	containsValue(Object value)	判断是否存在 value 指定的键值对，存在返回 true，否则返回 false

续表

修饰符与返回值	方法名称	说明
int	size()	返回当前对象中的键值对个数
boolean	isEmpty()	当前对象是否为空，如果当前对象不包含键值对，则返回 true
Set〈Map. Entry〈K,V〉〉	entrySet()	返回当前对象键值对视图。对返回集合及当前对象中的任何一个进行修改，都会导致另外一个发生改变
Set〈K〉	keySet()	返回当前对象中包含的 key 的视图。对返回集合及当前对象中的任何一个进行修改，都会导致另外一个发生改变
Collection〈V〉	values()	返回当前对象中包含的 value 的 视图。对返回集合及当前对象中的任何一个进行修改，都会导致另外一个发生改变
boolean	equals(Object o)	比较当前对象与指定对象 o 是否相等，若相等，则返回 true

2. Map. Entry 接口

Map. Entry 是 Map 接口内部定义的一个静态接口，用来保存 Map 中的键值对。Map 的 entrySet()方法返回一个封装了 Map. Entry 接口实现的 Set 对象。该对象中的元素就是当前 Map 对象中的键值对。通过对所获得的 Set 对象的迭代，可以的得到当前 Map 对象的 key 值和 value 值，也可以对 value 值进行更改。Map. Entry 方法包括：

(1) K getKey()。

返回当前键值对中的 key 值。

(2) V getValue()。

返回当前键值对中的 value 值。

(3) V setValue(V val)。

将当前键值对中的 value 值用参数 val 代替，并返回原来的 value 值。

【例 4.15】Map. Entry 接口的使用。

```
import java. util. * ;//1 行
public class MapEntryDemo {
    public static void main(String[] args){
        //创建 Map 实例
        Map<String,Integer> map=new HashMap<String,Integer>(); //5 行
        //添加键值对
        map. put("Wang", 18);
        map. put("Li", 21);
        map. put("Zhang", 19);
        //获得键值对视图//10 行
        Set<Map. Entry<String,Integer>> set=map. entrySet();
```

```
            //获得 Set 对象的迭代器
            Iterator〈Map.Entry〈String,Integer〉〉  iter=set.iterator();
            System.out.print("Map 中的键值对:");
            //遍历迭代器//15 行
            while (iter.hasNext()){
                //获得 Map.Entry 接口的实现
                Map.Entry〈String,Integer〉 entry=iter.next();
                //显示键值对
                System.out.print("["+entry.getKey()+","+entry.getValue()+"]");//20 行}
        }
    }
```

本例演示了如何遍历一个 Map 对象的元素，程序的输出为：

```
Map 中的键值对：[Zhang,19][Wang,18][Li,21]
```

4.5.5 Map 接口的实现类

1. HashMap

HashMap 是 Map 接口的一种具体实现，其元素的存储顺序是基于散列表的，HashMap 类本身也没有定义新的方法。

常用的构造方法有：

(1) public HashMap()。

创建一个新实例，其内容为空，默认初始容量是 16。

(2) public HashMap(Map<? extends K,? extends V> m)。

创建包含指定集合 m 元素的实例。

(3) public HashMap(int initialCapacity)。

创建一个新实例，其初始容量由参数 initialCapacity 指定。

2. TreeMap

TreeMap 类也是 Map 接口的具体实现，它支持元素的有序存储，TreeMap 类中的所有元素都必须实现 Comparable 接口，这些特征与 TreeSet 类相类似，不同在于 TreeMap 类的元素是键值对，TreeSet 类的元素是单一值。

TreeMap 类的常用构造方法包括：

(1) public TreeMap()。

创建一个新的实例。其元素按缺省排序方式进行排序。

(2) public TreeMap(Map<? extends K,? extends V> m)。

创建包含指定集合 m 元素的实例。其中的元素按缺省排序方式进行排序。

(3) public TreeMap(Comparator〈? super K〉 comparator)。

创建一个新的实例。其元素按指定比较器 comparator 规定的排序方式排序。

TreeSet 类还实现了 SortedMap 接口及 NavigableMap 接口中的一些方法，包括：

(1) public Comparator〈? super E〉 comparator()。

返回当前对象的排序比较器。如果当前对象使用了元素的缺省排序,则返回 null。

(2) public Map.Entry〈K,V〉 firstEntry()/lastEntry()。

返回当前对象中第一个键值对/最后一个键值对。如果当前对象为空,则返回 null。

(3) public Map.Entry〈K,V〉 floorEntry(K k)/ ceilingEntry(K k)。

返回一个键值对,其 key 值是小于等于/大于等于给定参数 k 的最大值/最小值。如果不存在这样的 key 值,则返回 null。

(4) public Map.Entry〈K,V〉 higherEntry(K k)/ lowerEntry(K k)。

返回一个键值对,其 key 值是严格大于/小于给定参数 k 的最小值/最大值。如果不存在这样的键,则返回 null。

(5) public K firstKey()/lastKey()。

返回当前对象中的第一个 key 值/最后一个 key 值,如果当前对象为空,则返回 NoSuchElementException。

(6) public K floorKey(K k)/ceilingKey(K k)。

返回一个 key 值,该 key 值是小于等于/大于等于给定参数 k 的最大值/最小值。如果不存在这样的 key 值,则返回 null。

(7) public K higherKey(K k)/ lowerKey(K k)。

返回一个 key 值,该 key 值是严格大于/小于给定参数 k 的最小值/最大值。如果不存在这样的键,则返回 null。

(8) public Map.Entry〈K,V〉 pollFirstEntry()。

移除并返回与当前对象中的第一个键值对/最后一个键值对。如果当前对象为空,则返回 null。

4.6 其他常用类

4.6.1 Timer 和 TimerTask

在程序中,定期执行某项活动,是一件比较常见的事情,例如定期检查是否有新邮件、编写闹钟程序等等。Java 中的 Timer 和 TimerTask 类,可以帮助程序设计人员很容易地解决这类问题。

1. Timer 类

Timer 类大致相当于一个定时器,它可以安排在后台并发执行的任务。任务可以执行一次,也可以定期重复执行。Timer 类常用的构造方法有:

```
public Timer()
```

利用该构造方法可以创建一个新计时器。该计时器执行结束或被取消之后,应用程序才能结束。

Timer 类的常用方法包括:

(1) public void schedule(TimerTask task, Date time)。

在time指定的时间执行指定的任务task。如果此时间已过去,则立即执行任务task。

(2) public void schedule(TimerTask task,long delay,long period)。

延迟delay指定的时间后,按时间周期period重复执行指定的任务task,参数delay和period的单位都是毫秒。

(3) public void schedule(TimerTask task,Date firstTime,long period)。

在firstTime指定的时间首次执行任务task,之后按时间周期period重复执行指定的任务task,参数period的单位是毫秒。

(4) public void schedule(TimerTask task, long delay)。

延迟delay指定的时间后,执行指定的任务task。参数delay的单位是毫秒。

(5) public void cancel()。

终止当前计时器,并丢弃所有当前已安排的任务。可以重复调用此方法,但是第二次和后续调用无效。

2. TimerTask

TimerTask是一个抽象类,用作Timer类schedule()方法的参数,指明了计时器对象要执行的任务。它包含了一个抽象方法run()。继承TimerTask的具体类必须实现这个方法,这个方法的内部,实际上就是Timer类的对象要执行的任务代码。

【例4.16】闹钟程序。

```
import java.util.Calendar;//1行
import java.util.Timer;
import java.util.TimerTask;
public class AlarmClock extends TimerTask{
    private int hour;//5行
    private int minute;
    private static Timer tm=null;
    public static void main(String[] args) {
        new AlarmClock(10,38);
    }//10行
    //设定闹钟响铃的小时和分钟(24小时制)
    AlarmClock(int hour,int minute){
        this.hour=hour;
        this.minute = minute;
        tm=new Timer();//创建计时器对象 //15行
        tm.schedule(this,0, 10);//安排要执行的任务
    }
    //实现TimerTask的run()方法
    public void run() {
        Calendar now = Calendar.getInstance();//20行
        //检查是否到了响铃时间
        if (now.get (Calendar.HOUR_OF_DAY)==hour
```

```
                    &&now.get(Calendar.MINUTE)== minute){
                for(int i=0;i<5;i++)System.out.println("铃铃铃……");//响铃 5 次
                tm.cancel();//终止计时器,注释掉此行,程序将不断执行//25 行
            }
        }
    }
```

本例模拟了闹钟,当到达了指定时间时,程序模拟显示出响铃声。AlarmClock 类继承了 TimerTask 类(程序第 4 行),AlarmClock 类的构造方法用于指定响铃的小时和分钟(本例的响铃时间为 10 点 38 分),小时和分钟分别存储在变量 hour 和 second 中(见程序第 13 行和第 14 行),程序第 15 行和 16 行创建了 Timer 对象,同时安排每隔 10 毫秒执行一次任务。AlarmClock 类实现了 TimerTask 类的 run()方法(见程序第 19 行至 27 行),该方法的内部代码就是要执行的任务,程序第 20 行获得当前的时间,并检查该时间是否等于指定的时间(见程序第 22 行和第 23 行),若当前时间等于指定的时间,则显示响铃(见程序第 24 行),此后,程序取消当前计时器(程序第 25 行),程序结束。

应该注意,程序第 25 行的功能是终止当前计时器,计时器一旦被终止,它所执行的任务也会终止,因而应用程序本身也会结束。如果注释掉程序第 25 行,本应用程序会根据第 16 行的安排,每隔 10 毫秒执行一次任务(即 run()方法中的代码),并不断的持续下去。本例在 10 点 38 分时的输出为:

```
铃铃铃……
铃铃铃……
铃铃铃……
铃铃铃……
铃铃铃……
```

4.6.2 Math 类

Math 类是 java.lang 语言包中的 final 类,提供了基本的数学运算的方法,这些方法都定义为静态方法,应用程序可以直接引用。另外,Math 类将自然对数的底数 E 和圆周率 PI 定义为双精度静态成员变量。

Math 类包含了三角函数、指数函数、求最大值、最小值、绝对值、近似值以及生成随机数的方法。

1. 三角函数方法

Math 类包含的三角函数方法主要有:

(1) public static double sin(double a)。

正弦运算,参数 a 为用弧度表示的角,返回值为 a 的三角正弦。

(2) public static double cos(double a)。

余弦运算,参数 a 为用弧度表示的角,返回值为 a 的三角余弦。

(3) public static double tan(double a)。

正切运算，参数 a 为用弧度表示的角，返回值为 a 的三角正切。

(4) public static double asin(double a)。

反正弦运算，参数 a 为用弧度表示的角，返回值为 a 的三角反正弦。

(5) public static double acos(double a)。

反余弦运算，参数 a 为用弧度表示的角，返回值为 a 的三角反余弦。

(6) public static double atan(double a)。

反正切运算，参数 a 为用弧度表示的角，返回值为 a 的三角反正切。

(7) public static double toRadians(double angdeg)。

将用角度表示的角 angdeg 转换为近似相等的用弧度表示的角。返回值为参数 angdeg 的弧度值。

(8) public static double toDegrees(double angrad)。

将用弧度表示的角 angrad 转换为近似相等的用角度表示的角。返回值为参数 angrad 的角度值。

使用上述方法时有两点需要注意：一是三角函数方法的参数是角的弧度，而不是角度，要注意进行角度和弧度的换算；二是由于 PI 本身就是一个近似值，所以这些方法的计算结果也是近似值。例如，以下代码用两种方式计算 30°、90°和 45°的正弦值：

```
// 直接计算弧度
System.out.println(Math.sin(30 * Math.PI/180));//值为 0.49999999999999994
System.out.println(Math.sin(90 * Math.PI/180));//值为 1.0
System.out.println(Math.sin(45 * Math.PI/180));//值为 0.7071067811865475
//将角度转换为弧度
System.out.println(Math.sin(Math.toRadians(30)));//值为 0.49999999999999994
System.out.println(Math.sin(Math.toRadians(90)));//值为 1.0
System.out.println(Math.sin(Math.toRadians(45)));//值为 0.7071067811865475
```

2. 指数函数方法

Math 类的指数函数方法主要有：

(1) public static double exp(double a)。

返回 E^a 的值，其中 E 是自然对数的底数。

(2) public static double log(double a)。

返回 lna 的值。

(3) public static double log10(double a)。

返回 $\log_{10}a$ 的值。

(4) public static double pow (double y,double x)。

返回 y^x 的值。

(5) public static double sqrt(double a)。

返回$\sqrt{a}$的值。

(6) public static double cbrt(double a)。

返回$\sqrt[3]{a}$的值。

以下代码说明了 Math 类的指数函数方法的使用：

```
System.out.println(Math.exp(2));//值为 7.38905609893065
System.out.println(Math.log(Math.E));//值为 1.0
System.out.println(Math.log10(10));//值为 1.0
System.out.println(Math.pow (10,2));//值为 100.0
System.out.println(Math.sqrt(100));//值为 10.0
System.out.println(Math.cbrt(27));//值为 3.0
```

3. 值处理方法

Math 类包括一系列对数值处理的方法，如求最大值、最小值、绝对值、近似值等。

(1) public static int abs(int a)。

返回参数 a 的绝对值。此方法还有 long abs(long a)、float abs(float a)、double abs (double a)等重载形式，它们数据类型不同，但功能相同。

(2) public static int max(int a,int b)。

返回参数 a、b 中的最大值。此方法还有 long max(long a,long b)、float max(float a, float b)、double max(double a,double b)等重载形式，它们数据类型不同，但功能相同。

(3) public static int min(int a, int b)。

返回参数 a、b 中的最小值。此方法还有 long min(long a, long b)、float min(float a, float b)、double min(double a, double b)等重载形式，它们数据类型不同，但功能相同。

(4) public static double ceil(double a)/floor(double a)。

返回大于等于/小于等于参数 a 的最小/最大整数的 double 值。

(5) public static int round(float a)。

返回最接近参数 a 的整数，等价于(int)Math.floor(a + 0.5f)。本方法的另一种重载形式是 long round(double a)，等价于(long)Math.floor(a + 0.5d)。

(6) public static double rint(double a)。

返回最接近参数 a 并等于某一整数的 double 值。如果两个同为整数的 double 值都同样接近参数 a，那么结果取偶数。

以下代码说明了 Math 类的值处理方法的使用：

```
System.out.println(Math.abs(-2));//值为 2
System.out.println(Math.max(3,5));//值为 5
System.out.println(Math.min(3.8,5));//值为 3.8
System.out.println(Math.ceil(5.6));//值为 6.0
System.out.println(Math.floor(27.5));//值为 27.0
System.out.println(Math.round(2.6f));//值为 3
System.out.println(Math.rint(2.5));//值为 2.0,取偶数
```

4. 随机数

Math 类中还有一个生成伪随机数的方法，可以生成[0,1.0)区间的随机小数：

```
public static double random()
```

例如，以下代码可以生成 0 至 9 之间的十个随机整数：

```
for (int i=0; i<10;i++)
        System.out.println((int)(Math.random() * 10));
```

4.6.3 Random 类

Random 是一个专门处理随机数的类，该类可以根据指定种子生成伪随机数。Random 类比 Math 类的功能更为强大，可以产生随机的布尔、浮点小数、双精度小数、整数以及长整数值。Random 包含在 java.util 包中，使用时应用程序需要导入该包。

1. 构造方法

Random 有两个构造方法：

(1) public Random()。

创建一个新的随机数生成器。该构造方法将随机数生成器的种子设置为某个值，该值与此构造方法的所有其他调用所用的值完全不同。

(2) public Random(long seed)。

使用参数 seed 为种子创建一个新的随机数生成器。

2. 普通方法

(1) public int nextInt()/long nextLong()/float nextFloat()/double nextDouble()/boolean nextBoolean()。

返回下一个相应类型的伪随机数。其中，nextFloat()和 nextDouble()方法生成的随机数位于[0.0,1.0)之间。

(2) public void nextBytes(byte[] bytes)。

生成随机字节并将其置于用户提供的 byte 数组中。所生成的随机字节数量等于该 byte 数组的长度。

(3) public int nextInt(int n)。

返回一个[0,n)之间伪随机整数。

(4) public void setSeed(long seed)。

将参数 seed 设置成随机数生成器的种子。

使用 Random 类时要注意，对于种子相同的 Random 类实例，如果按相同的顺序分别调用返回随机数的方法，例如按同样的顺序调用相应实例的 nextInt()方法，它们会生成相同的随机数。为了保证具有同样随机数种子的不同实例能够产生不同的随机数，应确保产生随机数方法的调用顺序是不同的。另外，为了保证每次产生的随机数不相同，应尽量使用 Random 类的无参数构造方法。

【例 4.17】随机数使用实例。

```
import java.util.Date;//1 行
import java.util.Random;
public class RandomDemo {
    public static void main(String[] args) {
        Random rand1 = new Random(50);//5 行
```

```
        Random rand2 = new Random(50);
        prtRandom1(rand1);//
        prtRandom1(rand2);//与 rand1 产生的随机数相同
        prtRandom2(rand2);//与 rand1 产生的随机数不相同
        //将当前时间设为种子 //10 行
        rand1.setSeed(new Date().getTime());
        //生成[0,10)区间的整数
        System.out.print(rand1.nextInt(10)+" ");
        System.out.println(Math.abs(rand1.nextInt() % 10));
        //产生随机字节 //15 行
        byte[] b ={0,0,0,0};
        rand1.nextBytes(b);
        for(int i=0;i<b.length;i++){
            System.out.print(b[i]+" ");
        }//20 行
    }
    static void prtRandom1(Random rand){
        System.out.print(rand.nextInt()+" ");
        System.out.print(rand.nextFloat()+" ");
        System.out.println(rand.nextBoolean());//25 行
    }
    static void prtRandom2(Random rand){
        System.out.print(rand.nextFloat()+" ");
        System.out.print(rand.nextInt()+" ");
        System.out.println(rand.nextBoolean());//30 行
    }
}
```

程序第 5 行和第 6 行创建了两个 Random 实例，它们的种子相同。第 7 行和第 8 行分别调用了 prtRandom1()方法，由于对种子相同的两个 Random 类实例使用了相同的方法调用顺序，所以，第 7 行和第 8 行的程序输出是相同的，即两个 Random 实例产生了相同的随机数。程序第 9 行调用了 prtRandom2()方法，该方法调用生成随机数方法的顺序与 prtRandom1()不同，故第 9 行程序的输出与第 7 行的输出不同。程序第 10 行演示了将当前时间设定为随机数对象 rand1 的种子。程序第 13 行和第 14 行产生了[0,10)区间的整数随机数，这两行程序演示了产生特定区间内随机数的方法。程序第 16 行至 20 行演示了如何生成随机字节。本程序的某次运行结果是：

```
-1160871061 0.597892 true
-1160871061 0.597892 true
0.82166934-1625295794 false
4 8
38-39-84 7
```

4.6.4　System类

System类代表系统，位于java.lang包内，该类的属性和方法都是静态的，可以直接通过类名引用。System类提供了标准输入、标准输出和错误输出流、访问环境变量、访问系统属性，复制数组、退出JVM、垃圾回收等方法。

1. 标准输入、输出和标准错误输出流

System类中定义了三个静态成员：in、out和err，它们分别代表标准输入流（键盘输入），标准输出流（显示器）和标准错误输出流（显示器）。

（1）标准输入流及其方法。

System类中的标准输入流in是InputStream类的具体实现，利用该类的read()方法，可以从键盘接收字节数据。例如，以下代码从键盘接收字符，遇到回车键时程序间接接收的内容显示到控制台上：

```
char ch;
StringBuffer str=new StringBuffer();
System.out.print("从键盘输入字符，按回车键结束：");
while ((ch=(char)System.in.read())! ='\r')
        str.append(ch);
System.out.println(str.toString());
```

（2）标准（错误）输出流及其方法。

System类中的标准输出流out和标准错误输出流err均被定义为PrintStream类型，利用这两个成员变量，可以将数据在屏幕上显示出来。这两成员变量常用的方法有print()和println()。print()和println()方法有多种重载形式，用于显示不同类型的数据，这两种方法的区别在于println() 输出后换行，而print()不换行。

2. 获取和设置系统属性

System类可以读取和设置系统的属性，相关的方法如下，这些方法中常用的系统属性如表4-16所示。

（1）public static String getProperty(String key)。

获取指定键key指示的系统属性。

（2）public static String setProperty(String key,String value)。

将指定键key的值设置为value。返回系统属性以前的值，如果没有以前的值，则返回null。

（3）public static Properties getProperties()。

返回当前的系统属性。返回值为Properties类型。Properties类是用键值对方式表示系统属性的类，利用该类的list()方法，可以输出所有的系统属性。

（4）public static void setProperties(Properties props)。

将系统属性设置为参数props指示的属性。

表 4-16　常用的系统属性

属性名称	含义
java. runtime. name	Java 运行时名称
java. runtime. version	Java 运行时的版本
java. vm. name	Java 虚拟机名称
java. vm. version	Java 虚拟机的版本
java. vm. vendor	Java 运行时环境供应商
java. vendor. url	Java 供应商的 URL
java. vm. specification. name	Java 虚拟机规范名称
java. vm. specification. version	Java 虚拟机规范的版本
java. vm. specification. vendor	Java 虚拟机供应商
java. specification. name	Java 规范名称
java. specification. version	Java 规范版本
java. specification. vendor	Java 规范的供应商
os. name	操作系统的名称
os. arch	操作系统的架构
os. version	操作系统的版本
java. home	Java 安装目录
java. library. path	Java 的库目录
java. class. path	Java 类的路径
java. class. version	Java 类的版本
java. version	Java 版本
java. vendor	Java 供应商
java. io. tmpdir	Java 输入输出的临时目录
user. name	用户名
user. home	用户主目录
user. timezone	默认时区
user. country	用户的国家
user. dir	用户的当前工作目录
user. language	用户语言
file. encoding	默认编码
file. separator=\	与平台有关的文件路径分隔符，在 UNIX 中是"/"，在 Windows 中是"\"
line. separator=	与平台有关的换行符，在 UNIX 系统中是"\n"，在 windows 系统中是"\r\n"
path. separator	路径分隔符，在 UNIX 系统中是"："，在 windows 系统中是"；"

以下代码显示系统的全部属性和指定的属性：

```
Properties propertise=System. getProperties();//获得全部系统属性
propertise. list(System. out);//显示全部属性
System. out. println(System. getProperty("file. encoding"));//获得平台默认编码
System. out. println(System. getProperty("java. home"));//获得 JRE 安装目录
```

3. 获取环境变量

(1) public static Map〈String,String〉 getenv()。

返回以键值对表示的当前系统环境变量的设置。

(2) public static String getenv(String name)。

获取 name 指定的环境变量值。

例如,以下代码可以获得全部的环境变量以及指定的 path 变量值:

```
Map<String,String> env;
env=System.getenv();//获取全部环境变量
System.out.println(env);//显示全部环境变量
System.out.println(System.getenv("PATH"));}//获取 path 变量值
```

4. 复制数组

System 类的 arraycopy()方法可以有效地将一个数组数据复制到另外一个数组中去。该方法的定义如下:

```
public static void arraycopy(Object source,int srcIndex, Object dest, int destIndex,int length)
```

其中,两个 Object 类型的参数指定了从源数组 source 和目标数组 dest,三个整型参数指示了复制时源数组的开始位置 srcIndex 和目标数组的开始位置 destIndex,以及要复制的元素的数量 length。

以下代码使用了 arraycopy()方法将 fromArray 数组的一部分复制到 toArray 数组中:

```
char[] fromArray = { 'j','a','v','a', 'i','s', 'c', 'o', 'f', 'f', 'e','e'};
char[] toArray =new char[6];
System.arraycopy(fromArray, 6, toArray, 0,6);
System.out.println(new String(toArray));//显示 coffee
```

5. 退出虚拟机

调用 System 类的 exit()方法,可以强行终止当前的 JVM。该方法的定义如下:

```
public static void exit(int status)
```

其中的参数 status 表示 JVM 的终止状态,0 表示正常终止,非 0 表示异常终止。利用本方法可以在需要时强制关闭应用程序。

第五章　Java编程技术

本章主要介绍异常处理、多线程、网络通信、数据库编程等Java编程技术。

5.1　异 常 处 理

在Java中，将程序中出现的错误，称为异常或例外(Exception)。程序设计语言通常都提供错误处理的能力，编程人员利用程序语言的这种能力对应用程序可能出现的错误进行控制，从而提高程序的健壮性。Java语言也不例外，它提供一套异常处理机制(Exception-handling mechanism)，规定异常处理的原则和方法，帮助JVM或程序设计人员处理程序中可能出现的意外情况。

Java的异常处理机制可以概括为一种异常与异常处理模块之间的匹配机制，具体地说包括以下内容：

(1) Java将常见的异常均封装成类，并通过面向对象的方法来处理异常。对于Java系统没有提供的异常类，允许用户自定义。

(2) 如果运行过程中出现了异常，就会生成代表异常的异常类实例并传递给JVM，这个过程称为抛出异常。

(3) 在接到被抛出的异常后，JVM会自动查找处理该异常的代码，如果找到，就将异常交由处理异常的代码来处理；如果没有找到这样的代码，就由JVM来处理异常，通常是显示异常的状态并中止程序的运行。这个过程称为捕获异常。

以下介绍Java的这种异常处理机制具体实现方法。

5.1.1　异常类

Java中，为了帮助程序对可能出现的异常进行处理，系统预定义一系列可以由Java虚拟机或者应用程序语句进行处理的表示异常状态的类，这些类以Throwable类为超类，被组成了一个层次结构。Throwable类在java.lang包中。

Throwable类有两个直接子类，一个是Error类，另一个是Exception类。这两个类又包含了若干子类。

Error类表示程序出现严重错误。这类错误一般不能靠改变程序的流程使程序恢复运行，必须要对程序进行修改或者改变程序的运行环境，才有可能使得程序正常运行。例如，在不正确地键入了关键字、遗漏了某些必需的标点符号等情况下，JVM会抛出Error错误。又例如，程序运行中发生内存溢出或没有可用的内存提供给垃圾回收器时，也会出现这类错误。Error类错误会导致程序终止运行，也就是说，这类错误由JVM负责抛出和捕获，应用程序本身不必对这类异常进行处理。常见的Error类及其子类如表5-1所示。

表 5-1　Error 类及其子类

类	说明
java. lang. Error	致命错误
java. awt. AWTError	抽象窗口工具包错误
java. io. IOError	严重的 I/O 错误
java. lang. VirtualMachineError	JVM 错误
java. lang. InternalError	JVM 内部错误
java. lang. OutOfMemoryError	内存溢出
java. lang. UnknownError	未知原因错误

Throwable 类的另一个子类是 Exception 类，Exception 类及其子类代表的错误是应用程序中可以捕获的异常状态，这类异常由应用程序抛出或处理。除了 Exception 类以外，Java 系统还定义了数百个 Exception 类的子类，每个类都代表了一种可能出现非正常状态。

Exception 类的子类又进一步分为两大类，一类是运行时异常(Runtime Exceptions)，另一类是非运行时异常(Non Runtime Exceptions)。运行时异常由 Exception 类的子类 RuntimeException 类以及 RuntimeException 类的子类构成，这类异常源于程序的内部缺欠，通常是由于程序设计的逻辑不正确而引发，如用 0 作为除数、引用了 null 对象、数组下标越界等。这类异常对于 Java 的编译系统来说具有不可预测性，难以通过程序的语法检测出来。在 Java 中，将这些异常类以及 Error 类统称为不可控异常类(Unchecked Exceptions Classes)。对于不可控异常类，Java 编译器不要求在程序中对它们进行显式地处理，在程序中不抛出和捕获这些异常，也不会出现语法错误。应该注意的是，Java 仅仅是在语法上不要求显式处理不可控异常类而已，在实践中，程序设计人员应该在逻辑上仔细分析可能出现的问题，并在程序中对其进行处理，防止程序非正常中止，确保应用程序的健壮性。

例如，以下代码可以通过编译：

```
int a=100,b=0;
int x=a/b;
```

尽管上述代码可以通过编译，但运行时却会产生不可控异常类中的算术异常(ArithmeticException)并且中断。程序设计人员应该根据程序的功能逻辑适当地进行错误处理，以保证程序的正常运行，例如：

```
int a=100,b=0;
try{
    int x=a/b;
}
catch (ArithmeticException e){
      System.out.println("除零错误!");
}
finally{
System.out.println("继续运行的代码……");
}
```

上述程序运行的结果是：

```
除零错误！
继续运行的代码……
```

在 Exception 类的子类中除 RuntimeException 类及其子类以外的类，统称为非运行时异常类。非运行时异常类通常是由程序的外部问题导致的，如找不到指定文件、要解析的字符串不符合规定的格式、访问数据库出错等。对于这类异常，Java 编译器是可以预测到的，因而要求在程序中必须显式地处理这些异常。如果程序不进行处理，Java 编译器会认为程序出现语法错误，程序无法通过编译，因而也就不能正常地执行。这些被强制要求在程序中处理的异常类统称为可控异常类(Checked Exceptions Classes)。在 Java API 文档中，对于可控异常类都有明确的表示，例如，DateFormat 类的 parse()方法的定义是：

```
public Date parse(String source) throws ParseException
```

其中的 throws ParseException 子句表示 parse()方法有可能抛出 ParseException 异常，该异常类是一个可控异常类。使用 parse()方法时，必须显式地处理 ParseException 异常，否则程序不能通过编译。

表 5-2 和表 5-3 分别示出了常见的不可控异常类(除 Error 及其子类)和常见的可控异常类。

表 5-2　常见的不可控异常类

不可控异常类	说明
java. lang. RuntimeException	所有运行时异常的超类
java. lang. ArithmeticException	算术异常，例如用 0 做除数
java. lang. ArrayStoreException	对数组元素赋值时类型不匹配
java. lang. ClassCastException	强制类型转换出错
java. lang. IllegalArgumentException	非法参数
java. lang. NumberFormatException	数字格式错误
java. lang. StringIndexOutOfBoundsException	字符串下标越界
java. lang. ArrayIndexOutOfBoundsException	数组下标越界
java. lang. NullPointerException	引用时出错

表 5-3　常见的可控异常类

可控异常类	说明
java. lang. ClassNotFoundException	找不到要加载的类
java. lang. NoSuchFieldException	类的属性不存在
java. lang. NoSuchMethodException	类的方法不存在
java. text. ParseException	解析字符串时出错
java. io. IOException	I/O 异常
java. io. FileNotFoundException	找不到指定文件
java. sql. SQLException	访问数据库时出错
java. awt. AWTException	抽象窗口工具异常

5.1.2　异常的捕获与处理

Java 的异常处理机制实质上是一种异常与异常处理模块之间的匹配机制，它将产生异常的功能代码和处理异常的代码相分离，这种方式提高了程序的可读性和逻辑性。实现异常和捕获主要由 try-catch-finally 三个关键字的组合来实现，其基本语法如下：

```
try {
    可能会产生异常的代码
}
catch (异常类型 异常对象变量名) {
      处理异常的代码
}
catch (异常类型 异常对象变量名) {
      处理异常的代码
}
……
catch (异常类型 异常对象变量名) {
      处理异常的代码
}
finally {
      处理异常后执行的代码
}
```

1. try 语句块

try 语句块中可以包含一条或多条语句，try 关键字指明了这些语句可能会出现问题，需要 JVM 对这些语句进行监控，一旦其中的某条语句出现问题，就应该抛出异常。如果某条语句抛出了异常，则该条语句后面的代码不会被执行，程序会转而直接执行 catch 关键字后面语句块中的代码。try 语句块类的代码也可能不抛出任何异常，这时，程序会跳过后面所有 catch 语句块。如果有 finally 语句块，则执行 finally 语句块中的语句，再继续执行其他程序代码。

2. catch 语句块

catch 语句块用来捕获 try 语句块中语句抛出的异常。catch 语句的参数类似于方法中的参数，包括"异常类型"和"异常对象变量名"，其中，"异常类型"必须是 Throwable 类的子类，通常是 Exception 或其子类，它用来指明"异常对象变量名"的类型，也即 catch 语句所处理的异常类型。"异常对象变量名"引用了 catch 语句所处理的异常类型的一个实例，这个实例由在 try 语句块出现问题的语句抛出。如果 try 语句块中的语句出现问题，程序就会执行 catch 语句块中的语句。

try 语句块后面可以跟着一个或多个 catch 语句块，分别处理不同类型的异常。当 try 语句块中的代码抛出异常时，JVM 会按 catch 语句的顺序，依次将抛出的异常实例与 catch 语句中"异常对象变量名"所代表的异常类型相匹配，找到第一个相匹配的 catch，即 catch 语句中的"异常对象变量名"所代表的异常类型与抛出的异常实例的类型完全一致或者是它的父类，程序执行这个 catch 语句块中的代码，执行完毕后，跳过其他 catch 语句块继续执行

finally 语句块的代码(如果有的话)或其他代码。

由于在处理异常时只执行第一个相匹配的 catch 语句块,当有多条 catch 语句时,程序中 catch 语句的排列顺序应该从具体到一般,处理异常子类的 catch 语句块应该排在处理异常父类的 catch 语句块前面。

3. finally 语句块

finally 语句块是可选的语句块,它是在捕获和处理异常时都要被执行的语句块,无论 try 语句块是否发生异常,也无论 catch 语句执行的结果如何,finally 语句块都会被执行,它通常用来执行一些善后工作,例如关闭文件、关闭数据库连接等等。

【例 5.1】捕获数据转换中的异常。

```
import java.util.Scanner;//1 行
public class NumberTransform {
    static Scanner input=new Scanner(System.in);
    public static void main(String[] args) {
        int result1;//5 行
        double result2;
        while (true){
            System.out.print("请输入一个数:");
            String s= input.nextLine();//从标准输入设备接收一行
            s=s.trim(); //去掉左右的空白符//10 行
            try{
                if(s.indexOf(".")==-1){ //是否有小数点
                    result1=Integer.parseInt(s);
                    System.out.println("转换后的整数:"+result1);
                }else {//15 行
                    result2=Double.parseDouble(s);
                    System.out.println("转换后的浮点数:"+result2);
                }
            }
            catch(NumberFormatException e){//捕获格转换式异常//20 行
                System.out.println("输入有误,请输入数数字形式 ");
            }
            catch(Exception e){ //捕获其他异常
                System.out.println("出现其他问题,请重试 ");
        } //25 行
            System.out.print("是否继续(Y/N):");
            s= input.nextLine();
            if(! s.trim().equalsIgnoreCase("y")){
                System.out.println("程序运行结束");
                break;
            }//30 行
        }
    }
}
```

本例使用 java. util 包中 Scanner 类在标准输入输出上接收用户的输入数据，Scanner 类的构造方法可以指定数据来源，本例中指定数据来源为标准输入流（见程序第 3 行），Scanner 类的 nextLine()方法每次接收屏幕上的一行输入信息作为字符串的内容（见程序第 9 行和第 27 行），程序第 10 行用字符串的 trim()方法去掉输入字符串左右两端的空白，根据输入字符串中是否有小数点，分别将该字符串分别转换成 int 型数值或 double 型数值，并显示相应的转换结果（见程序 12 行至 18 行）。程序中使用了 try-catch 来处理程序中发生的异常，当用户输入了一个不能被转换成数值的数据，如“abc”、“12345 8”等时，parseInt()和 parseDouble()方法会抛出 NumberFormatException 异常，程序第 20 行 catch (NumberFormatException e)语句块用于捕获这种异常。另外，Scanner 类的 nextLine()方法还有可能抛出 NoSuchElementException 和 IllegalStateException 异常，这些异常类均为 Exception 的子类。程序第 23 行 catch(Exception e)语句块以 Exception 的实例为参数，集中处理除 NumberFormatException 之外的异常。注意本例中 catch 语句块的顺序，catch (NumberFormatException e)应该写在 catch(Exception e)的前面，以保证程序可以捕获到 NumberFormatException 异常。本程序某次运行的结果如下：

```
请输入一个数：-123
转换后的整数：-123
是否继续(Y/N)：y
请输入一个数：753 8
输入有误，请输入数数字形式
是否继续(Y/N)：y
请输入一个数：89.5
转换后的浮点数：89.5
是否继续(Y/N)：y
请输入一个数：err
输入有误，请输入数数字形式
是否继续(Y/N)：y
请输入一个数：.09
转换后的浮点数：0.09
是否继续(Y/N)：n
程序运行结束
```

此外，try-catch-finally 组合还可以嵌套，在一个 try 语句块的内部还可以嵌套 try-catch-finally 组合，嵌套时，Java 按“由内向外”原则来处理 try 语句块与 catch 语句块的匹配，也就是说，内层的 try 语句块中抛出的异常首先与内层 catch 语句块处理的异常做匹配，如果匹配，则执行该 catch 语句块，只有在找不到相匹配的 catch 语句块时，才会与外层的 catch 语句块做匹配。

【例 5.2】带有嵌套 try-catch-finally 组合的程序。

```
public class NestedTryDemo {//1 行
    public static void main(String[] args) {
        int num[]={3,4,0,9};
        int result;
        try  {//5 行
            try {
                result=num[0]/num[2]; //除数为 0 导致异常
                System.out.println(result);
            }
            catch(ArithmeticException e) {//10 行
                System.out.println("内层异常：除数为 0");
            }
            finally{
                System.out.println("程序继续运行，显示数组元素");
            }//15 行
            for(int i=0;i<=num.length;i++) {
                // 最后一次循环时，数组越界
                System.out.println("num["+i+"]="+num[i]);
            }
        }//20 行
        catch (ArrayIndexOutOfBoundsException e){
            System.out.println("外层异常：数组下标越界");
        }
        finally {
            System.out.println("一定会执行的代码");//25 行
        }
    }
}
```

该程序中一个 try 语句块(程序第 5 行开始)嵌套另一个 try-catch-finally 组合(见程序第 6 行至 19 行)。程序运行时，首先在内层的 try-catch-finally 组合中产生一个算术异常，该异常被内层的 catch 语句块捕获(见程序第 10 行)，显示“内层异常：除数为 0”，之后程序继续运行，在 for 语句的最后一次循环时产生数组下标越界异常，该异常被外层的 catch 语句所捕获，显示“外层异常：数组下标越界”。注意，本程序中 for 语句在最后一次循环之前没有异常发生，所以数组的元素可以被显示出来。本程序的运行结果如下：

```
内层异常：除数为 0
程序继续运行，显示数组元素
num[0]=3
num[1]=4
num[2]=0
num[3]=9
外层异常：数组下标越界
一定会执行的代码
```

5.1.3 抛出异常

在try-catch-finally组合中，try语句块中抛出的异常由catch语句块捕获并处理，这样，程序中出现的异常在当前方法中就被解决掉了。但是，有时程序不想在当前方法中处理异常，而是想由上一级的方法，即调用当前方法对异常进行处理，Java的异常处理机制提供了解决这种问题的方案。事实上，Java异常处理机制抛出异常的过程是这样的：在当前方法中出现了异常并且没有能够捕获它的代码，或者现有的捕获代码无法捕获的这个异常，则JVM就会终止当前方法并将这个异常抛给上一级方法（即调用当前方法的方法），使得异常在上一级方法中得到处理，如果这一级的方法仍然不能处理异常，JVM会将异常继续向上一级方法抛出，直至异常被捕获或者异常被抛给了程序的调用者即JVM本身，对于后一种情况，JVM终止应用程序并显示出异常的内容。利用Java这种异常抛出机制，可以将当前方法出现的异常交由上一级方法处理。

Java中有两个负责抛出异常的关键字throws和throw，throws关键字在方法声明时使用，throw关键字在方法体内使用。

1. throws关键字

throws仅出现在方法声明中，表明该方法可能会抛出的异常，并且该方法不处理这些异常，而是将这些异常交由上一级方法处理。带有throws关键字的方法声明格式如下：

```
[修饰符] 返回值类型 方法名([参数表]) throws 异常类型列表{
                方法体
    }
```

其中，“异常类型列表”可以包括多个异常类型，它们用逗号分隔。注意，并不是所有可能发生的异常都要在“异常类型列表”指定，对于不可控异常类，编译器不会做强制检查，因此，它们可以不包括在“异常类型列表”中，而对于可控异常类，编译器要做强制检查，它们必须包括在“异常类型列表”中。

【例5.3】用Throws抛出异常。

```
import java.io.*;//1行
public class ThrowsDemo {
    public static void main(String[] args) {
        String src="file1.txt";
        String dest="file3.txt";//5行
        boolean flag=false;
        try{
            flag=new ThrowsDemo().copyFile(src, dest);
        }
        catch(FileNotFoundException e) {
            System.out.println("找不到指定的文件");//10行
        }
        catch(IOException e) {
            System.err.println("I/O出错 ");
```

```
        }//15 行
        System.out.println("文件复制"+(flag?"成功":"失败"));
    }
    boolean copyFile(String src,String dest) throws IOException  {
        File in=new File(src);
        File out=new File(dest);//20 行
        FileInputStream srcFile=new FileInputStream(in);
        FileOutputStream destFlie=new  FileOutputStream(out);
        int c;
        while ((c=srcFile.read())! =-1)
              destFlie.write(c);//25 行
        srcFile.close();
        destFlie.close();
        return true;
    }
}//30 行
```

本程序的功能是将一个文件中的内容复制到另一个文件中，copyFile()方法负责两个文件内容的拷贝，该方法本身不处理异常，而是将 IOException 异常抛出，由调用它的方法对异常进行处理。主方法调用 copyFile()方法，并实现了异常的捕获与处理。

若程序实现了两个文件的内容复制，程序显示如下结果：

```
文件拷贝成功
```

若文件 file1.txt 不存在，程序显示如下结果：

```
找不到指定的文件
文件拷贝失败
```

2. throw 关键字

throw 关键字在方法体中使用，它强制抛出一个异常类的实例，而且其后的语句都不再执行。用 throw 关键字抛出异常，既可以在当前方法中加以处理，也可以交由当前方法的上一级方法处理。若要在当前方法中处理抛出的异常，需要使用 try-catch-finally 组合。若要将抛出的异常交由上一级方法处理，需要在当前方法的声明中用 throws 关键字指明所抛出的异常类或其父类。

以下代码用 Math 类的 random()方法产生 0 至 10 之间的随机数，如果该随机数在 0 至 5 之间，用 throw 抛出一个异常实例“0 到 5 之间导致的异常”，如果该随机数在 5 至 8 之间，用 throw 抛出一个异常实例“5 到 8 之间导致的异常”。程序中用 catch 语句块捕获异常，并将异常的简短描述及异常堆栈信息显示出来：

```
double x=Math.random() * 10;
try {
```

```
        if (x<5)
            throw new Exception("0 到 5 之间导致的异常");
        else if(x>=5&&x<8)
            throw new Exception("5 到 8 之间导致的异常");
        else
            System.out.println("产生了 8 至 9 之间随机数");
        } catch (Exception e) {
            e.printStackTrace();
    }
```

5.1.4　异常跟踪

如前所述,Throwable 类是所有异常类的根类,它提供一系列方法给出了与异常有关的信息,这些信息在调试程序时,有助于程序设计人员发现程序的错误点,帮助程序设计人员尽快解决程序中的问题。Throwable 类的这些方法均被其子类继承,在调试程序时,可用这些方法获得相关的异常信息。Throwable 类的常用方法包括:

(1) public String getMessage()。

返回当前异常对象的详细消息字符串。对于 Java 预置的异常类型,都包含有异常的描述信息,对于自定义的异常类型,其构造方法的参数中通常包括了异常描述信息 message,例如构造方法 Throwable(String message)中的 message 参数,getMessage()方法返回的就是 message 的内容,如果 message 不存在,则 getMessage()方法返回 null。

(2) public String toString()。

返回描述当前异常对象信息的字符串,返回的字符串格式为:

```
异常类实例的类名称:异常描述信息
```

例如,当参数 0 做除数的异常时,toString()方法返回如下的值:

```
java.lang.ArithmeticException: / by zero
```

(3) public void printStackTrace()。

在标准错误输出设备上打印出当前异常对象的调用堆栈路径。输出的第一行与 toString() 方法返回的内容相同,其余部分是产生异常方法的调用信息。以下是 printStackTrace()方法输出格式的示例:

```
java.lang.NullPointerException
        at MyClass.mash(MyClass.java:9)
        at MyClass.crunch(MyClass.java:6)
        at MyClass.main(MyClass.java:3)
```

(4) public StackTraceElement[] getStackTrace()。

返回当前异常对象的调用堆栈路径,本方法的输出内容与 printStackTrace()方法输出内容相同,本方法将这些信息存放在 StackTraceElement 类型的数组中。StackTraceElement 类封装这些信息,可以通过编程访问返回的 StackTraceElement 类型数组,获得相关信息。在

getStackTrace()方法返回 StackTraceElement 类型数组中，每一个元素都包含了一次方法调用的类名、方法名、源代码单元名、源代码的行号。数组的第一个元素表示最后一次的方法调用，即对产生异常的方法调用，数组的最后一个元素表示最上级的方法调用。StackTraceElement 类的主要方法如表 5-4 所示。

表 5-4 StackTraceElement 类的主要方法

修饰符与返回值	方法名称	说明
public String	getClassName()	返回类的完全限定名
public String	getMethodName()	返回方法名
public String	getFileName()	返回源代码单元名
public int	getLineNumber()	返回源代码的行号，如果该信息不可用，则返回负数

例如，改写例 5.3 中的 catch(FileNotFoundException e)代码块，使之能够跟踪异常发生的细节：

```
catch(FileNotFoundException e) {
    e.printStackTrace();//显示方法调用路径
    System.out.println("--------");
    System.out.println("toString 方法返回的信息：\t"+e.toString());
    System.out.println("--------");
    System.out.println("getMessage 方法返回的信息：\t"+e.getMessage());
    System.out.println("--------");
    System.out.println("编程获得异常信息");
    StackTraceElement[] se=e.getStackTrace();
    for (int i=0;i<=se.length-1;i++){
        System.out.println(i+1+".在类"+se[i].getClassName()
                    +"的方法"+se[i].getMethodName()
                    +"(源代码单元名"+se[i].getFileName()
                    +")中第"+se[i].getLineNumber()+"行出现异常");
    }
}
```

运行改写后的程序，当程序发生异常时，有如下运行结果：

```
java.io.FileNotFoundException: file1.txt (系统找不到指定的文件。)
    at java.io.FileInputStream.open(Native Method)
    at java.io.FileInputStream.<init>(FileInputStream.java:106)
    at ThrowsDemo.copyFile(ThrowsDemo.java:36)
    at ThrowsDemo.main(ThrowsDemo.java:8)
--------
toString 方法返回的信息：  java.io.FileNotFoundException: file1.txt (系统找不到指定的文件。)
--------
```

```
getMessage 方法返回的信息：　file1.txt（系统找不到指定的文件。）
--------
编程获得异常信息
1. 在类 java.io.FileInputStream 的方法 open(源代码单元名 FileInputStream.java)中第
-2 行出现异常
2. 在类 java.io.FileInputStream 的方法<init>(源代码单元名 FileInputStream.java)中
第 106 行出现异常
3. 在类 ThrowsDemo 的方法 copyFile(源代码单元名 ThrowsDemo.java)中第 36 行出
现异常
4. 在类 ThrowsDemo 的方法 main(源代码单元名 ThrowsDemo.java)中第 8 行出现
异常
文件拷贝失败
```

5.1.5　自定义异常

Java 的内置异常可以满足编程人员处理绝大部分的程序错误的要求，但 Java 仍然允许用户自定义异常，以便满足某些程序的特定要求。

在程序中自定义的异常需要继承 Throwable 类或 Throwable 类的后代类。在 Java 中，所有自定义的异常都必须是 Throwable 类或 Throwable 后代类的子类，自定义的异常类可以重写其父类的方法。通常自定义异常时都将其作为 Exception 子类，而不是把它作为 Error 类的子类，因为 Error 类主要用于系统内严重的硬件错误。并且，在多数情况下，也不建议把自定义异常类作为运行时异常 RuntimeException 类的子类。在习惯上，常常用 XXXException 的方式为自定义异常类命名，其中 XXX 为用户自定义的名称。

在使用自定义异常时，用 throw 关键字语句抛出所定义异常的实例，如果要在抛出异常的方法中处理异常，可以使用 try-catch-finally 组合。如果不想在当前方法中处理异常，则应该在当前方法的声明中使用 throws 关键字，将产生的异常抛给调用当前方法的方法。

【例 5.4】自定义异常示例。

```
class TakeMomeyException extends Exception{//1 行
    private static final long serialVersionUID = 2140123500409392869L;
    private String pwd;
    private double money;
    TakeMomeyException(String s,String pwd,double money){//5 行
        super(s);
        this.pwd=pwd;
        this.money=money;
    }
    void showError(){//自定义异常的方法，显示使用密码和提款数//10 行
        System.out.print("使用密码："+pwd);
```

```
                System. out. println(" 欲提款: "+money);
            }
    }
    class BankAccount{//15 行
        private static double totalBalance=5000;//假设账户余额为 5000 元
        public void takeMoney(String pwd,double money)
                throws TakeMomeyException{//支取资金方法
            if (pwd! ="12345"){
                throw new TakeMomeyException("密码错!",pwd,money);//20 行
            }else if(money>totalBalance){
                throw new TakeMomeyException("取款数大于账户金额!",
                                            "* * * *",money);
            }
            totalBalance-=money;//根据支取现金的数量,修正账户余额   //25 行
            System. out. println("提款后本账户余额为: "+totalBalance+"元");
        }
    }
    public class MyExceptionDemo {
        public static void main(String[] args) {//30 行
            BankAccount ba=new BankAccount();
            String[] pwd={"12345","1234","12345"};//三次提款时输入的密码
            double[] money={4999,200,500};//每次的提款数额
            for (int i=0;i<3;i++){
                try {//35 行
                    System. out. print("第"+(i+1)+"次提款: ");
                    ba. takeMoney(pwd[i],money[i]);
                } catch (TakeMomeyException e) {
                    System. out. print(e. getMessage());
                    e. showError();//40 行
                }
            }
        }
    }
```

本例模拟了从银行账户中取款的过程,如果用户密码错误,则抛出异常;如果用户提取的金额大于账户的存款额,也抛出异常。

程序首先自定义了一个异常类 TakeMomeyException(见程序第 1 行至 14 行),该异常类构造方法的参数为异常描述信息(s)、提款密码(pwd)和提款数(money)。同时,自定义异常类还增加了自己的方法 showError()。

银行账户类(BankAccount)模拟了取款过程(第 15 行至 28 行),在其 takeMoney()方法中,若用户取款成功,则显示账户余额;如果用户密码错或用户提款数大于账户的存款额,则抛出自定义的异常。

主类 MyExceptionDemo 创建 BankAccount 的实例(第 31 行),进行了三次取款(第 34 行至 42 行),并捕获取款过程中出现的异常(第 38 行),调用自定义异常类实例的 getMessage()方法(从其父类中继承)以及 showError()方法(自定义的方法)显示出错信息(第 39 行和 40 行)。

本例运行结果:

```
第 1 次提款:提款后本账户余额为:1.0 元
第 2 次提款:密码错!使用密码:1234 欲提款:200.0
第 3 次提款:取款数大于账户金额!使用密码:* * * * 欲提款:500.0
```

5.2 Java 线程

线程,是指应用程序中的一段指令执行序列。每个应用程序的执行过程,称为一个进程,进程是操作系统处理的单元,操作系统以进程为单元,为应用程序分配内存、CPU 时间片等资源,从而支持应用程序的执行。线程栖身于进程,一个进程中可以有多个线程,它们共享所属进程的资源,利用共享单元来实现数据交换、实时通信及必要的同步操作。

5.2.1 Java 中的多线程机制

支持多线程是 Java 语言的特性之一,它提供了多种封装线程的类,利用这些类,可以在应用程序中设计一段或多段作为线程执行的指令序列,应用程序在运行时,通过创建多个封装了线程代码的对象,使这些对象中的线程代码相互独立地运行,从而“并发”地完成多个任务。

对于每一个应用程序,Java 虚拟机会自动为程序建立一个默认线程,这个线程称为主线程,它用于控制其他线程的执行过程,程序执行结束,主线程也就结束了。对 Java 应用程序而言,main()方法是程序执行的入口点,它也是主线程的起点,Java 程序的其他线程都是由这个线程产生的。也就是说,要想实现多线程,必须在主线程中创建新的线程对象。

5.2.2 线程的创建

1. Thread 类和 Runnable 接口

在 Java 程序中,线程用线程类 Thread 来表示,Thread 类代表程序中的线程。创建一个线程,实际上就是创建一个 Thread 类的实例。

Thread 类实现了 Runnable 接口,Runnable 接口只有一个 run()方法,该方法用来封装作为线程执行的程序代码。具体地说,Thread 类实例中的线程是从 run()方法开始执行的。

启动 Thread 类中的线程,并不是直接调用 run()方法,而是需要使用 Thread 类的 start()方法,调用 Thread 类的 start()方法,可以启动 run()方法中封装的程序代码。

Thread 类和 Runnable 接口均位于 java.lang 包中。

Thread 类常用构造方法主要有 4 个:

(1) public Thread()。

创建一个新的 Thread 实例。该实例的名称是自动生成的,形式为 "Thread-"+n,其中的 n 为整数。

(2) public Thread(String name)。

创建一个新的 Thread 实例,该实例的名称由参数 name 指定。

(3) public Thread(Runnable target)。

创建一个新的 Thread 实例,该实例与 Runnable 接口的具体实现 target 相关联,target 中的 run()方法封装了要作为线程执行的程序代码。线程实例的名称是自动生成的,形式为 "Thread-"+n,其中的 n 为整数。

(4) public Thread(Runnable target,String name)。

创建一个新的 Thread 实例,该实例与 Runnable 接口的具体实现 target 相关联,target 中的 run()方法封装了要作为线程执行的程序代码。线程实例的名称由参数 name 指定。

2. 继承 Thread 类创建线程

在 Java 程序中,线程代码位于 Thread 类的 run()方法,如果一个类继承了 Thread 类,它本身也是一个线程类,通过重写其 run()方法,加入程序需要的线程代码,从而达到应用程序的多线程效果。由此可见,通过继承 Thread 类,可以在程序中创建所需要的线程,步骤如下:① 定义 Thread 类的子类,并用自己的线程代码覆盖父类的 run()方法。② 创建 Thread 子类的实例,即创建线程对象。③ 用线程对象的 start()方法来启动线程。

【例 5.5】继承 Thread 类创建线程。

```
public class ThreadDemo extends Thread{//继承线程类   //1 行
    public ThreadDemo(String name){//构造方法
        super(name);
    }
    public void run(){//线程代码   //5 行
        for(int i=0;i<5;i++){
            System.out.println(this.getName()+"正在执行:"+i);
        }
        System.out.println(Thread.currentThread().getName()+"结束");
    }//10 行
    public static void main(String args[]){//主方法,也即主线程,
        for(int j=0;j<5;j++){
            System.out.println(Thread.currentThread().getName()+":"+j);
            if(j==3){
                new ThreadDemo("线程 1").start();//创建线程对象 1 并启动;//15 行
                new ThreadDemo("线程 2").start();//创建线程对象 2 并启动;
            }
        }
    }
}//20 行
```

以下对程序作简要解释：

(1) ThreadDemo 类继承了 Thread 类，重写了 run()方法(见程序第 5 行至 10 行)，其中的代码，就是要执行的线程代码。Java 程序在执行时，JVM 会自动创建主线程，主线程从 main()方法开始，主线程的缺省名称为 main。

(2) 程序第 7 行、第 9 行和第 13 行使用了 Thread 类的 getName()，用来返回线程的名称，该方法的语法如下：

```
public final String getName()
```

与此相对应，Thread 类还提供了设置线程名称的方法：

```
public final void setName(String name)
```

其中的参数 name 是要设置的线程名称。

(3) 程序第 9 行和第 13 行使用 Thread 类的静态方法 currentThread()，获得当前正在执行的线程对象，该方法的语法如下：

```
public static Thread currentThread()
```

(4) 程序第 15 行和第 16 行创建了两个新的线程对象，并用 start 方法启动。

(5) 多次运行本程序，控制台显示的内容除前 4 行的内容是一样的以外(程序第 12 行的 for 语句的前 4 次循环中，程序只有一个主线程在运行)，其余内容每次都会不同，这是因为，JVM 会合理地将资源(如内存、CPU)分配给不同的线程，保证每个线程都有机会得到执行。因此，本程序的运行结果是由 JVM 控制的，会根据系统的资源情况而产生不同的结果。

3. 实现 Runnable 接口创建线程

虽然继承 Thread 类可以很方便地创建线程，但 Java 只允许单继承，如果当前类已经继承了一个非 Thread 类，但又希望该类是具有线程功能，就需要通过实现 Runable 接口的方式来达到这一目的。

通过实现 Runnable 接口创建线程的步骤如下：① 定义一个实现 Runnable 接口的类，并重写其 run()方法。② 生成这个类的对象。③ 用生成的对象作为参数创建 Thread 类的实例，也即创建一个线程对象。④ 用线程对象的 start()方法来启动线程。

【例 5.6】用实现 Runnable 接口的方式改写例 5.6。

```
public class RunnableDemo implements Runnable{//实现接口   //1 行
    public void run(){//线程代码
        for(int i=0;i<5;i++){
            System.out.println(Thread.currentThread().getName()+"正在执行:"+i);
        }  //5 行
        System.out.println(Thread.currentThread().getName()+"结束");
    }
    public static void main(String args[]){//主方法,也即主线程,
        for(int j=0;j<5;j++){
            System.out.println(Thread.currentThread().getName()+":"+j);//10 行
            if(j==3){
```

```
                new Thread(new RunnableDemo(),"线程 1").start();//创建线程对象 1 并启动;
                new Thread(new RunnableDemo(),"线程 2").start();//创建线程对象 2 并启动;
            }
        }//15 行
    }
}
```

5.2.3 线程的调度

在前面的多线程程序中,线程的运行由 JVM 调度,而非由程序本身控制。为了能够在应用程序中显式地决定线程的执行顺序,Thread 类还提供了一些调度线程获得系统资源或出让系统资源的方法,以便让其他线程得到运行的机会。不过,需要注意的是,在 Java 程序中,只能最大限度的影响线程执行的次序,无法做到精准控制。

1. 线程优先级

线程的优先级(Priority)表示线程的重要程度,优先级越高,表明线程越重要,应优先执行;线程的优先级越低,表明该线程越不重要,应被安排在后面运行。JVM 会先运行具有高优先级的线程,只有当高优先级线程结束或由于某些原因被挂起时,较低优先权的线程才开始执行。不过,这并不是绝对的,也不意味着低优先级的线程一定不运行或者一定是在最后运行,这取决于 JVM 及操作系统的线程调度机制。因此,一般情况下,可以这样认为,优先级高的线程运行的几率会比较大,优先级低的线程运行的几率会比较小,而并非没机会运行。

【例 5.7】线程的优先级。

```
class PriorityDemo {
    public static void main(String args[]) {
        Thread listenMusic=new ListenMusic();
        Thread readBook=new Thread(new ReadBook());
        Thread takeWalk=new TakeWalk();
        listenMusic.setPriority(Thread.MIN_PRIORITY);
        readBook.setPriority(Thread.MAX_PRIORITY);
        takeWalk.setPriority(5);
        listenMusic.start();
        takeWalk.start();
        readBook.start();
    }
}
class ListenMusic extends Thread{
    public void run() {

        for(int i = 0; i <100; i++)
            System.out.println("正在听音乐……(优先级为" +this.getPriority()+")");
        System.out.println("————————听音乐结束————————");
```

```
        }
    }
    class ReadBook implements Runnable{
        public void run() {
            for(int i = 0; i < 100; i++)
                System.out.println("正在读书……(优先级为"
                        +Thread.currentThread().getPriority()+")");
            System.out.println("————————读书结束————————");
        }
    }
    class TakeWalk extends Thread{
        public void run() {
            for(int i = 0; i < 100; i++)
                System.out.println("正在散步……(优先级为" +this.getPriority()+")");
            System.out.println("————————散步结束————————");
        }
    }
```

本例定义的三个线程类：ListenMusic、ReadBook 和 TakeWalk。在主类中，创建了这三个线程类的实例，并分别设置了它们的优先级，然后启动这三个线程。多次运行本程序，可以看出，ReadBook 线程总是优先完成，TakeWalk 线程次之，ListenMusic 线程通常会最后完成。

2. 线程的休眠

线程的休眠是指当前运行的线程暂停一段时间，出让 CPU 时间，使得其他线程有机会得以执行。

Thread 类提供了 sleep()方法，让当前正在运行的线程进入休眠状态，sleep()方法有两种重载形式：

(1) public static void sleep(long millis) throws InterruptedException。

使当前正在执行的线程休眠(暂停执行)一段时间，休眠的时间段由参数 millis(以毫秒为单位)指定。

(2) public static void sleep(long millis, int nanos) throws InterruptedException。

使当前正在执行的线程休眠(暂停执行)一段时间，休眠的时间段为 millis(毫秒)+nanos(纳秒)。

Thread 类 sleep()方法的特征包括：① 在休眠期间，休眠的线程不参与线程的调度，即在这段时间内该线程不与其他线程争抢 CPU 时间；② 线程休眠方法可以使低优先级的线程得到执行的机会，当然也可以让同优先级和高优先级的线程有执行的机会；③ 休眠了的线程不会释放它的“锁标志”，其他线程不能共享休眠线程中被同步的数据；④ 指定的时间一过，休眠的线程会自动恢复活动状态，但不一定能马上进入执行状态，这取决于线程的调度情况。

【例 5.8】线程休眠示例。

```
public class SleepDemo extends Thread {
    String s="实现打字效果的输出，每次输出一个字，之后停顿 200 毫秒，" +
            "再输出下一个字，这样就有了打字的效果。";
    public static void main(String[] args) {
        new SleepDemo().start();
    }
    public void run() {
        char[] c=s.toCharArray();
        for(char ch:c){
            System.out.print(ch);
            try {
                Thread.sleep(200);
            } catch (InterruptedException e) {
                e.printStackTrace();
            }
        }
    }
}
```

本例实现了打字效果的输出，在线程代码中，每次在控制台上输出一个字，然后使当前线程休眠 200 毫秒。由于除主线程以外，本程序只有一个线程（SleepDemo 的实例），所以，当前线程即 SleepDemo 的实例休眠期间，不会有其他线程运行，停顿 200 毫秒之后，当前线程继续运行，输出下一个字，这样，控制台上就有了打字效果的输出。

3. 线程的出让

Thread 类的 yield()方法表示当前线程可以出让 CPU 时间，让 JVM 对程序中的所有线程重新调度，yield()方法的语法如下：

```
public static void yield()
```

yield()方法在以下两方面与 sleep()方法不同：① yield()方法只表明当前线程可以出让 CPU 时间，但它不像休眠线程那样在指定的时间段中肯定不会执行，出让的线程在出让 CPU 时间后，由于和其他线程一道参与 JVM 的线程调度，它很有可能又马上被 JVM 调度成执行状态；② 线程的出让只会将 CPU 时间出让给有同样优先级的线程，它只能让有同样优先级的线程得到执行的机会。

例如，将例 5.8 中的 sleep()方法用 yield()方法替换，并去掉 try-catch 语句，程序输出将失去打字效果。原因在于，SleepDemo 实例中线程出让 CPU 时间之后，本身又参与了线程的调度，由于没有其他线程与其争抢 CPU 资源，它又被 JVM 调度成执行状态，继续执行，因而没有停顿，如同用 for 语句输出一个字符数组一样，控制台上的输出也就失去了打字效果。

4. 线程的加入

线程的加入是指当前线程暂停执行，在等待加入的线程执行完毕之后，当前线程再继续执行。若在当前线程中加入一个需要优先执行的线程，可使用以下语法：

```
thread.join();
```

其中，thread是要在当前线程中加入的线程实例，join()方法为Thread类提供的加入线程的方法，语法为：

```
public final void join() throws InterruptedException
```

【例5.9】线程加入示例。

```
public class JoinThreadDemo extends Thread{//1行
  public static int n = 0;
  public void run(){
      for (int i = 0; i < 10; i++)
          n++;//5行
  }
  public static void main(String[] args) throws Exception{
      Thread threads[] = new Thread[100];
      for (int i = 0; i < threads.length; i++) {// 建立100个线程并启动
          threads[i] = new JoinThreadDemo();//10行
          threads[i].start();
      }
      for (int i = 0; i < threads.length; i++) // 100个线程都执行完后继续主线程
          threads[i].join();//15行
      System.out.println("n=" + n);//显示静态变量的结果
  }
}
```

本例中，在主线程main()方法中建立并启动了100个线程(程序第9行至12行)，每个线程使静态变量n增加10。程序第15行将这100个线程加入到主线程之前，也即主线程等待这100个线程执行完毕，再继续执行程序第16行。在主线程执行第16行时，由于上述100个线程全部执行完毕了，n的值为1000，故程序显示的结果为"n=1000"。这说明调用一个线程的join()方法，会使当前线程暂停执行，调用了join()方法的那个线程会优先执行。如果将程序第14行和第15行注释去掉，会发现程序的运行结果不可预测，这是因为，主线程在执行"System.*out*.println("n=" + *n*);"语句时，其他100个线程可能还没有执行结束，主线程也不会等待这些线程执行结束，因此n的值有可能是0至1000中的任何值。

5.2.4　线程同步

在多个线程共享同一资源的情况下，如果不加任何控制，有可能产生访问冲突和数据不一致。例如，在一个从仓库中取货的程序中，用多个线程模拟多个取货员的取货过程，每个线程代表一个取货员，每个线程从仓库中取出N件货物之后，仓库中当前的存货数量应该减N。当一个线程从仓库中取出一件货物，但尚未将存货数量减N时，另一个线程通过调度，暂停了前一个线程并开始执行，也从仓库中取出货物，此时，仓库中的货物虽然被取走，但由于前一个线程还没有来得及将仓库中存货数量减N，因而后一个线程并不知道仓库中货物的实际数量已经发生了变化，这样，程序就会出现混乱。为了解决这样的问题，就需要给多个线程共享的资源(如仓库)加锁，当一个线程访问共享资源时，就会被共享的资源加锁，其他线程不能访问被加了锁的资源，直到共享资源的锁被释放为止。这种确保在同一时刻只允许一个线程访问共享资源的机制，称为线程同步。

在 Java 中，使用关键字 synchronized 来保证线程同步，关键字 synchronized 的作用是指定共享资源的锁以及要同步的内容(语句)，哪个线程取得了锁，那个线程就可以执行被同步的语句。从范围上看，关键字 synchronized 可用于方法和语句块，分别称为方法同步和语句块同步。

1. 方法同步

用关键字 synchronized 同步的方法既可以是实例方法，也可以是类(静态方法)，语法的一般格式如下：

```
[修饰符][static][final][abstract][native] synchronized 返回值类型 方法名([参数表])
                    [throws 异常类型]{
        方法体
}
```

(1) 实例方法同步。

对于实例方法，synchronized 关键字指定的同步内容是该方法中的所有语句，指定的锁是该方法所在的实例(对象)。当同一个对象的不同线程执行这个同步方法时，如果有一个线程调用了其中的一个被同步的方法，该方法所在的实例(对象)就会作为锁被这个线程所“拥有”，其他线程因没有获得锁而无法同时访问这个实例中任何一个被同步的方法，必须等待被同步的方法执行完成，对象锁被释放之后，才能有机会获得锁，进而去调用同步的方法。注意，实例方法的同步过程中指定的锁是实例或对象，一个实例被指定为锁，只会影响该实例中线程对方法的访问，而不会影响另一个实例中线程对方法的访问。

【例 5.10】实例方法同步。

```
import java.util.*;//1 行
class ThreadImp implements Runnable{
    static List<String> list=new ArrayList<String>();
    public synchronized void add() throws InterruptedException  {
        String name=Thread.currentThread().getName();//5 行
        for(int i=0;i<5;i++){
            list.add(name);
            Thread.sleep(200);
        }
    }//10 行
    public void run() {
        try {
            add();
        } catch (InterruptedException e) {
            e.printStackTrace();//15 行
        }
    }
```

```
}
public class SyncInstanceDemo{
    public static void main(String[] args) throws InterruptedException{//20 行
        ThreadImp timp1=new ThreadImp();//创建实例 timp1
        ThreadImp timp2=new ThreadImp();//创建实例 timp2
        Thread ta=new Thread(timp1,"A");//创建线程对象 ta
        Thread tb=new Thread(timp2,"B");//创建线程对象 tb
        Thread tc=new Thread(timp2,"C");//创建线程对象 tc,tc 与线程 tb 源于同一对象//25
        ta.start();//启动线程
        tb.start();
        tc.start();
        ta.join();//在主线程之前优先执行
        tb.join();//30
        tc.join();
        System.out.println("ThreadImp 的 list 属性值:"+ThreadImp.list);
    }
}
```

本例中,ThreadImp 类实现了 Runnable 接口,并在其 run()方法中调用同步方法 add()。在主类中,创建了三个线程,分别是线程“A”、线程“B”和线程“C”,其中“B”和“C”源自同一个实现 Runnable 接口的对象,而“A”则和它们不属于同一个对象。因此,在程序执行过程中,线程“B”和线程“C”在执行 add()方法时的锁是相同的,因而两者需要同步。例如,当线程“B”调用 add()方法时,同步机制会将进入 add()方法的这个实例(对象)指定为锁,尽管休眠了 200 毫秒,由于 sleep()方法并不会释放对象锁,所以,线程“C”在这期间不会有获得锁的机会,因而也就不能调用 add()方法,从而不可能得到执行“list.add(name);”语句,也就是说,线程“B”和线程“C”中向 list 对象中填加值的次序总是同步的。但线程“A”不一样,它与线程“B”及线程“C”不属于同一个对象,线程“A”调用 add()方法时指定的锁对象与前者不是同一个对象,线程“A”可能在线程“B”或线程“C”休眠时的任何时间获得向 list 对象中填加值的机会。本例主程序中使用了线程的 join()方法,目的是保证主线程在线程“A”“B”、“C”之后执行,以便显示出 list 对象最终的值。以下是本例某次执行的结果:

```
ThreadImp 的 list 属性值:[A, B, A, B, A, B, A, B, B, A, C, C, C, C, C]
```

(2) 静态方法同步。

对于类方法,synchronized 指定的锁是整个类,指定的同步内容是方法中的所有语句。只要有一个实例的线程调用了被同步的方法,整个类就被指定为锁,其他实例的线程在没有获得这个锁之前是无法调用这个类中被同步的方法。在例 5.10 中,如果将 add()方法改为静态方法,即:

```
public static synchronized void add() throws InterruptedException {
    ……
}
```

则线程“A”、线程“B”和线程“C”会始终同步。某次程序运行的输出为：

```
ThreadImp 的 list 属性值:[A, A, A, A, A, C, C, C, C, C, B, B, B, B, B]
```

2. 语句块同步

用 synchronized 关键字对方法进行同步，虽然简便易行，但会在一定程度上影响程序的运行效率。因为，被标明同步的方法中的所有代码，都将按某种顺序执行，同步方法包含的代码越多，执行这些代码需要的开销就越大。Java 为解决这类问题，还提供了程序块同步，以便缩小同步的范围，提高运行效率。语句块同步的语法为：

```
方法名(){
    ….
    synchronized(lock){… }  //同步的代码段
    ….
}
```

其中，指定的锁是 lock，同步的内容是花括号中的语句，当执行完同步的语句块后，当前线程释放锁，其他线程可以获得执行同步语句块的机会。lock 的取值可以是 this、“类名.class” 或者是普通对象。

以例 5.10 为例，add()方法中真正的目的是同步对 list 对象的访问，以保证向其中填加的值有序，因此。可以将同步的范围缩小至其中的 for 语句。例如，可以将 add()方法修改为：

```
public void add() throws InterruptedException  {
    String name=Thread.currentThread().getName();
    synchronized(this){
        for(int i=0;i<5;i++){
            list.add(name);
            Thread.sleep(200);
            System.out.println(list);
        }
    }
}
```

其中，this 关键字表示当线程进入 synchronized 标识的语句块时，将当前对象作为锁，执行完语句块后，当前对象锁被释放，同一对象中其他线程可以访问先前被同步的资源。这种同步方式的执行结果等价于：

```
public synchronized void add() throws InterruptedException  {
    ……
}
```

但执行效率要高于对整个方法同步。

对于静态方法中部分语句的同步，需要将整个类指定为锁，这时要使用 Class 类的实例

(它封装了类或接口),用“类名.class”字面量来指定锁,例如:

```
class ThreadImp implements Runnable{
    static List<String> list=new ArrayList<String>();
    public static void add() throws InterruptedException  {
        String name=Thread.currentThread().getName();
        synchronized(ThreadImp.class){
            for(int i=0;i<5;i++){
                list.add(name);
                Thread.sleep(200);
                System.out.println(list);
            }
        }
    }
    ......
}
```

在上述代码片段中,add()方法被定义为静态方法,它不能引用对象实例,因此不能使用 this 关键字,只能用 Class 类的实例来作为同步锁。这种锁对类的所有对象实例起作用。

也可以指定 this 和 Class 类的实例之外的对象作为锁。这时,需要仔细区分线程之间使用的同步锁是否是同一个对象,如果是同一个对象,则这些线程之间要保持同步;否则,线程之间彼此对同步资源的访问互不影响。仍以例 5.10 为例,在 ThreadImp 类中定义一个对象并在同步时将其指定为锁,例如:

```
class ThreadImp implements Runnable{
    static List<String> list=new ArrayList<String>();
    private byte[] lock = new byte[0]; //定义了一个对象 lock
    public void add() throws InterruptedException  {
        String name=Thread.currentThread().getName();
        synchronized(lock){ //以 lock 为锁
            for(int i=0;i<5;i++){
                list.add(name);
                Thread.sleep(200);
            }
        }
    }
    ......
}
```

程序运行结果是线程“B”和线程“C”始终保持同步,线程“A”则不与它们同步。原因在于,线程“B”和线程“C”属于用一个对象,有共同的 lock 对象作为锁,即线程“B”和线程“C”会保持同步。而线程“A”所在实例中的 lock 对象与线程“B”和线程“C”所在实例中的 lock 对象是不同的,所以,两者不会相互影响。

但是，如果将代码改成：

```
class ThreadImp implements Runnable{
    static List<String> list=new ArrayList<String>();
    String s="abc"; //定义了一个字符串
    public void add() throws InterruptedException  {
        String name=Thread.currentThread().getName();
        synchronized(s){ //以字符串为锁
            for(int i=0;i<5;i++){
                list.add(name);
                Thread.sleep(200);
            }
        }
    }
    ……
}
```

则线程“A”、线程“B”、线程“C”三者将保持同步。这里虽然使用了字符串对象作为锁，在用相同的字面量或字符常量创建多个字符串对象时，不管使用了多少个变量名称，它们都会指向同一个对象。故程序中的三个线程的同步锁是同一个对象，因此，三者会保持同步。

使用 synchronized 关键字还有一点要注意，synchronized 关键字不能被继承，父类的方法是同步方法，子类中继承的这个方法会自动变成非同步方法，如果要在子类中使方法同步，必须显式地使用 synchronized 关键字。

5.2.5 线程的协作

线程的同步解决了多个线程之间对共享资源访问一致性的问题。但在很多情况下，仅仅保证共享资源的一致性是不够的，还需要多个线程之间进行合作，共同完成一项任务。例如，以仓库管理为例，除了取货员外，还有一类人员的工作是向仓库中进货，称为进货员。进货员也可以用线程来加以模拟。在实际的仓库管理中，这两类人员(线程)的工作必须相互配合，当仓库中已有一定数量的货物时，进货员应停止进货，通知取货员取货，并一直等待取货员从仓库中取出货物。取货员在取货时，当仓库中的货物减少到一定数量时，就通知进货员进货，并一直等待进货员通知再次取货。这种通过“等待”、“通知”机制，实现线程之间的合作工作，称为线程的协作。线程的协作，要使用 Obejct 类的 wait()、notify()和 notifyAll()方法。这几个方法的含义如表 5-5 所示。

表 5-5 Obejct 类与线程协作有关的方法

修饰符与返回值	方法名称	说明
public final void	wait() throws InterruptedException	当前线程等待，直至被唤醒
public final void	wait(long timeout) throws InterruptedException	当前线程等待参数 timeout 指定的时间(毫秒)，直至被唤醒或者到达了参数 timeout 指定的时间
public final void	notify()	唤醒一个等待的线程
public final void	notifyAll()	唤醒所有等待的线程

这几个方法的用法注意事项如下：

(1) wait()、notify()、notifyAll()这三个方法都是 Object 类的方法，而不是 Thread 类的方法，这三个方法可以应用于任何对象。它们的基本意思是使得调用当前对象的当前线程等待，或者是唤醒其他等待调用当前对象的线程。

(2) wait()、notify()、notifyAll()方法必须与关键字 synchronized 配合使用，它们只能用在 synchronized 关键字指明要加以同步的代码部分内。其典型的用法是：

```
Object lock = new Object();
synchronized(lock) {
    ……
    lock.wait();//或着 lock. notify();或者 notifyAll();
}
```

这意味着在执行 wait()、notify()、notifyAll()方法之前，线程必须获得对象锁。

(3) 调用 wait()方法之后，对象锁被释放，当前线程挂起，处于等待状态，等待被其他线程唤醒。调用 notify()或 notifyAll()方法之后，仅仅是唤醒了正在等待的线程，告知他们可以参与竞争，但只有 synchronized 关键字指明的同步代码全部执行完毕，锁才被释放，被唤醒其他线程才有可能获得执行权。

(4) 如果 wait()方法与 notify()方法(或 notifyAll()方法)位于同一个同步代码段内，必须先保证 notify()方法(或 notifyAll()方法)先被调用，调用 wait()方法后被调用。这是因为，一个等待的线程不可能自己唤醒自己。

【例 5.11】线程的协作。

```
import java.util.*;//1 行
public class ThreadsCollaboration {
    private List<Object> warehouse = new ArrayList<Object>();
    public static void main(String args[]){
        ThreadsCollaboration m = new ThreadsCollaboration();//5 行
        new Thread(new PickupMember(m.getWarehouse()),"取货员 1").start(); //启动
        线程
        new Thread(new PurchaseMember(m.getWarehouse()),"进货员 1").start();
        new Thread(new PickupMember(m.getWarehouse()),"取货员 2").start();
        new Thread(new PurchaseMember(m.getWarehouse()),"进货员 2").start();
    } //10 行
    public List<Object> getWarehouse() {
        return warehouse;
    }
}
class PickupMember implements Runnable{ //取货员线程   //15 行
     private List<Object> warehouse = null;
     private int count;
     public PickupMember(List<Object> lst){   //构造方法
```

```
            this. warehouse = lst;
        }  //20 行
        public void run() {
            while (count<100) {
                synchronized (warehouse) {
                    String name=Thread. currentThread(). getName();
                    if(warehouse. size()==0){ //25 行
                        try {
                            warehouse. wait();//仓库为空,放弃锁并等待
                        } catch (InterruptedException e) {
                            e. printStackTrace();
                        }  //30 行
                    }
                    else{
                        warehouse. remove(0);
                        warehouse. notify();
                        System. out. print(name+"从仓库取出 1 件货物,"); //35 行
                        System. out. print("仓库货物总数:"+warehouse. size()+",");
                        System. out. println("出货总数:"+(++count));
                    }
                }
            }  //40 行
        }
}
class PurchaseMember implements Runnable { //进货员线程
        private List<Object> warehouse = null;
        private int count;
        public PurchaseMember(List<Object> lst) { //构造方法
            this. warehouse = lst;
        }
        public void run() {
            while (count<100){   //45 行
                synchronized (warehouse) {
                    String name=Thread. currentThread(). getName();
                    if (warehouse. size() > 5) { //50 行,仓库中的货物超过 5 个
                        try {
                            warehouse. wait(); //仓库满,放弃锁并等待 //55 行,
                        } catch (InterruptedException e) {
                        e. printStackTrace();
                        }
                    }
                    else{ //60 行
```

```
                    warehouse.add(new Object());
                    warehouse.notify();
                    System.out.print(name+"向仓库添加1件货物,");
                    System.out.print("仓库货物总数："+warehouse.size()+",");
                    System.out.println("进货总数："+(++count)); //65行
                }
            }
        }
    }
} //70行
```

本例模拟了仓库管理中取货员和进货员的工作过程。PickupMember类定义的取货员(线程)的工作,每个取货员出货100件货物工作就结束(见程序第22行,count变量记录了取货员的工作量)。当仓库中的货物数量为0时,取货员暂停工作,等待进货员进货(见程序第25行至31行)。取货员每取出1件货物,就唤醒等待的线程(可能取货员,也可能是进货员,见程序第33行和第34行)。PurchaseMember类定义了进货员(线程)的工作,每个进货员进货100件货物工作就结束(见程序第50行)。当仓库中的货物数量超过5件时,进货员暂停工作,等待取货员出货(程序第53行至59行)。取货员每进1件货物,就唤醒等待的线程(可能进货员,也可能是取货员,见程序第61行和第62行)。在主类中,创建了2个取货员(线程)和2个进货员(线程),通过它们之间的协作,完成取货和进货的工作。

5.3 网络通信

网络通信是指利用不同层次的通信协议提供的接口实现网络进程之间交互。作为一种网络编程语言,Java提供了丰富的网络通信功能,这些功能都封装在java.net包中。

5.3.1 基本概念

Java的网络通信功能大致可以分为四类：第一种是处理IP地址;第二种是利用URL(Uniform Resource Locator统一资源定位器)来获取网络上的资源以及将自己的数据传送到网络的另一端;第三种是通过套接字(Socket)在客户机与服务器之间建立一个连接通道来进行数据的传输与通信,通常用于面向连接的通信;第四种是通过数据报(Datagram)将数据发送到网络上,这是一种面向无连接的通信方式。

1. IP

IP的全称是互联网协议(Internet Protocol),属于网络层协议,它的重要内容之一是规定了网络中每台机器的唯一标识,即IP地址。IP地址在计算机内部的表现形式是一个32位(IPv4)或128位(IPv6)的二进制数,目前使用的IP地址是IPv4,IPv6是未来的发展方向。为了便于使用,IPv4用四组十进制数表示,每组数字代表一个8位二进制数,中间用圆点(.)分隔。例如,74.125.71.106是Google搜索引擎服务器的IP地址。此外,IP还规定了IP数据包的组成、路由选择等。

2. URL

URL 的全称是统一资源定位符(Uniform Resource Locator)。简单地理解,URL 就是互联网上资源的引用地址。互联网上每个可用资源(超文本文档、图像、程序等等)都有一个特定的、唯一的地址,以标识该资源,这就是唯一资源标识 URL。URL 的一个典型应用是在 Web 浏览器中输入 URL,就会在浏览器中看到网页的内容,也即通过 URL 定位并访问到网络上的资源。

URL 的表现形式是一个字符串,其基本语法是:

协议://主机名:端口号/路径名/文件名#片段

以下对其中的各个部分做简要解释:

协议:指定了网络应用层上传输信息的协议,常见的应用层传输协议有 Http、Ftp、Gopher、Telnet 等,例如,http://www.pku.edu.cn/表示使用 HTTP 协议传输数据;ftp://ftp.turbolinux.com.cn/表示使用 FTP 协议传输数据.

主机名:域名(表示服务器计算机的名称的字符串)或 IP 地址。例如,http://www.google.com.hk/与 http://74.125.71.106/都指向 Google 搜索引擎服务器。

对于某些需要用户登录的主机,可以在主机名前面加上用户名和密码,格式为“用户名@主机名”或“用户名:密码@主机名”,统称为授权部分。例如:

ftp://zhtqlj:asd123@vipl.vicp.net/

端口号:端口是计算机与外界进行通信时信息的出入口。端口号表示端口的代码,是 0-65535 之间的整数。例如,对于标准服务而言,HTTP 服务的端口号为 80,FTP 服务的端口号为 21,Telnet 服务的端口号是 23 等。如果使用标准服务端口号,则在 URL 中可以省略,否则必须要指定端口号。

路径名:路径名用于指定主机上资源所在的目录,如果是多层目录结构,不同层次的目录用“/”隔开。

文件名:文件名指明了主机上具体资源的名称,例如,http://wenwen.soso.com/z/q373840523.htm 中的 q373840523.htm,就是要访问的网页。对于动态网页,文件名表现为一个查询串,例如 http://www.google.com.hk/search? q=abc 中的 search? q=abc。如果 URL 中没有指明具体文件,服务器会自动指向一个缺省的文件。

片段:片段用于指明一个网页资源中的特定部分,通常是网页中的锚点或书签,可以直接定位到网页上的特定部分,例如:http://www.cpu.edu/index-4.html#4。

3. TCP

传输控制协议(Transmission Control Protocol,TCP)是一种传输层上的协议,负责对数据进行可靠的传输,是一种面向连接的协议,要求通信的双方必须建立连接并且在连接建立成功之后才能开始通信。为保证发送端的数据能够确实被送达至接收端,并且与发送端的数据完全一致,TCP 规定了通信过程中的接收确认、数据检测、出错重发、数据恢复、连接超时控制等机制。特点是数据传输准确率高,但网络开销较大。适用于要求传输可靠性的网络应用,如 HTTP、FTP 或 Telnet 等。

java.net 程序包中的类 URL、URLConnection、Socket 和 ServerSocket 类等均使用

TCP 协议进行通信。

4. UDP

用户数据报协议(User Datagram Protocol,UDP),也是网络传输层上的协议,它是一个面向无连接的不可靠传输协议。在传输时,它不要求传输的双方建立连接,也不管接收方是否接收到数据,只负责传输独立的数据包。其优点是可以广播数据,资源消耗小,处理速度快,但仅适用于对准确性要求不高的网络通信,典型的应用有音视频数据传输、网络聊天等。

java.net 程序包中的 DatagramPacket、DatagramSocket 和 MulticastSocket 等类均使用 UDP 协议进行通信。

5.3.2 处理 IP 地址

处理 IP 地址的类包括 InetAddress 以及 Inet4Address、Inet6Address 三个类,它们均用于封装一个 IP 地址,其中 Inet4Address 和 Inet6Address 是 InetAddress 的直接子类,分别用于封装 IPv4 地址和 IPv6 地址。这三个类都没有构造方法,需要用自身的静态方法返回实例。这三个类的常用方法如表 5-6 所示。

表 5-6 处理 IP 地址的方法

修饰符与返回值	方法名称	说明
public static InetAddress	getLocalHost() throws UnknownHostException	返回本地主机 IP 地址。如果找不到本机 IP 地址,抛出 UnknownHostException
public static InetAddress	getByName(String host) throws UnknownHostException	返回主机的 IP 地址,主机名有参数 host 指定,它可以是域名,也可以是 IP 地址
public String	getHostName()	获取此 IP 地址对应的主机名
public String	getHostAddress()	获取 IP 地址的字符串表示形式

【例 5.12】从域名获得 IP 地址。

```
import java.net.*;//1 行
class InetAddressDemo{
   public static void main (String [] args) throws UnknownHostException{
       String host = "www.google.com.hk";
       InetAddress ip = InetAddress.getByName (host);//5 行
       System.out.println ("Google 的 IP 地址 = " +ip.getHostAddress ());
       System.out.println ("Google 的网址 = " +ip.getHostName ());
   }
}
```

本例查询 Google 的 IP 地址,利用域名创建一个 InetAddress 实例(见程序第 5 行),再用该类的 getHostAddress ()方法返回域名的 IP 地址(见程序第 6 行)。程序运行结果如下:

```
Google 的 IP 地址 = 74.125.71.147
Google 的网址 = www.google.com.hk
```

5.3.3 基于 URL 的网络通信

统一资源定位符(URL)代表了网络上的资源,利用 URL 可以访问网络上的相关资源,Java 提供了 URL 类和 URLConnection 类,利用统一资源定位符与网络资源通信,而不必关心网络的底层实现细节。

1. URL 类

URL 类封装 URL 地址指向的网络资源,并包括了多种来访问、解析和处理指定网络资源用的有关方法,常用的构造函数有以下几种:

(1) public URL(String absoluteURL) throws MalformedURLException。

用 URL 绝对地址创建 一个 URL 实例,参数 absoluteURL 必须是一个有效的 URL 地址。例如:

```
URL url = new URL("http://www.pku.edu.cn/about/bdjj.jsp");
```

(2) public URL(URL baseURL, String relativeURL) throws MalformedURLException。

用 URL 相对地址创建一个 URL 实例,其中,baseURL 是一个 URL 对象,表示要访问的 URL 的基地址。relativeURL 为相对 baseURL 的其余部分,baseURL 和 relativeURL 合起来构成了一个可以访问的 URL 地址。若 baseURL 为 null,则 relativeURL 被看做是绝对地址。例如,以下两条语句等价于用 http://www.pku.edu.cn/about/bdjj.jsp 绝对地址创建 URL 对象:

```
URL url1=new URL("http://www.pku.edu.cn/about/");
URL url = new URL(url1,"bdjj.jsp");
```

(3) public URL(String protocol, String host, String file) throws MalformedURLException。

用缺省端口和指定方式创建一个 URL 实例,其中,protocol 为要使用的协议名称,如 http、ftp 等。host 是主机名称,可以是主机的域名,也可以是主机的 IP 地址。file 是要访问的主机上的文件名称,包括文件所在的目录名称。例如:

```
URL url = new URL("http","www.pku.edu.cn","/about/bdjj.jsp");
```

(4) public URL (String protocol, String host, int port, String file) throws MalformedURLException。

用指定方式创建一个 URL 实例,除了指定协议形式、主机名称和文件名,还指定端口号。例如:

```
URL url = new URL("http","www.pku.edu.cn",80,"/about/bdjj.jsp");
```

URL 类的主要方法可以分为两类:一类是读取 URL 属性的方法;另一类是读取 URL 资源内容的方法,如表 5-7 所示。

表 5-7　URL 类的主要方法

方法类别	修饰符与返回值	方法名称	说明
读取 URL 属性	public String	getProtocol()	返回 URL 中的协议名称
	public String	getHost()	返回 URL 中的主机名称
	public int	getPort()	返回 URL 中的端口号
	public int	getDefaultPort()	返回 URL 中的缺省端口号
	public String	getAuthority()	返回 URL 中的授权部分
	public String	getUserInfo()	返回 URL 中的用户信息
	public String	getPath()	返回 URL 中的路径部分
	public String	getQuery()	返回 URL 中的查询部分
	public String	getFile()	返回 URL 中的文件名
	public String	getRef()	返回 URL 中的片段部分
读取 URL 资源内容	public final InputStream	openStream() throws IOException	返回 URL 资源的内容
	public URLConnection	openConnection() throws IOException	返回 URL 所指向的远程对象连接

表 5-7 中的 openStream()方法将 URL 资源的内容以字节输入流 InputStream 的形式返回，可以从这个输入流中读出 URL 指向的资源内容，有关字节输入流的细节，请参阅“输入与输出”一章。openConnection()方法返回 URLConnection 对象，可以进行更为复杂的操作，具体内容将在下面介绍。

2. URLConnection 类

URLConnection 类是一个抽象类，代表了应用程序和 URL 资源之间的通信连接，它不仅可以从服务器上读取 URL 资源，同时也可以向服务器发送信息。URLConnection 类的实例要通过 URL 类的 openConnection()方法获得，其常用方法包括：

(1) 获取资源的属性。

这类方法可以获取资源的头字段中的属性，包括：

① public String getContentEncoding()。

返回资源的内容编码，即返回 content-encoding 头字段的值。如果编码为未知，则返回 null。

② public int getContentLength()。

返回资源的内容长度，即返回 content-length 头字段的值。如果内容长度未知，则返回 -1。

③ public String getContentType()。

返回资源的内容类型，即返回 content-type 头字段的值。如果类型为未知，则返回 null。

④ public long getDate()。

返回资源的发送日期，即返回 date 头字段的值。该值为距离格林威治标准时间 1970 年 1 月 1 日的毫秒数。如果为未知，则返回 0。

⑤ public long getExpiration()。

返回资源的期满日期,即返回 expires 头字段的值。该值为距离格林威治标准时间 1970 年 1 月 1 日的毫秒数。如果为未知,则返回 0。

⑥ public long getLastModified()。

返回资源的上次修改日期,即返回 last-modified 头字段的值。该值为距离格林威治标准时间 1970 年 1 月 1 日的毫秒数。如果为未知,则返回 0。

⑦ public String getHeaderField(String name)。

返回 name 指定的头字段的值。如果头中没有这样一个字段,则返回 null。

(2) 与读写资源有关的方法。

① public void setDoInput(boolean doinput)/ public boolean getDoInput()。

设置/返回读操作标志,若应用程序可以从当前对象中读取数据,则 doinput 值为 true,否则为 false。缺省值为 true。

② public void setDoOutput(boolean dooutput)/ public boolean getDoOutput()。

设置/返回写操作标志,若应用程序可以向当前对象中写入数据(发送请求),则 dooutput 值为 true,否则为 false。缺省值为 true。

③ public InputStream getInputStream() throws IOException。

返回当前对象指向的资源内容。此方法等价于 URL 类的 openStream()方法。

④ public OutputStream getOutputStream() throws IOException。

返回要写入到当前对象中的内容。可以对该输出流进行操作,输入流的内容会被发送给服务器。有关 OutputStream 类型的细节,请参阅"输入与输出"一章。

【例 5.13】提交查询并获得返回信息。

```
import java.io.*;//1 行
import java.net.*;
public class QueryDemo {
    public static void main(String[] args) throws IOException {
        URL url = new URL("http://www.sogou.com/web");//创建 URL 对象  //5 行
        URLConnection urlCon = url.openConnection();//创建 URLConnection 对象
        urlCon.setDoOutput(true);//指定要发送请求
        urlCon.setDoInput(true);//指定要接收响应
        OutputStreamWriter out = new OutputStreamWriter(
                                urlCon.getOutputStream()); //建立输出流//10 行
        out.write("query=Java 程序设计");//将查询写入输出流
        out.close();//关闭输入流
        InputStream in = urlCon.getInputStream();//建立输出流,其中的内容是服务器响应的
内容
        FileOutputStream os = new FileOutputStream("a.html");//建立输出文件
        for (int c = in.read(); c != -1; c = in.read()) { //读出响应的内容//15 行
            os.write(c); //将读出的内容写入到文件中
        }
```

```
        in.close();//关闭输入流
        System.out.println("返回内容属性：");//返回资源的属性
        System.out.println("内容大小："+ urlCon.getContentLength());//20 行
        System.out.println("内容类型："+ urlCon.getContentType());
        System.out.println("内容编码："+ urlCon.getContentEncoding());
        System.out.println("修改日期："+ urlCon.getLastModified());
    }
}//25 行
```

本程序演示了用 URLConnection 的对象向服务器发送信息并获得服务器的响应。程序建立了一个 URL 连接(见程序第 5 行和第 6 行)，并指定可以对该连接进行读写操作(程序第 7 行和第 8 行)。然后，获得当前对象中输出流，对该输出流做写操作(见程序第 9 行至 13 行)。此后，返回服务器的应答(见程序第 13 行)，将服务器应答的内容写到文件 a.html 中(见程序第 14 行至 17 行)，最后显示出应答内容的属性。程序运行后，控制台输出如下，并且，a.html 文件中保存用“Java 程序设计”为关键词查询“搜狗”搜索引擎的检索结果页。

```
返回内容属性：
内容大小：-1
内容类型：text/html; charset=GBK
内容编码：null
修改日期：0
```

5.3.4 基于套接字的网络通信

套接字(Socket)是一种网络通信规范，它定义了网络通信双方的通信接口，通过这个接口，通信的双方可以建立连接、发送请求、应答响应等等。

应用程序之间进行网络通信时，至少需要一对套接字。定义请求端(客户端)通信接口的套接字称为客户端套接字(Client Socket)；定义响应端(服务器端)的套接字称为服务器套接字(Server Socket)。两者的相互配合，使得网络通信成为可能。Java 中基于套接字的网络通信，主要通过 Socket 类和 ServerSocket 类来实现。

1. Socket 类

Socket 类封装了客户端套接字。利用 Socket 类，客户机可以请求建立与服务器的连接、向服务器发送请求、获得服务的应答等等。其常用的构造方法如下：

(1) Socket(String host, int port) throws UnknownHostException, IOException。

创建一个套接字，并将其连接到指定主机 host 的指定端口号 port 上。

(2) Socket(InetAddress address, int port) throws IOException。

创建一个套接字，并将其连接到指定 IP 地址 InetAddress 的指定端口号 port 上。

Socket 类的常用方法如表 5-8 所示。

表 5-8　Socket 类的常用方法

修饰符与返回值	方法名称	说明
public InetAddress	getInetAddress()	返回套接字连接的 IP 地址
public int	getPort()	返回套接字连接到的远程端口
public InputStream	getInputStream() throws IOException	返回套接字中内容的输入流，利用该输入流，可以获得服务器的响应
public OutputStream	getOutputStream() throws IOException	返回套接字中内容的输出流，利用该输出流，可以向服务器发送请求响应
public void	shutdownInput() throws IOException	关闭套接字中内容的输入流
public void	shutdownOutput() throws IOException	关闭套接字中内容的输出流
public void	close() throws IOException	关闭套接字

【例 5.14】聊天室客户端程序。

```
import java.io.*;//1 行
import java.net.*;
public class ChatClient  {// 客户端程序
    public static void main(String[] args) throws UnknownHostException, IOException {
        String name=args[0];//5 行
        Socket s = new Socket(InetAddress.getLocalHost(),6666);
        DataOutputStream dos=new DataOutputStream(s.getOutputStream());
        DataInputStream dis=new DataInputStream(s.getInputStream());
        new ReceiveMessage(dis).start();//启动接收信息线程
        new SendMessage(dos,name).start();//启动发送信息线程  //10 行
    }
}
class ReceiveMessage extends Thread{// 接收信息的线程类
    private DataInputStream dis;
    public ReceiveMessage(DataInputStream dis){//15 行
        this.dis=dis;
    }
    public void run() {
        while (true){
            try {//20 行
                System.out.println(dis.readUTF());
            } catch (IOException e) {
                e.printStackTrace();
            }
        }//25 行
```

```
        }
    }
    class SendMessage extends Thread {// 发送信息的线程类
        private DataOutputStream dos;
        private String name; //30 行
        public SendMessage(DataOutputStream dos,String name){
            this.dos=dos;
            this.name=name;
        }
        public void run() {//35 行
            String info;
            InputStreamReader is=new InputStreamReader(System.in);
            BufferedReader bf=new BufferedReader(is);
            while (true){
                try {//40 行
                    info=bf.readLine();
                    dos.writeUTF(name+":"+info);
                } catch (IOException e) {
                    e.printStackTrace();
                }//45 行
            }
        }
    }
```

本程序由三个类组成。主类 ChatClient 用命令行参数接收用户标识(见程序第 5 行),建立与服务器端的连接(见程序第 6 行),获得套接字的输出流和输入流(见程序第 7 行和第 8 行),并启动用于接收信息和发送信息的线程(见程序第 9 行和第 10 行)。接收服务器的信息和向服务器发送信息,需要读写从套接字中返回的输入流和输出流,在读取成功之前,程序一直等待。为保证程序不会阻塞,将接收信息和发送信息的操作设计成两个线程类,使它们相互独立,互不影响。ReceiveMessage 类是用来从服务器接收信息的线程类,其主要功能是从套接字的输入流中读出信息并将信息显示到控制台上(见程序第 21 行)。SendMessage 类是用来将信息发送给服务器的线程类,其主要功能是接收用户在控制台上键入的信息(见程序第 41 行),并将该信息连同用户标识写入到套接字的输出流中(见程序第 42 行)。

2. ServerSocket 类

ServerSocket 类代表了服务器套接字,它负责监听服务器的特定端口,接收客户连接请求。其常见构造方法有两个:

(1) public ServerSocket(int port) throws IOException。

创建一个与指定端口 port 相绑定的服务器套接字。port 必须和客户端指定的端口号相同。如果 port 的值为 0,则由服务器自动分配空闲的端口。

(2) public ServerSocket(int port, int backlog) throws IOException。

创建一个与指定端口 port 相绑定的服务器套接字,并且指定客户端可以请求连接的最大次数 backlog。服务器用一个队列对客户端的连接请求进行管理,当队列中的连接请求达到了队列的最大容量时,服务器进程会拒绝新的连接请求,除非已有连接请求被移出队列,参数 backlog 指定了这个队列的最大长度,在缺省情况下,backlog 值为 50。如果 backlog 的值小于等于 0 或者不指定 backlog 的值,则使用该参数的缺省值。

ServerSocket 类的常用方法如表 5-9 所示。

表 5-9 ServerSocket 类的常用方法

修饰符与返回值	方法名称	说明
public Socket	accept() throws IOException	侦听并等待客户端连接请求,在客户端发出连接请求时,返回一个与客户端套接字相对应的 Socket 对象,可以利用此对象与客户端进行数据通信
public int	getLocalPort ()	返回服务器套接字侦听的本地端口
public InetAddress	getInetAddress()	返回服务器套接字的本地地址
public void	close() throws IOException	关闭服务器套接字

【例 5.15】聊天室服务器端程序。

```
import java.io.*;//1 行
import java.net.*;
import java.util.*;
public class ChatServer {// 服务器端程序
    private static List <Socket> clients = new ArrayList<Socket>();//5 行
    public static void main(String[] args) {
        try {
            ServerSocket ss = new ServerSocket(6666);// 建立服务器端套接字
            while (true){
                Socket s = ss.accept();// 等待并接收客户端请求//10 行
                clients.add(s);//保存与用户请求相对应的套接字
                new RelayMessage(s,clients).start();// 启动转发消息线程
            }
        } catch (IOException e) {
            e.printStackTrace();//15 行
        }
    }
}
class RelayMessage extends Thread{//转发信息线程类
    private Socket s;//20 行
    private List <Socket> clients;
    public RelayMessage(Socket s,List<Socket> clients){
```

```
            this.s = s;
            this.clients = clients;
        }//25行
        public void run() {
            try {
                InputStream is=s.getInputStream();
                DataInputStream dis=new DataInputStream(is);
                while (true){//30行
                    String str=dis.readUTF();//读取客户端消息
                    for(Socket temp:clients){// 将读到的消息转发给其他客户端
                        DataOutputStream dos=new DataOutputStream(temp.getOutputStream());
                        dos.writeUTF(str);
                    }//35行
                }
            } catch (IOException e) {
                e.printStackTrace();
            }
        }//40行
    }
```

本程序包括两个类。主类ChatServer首先建立服务器端套接字(见程序第8行),并用该套接字侦听客户端的连接请求,一旦接收到客户端的连接请求,就创建与客户端套接字相对应的套接字(见程序第10行)。主类中用一个列表clients来管理多个套接字连接,每接收到一个客户端请求,就将相应的套接字添加到列表中(见程序第10行),以后通过遍历该列表,就可以找到已经与服务器建立连接的客户端。最后,主类启动用于转发信息的线程。本例程序的主要功能是接收客户端发送来的信息,并将该信息转发给其他客户端。在这个过程中,需要读写套接字的输入流和输出流。与客户端程序的设计思想一样,用线程类RelayMessage负责客户端信息的转发。该类的主要功能是从套接字输入流中读出信息(见程序第31行),通过遍历列表clients,将读出的信息转发个其他的客户端(见程序第32行至35行)。

用DOS命令行执行例5.14和例5.15。注意要先执行服务器端程序,再分别以“小张”、“小王”为命令行参数运行两个客户端程序,这两个客户端的用户就可以在各自的控制台上与对方聊天了。客户端程序的运行如图5-1所示。

为节省篇幅起见,上述两个例子仅仅演示了套接字的主要用法,还相当不完善,例如,应该判断客户端是否输入了空字符串(只键入了回车键),如果是空字符串就不再转发。另外,I/O流使用完后应该关闭,网络连接不上时要给出提示,有客户端退出时应通知其他客户并从管理列表clients中删除相应的套接字等。

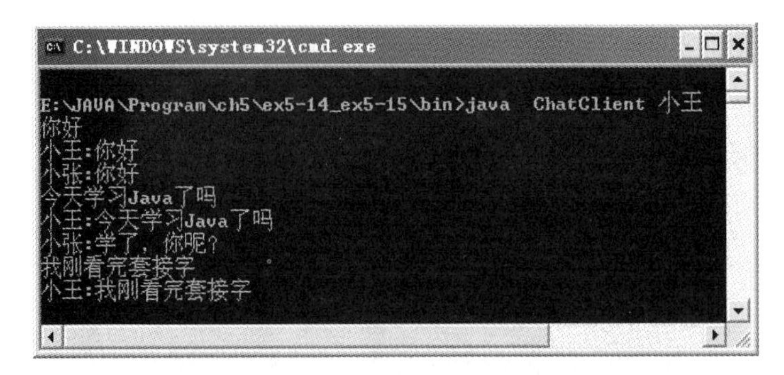

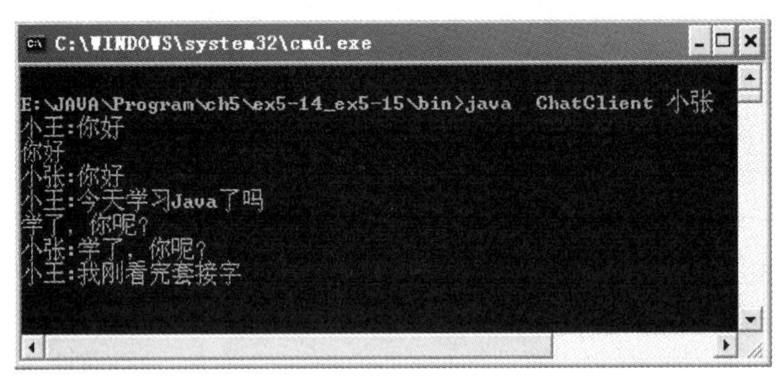

图 5-1 聊天程序运行结果

5.3.5 基于数据报的网络通信

数据报(datagram)是一种带有足够寻址信息的自含式独立数据实体，它可以不依赖计算机之间的先前或以后的连接和通信，而从网络上的源计算机传向目标计算机。由于数据报包括了完整的源地址或目的地址信息，因此它通过网络上的任何可能的路径传往目的地，因此无需建立发送方和接收方的连接，但却不能保证一定能够到达目的地、到达目的地的时间以及内容的正确性。

前面谈到的基于 URL 和基于套接字的网络通信，都使用了 TCP 协议进行通信，而基于数据报的网络通信则使用 UDP 协议。Java 中实现数据报通信的类主要有 DatagramSocket、DatagramPacket 和 MulticastSocket 类。

1. DatagramSocket 类

DatagramSocket 类封装了数据报套接字，该套接字的主要功能是发送和接收数据报。其常用构造方法有：

(1) public DatagramSocket() throws SocketException。

创建一个数据报套接字，并将其连接到本机地址和一个随机的可用端口号上。

(2) public DatagramSocket(int port) throws SocketException。

创建一个与本机指定端口相连的数据报套接字，参数 port 用来指定相连接的端口号。

(3) public DatagramSocket(int port,InetAddress laddr) throws SocketException。

创建一个数据报套接字，它所连接的本机地址和端口分别由参数 laddr 和 port 指定。

DatagramSocket 类的常用方法如表 5-10 所示。

表 5-10 DatagramSocket 类的常用方法

修饰符与返回值	方法名称	说明
public void	send(DatagramPacket p) throws IOException	发送数据报包，数据报包由参数 p 指定
public void	receive(DatagramPacket p) throws IOException	等待并接收数据报包。接收到的数据报包存放在参数 p 中
public void	disconnect()	断开连接
public void	close()	关闭数据报套接字

2. DatagramPacket 类

表 5-10 发送和接收数据报方法中的参数被定义为 DatagramPacket 类型，该类型封装了利用 UDP 协议接收和发送的数据报包。常用的构造方法有：

(1) public DatagramPacket(byte[] buf, int length)。

创建一个接收用的数据报包，接收内容的长度为 length，接收的内容存放在 buf 中。参数 length 的值必须小于等于 buf. length。

(2) public DatagramPacket(byte[] buf, int offset, int length)。

创建一个接收用的数据报包，接收内容的长度为 length，接收的内容存放在 buf 中，接收内容的起始位置是 offset。

(3) public DatagramPacket(byte[] buf,int length, InetAddress address, int port)。

创建一个发送用的数据报包，发送内容存放在 buf 中，要发送的长度为 length，发送到的地址和端口分别由 address 和 port 指定。

(4) public DatagramPacket(byte[] buf, int offset,int length,InetAddress address,int port)。

创建一个发送用的数据报包，发送内容存放在 buf 中，要发送的长度为 length，发送内容的起始位置为 offset，发送到的地址和端口分别由 address 和 port 指定。

DatagramPacket 类的常用方法如表 5-11 所示。

表 5-11 DatagramPacket 类的常用方法

修饰符与返回值	方法名称	说明
public void	setData(byte[] buf)	设置数据报包的内容缓冲区
public void	setData(byte[] buf, int offset, int length)	设置数据报包的内容缓冲区，包括起始位置 offset 和长度 length
public void	setAddress(InetAddress iaddr)	设置数据报包发往的 IP 地址
public void	setPort(int iport)	设置数据报包发往的端口号
public byte[]	getData()	返回数据缓冲区的内容
public int	getLength()	返回缓冲区的长度
public int	getOffset()	返回内容在数据缓冲区中的起始位置
public InetAddress	getAddress()	返回数据报包的来源或目标机器的 IP 地址
public int	getPort()	返回数据报包的来源或目标机器的端口号

【例 5.16】数据报应用程序。

(1) 发送端程序。

```
import java. net. * ;//1 行
import java. util. * ;
public class MessageSender {
    private static Set 〈String〉 receivers= new HashSet〈String〉();
    public static void main(String[] args) {//5 行
        try {
            DatagramSocket dgs = new DatagramSocket();//创建缺省数据报套接字
            new SendOP(dgs,receivers). start();//启动发送信息线程
            new receiveOP(dgs,receivers). start();////启动接收信息线程
            while (true){//10 行
                if(receivers. size()〉=3){//全部接收到信息后程序结束
                    System. out. println("全部接收到");
                    dgs. close();// 关闭套接字
                    System. exit(0);//程序结束
                }//15 行
            }
        } catch (Exception e) {
            e. printStackTrace();
        }
    }//20 行
}
class SendOP extends Thread{//发送信息线程类
    private DatagramSocket dgs;
    private Set 〈String〉 receivers;
    public SendOP(DatagramSocket dgs,Set 〈String〉 receivers){//25 行
        this. dgs=dgs;
        this. receivers=receivers;
    }
    public void run(){
        String message = "明天在教 2 楼 308 上机,别忘了";// 要发送的信息//30 行
        byte[] buf = message. getBytes();//获得要发送的信息的长度
        while (receivers. size()<=3){//若还有客户端没有收到信息,反复发送
            try {
                DatagramPacket senddgp = new DatagramPacket(buf, buf. length,
                    InetAddress. getLocalHost(),8888);// 创建要发送的数据报包//35 行
                dgs. send(senddgp);// 通过套接字发送数据
                System. out. println("发送的消息: " +message);
                sleep(1000);//休眠 1 秒
            }catch (Exception e) {
```

```
                    e. printStackTrace();//40 行
                }
            }
        }
    }
    class receiveOP extends Thread{//接收信息线程类//45 行
        private DatagramSocket dgs;
        private Set <String> receivers;
        public receiveOP(DatagramSocket dgs,Set <String> receivers){
            this. dgs=dgs;
            this. receivers=receivers;//50 行
        }
        public void run(){
            byte[] reBuf = new byte[1024];//定义接收数据的缓冲区
            DatagramPacket revdgp = new DatagramPacket(reBuf, 1024);//创建要接收的数据
            报包
            while(receivers. size()<3){//若还有客户端没有返回信息,继续接收//55 行
            try {
                    dgs. receive(revdgp);// 通过套接字接收数据
                    String data = new String(reBuf, 0, revdgp. getLength());
                    System. out. println("接收方返回的消息: " + data);
                    receivers. add(data);//将接收到的数据添加到数据集合//60 行
            } catch (Exception e) {
                e. printStackTrace();
            }
            }
        }//65 行
    }
```

发送端程序利用 UDP 协议发送信息。本例假定有三个接收者,接收者接收到信息后会给出一个返回消息,发送端程序接收这三个接收者的返回消息,只有在三个接收者都返回了消息的情况下,发送端程序才结束,否则,发送端程序就每隔 1 秒发送一次信息。在主类 MessageSender 中,定义了集合类型的变量 receivers(见程序第 4 行),用来存放接收端返回的消息,为简单起见,本例程仅判断是否有三个接收端返回了消息,如果是,则程序结束(见程序第 10 行至 16 行)。与前面所述的聊天室程序的原理类似,将发送数据报和接收数据报的操作设计成线程类,分别是 SendOP 类和 receiveOP 类。在 SendOP 类中,若还有客户端没有收到信息,则反复发送信息(见程序第 32 行至 42 行),其中,第 34 行至 36 行用于建立发送用的数据报包并将其发送出去。在 receiveOP 类中,若还有客户端没有返回信息,则继续接收信息(见程序第 55 行至 64 行),其中,如接收到信息,就将不重复的信息添加到变量 receivers(见程序第 60 行)。

(2) 接收端程序。

```
import java.net.*;//1行
public class MessageReceiver {
    public static void main(String[] args) {
        String s=args[0];
        try {  //5行
            DatagramSocket dgs = new DatagramSocket(8888,
                              InetAddress.getLocalHost());// 创建数据报套接字
        byte[] buf = new byte[1024];// 确定接收数据的缓冲区
            DatagramPacket dgp = new DatagramPacket(buf, 1024);//创建接收用的数据报包
            dgs.receive(dgp);// 通过套接字接收数据//10行
            String message = new String(buf, 0, dgp.getLength());
            System.out.println("对方发送的消息: " + message);
            InetAddress ip = dgp.getAddress();// 通过数据报得到发送方的 IP 和端口号
            int port = dgp.getPort();
            System.out.println("对方的 IP 地址是: " + ip.getHostAddress());//15行
            System.out.println("对方的端口号是: " + port);
            String fbMessage = s+"说: 我收到了!";// 定义要发送的信息,并转换为字节
            数组
            byte[] backBuf = fbMessage.getBytes();
            DatagramPacket fbdgp = new DatagramPacket(backBuf,
                    backBuf.length, ip,port);// 创建发送用的数据报包  //20行
        dgs.send(fbdgp);// 将数据报包发送至发送来信息的地址
             dgs.close();// 关闭套接字
        } catch (Exception e) {
            e.printStackTrace();
        }//25行
    }
}
```

接收端程序比较简单,它从本机 8888 端口接收信息(见程序第 6 行至 10 行),本机 8888 端口正是发送端发送数据报包的地址(将发送端程序的第 34 行至 36 行)。然后,根据接收到的数据报包获得发送端的 IP 地址和端口(见程序第 13 行和第 14 行),并将响应消息发送到这个 IP 地址和端口,以供发送端接收(见程序第 19 行至 21 行)。

用命令行方式运行发送端程序,并分别用“小王”、“小李”、“小张”为命令行参数运行接收端程序。可以看到,发送端程序会不断发送信息,直至三个接收端的程序都接收到了信息才结束。程序运行结果如图 5-2 所示。

```
C:\WINDOWS\system32\cmd.exe

E:\JAVA\Program\ch5\ex5-16\bin>java  MessageSender
发送的消息：明天在教2楼308上机，别忘了
发送的消息：明天在教2楼308上机，别忘了
发送的消息：明天在教2楼308上机，别忘了
发送的消息：明天在教2楼308上机，别忘了
发送的消息：明天在教2楼308上机，别忘了
接收方返回的消息：小张说：我收到了！
发送的消息：明天在教2楼308上机，别忘了
发送的消息：明天在教2楼308上机，别忘了
接收方返回的消息：小李说：我收到了！
发送的消息：明天在教2楼308上机，别忘了
发送的消息：明天在教2楼308上机，别忘了
发送的消息：明天在教2楼308上机，别忘了
发送的消息：明天在教2楼308上机，别忘了
接收方返回的消息：小王说：我收到了！
全部接收到

E:\JAVA\Program\ch5\ex5-16\bin>
```

(a) 发送端控制台

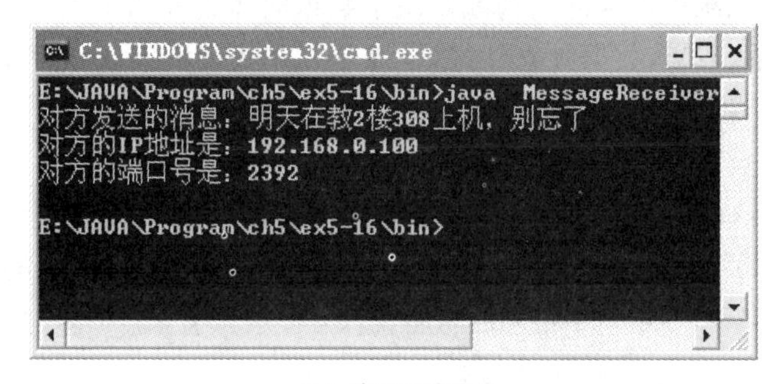

(b) 接收端控制台

图 5-2　数据报应用程序运行结果

5.4　数据库编程

5.4.1　基础知识

数据库技术是信息技术的一个重要领域，也是计算机处理与存储数据的最有效、最成功的技术。如何利用 Java 语言操纵数据库，是 Java 程序设计者需要掌握的内容。

1. 数据库及其类型

数据库（Databases，DB）是指长期保存在计算机的存储设备上、并按照某种模型组织起来的、可以被各种用户或应用共享的数据的集合。数据库管理系统（Database Management Systems，DBMS）是对数据库进行统一管理和控制的软件系统，它位于操作系统和应用程序之间，具备数据对象定义、数据存储与备份、数据访问与更新、数据统计与分析、数据安全保护、数据库运行管理以及数据库建立和维护等功能。

数据库中的数据是结构化的，建立数据库需要考虑如何去组织数据，如何表示数据及数据之间的联系，才能便于对其进行有效的处理。根据数据库中的数据组织方式，目前的数据库可以分成层次数据库、网状数据库、关系数据库以及面向对象数据库。

层次数据库将其中的数据组织成有向有序的树结构，并用“一对多”的关系连接不同层次的数据。这种数据库的优点是结构简单，完整性好，不足在于数据结构严格且复杂，对数据的操作限制较多。层次数据库的典型代表是 IBM 的 IMS(Information Management System)，该系统在 20 世纪 70 年代得到了广泛应用。

网状数据库是一种基于图结构的数据库，它用网络结构来表示数据实体及数据实体之间的关系，具有“多对多”的关系。这种数据库描述能力强、存取效率高、性能较好，但是结构复杂，在计算机系统中实现比较困难。20 世纪 70 年代产生了许多网状数据库，比较著名的有 Cullinet 软件公司的 IDMS，Honeywell 公司的 IDSII，Univac 公司的 DMS1100，HP 公司的 IMAGE 等。

关系数据库是目前应用最为广泛的数据库类型，它利用满足一定条件的二维表格来表示数据实体集合及数据之间联系，其中二维表格的行(row)称为记录，二维表格的列(column)称为字段，二维表本身的结构就反映了数据实体之间的关系。这种类型数据库的特点是数据结构简单、清晰，数据独立性好，缺点是复杂查询的实现效率不高。目前常用的关系数据库有 ORACLE 公司的 Oracle、IBM 的 DB2、SYBASE 公司的 Sybase 以及 Microsoft 的 SQL Server 等。

面向对象数据库是基于面向对象的理论和方法的数据库，它把其中的数据看做是对象，支持对象的封装、抽象、继承等，不但继承了关系数据库的许多优点，还能处理多媒体数据，并支持面向对象的程序设计。面向对象数据库已成为目前数据库中最有前途的发展方向之一。

2. SQL 语言

SQL 的全称是结构化查询语言(Structured Query Language)，ANSI(美国国家标准协会)已经将其颁布为操纵关系数据库管理系统的标准语言。绝大多数的关系数据库都支持 SQL 语言标准，同时对 SQL 标准语句进行了扩展。以下对常用的 SQL 语句做简单介绍，所有的 SQL 语句对大小写是不敏感的。

(1) 创建和删除数据表。

一个典型的关系数据库通常由一个或多个表组成。数据库中的所有数据或信息都被保存在这些表中。数据库中的每一个表都具有唯一的表名称，每个表都是由行和列组成，每一列包括了该列名称、数据类型以及列的其他属性等信息，而行则包含这些列的具体数据的记录。

① 创建数据库表，语法如下：

```
CREATE TABLE 表名(
    列名 数据类型
    [,列名 数据类型]
    [,列名 数据类型]
    ……
)
```

例如，以下SQL创建了一个Books表，该表包括两个字段：一个是整型的BookID字段；另一个是字符型的Title（书名）字段：

```
CREATE TABLE Books(id int, Title varchar(80))
```

② 删除数据库表，语法如下：

```
DROP TABLE 表名称
```

（2）修改表结构。

修改表结构主要是对列进行增、删或者修改列的数据类型。

① 增加列，语法如下：

```
ALTER TABLE 表名 ADD 列名 类型[,列名 类型][,列名 类型]...
```

② 删除列，语法如下：

```
ALTER TABLE 表名 DROP 列名
```

③ 修改列的数据类型，语法如下：

```
ALTER TABLE 表名 ALTER COLUMN 列名 数据类型
```

例如，以下两条SQL语句将Books表中BookID列的数据类型修改为自动编号，起始编号为1，步进值为2，并增加Pubdate（出版日期）列，类型为日期型：

```
ALTER TABLE Books ALTER COLUMN id AUTOINCREMENT (1, 2)
ALTER TABLE Books ADD Pubdate date
```

（3）数据查询。

数据查询是指从指定表中取出指定列的数据，这是数据库应用程序最为常用的操作，常用的SQL查询语法如下：

```
SELECT [DISTINCT] 列名列表
FROM   表名列表
[ WHERE 条件表达式 ]
```

① 使用通配符。

使用通配符 * 可以返回数据表中的所有列，例如，以下SQL语句返回Books表中的所有列的数据：

```
SELECT * FROM Books
```

② 返回特定的列。

通过指定SELECT语句中的“列名列表”，可以返回指定列的数据，例如，以下SQL语句仅返回Books表中的所有Title列和Pubdate列的数据：

```
SELECT Title, Pubdate FROM Books
```

③ 返回不重复的值。

使用DISTINCT关键字，可以消除返回值中的重复数据，保证返回值具有唯一性。例

如,以下 SQL 语句仅返回 Books 表中不重复的 Pubdate 列数据:

```
SELECT DISTINCT Pubdate FROM Books
```

④ 指定查询条件。

WHERE 子句用于指定查询条件,从而有条件地从表中选取数据。WHERE 子句支持关系运算和逻辑运算,常用的运算符如表 5-12 所示。

表 5-12 WHERE 子句支持的运算符

运算符	含义
=	等于
>	大于
<	小于
>=	大于等于
<=	小于等于
< >	不等于
BETWEEN … AND …	在某个范围之间
IN()	在指定范围内
LIKE	按指定描述查询
AND	逻辑运算“与”
OR	逻辑运算“或”

例如,返回 1980 和 1990 年出版的图书数据:

```
SELECT * FROM Books WHERE Pubdate = #1980# OR Pubdate =#1990#
```

该语句等价于:

```
SELECT * FROM Books WHERE Pubdate IN(#1980#, #1990#)
```

而返回 1980 至 1990 年出版的图书数据,则应使用:

```
SELECT * FROM Books WHERE Pubdate BETWEEN #1980# AND #1990#
```

查询书名为 Java 开头的图书数据的 SQL 语句为:

```
SELECT * FROM Books WHERE Title LIKE 'Java% '
```

(4) 插入数据。

SQL 使用 INSERT 语句向数据库表中插入或添加新的数据行,语法如下:

```
INSERT INTO 表名[(列名[,列名]...)]VALUES(值[,值]...)
```

使用 INSERT 语句插入数据时有以下几点要注意:第一,插入值的类型必须与列的数据类型相一致;第二,值的顺序必须与列名的顺序一致;第三,如果不指定列名,则表示向所有的列中插入数据。例如,以下语句向 Books 表中插入了一条数据:

```
INSERT INTO Books (Title, Pubdate) VALUES('中国历史','1980 ')
```

（5）更改数据。

SQL 更改数据的语法是：

```
UPDATE 表名 SET 列名=新值[,列名=新值]...[WHERE 条件表达式]
```

其中，WHERE 子句指定了更新的条件，只有满足条件的列才会被更新。如果省略 WHERE 子句，则更新 SET 指定的所有列。例如，以下语句将所有 Java 开头的图书的出版日期改为 1982 年：

```
UPDATE Books SET Pubdate = #1982#  WHERE Tile LIKE 'Java% '
```

（6）删除数据。

删除数据使用 DELETE 语句，语法如下：

```
DELETE FROM 表名 [WHERE 条件表达式]
```

其中，在使用 WHERE 子句的情况下，只删除满足条件的数据行，如果不使用 WHERE 子句，则删除所有的数据行。例如，以下语句删除所有 1979 年以前出版的图书数据：

```
DELETE FROM Books WHERE Pubdate <='1979'
```

3. *开放数据库互联与 JDBC*

开放数据库互联（Open Database Connectivity，ODBC）是由 Microsoft 公司于 1991 年推出的一个可以实现本地或远程数据库连接的规范，它提供了一些通用接口（API），通过这些通用接口，应用程序可以在与所连接的数据库类型无关的情况下访问各种后台数据库，从而保证了应用程序与数据库管理系统的无关性。但 ODBC 使用 C 语言实现，Java 使用起来并不方便，为此，Sun 公司推出了自己的通用数据库底层接口 JDBC。

JDBC 的全称是 Java DataBase Connectivity，它规定了统一访问各种关系数据库的标准接口，实现了 Java 程序与数据库系统的无缝连接。JDBC 包括两个部分，一部分是面向程序开发人员的 JDBC API，另一部分是面向底层的 JDBC Driver API。Java 应用程序开发人员只需关注 JDBC API，而与数据库的具体连接和操作转换，则由 JDBC Driver API 完成。JDBC Driver API 支持四种数据库连接类型，分别是 JDBC-ODBC 桥连接、本地 API 驱动连接、网络协议驱动连接以及本地协议驱动连接。

（1）JDBC-ODBC 桥连接，将对 JDBC 的调用转化为对 ODBC 的调用，JDBC 就可以和任何可用的 ODBC 驱动程序进行交互。由于 ODBC 已经被广泛应用，这种方式能访问几乎所有的数据库，但效率相对较低。

（2）本地 API 驱动连接，将对 JDBC 的调用转换为对数据库本地 API 的调用，一般数据库系统都提供自己的调用接口，允许应用程序通过这些接口对数据库进行操作。这种方式的优点在于性能较高，但依赖于不同数据库的本地 API，通用性较差。

（3）网络协议驱动连接，将 JDBC 转换为与 DBMS 无关的网络协议，再将这种协议转换为具体的 DBMS 协议。这种方式的特点是通用性好，用同一种驱动程序就可以对不同的数据库进行操作，不足是多了中间转换层次，牺牲了效率。

（4）本地协议驱动连接，将 JDBC 调用直接转换为 DBMS 所使用的协议，允许应用程序直接与数据库引擎通信。这种方式具有最好的效率，但灵活性差，只适用于同一种数据库产品的环境。

由此可见，不同的驱动连接各有优缺点，应根据实际情况选择使用。本书使用 JDBC-ODBC 桥和 Access 数据库。

首先，创建 BookDB 数据库，用 Microsoft Office Access 创建一个名为 BookDB. mdb 的数据库，其次，设置 ODBC 数据源。设置 ODBC 数据源的方法如下：

选择“开始”→“控制面板”→“管理工具”→“数据源(ODBC)”，弹出图 5-3 所示的“ODBC 数据源管理器”对话框。

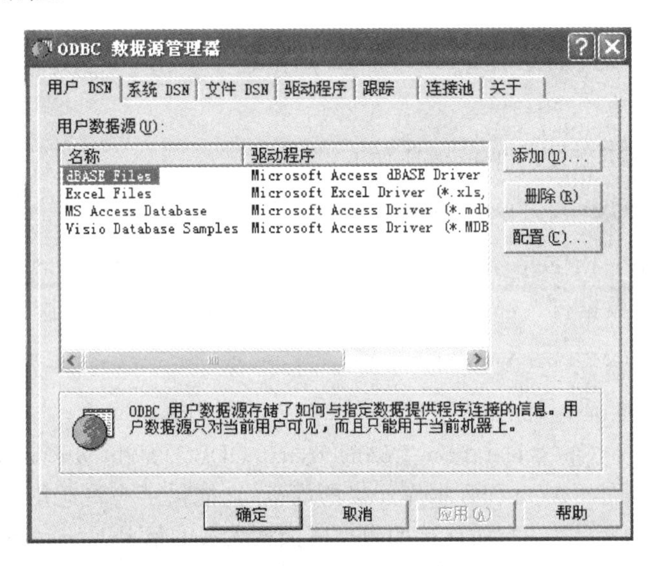

图 5-3 “ODBC 数据源管理器”对话框

单击“ODBC 数据源管理器”对话框上的“添加”按钮，弹出“创建新数据源”对话框，选择“Microsoft Access Driver(* . mdb)”，如图 5-4 所示。

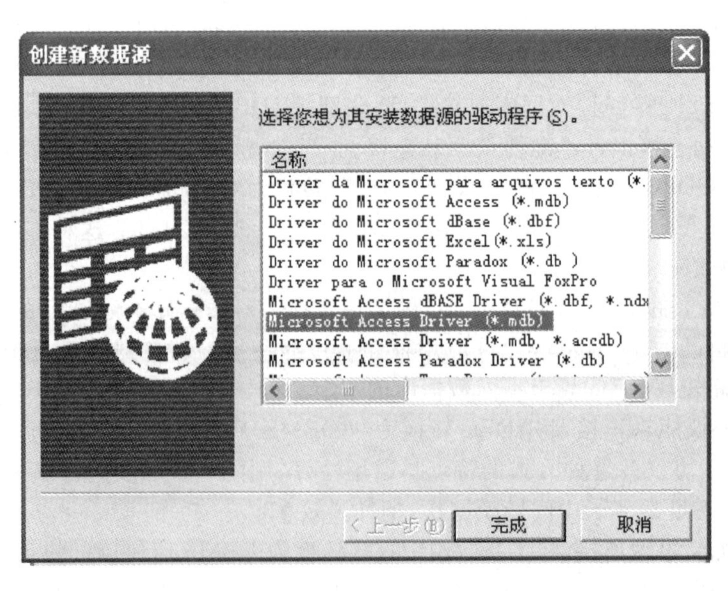

图 5-4 “创建新数据源”对话框

单击“创建新数据源”对话框上的“完成”按钮，弹出“ODBC Microsoft Access 安装”对话框，在其中的数据源名中填写数据源名称，这里起名为 BookDB，如图 5-5 所示。

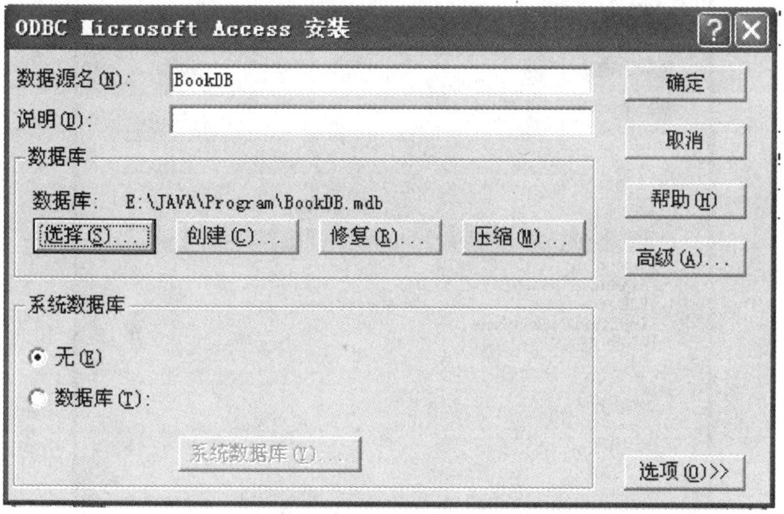

图 5-5　“ODBC Microsoft Access 安装”对话框

继续单击“ODBC Microsoft Access 安装”对话框中的“选择”按钮，弹出“选择数据库”对话话框，选择建立的 Students. mdb，如图 5-6 所示。

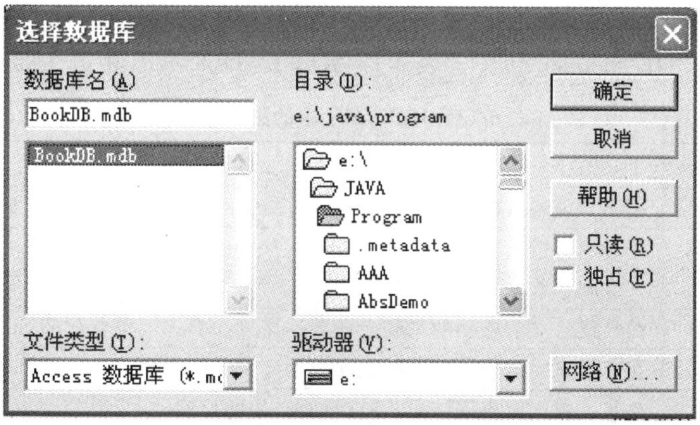

图 5-6　“选择数据库”对话框

单击“选择数据库”对话框上的“确定”按钮，会返回至图 5-5 所示的“ODBC Microsoft Access 安装”对话框。如果要设置数据源的登录名称和密码，可以单击“高级”按钮，在弹出的如图 5-7 所示的“设置高级选项”对话框中进行设置。为简化起见，这里没有设置数据库的登录名称和密码。此后，单击“确定”按钮，对话框会逐层返回，不断单击各层对话框上的“确定”按钮，就可完成数据源的设置。

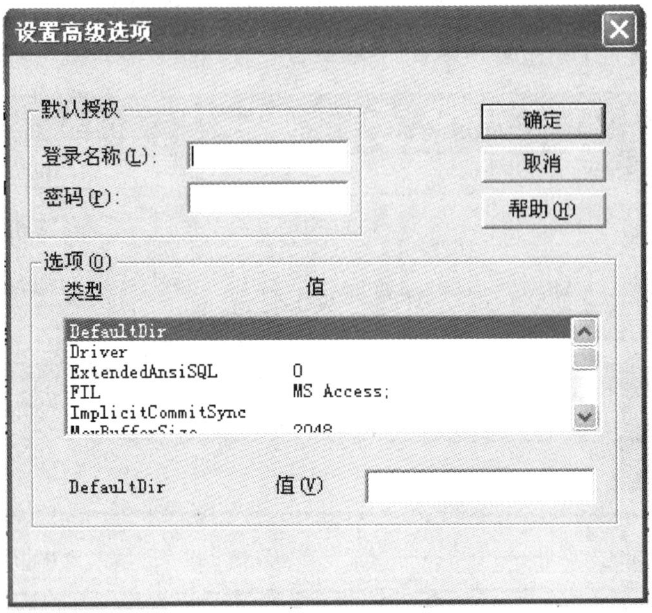

图 5-7 “设置高级选项”对话框

4. JDBC API 的主要内容及使用流程

如前所述,利用 JDBC 开发数据库应用程序,Java 程序员只需关注 JDBC API。通过调用 JDBC API,可以实现连接数据库、执行 SQL 语句等一系列操作。JDBC API 由一系列类和接口构成,它们均在 java. sql 包中。表 5-13 示出了 JDBC API 中的主要接口。

表 5-13 JDBC API 中的主要接口

接口	说明
DriverManager	用于管理装载的 JDBC 驱动并通过加载的 JDBC 驱动创建与数据库的连接
Connection	代表与特定数据库的连接,提供执行 SQL 语句的环境,封装了数据库的属性信息并控制事务处理的方式
Statement	在已经建立的连接的基础上向数据库发送静态不带参数的 SQL 语句
PreparedStatement	在已经建立的连接的基础上向数据库发送动态预编译的 SQL 语句
ResultSet	封装了数据库查询结果,并支持对结果的访问
DatabaseMetaData	封装了数据库的属性信息,并支持对这些信息的访问
ResultSetMetaData	封装了数据表的列信息,并支持对这些信息的访问

一般情况下,用 JDBC 来实现数据库访问,通常包含以下几个步骤:

(1) 调用 Class 类的静态方法 forName()加载数据库驱动,可以加载一种或多种数据库驱动。加载的数据库驱动由 DriverManager 接口负责管理。

(2) 调用 DriverManager 接口的 getConnection()方法,建立与数据库的连接。与数据库的连接用 Connection 类型的对象表示,它为数据库的访问提供了上下文环境。

(3) 如果要了解数据库的属性信息,调用 Connection 接口的 getMetaData()方法,获得 DatabaseMetaData 类型的对象,它封装了数据库属性信息,可以利用 DatabaseMetaData 接口的相关方法访问这些信息。

(4) 调用 Connection 接口的 createStatement()方法创建 Statement 类型或 PreparedStatement 类型的语句对象或预编译语句对象。这两种对象支持向数据库发送 SQL 语句，实现对数据库的更新、插入、删除和查询操作。对于查询，执行 SQL 语句后返回 ResultSet 类型的结果集对象。

(5) 利用 ResultSet 接口的访问列内容的相关方法，可以获得数据库中存储的数据。

(6) 如果要了解数据库中的列信息，调用 ResultSet 接口的 getMetaData()方法，获得 ResultSetMetaData 类型的对象，它封装了数据库的列属性信息，可以利用 ResultSetMetaData 接口的相关方法访问这些信息。

(7) 释放资源。完成对数据库的操作之后，应关闭结果集对象(ResultSet)、语句对象(Statement)或预编译语句对象(PreparedStatement)以及连接对象(Connection)。

5.4.2　连接数据库

对数据库进行操作，首先要与数据库建立连接，这个过程需要两个步骤：一是加载和注册数据库驱动程序，二是利用加载的驱动程序建立访问数据库的连接对象。

1. 加载驱动程序

加载驱动程序使用 Class 类的静态方法 forName 方法，其参数驱动程序所在的类的完全限定名，它告知 JVM 使用什么样的数据库驱动程序。常用数据库驱动程序的加载方法如下：

```
Class.forName("sun.jdbc.odbc.JdbcOdbcDriver");//加载 JDBC-ODBC 驱动
Class.forName("oracle.jdbc.OracleDriver");//加载 Oracle JDBC 驱动
Class.forName("com.microsoft.sqlserver.jdbc.SQLServerDriver"); //加载 SQLServer JDBC 驱动
Class.forName("com.ibm.db2.jdbc.net.DB2Driver");//加载 DB2 JDBC 驱动
Class.forName("com.sybase.jdbc2.jdbc.SybDriver");//加载 Sybase JDBC 驱动
Class.forName("com.mysql.jdbc.Driver");//加载 MySQL JDBC 驱动
```

2. 建立数据库连接

加载的数据库驱动程序由 DriverManager 类负责管理，该类的 getConnection()方法可以返回与加载了驱动程序的数据库的连接对象。执行 getConnection()方法是，DriverManager 类将检查每个驱动程序，看它是否可以建立连接。如果能够建立连接，则返回一个代表与数据库连接的 Connection 类型的对象，否则抛出 SQLException 异常。getConnection()方法有三种重载形式，其中常用的两种形式如下：

(1) public static Connection getConnection(String url) throws SQLException。

获得与数据库的连接，参数 url 的标准语法由三部分组成，各部分用冒号分隔，即 jdbc:〈子协议名称〉:〈子名称〉。其中，

"子协议名称"为驱动程序名称。例如，在使用 JDBC-ODBC 桥的情况下，该名称就是 odbc。如果使用其他连接数据库的方式，则应该使用相应的协议名称，如 SQLServer、Sybase 等。

"子名称"用于标识数据库，其形式依赖于所使用的子协议，它可以是一个数据源名，也

可以是指向一个网上数据库的网址。根据使用子协议的不同，子名称内还可以包括用冒号分隔的子名称。以下是不同类型连接方式下常用的 url 参数形式：

```
jdbc:odbc:数据源名称(JDBC-ODBC 连接)
jdbc:oracle:thin:@主机名:端口:数据库名 (连接 Oracle 数据库)
jdbc:sqlserver://主机名:端口;databaseName=DBName (连接 SQLServer 数据库)
jdbc:db2://主机名:端口/数据库名(连接 DB2 数据库)
jdbc:sybase:主机名:端口:5007/数据库名
jdbc:mysql://localhost:3306/数据库名(连接 MySQL 数据库)
```

(2) public static Connection getConnection(String url, String user, String password) throws SQLException。

获得与数据库的连接，参数 user 和 password 分别表示数据库的用户名和登录密码，参数 url 的含义同前。

3. 关闭数据库连接

数据库连接使用完毕，应加以关闭，以释放该对象及其占用的 JDBC 资源。关闭数据库连接应使用 Connection 接口提供方法：

```
void close() throws SQLException
```

【例 5.17】数据库的连接与关闭。

```
package dbConnection;//1 行
import java.sql.*;
public class JDBCConnection {
    public Connection connection;//数据库连接对象
    public static void main(String[] args) { //5 行
        JDBCConnection dc=new JDBCConnection();//建立数据库连接
        dc.close();//关闭数据库连接
    }
    public JDBCConnection() {  //建立数据库连接
        try { //10 行
            Class.forName("sun.jdbc.odbc.JdbcOdbcDriver");//加载驱动程序
            System.out.println("正在建立数据库连接……");
            connection = DriverManager.getConnection("jdbc:odbc:BookDB");//建立连接
            System.out.println("数据库连接成功");
            }//15 行
        catch (ClassNotFoundException ex) {//找不到数据库驱动程序
          System.out.println("找不到数据库驱动程序");
        }
        catch (SQLException ex) {//不能连接到数据库
          System.out.println("不能建立与数据库的连接"); //20 行
        }
    }
```

```
        public void close()  { //关闭数据库连接
            try{
                System.out.println("正在关闭数据库连接……"); //25 行
                connection.close();
                System.out.println("数据库连接关闭成功");
        }
        catch(Exception e){
            System.out.println("数据库连接关闭失败"); //30 行
          }
        }
    }
```

本例实现与数据源 BookDB 的连接和关闭。构造方法 JDBCConnection()负责建立与数据源的连接,close()方法负责关闭数据源连接。主方法负责实现对这两个方法的调用。程序第 11 行利用 Class 类的静态方法 forName()加载数据库驱动程序类,第 13 行利用 DriverManager 类的静态方法 getConnection()建立数据源连接。程序第 26 行使用 Connection 对象 close()方法关闭数据源连接。程序运行结果:

```
正在建立数据库连接……
数据库连接成功
正在关闭数据库连接……
数据库连接关闭成功
```

5.4.3　创建语句对象并发送 SQL 语句

语句对象的主要功能是在所建立的连接环境下向数据库发送 SQL 语句,常用的主要语句对象包括两种:一种是用于执行静态 SQL 的语句对象,一种是用于执行动态语句的语句对象,它们分别由 Statement 接口和 PreparedStatement 接口定义。这里先介绍 Statement 对象。

1. 创建语句对象

Statement 对象本身不能直接创建,必须通过已经建立的连接(Connection)对象的 createStatement()方法来返回。createStatement()方法的三种重载形式如下:

(1) Statement createStatement() throws SQLException。

创建一个缺省的语句对象。使用该语句获得的结果集的数据指针仅能向前移动,并且结果集中的内容是只读的。

(2) Statement createStatement(int rsT, int rsC) throws SQLException。

创建一个具有指定特征的语句对象。参数 rsT 和 rsC 分别指定了用该语句对象获得的结果集的指针类型和数据一致性。这两个参数的取值在 ResultSet 接口中定义。

rsT 的取值包括:

ResultSet.TYPE_FORWARD_ONLY:只允许指针向前移动,其他用户对数据库进行数据更改不会改变指针的位置。

ResultSet. TYPE_SCROLL_INSENSITIVE：指针可以向前或向后移动，其他用户对数据库进行数据更改不会改变指针的位置。

ResultSet. TYPE_SCROLL_SENSITIVE：指针可以向前或向后移动，但其他用户对数据库进行数据更改会改变指针的位置。

rsC 的取值包括：

ResultSet. CONCUR_READ_ONLY：结果集为只读。

ResultSet. CONCUR_UPDATABLE：结果集可读取、可修改。

(3) Statement createStatement(int rsT, int rsC,int rsH) throws SQLException。

创建一个具有指定特征的语句对象。参数 rsT 和 rsC 的含义同前，第三个参数指定结果集的可保持性，取值为：

ResultSet. HOLD_CURSORS_OVER_COMMIT：事务处理时结果集保持打开状态。

ResultSet. CLOSE_CURSORS_AT_COMMIT：事务处理时结果集会被关闭。

上述特性从 JDBC3.0 开始，并且有些数据库不支持此操作。

2. 关闭语句对象

与数据库连接一样，应关闭不再使用的语句对象，这时使用 Statement 接口的如下方法：

```
void close()throws SQLException
```

【例 5.18】创建与关闭语句对象。

```
package createStmt;//1 行
import dbConnection.JDBCConnection;
import java.sql.*;
public class CreateStatement {
    public Statement stmt;//5 行
    public static void main(String[] args) {
        JDBCConnection dc=new JDBCConnection();//建立数据库连接
        CreateStatement cst=new CreateStatement(dc);//创建语句对象
        cst.close();//关闭语句对象
        dc.close();//关闭数据库连接//10 行
    }
    public CreateStatement(JDBCConnection dc){
        try {
            stmt=dc.connection.createStatement(ResultSet.TYPE_SCROLL_INSENSITIVE,
                        ResultSet.CONCUR_UPDATABLE);//15 行
            System.out.println("语句对象创建成功");
        } catch (SQLException e) {
            System.out.println("不能建立语句对象");
        }
    } //20 行
```

```
        public void close()  { //关闭语句对象
            try{
                System.out.println("正在关闭语句对象……");
                stmt.close();
                System.out.println("语句对象关闭成功");//25 行
            }
            catch (Exception e){
                 System.out.println("语句对象关闭失败");
            }
        }//20 行
    }
```

本例演示了如何创建和关闭语句对象。程序中重用了例5.17中的JDBCConnection类(见程序第7行),在该类创建的连接对象connection的基础上建立语句对象(见程序第14行和第15行),所创建的语句对象允许结果集的指针前后移动,并允许更改结果集的内容。close()方法负责关闭语句对象。程序运行结果:

```
正在建立数据库连接……
数据库连接成功
语句对象创建成功
正在关闭语句对象……
语句对象关闭成功
正在关闭数据库连接……
数据库连接关闭成功
```

3. 执行SQL语句

使用语句对象,可以向数据库发送并执行SQL语句,从而完成对数据库的操作。Statement接口执行SQL语句的方法,主要有以下三种:

(1) int executeUpdate(String sql) throws SQLException。

执行给定SQL语句sql,参数sql必须是没有返回值或返回值为整数的SQL语句,包括CREATE TABLE、DROP、ALTER以及INSERT、UPDATE或DELETE等SQL语句。对于没有返回值的SQL语句,本方法的返回值为-1。对于返回值为整数的SQL语句,本方法的返回值为受影响的行数(更新计数)。

(2) ResultSet executeQuery(String sql) throws SQLException。

执行给定的SQL语句sql,参数sql必须能够返回单个ResultSet对象,本方法的典型用法是执行SELECT语句。

(3) boolean execute(String sql)throws SQLException。

执行给定的SQL语句sql,参数sql可以是多个结果集、多个更新计数或二者组合的SQL语句,也可以在事先不知道SQL语句有何种返回值的情况下使用本方法。若执行SQL语句后返回多个结果中的第一个结果是ResultSet类型,则本方法的返回值是true,否则本方法的返回值是 false。

【例 5.19】建立数据表并更改数据。

```
package executeUpdate;//1 行
import java.sql.*;
import createStmt.CreateStatement;
import dbConnection.JDBCConnection;
public class SQLUpdate {//5 行
    private Statement stmt;
    public static void main(String[] args) {
        int flag=Integer.parseInt(args[0]);//获得命令行参数
        JDBCConnection dc=new JDBCConnection();//建立数据库连接
        CreateStatement cst=new CreateStatement(dc);//创建语句对象 //10 行
        SQLUpdate eu=new SQLUpdate(cst.stmt);
        switch(flag){
            case 1:
                eu.createTable();//创建数据表
                break;//15 行
            case 2:
                eu.insertData();//插入数据
                break;
            case 3:
                eu.updateData();//更新数据 //20 行
                break;
            case 4:
                eu.deleteData();//删除数据
        }
        cst.close();//关闭语句对象 //25 行
        dc.close();//关闭数据库连接
    }
    public SQLUpdate(Statement stmt){
        this.stmt=stmt;
    }//30 行
    public void createTable(){//创建数据表
        String s="CREATE TABLE Books(BookID AUTOINCREMENT (1, 1), " +
                "Title text(80),Author text(20),Pubdate date," +
                "Price Currency,Abstract Memo)";
        try {//35 行
            stmt.executeUpdate(s);//发送 SQL 语句
        } catch (SQLException e) {
            e.printStackTrace();
        }
```

```
    }//40 行
    public void insertData(){//插入数据
        String s = "INSERT INTO Books (Title,Author,Pubdate," +
                   "Price,Abstract) Values ('Java 程序设计教程'," +
                   "'王大科　编著', #2008/06/01#, 31.00," +"'本书是 Java 基础教材')";
        try {//45 行
            stmt.executeUpdate(s);//发送 SQL 语句
        } catch (SQLException e) {
            e.printStackTrace();
        }
    }//50 行
    public void updateData(){//更新数据
        String s = "UPDATE Books SET Author ='王大可编著' WHERE Author LIKE '王大
        科%'";
        try {
            stmt.executeUpdate(s);//发送 SQL 语句
        } catch (SQLException e) {//55 行
            e.printStackTrace();
        }
    }
    public void deleteData(){//删除数据
        String s = "DELETE FROM Books WHERE Author LIKE '王大可%'";//60 行
        try {
            stmt.executeUpdate(s);//发送 SQL 语句
        } catch (SQLException e) {
            e.printStackTrace();
        }//65 行
    }
}
```

本例演示了用语句对象的 executeUpdate()发送 SQL 语句，其中重用了例 5.17 和例 5.18 中的类(见程序第 9 行至 10 行)。程序用命令行参数控制执行的操作(见程序第 12 行至 24 行)。createTable()方法创建具有 BookID(图书标识)、Title(书名)、Author(作者)、Pubdate (出版日期)、Price(价格)和 Abstract(摘要)等六个列的数据表(见程序第 31 行至 40 行)。insertData()方法向数据表中插入一行数据(见程序第 41 行至 50 行)。updateData()将“王大可”开始的作者名称更改为“王大可编著”(见程序第 51 行至 58 行)。deleteData()方法将删除作者名称为“王大可”开头的所有数据行(见程序第 59 行至 66 行)。

图 5-8 示出了用不同命令行参数执行例 5.19 后，用 Microsoft Office Access 查看数据库 BookDB.mdb 的结果。

(a) 命令行参数为1，数据库中创建了表Books

BookID	Title	Author	Pubdate	Price	Abstract
1	Java程序设计教程	王大科　编著	2008-6-1	￥31.00	本书是Java基础教材
(自动编号)					

(b) 命令行参数为2，数据表中增加了数据行

(c) 命令行参数为3，Author列的内容被修改

(d) 命令行参数为4，数据表中的数据被删除

图 5-8　数据库的内容

5.4.4　结果集处理

对于有返回结果集的 SQL 语句，需要对结果集进行处理，才能获得数据表中列的内容。

1. 单结果集处理

语句对象的 executeQuery()方法发送有单个结果集的 SQL 语句，该方法返回值是 ResultSet 类型的结果集。它封装了数据表中符合条件的数据行，利用结果集对象的相关方法可以获得当前数据行中各列的数据内容。对于可更改的结果集，也可以修改当前数据行中各列的数据内容。此外，结果集还支持数据指针的移动。如表 5-14 所示 ResultSet 接口中处理结果集的主要方法，所有这些方法都抛出 SQLException 异常，为节省篇幅起见，表中不再列出 throws SQLException 语法项。

表 5-14　ResultSet 接口中处理结果集的主要方法

<table>
<tr><th>类别</th><th>修饰符与返回值</th><th>方法名称</th><th>说明</th></tr>
<tr><td rowspan="18">获取当前行的列值</td><td rowspan="2">boolean</td><td>getBoolean(int columnIndex)</td><td rowspan="2">返回指定的布尔型列值。如果列值为 NULL,则返回 false</td></tr>
<tr><td>getBoolean(String columnName)</td></tr>
<tr><td rowspan="2">byte</td><td>getByte(int columnIndex)</td><td rowspan="2">返回指定的字节型列值。如果列值为 NULL,则返回 0</td></tr>
<tr><td>getByte(String columnName)</td></tr>
<tr><td rowspan="2">int</td><td>getInt(int columnIndex)</td><td rowspan="2">返回指定的整型列值。如果列值为 NULL,则返回 0</td></tr>
<tr><td>getInt(String columnName)</td></tr>
<tr><td rowspan="2">long</td><td>getLong(int columnIndex)</td><td rowspan="2">返回指定的长整型列值。如果列值为 NULL,则返回 0</td></tr>
<tr><td>getLong(String columnName)</td></tr>
<tr><td rowspan="2">float</td><td>getFloat(int columnIndex)</td><td rowspan="2">返回指定的浮点型列值。如果列值为 NULL,则返回 0</td></tr>
<tr><td>getFloat(String columnName)</td></tr>
<tr><td rowspan="2">double</td><td>getDouble(int columnIndex)</td><td rowspan="2">返回指定的双精度型列值。如果列值为 NULL,则返回 0</td></tr>
<tr><td>getDouble(String columnName)</td></tr>
<tr><td rowspan="2">Date</td><td>getDate(int columnIndex)</td><td rowspan="2">返回指定的日期型列值。如果列值为 NULL,则返回 null</td></tr>
<tr><td>getDate(String columnName)</td></tr>
<tr><td rowspan="2">String</td><td>getString(int columnIndex)</td><td rowspan="2">返回指定的字符串型列值。如果列值为 NULL,则返回 null</td></tr>
<tr><td>getString(String columnName)</td></tr>
<tr><td rowspan="2">Object</td><td>getObject(int columnIndex)</td><td rowspan="2">返回指定的对象型列值。如果列值为 NULL,则返回 null</td></tr>
<tr><td>getObject(String columnName)</td></tr>
<tr><td rowspan="18">更新当前行的列值</td><td rowspan="2">void</td><td>updateBoolean(int columnIndex, boolean x)</td><td rowspan="2">用布尔值 x 更新指定列</td></tr>
<tr><td>updateBoolean(String columnName, boolean x)</td></tr>
<tr><td rowspan="2">void</td><td>updateByte(int columnIndex,byte x)</td><td rowspan="2">用字节值 x 更新指定列</td></tr>
<tr><td>updateByte(String columnName, byte x)</td></tr>
<tr><td rowspan="2">void</td><td>updateInt(int columnIndex, int x)</td><td rowspan="2">用整型值 x 更新指定列</td></tr>
<tr><td>updateInt(String columnName, int x)</td></tr>
<tr><td rowspan="2">void</td><td>updateLong(int columnIndex, long x)</td><td rowspan="2">用长整值 x 更新指定列</td></tr>
<tr><td>updateLong(String columnName, long x)</td></tr>
<tr><td rowspan="2">void</td><td>updateFloat(int columnIndex, float x)</td><td rowspan="2">用浮点值 x 更新指定列</td></tr>
<tr><td>updateFloat(String columnName, float x)</td></tr>
<tr><td rowspan="2">void</td><td>updateDouble(int columnIndex, double x)</td><td rowspan="2">用双精度 x 值更新指定列</td></tr>
<tr><td>updateDouble(String columnName, double x)</td></tr>
<tr><td rowspan="2">void</td><td>updateString(int columnIndex, String x)</td><td rowspan="2">用字符串值 x 更新指定列</td></tr>
<tr><td>updateString(String columnName, String x)</td></tr>
<tr><td rowspan="2">void</td><td>updateObject(int columnIndex,Object x)</td><td rowspan="2">用对象值 x 更新指定列</td></tr>
<tr><td>updateObject(String columnName, Object x)</td></tr>
<tr><td>void</td><td>updateRow()</td><td>将更新的值同步到数据库</td></tr>
<tr><td>void</td><td>cancelRowUpdates()</td><td>取消对结果集所做的修改,仅在调用 updateRow()之前有效</td></tr>
</table>

续表

类别	修饰符与返回值	方法名称	说明
移动指针	boolean	absolute(int row)	将指针移至指定的行,成功返回 true,否则返回 false
	boolean	next()	将指针从当前位置向前移一行,成功返回 true,否则返回 false
	boolean	previous()	将指针从当前位置向后移一行,成功返回 true,否则返回 false
	boolean	first()	将指针移到第一行,成功返回 true,否则返回 false
	boolean	last()	将指针移到最后一行,成功返回 true,否则返回 false
	void	beforeFirst()	将指针移到第一行之前,如果结果集中不包含任何行,此方法无效
	void	afterLast()	将指针移到最后一行之后,如果结果集中不包含任何行,此方法无效
	int	getRow()	获取当前指针指向的行的序号,如果不存在当前行,则返回 0
关闭结果集	void	close()	释放结果集对象及其占用的 JDBC 资源

以下对表 5-14 中的方法做必要的说明:

① 参数 columnIndex 为当前行中列的序号,列的序号从 1 开始编号。

② 参数 columnName 为当前行中列的名称,该名称与数据库中的列名相一致。

③ 参数 row 为结果集中行的序号。

④ 结果集对象中最初的指针位置位于第一行之前,即相当于位于 beforeFirst()方法指定的位置。第一次调用 next()方法使第一行成为当前行;第二次调用使第二行成为当前行,依此类推。当调用 next()方法返回 false 时,表示指针位于最后一行的后面,即相当于指针位于 afterLast() 方法指定的位置。

⑤ 当指针位于最后一行的后面,即指针位于 afterLast() 方法指定的位置时,第一次调用 previous()方法使最后一行成为当前行;第二次调用使倒数第二行成为当前行,依此类推。若 previous()方法返回 false,表示指针位于第一行之前。

⑥ 更新当前行中列值的方法只能修改结果集中当前行的数据,并不能修改底层数据库中的数据,如果要更新底层数据库中的数据,必须在更新了结果集中数据之后,调用 updateRow()方法。

【例 5.20】显示 SQL 查询内容。

```
package singleResultset;//1 行
```

```
import java.sql.*;
import createStmt.CreateStatement;
import dbConnection.JDBCConnection;
public class SQLQuery {
    public ResultSet rs;
    public static void main(String[] args) throws SQLException {
        JDBCConnection dc=new JDBCConnection();//建立数据库连接
        CreateStatement cst=new CreateStatement(dc);//创建语句对象
        String s="SELECT * FROM Books WHERE Pubdate>#2009-1-1#";//10行
        SQLQuery eq=new SQLQuery(cst.stmt,s);
        ResultSet rs = eq.rs;
        rs.last();
        if(rs.getRow()!=0){
            eq.showSequence();//15行
            eq.showReverse();
            eq.showSpecific(3);
            eq.updateSpecific(3);
        }else
            System.out.println("数据表没有要找的数据");//20行
        eq.close();
        cst.close();//关闭语句对象
        dc.close();//关闭数据库连接
    }
    public SQLQuery(Statement stmt,String sql) throws SQLException{ //25行
            this.rs=stmt.executeQuery(sql);
            System.out.println("结果集对象创建成功");
    }
    public void showSequence() throws SQLException{
        rs.beforeFirst(); //指标移至第1行之前 //30行
        System.out.println("\t\t----正序显示记录----");
        while (rs.next()){//后移
            System.out.print("第" +rs.getRow()+"条记录为:");
            System.out.println(rs.getString("BookID")+"   "+ rs.getString("Title")+"   "+
              rs.getString("Author")+ "   "+rs.getDouble("Price")+"   "+rs.getDate
              ("Pubdate")); //35行
        }
    }
    public void showReverse() throws SQLException{
        rs.afterLast(); //指标移至最后1行之后
        System.out.println("\t\t----逆序显示记录----");//40行
        while (rs.previous()){   //前移
            System.out.print("第" +rs.getRow()+"条记录为:");
```

```
                System.out.println(rs.getString("BookID")+"   "+ rs.getString("Title")+"   "+
                    rs.getString("Author")+"   "+rs.getDouble("Price")+"   "+rs.getDate
                    ("Pubdate"));
            }//45 行
        }
        public void showSpecific(int row) throws SQLException{
            rs.absolute(row); //指标移至指定的行
            System.out.println("\t\t----显示指定记录----");
            System.out.print("第" +rs.getRow()+"条记录为:");//50 行
            System.out.println(rs.getString("BookID")+"   "+ rs.getString("Title")+"   "+
                rs.getString("Author")+"   "+rs.getDouble("Price")+"   "+rs.getDate
                ("Pubdate"));
        }
        public void updateSpecific(int row) throws SQLException{
            rs.absolute(row); //指标移至指定的行//55 行
            System.out.println("\t\t----更改第" +rs.getRow()+"条记录----");
            System.out.print("原书价格为"+rs.getDouble("Price"));
            rs.updateDouble("Price",20.9);//更改书价
            rs.updateRow();//同步更新到数据库
            System.out.println(" 更改为"+rs.getDouble("Price"));//60 行
        }
        public void close()  { //关闭结果集对象
            try {
                System.out.println("正在关闭结果集对象……");
                rs.close();//60 行
                System.out.println("结果集关闭成功");
              }
              catch(Exception e){//25 行
              System.out.println("结果集关闭失败");
            }//70 行
        }
    }
```

本例演示了如何处理单结果集中的内容。单结果集为查询 2009 年 1 月 1 日之后出版的图书信息(见程序第 10 行中的 SQL 语句)。在主方法中,首先判断获得的结果集是否为空(即是否查询到数据),具体方法是,先将结果集指针移至最后一行(见程序第 13 行),再获取当前的行序号,如果该序号不为 0,表明有查询结果(见程序第 14 行至 20 行)。在有查询结果的情况下,本程序分别以顺序、逆序、指定数据行的方式显示查询结果,而且利用结果集更新列的内容。

showSequence()方法用来顺序显示结果集的内容,程序中先将结果集指针移至第 1 行之前(见程序第 30 行),然后用 next()方法遍历结果集,用结果集对象相应的 getXXX()方法取得列值,并显示出来(见程序第 32 行至 36 行)。

showReverse()方法用来逆序显示结果集的内容，做法是将指针移至最后1行之后(见程序第39行)，再用previous()方法遍历结果集(见程序第41行至45行)。

showSpecific() 方法显示指定行的信息(本例中显示第3行的信息)，用absolute()方法将指针移至指定的行(见程序第48行)，取出该行中的各列的内容，显示到控制台上(见程序第51行和第52行)。

updateSpecific()方法更新指定行中价格列(Price)的内容。程序第55行将指针移至指定的行，显示结果集当前行中价格列的当前内容(见程序第57行)，程序第58行用updateDouble()方法更新价格列的内容，并用updateRow()方法将更新的内容同步到底层数据库中(见程序第59行)，这时，再取出该列的值，就是更改后的价格了(见程序第6行)。

为演示起见，已经向底层数据库中增加了一些图书的信息，本程序运行后控制台上显示的主要内容为(略去了创建和关闭连接等提示信息)：

```
----正序显示记录----
第1条记录为:1  代码揭秘——从C/C++的角度探秘计算机系统  左飞  42.0  2009-09-01
第2条记录为:2  Java语言程序设计教程(21世纪高等学校规划教材 计算机应用)  赵海廷  33.4  2012-01-01
第3条记录为:3  C语言程序设计教程(21世纪应用型本科计算机科学与技术专业规划教材)  葛雷等主编  22.9  2012-01-01
第4条记录为:6  C++程序设计(普通高校本科计算机专业特色教材精选 算法与程序设计)  朱金付 主编  27.8  2009-07-01
第5条记录为:8  Visual Basic程序设计教程(第2版普通高等教育计算机规划教材)  刘瑞新  等编著  24.0  2010-06-01
第6条记录为:10  计算机程序设计员(Java)(三级)—指导手册  李刚  14.0  2010-02-01
----逆序显示记录----
第6条记录为:10  计算机程序设计员(Java)(三级)—指导手册  李刚  14.0  2010-02-01
第5条记录为:8  Visual Basic程序设计教程(第2版普通高等教育计算机规划教材)  刘瑞新  等  24.0  2010-06-01
第4条记录为:6  C++程序设计(普通高校本科计算机专业特色教材精选 算法与程序设计)  朱金付 主编  27.8  2009-07-01
第3条记录为:3  C语言程序设计教程(21世纪应用型本科计算机科学与技术专业规划教材)  葛雷等主编  22.9  2012-01-01
第2条记录为:2  Java语言程序设计教程(21世纪高等学校规划教材 计算机应用)  赵海廷  33.4  2012-01-01
第1条记录为:1  代码揭秘——从C/C++的角度探秘计算机系统  左飞  42.0  2009-09-01
```

```
                ----显示指定记录----
第3条记录为:3   C语言程序设计教程(21世纪应用型本科计算机科学与技术专
业规划教材)  葛雷等主编   22.9   2012-01-01
                ----更改第3条记录----
原书价格为22.9 更改为20.9
```

2. 多结果或未知结果处理

某些 SQL 语句如执行存储过程的 SQL 语句会产生多个结果，这些结果可能是多个结果集、多个更新计数或者是它们的组合。在有些情况下，程序员也有可能出现不知道 SQL 语句会产生什么样的结果，因而无法决定是使用语句对象的 executeQuery()，还是使用 executeUpdate()方法来发送 SQL 语句。为此，Statement 接口定义了 execute()方法，帮助程序员处理上述两种情况。

如前所述，语句对象的 execute ()方法的返回值是 true 或 false，本身并不返回结果集或更新计数，真正的 SQL 语句返回结果被封装在语句对象内。所以，在执行 execute ()方法之后，还需要使用 Statement 接口定义的一系列与处理多结果相关的方法，来获得被封装在语句对象中的 SQL 语句返回的结果。如表 5-15 所示 Statement 接口中处理多结果的主要方法，所有这些方法都抛出 SQLException 异常，为节省篇幅起见，表中不再列出 throws SQLException 语法项。

表 5-15　Statement 接口中处理多结果的常用方法

修饰符与返回值	方法名称	说明
boolean	getMoreResults()	获取多结果中的下一个结果。如果得到的结果是结果集，则返回 true，否则返回 false
ResultSet	getResultSet()	返回当前结果中的结果集。每个结果只应调用一次本方法。如果结果是更新计数或没有更多的结果，则返回 null
int	getUpdateCount()	返回当前结果中的更新计数。每个结果只应调用一次本方法。如果结果是结果集或没有更多的结果，则返回－1

【例 5.21】多结果处理。

```
package multiResult;//1 行
import java.sql.*;
import createStmt.CreateStatement;
import dbConnection.JDBCConnection;
public class SQLExecute {   //5 行
    private Statement stmt;
    private JDBCConnection dc;
    private CreateStatement cst;
    public static void main(String[] args) throws SQLException {
        SQLExecute eq=new SQLExecute();   //10 行
        String s="SELECT * FROM Books WHERE Author LIKE '李%'";
```

```
        System.out.println("\t\t 第一个 SQL SELECT 语句：的执行结果：");
        eq.doSQLExecute(s);
        s = "UPDATE Books SET Author ='王大可 编著' WHERE Author LIKE '王大可%'";
        System.out.println("\t\t 第二个 SQL UPDATE 语句执行结果：");   //15 行
        eq.doSQLExecute(s);
        s="CREATE TABLE Books1(Title text(80),Author text(20))";
        System.out.println("\t\t 第三个 SQL CREATE TABLE 语句的执行结果：");
        eq.doSQLExecute(s);
        s="SELECT * FROM Books WHERE Author LIKE 'zang%'";   //20 行
        System.out.println("\t\t 第四个 SQL SELECT 语句的执行结果：");
        eq.doSQLExecute(s);
    }
    public void doSQLExecute(String sql) throws SQLException{
        int rsCount=0,updateCount=0;//25 行
        dc=new JDBCConnection();//建立数据库连接
        cst=new CreateStatement(dc);//创建语句对象
        this.stmt=cst.stmt;
        stmt.execute(sql);
        while (true) {//循环,直至没有更多的结果   //30 行
            ResultSet rs = stmt.getResultSet();//以结果集形式返回当前结果
            if(rs! =null) {//当前结果是结果集,对结果集处理
                rsCount++;//计数增 1
                rs.last();
            if(rs.getRow()! =0){//结果集内容不为空,显示结果集内容   //35 行
                rs.beforeFirst();
                while (rs.next()){
                    System.out.print("第" +rs.getRow()+"条记录为:");
                    System.out.println(rs.getString(2));
                }       //40 行
            }
            else System.out.println("第"+rsCount+"结果集为空");//结果集内容为空
            rs.close();//关闭结果集
            }
            else{//当前结果不是结果集 //45 行
                int rowCount = stmt.getUpdateCount();//以更新计数形式返回当前结果
                if (rowCount! =-1) { //当前结果是更新计数
                    updateCount++;//计数增 1
                    System.out.println("更新计数值为：" + rowCount);
            }//50 行
            }
            if(stmt.getMoreResults())continue;//取下一个结果继续
            else break;//没有下一个结果,跳出循环
```

```
            }
            System.out.println("SQL 语句共返回"+rsCount+"个结果集和"+//55 行
                    updateCount+"个更新计数");
            close();//释放资源
        }
        public void close() throws SQLException  { //释放资源
            cst.close();//60 行
            dc.close();
        }
    }
```

本例中的 doSQLExecute()方法假定不知道 SQL 语句返回什么样的结果，在执行了 execute()方法(见程序第 29 行)之后，用 while 循环遍历 SQL 语句所有返回的结果(见程序第 30 行至 54 行)，其中，先以结果集形式返回当前结果(见程序第 31 行)，判断该结果是否是结果集(见程序第 32 行)，如果当前结果是结果集，则对结果集进行处理，将用来记录结果集个数的变量 rsCount 加 1(见程序第 33 行)、显示结果集的内容并关闭当前结果集(见程序第 34 行至 44 行)。如果当前结果不是结果集，则以更新计数形式返回当前结果(见程序第 46 行)，如果返回的结果是更新计数，将用来记录更新计数个数的变量 updateCount 加 1(见程序第 48 行)。如果当前结果既不是结果集，也不是更新计数，则取下一个结果，继续处理(见程序第 52 行)，若没有下一个结果，程序跳出 while 循环(见程序第 53 行)。

本程序运行后控制台上显示的主要内容为(略去了创建和关闭连接等提示信息)：

```
        第一个 SQL SELECT 语句：的执行结果：
第 1 条记录为：计算机程序设计员(Java)(三级)—指导手册
SQL 语句共返回 1 个结果集和 0 个更新计数
        第二个 SQL UPDATE 语句执行结果：
更新计数值为：1
SQL 语句共返回 0 个结果集和 1 个更新计数
        第三个 SQL CREATE TABLE 语句的执行结果：
SQL 语句共返回 0 个结果集和 0 个更新计数
        第四个 SQL SELECT 语句的执行结果：
第 1 结果集为空
SQL 语句共返回 1 个结果集和 0 个更新计数
```

5.4.5 预编译执行 SQL 语句

在实际的应用程序中，经常需要多次执行同样的 SQL 语句，这些语句执行的功能相同，只是涉及的具体参数不同，例如，反复向数据库中插入数据，或者反复修改某一列的数值，等等。这些操作的 SQL 语句形式基本相同，差别仅在于用到的具体数值不同。在这种情况下，使用语句对象 Statement 就会显得很麻烦，需要构造多个 SQL 语句。为了解决这类问题，JDBC 提供了预编译语句对象，该对象可以对 SQL 语句进行预处理，并将预编译的 SQL 语句存储在其中。在执行 SQL 语句时，只要将需要的参数传入即可，不必每次都重新编译 SQL 语句。

PreparedStatement 接口定义了预编译语句对象，它继承自 Statement 接口，具有 Statement 接口定义的所有功能。

1. 创建预编译语句对象

与语句对象一样，预编译语句对象也是通过已经建立的连接对象来创建的，Connection 接口中定义如下创建预编译语句对象的方法。

（1）PreparedStatement prepareStatement(String sql) throws SQLException。

创建一个预编译语句对象，参数 sql 是带有参数的 SQL 语句。使用该语句获得结果集的数据指针仅能向前移动，并且结果集中的内容是只读的。

（2）PreparedStatement prepareStatement（String sql，int rsT，int rsC）throws SQLException。

创建一个具有指定特征的预编译语句对象。参数 sql 是带有参数的 SQL 语句。参数 rsT 和 rsC 的含义及取值与创建语句对象的 createStatement()方法中的同名参数相同。

（3）PreparedStatement prepareStatement(String sql，int rsT，int rsC，int rsH)throws SQLException。

创建一个具有指定特征的预编译语句对象。参数 sql 是带有参数的 SQL 语句。参数 rsT、rsC 和 rsH 的含义及取值与创建语句对象的 createStatement()方法中的同名参数相同。

2. 传递参数并执行 SQL 语句

在创建预编译语句对象时，使用了带有参数的 SQL 语句，参数部分用“?”作为占位符，例如：

```
INSERT INTO Books (Title,Author) Values (?,?)
```

对于包含了多个参数的 SQL 语句，参数的序号从 1 开始编号，第一个问号代表第 1 个参数，第二个问号代表第 2 个参数，以此类推。

PreparedStatement 接口定义了与 Statement 接口相类似的执行 SQL 语句的方法，这些方法的用法也相类似。区别仅在于，由于在创建预编译语句对象时使用了带参数的 SQL 语句，所以，PreparedStatement 接口中执行 SQL 语句的方法没有参数，这些方法定义如下：

（1）int executeUpdate() throws SQLException。

（2）ResultSet executeQuery()throws SQLException。

（3）boolean execute() throws SQLException。

在调用上述方法之前，必须有具体的值指定给 SQL 语句中问号代表的参数，PreparedStatement 接口中定义了一系列指定 SQL 语句参数的方法，如表 5-16 所示（表中方法的参数 pIndex 为 SQL 语句中参数的序号）。所有这些方法都抛出 SQLException 异常，为节省篇幅起见，表中不再列出 throws SQLException 语法项。

表 5-16 PreparedStatement 接口指定参数的常用方法

修饰符与返回值	方法名称	说明
void	setBoolean(int pIndex, boolean x)	将参数指定为布尔值 x
void	setByte(int pIndex, byte x)	将参数指定为字节值 x
void	setInt(int pIndex, int x)	将参数指定为整型值 x
void	setLong(int pIndex, long x)	将参数指定为长整型值 x
void	setFloat(int pIndex, float x)	将参数指定为浮点型值 x
void	setDouble(int pIndex, double x)	将参数指定为双精度值 x
void	setDate(int pIndex, Date x)	将参数指定为日期值 x
void	setString(int pIndex, String x)	将参数指定为字符串值 x
void	setObject(int pIndex, Object x)	将参数指定为对象值 x

【例 5.22】预编译语句对象的使用。

```
package preparedStatement;//1 行
import java.sql.*;
import dbConnection.JDBCConnection;
public class PreparedStatementDemo {
    public static void main(String[] args) throws SQLException {//5 行
        PreparedStatementDemo psd=new PreparedStatementDemo();
        psd.preparedUpdate();
        psd.preparedQuery();
    }
    void preparedUpdate() throws SQLException{//10 行
        JDBCConnection dc=new JDBCConnection();//建立数据库连接
        String[] title = {"中国历史","中美关系","数据库概论"};
        String[] author={"王大义","李英民","张光明"};
        String sql= "INSERT INTO Books(Title,Author) Values(?,?)";//带参数的 SQL
        语句
        PreparedStatement pstmt=dc.connection.prepareStatement(sql);//创建预编译对象//
        15 行
        for(int i=0;i<title.length;i++){
            pstmt.setString(1, title[i]);//指定参数的值
            pstmt.setString(2, author[i]);
            pstmt.executeUpdate();//执行 SQL 语句
        }   //20 行
        System.out.println("数据库插入成功。");
        pstmt.close();
        dc.close();
    }
    void preparedQuery() throws SQLException{
        JDBCConnection dc=new JDBCConnection();//建立数据库连接//25 行
```

```
        String sql="SELECT * FROM Books WHERE Title LIKE ?";
        PreparedStatement pstmt=dc.connection.prepareStatement(sql);//创建预编译对象
        pstmt.setString(1, "中%");//指定参数的值
        ResultSet rs=pstmt.executeQuery();//执行 SQL 语句//30 行
        while(rs.next()) {//取出查询结果
            System.out.print("查到第"+rs.getRow()+"条记录为:");
            System.out.println(rs.getString("Title") +" "+rs.getString("Author"));
        }
        pstmt.close();//35 行
        dc.close();
    }
}
```

本例中,preparedUpdate()方法用来向数据库中插入三条图书记录,用两个字符串数组存储了书名和作者(见程序第 12 行和第 13 行),程序第 14 行构造了一个带参数的 SQL 语句,用该语句创建了预编译语句对象(见程序第 15 行),程序第 16 行至 20 行用循环语句为预编译语句对象指定 SQL 语句中的参数值(见程序第 17 行和第 18 行),并调用预编译语句对象的 executeUpdate()方法发送和执行 SQL 语句(见程序第 19 行)。

类似地,程序的 preparedQuery()方法也是使用预编译语句对象执行 SQL 语句,只是它使用的是带参数的 SELECT 语句。

本程序运行后,控制台上显示的主要内容为(略去了创建和关闭连接等提示信息):

```
数据库插入成功。
查到第 1 条记录为:中国历史 王大义
查到第 2 条记录为:中美关系 李英民
```

5.4.6 事务处理

在数据库中,事务(Transaction)是指作为一个逻辑单元而执行一系列数据库操作。一个事务可以包括一个数据库操作,也可以包括多个数据库操作,不管事务中有多少个操作,它们都是作为一个整体而进行工作的。如果一个事务执行成功,则该事务中包含的所有数据库操作一定都是成功的。反之,如果一个事务中有一个数据库操作不成功,则该事务一定是不成功的。

引入事务的概念是为了保证数据库内容的完整性和一致性。例如,用数据库编写一个银行转账系统,需要执行两种数据库操作,一种操作是从转账的用户账户中减去转账的金额,另一种操作是将接收的用户账户中加上转账的金额。为了防止在这两种操作之间应用程序或硬件系统出现问题,导致数据库中的数据产生差错(如转账账户的金额已被扣除,但接收账户并没有增加金额),就应该使得这两种操作成为一个事务,保证在两种操作同时成功时,数据库的内容才会改变,只要有任何一个操作不成功,数据库内容会保持其原本的状态,不会发生改变。

这种保证事务中的所有操作被作为一个整体来执行的机制就是事务处理。在事务处理过程中，一个事务的所有操作都执行成功，事务才会被提交给数据库，这称为事务提交。如果事务中有任何一个操作失败，则事务中的所有操作都被取消，数据库保持事务开始之前的状态，这称为事务回滚。

事务处理的方法在 Connection 接口中定义。

(1) void setAutoCommit(boolean autoCommit) throws SQLException。

开启或关闭自动事务处理模式。在缺省情况下，JDBC 将语句对象或预编译语句对象发送和执行的每一个 SQL 语句都看做是一个事务，每次执行一个 SQL 语句之后，都会自动地将这个 SQL 语句作为一个事务提交给数据库。如果要在应用程序中将多个 SQL 语句组合成一个事务，则必须关闭自动事务处理。参数 autoCommit 为 true 表示启用自动事务处理模式，为 false 表示关闭自动事务处理模式。

(2) boolean getAutoCommit()throws SQLException。

获取当前连接对象的自动提交模式。返回值为 true，表示自动事务处理模式已被启用；返回值为 false，表示自动事务处理模式已被关闭。

(3) void commit() throws SQLException。

指示事务提交。将上一次提交或回滚后发送和执行的所有 SQL 语句当做一个事务提交给数据库。为使此方法发挥作用，自动提交模式必须处于关闭状态。

(4) void rollback()throws SQLException。

指示事务回滚。将上一次提交或回滚后发送和执行的所有 SQL 语句当做一个事务，取消该事务中的所有 SQL 语句操作，使数据库保持事务开始之前的状态。为使此方法发挥作用，自动提交模式必须处于关闭状态。

【例 5.23】事务处理。

```
package transaction;//1 行
import java.sql.*;
import createStmt.CreateStatement;
import dbConnection.JDBCConnection;
public class TransactionDemo {//5 行
    public static void main(String[] args) {
        JDBCConnection dc=new JDBCConnection();//建立数据库连接
        CreateStatement cst=new CreateStatement(dc);//创建语句对象
        try {
            dc.connection.setAutoCommit(false);  //10 行
            cst.stmt.executeUpdate("INSERT INTO Books (Title)Values('事务处理 1')");
            if(args[0].equals("0"))throw new Exception("模拟异常");
            cst.stmt.executeUpdate("INSERT INTO Books (Title)Values('事务处理 2')");
            dc.connection.commit();
        } catch (Exception e) {  //15 行
            try {
            e.printStackTrace();
```

```
                    System.out.println("事务处理失败,进行回滚!");
                    dc.connection.rollback();
                    } catch (SQLException e1) {    //20 行
                    e1.printStackTrace();
                    }
                }
                finally{
                    cst.close();//关闭语句对象 //25 行
                    dc.close();//关闭数据库连接
                }
            }
        }
```

本例简单地演示了如何进行事务处理。程序利用先前的两个类 JDBCConnection 和 CreateStatement 来创建连接对象及语句对象(见程序第 7 行和第 8 行)。程序第 10 行关闭了连接对象的自动事务处理模式。在程序第 11 行和第 13 行两条 SQL 插入语句之间,程序模拟了出现问题的情况。如果程序命令行参数不为 0,上述两条 SQL 插入语句能够连续执行,程序在第 14 行指示进行事务提交,数据库内容得以修改。如果程序的命令行参数为 0,则强制抛出一个异常(见程序第 12 行),模拟在两个 SQL 插入操作之间出现错误,程序转到第 15 行至 23 行的 catch 语句块,显示错误并进行事务回滚(见程序第 17 行和第 19 行)。

当程序命令行参数为 0 时,控制台显示的信息如下。用 Microsoft Office Access 打开数据库 BookDB.mdb 的 Books 表,可以看到没有数据被插入到数据库中。而当程序命令行参数不为 0 时,控制台不会显示异常,BookDB.mdb 的 Books 表中会被插入两条数据。

```
正在建立数据库连接……
数据库连接成功
语句对象创建成功
java.lang.Exception:模拟异常
at transaction.TransactionDemo.main(TransactionDemo.java:12)
事务处理失败,进行回滚!
正在关闭语句对象……
语句对象关闭成功
正在关闭数据库连接……
数据库连接关闭成功
```

5.4.7　获得数据库结构

在程序设计过程中,有时只知道数据库名,但不知道数据库包含了多少个表,每个表又包含了多少列,也即不知道数据库结构。在这种情况下,如何读取数据库的内容呢?JDBC 中的 DatabaseMetaData 和 ResultSetMetaData 接口,可以帮助程序员来了解数据库的结构。

1. DatabaseMetaData 接口

DatabaseMetaData 是表示数据库元数据的接口，它封装了数据库的整体综合信息，包括关于数据库的表、受支持的 SQL 语法、存储过程、连接的功能等信息，为应用程序获取数据库的底层信息提供了支持。

DatabaseMetaData 接口本身不能创建数据库元数据对象，必须使用连接对象的 getMetaData()方法才能获得数据库元数据对象，getMetaData()方法的定义如下：

```
DatabaseMetaData getMetaData() throws SQLException
```

获得数据库元数据对象之后，可以利用 DatabaseMetaData 接口定义的方法获得数据库本身的相关信息。如表 5-17 所示 DatabaseMetaData 接口的常用方法，所有这些方法都抛出 SQLException 异常，为节省篇幅起见，表中不再列出 throws SQLException 语法项。

表 5-17　DatabaseMetaData 接口的常用方法

修饰符与返回值	方法名称	说明
String	getURL()	获取数据库的 URL
String	getDatabaseProductName()	获取数据库产品的名称
String	getDatabaseProductVersion()	获取数据库产品的版本号
String	getDriverName()	获取 JDBC 驱动程序的名称
String	getDriverVersion()	获取 JDBC 驱动程序的版本
boolean	isReadOnly()	数据库是否处于只读模式。只读返回 true；否则返回 false
ResultSet	getTables(String catalog, String schemaPattern, String tableNamePattern, String[] types)	获取指定特征的表的描述

在表 5-17 中，getTables()方法可以返回有关数据库表的描述性信息，其四个参数的含义如下：

(1) catalog：指定从给定的目录中获得表，它必须与存储在数据库中的表目录名称相匹配，该参数为 "" 表示获取没有目录名称的表的信息，为 null 则返回所有的表的信息。

(2) schemaPattern：指定从给定模式中获得表，它必须与存储在数据库中的模式名称相匹配，该参数为""表示获取没有模式名称的表的信息，为 null 则返回所有的表的信息。

(3) tableNamePattern：指定表名称，它必须与存储在数据库中的表名称相匹配，该参数可以包含通配符，单字符的通配符为下划线“_”，多字符的通配符为百分号“%”。该参数为 null 时，返回所有的表的信息。

(4) types：表示要返回的表的类型，表的类型包括“TABLE”(表)，“VIEW”(视图)，“SYSTEM TABLE”(系统表)，“GLOBAL TEMPORARY”(全局临时表)，“LOCAL TEMPORARY”(局部临时表)、“ALIAS”(别名表)、“SYNONYM”(同义表)。该参数为 null 时，返回所有类型的表的信息。

getTables()方法的返回值为 ResultSet 类型，其中封装了表的相关信息，结果集中的一行代表了一个表的信息，每行中的列为该表的具体信息，主要的列名分别为：

TABLE_NAME：其内容为表名称；
TABLE_CAT：其内容为表目录，可以为 null；
TABLE_SCHEM：其内容为表模式，可以为 null；
TABLE_TYPE：其内容为表类型。

2. DatabaseMetaData 接口

ResultSetMetaData 是表示结果集元数据的接口，它封装了数据库表中的列信息，包括数据库表中的列名称、列的类型、列的属性等信息，利用结果集元数据对象，可以获得数据库表的相关信息。

结果集元数据对象必须使用结果集对象的 getMetaData()方法才能获得，ResultSet 接口定义了 getMetaData()方法：

```
ResultSetMetaData getMetaData() throws SQLException
```

获得结果集元数据对象之后，就可以使用 ResultSetMetaData 接口定义的相关方法来获得数据库表中列的相关信息。如表 5-18 所示 ResultSetMetaData 接口的常用方法，所有这些方法都抛出 SQLException 异常，为节省篇幅起见，表中不再列出 throws SQLException 语法项。

表 5-18 ResultSetMetaData 接口的常用方法

修饰符与返回值	方法名称	说明
int	getColumnCount()	返回当前对象中的列数
String	getColumnName(int col)	获取序号为 col 的列的名称
int	getColumnType(int col)	获取序号为 col 的列的 SQL 类型，返回值为 java. sql. Types 中定义的常量
String	getColumnTypeName(int col)	获取序号为 col 的列的类型名称
boolean	isAutoIncrement(int col)	序号为 col 的列是否为自动编号类型，是，返回 true，否则返回 false
boolean	isReadOnly(int col)	序号为 col 的列是否为只读，是，返回 true，否则返回 false
boolean	isWritable(int col)	序号为 col 的列是否为可写，是，返回 true，否则返回 false
boolean	isSearchable(int col)	序号为 col 的列是否可以在 WHERE 子句中使用，是，返回 true，否则返回 false

【例 5.24】获取数据库结构。

```
package dbStructure;//1 行
import java.sql.*;
import createStmt.CreateStatement;
import dbConnection.JDBCConnection;
```

```
public class DBStructureDemo { //5 行
    public static void main(String[] args) throws SQLException {
        new DBStructureDemo();
    }
    DBStructureDemo() throws SQLException{
        JDBCConnection dc=new JDBCConnection();  //10 行
        CreateStatement cst=new CreateStatement(dc);
        DatabaseMetaData dbmd = dc.connection.getMetaData();//创建数据库元数据对象
        System.out.println("数据库 URL: " + dbmd.getURL()); //获得数据库基本信息
        System.out.println("数据库产品名称: " + dbmd.getDatabaseProductName());
        System.out.println("数据库产品名称版本: " + dbmd.getDatabaseProductVersion());
         //15 行
        System.out.println("驱动程序名称: " + dbmd.getDriverName());
        System.out.println("驱动程序版本: " + dbmd.getDriverVersion());
        System.out.println("数据库是否只读: " + dbmd.isReadOnly());
        String[] types = {"TABLE"};//指定数据表类型
        ResultSet rs = dbmd.getTables(null, null, "%",types);//获取表结构 //20 行
        while (rs.next()) {
            String tn=rs.getString("TABLE_NAME");//获取表名
            System.out.println("数据库表名: "+tn);//显示表的信息
            System.out.println("数据表类型: "+rs.getString("TABLE_TYPE"));
            System.out.println("数据表目录: "+rs.getString("TABLE_CAT")); //25 行
            ResultSet rscol=cst.stmt.executeQuery("SELECT * FROM "+tn);//建立 SQL
            查询
            ResultSetMetaData rsmd=rscol.getMetaData();//获取结果集元数据
            int cols=rsmd.getColumnCount();//获取表中的列数
            System.out.println("\t 本表共有"+cols+"列,");//显示表中的列数
            for(int i = 1; i <= rsmd.getColumnCount(); i++) {//输出列字段名称和类型
                //30 行
                System.out.print("\t\t 名称:"+rsmd.getColumnName(i));
                System.out.println("\t 类型:"+rsmd.getColumnTypeName(i));
            }
        }
        cst.close();//关闭语句对象 //35 行
        dc.close();//关闭数据库连接
    }
}
```

本例程序主要由三个部分组成,第一部分为程序第 11 行至 18 行,程序先获取数据库元数据对象(见程序第 12 行),利用该对象获取数据库的基本信息并显示到控制台上(见程序第 13 行至 18 行)。第二部分是程序第 19 行至 29 行,主要用于获得封装数据库表结构的结果集 rs。第三部分是程序第 21 行至 34 行,遍历结果集 rs,取出表结构的信息(见程序第 22

行至 25 行)。如果存在着数据表,在该表上进一步执行一个 SQL 语句(见程序第 26 行),用所获得的结果集返回结果集元数据对象(见程序第 27 行),遍历该结果集元数据对象,取得数据表的列名和列的数据类型(见程序第 30 行至 33 行)。

本程序运行后控制台上显示的主要内容为(略去了创建和关闭连接等提示信息):

```
数据库 URL: jdbc:odbc:BookDB
数据库产品名称: ACCESS
数据库产品名称版本: 04.00.0000
驱动程序名称: JDBC-ODBC Bridge (odbcjt32.dll)
驱动程序版本: 2.0001 (04.00.6304)
数据库是否只读: false
数据库表名: Books
数据表类型: TABLE
数据表目录: E:\JAVA\Program\BookDB
    本表共有 6 列,
        名称:BookID   类型:COUNTER
        名称:Title   类型:VARCHAR
        名称:Author   类型:VARCHAR
        名称:Pubdate   类型:DATETIME
        名称:Price   类型:CURRENCY
        名称:Abstract   类型:LONGCHAR
```

第六章　输入与输出

输入输出是指应用程序与外部设备或其他计算机进行数据交互，例如，从文件中读入数据进行处理，在将处理后的数据写入文件；又例如，一个程序与另一个程序进行数据交换，等等。Java 提供了一套标准化的类，用来进行信源与信宿之间的数据交互。

在 Java 中，将所有输入输出的数据都抽象为数据流。所谓数据流，是指信源与信宿之间运动的数据序列。将输入输出的数据看做是流，可以屏蔽信源与信宿的多样性与复杂性，为使用统一操作界面和操作流程提供方便。

Java 的输入输出方法大多数都抛出了 IOException 异常，如果程序中调用了这些输入输出方法，就必须显式地捕获和处理 IOException 异常。

按流向，数据流可以分为输入流和输出流，输入流是指从外部流向当前程序的数据流，输出流是与输入流方向相反的数据流。按数据流中的数据类型，数据流可以分为字节流和字符流，字节流是以字节为传输单位的数据流，字符流是以字符为传输单位的数据流。按建立方式和效率，数据流可以分为节点流和过滤流：节点流是指程序与信源或信宿之间直接建立的流；过滤流以节点流作为流的信源或信宿，过滤流实质是一种缓存流，其目的是提高输入/输出操作的效率。

Java 中与输入输出有关的类都在 java.io 包中，使用时要引入这个包。

6.1　基本输入输出类

按处理的数据类型划分，Java 中的流分为两种：一种是字节流，另一种是字符流。每种流包括输入和输出两种，共有四个类，分别为 InputStream 类和 OutputStream 类、Reader 类和 Writer 类，这四个类均为抽象类，Java 中其他多种多样变化的流均是由它们派生出来的。

InputStream 和 OutputStream 类是 Java 中所有字节输入流和输出流的基类，提供了以字节为单位数据输入流和输出流的读写操作，它们的直接子类和间接子类实现了对各种具体数据流的读写。从 JDK1.2 开始，Java 还增加了以字符为单位处理数据流的基类 Reader 和 Writer，它们的直接子类和间接子类实现了对各种具体的字符数据流的读写。

6.1.1　基本的字节流

1. InputStream 类

InputStream 类是所有字节输入流类的直接或间接父类，它本身是一个抽象类，为具体的字节输入流规定了要实现的方法，Java 中各种具体的字节输入流都是 InputStream 类中派生出来的。

InputStream 类定义了与读取输入流有关的方法，其直接子类和间接子类实现或重写了这些方法。主要方法有：

(1) public abstract int read() throws IOException。

从输入流中的当前位置读取一个字节的数据。返回 0 到 255 范围内的 int 字节值。如果当前位置没有数据,则返回－1。

(2) public int read(byte[] b) throws IOException。

从输入流的当前位置读取多个字节,并将它们保存到字节数组 b 中,同时返回所读到的字节数,如果当前位置没有数据,则返回－1。

(3) public int read(byte[] b, int off, int len) throws IOException。

从输入流的当前位置将 len 指定长度的字节读取到字节数组 b 中,同时返回所读到的字节数,如果当前位置没有数据,则返回－1。读入数据的存储位置从 b[off]开始。

(4) public int available() throws IOException。

返回输入流中可以读取的字节数。

(5) public long skip(long n) throws IOException。

跳过输入流中数据的 n 个字节。

(6) public void close() throws IOException。

关闭输入流,并释放与该输入流关联的系统资源。

2. OutputStream 类

OutputStream 类是与 InputStream 类方向相反的流类,是所有字节输出流类的基类,它本身是一个抽象类,为具体的字节输出流规定了要实现的方法,Java 中各种具体的字节输出流都是 OutputStream 类中派生出来的。

OutputStream 类定义了与写入字节输入流有关的方法,其直接子类和间接子类实现或重写了这些方法。主要方法有:

(1) public void write(byte[] b) throws IOException。

将指定的字节数组 b 写入输出流。

(2) public abstract void write(int b) throws IOException。

将指定的字节写入输出流。

(3) public void write(byte[] b,int off,int len) throws IOException。

将指定字节数组中从 off 位置开始的 len 个字节写入输出流。

(4) public void flush() throws IOException。

刷新输出流并写出所有缓存的字节内容。

(5) public void close() throws IOException。

关闭输出流,并释放与该输出流相关联的系统资源。

6.1.2　基本的字符流

1. Reader 类

Reader 类以字符为处理单位,是所有字符输入流类的直接或间接父类,它本身是一个抽象类,为具体的字符输入流规定了要实现的方法,Java 中各种具体的字符输入流都是 Reader 类中派生出来的。

Reader 类定义了与读取字符输入流有关的方法,其直接子类和间接子类实现或重写了这些方法。主要方法有：

(1) public abstract int read() throws IOException。

从输入流中的当前位置读取一个字符。如果已到达流的末尾，则返回－1。

(2) public int read(char[] cbuf) throws IOException。

从输入流的当前位置读取多个字符，并将它们保存到字符数组 cbuf 中，同时返回所读到的字符数，如果已到达流的末尾，则返回－1。

(3) public int read(char[] cbuf, int off, int len) throws IOException。

从输入流的当前位置将 len 指定长度的字符读取到字符数组 cbuf 中，同时返回所读到的字节数，如果已到达流的末尾，则返回－1。读入数据的存贮位置从 b[off]开始。

(4) public long skip(long n) throws IOException。

跳过输入流中数据的 n 个字符。

(5) public boolean ready() throws IOException。

判断是否准备读取输入流，如果下一个 read() 不阻塞，则返回 true，否则返回 false。如果发生 I/O 错误，则抛出 IOException。

(6) public void close() throws IOException。

关闭输入流，并释放与该输入流关联的系统资源。

2. Writer 类

Writer 类与 Reader 类相对应，提供了字符输出流，它本身也是一个抽象类，是所有字符输出流的直接或间接父类，为具体的字符输入流规定了要实现的方法，Java 中各种具体的字符输出流都是 Writer 类中派生出来的。

Writer 类定义了与写入字符输入流有关的方法，其直接子类和间接子类实现或重写了这些方法。主要方法有：

(1) public Writer append(char c) throws IOException。

将指定的字符串添加到输出流。返回值为当前输出流。

(2) public void write(char[] cbuf) throws IOException。

将指定的字符数组 b 写入输出流。

(3) public abstract void write(int b) throws IOException。

将指定的字符 b 写入输出流。

(4) public void write(String str) throws IOException。

将指定的字符串 str 写入输出流。

(5) public void write(String str,int off, int len) throws IOException。

将指定字符串 str 中从 off 位置开始的 len 个字符写入输出流。

(6) public void write(char[] cbuf,int off,int len) throws IOException。

将指定字符数组 cbuf 中从 off 位置开始的 len 个字节写入输出流。

(7) public void flush() throws IOException。

刷新输出流并写出所有缓存的字符内容。

(8) public void Close() throws IOException。

关闭输出流，并释放与该输出流相关联的系统资源。

6.2　文件输入输出

文件是以特定名称为标识储存在计算机上外部存储设备(如磁盘、磁带、光盘等介质)上的数据集合。利用文件,可以使得数据不依赖于程序存在,保证数据的永久保存和反复使用。在Java中,提供了专门处理文件的类,包括File类、FileInputStream和FileOutputStream类、FileReader和FileWriter类等。

6.2.1　File类

File类是文件和目录路径名的抽象表示,它是一个非流类,不属于前面说过的任何一个流类的子类,只负责管理文件和目录,不负责读写文件,因此本身既不能读取文件内容,也不能改变文件内容,只能进行创建及删除目录或文件、读取及修改目录或文件属性等操作。对文件的读写需要与文件流类,如FileInputStream和FileOutputStream、FileReader和FileWriter类的配合来实现。

1. 文件实例的创建

File类常用的构造方法有4个,它们用来创建File类的实例。

(1) public File(String pathname)。

用给定路径名字符串pathname创建一个新File实例。如果pathname参数为null,则抛出NullPointerException。

(2) public File(String parent, String child)。

根据parent路径名字符串和child路径名字符串创建一个新File实例。如果parent为null,则用child路径名字符串创建一个新的File实例,效果与第一个File构造方法相同。否则,parent路径名字符串表示目录,child路径名字符串用于表示目录或文件。如果child为null,则抛出NullPointerException。

(3) public File(File parent, String child)。

根据parent和child路径名字符串创建一个新File实例。如果parent为null,则用child路径名字符串创建一个新的File实例,效果与第一个File构造方法相同。否则,parent参数用于表示目录,child路径名字符串用于表示目录或文件。如果child为null,则抛出NullPointerException。

(4) public File(URI uri)。

通过将给定的uri转换为一个抽象路径名来创建一个新的File实例。

要特别说明的是,在Unix系统中,绝对路径名的前缀是"/"。相对路径名没有前缀或用"./"表示当前目录,例如"abc.sh"表示当前目录下的文件。另外,用"../"来表示上一级目录,"../../"表示上上级的目录,以此类推。在Windows系统中,绝对路径名的前缀是"\",但由于Java中符号"\"代表转义字符,因此,Windows系统中绝对路径名的前缀要写成"\\"。例如,"abc.txt"和".\\abc.txt"均表示当前目录下的文件。而用"..\\"和"..\\..\\"分别表示上一级目录和上上级目录。

例如,以下语句分别创建了表示目录和文件的File类实例:

```
File file1 = new File("abc.txt");          //表示在当前目录下的子目录或文件
File file2 = new File(".\\abc");           //表示在当前目录下的子目录或文件
File file3 = new File ("c:/config.sys");   // 表示 c:/config.sys
File file4 = new File("e:/", "xyz.dat");   //表示 e 盘根目录下的 xyz.dat
File file5 = new File(file2, "z.bat");     //表示\abc 目录下的 z.bat
```

2. 创建和删除目录或文件

File 类提供了创建目录、创建文件、判断目录或文件是否存在，以及删除目录和文件的方法：

(1) public boolean mkdir()。

创建 File 对象表示的目录。当且仅当已创建目录时，返回 true；否则返回 false。

(2) public boolean createNewFile() throws IOException。

创建 File 对象表示的文件，如果指定的文件不存在并成功地创建，则返回 true；如果指定的文件已经存在，则返回 false。

(3) public boolean exists()。

判断 File 对象表示的文件或目录是否存在。当且仅当文件或目录存在时，返回 true；否则返回 false。

(4) public boolean delete()。

删除 File 对象表示的文件或目录。如果 File 对象表示一个目录，则该目录必须为空才能被删除。当且仅当成功删除目录或文件时，返回 true；否则返回 false。

3. 获取目录或文件的路径

这类方法用于获取目录或文件的名称、路径名等，主要有：

(1) public String getPath()。

返回 File 对象表示的相对路径名字符串。

(2) public String getAbsolutePath ()。

返回 File 对象表示的绝对路径名字符串。

(3) public File getAbsoluteFile()。

功能与 getAbsolutePath()方法类似，只是返回的不是字符串，而是 File 对象。

(4) public String getName()。

返回 File 对象表示的目录或文件的名称。该名称是路径名名称序列中的最后一个名称。如果路径名名称序列为空，则返回空字符串。

(5) public String[] list()。

返回一个字符串数组，数组元素为 File 对象表示的目录中的文件和目录。如果 File 对象不表示一个目录，此方法返回 null；否则返回一个字符串数组，每个数组元素对应目录中的每个文件或目录。表示目录本身及其父目录的名称不包括在结果中。每个字符串是一个文件名，而不是一条完整路径。

(6) public File[] listFiles()。

返回一个 File 对象数组，功能与 list()方法类似，只是返回的不是字符串数组，而是 File 对象数组。

【例 6.1】检查当前目录下是否存在子目录 abc，如果目录不存在，创建该目录，并在目录下创建文件 myfile.txt。如果目录存在，则删除目录下的所有文件，然后再将目录删除。

```
import java.io.*;
public class FileCreateDelDemo {
    public static void main(String[] args) throws IOException {
        File dir = new File(".\\abc");
        if(dir.exists()) {//检查\abc 目录是否存在
                File[] fileList=dir.listFiles();//返回目录下的所有文件
                for (int i=0;i<=fileList.length-1;i++){
                    fileList[i].delete(); //删除\abc 目录下的所有文件
                }
                dir.delete(); //删除\abc 目录
                System.out.println(dir.getAbsolutePath()+ "存在,已删除");
        }
        else{
            dir.mkdir();//创建\abc 目录
            File file = new File(dir,"myfile.txt");
            file.createNewFile();//创建 myfile.txt 文件
            System.out.println(file.getAbsolutePath()+ "已创建");
        }
    }
}
```

4. 获取目录或文件的属性

这类方法用于返回文件的属性，如文件的可读性、可写性、隐藏性、文件的长度、判断当前 File 对象是目录还是文件等等。主要有：

(1) public boolean isDirectory()。

判断 File 对象是否是目录。若 File 对象代表的是一个目录时，返回 true；否则返回 false。

(2) public boolean isFile()。

判断 File 对象是否是文件。若 File 对象代表的是一个文件时，返回 true；否则返回 false。

(3) public long length()。

返回 File 对象表示的文件的长度。如果此路径名表示一个目录，则返回值是不确定的。

(4) public boolean canRead()。

返回文件的可读性，当且仅当文件存在且可被应用程序读取时，返回 true；否则返回 false。

(5) public boolean canWrite()。

返回文件的可写性，当且仅当文件存在且允许应用程序对该文件进行写入时，返回 true；否则返回 false。

(6) public boolean isHidden()。

返回文件的隐藏性,当且仅当文件根据底层平台约定是隐藏文件时,返回 true。

(7) public long lastModified()。

返回文件最后一次被修改的时间。返回值为距离 1970 年 1 月 1 日的毫秒数。

5. 设置目录或文件的属性

这类方法用于设置文件的可读性、可写性、隐藏性等属性以及更改文件的名等。主要有:

(1) public boolean renameTo(File dest)。

重新命名文件。当且仅当重命名成功时,返回 true;否则返回 false。

(2) public boolean setReadOnly()。

将文件设置为只读。当且仅当该操作成功时,返回 true;否则返回 false。

(3) public boolean setReadable(boolean readable)。

设置文件的可读性。如果参数 readable 为 true,则设置允许读操作的访问权限;如果为 false,则不允许读操作。当且仅当操作成功时返回 true。

(4) public boolean setWritable(boolean writable)。

设置文件的可写性。如果参数 writable 为 true,则设置允许写操作的访问权限;如果为 false,则不允许写操作。当且仅当操作成功时返回 true。

【例 6.2】读取文件的属性。

```
import java.io.*;
import java.util.Date;
public class FileAttrDemo {
    public static void main(String[] args) throws IOException {
        File f = new File(".\\abc\\myfile.txt");
        if(f.exists()){
            System.out.println(f.getName()+"的属性如下:");
            System.out.println("文件长度为"+f.length());
            System.out.println(f.isFile() ? "是文件" : "不是文件");
            System.out.println(f.isDirectory() ? "是目录" : "不是目录");
            System.out.println(f.canRead() ? "可读取" : "不可读取");
            System.out.println(f.canWrite() ? "可写入" : "不可写入");
            System.out.println(f.isHidden() ? "是隐藏文件" : "不是隐藏文件");
            System.out.println("最后修改日期为"+new Date(f.lastModified()));
        }
        else{
            System.out.println("文件不存在");
        }
    }
}
```

若存在 myfile.txt 文件,本例的输出如下:

```
myfile.txt 的属性如下：
文件长度为 0
是文件
不是目录
可读取
可写入
不是隐藏文件
最后修改日期为 Sun Nov 28 18:09:56 CST 2010
```

6.2.2 基于字节流的文件

Java 中字节文件流类为 FileInputStream 和 FileOutputStream 类，它们分别负责以字节为单位读入外部文件的数据以及将数据写到外部文件中。

1. FileInputStream 类

FileInputStream 类表示文件输入流，它继承了 InputStream 类，可以按字节顺序读入外部文件的数据，其主要的读取数据、关闭输入流的方法均重写自 InputStream 类。

FileInputStream 类主要有二个构造函数：

(1) public FileInputStream(String name) throws FileNotFoundException。

创建与 name 指定的文件相关联的文件输入流，如果文件不存在或因其他原因无法打开文件，则抛出 FileNotFoundException。

(2) public FileInputStream(File file) throws FileNotFoundException。

创建一个与文件对象 file 相关联的文件输入流，如果指定文件 file 不存在，或者它是一个目录，而不是一个常规文件，或者因为其他某些原因而无法打开进行读取，则抛出 FileNotFoundException。

2. FileOutputStream 类

FileOutputStream 类表示文件字节输出流，它是 OutputStream 类的子类，可以顺序地向外部文件写入字节数据，其主要的方法均重写自 OutputStream 类。

OutputStream 类主要有 4 个构造方法：

(1) public FileOutputStream(String name[,boolean append]) hrows FileNotFoundException。

创建与 name 指定文件相关联的文件输出流。一般情况下，如果文件不存在，使用本构造方法会创建一个文件；如果文件不存在并且无法创建或因其他原因无法打开文件，则抛出 FileNotFoundException。如果构造方法带第二个参数 append，且其值为 true，则表示将字节数据写入文件末尾处，否则，写入的数据会覆盖已存在的文件内容。

(2) public FileOutputStream(File file[,boolean append]) throws FileNotFoundException。

创建一个与文件对象 file 相关联的文件输出流，一般情况下，如果文件不存在，使用本构造方法去创建一个文件；如果该文件对象存在，但它是一个目录，而不是一个常规文件；或者该文件不存在，但无法创建它；亦或因为其他某些原因而无法打开，则抛出 FileNotFoundException。如果构造方法带第二个参数 append，且其值为 true，则表示将字节数据写入文件末尾处，否则，写入的数据会覆盖已存在的文件内容。

【例 6.3】读写字节文件。

```
import java.io.*;//1 行
    public class FileIODemo {
        public static void main(String[] args) throws IOException {
            //创建输出流
            FileOutputStream fos=new FileOutputStream("file1.txt");//5 行
            String line= "这是一段文本";
            // 将字符串对象 line 的内容转成字节后存放在数组 b 中
            byte bw[] = line.getBytes();
            //将数组 b 的内容写到外部文件中
            for (int i=0; i<bw.length; i++)        //10 行
                fos.write(bw[i]);
            fos.close(); //关闭输出流
            //创建输入流
            FileInputStream fis=new FileInputStream("file1.txt");
            int fileSize = fis.available(); // 获得文件大小//15 行
            byte br[] = new byte[fileSize];// 声明存放文档内容的数组
            fis.read(br);//读取数据
            fis.close();//关闭输入流
            System.out.println(new String(br)); //显示读入的内容
        } //20 行
    }
```

本例在当前目录下创建 file1.txt 文件(程序第 5 行)，并将一段文本转换成字节(程序第 8 行)，并写入文件(程序第 10 行和 11 行)，之后关闭输入流(程序第 12 行)。程序第 14 行创建了与 file1.txt 文件关联的输入流，获得该输入流的长度(第 15 行)，并创建具有这样长度的字节数组(第 16 行)，程序第 17 行将文件内容读入到字节数组中，在程序第 19 行将数组转换成字符串显示到屏幕上。本程序执行之后，当前目录下生成了 file1.txt 文件，同时控制台上显示“这是一段文本”。

6.2.3 基于字符流的文件

按字符读写文件的流是 FileReader 和 FileWrite 类，这两个类可以处理基于字符的数据文件，能够很方便地处理像汉字这样由两个字节组成的字符，避免乱码的现象出现。

1. FileReader 类

FileReader 类的用法与 FileInputStream 类相类似，常用的两个构造方法分别是：

(1) public FileReader(String fileName) throws FileNotFoundException。

(2) public FileReader(File file) throws FileNotFoundException。

构造方法的参数与使用条件与 FileInputStream 类相似，不同点在于 FileReader 类建立的是文件字符输入流。FileReader 类的读写数据的方法重写自 Reader 类。

2. FileWrite 类

FileWrite 类的用法与 FileOutputStream 类相类似，常用的两个构造方法分别是：

(1) public FileWriter(String filename[,boolean append]) throws IOException。

(2) public FileWriter(File file[, boolean append]) throws IOException。

构造方法的参数和使用条件与 FileOutputStream 类相似，不同点在于 FileWrite 类建立的是文件字符输出流。FileWrite 类读写数据的方法重写自 Write 类。

以下代码用 FileReader 类和 FileWrite 类改写例 6.3 的程序：

```
//创建输出流
FileWriter fw=new FileWriter("file1.txt");
String line= "这是一段文本";
//将字符串写入输出流
fw.write(line);
fw.close(); //关闭输出流
//创建输入流
FileReader fr=new FileReader("file1.txt");
int c;
//判断是否已读到文件的结尾
while ((c=fr.read())! =-1)
    System.out.print((char)c); //输出读取到的数据
fr.close();//关闭输入流
```

从这段代码看出，使用 FileReader 类和 FileWrite 类读写字符数据，要比 FileInputStream 类和 FileOutputStream 类更方便，代码也更为简洁。

6.2.4 随机文件

随机文件是一种允许随机存取其中任意一条记录的文件，这种文件由多条长度固定的记录组成，每条记录是一个最小的定位单元。程序对文件的存取不限定顺序，允许随意读出或写入记录。随机文件的特点是读写记录速度快，缺点是为了保证记录定长，会浪费一定的存储空间。

Java 文件的随机访问类 RandomAccessFile 实现了对随机文件的读写操作。

1. *构造方法*

RandomAccessFile 类的构造方法有两个：

(1) public RandomAccessFile(String fn,String mode) throws FileNotFoundException。

(2) public RandomAccessFile(File file,String mode) throws FileNotFoundException。

这两个构造方法分别创建了与文件名 fn 和文件对象 file 相关联的随机文件。mode 的取值为“r”和“rw”。“r”表示创建的随机文件是只读文件，“rw”表示可同时对所创建的文件进行读写操作。

2. *常用方法*

与其他流类不同，RandomAccessFile 类同时包括写入和读出的方法，其主要方法如表 6-1 所示。

表 6-1 RandomAccessFile 类的主要方法(所有方法都抛出 IOException)

修饰符与返回值	方法名称	说明
public final boolean	readBoolean()	读取布尔型数据
public final byte	readByte()	读取一个字节
public final char	readChar()	读取一个字符
public final short	readShort()	读取短整型数据
public final int	int readInt()	读取整型数据
public final long	readLong()	读取长整型数据
public final float	float readFloat()	读取单精度浮点数据
public final double	readDouble()	读取双精度浮点数据
public final String	readLine()	读一行数据,返回字符串
public final String	readUTF()	读取 Unicode 字符串并返回
public int	read()	读取一个字节
public int	read(byte[] b)	行为与 InputStream 类的对应方法相同
public int	read(byte[] b, int off, int len)	行为与 InputStream 类的对应方法相同
public final void	writeBoolean(boolean b)	写出布尔型数据 b
public final void	writeByte(int b)	写出字节数据 b
public final void	writeChar(int ch)	写出字符数据 ch
public final void	writeChars(String s)	写出字符串数据 s
public final void	writeShort(int v)	将 v 按短整型数据写出
public final void	writeInt(int v)	写出整型数据 v
public final void	writeLong(long v)	写出长整型数据 v
public final void	writeFloat(float v)	写出单精度浮点数据 v
public final void	writeDouble(double v)	写出双精度浮点数据 v
public final void	writeUTF(String str)	按 UTF-8 写出字符串 str
public void	write(byte[] b)	与 read(byte[] b)方向相反
public void	write(byte[] b, int off, int len)	与 read(byte[] b, int off, int len) 方向相反
public long	getFilePointer()	获取文件的指针位置
public void	seek(long pos)	将文件指针定位到 pos 指示的位置
public long	length()	获取文件的长度
public int	skipBytes(int n)	跳过 n 个字节
public void	close()	关闭文件

【例 6.4】随机文件的使用。

```
import java.io.*;//1 行
class RandomAccessDemo {
    //随机文件的字段长度
```

```
final static int Name_SIZE = 6; //字符数
final static int Age_SIZE = 4; //整型的字节数 //5行
final static int Major_SIZE = 10;//字符数
//随机文件中的记录长度(字节数)
final static int RECORD_SIZE = 2 * Name_SIZE+Age_SIZE+2 * Major_SIZE;
static int recordNum =0;//记录数
public static void main(String args[])throws Exception {//10行
    RandomAccessFile raf; // 定义随机文件
    raf = new RandomAccessFile("file3.txt", "rw");//读写随机文件
    writeRecord(raf,"王大可", 20, "中文");  //写入记录
    writeRecord(raf,"李明", 22, "计算机科学");
    writeRecord(raf,"张春荣", 23, "应用数学");  //15行
    writeRecord(raf,"赵明明",21, "应用数学");
    readRecord(raf);//随机读5个记录
    raf.close();//关闭文件
}
//写入记录 //20行
public static void writeRecord(RandomAccessFile out,String name,
                int age,String major)throws IOException  {
    writeString(out, name, Name_SIZE);
    writeInteger(out,age);
    writeString(out, major, Major_SIZE);  //25行
    recordNum++;//记录文件中的记录数
}
// 写定长字符串
private static void writeString(RandomAccessFile out, String s, int size)
            throws IOException  { //30行
    for (int i=0; i<size; i++)    {
        if (i<s.length()) out.writeChar(s.charAt(i));
        else out.writeChar(0);
    }
}//35行
//写整数
private static void writeInteger(RandomAccessFile out, int age)
            throws IOException  {
    out.writeInt(age);
} //40行
//读记录
public static void readRecord(RandomAccessFile in)throws IOException {
    for(int i=0;i<5;i++){
        int pos=(int)(Math.random() * recordNum);
        in.seek(pos * RECORD_SIZE); //移动指针//45行
```

```
            String name = readString(in, Name_SIZE);
            int age=in.readInt();
            String major = readString(in, Major_SIZE);
            System.out.println(name+", "+age+ ", " +major);
        } //50 行
    }
    //读定长字符串
    private static String readString(RandomAccessFile in, int size)
            throws IOException {
        StringBuffer s = new StringBuffer(size); //55 行
        int i;
        for (i=0; i<size; i++){
            char c = in.readChar();
            if (c==0)break;
            else s.append(c);//60 行
        }
        in.skipBytes(2 * (size-i-1)); //移动指针
        return(s.toString());
    }
} //65 行
```

本例的随机文件中存放了学生的记录,每条记录由姓名、年龄和专业三个字段组成,程序第 4 行至 6 行,分别定义了这三个字段的长度,第 5 行计算出了记录的长度。writeRecord()方法(程序第 21 行至 27 行)用于将记录写入随机文件,它调用 writeString()方法(程序第 29 行至 35 行)和 writeInteger()方法(程序第 37 行至 41 行),向随机文件写入字符数据和整型数据。readRecord()方法(程序第 42 行至 51 行)随机地从文件中读出 5 条记录,它生成 5 个表示第几条记录的随机数(程序第 44 行),调用自定义的 readString()方法和随机文件的 readInt()方法读取数据。本例某次运行的结果如下:

```
李明, 22, 计算机科学
李明, 22, 计算机科学
张春荣, 23, 应用数学
赵明明, 21, 物理学
王大可, 20, 中文
```

6.3 内 存 流

Java 流的概念要比文件输入输出的概念广,流的来源和归宿不一定是文件,也可以是内存中的一定的空间,对于以内存为信源和信宿的流,统称为内存流。Java 中这样的流类包括 ByteArrayInputStream 和 ByteArrayOutputStream 类、CharArrayReader 和 CharArrayWriter 类、

StringReader 和 StringWriter 类。

6.3.1　字节内存流

ByteArrayInputStream 和 ByteArrayOutputStream 类分别负责从内存数组读取数据以及将数据写入到内存数组中，它们以字节为单元处理数据。

1. ByteArrayInputStream 类

ByteArrayInputStream 类继承了 InputStream 类，将字节数组当做输入流的来源，可以将字节数组转化为输入流，并可以从流中读取字节。

ByteArrayInputStream 类包括两个构造方法：

(1) public ByteArrayInputStream(byte[] buf)。

创建一个与字节数组 buf 相关联的字节数组输入流实例。

(2) public ByteArrayInputStream(byte[] buf, int offset, int length)。

创建一个与字节数组 buf 中的一部分相关联的字节数组输入流实例，流的开始是 buf[offset]，长度为 length，若数组 buf 从 offset 元素开始的长度小于 length 参数指定的长度，则流的长度为数组 buf 从 offset 元素开始的长度。

ByteArrayInputStream 类继承和重写了 InputStream 流的方法。注意，尽管 ByteArrayInputStream 类可以用 close( ) 方法来关闭，但该方法实际上对 ByteArrayInputStream 类是无效的，程序仍然可以调用 ByteArrayInputStream 的方法，不会产生任何 IOException。

2. ByteArrayOutputStream 类

ByteArrayOutputStream 类继承了 OutputStream 类，用来建立一个字节数组输出流，可以向该流中写入字节数据，也可以将该流中的内容写到其他输出流中。

ByteArrayOutputStream 类有两个构造方法：

(1) public ByteArrayOutputStream()。

创建一个字节数组输出流实例。流的初始容量是 32 字节，流的长度可以根据写入的字节增加。

(2) public ByteArrayOutputStream(int size)。

创建一个字节数组输出流实例，它具有 size 指定的容量，容量以字节为单位。若 size 为负，则抛出 IllegalArgumentException。

ByteArrayOutputStream 类除继承和重写 OutputStream 流的方法以外，还定义了一些自己的方法，主要有：

(1) public byte[] toByteArray()。

创建一个字节数组，并将当前字节输入流对象的内容复制到该数组中。

(2) public int size()。

返回当前流对象的大小。

(3) public void writeTo(OutputStream out) throws IOException。

将当前字节数组输出流对象的全部内容写入到指定的输出流 out 中，如果发生 I/O 错误，则抛出 IOException。

与 ByteArrayInputStream 一样，调用 ByteArrayOutputStream 类的 close()方法之后，使用该类的其他方法不会产生任何 IOException。

以下代码将文字串转换成字节数组，建立与此字符串相关联的字节输入流，并将输入流的内容读出，写入到一个字节数组输出流中，最后将字节输出流的内容写入到文件中。

```
int c;
FileOutputStream fout=new FileOutputStream("bfout. txt");
String s="这是一段文字";
byte[] b=s. getBytes();//转换成字节数组
ByteArrayInputStream bin = new ByteArrayInputStream(b);
ByteArrayOutputStream bout=new ByteArrayOutputStream();
while ((c = bin. read())! =-1) {//将输入流的内容写入输出流
      bout. write(c);
}
bout. writeTo(fout);//写入文件
fout. close();//关闭流
bin. close();
bout. close();
```

6.3.2 字符内存流

CharArrayReader 和 CharArrayWriter 类与前面的 ByteArrayInputStream、ByteArrayOutputStream 类的功能类似，也是一种内存流，不同点在于它们处理的对象是字符数组，而不是字节数组。

1. CharArrayReader 类

CharArrayReader 类继承了 Reader 类，将字符数组当做输入流的来源，并可以实现对输入流以字符为单位的读操作。

CharArrayReader 的两个构造方法如下：

(1) public CharArrayReader(char[] buf)。

创建与字符数组 buf 相连接的字符数组输入流实例。

(2) public CharArrayReader(char[] buf, int offset, int length)。

创建一个与字节数组 buf 中的一部分相连接的字符输入流实例，流的开始是 buf[offset]，长度为 length，若数组 buf 从 offset 元素开始的长度小于 length 参数指定的长度，则流的长度为数组 buf 从 offset 元素开始的长度。如果 offset 为负或大于 buf. length，或者 length 为负，或者这两个值的和为负，则抛出 IllegalArgumentException。

CharArrayReader 类继承和重写了其父类的方法。

2. CharArrayWriter 类

CharArrayWriter 类继承了 Writer 类，用于建立字符数组输出流，可以向该流中写入字符数据，也可以将该流中的内容转换成字符数组和字符串。

CharArrayWriter 类的构造方法有：

(1) public CharArrayWriter()。

创建一个字符数组输出流的实例,该流的大小会随数据的写入而自动增长。

(2) public CharArrayWriter(int initialSize)。

创建一个字符数组输出流实例,它具有 initialSize 指定的初始容量,容量以字符为单位并会随数据的写入而自动增长。若 initialSize 为负,抛出 IllegalArgumentException。

CharArrayWriter 类除了继承和重写父类方法以外,还定义了一些自己的方法,如表 6-2 所示。

表 6-2　CharArrayWriter 类的方法

修饰符与返回值	方法名称	说明
public char[]	toCharArray()	创建一个字符数组,并将当前字符输入流对象的内容复制到该数组中
public int	size()	返回当前流对象的长度
public void	writeTo(OutputStream out) throws IOException	将当前字符数组输出流对象的全部内容写入到指定的输出流 out 中,如果发生 I/O 错误,则抛出 IOException

CharArrayWriter 类也有 close()方法,当在使用该方法之后,仍可使用字符数组输出流对象的其他方法而不会产生任何 IOException。

以下代码将字符串转换成字符数组,根据该字符数组创建字符数组输入流,将字符数组输入流中的内容写入一个字符数组输出流,并用字符数组输出流的相关方法显示流的内容:

```
String s="这是 Java 串";
char[] dst =new char[s.length()];//声明字符数组 dst
s.getChars(0,s.length(),dst,0);//将字符串转成数组 det
CharArrayReader cin = new CharArrayReader(dst);//建立输入流实例
CharArrayWriter cout=new CharArrayWriter();//建立输出流实例
while (cin.ready()) { //将输入流的内容写入输出流
    cout.write(cin.read());
}
char[] temp=cout.toCharArray();//将输出流转换为字节数组
String s1=cout.toString();//将输出流转换为字符串
System.out.print("toCharArray 的输出:");
for (int i=0;i<=temp.length-1;i++){
   System.out.print(temp[i]);
}//for 循环结束后显示“toCharArray 的输出:这是 Java 串”
System.out.println();
System.out.println("toString 的输出:"+s1);//  显示“toString 的输出:这是 Java 串”
cout.close();
cin.close();
```

6.3.3 字符串内存流

StringReader 和 StringWriter 类是处理内存中字符串的流，它们分别负责从内存字符串中读取数据以及将数据写入到内存字符串，功能与前面两组流类的功能类似，只是处理的对象不同而已。

1. StringReader 类

StringReader 类继承了 Reader 类，将字符串当做输入流的来源，并可以实现对输入流读操作。

StringReader 类只有一个构造方法：

```
public StringReader(String s)
```

该构造方法创建了一个与字符串 s 相关联的字符串输入流。StringReader 类继承和重写了 Reader 类的方法。

2. StringWriter 类

StringWriter 类继承了 Writer 类，用来建立字符输出流，可以向该流中写入字符数据，也可以将该流中的内容转换成字符串。StringWriter 类的构造方法有：

(1) public StringWriter()。

创建一个字符串输出流实例，初始容量为 16 个字符，流的大小会根据写入的内容增加。

(2) public StringWriter(int initialSize)。

创建一个字符串输出流实例。其初始大小由 initialSize 指定，如果 initialSize 为负，则抛出 IllegalArgumentException。流的大小会根据写入的内容增加。

StringWriter 类除继承和重写了 Reader 的以外，自己的方法主要有：

```
public StringBuffer getBuffer()
```

该方法将流的内容以 StringBuffer 的形式返回。此外，调用 StringWriter 类的 close()方法之后，仍然可以使用其他方法，系统不会抛出 IOException。

以下代码首先创建一个字符串输出流 out，向该流中写入一个字符串，将 out 的内容转换成 StringBuffer 并显示出来，然后用 out 的内容建立输入流 in，并读出 in 的内容显示到控制台上。

```
//创建 StringWriter 实例
StringWriter out = new StringWriter();
//写入字符串.
out.write("这是一个字符串");
System.out.println(out.getBuffer());//显示"这是一个字符串"
//创建 StringReader 实例
StringReader in = new StringReader(out.toString());
//读取字符
int c;
while ((c=in.read())! =-1) {
      System.out.print((char)c);
```

```
}//while 循环结束后显示“这是一个字符串”
out.close();
in.close();
```

6.4 缓 存 流

一般来说，缓存流本身不负责直接存取外部数据源，而是以节点流为信源或信宿，也就是说，缓存流构造方法的参数一般是一个节点流。使用缓存流的目的是为节点流提供读写缓存区，同时，缓存流还提供了一些节点流没有的方法，以便提高程序的运行效率。在编写程序时，应尽量使用缓存流。Java 中用来读写缓存的流类有 BufferedInputStream 和 BufferedOutputStream、BufferedReader 和 BufferedWriter 以及 DataInputStream 和 DataOutputStream 等。

6.4.1 字节缓存流

BufferedInputStream 和 BufferedOutputStream 是字节缓存流，它们通常与按字节读写数据的流，如 FileInputStream 类及 FileOutputStream 类等相配合。

1. BufferedInputStream 类

BufferedInputStream 为字节节点输入流提供缓存功能。建立缓存输入流实例，会自动创建一个内部缓存区，当程序读取或跳过了缓存输入流中的字节，缓存输入流会用与其相关联的节点流中的数据不断填充该缓存区，从而提高了程序读取数据的效率。

BufferedInputStream 类有两个构造方法：

(1) public BufferedInputStream(InputStream in)。

创建一个与底层节点输入流 in 相连接的字节缓存输入流，该流包含了一个缺省的内部缓存区，用来缓存来自底层输入流的字节数据。

(2) public BufferedInputStream(InputStream in, int size)。

创建一个与底层节点输入流 in 相连接的字节缓存输入流，该流包含了一个大小为 size 的内部缓存区，用来缓存来自底层输入流的字节数据。如果 size 小于等于零，则抛出 IllegalArgumentException。

BufferedInputStream 类继承和重写了其父类的方法。

2. BufferedOutputStream 类

BufferedOutputStream 为字节节点输出流提供缓存功能。利用缓存输出流可以建立输出缓存区，每次写出数据时，实际上是将数据先写入缓存区，当缓存区满时，再将其内容写入到底层输出流中。这样，就减少了调用底层输出流的次数，提高了写入的效率。

BufferedOutputStream 类的构造方法有：

(1) public BufferedOutputStream(OutputStream out)。

创建一个与底层输出流 out 相连接的缓存输出流，该流包含了一个缺省的内部缓存区，用来缓存要写入底层输入流的字节数据。

(2) public BufferedOutputStream(OutputStream out, int size)。

创建一个与底层输出流 out 相连接的缓存输出流,该流包含了一个大小为 size 的内部缓存区,用来缓存要写入自底层输出流的字节数据。如果 size 小于等于零,则抛出 IllegalArgumentException。

BufferedOutputStream 类继承和重写了其父类的方法。其中的 flush() 方法将缓存流的内容强制写入底层输出流,可以确保缓存区没有满的情况下也能将其数据写入底层输出流。另外,在使用 close()方法关闭缓存输入流时,也会将缓存区的数据写入底层输出流。

【例 6.5】利用缓存流从 bfile.txt 文件中读出内容并利用缓存流写入到 outfile.txt 文件中。同时,将读出的字节写入到字节内存流 bout,然后将字节内存流 bout 转成字符串,显示到控制台上。

```
import java.io.*; //1 行
public class BufferedInOutDemo{
    public static void main(String[] args) throws IOException {
        //创建与 bfile.txt 文件相关联输入节点流 fis
        FileInputStream fis=new FileInputStream("bfile.txt");//5 行
        //创建与 fis 相关联的缓存流
        BufferedInputStream bis = new BufferedInputStream(fis);
        //创建与 outfile.txt 文件相关联节点流 fos
        FileOutputStream fos=new FileOutputStream("outfile.txt");
        //创建与 fos 相关联的缓存流 //10 行
        BufferedOutputStream bos = new BufferedOutputStream(fos);
        //创建字节输出内存流
        ByteArrayOutputStream bout=new ByteArrayOutputStream();
        int c;
        while ((c=bis.read())! =-1){//判断是否已读到文件的结尾 //15 行
            bos.write(c);//写入到输出缓存流
            bout.write(c);//写入到字节输出内存流
        }
        System.out.print(bout.toString());//显示字节输出内存流的内容
        bos.flush();//写出缓存的内容  //20 行
        bout.close();//关闭流
        bos.close();//关闭流
        fos.close();//关闭流
        fis.close();//关闭流
        bis.close();//关闭流  //25 行
    }
}
```

本例先建立文件输入流(见程序第 5 行),再以文件输入流的实例为参数建立字节输入缓存流(见程序第 7 行)。对于输出流也是如此(见程序第 9 行和程序第 11 行)。此外,程序还建立了一个字节数组输出内存流(见程序第 13 行),在将从字节输入缓存流中读出的内容写入到字节输出缓存流(见程序第 16 行)的同时,还将该内容写入到字节数组输出内存流(见程序第 17 行),并将缓存流的内容显示到控制台上(见程序第 19 行)。本程序运行之后,outfile.txt 文件的内容与 bfile.txt 文件中的内容相同,控制台上显示的内容与文件的内容相一致。

6.4.2　字符缓存流

BufferedReader 和 BufferedWriter 类是字符缓存流,通常与按字符读写数据的流,如 FileReader 类和 FileWriter 类等配合使用。利用字符缓存流,不仅可以提高读写字符流的效率,而且可以利用缓存流自身提供的方法,如读取一行数据、写入行分隔符等,更加方便地实现对字符数据的读写。

1. BufferedReader 类

BufferedReader 类主要为字符节点流输入流提供缓存功能。通过建立内部缓存区,减少了对底层输入流的读取次数,提高了读取效率。

BufferedReader 类的构造方法有:

(1) public BufferedReader(Reader in)。

创建一个与底层输入流 in 相连接的字符缓存输入流,该流包含了一个缺省的内部缓存区,用来缓存来自底层输入流的字符数据。

(2) public BufferedReader(Reader in, int size)。

创建一个与底层输入流 in 相连接的字符缓存输入流,该流包含了一个大小为 size 的内部缓存区,用来缓存来自底层输入流的字符数据。如果 size 小于等于零,则抛出 IllegalArgumentException。

BufferedReader 继承了 Reader 类的方法,同时,该类还增加了按行读取数据的方法:

```
public String readLine()throws IOException
```

此方法读取一行文本,返回值为读到的字符串。若读到流的结尾,则返回 null。文本中行终止符为换行 ('\n')、回车 ('\r') 或回车后直接跟着换行。方法返回的字符串中,不包含任何行终止符。如果发生 I/O 错误则抛出 IOException。

2. BufferedWriter 类

BufferedWriter 类与 BufferedReader 类的方向相反,为字节节点输出流提供缓存功能,并支持按行写入。

BufferedWriter 类的构造方法有:

(1) public BufferedWriter(Writer out)。

创建一个与底层输出流 out 相连接的缓存输出流,该流包含了一个缺省的内部缓存区,用来缓存要写入底层输入流的字符数据。

(2) public BufferedWriter(Writer out,int size)。

创建一个与底层输出流 out 相连接的缓存输出流,该流包含了一个大小为 size 的内部缓存区,用来缓存要写入自底层输出流的字节数据。如果 size 小于等于零,则抛出 IllegalArgumentException。

BufferedWriter 除继承和其父类 Writer 的方法以外，还增加了写入行分隔符的方法：

```
public void newLine() throws IOException
```

该方法写入一个行分隔符，使得下一次的写操作从一个新行开始。如果发生 I/O 错误，则抛出 IOException。

【例 6.6】生成 100 个随机整数，按 10×10 的矩阵写入到文件中，从文件中读出这个矩阵，将矩阵中的每一行从小到大排序，再将排序后的矩阵追加写入到文件中。程序执行后的文件中包括了原始矩阵和每一行排序后的矩阵。

```
import java.io.*;//1 行
import java.util.*;
public class BufferedReaderWriterDemo {
    public static void main(String[] args) throws IOException {
        BufferedReaderWriterDemo brw=new BufferedReaderWriterDemo();//5 行
        brw.writeRandom();
        ArrayList<String> arrlist=brw.readAndSort();
        brw.writeList(arrlist);
    }
    public void writeRandom() throws IOException{//10 行
        FileWriter fw=new FileWriter("fileb.txt");//建立底层输出流
        BufferedWriter bw=new BufferedWriter(fw);//建立缓存流
        bw.write("原始数据是：");
        bw.newLine();//写入换行
        for(int i=0;i<10;i++){//写入 10*10 的矩阵//15 行
            for (int j=0;j<10;j++){
                int n=(int) (Math.random() * 100);
                bw.write((String.valueOf(n)));
                bw.write("\t");
            }//20 行
            bw.newLine();//写入换行
        }
        bw.flush();
        bw.close();
        fw.close();//25 行
    }
    public ArrayList<String> readAndSort() throws IOException{
        FileReader fr=new FileReader("fileb.txt");//建立底层输入流
        BufferedReader br=new BufferedReader(fr);//建立缓存流
        String line;//30 行
        ArrayList<String> arraylist = new ArrayList<String> ();
        line=br.readLine();//跳过第一行文字，第 1 行文字是“原始数据是：”
        while ((line=br.readLine())! =null){//每次读出矩阵的一行//35 行
```

```
            String[] s=line.split("\t");//将读出的矩阵一行转换成数组
            s=sort(s);//对排序,//35行
            for (int i=0;i<=s.length-1;i++){
                arraylist.add(s[i]);//将排序后的数组元素,添加到 arraylist 中
            }
        }//while 循环结束后,arraylist 中矩阵的每一行均已排序
        br.close();//40行
        fr.close();
        return arraylist;
    }
    public void writeList(ArrayList<String> arraylist) throws IOException{
        FileWriter fw=new FileWriter("fileb.txt",true);//建立可追加数据的输出流//45行
        BufferedWriter bw=new BufferedWriter(fw);//建立缓存流
        bw.append("\r\n");
        bw.append("排序后的数据是:");
        //按 10*10 的矩阵输出//50行
        for(int i=0;i<=arraylist.size()-1;i++){
            if (i%10==0){
                    bw.append("\r\n");
                    bw.append(arraylist.get(i));
                    bw.append("\t");
            }//55行
            else{
                    bw.append(arraylist.get(i));
                    bw.append("\t");
            }
        }//60行
        bw.flush();
        bw.close();
        fw.close();
    }
    private String[] sort(String[] str) {//65行
        for (int i = 0; i < str.length; i++) {
            for (int j = i + 1; j < str.length; j++) {
                if (Integer.valueOf(str[i])>Integer.valueOf(str[j])) {
                    String temp = str[i];
                    str[i] = str[j];//70行
                    str[j] = temp;
                }
            }
        }
        return str; //75行
    }
}
```

程序中定义了四个方法：writeRandom()、readAndSort()、writeList()以及 sort()方法。writeRandom()方法负责生成随机数，并将随机数转换成字符串按 10×10 的矩阵写入到文件 fileb.txt。readAndSort()方法每次读取矩阵的一行，对这行数据进行排序（调用 sort()方法），并将排序后的数据添加到一个 ArrayList 的实例 arraylist 中，该方法在结束时返回 arraylist，这时，arraylist 中存放的是每一行均排好了序的 100 个字符串。writeList()方法以 arraylist 为输入，将 arraylist 中的 100 个字符串按 10×10 的矩阵追加写入到文件。sort()方法是一个私有方法，在类的内部调用，功能是对数组排序。程序某次的执行结束后，fileb.txt 文件的内容如下：

```
原始数据是：
81  7   32  11  40  47  13  97  77  51
18  68  8   3   25  36  42  77  95  14
97  35  48  91  33  89  98  70  65  91
68  3   82  19  1   74  99  51  91  48
48  81  64  93  26  28  53  62  97  60
2   25  62  75  84  33  99  58  95  65
4   16  41  75  45  58  48  58  86  81
31  91  30  79  46  62  58  28  92  81
68  20  77  96  47  80  1   66  10  41
13  35  22  0   33  19  1   10  64  89

排序后的数据是：
7   11  13  32  40  47  51  77  81  97
3   8   14  18  25  36  42  68  77  95
33  35  48  65  70  89  91  91  97  98
1   3   19  48  51  68  74  82  91  99
26  28  48  53  60  62  64  81  93  97
2   25  33  58  62  65  75  84  95  99
4   16  41  45  48  58  58  75  81  86
28  30  31  46  58  62  79  81  91  92
1   10  20  41  47  66  68  77  80  96
0   1   10  13  19  22  33  35  64  89
```

6.4.3 数据缓存流

DataInputStream 和 DataOutputStream 类是数据缓存流，支持应用程序以与机器无关方式读写 Java 基本数据类型的数据。这两个类提供了与平台无关的数据操作，可以直接读写 Java 基本的数据类型，而不是逐字节地读写数据，从而提高了处理效率。一般情况下，DataInputStream 和 DataOutputStream 类分别与 FileInputStream 类及 FileOutputStream 类配合使用。

1. DataInputStream 类

DataInputStream 类可以对 Java 的基本数据类型进行读取，它只有一个以低层输入流为参数的构造方法：

```
public DataInputStream(InputStream in)
```

DataInputStream 类除了继承其父类的方法以外，还实现了 DataInput 接口，可以读取 Java 基本数据类型的数据，常用的方法如表 6-3 所示，其中的所有方法都抛出 IOException。

表 6-3　DataInputStream 类的主要方法

修饰符与返回值	方法名称	说明
public final int	read(byte[] b)	读取若干字节放至缓冲区 b，返回值为读入缓冲区的字节总数，若读到流末尾，则返回 -1
public final int	read(byte[] b, int off, int len)	读取若干字节放至缓冲区 b，off 为缓冲区的起始位置，len 为读取的最大字节数。返回值同前
public final void	readFully(byte[] b)	读取若干字节放至缓冲区 b。若读到流末尾，抛出 EOFException
public final void;	readFully(byte[] b, int off, int len)	读取若干字节放至缓冲区 b，off 为缓冲区的起始位置，len 为读取的最大字节数。异常抛出同前
public final boolean	readBoolean()	读取一个字节，如果该字节不是 0，则返回 true；如果是零，则返回 false。异常抛出同前
public final byte	readByte()	读取并返回一个字节。异常抛出同前
public final int	readUnsignedByte()	读取并返回一个无符号字节。异常抛出同前
public final short	readShort()	读取并返回 short 型数据。异常抛出同前
public final int	readUnsignedShort()	读取并返回无符号 short 型数据。异常抛出同前
public final char	readChar()	读取并返回 char 型数据。异常抛出同前
public final int	readInt()	读取并返回 int 型数据。异常抛出同前
public final long	readLong()	读取并返回 long 型数据。异常抛出同前
public final float	readFloat()	读取并返回 float 型数据。异常抛出同前
public final double	readDouble()	读取并返回 double 型数据。异常抛出同前
public final String	readUTF()	读取并返回 UTF-8 编码的字符串。异常抛出同前
public final int	skipBytes(int n)	跳过 n 个字节，返回跳过的字节数

2. DataOutputStream 类

DataOutputStream 类是与 DataInputStream 类方向相反的类，允许应用程序以适当方式将 Java 基本数据类型写入到输出流中。它只有一个以底层输出流为参数的构造方法：

```
public DataInputStream(OutputStream out)
```

DataOutputStream 类除了继承其父类的方法以外，还实现了 DataOutput 接口，可以写出 Java 基本数据类型的数据，常用的方法如表 6-4 所示，其中，除 size()方法外所有方法都抛出 IOException。

表 6-4　DataOutputStream 类的主要方法

修饰符与返回值	方法名称	说明
public void	write(int b)	写出字节 b
public void	write (byte[] b, int off, int len)	将指定数组 b 中从偏移量 off 开始的 len 个字节写出
public final void	writeBoolean(boolean v)	写出布尔值 v,若 v 为 true,则写出字节 1;若 v 为 false,则写出字节 0
public final void	writeByte(int v)	写出字节 v
public final void	writeShort(int v)	将 v 写出为 short 型数据
public final void	writeChar(int v)	将 v 写出为 char 型数据
public final void	writeInt(int v)	写出 int 型数据 v
public final void	writeLong(long v)	写出 long 型数据 v
public final void	writeFloat(float v)	写出 float 型数据 v
public final void	writeDouble(double v)	写出 double 型数据 v
public final void	writeBytes(String s)	按字节顺序写出字符串 s
public final void	writeChars(String s)	按字符顺序写出字符串 s
public final void	writeUTF(String s)	按 UTF-8 编码写出字符串
public final int	size()	返回当前流的字节数
public void	flush()	刷新输出流并写出所有缓存的字节内容

【例 6.7】利用数据缓存流读写文件。

```
import java.io.*;
public class DataIOStreamDemo {
    public static void main(String[] args) throws IOException {
        DataIOStreamDemo dios=new DataIOStreamDemo();
        dios.writeData("张大中", 20, false);
        dios.writeData("王效杰", 28, true);
        dios.writeData("赵斌", 23, false);
        dios.readData();
    }
    void writeData(String name,int age,boolean married) throws IOException{
        FileOutputStream fos;
        DataOutputStream dos;
        fos = new FileOutputStream("file.txt",true);//输出节点流,可追加数据
        dos = new DataOutputStream(fos);//数据缓存流
        dos.writeUTF(name); //按 UTF 编码写出姓名
        dos.writeInt(age);//写出年龄
        dos.writeBoolean(married);//写出婚否
        dos.flush(); //刷新缓冲区
        dos.close(); //关闭输出流
```

```
    }
    void readData() throws IOException{
        String Name;
        int age;
        boolean married;
        FileInputStream fis;
        DataInputStream dis;
        fis = new FileInputStream("file.txt");
        dis = new DataInputStream(fis);
        while (dis.available()! =0){//判断流是否结束
            name = dis.readUTF(); //以 UTF 格式读取数据
            age = dis.readInt();// 读取整数值
            married = dis.readBoolean();// 读取布尔值
            // 将读入的数据显示在屏幕上
            System.out.println(name+","+age+","+(married?"已婚":"未婚"));
        }
        dis.close();
        fis.close();
    }
}
```

本程序中的 writeData()方法用数据输出缓存流将表示姓名的字符串(name)、表示年龄的 int 型数据(age)以及表示婚否的 boolean 型数据(married)写出到 file.txt 文件中,与该文件相关联的文件输出流使用了可追加写入的方式建立(见程序第 13 行)。readData()方法用数据输入缓存流按数据的类型从文件 file.txt 中读出数据,并显示到控制台上。本程序第一次运行时,控制台显示如下内容,这也是文件 file.txt 的内容:

```
张大中,20,未婚
王效杰,28,已婚
赵斌,23,未婚
```

6.5　数据转换流

前面提到的类,可以分别处理字节流或字符流,有时,在程序中需要将字节流与字符流联系起来,以提高处理效率。Java 提供了 InputStreamReader 类和 OutputStreamWriter 类,用以实现字节流与字符流的转换。这两个类分别是 Reader 和 Writer 类的直接子类。

6.5.1　InputStreamReader 类

InputStreamReader 类可以将字节输入流转换为字符输入流,在读取字节流时,该类会读取一个或多个字节并使用特定的编码方式将其解码为 Unicode 字符。编码方式可以由用户指定，也可以使用平台的缺省编码方式。该类的底层类可以使用如 FileInputStream 之类的字节节点流。为了提高处理效率，还可以用 BufferedReader 这样的缓存流来封装 InputStreamReader。

InputStreamReader 的常用构造方法如下：

(1) public InputStreamReader(InputStream in)。

创建一个使用当前平台默认字符集对字符流 in 进行解码的 InputStreamReader 实例。

(2) public InputStreamReader(InputStream in, String charsetName)。

```
throws UnsupportedEncodingException
```

创建一个使用 charsetName 指定的字符集对字节流 in 进行解码的 InputStreamReader 实例。charsetName 为支持的字符集名称，包括 GBK、ISO-8859-1、GB2312、UTF-8、US-ASCII 等。若 charsetName 为无效的字符集名称，则抛出 UnsupportedEncodingException 异常。

InputStreamReader 类重写和继承了 Reader 类的方法，此外，还增加了一个获取对字节流进行解码方式的方法：

```
public String getEncoding()
```

该方法返回当前流使用的解码方式(即字符编码的名称)，如果当前流已经关闭，则返回 null。

6.5.2 OutputStreamWriter 类

OutputStreamWriter 类的性质与 InputStreamReader 类相同，只是方向与 InputStreamReader 类相反。

OutputStreamWriter 的常用构造方法如下：

(1) public OutputStreamWriter(OutputStream out)。

创建一个使用当前平台默认字符集对字节输出流 out 进行解码的 InputStreamReader 实例。

(2) OutputStreamWriter(OutputStream out, String charsetName)。

创建一个使用 charsetName 指定的字符集对字节输出流 in 进行解码的 OutputStreamWriter 实例。charsetName 为支持的字符集名称，包括 GBK、ISO-8859-1、GB2312、UTF-8、US-ASCII 等。若 charsetName 为无效的字符集名称，则抛出 UnsupportedEncodingException 异常。

OutputStreamWriter 类重写和继承了 Writer 类的方法，同时，也增加了一个获取对字节流进行解码方式的方法：

```
public String getEncoding()
```

该方法返回当前流使用的解码方式(即字符编码的名称)，如果当前流已经关闭，则返回 null。

【例 6.8】转换流的使用。

```
import java.io.*; //1行
public class IOStreamReaderWriterDemo {
    public static void main(String[] args) {
        IOStreamReaderWriterDemo iosrw=new IOStreamReaderWriterDemo();
        try {  //5行
            iosrw.writeFile();
            iosrw.readFile();
        } catch (IOException e) {
            e.printStackTrace();
        } //10行
    }
    void readFile() throws IOException{
        //创建按 GBK 解码的输入流
        FileInputStream fisGBK = new FileInputStream("fileGBK.txt");
        InputStreamReader isrGBK = new InputStreamReader(fisGBK,"GBK"); //15行
        BufferedReader brGBK = new BufferedReader(isrGBK);
        //创建按 UTF-8 解码的输入流
        FileInputStream fisUTF = new FileInputStream("fileUTF.txt");
        InputStreamReader isrUTF = new InputStreamReader(fisUTF,"UTF-8");
        BufferedReader brUTF = new BufferedReader(isrUTF); //20行
        String s;
        //读取文件的内容并显示
        while ((s=brGBK.readLine())!=null){
            System.out.println(s);
        } //25行
        while ((s=brUTF.readLine())!=null){
            System.out.println(s);
        }
        //关闭流
        brGBK.close();//30行
        isrGBK.close();
        fisGBK.close();
        brUTF.close();
        isrUTF.close();
        fisUTF.close();//35行
    }
    void writeFile() throws IOException{
        //创建按 GBK 解码的输出流
        FileOutputStream fosGBK = new FileOutputStream("fileGBK.txt");
        OutputStreamWriter isrGBK = new OutputStreamWriter (fosGBK,"GBK"); //40行
```

```
            BufferedWriter bwGBK = new BufferedWriter(isrGBK);
            //创建按 UTF-8 解码的输出流
            FileOutputStream fosUTF = new FileOutputStream("fileUTF.txt");
            OutputStreamWriter isrUTF = new OutputStreamWriter (fosUTF,"UTF-8");
            BufferedWriter brUTF = new BufferedWriter(isrUTF); //45 行
            String s = "实现字节流与字符流的转换";
            //将字符串按 GBK 编码写出
            bwGBK.write(s);
            bwGBK.flush();
            //将字符串按按 UTF-8 编码写出//50 行
            brUTF.write(s);
            brUTF.flush();
            //关闭流
            brUTF.close();
            isrUTF.close();//55 行
            fosUTF.close();
            bwGBK.close();
            isrGBK.close();
            fosGBK.close();
        } //60 行
    }
```

本程序首先创建两个文件 fileGBK.txt、fileUTF.txt，前者为 GBK 编码，后者为 UTF-8 编码，并在两个文件中分别写入字符串“实现字节流与字符流的转换”（见程序第 12 行至 36 行）。然后从两个文件中读出数据，将数据显示在控制台上。在读入数据时，用 InputStreamReader 类分别用 GBK 编码及 UTF-8 编码方式对这两个文件进行了解码（见程序第 15 行和第 19 行），所以文件的内容可以正确地显示出来。本程序运行后，控制台的显示如下：

```
实现字节流与字符流的转换
实现字节流与字符流的转换
```

6.6 对 象 流

Java 的程序由对象组成，程序的运行过程，就是对象创建和对象使用（使用对象属性和方法）的过程，在程序运行结束后，Java 的垃圾回收器会自动销毁对象，释放内存。也就是说，随着程序的终止，程序中创建的对象也就不存在了。对于某些特定的应用，应用程序可能需要将对象做输入输出处理，例如，将对象保存到文件中，需要的时候再从文件中读出，加以利用，或者在内存中传输对象。在这种情况下，就需要使用对象流来处理对象。Java 中表示对象流的类是 ObjectInputStream 和 ObjectOutputStream。

6.6.1　序列化与 Serializable 接口

将对象转换为可以存储在文件、内存缓冲区或可在网络上传输的形式，以便需要时在相同或不同的计算机环境中重现对象，这个过程统称为序列化(Serialization)，其中，将对象转换为可存储和可传输形式的过程称为对象的序列化(Serializing)，重现对象的过程称为反序列化 (Deserializing)。

一个对象能被进行序列化操作，则称这个对象是可序列化的(Serializable)。在 Java 中，并不是所有的对象都能序列化，只有实现了 Serializable 接口的类的对象才能被序列化。与其他接口不同，Serializable 接口没有定义任何方法，因此，实现该接口的类只需要在类定义时，声明实现 Serializable 接口即可，不用覆盖任何方法。对于程序中自定义的类，如果要进行序列化操作，就必须要实现这个接口，一旦一个类实现了 Serializable 接口，它所产生的对象就可以用 ObjectInputStream 和 ObjectOutputStream 类来进行处理了。

对于可序列化的类，为了保证对象流中的对象与内存流中的对象相一致，每一个可序列化的类都应该有一个唯一标识，该标识称为 serialVersionUID 的版本号或序列号，其作用是在反序列化过程中验证序列化对象的发送者和接收者是否为该对象加载了与序列化兼容的类。如果接收者加载对象的类 serialVersionUID 与对应的发送者的类的版本号不同，则反序列化过程不能正常进行，抛出 InvalidClassException 异常。可序列化的类应该声明自己的 serialVersionUID。声明的语法如下：

```
private static final long serialVersionUID =……;
```

如果可序列化的类未显式声明 serialVersionUID，JVM 会给出一个数值作为该类的默认 serialVersionUID，但 Java 规范强烈建议所有可序列化的类都显式声明 serialVersionUID 的值。

6.6.2　ObjectInputStream 类

ObjectInputStream 对以前使用 ObjectOutputStream 写入的基本数据和对象进行反序列化。其构造方法为：

(1) protected ObjectInputStream() throws IOException，SecurityException。

这个无参数的构造方法主要是为实现 ObjectInputStream 的子类而提供的，在继承关系中，加载子类时，会先加载父类，执行父类无参数的构造方法。通过这个构造方法，可以分配 ObjectInputStream 对象的私有数据。

(2) public ObjectInputStream(InputStream in) throws IOException。

创建与 in 关联的 ObjectInputStream 实例，此构造方法中调用 ObjectInputStream 类的受保护方法 readStreamHeader()，读取输入流中头部(Header)信息并对头部信息进行验证，头部信息是创建 ObjectOutputStream 对象时写入的。如果头部信息有误，则会抛出 StreamCorruptedException 异常。

ObjectInputStream 类除了继承其父类的方法以外，还实现了 DataInput 接口，可以读取 Java 基本数据类型的数据。因此，ObjectInputStream 类也具备 readBoolean()、readByte()、 readChar()、readShort()、readInt()、readLong()、readFloat()、readDouble()等方法。此外，ObjectInputStream 类有一个用于读取对象的重要方法：

```
public final Object readObject() throws IOException, ClassNotFoundException
```

当从对象流中读取的标记信息与内部一致性检查相冲突时，此方法还会抛出 StreamCorruptedException 异常。若读到流的结尾，此方法抛出 EOFException 异常。

6.6.3 ObjectOutputStream 类

ObjectOutputStream 代表对象输出流，用于将对象转换为可存储和可传输形式，其构造方法有：

(1) protected ObjectOutputStream() throws IOException, SecurityException。

与 ObjectInputStream()一样，该构造方法也是为实现继承而提供的，为子类的具体实现分配 ObjectOutputStream 对象的私有数据。

(2) public ObjectOutputStream(OutputStream out) throws IOException。

创建与 out 关联的 ObjectOutputStream 实例，此构造方法中调用 ObjectOutputStream 类的受保护方法 writeStreamHeader()，在输出流中写入流的头部信息。对象流中的数据记录由头部信息和数据组成，头部由两个 16 位的 short 值组成，数据部分包括标记信息及对象数据。

在以追加方式向输出流中写入对象时，每次调用本构造方法创建实例，都会在输出流中追加头部信息，因而数据部分会多出了头部信息，从而导致在读取对象数据时读出的数据无法通过标记信息的一致性检查，使得 ObjectInputStream 的 readObject()方法抛出 StreamCorrupedException 异常。

为了解决这一问题，应用程序应在创建 ObjectOutputStream 对象之前判断是否是首次创建输出流，如果是首次创建输出流，就用 ObjectOutputStream(OutputStream out)构造方法创建，否则，构造一个 ObjectOutputStream 的子类，重写 writeStreamHeader()方法，该方法什么都不做，不再写入头部信息。

ObjectOutputStream 类除了继承其父类的方法以外，还实现了 DataInput 接口，可以用 writeBoolean()、writeByte()等方法写入 Java 基本数据类型的数据。ObjectOutputStream 类向输出流写出对象的方法是：

```
public final void writeObject(Object obj) throws IOException
```

该方法将指定的对象 obj 写入对象输出流。

【例 6.9】对象流的使用。

```
import java.io.*;  //1行
import java.util.Random;
class TestInfo implements  Serializable{ // 存放考试情况的类
    private static final long serialVersionUID =-2104968020738744473L;//版本号
    private int  no;  //5行
    private String subject;
```

```
        private boolean passed;
        public TestInfo(int no, String subject,boolean passed){//构造方法
        this.no = no;
        this.subject = subject;  //10 行
        this.passed = passed;
        }
        public String show()  { //显示考试情况
            return (String.format("%08d", no)+","+subject+","+(passed?"通过":"未通
            过"));
        } //15 行
    }
    class ObjectStreamDemo {
        public static void main(String[] args)
                        throws IOException, ClassNotFoundException  {
            String[] subject={"数学","物理","化学"};//20 行
            boolean passed=new Random().nextBoolean();
            int subindex=new Random().nextInt(3);
            int no=new Random().nextInt(10000);
            TestInfo ti = new TestInfo(no,subject[subindex],passed);//随机产生考生的考试
            情况
            File file = new File("file.dat");  //25 行
            ObjectOutputStream oos;
        if(! file.exists()){//根据文件是否存在,决定如何创建输出流对象
              oos = new ObjectOutputStream(new FileOutputStream(file));
        }else {
            oos=new ObjectOutputStreamAppend(new FileOutputStream(file,true)); //30 行
            }
            oos.writeObject(ti); // 写出对象
            oos.close(); // 关闭流
            ti=null;
            ObjectInputStream ois;//35 行
            ois = new ObjectInputStream(new FileInputStream("file.dat")); // 读入对象数组
            int count=0;
            while (true){
                try {
                    ti = (TestInfo) ois.readObject(); // 读出对象并进行类型转换  //40 行
                    System.out.println("考试成绩:"  + ti.show());
                    count++;
                } catch (EOFException e) {  //读取到流的结尾
                    System.out.println("读取对象完毕,共读取了"+count+"个对象");
                    oos.close(); //关闭流     //45 行
                    break;
```

```
                }
            }
        }
    }//50 行
    class ObjectOutputStreamAppend extends ObjectOutputStream {//子类
        public ObjectOutputStreamAppend(FileOutputStream fos) throws IOException {
            super(fos);
        }
        protected void writeStreamHeader() throws IOException    {//55 行
            //什么都不做,不写入头部
        }
    }
```

本例演示了对象流的使用,模拟保存和读取考生的考试情况。TestInfo 类实现了 Serializable 接口(见程序第 3 行),是一个可序列化的类,它封装了考生的信息,包括考号(no)、考试科目(subject)和是否通过考试(passed)。ObjectOutputStreamAppend 类(见程序第 51 行至程序第 58 行)是程序定义的 ObjectOutputStream 子类,该类重写了 writeStreamHeader()方法,重写后的方法什么都不做,不向对象输出流写入头部信息。主类中,利用 Random 类,随机模拟产生考生的考试结果(见程序第 21 行至 24 行)。程序第 27 行判断保存 TestInfo 对象的文件 file. dat 是否存在,若不存在,表明是第一次写入对象,用 ObjectOutputStream 类自身的构造方法创建对象输出流实例(见程序第 28 行),创建实例的同时会在文件中写入头部信息。如果文件存在,表明不是第一次写入对象,调用自定义的子类 ObjectOutputStreamAppend 以追加对象的方式创建对象输出流(见程序第 30 行)。由于 ObjectOutputStreamAppend 类重写了 writeStreamHeader()方法,所以能够保证写出的文件中不会被多次追加头部信息,使得文件中保存的对象能够被正确的读出。此后,程序创建对象输入流,读出其中存储的所有对象。在读取过程中,若程序抛出 EOFException 异常,表明读到了对象输出流的结尾,程序结束。连续执行 6 次程序,文件 file. dat 中保存有 6 个对象,控制台的输出为:

```
考试成绩:00009700,物理,通过
考试成绩:00005875,化学,通过
考试成绩:00008567,物理,通过
考试成绩:00000074,数学,通过
考试成绩:00002532,物理,未通过
考试成绩:00007543,物理,未通过
读取对象完毕,共读取了 6 个对象
```

6.7 打 印 流

打印流是可以方便地输出各种数据类型数据以及特定格式数据的输出流。利用输出流,可以直接输出字符串、字符数组、字符、整数、长整数、浮点数、双精度浮点数、布尔值以及对象值等,减少了数据转换或使用其他缓存流的麻烦。打印流包括 PrintStream 和 PrintWriter 两个类。它们定义了有多种重载形式的 print()和 println()方法,用来直接输出各种类型的数据。

另外,两个类都支持自动刷新和非自动刷新模式。在非自动刷新模式下,必须显式调用该打印流对象的 flush()方法才能实际输出数据。在自动刷新模式下,两者自动刷新的行为略有不同,PrintStream 对象在输出字节数组、调用 println()方法、输出换行符或者字节 10 (“\n”)时自动刷新(即自动调用 flush()方法),而 PrintWriter 对象仅在调用 println()方法时进行自动刷新。

6.7.1 PrintStream

PrintStream 类代表字节打印流,是 OutputStream 的子类,功能是将要输出的数据按平台的缺省编码或指定编码转换成字节加以输出。事实上,System. out 就是 PrintStream 类型的类,可以直接向控制台输出各种类型的数据。PrintStream 类的构造方法如下:

(1) PrintStream(File file)/PrintStream(String fileName) throws FileNotFoundException。

创建与指定文件 file 或文件名 fileName 相关联的非自动刷新字节打印流,数据转换过程中使用平台缺省编码。这两个构造方法都抛出 FileNotFoundException 异常。

(2) PrintStream(File file, String csn)/ PrintStream(String fileName, String csn) throws FileNotFoundException, UnsupportedEncodingException。

创建与指定文件 file 或文件名 fileName 相关联的非自动刷新字节打印流,数据转换过程中使用参数 csn 指定的编码。这两个构造方法都抛出 FileNotFoundException 和 UnsupportedEncodingException 异常。

(3) PrintStream(OutputStream out)/PrintStream(OutputStream out, boolean flush)。

创建与指定输出流 out 相关联的字节打印流,数据转换过程中使用平台缺省编码,参数 flush 为 true 时,表示自动刷新,false 表示非自动刷新。没有参数 flush,表示字节打印流为非自动刷新。

(4) PrintStream (OutputStream out, boolean Flush, String csn) throws UnsupportedEncodingException。

创建与指定输出流 out 相关联的字节打印流,数据转换过程中使用参数 csn 指定的编码,参数 flush 为 true 时,表示自动刷新。

6.7.2 PrintWriter

PrintWriter 为字符打印流,是 Writer 的子类,功能是以文本的方式输出各种类型的数据。比 PrintStream 类更适用于处理文本,因此,建议尽量使用字符打印流。PrintWriter 类的构造方法如下：

（1）PrintWriter(File file)/ PrintWriter(String fileName) throws FileNotFoundException。

创建与指定文件 file 或文件名 fileName 相关联的非自动刷新字符打印流，使用平台缺省编码。这两个构造方法都抛出 FileNotFoundException 异常。

（2）PrintWriter（File file，String csn）/ PrintWriter（String fileName，String csn）throws FileNotFoundException，UnsupportedEncodingException。

创建与指定文件 file 或文件名 fileName 相关联的非自动刷新字符打印流，使用参数 csn 指定的编码。这两个构造方法都抛出 FileNotFoundException 和 UnsupportedEncodingException 异常。

（3）PrintWriter（OutputStream out）/ PrintWriter（OutputStream out，boolean flush）。

创建与指定输出流 out 相关联的字符打印流，使用平台缺省编码将字符转换为字节。参数 flush 为 true 时，表示自动刷新，false 表示非自动刷新。没有参数 flush，表示字符打印流为非自动刷新。

（4）PrintWriter（Writer out）/ PrintWriter（Writer out，boolean flush）。

创建与指定输出流 out 相关联的字符打印流，使用平台缺省编码。参数 flush 为 true 时，表示自动刷新，false 表示非自动刷新。没有参数 flush，表示字符打印流为非自动刷新。

例如，以下代码可以将字符串和浮点数的组合写成文本格式，保存在文件 file.txt 中：

```
PrintWriter pw=new PrintWriter("file.txt");
String s="这本书的价格是：";
float price=30.8f;
pw.print(s);
pw.print(price);
pw.flush();
pw.close();
```

第七章 Java 图形用户界面设计

图形用户界面(Graphics User Interface,GUI),是指一组图形界面成分和界面元素的有机组合,如菜单、按钮等标准界面元素和鼠标操作等,它允许用户以直观的方式向计算机程序发出命令,进行各种操作,并将系统运行的结果同样以图形的方式显示给用户。图形用户界面画面生动,在视觉上更易于用户接受,操作简便,已经成为目前几乎所有应用软件的既成标准。

7.1 概 述

Java 语言中,处理图形用户界面的类库主要是 java.awt 包和 javax.swing 包。

AWT 是 Abstract Window Toolkit(抽象窗口工具集)的缩写。其目的是构建出独立于具体的界面实现,使得编写出来的程序能够在所有的平台上运行。在 java.awt 包中,包括了一系列 GUI 组件以及主要的布局管理器和事件类,用于帮助程序设计人员开发 GUI 界面。AWT 组件有两点不足:一是为了保证界面的跨平台性,AWT 组件只提供在各种平台上通用的基本图形功能,因而,AWT 的图形能力有限,无法满足用户对多样化的图形界面的要求;二是 AWT 组件是通过平台提供的本地图形功能来实现的,因此,AWT 组件的外观、风格等依赖于具体的平台,也就是说,用 AWT 设计出来的 GUI 程序,虽然可以在不同的操作系统中运行,但每种平台下 GUI 组件的显示形式可能会有很大的不同。

为了弥补 AWT 的缺陷,Java 从 1.2 版本开始提供 Javax.swing 包,引入了 Swing 组件,所有的 Swing 组件都是 AWT 组件的子类,是相应 AWT 组件的增强版,完全用 Java 实现。由于 Swing 在 AWT 的基础上,对组件的功能、外观和风格进行了统一,因而在保证跨平台特性的同时,还可以使得界面显示形式在不同的操作系统下也具有一致性。

本章介绍如何利用 Java 的类库设计 Swing 图形界面。

7.2 组件及其常用方法

组件是指构成图形用户界面的元素,在 Java 中用类表示,如按钮(JButton)、标签(JLabel)列表框(JList)、文本框(JText)等。组件包括两种类型:一种是不能包含其他组件的组件,称为基本组件(或原子组件);另一种是可以包含其他组件的组件,称为容器组件,或简称容器,例如,一个窗体中可以包含有按钮,因此,窗体是一个容器。容器又可进一步分成顶层容器和非顶层容器(或中间层容器)。

Swing 包中的组件继承自 AWT 包,它们有一些共同的方法,如添加、删除容器中的组件、设置组件的位置和大小等、设置布局等。

7.2.1 设置组件的位置和大小的方法

这类方法用于设置组件相对屏幕或容器的位置和大小，主要包括：

1. public void setBounds(int x,int y,int width,int height)

按像素值设置组件的位置和大小。参数 x 和 y 指定组件左上角的坐标，其中 x 为横坐标值，y 为纵坐标值。对顶层容器而言，坐标原点为屏幕的左上角，对非顶层容器而言，坐标原点为组件所在容器的左上角，正 x 值向右，正 y 值向下。参数 width 和 height 分别指定了组件的宽度和高度。

2. public void setBounds(Rectangle r)/ public Rectangle getBounds()

按像素值设置/返回组件的位置和大小，组件的位置和大小用 AWT 包中的 Rectangle 类型表示。Rectangle 类的属性 x、y、width 和 height 分别代表了组件的横坐标值、纵坐标值、宽度和高度。

3. public void setPreferredSize(Dimension d)/public Dimension getPreferredSize()

按像素值设置/返回组件的首选大小，组件的大小用 AWT 包中的 Dimension 类型表示，Dimension 类的属性 height 及 width 分别代表了组件的高度和宽度。

4. public void setSize(int width,int height)

按像素值设置组件的大小，使其宽度为 width，高度为 height。

5. public void setSize(Dimension d) /public Dimension getSize()

按像素值设置/返回组件的大小，组件的大小用 Dimension 类型表示，Dimension 类的属性 height 及 width 分别代表了组件的高度和宽度。

6. public void setLocation(int x, int y)

按像素值设置组件的位置，参数 x 和 y 为组件左上角的横坐标值及纵坐标值。

7. public void setLocation(Point p)/ public Point getLocation()

按像素值设置/返回组件的位置，组件的位置用 Point 类型表示，Point 类的属性 x 和 y 分别代表了组件左上角的横坐标值及纵坐标值。

7.2.2 处理容器中组件的方法

处理容器中组件的方法包括向容器中添加组件、从容器中删除组件以及获取容器中的组件等。

1. public Component add(Component comp)/ public void remove(Component comp)

向容器中添加/删除组件，要添加/删除的组件由参数 comp 指定，添加的组件位于容器中已有组件的最后。

2. public Component add(Component comp,int index)

向容器中参数 index 指定的位置处添加组件 comp，参数 index 表示容器中组件的位置，0 为第一个组件，1 为第二个组件，依此类推。Index 为－1 时，表示将组件添加到容器中已有组件的最后。

3. public void add(Component c,Object o)/ public void add(Component c, Object o, int in)

按指定的约束条件 o 将组件 c 添加到容器中，参数 in 表示容器中组件的位置。没有参数in或in的值为－1,表示将组件添加到容器中已有组件的最后。这里的约束条件o通常用来指定组件c在布局管理器中的位置,其取值与容器当前的布局管理器有关。

4. public void remove(int index)/ public void removeAll()

删除index指定位置处组件/删除容器中所有的组件。

5. public Component getComponent(int n)/ public Component[] getComponents()/ public int getComponentCount()

这三个方法分别用来获取参数n指定位置处的组件、获取容器中的所有组件以及获取容器中包含的组件数量。

7.2.3 与布局管理有关的方法

与布局管理有关的方法包括设置容器的布局管理器、获取容器的布局管理器等。

1. public void setLayout(LayoutManager mgr)/ public LayoutManager getLayout()

设置/获取容器的布局管理器,布局管理器由参数mgr指定。

2. public void doLayout()

强制实现容器的重新布局,当容器的布局发生变化,或者在容器中添加或删除了组件时,调用本方法,可以重新显示新的容器图形界面。

7.2.4 与组件显示有关的方法

1. public void setVisible(boolean b)

设置组件是否可见,参数b为true,表示组件可见,参数b为false,表示组件不可见。

2. public void revalidate()

对组件及其子组件进行重新布局。容器显示之后,又在容器中添加或删除组件或者更改与布局相关的信息,为使组件重新显示,需要调用本方法,效果与doLayout()方法相同。

3. public boolean isShowing()

确定此组件是否在屏幕上显示,如果正在显示组件,则返回 true;否则返回 false。

7.2.5 与工具提示有关的方法

在GUI程序中,当用户将光标移动到某个组件上时,会在组件上弹出一个包含有特定描述信息(通常是解释或提示组件用法或功能的文字)的矩形区域,该区域经过一段时间后将会自动消失。用户将光标移离组件时,该区域也会自动撤销。这种弹出式信息就是工具提示。所有的Swing组件都支持工具提示,与其相关的方法包括:

1. public void setToolTipText(String text)

设置组件的工具提示中显示的内容,当光标移动到该组件上时,显示参数text指定的文本。

2. public String getToolTipText()

返回用setToolTipText()方法设置的工具提示文本。

7.2.6 与焦点有关的方法

焦点是组件可以响应用户操作的状态,一个组件拥有了焦点,它就具备了接收用户鼠标或键盘输入的能力。

1. public void requestFocus()

请求获得焦点。执行此操作时，组件的顶层组件也会获得焦点。因此，本方法支持跨窗体获取焦点，但受系统平台限制。

2. public boolean requestFocusInWindow()

在组件的顶层组件已经获得焦点的前提下，请求组件获得焦点。成功返回 true，否则返回 false。本方法不受系统平台的限制。

7.3 容　器

容器是一种特殊的组件，它可以包括其他的容器或原子组件。例如，一个窗体中可以包含有按钮，因此，窗体是一个容器。容器又可进一步分成顶层容器和非顶层容器（或中间层容器）两种类型，前者是可以独立使用的容器，它无需依赖于其他容器而存在，并可以包含其他组件，如框架、对话框等；后者是本身不能独立使用的容器，它必须被容器所包含，同时自身又可以包含其他组件，如面板、工具条等。

7.3.1 顶层容器

顶层容器是可以独立使用的容器，它无需依赖于其他容器而存在，并可以包含其他组件。Swing 为 Java 应用程序提供了三个顶层容器类：JFrame、JDialog 以及 Applet。它们分别继承于 AWT 组件 Frame 和 Dialog。

1. 顶层容器的常用方法

顶层容器的常用方法既包括一些继承自组件的一般方法，也包括一些它们自己特有的方法。

(1) public Container getContentPane()。

每个顶层容器都有一个 Container 型的内容面板(ContentPane)，用来直接或间接地容纳其他组件、布局管理器等。本方法返回容器的内容面板对象。向顶层容器中添加组件，实际上就是向顶层容器的这个内容面板中添加组件。例如，要向一个顶层容器 frame 中添加组件 child，使用的语句是：frame. getContentPane(). add(child)。

(2) public void setDefaultCloseOperation(int operation)。

设置单击顶层容器窗体右上角的关闭图标时执行的动作，参数 operation 在 javax. swing. WindowConstants 接口中定义：

① DO_NOTHING_ON_CLOSE：不执行任何操作；

② HIDE_ON_CLOSE：隐藏窗体，默认值；

③ DISPOSE_ON_CLOSE：隐藏并释放该窗体；

④ EXIT_ON_CLOSE：退出应用程序，通常只在应用程序窗体中使用。

(3) public String getTitle() /public void setTitle(String title)。

获取顶层容器窗体的标题/将顶层容器窗体的标题设置为 title 指定的值，标题显示在容器的左上部边界中。

(4) public void pack()。

调整顶层容器窗体的大小,使其能够提供足够的空间来显示其中包含的所有组件。

(5) public void setLocationRelativeTo(Component c)。

相对于组件c来放置顶层容器窗体。如果组件c未显示或者为null,则此顶层容器窗体置于屏幕的中央。通常本方法与setSize()方法配合使用,使用时应先调用setSize(),再调用setLocationRelativeTo()方法,否则,顶层容器窗体左上角或位于屏幕或所属组件的中心。

(6) public void setResizable(boolean resizable)。

设置顶层容器窗体是否可以调整大小。参数resizable为true时表示顶层容器大小可以调整,为false时表示顶层容器为固定大小,不能通过拖拉其边框来改变大小。在缺省情况下,所有窗体最初都可以调整大小。

(7) public JMenuBar getJMenuBar()/public void setJMenuBar(JMenuBar menu)。

获取/设置顶层容器窗体上的菜单栏。

2. 窗体

窗体(JFrame)是Swing组件中的顶层容器,可以看作是一个图形窗口。在应用程序中,窗口是屏幕上的矩形区域,通常由窗口边框、标题栏、窗口最大化(最小化)和关闭图标、菜单栏、工具栏、状态栏、滚动条和工作区组成。JFrame类为应用程序的窗口提供了实现框架,具有边框、标题栏、窗体最大化(最小化)和关闭图标按钮,可以通过添加菜单组件、工具条组件、滚动条组件等,形成完整的应用程序窗口。GUI应用程序通常至少使用一个窗体,其缺省布局是BorderLayout。

窗体常用的构造方法有两个,一个是JFrame(),另一个是JFrame(String title),前者用于创建一个无标题的不可见图形窗口,后者用于创建一个标题为title的不可见图形窗口。

3. 对话框

对话框(JDialog)是一种拥有标题和边框的临时性弹出窗口,可以包括按钮、文本框等组件,用于与用户进行交互。对话框的大小不能改变,也即它没有最大化最小化的图标按钮。

与普通窗口不同,对话框通常是在一个宿主窗口的基础上弹出的,对话框的存在依赖于其宿主窗口。根据对话框与其宿主窗口的关系,可以将对话框分成模态对话框和非模态对话框。

模态对话框是指这样的对话框,当该对话框弹出后,其宿主窗口阻塞,用户只能与对话框进行交互,只有对话框上的相关操作完成,对话框关闭之后,才能继续进行宿主窗口的操作。非模态对话框则没有这样的限制,弹出非模态对话框后,宿主窗口不会阻塞,用户既可以在弹出的对话框上进行操作,也可以在其宿主窗口上进行操作。

JDialog是代表对话框的类,其缺省布局是BorderLayout。JDialog类的构造方法如表7-1所示。

表 7-1 JDialog 类的常用构造方法

构造方法	说明
JDialog()	创建一个没有标题且不可见的非模态对话框，宿主窗口为一个共享的、隐藏的窗体
JDialog(Frame owner)	创建一个没有标题且不可见的非模态对话框，宿主窗口为 owner
JDialog(Frame owner, String title)	创建一个不可见的非模态对话框，宿主窗口为 owner，标题由 title 指定
JDialog(Frame owner, boolean modal)	创建一个没有标题且不可见的对话框，宿主窗口为 owner，模态由 modal 的值指定，true 表示模态对话框，false 表示非模态对话框
JDialog(Frame owner, String title, boolean modal)	创建一个不可见的对话框，宿主窗口为 owner，标题由 title 指定，模态由 modal 的值指定，true 表示模态对话框，false 表示非模态对话框

【例 7.1】顶层容器示例。

```
import java.awt.*;//1 行
import java.awt.event.*;
import javax.swing.*;
public class JFrameTest  {
    public static void main(String[] args) {//5 行
        //创建应用程序的窗体，该窗体为 JFrame 的实例
        JFrame myframe = new JFrame("我的窗口");
        //指定应用程序窗体的布局
        myframe.getContentPane().setLayout(new FlowLayout());
        //指定关闭应用程序窗体时的动作：应用程序结束 //10 行
        myframe.setDefaultCloseOperation(WindowConstants.EXIT_ON_CLOSE);
        //在应用程序窗体上注册事件监听器
        myframe.addMouseListener(new FrameMouseAdapter(myframe));
        //设置窗体大小
        myframe.setSize(400, 300);//15 行
        //将窗体放置到屏幕中央
        myframe.setLocationRelativeTo(null);
        //创建标签实例，并设置标签的显示内容
        JLabel jLabel = new JLabel();
        jLabel.setText("请单击本窗口");//20 行
        //将标签添加到 myframe 中
        myframe.getContentPane().add(jLabel);
        //使应用程序窗体 myframe 可见
        myframe.setVisible(true);
    }//25 行
}
//鼠标事件适配器
```

```
class FrameMouseAdapter extends MouseAdapter{
    JFrame owner;
    FrameMouseAdapter(JFrame owner){//30行
        this.owner=owner;
    }
    //在应用程序窗体上单击鼠标,执行以下方法
    public void mouseClicked(MouseEvent e) {
        //创建以 myframe 为宿主窗口的模态对话框//35行
        JDialog  jDialog = new JDialog(owner,true);
        //设置对话框标题
        jDialog.setTitle("这是一个对话框");
        //指定关闭对话框时的动作:隐藏并释放对话框
        jDialog.setDefaultCloseOperation(WindowConstants.DISPOSE_ON_CLOSE);//40行
        //设置对话框的位置和大小
        jDialog.setBounds(400, 300, 282, 247);
        //将对话框设置为固定大小
        jDialog.setResizable(false);
        //使对话框可见 //45行
        jDialog.setVisible(true);
    }
}
```

本程序运行时,先产生一个应用程序窗体,用鼠标单击该窗体,会弹出对话框。由于该对话框被设置成模态的,只有关闭当前对话框,才能继续对应用程序窗体进行操作。如图7-1所示弹出对话框的界面。另外,对话框的大小被设置成固定的(见程序第44行),对话框的大小不能改变,而应用程序窗体采用了默认的调整方式,是可以调整大小的,因此可以通过鼠标拖拉其边框改变大小。

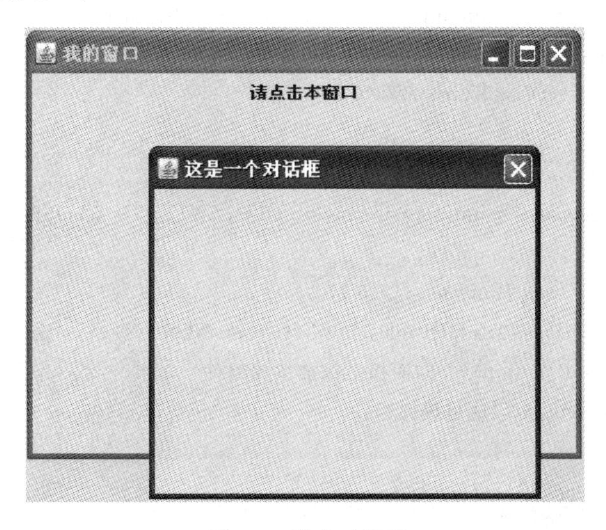

图7-1　弹出对话框

7.3.2 中间层容器

与顶层容器不同，中间层容器不能独立使用，它必须被容器所包含，同时自身又可以包含其他组件，例如 JPanel、JScrollPane、JSplitPane、JTabbedPane、JToolBar、JInternalFrame 和 JRootPane 等。

1. 面板

面板(JPanel)是一种经常使用的轻量级中间层容器，是一种容纳其他组件的容器组件，其缺省布局是 FlowLayout。面板无边框、无标题，不能被移动、放大、缩小或关闭。因此，面板不能作为独立的容器使用，但可以容纳其他组件，包括面板对象自身。通常面板被放置在其他能够独立使用的容器中，如放置在窗体内。利用 JPanel 可以有效地对界面进行管理，使窗体中的组件布局更加美观。

JPanel 类的常用构造方法包括：

(1) JPanel()。

创建一个具有缺省布局管理器的容器面板。

(2) JPanel(LayoutManager layout)。

创建一个容器面板，该面板的布局管理器由参数 layout 指定。

【例 7.2】面板的使用。

```
import java.awt.*;//1 行
import javax.swing.*;
public class FrameWithPanel extends JFrame {
    private static final long serialVersionUID =-1371852225184565302L;
    private final JButton jButton;//5 行
    private final JPanel jPanel;
    public static void main(final String[] args) {
        final FrameWithPanel myFrame = new FrameWithPanel();
        myFrame.setLocationRelativeTo(null);
        myFrame.setVisible(true);//10 行
    }
    public FrameWithPanel() {
        setDefaultCloseOperation(WindowConstants.EXIT_ON_CLOSE);
        jPanel = new JPanel();
        jButton = new JButton();//15 行
        getContentPane().add(jPanel, BorderLayout.NORTH);//向窗体上添加面板
        jPanel.add(jButton);//向面板上添加按钮组件
        jButton.setText("这是按钮");
        pack();
        setSize(400, 300);//20 行
    }
}
```

在本例中，创建了应用程序窗体 myFrame，在该窗体的北部（North）添加有面板 jPanel（见程序第 16 行），面板上添加有按钮 jButton。由于面板的缺省布局是 FlowLayout 布局，按钮将总是位于面板中间位置显示，从应用程序界面上看，按钮将始终位于窗体上方的中间位置，如图 7-2(a)所示。而如果不使用面板，直接将按钮添加到 myFrame 北部，即用以下代码代替本例第 14 行至 17 行的代码，则按钮会占据窗体的全部上方部分，如图 7-2(b)所示：

```
jButton = new JButton();
getContentPane().add(jButton, BorderLayout.NORTH);
```

(a) 使用面板的效果

(b) 未使用面板的效果

图 7-2　面板的运行效果

2. *卷滚面板*

卷滚面板（JScrollPane）与 JPanel 面板类似，主要用于各种组件在窗口上的布置和安排。与 JPanel 不同的是，JScrollPane 是一个能够自己产生滚动条的容器，当其上所包含的组件大小超出 JScrollPane 面板的显示区时，会自动产生垂直滚动条或水平滚动条。用户可以通过拖动滚动条中的滑块，使组件滚动，从而看到当前超出 JScrollPane 显示区范围之外的内容。

JScrollPane 面板只能容纳一个组件，如果要在其中放置多个组件，则需要先将组件放置 JPanel 面板上，再将 JPanel 面板放到 JscrollPane 面板上。JScrollPane 面板的构造方法如下：

(1) public JScrollPane()。

创建一个空的（无显示区的）JScrollPane 面板实例，在必要时可以显示水平滚动条和垂直滚动条。

(2) public JScrollPane(Component com)。

创建一个 JScrollPane 面板实例，该实例的显示区中包含了指定组件 com，只要组件的内容超过 JScrollPane 面板的显示区，就会显示水平和垂直滚动条。

(3) public JScrollPane(int vsbPolicy, int hsbPolicy)。

创建一个空的（无显示区的）JScrollPane 面板实例，何时出现垂直滚动条和水平滚动条，分别由参数 vsbPolicy 及 hsbPolicy 确定。这两个参数的取值在 javax.swing.ScrollPaneConstants 接口中定义：

① ScrollPaneConstants. VERTICAL_SCROLLBAR_AS_NEEDED：必要时才出现垂直滚动条；

② ScrollPaneConstants. VERTICAL_SCROLLBAR_NEVER：任何时候都不显示垂直滚动条；

③ ScrollPaneConstants. VERTICAL_SCROLLBAR_ALWAYS：总是显示垂直滚动条；

④ ScrollPaneConstants. HORIZONTAL_SCROLLBAR_AS_NEEDED：必要时才出现水平滚动条；

⑤ ScrollPaneConstants. HORIZONTAL_SCROLLBAR_NEVER：任何时候都不显示水平滚动条；

⑥ ScrollPaneConstants. HORIZONTAL_SCROLLBAR_ALWAYS：总是显示水平滚动条。

（4）public JScrollPane(Component com，int vsbPolicy，int hsbPolicy)。

创建一个 JScrollPane 面板实例，该实例的显示区中包含了指定组件 com，何时出现垂直滚动条和水平滚动条，分别由参数 vsbPolicy 及 hsbPolicy 确定。这两个参数的取值同前。

【例 7.3】JScrollPane 面板的使用。

```
import javax.swing.*;//1 行
import java.awt.*;
public class JScrollPaneTest extends JFrame {
    private static final long serialVersionUID =-4903883332888909428L;
    public JScrollPaneTest() {//5 行
        setDefaultCloseOperation(WindowConstants.EXIT_ON_CLOSE);
        //创建显示区包含多行文本组件的 JScrollPane 面板
        JScrollPane jscrollPane = new JScrollPane(new JTextArea());
        //将 JScrollPane 面板放置到 JFrame 的中心
        getContentPane().add(jscrollPane, BorderLayout.CENTER);//10 行
        pack();
        setSize(300, 250);
        setLocationRelativeTo(null);
    }
    public static void main(String[] args) {//15 行
        JScrollPaneTest tp = new JScrollPaneTest();
        tp.setVisible(true);
    }
}
```

本例中，创建了一个 JScrollPane 面板，其显示区包含了多行文本框组件 JTextArea(程序第 8 行)，程序第 10 行将 JScrollPane 面板放置到程序窗体的中心。当多行文本框的内容超出显示区时，JScrollPane 面板会自动产生水平滚动条或垂直滚动条，如图 7-3 所示。

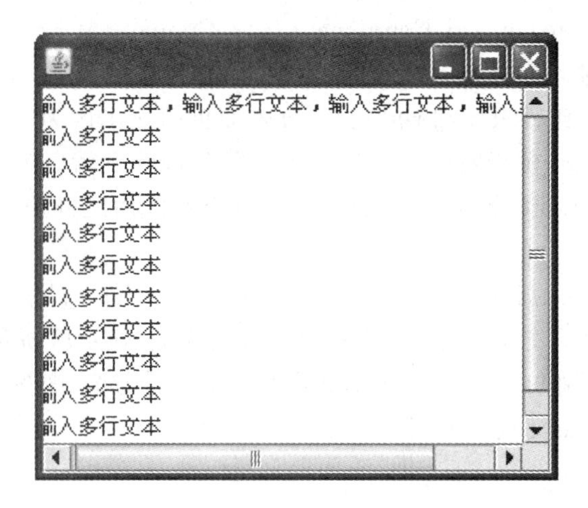

图 7-3　卷滚面板的效果

3. 分隔面板

分隔面板(JSplitPane)可以把组件显示在左右或上下两个显示区域内,且允许拖动区域间的分隔线,随着分隔线的拖动,显示区域内组件的大小也随之发生变动。

一个分隔面板只包括两个显示区域,如果要在程序窗体上布置多个显示区,则需要使用多个分隔面板。若要在每个显示区内容纳多个组件或者保证显示区大小发生变化时能够看到其中的多个组件,应该先将面板或卷滚面板放置到相应的显示区内,再在这些面板上添加组件。

在拖动分隔面板的分隔线时,显示区中的组件变化会表现出两种行为:一种行为称为连续布局;另一种行为称为非连续布局。连续布局行为是指在拖动分隔面板的分隔线时,显示区中的组件会随着拖动动作的进行而连续、动态地改变大小,直至拖动结束。非连续布局行为则是在拖动分隔面板的分隔线时,显示区中的组件不会改变大小,直到拖动动作结束,组件才会一次性地改变大小,显示到分隔面板显示区内的适当位置处。

分隔面板的构造方法如下:

(1) public JSplitPane()。

创建一个分隔面板,按水平(左右)方向分成两个显示区,显示区中分别用缺省的按钮填充。拖动分隔线时,组件变化行为表现为非连续布局行为。

(2) public JSplitPane(int ori)。

创建一个分隔面板,显示区排列方向由参数 ori 指定,参数 ori 的取值在 JSplitPane 中定义:

JSplitPane. VERTICAL_SPLIT:表示垂直(上下)布局分隔面板的显示区;

JSplitPane. HORIZONTAL_SPLIT:表示水平(左右)布局分隔面板的显示区。

(3) public JSplitPane(int ori, boolean cl)。

创建一个分隔面板,显示区排列方向由参数 ori 指定,参数 ori 的取值同前。参数 cl 指定了拖动分隔线时显示区内组件的变化行为,若 cl 值为 true,则指定组件按连续布局行为来改变大小;若 cl 值为 false,则指定组件按非连续布局行为来改变大小。

(4) public JSplitPane(int ori,Component left, Component right)。

创建一个显示区排列方向由参数 ori 指定的分隔面板,参数 ori 的取值同前。该分隔面板的显示区内分别包含组件 left 和 right。若分隔面板的显示区为水平布局,组件 left 位于左侧显示区,而组件 right 位于右侧显示区。若分隔面板的显示区为垂直布局,组件 left 位于上部显示区,而组件 right 位于下部显示区。拖动分隔线时组件按非连续布局行为来改变大小。

(5) public JSplitPane(int ori,boolean cl, Component left, Component right)。

创建一个显示区排列方向由参数 ori 指定的分隔面板,显示区所包含的组件分别为 left 和 right,参数 cl 指定了拖动分隔线时显示区内组件的变化行为,各参数的含义同前。

【例 7.4】JSplitPane 面板的使用。

```
import java.awt.BorderLayout;//1 行
import javax.swing.*;
public class JSplitPaneTest extends JFrame {
    private static final long serialVersionUID = 8429102127216854374L;
    private JSplitPane jSplitPane1,jSplitPane2; //5 行
    private JPanel jPanel1,jPanel2;
    private JButton jButton1;
    private JLabel jLabel1;
    private JScrollPane jScrollPane1;
    private JTextArea jTextArea1;//10 行
    public static void main(String[] args) {
            JSplitPaneTest mytest = new JSplitPaneTest();
            mytest.setLocationRelativeTo(null);
            mytest.setVisible(true);
    }//15 行
    public JSplitPaneTest() {
        setDefaultCloseOperation(WindowConstants.EXIT_ON_CLOSE);
        //创建面板 jPanel1,其中包含有按钮
        jPanel1 = new JPanel();
        jButton1 = new JButton();//20 行
        jPanel1.add(jButton1);
        jButton1.setText("按钮");
        //创建面板 jPanel2,其中包含有标签
        jPanel2 = new JPanel();
        jLabel1 = new JLabel();//25 行
        jPanel2.add(jLabel1);
        jLabel1.setText("标签");
        /*创建一个垂直布局的 jSplitPane2,
            其显示区中的组件为面板 jPanel1 和 jPanel2
            组件大小改变行为是连续布局*/   //30 行
        jSplitPane2 = new JSplitPane(JSplitPane.VERTICAL_SPLIT,true,jPanel1,jPanel2);
```

```
        //创建卷滚面板,其中包含有文本区域
        jTextArea1 = new JTextArea("文本区");
        jScrollPane1 = new JScrollPane(jTextArea1);
        /* 创建水平布局的分隔面板 jSplitPane1,//35 行
              其左右显示区包含了 jSplitPane2 和卷滚面板 jScrollPane1 */
        jSplitPane1 = new JSplitPane(JSplitPane.HORIZONTAL_SPLIT, jSplitPane2,
        jScrollPane1);
        //将分隔面板 jScrollPane1 添加到窗体上
        getContentPane().add(jSplitPane1, BorderLayout.CENTER);
        //设置窗体大小//40 行
        pack();
        setSize(400, 300);
    }
}
```

本例运行结果如图 7-4 所示。从中可以看出,程序窗体中包含了三个显示区,一个分隔面板 JSplitPane 上只能有两个显示区,为做到现在的效果,程序中包含了两个 JSplitPane 面板。界面左侧由一个垂直布局的 JSplitPane 面板组成(程序中定义为 jSplitPane2),其中包含了按钮组件和标签组件,具体的程序实现见代码第 18 行至 31 行。另一个是水平布局的 JSplitPane 面板(程序中定义为 jSplitPane1),该分隔面板的左侧组件是 jSplitPane2,右侧组件是包含有文本区的卷滚面板,程序实现见代码第 33 行至 37 行。

由于使用了卷滚面板,当界面右侧中输入的内容超出显示区时,右侧显示区会有水平滚动条或垂直滚动条出现。另外,请注意,拖动界面中垂直分隔线和水平分隔线时,显示区中组件改变大小的行为是不同的,这是因为,在创建 jSplitPane2 和 jSplitPane1 时,指定了不同的组件大小变化行为(见程序第 31 行和第 37 行)。

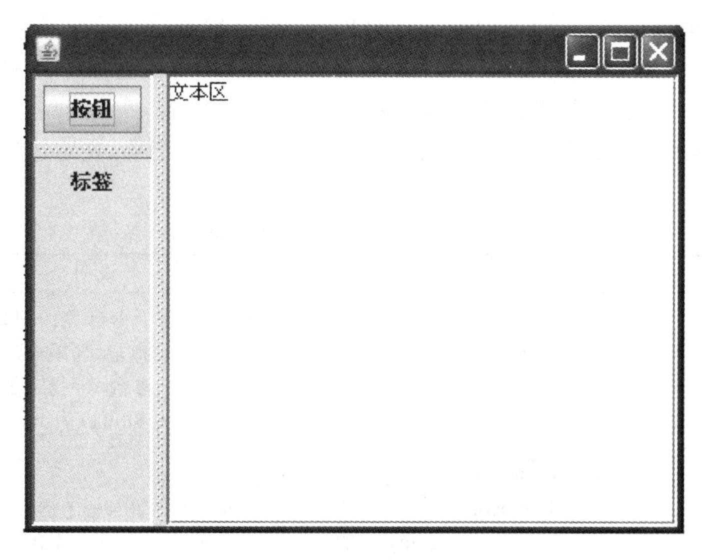

图 7-4　分隔面板的效果

4. 选项卡面板

选项卡面板(JTabbedPane)由多个选项卡组成,每次只显示一个选项卡的内容。每个选项卡由选项卡标签和工作区组成,用户单击选项卡标签,可以方便地在不同的选项卡之间切换,被选中的选项卡的工作区内容会显示在当前界面上。选项卡标签可以包括图标和标题,选项卡的工作区中一般只能包含一个组件,如果要在一个选项卡工作区中包含多个组件,可以将多个组件放到面板中,然后将面板放到选项卡面板的一个工作区内。

选项卡面板的构造方法如下:

(1) public JTabbedPane()。

创建一个选项卡面板,其选项卡标签位于工作区上部,工作区的内容为空(即不包括任何组件)。

(2) public JTabbedPane(int tabPlacement)。

创建一个工作区不包括任何组件的选项卡面板,该面板中的选项卡形状由参数 tabPlacement 指定。参数 tabPlacement 的取值在 JTabbedPane 中定义,分别为:

① JTabbedPane. TOP:选项卡标签位于工作区的上部;

② JTabbedPane. BOTTOM:选项卡标签位于工作区的下部;

③ JTabbedPane. LEFT:选项卡标签位于工作区的左侧;

④ JTabbedPane. RIGHT:选项卡标签位于工作区的右侧。

(3) public JTabbedPane(int tabPlacement,int tabLayoutPolicy)。

创建一个工作区不包括任何组件的选项卡面板,参数 tabPlacement 的含义与取值同前。参数 tabLayoutPolicy 指定了选项卡标签的显示方式,参数 tabLayoutPolicy 的取值在 JTabbedPane 中定义,分别为:

① JTabbedPane. WRAP_TAB_LAYOUT:若选项卡标签数量太多,无法在选项卡面板所在容器的一行中显示,则分多行显示选项卡的标签;

② JTabbedPane. SCROLL_TAB_LAYOUT:用一行显示选项卡标签,若选项卡标签的数量超出了一行的范围,在被显示出来的最后一个选项卡标签的后面自动添加卷滚条,用户可以通过移动卷滚条查看被隐藏的选项卡标签。

除构造方法之外,JTabbedPane 还提供了一些用于添加、删除、选定选项卡的方法,如表 7-2 所示。

表 7-2 JTabbedPane 常用方法

修饰符与返回值	方法	说明
public void	addTab(String title, Icon icon, Component com, String tip)	添加一个选项卡,选项卡标签的标题由参数 title 指定,图标由参数 icon 指定,选项卡工作区中包含的组件由参数 com 指定,参数 tip 指定了提示信息。这四个参数中的任意一个都可以为 null
public void	insertTab(String title, Icon icon, Component com, String tip, int index)	在指定位置 index 处插入一个选项卡,第一个选项卡的 index 为 0,最后一个选项卡的 index 为选项卡数减 1。其余参数意义同 addTab 方法

续表

修饰符与返回值	方法	说明
public void	removeTabAt(int index)	删除指定位置 index 处的选项卡
public void	removeAll()	删除 JTabbedPane 面板中的所有选项卡
public void	setSelectedIndex(int index)	切换到参数 index 指定的选项卡,使 JTabbedPane 面板显示 index 指定的选项卡内容

【例 7.5】JTabbedPane 面板的使用。

```
import java.awt.BorderLayout;//1 行
import javax.swing.*;
public class JTabbedPaneTest extends JFrame {
    private static final long serialVersionUID = 7241201276334760925L;
    private JTabbedPane jTabbedPanel;//5 行
    private JPanel jPanel;
    public static void main(String[] args) {
        JTabbedPaneTest inst = new JTabbedPaneTest();
        inst.setLocationRelativeTo(null);
        inst.setVisible(true);//10 行
    }
    public JTabbedPaneTest() {
        boolean flag=true;//true 表示多行显示选项卡标签,false 表示用卷滚方式显示选项卡
        标签
        setDefaultCloseOperation(WindowConstants.EXIT_ON_CLOSE);
        if(flag)//15 行
            jTabbedPanel = new JTabbedPane(JTabbedPane.TOP,JTabbedPane.WRAP_TAB_
            LAYOUT);
        else
            jTabbedPanel = new JTabbedPane(JTabbedPane.TOP,JTabbedPane.SCROLL_
            TAB_LAYOUT);
        for(int i=1;i<=10;i++)  {
            jPanel = new JPanel();  //20 行
            jPanel.add(new JLabel("第"+i+"个选项卡"));
            jTabbedPanel.addTab("标签"+i, null, jPanel,null);
        }
        jTabbedPanel.setSelectedIndex(2);
        getContentPane().add(jTabbedPanel, BorderLayout.CENTER);//25 行
        pack();
        setSize(400, 300);
    }
}
```

本例创建了一个包括选项卡面板的窗体，该选项卡面板上含有 10 个选项卡（见程序 19 行至 23 行），程序运行时会自动定位到第三个选项卡（见程序第 24 行）。另外，程序中使用的 flag 变量（见程序第 13 行），用来决定选项卡的显示方式（见程序第 15 行至程序 18 行）。图 7-5 示出了程序的运行结果，其中，图 7-5（a）是程序第 13 行将 flag 赋值为 true 时的运行结果。图 7-5（b）将程序第 13 行中的 true 改成 false 时的运行结果。

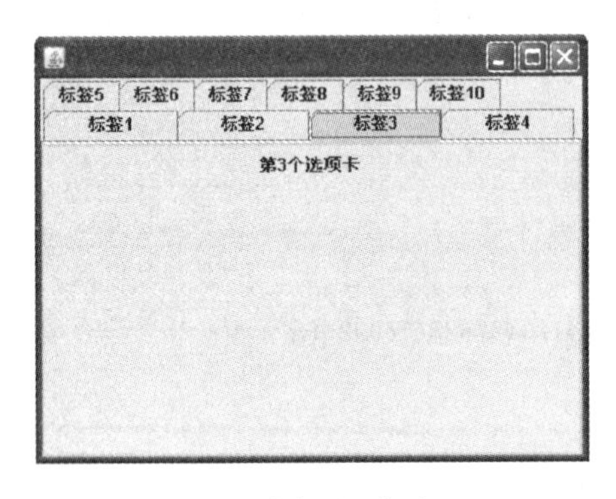

(a) 多行显示效果

(b) 卷滚显示效果

图 7-5　选项卡面板程序的两种运行结果

5. 桌面面板和内部窗体

在设计应用程序时，除了可以打开多个独立的窗体，有时为了美观和便于管理，需要在一个主窗体中同时打开多个子窗体，每个子窗体都有自己的内容，彼此之间不相互影响，可以打开、关闭和移动，但子窗体的存在依赖于主窗体（也称宿主窗体），它们的可移动范围限于主窗体的内部，并且，一旦主窗体关闭，所有的子窗体就会随之关闭。要达到这样的效果，需要使用桌面面板（JDesktopPane）和内部窗体（JInternalFrame）类。

桌面面板用来建立虚拟桌面，内部窗体在主窗体内打开。内部窗体需要显示在由 JDesktopPane 类创建的桌面面板中。

JDesktopPane 类只有一个构造方法：

```
public JDesktopPane()
```

JInternalFrame 类具有与 JFrame 类似的外观和行为，但不能独立存在，必须被放置到桌面面板上。其构造方法包括：

(1) public JInternalFrame()。

创建一个内部窗体，该窗体不可调整大小、不可关闭、不可最大化和最小化，也没有标题。

(2) public JInternalFrame(String title)。

创建一个内部窗体，该窗体的标题由参数 title 指定，但不可调整大小、不可关闭、不可最大化和最小化。

(3) public JInternalFrame(String title, boolean resizable)。

创建一个内部窗体，该窗体的标题由参数 title 指定，参数 resizable 为 true 时表示该内部窗体可以调整大小，同时，该窗体不可关闭、不可最大化和最小化。

(4) public JInternalFrame(String title, boolean resizable, boolean closable)。

创建一个内部窗体,该窗体的标题由参数 title 指定,参数 resizable 为 true 时表示该内部窗体可以调整大小,参数 closable 为 true 表示该内部窗体可以关闭,同时,该窗体不可最大化和最小化。

(5) public JInternalFrame(String title, boolean resizable, boolean closable, boolean maximizable)。

创建一个内部窗体,该窗体的标题由参数 title 指定,参数 resizable 为 true 时表示该内部窗体可以调整大小,参数 closable 为 true 表示该内部窗体可以关闭,参数 maximizable 为 true 时表示该内部窗体可以最大化,同时,该窗体不可最小化。

(6) public JInternalFrame(String title,boolean resizable,boolean closable, boolean maximizable, boolean iconifiable)。

创建一个内部窗体,该窗体的标题由参数 title 指定,参数 resizable 为 true 时表示该内部窗体可以调整大小,参数 closable 为 true 表示该内部窗体可以关闭,参数 maximizable 为 true 时表示该内部窗体可以最大化,参数 iconifiable 为 true 时表示该内部窗体可以最小化。

此外,JInternalFrame 类具有与 JFrame 类似的方法 getContentPane(),用于返回其内容面板,JInternalFrame 类包含的相关组件必须都放置在这个内容面板上。

【例 7.6】JInternalFrame 的使用。

```
import java.awt.*;//1 行
import javax.swing.*;
public class JInternalFrameTest extends JFrame {
  private static final long serialVersionUID = 1908359826787192908L;
  private JDesktopPane jDesktopPane;//5 行
  private JTextArea jTextArea;
  private JInternalFrame jInternalFrame;
  public static void main(String[] args) {
      JInternalFrameTest myframe = new JInternalFrameTest();
      myframe.setLocationRelativeTo(null);//10 行
      myframe.setVisible(true);
  }
  public JInternalFrameTest() {
      setDefaultCloseOperation(WindowConstants.EXIT_ON_CLOSE);
      jDesktopPane = new JDesktopPane();//创建桌面面板//15 行
      getContentPane().add(jDesktopPane, BorderLayout.CENTER);
      int cols = 0;
      int rows = 0;
      for (int i = 0; i < 4; i++){
          //创建内部窗体//20 行
          jInternalFrame =new JInternalFrame("窗口" + i, true, true, true, true);
          jDesktopPane1.add(jInternalFrame);//将内部窗体添加到桌面面板上
          //在内部窗体上添加多行文本框
          jTextArea = new JTextArea();
```

```
                jInternalFrame.getContentPane().add(jTextArea);//25 行
                //以平铺方式排列内部窗体,变量 rows 和 cols 用来控制排列的行与列
                jInternalFrame.setBounds(cols * 170+40, rows * 110+30, 150, 100);
                cols++;
                if (cols == 2){//每排完一列窗口,开始排放下一列窗口
                    cols = 0;//30 行
                    rows++;
                }
                //将内部窗体设置为可见
                jInternalFrame.setVisible(true);
            }//35 行
        pack();
        setSize(400, 300);
        }
    }
```

本例的主窗体中包含了四个内部窗体,这些窗体必须放置在 JDesktopPane 类的实例上(程序第 15 行和第 22 行),每个内部窗体上又添加有多行文本框(程序第 24 行和第 25 行)。另外,程序第 27 行至 32 行,用来将四个内部窗体以平铺的方式显示在主窗体中,如图 7-6 所示程序的运行结果。

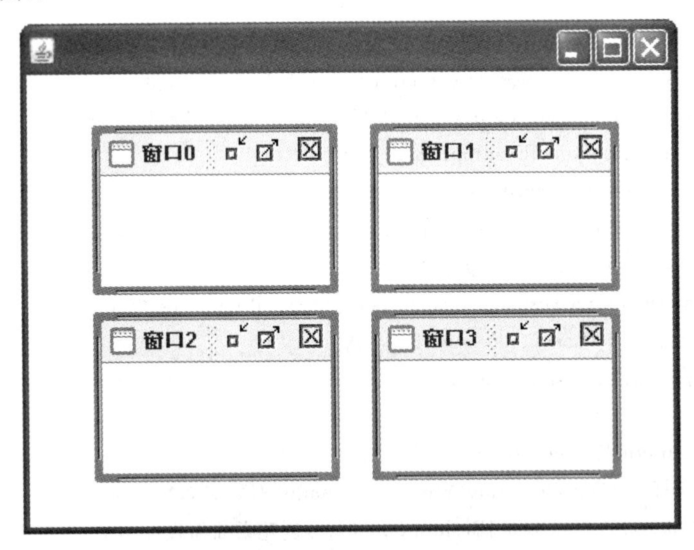

图 7-6 内部窗体程序的运行结果

6. 工具栏

工具栏是一个在窗体上集中显示用户常用操作命令的条状区域,其中包含了若干个组件(通常是带图标的按钮,当然也可以包含其他组件)。工具栏可以是水平的,也可以是垂直的,并且可以用鼠标来拖动改变其位置。

JToolBar 类是代表工具栏的中间层容器类,其中可以容纳各种组件,构造方法包括:

(1) public JToolBar()。

创建一个水平方向的可拖动工具栏。可用鼠标将工具栏拖到它所属容器的上部或下部

的水平位置、左侧或右侧的垂直位置，也可以将工具栏拖动成一个小窗体。当工具栏被拖成小窗体时，关闭工具栏，工具栏会自动恢复至被拖动之前的位置。

（2）public JToolBar(int orientation)。

创建一个方向由 orientation 指定的可拖动工具栏，参数 orientation 的值由在 javax.swing.SwingConstants 中定义。

SwingConstants.HORIZONTAL：表示工具栏是水平的；

SwingConstants.VERTICAL：表示工具栏是垂直的。

（3）public JToolBar(String name)。

创建一个水平的可拖动工具栏。该工具栏的标题由参数 name 指定，当工具栏被拖动成小窗体时，小窗体的标题栏会显示出 name 指定的内容。

（4）public JToolBar(String name, int orientation)。

创建一个标题由 name 指定、方向由 orientation 指定的可拖动工具栏。参数 name 和 orientation 的含义及取值同前。

除了继承组件的通用方法外，JToolBar 的其他常用方法如表 7-3 所示。

表 7-3 JToolBar 类的常用方法

修饰符与返回值	方法	说明
public void	addSeparator()	将默认大小的分隔符添加到工具栏的末尾。默认大小由当前外观确定
public void	addSeparator(Dimension size)	将参数 size 指定大小的分隔符添加到工具栏的末尾
public void	setOrientation(int o)	设置工具栏的方向。参数 o 取值为 SwingConstants.HORIZONTAL 或 SwingConstants.VERTICAL
public void	setFloatable(boolean b)	设置工具栏的可拖动性，参数 b 为 true，表示工具栏可拖动；参数 b 为 false，表示工具栏不可拖动

【例 7.7】JToolBar 的使用。

```
import java.awt.BorderLayout;//1 行
import javax.swing.*;
public class JToolBarTest extends JFrame {
  private static final long serialVersionUID = 8658900051294845625L;
  private JToolBar jToolBar;//5 行
  public static void main(String[] args) {
      JToolBarTest myframe = new JToolBarTest();
      myframe.setLocationRelativeTo(null);
      myframe.setVisible(true);
  }//10 行
  public JToolBarTest() {
      setDefaultCloseOperation(WindowConstants.EXIT_ON_CLOSE);
      jToolBar = new JToolBar("工具栏");
      getContentPane().add(jToolBar, BorderLayout.NORTH);
      //jToolBar.setFloatable(false);//将工具栏设置为不可拖动 //15 行
      jToolBar.add(new JButton("打开"));
```

```
        jToolBar.add(new JButton("关闭"));
        jToolBar.addSeparator();
        jToolBar.add(new JButton("帮助"));
        pack();//20 行
        setSize(400, 300);
    }
}
```

本例创建了一个可拖动工具栏，工具栏的原始位置位于窗体的上部（见程序第 14 行），其上包含有三个按钮，最后一个按钮前面有一个缺省的分隔符（见程序第 16 行至 19 行）。程序运行后，用户可以用鼠标拖动工具栏，将其拖动至窗体的不同位置，甚至可以将工具栏拖动至窗体之外。如果将程序第 15 行的注释去掉，则工具栏变成不可拖动的。程序运行结果如图 7-7 所示。

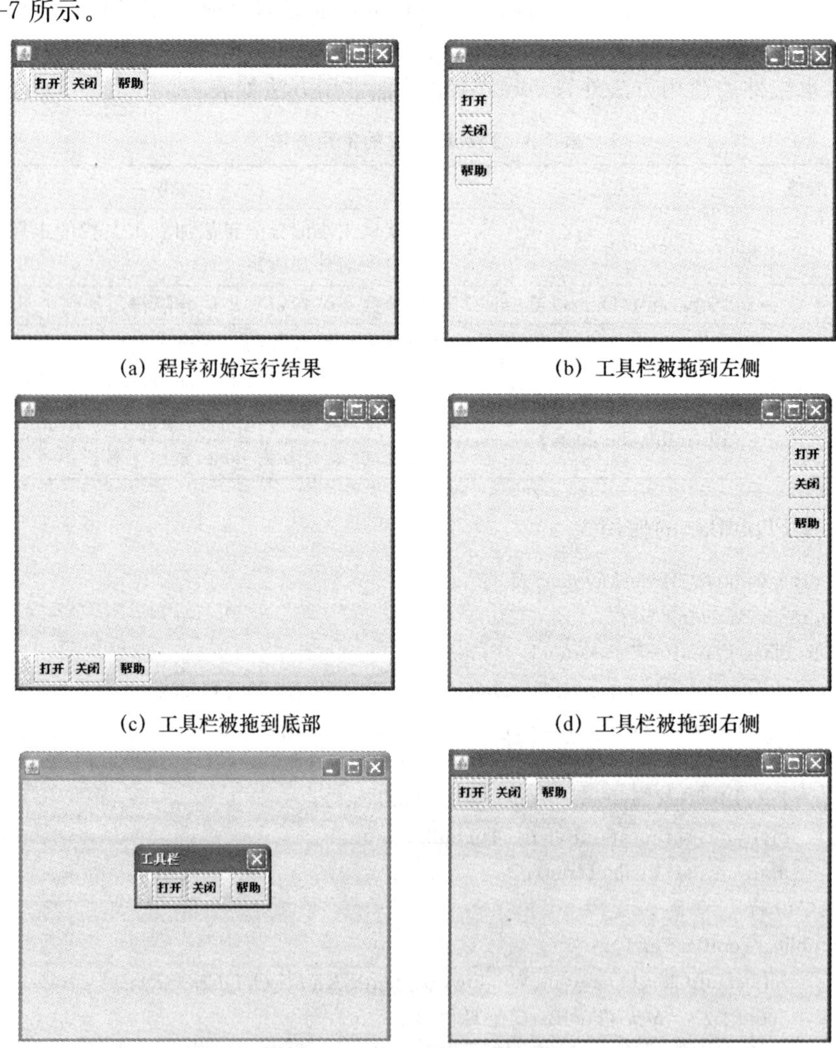

(a) 程序初始运行结果　(b) 工具栏被拖到左侧

(c) 工具栏被拖到底部　(d) 工具栏被拖到右侧

(e) 工具栏被拖成小窗体　(f) 将工具栏设置成不可拖动时的效果

图 7-7　工具栏程序运行界面

7.4 基本组件

Swing 中的基本组件有很多种，按它们的性质和特征，大致可以分成三类：第一类是以标签 JLabel 为代表的，只显示不可编辑信息的组件；第二类是有一定控制功能，主要用于接受输入信息的组件，这类组件又可进一步分成按钮类系列组件、列表框组件和复选框组件以及文本类组件；第三类是能显示格式化的信息并允许与用户交互的组件。

7.4.1 仅用于显示信息的组件

仅用于显示信息的这类组件的特征在于，它们显示的文本或图像信息不能由用户编辑，但可以随着程序的运行，由程序本身来改变其显示的内容。这类组件的典型代表是标签(JLabel)组件和进度条(JProgressBar)组件。

1. 标签 JLabel

JLabel 组件上可以显示文字或图像，既可以显示其中的一种，也可以在同时显示两者，并可以指定标签上显示内容的位置。在缺省的情况下，标签的内容只显示在一行内，但 JLabel 组件支持 HTML 代码，可以利用 HTML 代码赋予要显示内容的各种特性，例如，多行显示、使用不同的字体或颜色等。JLabel 组件的构造方法包括：

(1) public JLabel()。

创建一个既无文本内容，也无图像内容的标签。

(2) public JLabel(String text)。

创建一个标签，该标签显示的文本由参数 text 指定，显示的文本在水平方向上与标签的开始边界对齐。

(3) public JLabel(Icon image)。

创建一个标签，该标签显示的图像由参数 image 指定，显示的图像在水平方向上居中。其中，Icon 是表示图像的接口，在要创建包含图像的标签时，可以使用 Icon 接口的具体实现类 ImageIcon 来导入图像，例如：

```
JLabel jLabel = new JLabel(new ImageIcon("sun.gif"));
```

(4) public JLabel(String text,int horizontalAlignment)。

创建一个显示指定文本 text 的标签，文本的水平对齐方式由参数 horizontalAlignment 指定，此参数的取值为 SwingConstants 中定义的常量：

SwingConstants.LEFT：左对齐；

SwingConstants.CENTER：居中；

SwingConstants.RIGHT：右对齐；

SwingConstants.LEADING：起始边界对齐；

SwingConstants.TRAILING：结束边界对齐。

(5) public JLabel(Icon image, int horizontalAlignment)。

创建一个显示指定图像 image 的标签，图像的水平对齐方式由参数 horizontalAlignment 指定，此参数的取值同前。

(6) public JLabel(String text,Icon icon, int horizontalAlignment)。

创建一个显示指定文本 text 和图像 icon 的标签，文本和图像的水平对齐方式由参数 horizontalAlignment 指定，文本位于图像的结束边界。

标签 JLabel 的常用方法如表 7-4 所示。

表 7-4 JLabel 类的常用方法

修饰符与返回值	方法	说明
public void	setText(String text)	设置标签要显示的单行文本
public String	getText()	返回标签所显示的文本字符串
public void	setIcon(Icon icon)	设置标签要显示的图标
public Icon	getIcon()	返回标签所显示的图形图像(字形、图标)
public void	setHorizontalAlignment (int alignment)	设置标签内容的水平对齐方式，参数取值为 SwingConstants 中定义的以下常量之一：LEFT、CENTER、RIGHT、LEADING 或 TRAILING
public int	getHorizontalAlignment ()	返回标签内容的水平对齐方式。返回值为 SwingConstants 中定义的以下常量之一：LEFT、CENTER、RIGHT、LEADING 或 TRAILING
public void	setVerticalAlignment (int alignment)	设置标签内容垂直对齐方式。参数值为 SwingConstants 中定义的以下常量之一：TOP、CENTER 或 BOTTOM
public int	getVerticalAlignment()	返回标签内容垂直对齐方式。返回值为 SwingConstants 中定义的以下常量之一：TOP、CENTER 或 BOTTOM
public void	setHorizontalTextPosition (int textPosition)	设置标签的文本相对其图像的水平位置。参数的取值为 SwingConstants 中定义的以下常量之一：LEFT、CENTER、RIGHT、LEADING 或 TRAILING
public int	getHorizontalTextPosition ()	返回标签的文本相对其图像的水平位置。返回值为 SwingConstants 中定义的以下常量之一：LEFT、CENTER、RIGHT、LEADING 或 TRAILING
public void	setVerticalTextPosition (int textPosition)	设置标签的文本相对其图像的垂直位置。参数的取值为 SwingConstants 中定义的以下常量之一：TOP、CENTER 或 BOTTOM
public int	getVerticalTextPosition ()	返回标签的文本相对其图像的垂直位置。返回值为 SwingConstants 中定义的以下常量之一：TOP、CENTER 或 BOTTOM

2. 进度条

进度条是一种向用户传达程序任务进度信息的组件，在界面上它表现为一个条状显示区域，通过用不同的颜色来渐进或动态地填充该显示区域的一部分或全部，从而起到指示程序任务执行情况的作用。通常进度条上还带有表示进度的文本。

进度条显示区域的填充有两种表现形式：一种是采用渐进方式进行填充，即从无填充逐步按比例从左向右(或从下向上)填满进度条的显示区域，这种进度条称为有确定模式的进度条；另一种显示进度的方式是用一个颜色块在进度条显示区域中左右或上下循环移动，这种进度条称为有不确定模式的进度条。

进度条组件 JProgressBar 的构造方法如下：

(1) public JProgressBar()。

创建一个缺省的进度条，缺省的进度条水平设置，具有边框，但不显示任何表示进度的文本，并且，表示进度条中填充起点位置的值为 0，填充终点位置的值为 100。

(2) public JProgressBar(int orient)。

创建一个缺省的进度条，该进度条的方向由参数 orient 指定，取值为 SwingConstants. VERTICAL (垂直进度条)或 SwingConstants. HORIZONTAL(水平进度条)。

(3) public JProgressBar(int min, int max)。

创建一个有边框但不显示进度文本的水平进度条，该进度条中填充起点位置值和终点位置值分别由参数 min 和 max 指定。其中，min 必须小于等于 max。

(4) public JProgressBar(int orient, int min, int max)。

创建一个有边框但不显示进度文本的水平进度条，该进度条的方向由参数 orient 指定，进度条中填充起点位置值和终点位置值分别由参数 min 和 max 指定。其中，min 必须小于等于 max。

JProgressBar 类的常用方法如表 7-5 所示。

表 7-5　JProgressBar 类的常用方法

修饰符与返回值	方法	说明
public void	setValue(int n)	将当前的填充位置值设置为 n。n 值必须在进度条中填充起点位置值和终点位置值之间
public int	getValue()	返回进度条的当前填充位置值。该值始终介于填充起点位置值和终点位置值之间
public void	setString(String s)	将进度条上显示的表示进度的文本设置为 s。若 s 为 null 或者本方法缺省，表示进度的文本为进度百分比
public String	getString()	返回当前进度文本的 String 表示形式
public void	setStringPainted (boolean b)	设置进度条中表示进度的本文是否可见。若参数 b 的值为 true，进度文本将显示，否则，不显示表示进度的文本。缺省情况下不显示进度文本
public void	setIndeterminate (boolean newValue)	指定进度条的模式，若参数 newValue 值为 true，表示进度条为有确定模式的进度条，否则，进度条为不确定模式的进度条。缺省值为 false
public void	setMinimum(int n)	将进度条中的填充起点位置的值设置为 n
public int	getMinimum()	返回进度条中填充起点位置的值
public void	setMaximum(int n)	将进度条中的填充终点位置的值设置为 n。填充终点位置的值与填充起点位置的值差距越大，进度条的填充过程就越慢
public int	getMaximum()	返回进度条中填充终点位置的值

【例 7.8】标签与进度条的使用实例。

```
import javax.swing.*;//1 行
public class JProgressBarTest extends JFrame implements Runnable {
  private static final long serialVersionUID = 6142229769691740759L;
  private JLabel jLabel;
  private JProgressBar jProgressBar;//5 行
  private JPanel jPanel;
  private int counter = 0;
  public static void main(String[] args) {
      JProgressBarTest myFrame = new JProgressBarTest();
      myFrame.setLocationRelativeTo(null);//10 行
      myFrame.setVisible(true);
      new Thread(myFrame).start();
  }
  public JProgressBarTest() {//15 行
      setDefaultCloseOperation(WindowConstants.EXIT_ON_CLOSE);//15 行
      String s="<html><font size=3>模拟进度条<br><font size=3>演示程序</html>";
      jLabel = new JLabel(s);//创建标签实例
      jPanel = new JPanel();
      jPanel.add(jLabel);//向面板上添加标签组件
      jProgressBar = new JProgressBar();//创建进度条实例   //20 行
      jProgressBar.setStringPainted(true);//将进度条中的表示进度文本设置为可见
      jProgressBar.setMaximum(1000);//设置进度条填充终点位置的值
      //jProgressBar.setIndeterminate(true);// 将进度条设置为不确定模式
      jProgressBar.setToolTipText("这是进度条的提示信息");//设置进度条的工具提示信息
      jPanel.add(jProgressBar);//向面板上添加进度条   //25 行
      getContentPane().add(jPanel);//向窗体上添加面板
      pack();
      setSize(200, 150);
      setResizable(false);
  }  //30 行
  public void run() {//用多线程模拟进度
      while (true) {// 通过循环更新任务完成百分比
          counter++;
          jProgressBar.setValue(counter);//设置当前的填充位置值
          try {//35 行
              Thread.sleep(10);// 令线程休眠 10 毫秒
          } catch (InterruptedException e) {
              e.printStackTrace();
          }
          //在进度达到填充终点位置后重新开始计数//40 行
```

```
            if (counter == jProgressBar.getMaximum())
                counter =0;
        }
    }
}//45行
```

本例利用多线程模拟进度条的实现。在本例,标签中显示了多行文字,不同行的文字字体大小有变化,这是通过 HTML 文本来实现的(见程序第 16 行和第 17 行)。程序第 24 行设置了进度条的工具提示信息,鼠标移到进度条上时会自动显示工具提示文本。程序第 31 行至 44 行为启动线程时执行的代码,其基本逻辑是通过循环不断更新工具条当前的填充位置,从而使进度条的填充位置不断变化,图 7-8(a)是本程序的运行界面。注意,本程序的进度条为确定模式的进度条,若将程序中第 23 行的注释符号去掉,则程序中的进度条变为不确定模式的进度条,程序运行界面如图 7-8(b)所示。

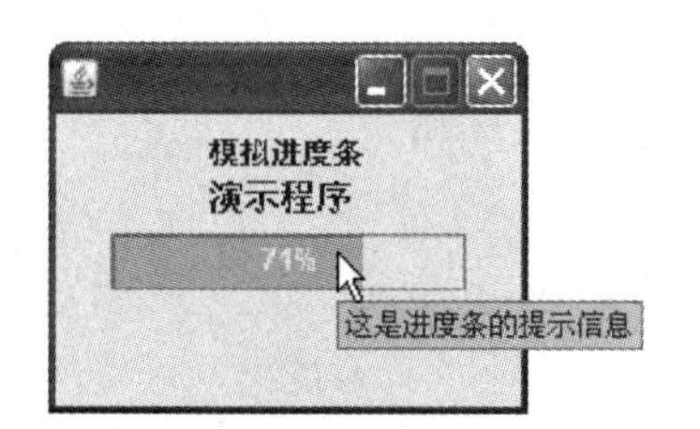

(a) 确定模式的进度条

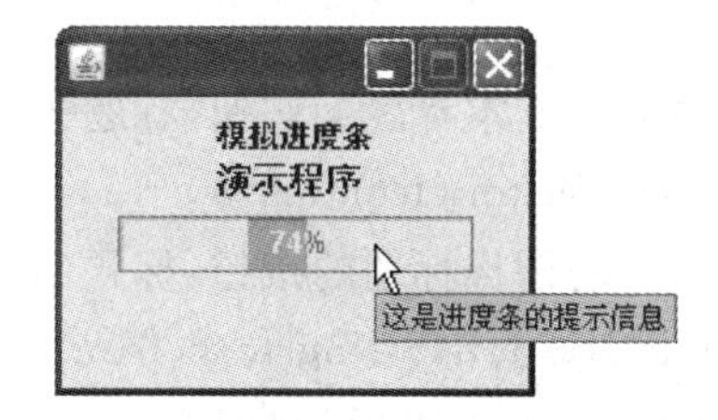

(b) 不确定模式的进度条

图 7-8 标签和进度条程序运行效果

7.4.2 按钮类组件

按钮类组件包括:JButton(普通按钮)、JToggleButton(切换按钮)、JCheckBox(复选框)、JRadioButton(单选钮)、JMenuItem(菜单项)、JCheckBoxMenuItem(复选菜单项)、JRadioButtonMenuItem(单选菜单项)、JMenu(菜单组件)。这类组件的基类是抽象按钮类 AbstractButton。这里先介绍抽象按钮类,以及除菜单以外的按钮类组件。有关菜单,我们将专节介绍。

1. 抽象按钮类

抽象按钮类(AbstractButton)本身是一个抽象类,它定义了表示按钮和菜单项一般行为的方法,这些方法被按钮类组件所继承。AbstractButton 类的常用方法有:

(1) public void setText(String text) /public String getText()。

设置/返回按钮的标题。参数 text 为要设置的标题。

(2) public void setSelected(boolean b)。

设置按钮的状态,若选择了按钮,则该参数为 true,否则为 false。此方法不会触发按钮的事件。

(3) public boolean isSelected()。

判断按钮是否被选中,选定了按钮,则返回 true,否则返回 false。

(4) public void setMnemonic(int mnemonic)/ public int getMnemonic()。

设置/返回按钮的记忆键。参数 mnemonic 和返回值的取值为 java.awt.event.KeyEvent 类中定义的 VK_XXX 代码之一,VK_0 到 VK_9 分别表示数字键,VK_A 到 VK_Z 分别表示字母键。当按下 Alt+VK_XXX 时,按钮将被激活。

(5) public void setEnabled(boolean b)。

设置按钮的可用性,参数 b 为 true 时,表示按钮可用,为 false 时表示按钮不可用。

2. 普通按钮

普通按钮(JButton)是图形用户界面中非常重要的一种基本组件,它一般针对一个事先定义好的功能操作和一段应用程序而设计。当用户用鼠标单击该按钮的时候,系统就执行与该按钮相联系的程序,从而完成预先定义的功能。普通按钮 JButton 类常用的构造方法有四个。

(1) public JButton()。

创建不带有标题的普通按钮。

(2) public JButton(String text)。

创建一个具有文本标题的按钮,标题的文本由参数 text 指定。

(3) public JButton(Icon icon)。

创建一个具有图标标题的按钮,标题的文本由参数 icon 指定。

(4) public JButton(String text,Icon icon)。

创建一个带文本和图标为标题的按钮。标题的文本和图标分别由参数 text 和 icon 指定。

3. 切换按钮

切换按钮(JToggleButton)是一个有两种状态的按钮,在界面上表现为"按下"和"未被按下"两种行为,当按下切换按钮时,它将一直保持被按下的状态,再次单击后,它将回复到未被按下的状态。JToggleButton 类的主要构造方法有:

(1) public JToggleButton()。

创建一个没有标题的切换按钮,其初始状态为未被按下。

(2) public JToggleButton(String text)。

创建一个以参数 text 指定文本为标题的切换按钮,其初始状态为未被按下。

(3) public JToggleButton(Icon icon)。

创建一个以参数 icon 指定图标为标题的切换按钮,其初始状态为未被按下。

(4) public JToggleButton(String text,boolean selected)。

创建一个以参数 text 指定文本为标题的切换按钮,其初始状态由参数 selected 决定,selected 为 true,按钮处于被按下状态,否则按钮处于为未被按下状态。

(5) public JToggleButton(Icon icon, boolean selected)。

创建一个以参数 icon 指定图标为标题的切换按钮,其初始状态由参数 selected 决定,selected 为 true,按钮处于被按下状态,否则按钮处于未被按下状态。

(6) public JToggleButton(String text,Icon icon)。

创建一个以参数 text 指定文本和参数 icon 指定图标为标题的切换按钮,其初始状态为未被按下。

(7) public JToggleButton(String text,Icon icon,boolean selected)。

创建一个以参数 text 指定文本和参数 icon 指定图标为标题的切换按钮,其初始状态由参数 selected 决定,selected 为 true,按钮处于被按下状态,否则按钮处于未被按下状态。

3. 复选框

复选框(JCheckBox)直接继承了 JToggleButton 类,在外观上,复选框由标题及标题前面的方框组成。前面的方框可以被勾选,被勾选时,方框内出现"√"或者其他指定类型的符号(如"?"等),未被勾选或取消勾选时方框内为空,从而表现出两种不同的状态。JCheckBox 类的主要构造方法如下:

(1) public JCheckBox()。

创建一个没有标题的复选框,其初始状态为未被勾选。

(2) public JCheckBox(String text)。

创建一个复选框,其标题的文本由参数 text 指定,初始状态为未被勾选。

(3) public JCheckBox(Icon icon)。

创建一个复选框,其标题的图标由参数 icon 指定,初始状态为未被勾选。

(4) public JCheckBox(String text, boolean selected)。

创建一个复选框,其标题的文本由参数 text 指定,初始状态由参数 selected 决定,selected 为 true,复选框处于被勾选状态,否则处于未被勾选状态。

(5) public JCheckBox(Icon icon, boolean selected)。

创建一个复选框,其标题的图标由参数 icon 指定,初始状态由参数 selected 决定,selected 为 true,复选框处于被勾选状态,否则处于未被勾选状态。

(6) public JCheckBox(String text, Icon icon)。

创建一个复选框,其标题的文本和图标由参数 text 和 icon 指定,初始状态为未被勾选。

(7) public JCheckBox(String text,Icon icon,boolean selected)。

创建一个复选框,其标题的文本和图标由参数 text 和 icon 指定,初始状态由参数 selected 决定,selected 为 true,复选框处于被勾选状态,否则处于未被勾选状态。

4. 单选钮

单选钮(JRadioButton)的外观由标题及标题前面的小圆框组成,通过小圆框中的圆点来表示单选钮是否被选中。若小圆框中出现圆点,则表明单选钮被选中,否则,单选钮未被选中。单选钮 JRadioButton 类也从 JToggleButton 继承,其主要构造方法包括:

(1) public JRadioButton()。

创建一个无标题的单选钮,其初始状态为未被选中。

(2) public JRadioButton(String text)。

创建一个初始状态为未被选中的单选钮,其标题文本由参数 text 指定。

(3) public JRadioButton(Icon icon)。

创建一个初始状态为未被选中的单选钮,其标题图标由参数 icon 指定。

(4) public JRadioButton(String text,boolean selected)。

创建一个标题文本由参数 text 指定的单选钮,其初始状态由参数 selected 决定,selected 为 true,单选钮处于被选中状态,否则处于未被选中状态。

(5) public JRadioButton(Icon icon, boolean selected)。

创建一个标题图标由参数 icon 指定的单选钮,其初始状态由参数 selected 决定,selected 为 true,单选钮处于被选中状态,否则处于未被选中状态。

(6) public JRadioButton(String text,Icon icon)。

创建一个单选钮,其标题的文本和图标由参数 text 和 icon 指定,初始状态为未被选中。

(7) public JRadioButton(String text,Icon icon, boolean selected)。

创建一个单选钮,其标题的文本和图标由参数 text 和 icon 指定,其初始状态由参数 selected 决定,selected 为 true,单选钮处于被选中状态,否则处于未被选中状态。

在实际应用中,单选钮常成组出现,一组单选钮中只能有一个被选中,其他的单选钮呈现未被选中的状态,即使有别的单选钮以前被选中了,它也会自动取消被选中的状态。这种效果是通过 Swing 包中的按钮组 ButtonGroup 类来管理的。具体实现时,先创建一个 ButtonGroup 类的实例,再用该类的 public void add(AbstractButton b)方法将各个单选钮添加到 ButtonGroup 类中,从而实现单选钮的分组。同一个分组中的单选钮是互斥的,只有一个单选钮会被选中,但处于不同分组中的单选钮彼此互不影响。如:

```
JRadioButton radio1,radio2;
ButtonGroup btnGroup = new ButtonGroup();
btnGroup.add(radio1);
btnGroup.add(radio2);
```

另外,ButtonGroup 类直接继承自 Object 类,它本身是一个非可视化的组件,仅用于管理按钮的分组,不具备容器面板的功能。所以,在向容器中添加一组单选钮时,需要直接将单选钮添加到容器中,而不应向容器中添加一个 ButtonGroup。

【例 7.9】按钮类组件综合实例。

```
import java.awt.*;//1 行
import java.awt.event.*;
import javax.swing.*;
public class BntDemo extends JFrame {
  private static final long serialVersionUID = 3063174229819122248L;//5 行
  private JcheckBox checkBox1,checkBox2;
  private ButtonGroup buttonGroup1,buttonGroup2;
  private Jlabel label;
  private Jbutton button;
  private JtoggleButton toggleBtn;//10 行
  private JradioButton radio1,radio2,radio3,radio4;
  public static void main(String[] args) {
      SwingUtilities.invokeLater(new Runnable() {
          public void run() {
              BntDemo bntFrame = new BntDemo();//15 行
              bntFrame.setLocationRelativeTo(null);
              bntFrame.setVisible(true);
```

```
        }
    });
}//20 行
public BntDemo() {
    getContentPane(). setLayout(new FlowLayout());
    setDefaultCloseOperation(WindowConstants. EXIT_ON_CLOSE);
    //创建并添加标签
    label = new Jlabel("操作说明",SwingConstants. CENTER);//标签标题居中,//25 行
    label. setPreferredSize(new Dimension(230, 100));
    getContentPane(). add(label);
    //创建并添加两个复选框
    checkBox1 = new JcheckBox("复选框 1");
    checkBox1. setPreferredSize(new Dimension(110, 19));//30 行
    getContentPane(). add(checkBox1);
    checkBox2 = new JcheckBox("复选框 2");
    checkBox2. setPreferredSize(new Dimension(110, 19));
    getContentPane(). add(checkBox2);
    //创建并添加四个单选钮 //35 行
    radio1 = new JradioButton("单选钮 1");
    radio1. setPreferredSize(new Dimension(110, 19));
    getContentPane(). add(radio1);
    radio2 = new JradioButton("单选钮 2");
    radio2. setPreferredSize(new Dimension(110, 19));//40 行
    getContentPane(). add(radio2);
    radio3 = new JradioButton("单选钮 3");
    getContentPane(). add(radio3);
    radio3. setPreferredSize(new Dimension(110, 19));
    radio4 = new JradioButton("单选钮 4");//45 行
    radio4. setPreferredSize(new Dimension(110, 19));
    getContentPane(). add(radio4);
    //将单选钮分组
    buttonGroup1 = new ButtonGroup();
    buttonGroup1. add(radio1);//50 行
    buttonGroup1. add(radio2);
    buttonGroup2 = new ButtonGroup();
    buttonGroup2. add(radio3);
    buttonGroup2. add(radio4);
    //创建并添加切换按钮  //55 行
    toggleBtn = new JtoggleButton("切换按钮");
    getContentPane(). add(toggleBtn);
    toggleBtn. setPreferredSize(new Dimension(190, 22));
    toggleBtn. setSelected(true);//将切换按钮的状态设置为"按下"状态
```

```
        //创建并添加普通按钮  //60 行
        button = new Jbutton("普通按钮");
        button.setMnemonic(KeyEvent.VK_A);//设置按钮的记忆键
        getContentPane().add(button);
        //为按钮添加监听器
        button.addActionListener(new ActionListener() {//65 行
            public void actionPerformed(ActionEvent evt) {
                btnActionPerformed(evt);
            }
        });
        pack();//70 行
        setSize(240, 280);
        setResizable(false);
    }
    //普通按钮被激活时执行的代码
    private void btnActionPerformed(ActionEvent evt) {//75 行
        String s="";
        if(checkBox1.isSelected())
            s+=""复选框 1"被选中";
        if(checkBox2.isSelected())
            s+="<br>"复选框 2"被选中";//80 行
        if(radio1.isSelected())
            s+="<br>"单选钮 1"被选中";
        if(radio2.isSelected())
            s+="<br>"单选钮 2"被选中";
        if(radio3.isSelected())//85 行
            s+="<br>"单选钮 3"被选中";
        if(radio4.isSelected())
            s+="<br>"单选钮 4"被选中";
        if(toggleBtn.isSelected())
            s+="<br>"切换按钮"被按下";//90 行
        label.setText("<Html>"+s+"</Html>");
    }
}
```

本例的窗体上包含了一个标签、两个复选框、四个单选钮、一个切换按钮以及一个普通按钮。标签用于显示普通按钮被激活(鼠标单击或键盘激活)时,各个组件的状态(见程序第 75 行至 92 行)。四个单选钮被分成了两组,保证每组单选钮中只有一个能被选中(见程序第 35 行至 54 行)。切换按钮的初始状态被设置成被按下状态(见程序第 59 行)。普通按钮事件监听器(见程序第 69 行至 69 行),保证在单击普通按钮时,程序会加以响应,改变标签的内容,显示窗体上各个组件的状态,同时,普通按钮还被设置了记忆键(见程序第 62 行),当用户按下 Alt+A 组合键时,程序有与鼠标单击普通按钮相同的反应。运行本例,选择所有的复选框、单选钮1和单选钮4，并单击普通按钮或按Alt+A组合键，程序界面如图7-9所示。

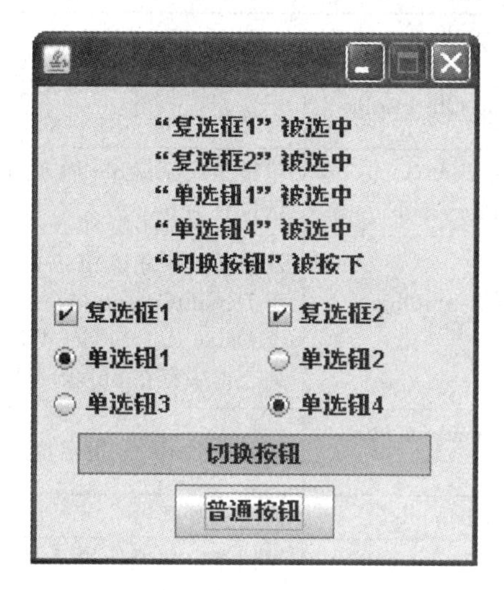

图7-9　按钮类组件的运行效果

7.4.3　列表框和组合框

列表框(JList)和组合框(JComboBox)是两个类似的组件，主要表现在它们都显示出一个选项(Item)列表，用户可以从中选择具体的选项，对于选项的管理，即选项的增加和删除，它们都委托给管理模型接口及其实现类进行管理。当然，在具体实现和行为方面，列表框和组合框有各自的特点。这里先介绍这两个组件的管理模型，然后介绍它们各自的属性和方法。

1. 管理模型

列表框和组合框将选项的添加和删除提交给各自的管理模型类进行管理。通过建立列表和组合框与各自管理模型类的关联，对管理模型类的元素(对应于列表框或组合框中的选项)进行的任何维护操作，都会自动影响列表和组合框中的当前选项。

列表框将选项的管理委托给ListModel接口，DefaultListModel类是该接口的一个具体实现。该类只有一个构造方法：

```
public DefaultListModel()
```

组合框将选项的管理委托给ComboBoxModel接口，DefaultComboBoxModel类是该接口的一个具体实现。该类的常用构造方法有两个：

(1) public DefaultComboBoxModel()。

创建一个空的DefaultComboBoxModel对象。

(2) public DefaultComboBoxModel(Object[] items)。

创建一个DefaultComboBoxModel对象，其中的元素由对象数组items指定。

DefaultListModel和DefaultComboBoxModel类提供了一系列对元素进行维护的方法，如表7-6所示。

表 7-6 DefaultListModel 和 DefaultComboBoxModel 类的相关方法

修饰符与返回值	方法	说明
public void	addElement(Object obj)	在模型类的末尾添加元素。要添加元素由参数 obj 指定
public void	insertElementAt(Object obj, int index)	将指定的元素 obj 插入到 index 指定的位置。元素的起始位置为 0
public void public boolean	removeElement(Object obj)	从模型类中删除第一个与参数 obj 相匹配的元素。对于 DefaultComboBoxModel 类,该方法没有返回值。对于 DefaultListModel 类,该方法有 boolean 型返回值,若列表框中存在 obj,则返回 true;否则返回 false
public void	removeElementAt(int index)	删除参数 index 指定位置处的元素
public void	removeAllElements()	清空模型类
public Object	getElementAt(int index)	返回指定位置处的元素值
public int	getSize()	返回模型类的元素数

2. 列表框

列表框(JList)包含了一个或多个可供用户选择的选项,特点是不可编辑,其中的选项只能通过程序添加,而且,列表框的大小是固定的,如果选项的数量超出了列表框的可显示范围,列表框不实现直接滚动,因此,要在有限的范围内显示更多的选项,需要将列表框添加到卷滚面板上。

列表框支持三种选项显示方式。第一种是垂直显示,列表框中的选项垂直排成一列,每行只显示一个选项,垂直显示是列表框的缺省显示方式。第二种是水平折行显示,列表框中的选项水平自左向右排列显示,一行显示不下时,则换行显示,每行显示的选项数(即显示的选项列数)为大于等于 T/N 的最小整数,其中 T 是列表框中选项总数,N 是所设置的列表框中可见选项行数。第三种是垂直折行显示,列表框中的选项垂直从上向下排列显示,当行数超过所设置的列表框中可见选项行数时,则换列显示。

列表框的重要功能是让用户选择其中的选项,列表框提供了三种选择选项操作:单项选择模式、连续选择模式以及任意选择模式。单项选择模式每次只能选择一个选项,用户选定了一个选项,以前选定的选项就会被取消。连续选择模式允许用户选择连续的多个选项,当用户试图选择不连续的选项时,以前选定的选项会被取消。任意选择模式允许用户以任意的方式选择选项,既可以选择连续的多个选项,也可以选择不连续的多个选项。连续选择模式是列表框的缺省选择模式。

列表框的主要构造方法包括:

(1) public JList()。

创建一个空的列表框,同时为列表框建立一个缺省的 ListModel 类型的管理模型类实例并与之关联。

(2) public JList(Object[] listData)。

创建一个列表框,它所包含的选项由参数 listData 指定,创建列表框之后,更改 listData

的内容不会改变列表框的选项。同时为列表框建立一个 ListModel 类型的管理模型类实例并与之关联，该管理模型类实例中以 listData 包含的内容为其元素。

(3) public JList(ListModel dataModel)。

创建一个列表框，该列表框与 ListModel 类型的管理模型 dataModel 相关联，更改 dataModel 的元素会导致列表框包含的选项同步变化。

列表框的常用方法如表 7-7 所示。

表 7-7　JListl 类的常用方法

修饰符与返回值	方法	说明
public void	setModel(ListModel model)	建立列表框与管理模型类 model 的关联
public ListModel	getModel()	返回与列表框关联的管理模型类实例
public void	setLayoutOrientation(int lo)	设置列表框的显示方式，lo 的取值在 JList 中定义，分别为 VERTICAL(垂直显示)、HORIZONTAL_WRAP(水平折行显示)和 VERTICAL_WRAP(垂直折行显示)
public int	getLayoutOrientation()	返回列表框的显示方式，返回值为 JList 中定义的 VERTICAL、HORIZONTAL_WRAP 或 VERTICAL_WRAP
public void	setVisibleRowCount(int vRC)	设置列表框中的可见选项行数，缺省值为 8。列表框的各种显示方式中的选项布局会受该行数的影响
public int	getVisibleRowCount()	返回列表框中的可见选项行数
public void	setSelectionMode(int sMode)	设置列表框支持的选择操作，sMode 的取值在 Swing 包的 ListSelectionModel 接口中定义，分别为 SINGLE_SELECTION(单项选择模式)、SINGLE_INTERVAL_SELECTION(连续选择模式)或 MULTIPLE_INTERVAL_SELECTION(任意选择模式)
public int	getSelectionMode()	返回列表框当前支持的选择模式。返回值为 ListSelectionModel 接口中定义的 SINGLE_SELECTION、SINGLE_INTERVAL_SELECTION 或 MULTIPLE_INTERVAL_SELECTION
public int	getMinSelectionIndex()	返回所选选项中第一个选项的位置，列表框中选项的位置从 0 开始。如果未作选择，则返回 −1
public int	getMaxSelectionIndex()	返回所选选项中最后一个选项的位置，如果未作选择，则返回 −1
public int[]	getSelectedIndices()	返回选择的所有选项的位置数组，数组内容按升序排列，如果未作选择，则返回一个空数组
public Object	getSelectedValue()	返回所选选项中第一个选项的值，如果未作选择，则返回 null
Public Object[]	getSelectedValues()	返回所有选项的值，所有选项值放在对象数组中，位置按升序排序，如果未作选择，则返回一个空数组

3. 组合框

组合框(JComboBox)的外观由三部分组成,上部是文本框及其右边的倒三角图标,下部是一个收缩的列表,单击倒三角图标,组合框中的列表会向下展开,列表中包含了许多选项,用户在其中选定的选项会同时自动地显示到上部的文本框内。

与列表框可以多选有所不同,组合框每次只能选择一个选项。而且,组合框支持按键操作,当一个组合框拥有焦点的时候,按下向下箭头按键("↓"按键),其收缩的列表就会展开,继续按下"↓"按键,就可以依次选择列表中的相关选项。另外,每次选定了一个选项之后,组合框的列表会自动收缩,因此,组合框只占比较少的屏幕区域,这些都是组合框有别于列表框的特点。

组合框有可编辑和不可编辑两种状态。可编辑状态是用户可以在组合框上部的文本框内输入信息(选项),输入的内容既可以是其列表中已经有的选项,也可以是其列表中没有的选项,新输入的内容会被作为一种新的选项返回。在不可编辑状态下,组合框上部的文本框不能接受用户输入,用户只能在下拉列表提供的内容中选择一个选项。不可编辑状态是组合框的默认状态。

组合框的常用构造方法包括:

(1) public JComboBox()。

创建一个空的组合框,同时为组合框建立一个缺省的 ComboBoxModel 类型的管理模型类实例并与之关联。

(2) public JComboBox(Object[] items)。

创建一个组合框,它所包含的选项由参数 items 指定,创建组合框之后,更改 items 的内容不会改变组合框的选项。同时为组合框建立一个 ComboBoxModel 类型的管理模型类实例并与之关联,该管理模型类实例中以 items 包含的内容为其元素。

(3) public JComboBox(ComboBoxModel aModel)。

创建一个组合框,该组合框与 ComboBoxModel 类型的管理模型 aModel 相关联,更改 aModel 的元素会导致组合框包含的选项同步变化。

组合框的常用方法如表 7-8 所示。

表 7-8 JComboBox 类的常用方法

修饰符与返回值	方法	说明
public void	setModel(ComboBoxModel model)	建立组合框与管理模型类 model 的关联
public ComboBoxModel	getModel()	返回与组合框关联的管理模型类实例
public void	setMaximumRowCount(int count)	设置组合框显示的最大行数。如果已有的选项数大于 count,则组合框使用滚动条
public int	getMaximumRowCount()	返回组合框不使用滚动条可以显示的最大选项数
public void	setEditable(boolean aFlag)	设置组合框的状态,参数 aFlag 为 true,表示组合框为可编辑状态,否则,组合框为不可编辑状态

续表

修饰符与返回值	方法	说明
public boolean	isEditable()	返回组合框的状态，如果组合框为可编辑状态，则返回 true，否则返回 false
public int	getSelectedIndex()	返回所选选项的位置，组合框中选项的位置从 0 开始。如果没有选择任何选项或者当前所选选项不在列表中，则返回 -1
public Object	getSelectedItem()	返回所选的选项值

【例 7.10】列表框和组合框综合实例。

```
import java.awt.*;//1 行
import java.awt.event.*;
import javax.swing.*;
public class ListComboBoxDemo extends JFrame {
    private static final long serialVersionUID = 93326134085405441L;//5 行
    private JLabel infoLabel,comboxLabel,listLabel;
    private JComboBox comboBox;
    private JList list;
    private DefaultComboBoxModel jComboBox1Model;
    public static void main(String[] args) {//10 行
        ListComboBoxDemo myFrame = new ListComboBoxDemo();
        myFrame.setLocationRelativeTo(null);
        myFrame.setVisible(true);
    }
    public ListComboBoxDemo() {//15 行
        FlowLayout thisLayout = new FlowLayout();
        getContentPane().setLayout(thisLayout);
        setDefaultCloseOperation(WindowConstants.EXIT_ON_CLOSE);
        //创建文本居中显示的程序说明标签并添加到窗体
        infoLabel = new JLabel("操作说明",SwingConstants.CENTER);//20 行
        getContentPane().add(infoLabel);
        infoLabel.setPreferredSize(new java.awt.Dimension(337, 82));
        //创建组合框提示用标签并添加到窗体
        comboxLabel = new JLabel("从组合框中选择：");
        getContentPane().add(comboxLabel);//25 行
        comboxLabel.setPreferredSize(new java.awt.Dimension(135, 15));
        //创建组合框管理模型
        jComboBox1Model = new DefaultComboBoxModel();
        //向组合框管理模型添加元素
        jComboBox1Model.addElement("垂直显示");//30 行
```

```
    jComboBox1Model.addElement("水平折行显示");
    jComboBox1Model.addElement("垂直折行显示");
    //创建组合框并添加到窗体
    comboBox = new JComboBox();
    getContentPane().add(comboBox);//35 行
    //将组合框与管理模型相关联
    comboBox.setModel(jComboBox1Model);
    //将组合框设为可编辑
    comboBox.setEditable(true);
    comboBox.setPreferredSize(new java.awt.Dimension(229, 22));//40 行
    //为组合框添加事件监听器
    comboBox.addActionListener(new ActionListener() {
            public void actionPerformed(ActionEvent evt) {
                jComboBox1ActionPerformed(evt);
            }//45 行
        });
    //创建列表框提示用标签并添加到窗体
    listLabel = new JLabel();
    getContentPane().add(listLabel);
    listLabel.setText("从列表框中选择：");//50 行
    listLabel.setPreferredSize(new java.awt.Dimension(135, 15));
    //创建列表框管理模型
    DefaultListModel jList1Model =new DefaultListModel();
    //向列表框管理模型添加元素
    for(int i=0;i<18;i++)//55 行
        jList1Model.addElement("选项"+i);
    //创建列表框并添加到窗体
    list = new JList();
    getContentPane().add(list);
    //将列表框可见选项行数设为 4 //60 行
    list.setVisibleRowCount(4);
    //将列表框与管理模型相关联
    list.setModel(jList1Model);
    list.setPreferredSize(new java.awt.Dimension(229, 84));
    setResizable(false);//65 行
    pack();
    setSize(400, 244);
}
//选定组合框中的选项时执行的代码
private void jComboBox1ActionPerformed(ActionEvent evt) {//70 行
    String s=(String)comboBox.getSelectedItem();//返回选定的选项
    infoLabel.setText(s);
```

```
            int i=comboBox.getSelectedIndex();//返回  选定选项的位置
            switch (i){//根据选项决定列表框的显示方式
            case -1://选定了组合框列表中没有的选项//75 行
                infoLabel.setText("<html>输入了新的选项:"+s+"<br>列表框保持此前的显示方
                式</Html>");
                break;
            case 0://将列表框设置为垂直显示
                list.setLayoutOrientation(JList.VERTICAL);
                break; //80 行
            case 1://将列表框设置为水平折行显示
                list.setLayoutOrientation(JList.HORIZONTAL_WRAP);
                break;
            case 2://将列表框设置为垂直折行显示
                list.setLayoutOrientation(JList.VERTICAL_WRAP); //85 行
                break;
            }
        }
    }
```

本例程的窗体除了包含用于显示提示信息的三个标签以外,主要包括了一个组合框和一个列表框。组合框中包含了三个选项,指示列表框中选项的显示方式,当用户从组合框中选定一种显示方式时,列表框中选项的显示方式会随之变化。

在程序实现上,首先创建组合框的管理模型,并向模型中添加表示三种显示方式的元素(见程序第 28 行至 32 行),然后创建组合框并添加到窗体,同时建立组合框与管理模型的关联、设置组合框的行为特征(见程序第 34 行至 46 行),一旦建立了组合框与管理模型的关联,管理模型中的元素就作为选项,自动反映在组合框的列表中。本例中,组合框被设置成可编辑的(见程序第 39 行),这意味着用户可以在组合框中输入新的选项。同样,对于列表框也做类似的实现。创建列表框管理模型并添加元素(见程序第 53 行至 56 行),创建管理模型与列表框的关联、设置列表框的行为特征(见程序第 61 行至 64 行),本例列表框的可见选项行数被设为 4,此数值将影响不同显示方式下列表框中选项行和列的排列。当用户选定了组合框中的选项时,程序执行 jComboBox1ActionPerformed(ActionEvent evt)方法,其中的代码逻辑是:返回选定组合框中的选项值和位置(见程序第 71 行和 73 行),将选项值作为程序说明显示到标签中(见程序第 72 行),然后,根据选项的位置,判断用户选定的何种显示方式,并将列表框的显示方式设置成选定的显示方式(见程序第 74 行至 87 行)。由于组合框被设置成可编辑的,因此,用户可能在其中输入新的、列表框不支持的显示方式。这时,列表框会保持先前的显示方式并在说明标签中给出提示(见程序第 75 行至 77 行)。

如图 7-10 所示程序运行界面。

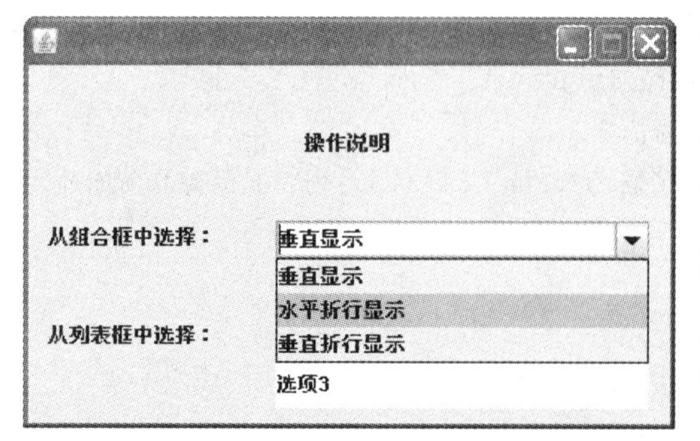

(a) 程序启动，组合框列表展开时的界面

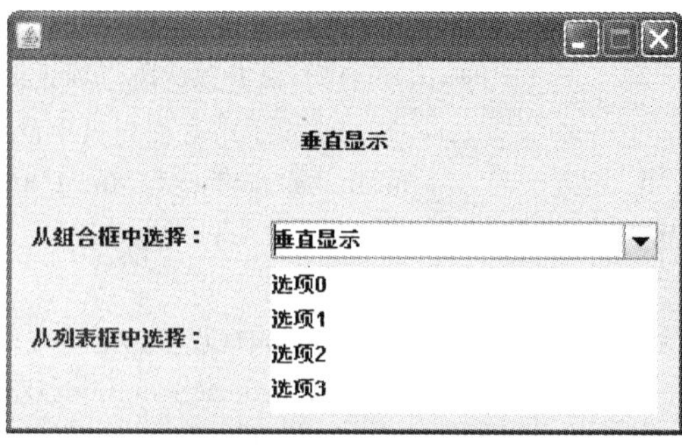

(b) 选择了“垂直显示”选项时的界面

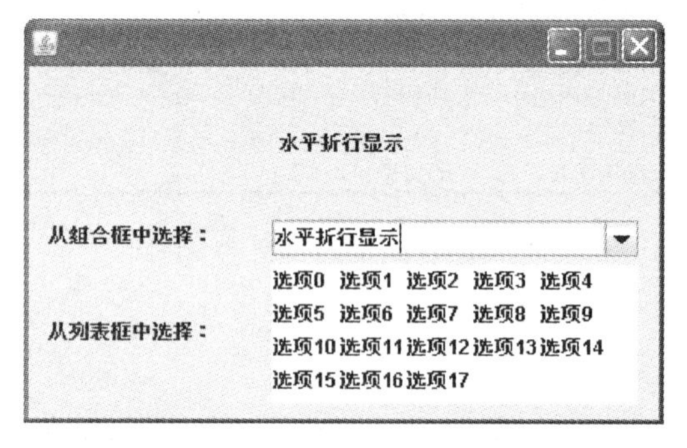

(c) 选择了“水平折行显示”选项时的界面

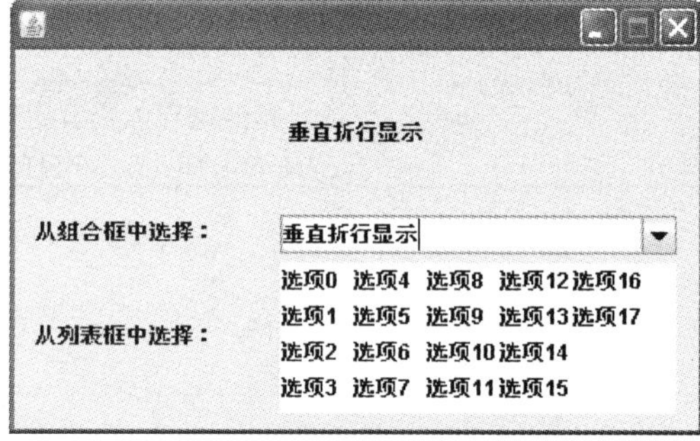

(d) 选择了“垂直折行显示”选项时的界面

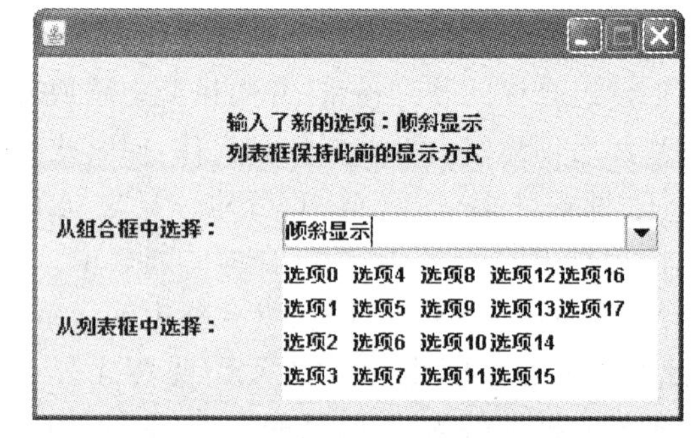

(e) 用户输入了新的选项的界面

图 7-10　列表框和组合框程序运行界面

7.4.4　文本类组件

文本类组件的特点是允许用户在其中编辑文本，能满足复杂的文本输入需求，包括只能显示和编辑一行的文本框(JTextField)和密码框(JPasswordField)以及能显示和编辑多行文本的文本区(JTextArea)。这些组件都继承自 Swing 包中的 JTextComponent 抽象类。

1. 文本类组件的常用方法

文本类组件基本上是 JTextComponent 类的直接子类或间接子类，因此，它们有一些共同的方法。

(1) public void setText(String t)/public String getText()。

设置/返回文本类组件包含的文本。

(2) public void select(int start, int end)/public void selectAll()。

选定指定的文本/所有的文本。指定文本的开始和结束位置分别由参数 start 和 end 确定。

(3) public void setSelectionStart(int start)/public int getSelectionStart()。

设置/返回选定文本的起始位置。设置起始位置时,新设置的起始位置 start 应位于当前选定的结束位置处或之前。返回起始位置时,如果是空文档,则返回 0;如果没有选定文本,则返回当前光标位置。

(4) public void setSelectionEnd(int end) /public int getSelectionEnd()。

设置/返回选定文本的结束位置。设置结束位置时,新设置的结束位置 end 应位于限制在当前选定开始位置处或之后。返回结束位置时,如果文本为空,则返回 0;如果没有选择文本,则返回当前光标位置。

(5) public String getSelectedText()。

返回选定文本。如果没有选定或文档为空,则返回 null。

(6) public void replaceSelection(String content)。

用给定参数 content 指定的内容替换当前选定的内容。如果没有选择的内容,则该操作插入给定的文本。如果没有替换文本,则该操作移除当前选择的内容。

(7) public void copy()/public void cut()/public void paste()。

复制/剪切/粘贴操作。这三个操作均与系统剪贴板有关。

(8) public void setCaretPosition(int position)/public int getCaretPosition()。

设置/返回光标的位置。参数 position 必须位于 0 和文本长度之间。

(9) public void setEditable(boolean b)。

设置文本类组件是否可编辑,参数 b 为 true,表示可编辑,否则为不可编辑。

(10) public boolean isEditable()。

判断文本类组件是否可编辑,如当前组件可编辑,则返回 true,否则返回 false。

(11) public int getCaretPosition()/public void setCaretPosition(int position)。

返回/获取文本组件中的光标位置,该位置是光标之前的文本字符个数。

(12) public Rectangle modelToView(int pos) throws BadLocationException。

将 pos 指定的字符位置或光标位置转换为视图坐标系统中的位置。该位置的 x、y 值为字符或光标的左上角。如果给定位置 pos 不是文本的有效位置,则抛出 BadLocationException。

2. 文本框

文本框(JTextField)支持单行文本的输入输出,常用构造方法有:

(1) public JTextField()。

创建一个空的文本框,文本框宽度为 0。

(2) public JTextField(int columns)。

创建一个空的文本框,文本框宽度由参数 columns 指定。

(3) public JTextField(String text)。

创建一个文本框,其初始内容由参数 text 指定。

(4) public JTextField(String text,int columns)。

创建一个文本框,其初始内容由参数 text 指定,首选宽度由参数 columns 指定,如果参数 columns 被设置为 0,则首选宽度将是组件实现的自然结果。

文本框的常用方法如表 7-9 所示。

表 7-9　JTextField 类的常用方法

修饰符与返回值	方法	说明
public void	setColumns(int columns)	设置文本框的宽度
public int	getColumns()	返回文本框中的宽度
public void	setHorizontalAlignment(int a)	设置文本的水平对齐方式。参数 a 的有效值包括:JTextField. LEFT(左对齐)、JTextField. CENTER(居中)、JTextField. RIGHT(右对齐)、JTextField. LEADING(起始边界对齐)、JTextField. TRAILING(结束边界对齐)
public int	getHorizontalAlignment()	返回文本的水平对齐方式。返回值前一方法中定义的对齐方式

3. 密码框

密码框(JPasswordField)的直接父类是 JTextField 类,常用的构造方法有四个:① JPasswordField();② JPasswordField(int columns);③ JPasswordField(String text);④ JPasswordField(String text, int columns)。这四个构造方法涉及的参数及用法与文本框类似,不再赘述,以下重点介绍密码框与文本框的区别。

第一,密码框支持掩码,可以使其显示的内容与用户实际输入的内容不一致,掩码的缺省值根据当前运行的外观而有所不同。典型的用法是将密码框的掩码设置为“*”,当用户输入密码时,密码框中会显示“* * * *”。密码框用于设置和获取掩码的方法如下:

```
public void setEchoChar(char c)/ public char getEchoChar()
```

其中,参数 c 表示要设置的掩码,如果将掩码设置为 0(\0),则表示在密码框中显示实际输入的内容,这时,密码框有与标准文本框相类似的行为。

第二,密码框不使用 getText()获取所输入的密码内容,而是使用如下方法:

```
public char[] getPassword()
```

该方法与 getText()差别在于,前者返回字符数组,后者返回的是字符串。

第三,缺省情况下,密码框禁用输入法,如果应用程序需要输入法支持,应使用 enableInputMethods()方法进行设置,该方法继承自 java. awt. Component:

```
public void enableInputMethods(boolean enable)
```

启用或禁用密码框的输入方法支持。参数 enable 为 true,表示密码框支持输入法,否则密码框不支持输入法。

4. 文本区

文本区(JTextArea)也称文本域，是一个可以显示和编辑多行纯文本的区域。其常用的构造方法包括：

(1) public JTextArea()。

创建一个空的文本区，文本区高度和宽度为 0。

(2) public JTextArea(int rows, int columns)。

创建一个空的文本区，文本区的高度和宽度分别由参数 rows 和 columns 指定。

(3) public JTextArea(String text)。

创建一个文本区，其初始内容由参数 text 指定。

(4) public JTextArea(String text,int rows,int columns)。

创建一个文本区，其初始内容由参数 text 指定，首选高度和宽度分别由参数 rows 和 columns 指定，如果 rows 或 columns 被设置为 0，则首选高度或宽度将是组件实现的自然结果。

文本区不支持卷滚，如果要使用卷滚条，需要将文本区放置到卷滚面板上，输入文本的高度或宽度超出文本区预定的大小时，会在文本区的边缘出现卷滚条，文本区的大小不变。

如果未使用卷滚面板且未用 setPreferredSize()方法设置首选大小，则文本区高度和宽度可以自动扩展，以适应输入文本行数和列数的变化。如果用 setPreferredSize()方法设置了首选大小，但未使用卷滚条，则文本区大小会保持固定，超出文本区范围的输入文本不可见，输入的内容可以用 getText()方法捕获。

文本区中的文本换行可以表现出两种行为：一种是自动换行，当输入的文本宽度超出文本区的预定宽度时，文本会自动换行，允许用户从下一行继续输入；另一种是非自动换行，除非是输入了回车，否则文本不会换行。文本区决定是否自动换行的方法是：

```
public void setLineWrap(boolean wrap)
```

当参数 wrap 为 true 时，表示自动换行，否则为非自动换行。

【例 7.11】文本类组件的用法。

```
import java.awt.*;//1 行
import java.awt.event.*;
import javax.swing.*;
public class TextDemo extends javax.swing.JFrame {
    private static final long serialVersionUID =-55L;//5 行
    private JTextField jTextField1;
    private JPasswordField jPasswordField1;
    private JTextArea jTextArea1;
    private JLabel jLabel2;
    private JLabel jLabel1;//10 行
    public static void main(String[] args) {
        TextDemo myFrame = new TextDemo();
        myFrame.setLocationRelativeTo(null);
```

```
        myFrame.setVisible(true);
    }//15 行
    public TextDemo() {
        getContentPane().setLayout(new FlowLayout());
        setDefaultCloseOperation(WindowConstants.EXIT_ON_CLOSE);
        //创建用户名说明标签
        jLabel1 = new JLabel("用户名：");//20 行
        getContentPane().add(jLabel1);
        jLabel1.setPreferredSize(new java.awt.Dimension(60, 15));
        //创建输入用户名的文本框
        jTextField1 = new JTextField();
        getContentPane().add(jTextField1);//25 行
        jTextField1.setPreferredSize(new java.awt.Dimension(291, 22));
        jTextField1.addActionListener(new ActionListener() {//为文本框添加监听器
            public void actionPerformed(ActionEvent evt) {
                jTextField1ActionPerformed(evt);
            }//30 行
        });
        //创建密码框说明标签
        jLabel2 = new JLabel("密码：");
        getContentPane().add(jLabel2);
        jLabel2.setPreferredSize(new java.awt.Dimension(60, 15));//35 行
        //创建输入密码的密码框
        jPasswordField1 = new JPasswordField();
        jPasswordField1.setEchoChar('*');//设置密码框掩码
        getContentPane().add(jPasswordField1);
        jPasswordField1.setPreferredSize(new java.awt.Dimension(291, 22));//40 行
        jPasswordField1.addActionListener(new ActionListener() {//为密码添加监听器
            public void actionPerformed(ActionEvent evt) {
                jPasswordField1ActionPerformed(evt);
            }
        });//45 行
        //创建文本区
        jTextArea1 = new JTextArea();
        getContentPane().add(jTextArea1);
        jTextArea1.setText("输入正确的用户名和密码才可以在这里输入文本");
        jTextArea1.setPreferredSize(new java.awt.Dimension(359, 188));//50 行
        jTextArea1.setLineWrap(true);//文本区可自动换行
        jTextArea1.setEditable(false);//文本不可编辑
        pack();
        setResizable(false);
        setSize(400, 300);//55 行
```

```
    }
    //用户在文本框中按回车键时执行的代码
    private void jTextField1ActionPerformed(ActionEvent evt) {
        jPasswordField1.requestFocusInWindow();//密码框获得焦点
    }//60行
    //用户在密码框中按回车键时执行的代码
    private void jPasswordField1ActionPerformed(ActionEvent evt) {
        String uid=jTextField1.getText();//获得文本框的内容
        String pwd=String.valueOf(jPasswordField1.getPassword());//获得密码框的内容
        if(uid.equals("li") && pwd.equals("3082")){//用户名和密码正确//65行
            jTextArea1.setEditable(true);//文本区可编辑
            jTextArea1.setText("用户名和密码正确,可以在这里输入文本");
            jTextArea1.selectAll();//选择所有文本
            jTextArea1.requestFocusInWindow();//文本框获得焦点
        }else{//用户名或密码不正确//70行
            jTextField1.setText("");//清空文本框
            jPasswordField1.setText("");//清空密码框文本
            jTextField1.requestFocusInWindow();//文本框获得焦点
        }
    }//75行
}
```

本例的窗体主要设置了三个文本类组件，第一个是用于输入用户名的文本框，它添加有事件监听器（见程序第27行至程序第31行，用户在文本框中输入回车，会激活该监听器），输入用户名后再输入回车，密码框将获得焦点（见程序第59行），用户可以继续在密码框中输入密码。第二个文本类组件是密码框，其掩码为*号（见程序第38行），密码框也添加有事件监听器（见程序第41行至45行），用于监听用户是否在密码框中输入了回车，并做相应的处理。第三个文本类组件是文本区，它被设置成可自动换行但不能编辑（见程序第51行和程序第52行）。

本程序的实现逻辑是，用户输入用户名和密码并按回车之后，程序判断用户名和密码是否正确（本例中的正确用户名是"li"，密码为"3082"），如果用户名和密码正确，则在文本区中显示提示信息，文本框变成可编辑状态，提示信息被选中，文本框拥有焦点，用户可以在文本框中进行输入（见程序第66行至69行），否则，清空用户名输入框和密码输入框中的信息，使用户名输入框获得焦点，供用户重新输入（见程序第71行至73行），此时，文本区仍然是不可编辑的。如图7-11所示正确输入用户名和密码后的程序界面。

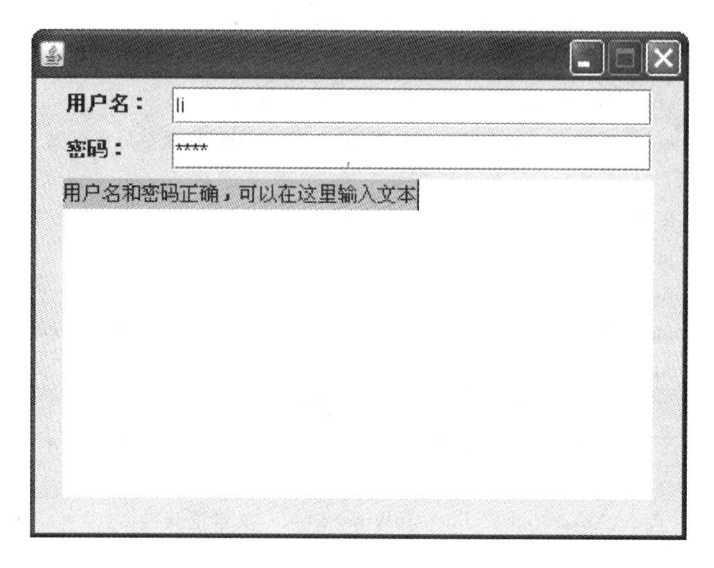

图 7-11　文本类组件的运行效果

7.4.5　显示格式化信息的可交互组件

这类组件的特点是可以按特定的格式，通常是按比较复杂的格式显示信息，并且可以接受用户的输入，典型的代表组件是消息选择对话框、文件选择器对话框、表格组件等。

1. 消息选择对话框

前面谈过对话框(JDialog)，它是一种顶层容器，可以容纳各种组件，因此，常用于创建定制的对话框。在 GUI 程序设计中，经常使用各种“标准化”的对话框，如提示(警告)对话框、确认对话框、消息输入对话框等，这些对话框有固定的信息显示方式和按钮类型，这类对话框当然可以用 JDialog 类来实现，但为了简化起见，Swing 包提供了一个快速创建这类对话框的组件——消息选择对话框(JOptionPane)，使得程序设计人员用少量的代码就能够实现这种“标准化”的对话框。

消息选择对话框有消息对话框、确认对话框、输入对话框以及自定义对话框四种表现形式，JOptionPane 类提供了相应的静态方法，来创建这四种不同类型的对话框，所创建的对话框都是模态的。以下介绍这四种对话框的特点及显示方法，所涉及方法的参数及返回值具有一致性，为简化起见，略去相同参数和返回值的重复说明。

(1) 消息对话框。

消息对话框外观上由标题、图标、提示信息以及一个“确认”(OK)按钮组成。缺省的消息对话框的标题为“消息”(Message)、图标为信息消息图标。JOptionPane 类显示消息对话框的方法有：

① public static void showMessageDialog(Component parent, Object message)。

显示一个缺省的消息对话框，parent 是对话框的宿主窗口，若为 null，则以一个共享的、隐藏的窗体为宿主窗口。Message 为对话框中要显示的提示信息，可以是字符串，也可以是其他形式(如图像)的提示信息。

② public static void showMessageDialog(Component parent, Object message, String title,int messageType)。

显示一个消息对话框。参数 title 指定对话框的标题;messageType 指定对话框中要显示的图标,该图标由系统提供,取值在 JOptionPane 类中定义,分别为:

JOptionPane. ERROR_MESSAGE:错误消息图标,错误消息图标的样式为:。

JOptionPane. INFORMATION_MESSAGE:信息消息图标,信息消息图标的样式为:。

JOptionPane. WARNING_MESSAGE:警告消息图标,警告消息图标的样式为:。

JOptionPane. QUESTION_MESSAGE:问题消息图标,问题消息图标的样式为:。

JOptionPane. PLAIN_MESSAGE:无图标。

③ public static void showMessageDialog(Component parent, Object message, String title, int messageType, Icon icon)。

显示一个消息对话框,参数 icon 为指定要显示的自定义图标,如果该参数的值为 null,则显示 messageType 指定的系统图标,否则,无论 messageType 为何值,都显示 icon 指定的图标。

(2) 确认对话框。

确认对话框在外观上包括标题、图标、提示信息以及两个或三个按钮。两个按钮分别为"是"(YES)、"否"(NO)按钮的组合或"确定"、"取消"(CANCEL)按钮的组合,三个按钮为"是"、"否"、"取消"按钮的组合。缺省的确认对话框标题为"选择一个选项"(Select an Option)、图标为问题消息图标、按钮包括"是"、"否"、"取消"三个按钮。JOptionPane 类显示确认对话框的方法有:

① public static int showConfirmDialog(Component parent, Object message)。

显示一个缺省的确认对话框。返回值是用户单击按钮的位置,单击第一个按钮返回 0,单击第二个按钮返回 1,依次类推。若用户关闭了确认对话框,则返回-1。

② public static int showConfirmDialog(Component parent, Object message, String title, int optionType)。

显示一个确认对话框,其图标为问题消息图标。参数 optionType 指定了在对话框中显示的按钮,取值为:

JOptionPane. DEFAULT_OPTION:只显示"确定"按钮;

JOptionPane. YES_NO_OPTION:显示"是"和"否"按钮;

JOptionPane. YES_NO_CANCEL_OPTION:显示 "是"、"否"以及"取消"按钮;

JOptionPane. OK_CANCEL_OPTION:显示"确定"和"取消"按钮。

③ public static int showConfirmDialog(Component parent, Object message, String title,int optionType, int messageType)。

显示一个确认对话框。

④ public static int showConfirmDialog(Component parent，Object message，String title，int optionType，int messageType，Icon icon)。

显示一个确认对话框。

(3) 输入对话框。

输入对话框外观包括标题、图标、提示信息、一个供输入用的单行文本框或一个不可编辑的组合框以及“确定”和“取消”两个按钮。缺省情况下，输入对话框的标题为“输入”(Input)、图标为问题消息图标、输入部分是一个单行文本框。JOptionPane 类显示输入对话框的方法有：

① public static String showInputDialog(Component parent，Object message)。

显示一个缺省的输入对话框。返回值为用户的输入。若用户单击的“取消”按钮或关闭了输入对话框，则返回 null。

② public static String showInputDialog(Component parent，Object message，Object initialSelectionValue)。

显示一个输入对话框，输入部分是一个单行文本框，缺省值由参数 initialSelectionValue 指定，若 initialSelectionValue 为 null，则无缺省值。

③ public static String showInputDialog(Component parent，Object message，String title，int messageType)。

显示一个输入对话框，输入部分是一个单行文本框，无缺省值。

④ public static Object showInputDialog(Component parent，Object message，String title，int messageType，Icon icon，Object[] selectionValues，Object initialSelectionValue)。

显示一个输入对话框，参数 selectionValues 指定输入对话框中的选项值，如果该参数的值为 null，则输入对话框中的输入部分是一个单行文本框，否则，输入对话框中的输入部分是一个不可编辑的组合框。输入对话框中的缺省输入值或缺省选项由参数 initialSelectionValue 指定，若 initialSelectionValue 为 null，则由系统决定是否有缺省输入值或缺省选项。一般地说，在 selectionValues 不为 null 的情况下，若不指定缺省选项，缺省选项为 selectionValues 数组中的第 0 个元素。

(4) 自定义对话框。

自定义对话框外观包括标题、图标、提示信息和按钮，其中按钮的个数及其标题可以由用户定制，故称之为自定义对话框。JOptionPane 类显示这种对话框的方法是：

public static int showOptionDialog(Component parent，Object message，String title，int optionType，int messageType，Icon icon，Object[] options，Object initialValue)。

显示一个自定义话框，参数 options 指定定制对话框中的按钮，按钮的个数由 options 数组的长度确定，options 数组中有几个元素，定制对话框中就有几个按钮，按钮的标题依次由 options 数组中元素值确定。若 options 不为 null，则参数 optionType 的值不起作用，否则，按钮的个数与标题由参数 optionType 确定。

参数 initialValue 指定自定义对话框中的缺省按钮，initialValue 的值必须是 options 数组中的一个元素，如果 initialValue 的值不是 options 数组中的一个元素或者为 null，则缺省按钮为 options 数组中的第 0 个元素。

返回值是与其按钮相对应的值,用户单击第一个按钮返回0,单击第二个按钮返回1,依次类推。若用户关闭了定制对话框,则返回-1。

2. 文件选择器对话框

文件选择器对话框(JFileChooser)的主要功能是提供一种选择文件的通道,是一个针对文件操作的对话框。它可以显示磁盘文件的目录结构,允许用户浏览文件并选择特定文件或者在特定位置上输入文件的名称,从而达到对文件进行操作的目的。应该注意,文件选择器对话框只能返回选择文件的名称,对文件的具体操作功能还需要程序员自己编写代码实现。

(1) 创建文件选择器对话框实例。

文件选择器对话框常用的构造方法有:

① public JFileChooser()。

创建一个新的文件选择器对话框,它指向用户缺省目录。缺省目录取决于操作系统。在 Windows 上通常是"我的文档",在 Unix 上是用户的主目录。

② public JFileChooser(String currentDirectoryPath)。

创建一个新的文件选择器对话框,它指向 currentDirectoryPath 指定的目录,若 currentDirectoryPath 为 null 或其指定的目录不存在,则文件选择器对话框指向用户缺省目录。

③ public JFileChooser(File currentDirectory)。

创建一个新的文件选择器对话框,它指向 currentDirectory 指定的目录,若 currentDirectory 为 null 或其指定的目录不存在,则文件选择器对话框指向用户缺省目录。

(2) 选择方式。

缺省情况下,文件选择器对话框只允许选择一个文件,但允许通过改变选择模式,使得用户能在其中选择多个文件、目录或者同时选择文件和目录。

① public void setFileSelectionMode(int mode) /public int getFileSelectionMode()。

设置文件选择器对话框的选择类型,以允许用户只选择文件、只选择目录,或者可选择文件和目录。参数 mode 的取值在 JFileChooser 中定义,分别为:

JFileChooser. FILES_ONLY:只能选择文件,缺省值;

JFileChooser. DIRECTORIES_ONLY:只能选择目录;

JFileChooser. FILES_AND_DIRECTORIES:可以同时选择文件和目录。

② public void setMultiSelectionEnabled(boolean b)/public boolean isMultiSelectionEnabled()。

设置/返回文件选择器对话框的多选模式,参数 b 为 true,表示可以多选,否则为单选。单选为缺省值。

(3) 文件过滤。

文件选择器对话框提供了在其中只显示指定类型文件的功能。相关方法如下:

public void setFileFilter(FileFilter filter)。

该方法设置文件选择器对话框的当前文件过滤器,以便指定文件选择器对话框按当前的文件过滤器只显示特定的文件。如果设置了多个文件过滤器,它们指定的过滤条件都会显示在文件选择器对话框中"文件类型"组合框内。

其中 FileFilter 类是 Swing 包中的抽象类，规定了对文件的过滤方法。javax. swing. filechooser 包中的 FileNameExtensionFilter 类是 FileFilter 类的一个具体实现，该类的构造方法为：

public FileNameExtensionFilter(String description, String... extensions)。

可以创建具有指定的描述 description 和文件扩展名 extensions 的文件过滤器，利用 setFileFilter()方法将创建的文件过滤器与文件选择器对话框相关联，可以使文件过滤器对话框只显示特定类型的文件。文件过滤器中的描述部分(description)将显示在文件选择器对话框的文件类型栏。

(4) 文件选择器对话框的类型。

文件选择器对话框可以显示出三种类型对话框：打开文件对话框、保存文件对话框以及自定义对话框。这三种类型的对话框在外观上基本一致，只是对话框窗体的标题和按钮的标题有所不同。

① public int showOpenDialog(Component parent)。

显示一个“打开文件对话框”，其标题为“打开”，两个按钮的标题为“打开”和“取消”。参数 parent 为对话框的宿主组件，如果 parent 为 null，则对话框取决于不可见的窗口，通常显示在屏幕的中央。

本方法的返回值表示用户在对话框上的选择，取值在 JFileChooser 中定义，分别为：

JFileChooser. CANCEL_OPTION：用户选择了取消按钮或关闭了对话框；

JFileChooser. APPROVE_OPTION：用户选择了允许按钮，即对话框中的打开按钮；

JFileChooser. ERROR_OPTION：发生了错误或者对话框已被解除。

② public int showSaveDialog(Component parent)。

显示一个“保存文件对话框”，其标题为“保存”，两个按钮的文本为“保存”(允许按钮)和“取消”。参数 parent 和返回值的含义同前。

③ public int showDialog(Component parent, String approveButtonText)。

显示一个自定义对话框，其标题为和允许按钮的文本由参数 approveButtonText 指定，另一个按钮的文本“取消”。参数 parent 和返回值的含义同前。

④ public int getDialogType()。

返回对话框的类型。返回值有：

JFileChooser. OPEN_DIALOG：打开文件对话框，值为 0；

JFileChooser. SAVE_DIALOG：保存文件对话框，值为 1；

JFileChooser. CUSTOM_DIALOG：自定义对话框，值为 2。

(5) 获取/设置用户的选择。

当 showOpenDialog()、showSaveDialog() 或 showDialog() 方法的返回值是 JFileChooser. APPROVE_OPTION 时，表明用户选择了特定的文件或目录，为了对选定的文件或目录进行操作，必须先获取用户的选择。类似地，也可以在显示对话框之前，设置缺省的文件，以帮助用户进行选择。

① public File getSelectedFile()/public void setSelectedFile(File file)。

返回/设置选中的文件，文件可以是用户在对话框中选定的文件，也可以是用户输入的文件。

② public File[] getSelectedFiles()/public void setSelectedFiles(File[] selectedFiles)。

在文件选择器对话框设置为允许多选的情况下，可以返回/设置选中文件的列表。

(6) 对用户选择的验证。

文件选择器对话框是模态对话框，一旦用户选择了其上的按钮或单击了其右上角的关闭图标，对话框就会自动关闭。然而，在有些情况下，用户可能并不希望单击按钮后立即关闭文件选择器对话框，例如，在另存文件时，用户希望文件选择器对话框关闭之前，先看看要选择的文件是否存在，如果文件存在，系统应该给出提示，询问用户是否要替换当前文件，如果用户同意替换，才关闭文件选择器对话框并进行保存操作。又例如，文件选择器对话框允许用户自行输入文件名称，这就需要在文件选择器对话框关闭之前验证文件名的合法性，一旦发现错误，允许用户在当前的文件选择器对话框重新输入。要做到这样的效果，仅利用文件选择器对话框的返回值 JFileChooser. APPROVE_OPTION 进行判断是不够的，因为，在程序获得这个返回值时，文件选择器对话框已经关闭。

为达到上述要求，可以利用 JFileChooser 自身提供的机制来加以实现：

```
public void approveSelection()
```

该方法在用户单击允许按钮(如缺省情况下的"打开"或"保存"按钮)时，由系统自动调用。当该方法执行完毕，文件选择器对话框关闭，文件选择器对话框操作完成。若该方法未能完成，文件选择器对话框的操作将被取消，文件选择器对话框不会关闭。利用这一特性，可以通过继承 JFileChooser 类，并重写 approveSelection()方法。在重写的方法中增加文件验证代码，如果验证通过，调用 super. approveSelection()结束操作，否则，不调用 super. approveSelection()，使得文件选择器对话框不能关闭，由用户继续选择。

【例 7.12】文件选择对话框和消息选择对话框的综合实例。

```
import java.awt.*;//1 行
import java.awt.event.*;
import java.io.*;
import javax.swing.*;
import javax.swing.filechooser.FileNameExtensionFilter;//5 行
public class FileDialogDemo extends JFrame {
    private static final long serialVersionUID = -2163125724455812634L;
    private JTextArea textArea;
    private JPanel panel;
    private MyFileChooser fileChooser;//10 行
    private JButton saveAsBtn;
    public static void main(String[] args) {
        FileDialogDemo myFrame = new FileDialogDemo ();
        myFrame.setLocationRelativeTo(null);
        myFrame.setVisible(true);//15 行
    }
    public FileDialogDemo () {
        setDefaultCloseOperation(WindowConstants.EXIT_ON_CLOSE);
```

```
        fileChooser = new MyFileChooser();//创建文件选择器对话框
        textArea = new JTextArea();  //20 行
        getContentPane().add(textArea, BorderLayout.CENTER);
        textArea.setEditable(false);//将文本框设置成不可编辑
        panel = new JPanel();
        getContentPane().add(panel, BorderLayout.NORTH);
        saveAsBtn = new JButton("另存为");//25 行
        panel.add(saveAsBtn);
        //添加事件监听器
        saveAsBtn.addActionListener(new ActionListener() {
            public void actionPerformed(ActionEvent evt) {
                saveAsBtnActionPerformed(evt);//30 行
            }
        });
        pack();
        setSize(700, 600);
    }//35 行
    private void saveAsBtnActionPerformed(ActionEvent evt) {//用户单击按钮执行的代码
        //添加文件过滤器
        fileChooser.setFileFilter(new FileNameExtensionFilter("文本文件 TXT", "txt"));
        fileChooser.setFileFilter(new FileNameExtensionFilter("程序文件 JAVA", "java"));
        //设置缺省选中的文件 //40 行
        fileChooser.setSelectedFile(new File("缺省.java"));
        //显示"另存为"文件对话框
        int ret = fileChooser.showDialog(this, "另存为");
         if (ret== JFileChooser.APPROVE_OPTION) {//用户单击了"另存为"按钮
            File file = fileChooser.getSelectedFile();//获得用户选择的文件//45 行
            switch(fileChooser.flag){//根据用户在消息选择对话框中的选择执行相应动作
            case 0:
                textArea.setText("执行替换操作：" + file.getName() + "……");
                break;
            case 1:  //50 行
                textArea.setText("执行合并操作：" + file.getName() + "……");
                break;
            case 3:
                textArea.setText("用户选择了取消,什么都不做：" + file.getName() + "
                ……");
                break;//55 行
            case-1:
                textArea.setText("保存未重名文件：" + file.getName() + "……");
                break;
            }
```

```
            } else textArea.setText("用户取消了另存");//60 行
        }
    }
    //定义 JFileChooser 类的子类,重写其 approveSelection()方法
    class MyFileChooser extends JFileChooser {
        private static final long serialVersionUID = 1L;//65 行
        public int flag;//用于记录用户在消息选择对话框中的选择
        private String[] btn={"替换现有文件","与现有文件合并","改用其他文件保存","取消"};
        public void approveSelection() {
            flag=-1;//-1 表示没有重复文件
            if(this.getDialogType()==JFileChooser.CUSTOM_DIALOG) {//判断文件对话框类型
                    //70 行
                File temp = this.getSelectedFile();
                if(temp.exists()) {
                    flag=JOptionPane.showOptionDialog(//显示自定义对话框
                            this, temp.getPath()+" 已存在。要替换它吗?","另存为",
                            JOptionPane.DEFAULT_OPTION, //75 行
                            JOptionPane.WARNING_MESSAGE,
                            null, btn, btn[0]);
                    if(flag! =2)super.approveSelection();//执行父类方法,完成操作
                }else
                    super.approveSelection();//执行父类方法,完成操作  //80 行
            }
        }
    }
```

本例模拟了一个“另存文件对话框”的使用,用户单击窗体上的按钮,会弹出一个另存文件对话框。当用户选择或输入了文件后,单击“另存为”按钮,会弹出一个警告对话框,告知用户文件已经存在,并根据用户的相应选择,决定进行文件“保存”操作,还是继续留在文件选择器对话框上,由用户进行新的选择。

本例中的自定义文件选择对话框 MyFileChooser 是一个独立的类,它继承了 JFileChooser 类(见程序第 64 行至程序第 83 行),并重写了 approveSelection()方法(见程序第 68 行至程序第 82 行),当用户单击“另存为”按钮时,该方法被激活,判断当前文件对话框是否是另存为对话框(见程序第 70 行),如果是,则进一步判断用户选择或输入的文件是否存在(见程序第 72 行),若文件存在,弹出一个自定义的对话框并用成员变量 flag 记录用户在自定义对话框上的选择(见程序第 73 行至程序第 77 行),若用户在自定义对话框上单击了“改用其他文件保存”之外的其他按钮,程序调用父类的 approveSelection()方法,关闭另存文件对话框,但用户单击“改用其他文件保存”按钮,另存文件对话框会保持不变(见程序第 78 行)。

当用户单击窗体上的“另存为”按钮时,会弹出另存文件对话框(见程序第 43 行),用户在该对话框上选择或输入了文件,单击“另存为”按钮,上述 approveSelection()方法会被自

动调用，一旦该方法执行了父类 approveSelection()方法，程序会继续执行第 44 行，并根据 MyFileChooser 类实例的成员变量 flag 的值，执行模拟操作，并将模拟操作的类型显示到文本区中（见程序第 44 行至程序第 60 行）。需要注意的是，本程序并没有真正的保存文件，实际保存文件的代码应该根据情况分别写到第 48 行、第 51 行、第 57 行的位置处，读者可试着增补相应的程序。

如图 7-12 所示用户选择了一个已有文件后单击“另存为”按钮，程序弹出警告对话框时的界面。

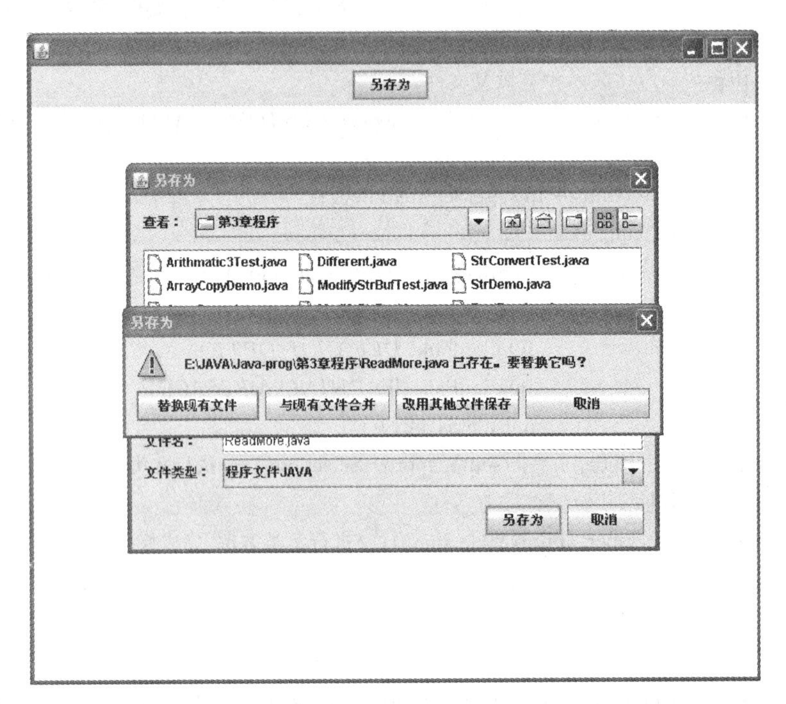

图 7-12　文件选择对话框和消息选择对话框程序界面

3. 表格

表格(JTable)是一种以二维方式组织数据的组件，常用的功能包括显示、编辑、选择、排序、过滤等，同时也可以对表格的外观如列宽、表头等进行定制。

另外，表格组件通常与卷滚面板配合使用，以达到灵活显示的目的，而且，如果表格有表头，则必须将表格放置在卷滚面板上，才能显示出表头，否则，界面上会只显示出表格的内容。

与列表框及组合框相类似，表格本身并不存储数据。它通过表格管理模型来管理数据，并通过两者的关联，实现表格数据的增、删、改。常用的表格管理模型有表格模型(TableModel)、表格列模型(TableColumnModel)等。

(1) 表格及其常用方法。

创建一个表格，可以使用 JTable 类的如下常用构造方法：

① public JTable()。

创建一个缺省表格，同时创建缺省的表格模型、表格列模型类实例并与之关联。

② public JTable(int numRows, int numColumns)。

创建一个 numRows 行和 numColumns 列的表格，同时建立缺省的表格模型、列模型类实例并与之关联。缺省的列名为“A”、“B”、“C”…。表格中行和列的位置均从 0 开始编号。

③ public JTable(TableModel dm)。

创建一个与表格模型 dm 相关联的表格，同时创建缺省的表格列模型类实例并与之关联。

④ public JTable(TableModel dm, TableColumnModel cm)。

创建一个表格，它与表格模型 dm、表格列模型 cm 相关联。

如表 7-10 所示 JTable 类常用的方法。

表 7-10 JTable 类的常用方法

修饰符与返回值	方法	说明
public void public	setModel(TableModel dataModel)	设置/获取表格当前的表格模型
TableModel	getModel()	
public void	setColumnModel (TableColumnModel cm)	设置/获取表格当前的表格列模型
public TableColumnModel	getColumnModel()	
public int	getSelectedRow()	返回第一个选定行/列的位置，如果没有选定的行/列，则返回－1
public int	getSelectedColumn()	
public int[]	getSelectedRows()	返回多选时选定行或列的位置。如果没有选定的行或列，则返回一个空数组
public int[]	getSelectedColumns()	
public int	getSelectedRowCount()	返回选定的行数或列数。如果没有选择，则返回 0
public int	getSelectedColumnCount()	
public void	setRowSelectionAllowed()	设置/返回是否允许选择行，如果可以选择行，则返回 true，否则返回 false。缺省为允许选择行
public boolean	getRowSelectionAllowed()	
public void	setColumnSelectionAllowed (boolean flag)	设置/返回是否允许选择列。如果可以选择列，则为 true；否则为 false。缺省情况下，表格只允许选择行，不能选择列
public boolean	getColumnSelectionAllowed()	
public void	setRowHeight(int rowHeight)	以像素为单位设置/返回表格行的高度设置，缺省的行高为 160
public int	getRowHeight()	

(2) 表格模型。

表格模型 TableModel 是 javax. swing. table 包中的接口，定义了管理表格数据的基本方法，同一个包中的 DefaultTableModel 类，是 TableModel 接口的具体实现，该类常用构造方法有：

① public DefaultTableModel()。

创建一个具有零行零列的缺省表格模型。

② public DefaultTableModel(int rowCount,int columnCount)。

创建一个缺省表格模型,该模型中的行数和列数分别由参数 rowCount 和 columnCount 指定。

表 7-11 所示 DefaultTableModel 类常用的方法。

表 7-11 DefaultTableModel 类的常用方法

修饰符与返回值	方法	说明
public void	addColumn(Object columnName)	在模型中追加列名(表头)
public void	addColumn (Object columnName, Object[] data)	在模型中追加新列。新列的列名由 columnName 指定。data 为新列中的数据,第 0 个元素为表格第 0 行数据,依此类推
public String	getColumnName(int column)	返回 column 指定列的列名(表头)
public void	addRow(Object[] data)	在模型中追加一行数据 data
public void	insertRow(int row,Object[] data)	在模型中的 row 位置插入一行数据 data
public void	removeRow(int row)	删除模型中 row 位置的行
public Object	getValueAt(int row,int column)	返回 row 和 column 处单元格的数据值
public void	setValueAt (Object aValue, int row, int column)	设置 column 和 row 处单元格的新的数据值 aValue
public void	setRowCount(int rowCount)	设置模型中的行数 rowCount
public void	setColumnCount(int columnCount)	设置模型中的列数 rowCount
public int	getRowCount()	返回模型中的行数
public int	getColumnCount()	返回模型中的列数
public boolean	isCellEditable(int row, int column)	返回 true

注意表 7-10 中的最后一个方法 isCellEditable(int row, int column),该方法用来判断表格中的单元格是否可以编辑。在缺省的情况下,允许用户在界面上编辑单元格中的数据,所以,该方法总是返回 true。如果不希望用户编辑单元格,可以自己定制一个表格模型,并重写其 isCellEditable()返回,使之在特定的行列返回值为 false,就可以保证用户无法编辑指定的单元格了,例如,以下代码定义了一个表格模型,该模型指定用户不能编辑表格的所有单元格。

```
class MyModel extends DefaultTableModel{
    public boolean isCellEditable(int row,int column){
        return false;
    }
}
```

表格模型提供了对表格的一般性管理功能,如果要对表格的列做更进一步的操作,例如,增加列、删除列、设置与取得列的相关信息,就需要用到表格列模型。

(3) 表格列模型。

表格列模型 TableColumnModel 也是 javax. swing. table 包中的接口,定义了管理表格列的基本方法,DefaultTableColumnModel 类是该接口的一个具体实现,实现了表格列模型中定义的方法，DefaultTableColumnModel类也位于javax.swing.table包中，其构造方法只有一个：public DefaultTableColumnModel()，用于创建缺省的表格列模型。

DefaultTableColumnModel的常用方法包括：

① public void addColumn（TableColumn aColumn）/public void removeColumn（TableColumn aColumn）。

添加/删除表格的列。要添加或删除的表格列被定义成TableColumn类型，该类封装了表格列的信息，如宽度、可调整性、编辑特征等等。一般情况下，无需直接创建TableColumn类的实例，JTable类和表格列模型中都提供了返回一个表格列对象的方法，利用这些方法，可以获得表格列对象，再利用TableColumn类的方法设置表格列的各种属性。

② public TableColumn getColumn(int columnIndex)。

返回模型中columnIndex位置处的表格列对象。

(4) 与表格列相关的操作。

在表格列模型中，提到过表格列TableColumn类，它封装了表格中的列，并提供了一系列对表格的列进行操作的方法，这些方法包括设置或返回表格列的宽度、设置或返回表格列编辑器、设置或返回表格列的渲染器等。

① public void setPreferredWidth(int preferredWidth)/public int getPreferredWidth()。

按像素设置/获取当前列的首选宽度。缺省情况下，表格中的所有列都是等宽的。利用这两个方法可以自定义表格列的宽度，或者返回当前表格列的宽度。表格列的缺省首选宽度为75。

② public void setCellEditor（TableCellEditor cellEditor）/ public TableCellEditor getCellEditor()。

设置/获取当前列的编辑器。如前所述，在缺省的情况下，允许用户编辑表格单元格中的数据，就好像表格的每一个单元格是一个文本框。Java的表格还允许在单元格中包含其他组件，例如组合框，作为单元格的编辑器。用户通过在这些组件上做简单的单击或选择，就可以确定表格单元格的值。表格单元格的编辑器被定义成TableCellEditor类型，TableCellEditor是javax.swing.table包中的一个接口，该接口中有一个重要方法：

```
Component getTableCellEditorComponent(JTable table,
                                      Object value,
                                      boolean isSelected,
                                      int row,
                                      int column)
```

该方法返回作为列编辑器的组件，其中，各参数的含义如下：

table：编辑器所在的表格；

value：要编辑的单元格中的取值，由具体的编辑器解释和绘制该值；

isSelected：单元格是否被选中，选中为true，否则为false；

row：编辑器所在的行；

column：编辑器所在的列。

在表格中使用组件作为单元格编辑器，需要编程实现TableCellEditor接口并实现上述方法，返回要作为编辑器的组件。为方便起见，Swing 包中提供了 TableCellEditor 接口一种具体实现 DefaultCellEditor 类。DefaultCellEditor 类支持将组合框、复选框和单行文本三种编辑器嵌入到表格单元格中，构造方法分别为：

```
public DefaultCellEditor(JTextField textField)
public DefaultCellEditor(JCheckBox checkBox)
public DefaultCellEditor(JComboBox comboBox)
```

③ public void setCellRenderer(TableCellRenderer cellRenderer)/ public TableCellRenderer getCellRenderer()。

设置/获取当前列的渲染器。简单地说，渲染器就是用来在单元格中绘制组件的工具。缺省情况下，表格单元格的数据都被当做是字符串显示，正常情况下无法显示出单元格中所包含组件的外观，只有用鼠标单击单元格时，组件才会临时出现，一旦选定了组件的值，组件将会隐藏，单元格中只显示编辑器的值。例如，如果单元格中要包含一个复选框，即使是设置了单元格编辑器，单元格中也只能显示出复选框的值 true 或 false，而无法显示出复选框的方框和其中的"√"号。要在单元格中显示出复选框的外观，就必须要使用渲染器。

渲染器由接口 javax. swing. table. TableCellRenderer 定义，该接口只定义了一个方法：

```
Component getTableCellRendererComponent(JTable table,
                                        Object value,
                                        boolean isSelected,
                                        boolean hasFocus,
                                        int row,
                                        int column)
```

本方法返回值要绘制在单元格中的组件。一旦设置了渲染器，每当表格的内容发生变化或界面刷新时，系统会自动调用本方法绘制单元格中的组件。方法中各参数的含义如下：

table：要加以渲染的表格；

value：被渲染的单元格中的取值，该值的内容和表现形式由渲染器解释和绘制，不同的组件有不同的取值方式，可能是字符串，也可能是布尔值，返回组件的表现形式与该取值有关；

isSelected：单元格是否被选中，选中为 true，否则为 false，单元格中绘制的组件的表现形式也与该值有关，例如，对于复选框，如果被选中，则表现为方框内出现"√"号；

hasFocus：单元格是否获得焦点，是为 true，否为 false，可以通过判断单元格是否获得焦点，来决定单元格的表现形式，如标记成不同的颜色等；

row：要加以渲染的单元格所在的行；

column：要加以渲染的单元格所在的列。

TableCellRenderer 接口的一个具体实现是 javax. swing. table. DefaultTableCellRenderer，它提供了表格的缺省渲染器。在实际的应用程序中，由于要在单元格中绘制的组件形式各有不同，通常需要自行设计渲染器。具体做法是实现 TableCellRenderer 接口，或继承 DefaultTableCellRenderer 类，实现或重写其中的 getTableCellRendererComponent()方法，使其返回所需要的组件形式，然后用 setCellRenderer()方法将所涉及的渲染器设置给指定的单元格。

【例 7.13】表格的使用。

```
import java.awt.*;//1行
import java.awt.event.*;
import java.util.*;
import javax.swing.*;
import javax.swing.table.*;//5行
public class TableDemo extends javax.swing.JFrame {
    private static final long serialVersionUID =-6151436938895431380L;
    private JPanel panel;
    private JButton btnAdd,btnDel;
    private JTable table;//10行
    private JScrollPane scrollPane;
    private MyModel tm;
    private DefaultTableColumnModel tcm;
    public static void main(String[] args) {
        TableDemo myFrame = new TableDemo();//15行
        myFrame.setLocationRelativeTo(null);
        myFrame.setVisible(true);
    }
    public TableDemo() {
        setDefaultCloseOperation(WindowConstants.EXIT_ON_CLOSE);//20行
        panel = new JPanel();
        getContentPane().add(panel, BorderLayout.NORTH);
        btnAdd = new JButton();
        panel.add(btnAdd);
        btnAdd.setText("添加数据");//25行
        btnAdd.addActionListener(new ActionListener() {
            public void actionPerformed(ActionEvent evt) {
                addActionPerformed(evt);
            }
        });//30行
        btnDel = new JButton();
        panel.add(btnDel);
        btnDel.setText("删除数据");
        btnDel.addActionListener(new ActionListener() {
            public void actionPerformed(ActionEvent evt) {//35行
                delActionPerformed(evt);
            }
        });
        table = new JTable();//创建表格 //40行
        tm =new MyModel();//创建自定义的表格模型
```

```
        table. setModel(tm);//建立表格与表格模型的关联
        tm. addColumn("学号");//添加表格的列标题
        tm. addColumn("姓名");
        tm. addColumn("性别");
        tm. addColumn("辅修");//45 行
        JComboBox com = new JComboBox(new String[]{"男", "女"}); //创建组合框
        JCheckBox ckb=new JCheckBox();//创建复选框
        tcm=(DefaultTableColumnModel) table. getColumnModel();//获得表格列模型
        tcm. getColumn(0). setPreferredWidth(50);//设置表格的宽度 //50 行
        tcm. getColumn(1). setPreferredWidth(100);
        tcm. getColumn(2). setPreferredWidth(20);
        tcm. getColumn(2). setCellEditor(new DefaultCellEditor(com));//设置编辑器
        tcm. getColumn(3). setCellEditor(new DefaultCellEditor(ckb));//设置编辑器
        tcm. getColumn(3). setCellRenderer(new MyTableRenderer()); //设置渲染器
        scrollPane = new JScrollPane(table);//将表格放置到卷滚面板上 //55 行
        getContentPane(). add(scrollPane, BorderLayout. CENTER);
        pack();
        setSize(400, 300);
}//60 行
//单击添加数据按钮执行的操作//60 行
private void addActionPerformed(ActionEvent evt) {
        ArrayList<Object> data=new ArrayList<Object>();
        String message="请输入学号";
        while (true){
                String id=JOptionPane. showInputDialog(this, message);//65 行
                if((id ==null)||(id. equals("")))//用户单击了取消或者没有输入
                        return;
                if(check(id)){
                        message=id+"已存在,请重新输入学号";
                        continue;//70 行
                }else {  //添加数据
                        data. add(id);
                        data. add(null);
                        data. add("男");
                        data. add(new Boolean(true));//75 行
                        tm. addRow(data. toArray());
                        tm. setValueAt(id,tm. getRowCount()-1, 0);//设置单元格的值
                        return;
                }
        }//80 行
}
private boolean check(String id){//查重程序
```

```
            for (int i=0;i<=tm.getRowCount()-1;i++){
                if (id.equals(tm.getValueAt(i, 0)))
                    return true;  //85 行
            }
            return false;
        }
        //单击删除数据按钮执行的操作
        private void delActionPerformed(ActionEvent evt) {//90 行
            int row;
            while ((row=table.getSelectedRow())! =-1){
                tm.removeRow(row);
            }
        }//95 行
    }
    //自定义表格模型,使表格第一列不能编辑
    class MyModel extends DefaultTableModel{
        private static final long serialVersionUID = 1L;
        public boolean isCellEditable(int row,int column){//100 行
            if (column==0) return false;
            else return true;
        }
    }
    //自定义表格渲染器,在单元格中绘制出复选框//105 行
    class MyTableRenderer extends JCheckBox implements TableCellRenderer {
        private static final long serialVersionUID = 6474284247896402614L;
        public Component getTableCellRendererComponent(JTable table,
                                                       Object value,
                                                       boolean isSelected, //110 行
                                                       boolean hasFocus,
                                                       int row,
                                                       int column) {
        Boolean b = (Boolean) value; //返回单元格的取值
        this.setSelected(b.booleanValue()); //按当前值决定复选框是否被选中//115 行
        return this; //返回复选框
        }
    }
```

本例创建了一个带表格的窗体,表格包括“学号”、“姓名”、“性别”和“辅修”四列(见程序第 42 行至 45 行)。表格的第一列“学号”只能通过单击按钮“添加数据”增加,而不允许在表格上直接编辑。为实现这一目的,程序自定义了表格模型 MyModel 并重写了其中的 isCellEditable()方法(见程序第 98 行至 104 行)。表格的第二列“姓名”允许在表格上直接编辑。第三列和第四列分别使用了组合框和复选框作为其编辑器,第三列“性别”的编辑器

为组合框,用鼠标单击单元格,组合框会出现,一旦选定了组合框中的值,单元格中会显示出"男"或"女"(见程序第 52 行)。第三列"辅修"则不同,其中的单元格中要显示出复选框的外在形式,因此,需要自定义一个渲染器 MyTableRenderer,以便在单元格中绘制出复选框,MyTableRenderer 类中重写了 getTableCellRendererComponent()方法,将复选框作为要绘制的组件返回(见程序第 106 行至 118 行)。然后将复选框作为编辑器设置给第三列(见程序第 53 行)并用自定义的渲染器绘制复选框(见程序第 54 行)。

本程序界面上还包括两个按钮"添加数据"和"删除数据"。单击"添加数据"按钮,将弹出输入对话框,要求输入学号,若输入的学号没有重复,则会增加新的数据行(见程序第 61 行至 81 行)。单击"删除数据"按钮,会删除表格中选定的数据行(见程序第 90 行至 95 行)。需要注意的是,在使用表格模型的 removeRow()方法删除数据行时,删除一行后,其后所有的行的位置数会减 1,连续删除多行时,应注意对行的位置数做处理。因此,本程序中使用表格 getSelectedRow()方法逐行判断是否被选中。如图 7-13 所示添加了若干数据并对表格的列进行编辑之后的界面。

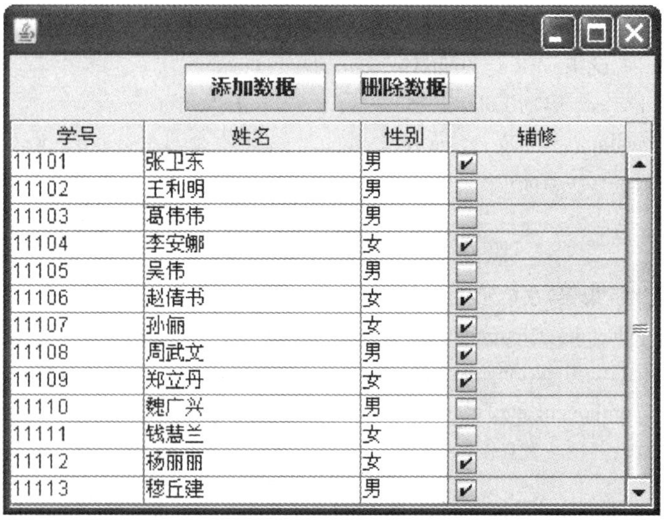

添加数据　删除数据

学号	姓名	性别	辅修
11101	张卫东	男	✔
11102	王利明	男	
11103	葛伟伟	男	
11104	李安娜	女	✔
11105	吴伟	男	
11106	赵倩书	女	✔
11107	孙俪	女	✔
11108	周武文	男	✔
11109	郑立丹	女	✔
11110	魏广兴	男	
11111	钱慧兰	女	
11112	杨丽丽	女	✔
11113	穆丘建	男	✔

图 7-13　表格程序界面

7.4.6　菜单

菜单是一种以列表方式显示程序功能或命令,以供用户进行选择的图形界面形式,是组件的一种。Java 中与菜单设计有关的类包括菜单栏(JMenuBar)、菜单(JMenu)、菜单项(JMenuItem)、复选菜单项(JCheckBoxMenuItem)、单选菜单项(JRadioButtonMenuItem)、弹出式菜单(JPopupMenu)等。除菜单栏、弹出式菜单外,其他几个类都属于按钮类组件,均继承了抽象按钮类 AbstractButton 的方法。

1. 菜单栏

菜单栏(JMenuBar)是位于窗体上部标题栏下方的条状区域,其中包含的若干菜单,每个菜单代表了一组操作。菜单栏位于顶层容器上的内容面板之外。利用顶层容器的

setJMenuBar()和 getJMenuBar()方法，可以设置或获取菜单栏。

使用 JMenuBar 类可以创建菜单栏，并可以向其中添加菜单。

JMenuBar 类的构造方法只有一个：public JMenuBar()，它用来创建菜单栏。

菜单栏的重要功能是容纳菜单，菜单栏提供了向其中添加菜单的方法：

```
public JMenu add(JMenu c)
```

该方法将指定的菜单 c 追加到菜单栏的末尾，并将该菜单作为返回值返回。

创建菜单并将其加入菜单栏的代码示例见例 7.14 的程序第 22 行和第 23 行。

2. 菜单

菜单(JMenu)是一系列操作命令的集合，其中的每一个操作命令，称为一个菜单选项，因此，菜单实际上是一组菜单选项的集合。用户单击菜单，将以下拉的方式展示菜单所包含的菜单选项。JMenu 类常用的构造方法有：

(1) public JMenu()，创建一个空的菜单。

(2) public JMenu(String s)，创建一个菜单，参数 s 指定了菜单的标题文本。

组成菜单的菜单选项可以是菜单项(JMenuItem)、组件、分隔线或者文本(等同于菜单项)。JMenu 类提供了对这些菜单选项的处理方法，如表 7-12 所示。

表 7-12 JMenu 类的常用方法

修饰符与返回值	方法	说明
public Component	add(Component c)	增加指定的菜单选项，如果不指定增加的位置 index，均添加到菜单的末尾
public Component	add(Component c, int index)	
public JMenuItem	add(JMenuItem menuItem)	
public JMenuItem	add(String s)	
public void	addSeparator()	将新分隔线追加到菜单的末尾
public JMenuItem	insert(JMenuItem mi, int pos)	在 pos 指定的位置插入菜单选项
public void	insert(String s, int pos)	
public void	insertSeparator(int pos)	在 pos 指定的位置插入分隔符
public void	remove(Component c)	删除指定的菜单选项或所有的菜单选项
public void	remove(int pos)	
public void	remove(JMenuItem item)	
public void	removeAll()	

创建菜单的代码示例见例 7.14 中的第 25 行。

3. 菜单项

菜单项(JMenuItem)是菜单的基本组成部分，用户单击菜单项，将触发菜单的动作事件，执行程序设定的功能代码，从而完成菜单项指定的操作。JMenuItem 的常用构造方法包括：

① public JMenuItem()，创建不带标题和图标的菜单项。

② public JMenuItem(String text)，创建带有指定标题 text 的菜单项。

③ public JMenuItem(Icon icon)，创建带有指定图标 icon 的菜单项。

④ public JMenuItem(String text, Icon icon),创建带有指定文本和图标的菜单项。

⑤ public JMenuItem(String text, int mnemonic),创建带有指定文本 text 和记忆键 mnemonic 的菜单项。

例 7.14 中程序第 28 行代码、第 31 行代码分别创建了带图标和不带图标的菜单项。

4. 多级菜单

多级菜单是指这样形式的菜单,当一个菜单展开后,用户单击或选中其中的菜单选项,该菜单选项会继续展开若干菜单选项供用户选择。这种菜单选项中包含了下一级菜单选项的菜单,称为多级菜单。

创建多级菜单的方法比较简单:将一个菜单(JMenu)增加若干菜单选项,再将该菜单作为一个菜单项加入到另一个菜单上,前者就构成了后者的下一级菜单。构建了多级菜单的代码示例见例 7.14 中程序第 67 行至 76 行。

5. 复选菜单项

复选菜单项(JCheckBoxMenuItem)是一种有选中和未被选中两种状态的菜单项,在外观上,它在菜单标题前多了一个方框图案,选中该菜单项,方框中会出现"√"或者其他指定类型的符号,表现形式类似于复选框。复选菜单项缺省状态是未被选中。

复选菜单项的实现方法与普通的菜单项相同,只要将其加入到菜单中即可。JCheckBoxMenuItem 类的构造方法如表 7-13 所示。

表 7-13 JCheckBoxMenuItem 类的常用构造方法

构造方法方法	说明
JCheckBoxMenuItem()	创建一个没有标题和图标的缺省复选菜单项
JCheckBoxMenuItem(String text)	创建一个标题为 text 的缺省复选菜单项
JCheckBoxMenuItem(Icon icon)	创建一个带图标的缺省复选菜单项
JCheckBoxMenuItem(String text, Icon icon)	创建带有指定文本和图标的、最初未被选定的复选框菜单项
JCheckBoxMenuItem(String text, boolean b)	创建带有指定文本 text 的复选菜单项,该菜单项的选择状态由参数 b 决定,true 为选中,false 为未选中
JCheckBoxMenuItem (String text, Icon icon, boolean b)	创建带有指定文本 text 和图标 icon 的复选菜单项,该菜单项的选择状态由参数 b 决定,true 为选中,false 为未选中

复选菜单项有两种状态,可以利用它从 AbstractButton 类中继承的 setSelected()方法和 isSelected()方法来设置和判断复选菜单项的状态。

例 7.14 中程序第 48 行至 52 行代码示出了如何构建带复选菜单项的菜单。

6. 单选菜单项

单选菜单项(JRadioButtonMenuItem)与单选按钮相类似,外观由菜单标题及前面的小圆框组成,通过小圆框中的圆点来表示单选钮是否被选中,缺省状态是未被选中。通常需要使用 ButtonGroup 类来控制一组单选菜单项的选择状态。JRadioButtonMenuItem 类的构造方法如表 7-14 所示。

表 7-14 JRadioButtonMenuItem 类的常用构造方法

构造方法方法	说明
JRadioButtonMenuItem()	创建一个不带标题和图标的缺省单选菜单项
JRadioButtonMenuItem(String text)	创建一个标题为 text 的缺省单选菜单项
JRadioButtonMenuItem(Icon icon)	创建一个带图标 icon 的缺省单选菜单项
JRadioButtonMenuItem(String text, Icon icon)	创建一个具有指定文本 text 和图标 Icon 的单选菜单项
JRadioButtonMenuItem(Icon icon, boolean b)	创建一个具有指定图标 icon 但无标题的单选菜单项，该菜单项的选择状态由参数 b 决定，true 为选中，false 为未选中
JRadioButtonMenuItem(String text, boolean b)	创建一个具有指定文本 text 和选择状态的单选菜单项
JRadioButtonMenuItem(String text, Icon icon, boolean b)	创建一个具有指定的文本 text、图像 icon 和选择状态 b 的单选菜单项

与复选菜单项一样，可用单选菜单项从 AbstractButton 类中继承的 setSelected()方法和 isSelected()方法来设置和判断其选择状态。

复选菜单项的构建见例 7.14 中程序第 55 行至 66 行代码。

7. 菜单中的快捷键

菜单中的快捷键有两类：一类称为记忆键(Mnemonic)，另一类称为加速键(Accelerator)。它们主要目的是帮助用户快速访问菜单。但两者也有区别，加速键可以随时使用，用户按下加速键，可以直接激活相应的菜单选项，与菜单项所在的层次结构无关，而记忆键只有在菜单处于激活(菜单已经展开，界面上可以看到要访问的相应菜单项)的情况下才会起作用。

设置记忆键应使用菜单或菜单项从 AbstractButton 类中继承的 setMnemonic()方法。

菜单项中与加速键有关的方法如下：

```
public void setAccelerator(KeyStroke keyStroke)/ public KeyStroke getAccelerator()
```

这两个方法分别用于设置和返回菜单项的快捷键。其中的快捷键被定义成 javax.swing.KeyStroke 类型。KeyStroke 类用于定义用户在键盘上的操作事件。程序本身不能创建 KeyStroke 类的实例，只能使用该类的静态方法 getKeyStroke()来获得对象。getKeyStroke()方法有多种重载形式，其中常用的一种是：

```
public static KeyStroke getKeyStroke(String s)。
```

该方法根据约定分析字符串 s，并返回 KeyStroke。字符串 s 必须具有以下语法：

[shift][ctrl][alt] [pressed|released]按键值。

其中，按键值对应于 KeyEvent 类定义的 VK_XXX 代码中的 XXX。pressed 和 released 分别指示按下和释放按键。缺省为按下按键。例如：

ctrl pressed O 表示在按下 ctrl 键的同时按下 O 键；
alt shift X 表示在按下 alt 键和 shift 键的同时按下 X 键；
pressed F11 表示按下 F11 键。

以下语句将菜单项 openItem 的加速键设置为同时按下 ctrl 键和 O 键：

```
openItem.setAccelerator(KeyStroke.getKeyStroke("ctrl pressed O"));
```

8. 弹出式菜单

弹出式菜单(JPopupMenu)是一种浮动的菜单，它不像普通菜单那样位置固定，显示在窗体上部的菜单栏中，而是通常处于隐藏状态，只有用户执行某种操作，例如，单击鼠标右键、输入了特定符号等，它才会显现。当用户选定了其中的菜单选项之后，弹出式菜单会自动隐藏。而且，菜单可以在窗体的任何位置上显示，具体取决于用户操作发生在界面上的位置，如单击时鼠标指针所处的位置、用户当前输入的位置等。故弹出式菜单也称上下文菜单。

弹出式菜单实现的方式与普通菜单几乎相同，首先用 JPopupMenu()构造方法创建 JPopupMenu 实例，再用 add()、addSeparator()等方法将菜单选项或分隔线添加给 JPopupMenu 实例。其中弹出式菜单的 add()、addSeparator()等方法与菜单(Jmenu)的同名方法使用方式相同，这里不再赘述。

弹出式菜单的一种典型用法是与鼠标操作结合使用，即通过单击鼠标右键弹出菜单。具体步骤如下：

① 创建 JPopupMenu 类的实例，常用的构造方法：

```
public JPopupMenu()
```

② 为要弹出菜单的组件注册鼠标事件监听器或适配器，有关事件监听器和适配器将在下一步详细介绍。

③ 接收鼠标事件类 MouseEvent，用该类的以下方法判断鼠标事件是否是弹出式菜单触发事件：

```
public boolean isPopupTrigger()
```

上述方法返回鼠标事件是否为当前平台的弹出菜单触发事件。如果是，返回 true，否则返回 false。由于不同系统平台弹出菜单的触发方式不同，为了正确实现跨平台功能，应该在事件监听器的表示按下鼠标的 mousePressed ()方法以及表示释放鼠标的 mouseReleased()方法中都检查 isPopupTrigger()。

④ 如果上一步的判断结果是弹出菜单触发事件，则显示弹出式菜单。使用的方法来自 JPopupMenu 类：

```
public void show(Component invoker,int x,int y)
```

该方法用于使弹出式菜单可见，其中，invoker 是弹出式菜单的宿主组件，即弹出式菜单要在其空间中显示的组件，x、y 为弹出式菜单左上角在宿主组件空间内的坐标值。通常，这三个参数值可以通过 MouseEvent 类的方法返回：

public Component getComponent()：返回鼠标事件源所在的组件；

public int getX()：返回鼠标事件源的水平 x 坐标；

public int getY()：返回鼠标事件源的垂直 y 坐标。

有关实现弹出式菜单的代码参见例 7.14 中程序第 78 行至 86 行以及第 103 行至 112 行。

【例 7.14】菜单的使用。

```
import java. awt. event. * ;//1 行
import javax. swing. * ;
public class MenuDemo extends javax. swing. JFrame {
    private static final long serialVersionUID = 7988196721327876844L;
    private JMenuBar menuBar;//菜单栏  //5 行
    private JMenu fileMenu,fontMenu,helpMenu;//菜单栏中的菜单
    private JMenu styleMenu,colorMenu,helpCon;//用作多级菜单的菜单
    private JMenuItem openItem,saveItem,exitItem;//菜单项
    private JCheckBoxMenuItem isBoldItem,isItalicItem;//二级菜单项
    private JRadioButtonMenuItem redItem,yellowItem,blueItem;//二级菜单项//10 行
    private ButtonGroup buttonGroup;
    private JMenuItem overviewItem,contentTableItem;//菜单项
    private JPopupMenu popMenu;//弹出式菜单
    private JMenuItem copyItem,cutItem,pasteItem;//弹出式菜单的菜单项
    public static void main(String[] args) {//15 行
        MenuDemo myFrame = new MenuDemo();
        myFrame. setLocationRelativeTo(null);
        myFrame. setVisible(true);
    }
    public MenuDemo() {//20 行
        setDefaultCloseOperation(WindowConstants. EXIT_ON_CLOSE);
        menuBar = new JMenuBar();//创建菜单栏
        setJMenuBar(menuBar);//设置窗体菜单栏
        //创建"文件"菜单及其菜单选项
        fileMenu = new JMenu("文件(F)");//创建"文件"菜单//25 行
        menuBar. add(fileMenu);//将"文件"菜单添加到菜单栏
        fileMenu. setMnemonic(KeyEvent. VK_F);
        openItem = new JMenuItem("打开",new ImageIcon("open. gif"));//创建带图标的"打
        开"菜单项
        fileMenu. add(openItem);//将"打开"菜单项添加到"文件"菜单
        openItem. setAccelerator(KeyStroke. getKeyStroke("ctrl pressed O"));//设置"打开"菜
        单项的加速键键//30 行
        saveItem = new JMenuItem("保存");//创建"保存"菜单项
        fileMenu. add(saveItem);//将"保存"菜单项 添加到"文件"菜单
        fileMenu. addSeparator();//添加分隔线
        exitItem = new JMenuItem("退出");//创建"退出"菜单项
        fileMenu. add(exitItem);//将"退出"菜单项 添加到"文件"菜单//35 行
        exitItem. setAccelerator(KeyStroke. getKeyStroke("F11"));//设置加速键键
        exitItem. addActionListener(new ActionListener() {//注册事件监听器
            public void actionPerformed(ActionEvent evt) {
```

```
        exitItemActionPerformed(evt);
    }//40 行
});
//创建“字体”菜单以及菜单选项(包括子菜单)
fontMenu = new JMenu("字体(T)");//创建“字体”菜单
menuBar.add(fontMenu);//将“字体”菜单添加到菜单栏
fontMenu.setMnemonic(KeyEvent.VK_T);//设置记忆键  //45 行
styleMenu = new JMenu("样式");//创建“样式”子菜单
fontMenu.add(styleMenu);//将“样式”子菜单添加到“字体”菜单
isBoldItem = new JCheckBoxMenuItem("粗体");//创建“粗体”复选菜单项
styleMenu.add(isBoldItem);//将“粗体”复选菜单项添加到“样式”子菜单
isBoldItem.setState(true);//设置“粗体”复选菜单项状态 //50 行
isItalicItem = new JCheckBoxMenuItem("斜体");//创建“斜体”复选菜单项
styleMenu.add(isItalicItem);//将“斜体”复选菜单项添加到“样式”子菜单
colorMenu = new JMenu("颜色");//创建“颜色”子菜单
fontMenu.add(colorMenu);//将“颜色”子菜单添加到“字体”菜单
redItem = new JRadioButtonMenuItem("红色");//创建“红色”单选菜单项 //55 行
colorMenu.add(redItem);//将“红色”单选菜单项添加到“颜色”子菜单
blueItem = new JRadioButtonMenuItem("蓝色");//创建“蓝色”单选菜单项
blueItem.setSelected(true);//设置“蓝色”单选菜单项的状态
colorMenu.add(blueItem);//将“蓝色”单选菜单项添加到”颜色“子菜单
yellowItem = new JRadioButtonMenuItem("黄色");//创建“黄色”单选菜单项 //60 行
colorMenu.add(yellowItem);//将“黄色”单选菜单项添加到“颜色”子菜单
buttonGroup = new ButtonGroup();//创建按钮分组
buttonGroup.add(redItem);
buttonGroup.add(blueItem);
buttonGroup.add(yellowItem);//65 行
//创建”帮助“菜单及其子菜单
helpMenu = new JMenu("帮助(H)");//创建“帮助”菜单
menuBar.add(helpMenu);//将“帮助”菜单添加到菜单栏
helpMenu.setMnemonic(KeyEvent.VK_H);//设置“帮助”菜单的记忆键
helpCon = new JMenu("帮助内容");//创建“帮助内容”子菜单 //70 行
helpMenu.add(helpCon);//将“帮助内容”子菜单添加到“帮助”菜单
overviewItem = new JMenuItem("概览");//创建“概览”菜单项
helpCon.add(overviewItem);//将“概览”菜单项添加到“帮助内容”子菜单
helpCon.addSeparator();  //添加分隔线
contentTableItem = new JMenuItem("内容目录");//创建“内容目录”菜单项 //75 行
helpCon.add(contentTableItem);//将“内容目录”菜单项添加到“帮助内容”子菜单
//弹出式菜单
popMenu = new JPopupMenu();//创建弹出式菜单
copyItem = new JMenuItem("复制");//创建”复制“菜单项
popMenu.add(copyItem);//将”复制“菜单项添加到弹出式菜单 //80 行
```

```
        cutItem = new JMenuItem("剪切");//创建菜单项
        popMenu.add(cutItem);//将"剪切"菜单项添加到弹出式菜单中
        popMenu.addSeparator();//添加分隔线
        pasteItem = new JMenuItem("粘贴");//创建"粘贴"菜单项
        pasteItem.setEnabled(false);//将"粘贴"菜单项设置成不可用 //85 行
        popMenu.add(pasteItem);//将"粘贴"菜单项添加到弹出式菜单中
        //为当前窗体注册鼠标事件监听器
        this.addMouseListener(new MouseAdapter() {
            public void mouseReleased(MouseEvent evt) {//释放鼠标时执行的操作
                thisMouseReleased(evt);//90 行
            }
            public void mousePressed(MouseEvent evt) {//释放鼠标时执行的操作
                thisMousePressed(evt);
            }
        });//95 行
        pack();
        setSize(400, 300);
    }
    //单击菜单中"退出"执行的操作
    private void exitItemActionPerformed(ActionEvent evt) {//100 行
        System.exit(0);//退出应用程序
    }
    //释放鼠标时执行的操作
    private void thisMouseReleased(MouseEvent evt) {
        if(evt.isPopupTrigger())//判断是否是弹出式菜单触发事件 //105 行
            popMenu.show(evt.getComponent(), evt.getX(), evt.getY());//显示弹出式
            菜单
    }
    //释放鼠标时执行的操作
    private void thisMousePressed(MouseEvent evt) {
        if(evt.isPopupTrigger())//判断是否是弹出式菜单触发事件 //110 行
            popMenu.show(evt.getComponent(), evt.getX(), evt.getY());//显示弹出式
            菜单
    }
}
```

本例综合演示了菜单的构建，其中，只有“退出”菜单项添加了事件监听器，单击该菜单项，程序可以退出。另外，在弹出式菜单中，将“粘贴”菜单项设置成不可用（见程序第85行），在外观上，它显示为灰色，并且不接受焦点。在实际的应用程序中，应根据实际情况，在必要时将其设置成可用，从而执行相应的功能。如图7-14所示程序中菜单的各种外观形式。

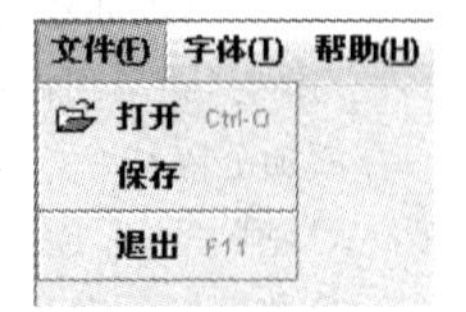

(a) 带图标和加速键的菜单项

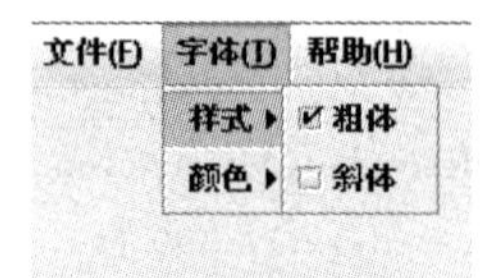

(b) 复选菜单项

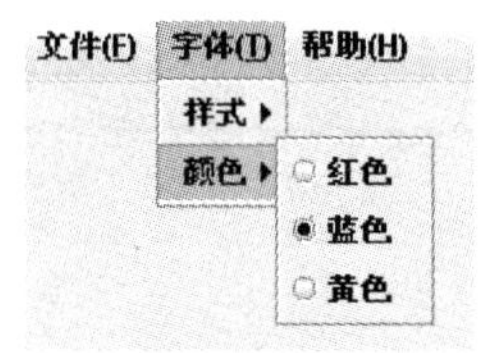

(c) 单选菜单项

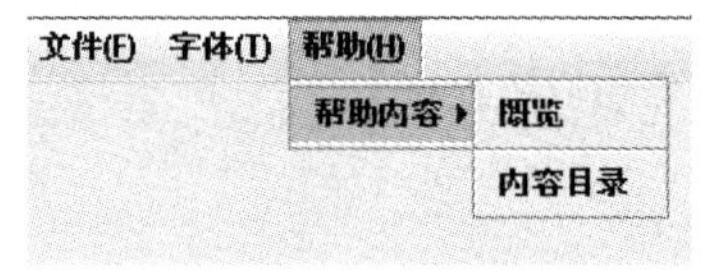

(d) 多级菜单

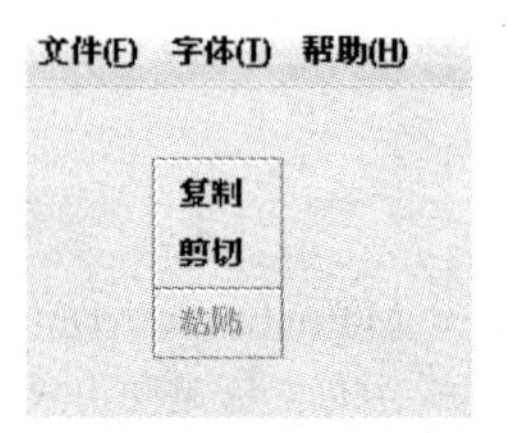

(e) 弹出式菜单

图 7-14　程序中的各种菜单形式

7.5　布局管理器

布局是指组件在界面上的编排方式。为了避免使用绝对坐标而导致程序界面在不同平台、不同分辨率下有不同的显示效果，保证跨平台性，Java 提供了布局管理器，用以规定容器内组件的布局，根据不同的平台来安排 GUI 组件。Java 的布局管理器，是管理组件在容器中排列顺序、组件的大小、位置等的类或接口。

每个容器组件都有自己的缺省布局管理器，不同的布局管理器使用不同的算法和策略，但目的都是为了管理组件在容器中的布局，如组件的大小、位置、排列顺序、窗口移动或调整后组件的相应变化等。在设计应用程序时，根据不同的需求，可以直接使用容器的缺省布局管理器，也可以用 setLayout()方法为容器设置新的布局管理器，以便设计出符合用户要求、更加美观的程序界面。

当然，也可以不使用容器的布局管理器（将 null 作为 setLayout()方法的参数），也即所谓的自定义布局。在这种情况下，应该使用组件的 setBounds()、setLocation()和 setSize()方法来指定每个组件的位置和尺寸。

Java 中常用的布局管理器主要有 FlowLayout（流水式布局管理器）、BorderLayout（边框布局管理器）、GridLayout（网格布局管理器）和 GridBagLayout（网格袋布局管理器），它们均位于 AWT 包内。

7.5.1　流水式布局管理器

流水式布局类似于段落中的文本行，组件从左上角开始从左到右排列组件，当一行内排列不下组件时，转到下一行继续排列，缺省情况下所有的组件居中对齐。在组件不多时，这种布局非常方便，但是当容器内的 GUI 元素增加时，组件会显得高低参差不齐。

用于实现流水式布局的管理器是流水式布局管理器(FlowLayout)，它有三个构造方法：

1. public FlowLayout()

创建一个缺省的流水式布局，组件之间水平和垂直间距为 5 个像素。

2. FlowLayout(int align)

创建一个具有指定对齐方式 align 的流水式布局。组件之间水平和垂直间距为 5 个像素。参数 align 的值在 FlowLayout 类中定义，分别为 FlowLayout. LEFT（左对齐）、FlowLayout. RIGHT（右对齐）、FlowLayout. CENTER（居中对齐）、FlowLayout. LEADING(起始边界对齐)和 FlowLayout. TRAILING(结束边界对齐)。

3. FlowLayout(int align,int hgap, int vgap)

创建一个具有指定对齐方式 align 的流水式布局。组件之间水平和垂直间距由参数 hgap 和 vgap 指定。Align 的取值同前。

【例 7.15】流水式布局管理器的使用。

```
import java.awt.*;//1行
import javax.swing.*;
public class FlowLayoutDemo extends JFrame {
    private static final long serialVersionUID = 5004899677128644042L;
    public static void main(String[] args) {//5行
        new FlowLayoutDemo();
    }
    public FlowLayoutDemo() {
        getContentPane().setLayout(new FlowLayout());//设置窗体布局管理器
        setDefaultCloseOperation(WindowConstants.EXIT_ON_CLOSE); //10行
        for (int i=0;i<4;i++)//在窗体上添加是个按钮
```

```
            getContentPane().add(new JButton("按钮"+i));
        pack();
        setSize(400, 300);
        setLocationRelativeTo(null);//15 行
        setVisible(true);
    }
}
```

本例演示了窗体流水式布局管理器的使用，窗体的缺省布局是边框布局，本程序将其更改为流水式布局(见程序第 9 行)，并在窗体上添加了 4 个按钮。运行本程序，可以看出，调整窗体的大小，布局管理器会自动重新排列按钮，并保持按钮的相对位置不变。如图 7-15 所示窗体大小改变后按钮的排列。

(a) 一行中可以容纳所有按钮时的界面

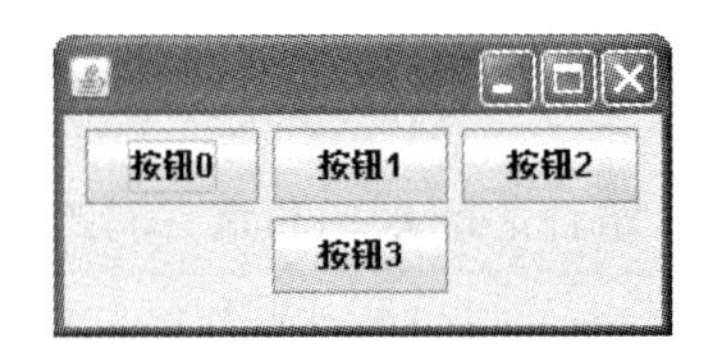

(b) 一行中容纳不下所有按钮时的界面

图 7-15　流水式布局界面

7.5.2　边框布局管理器

边框布局将容器内的空间简单地划分为东、西、南、北、中五个区域，可以将组件分别加入到这 5 个区域中，每个区域最多只能包含一个组件。

边框布局管理器(BorderLayout)负责管理边框布局，该类中定义了 5 个成员变量，用于指明边框布局中的 5 个区域位置。

BorderLayout.NORTH：对应容器的顶部(北部)。

BorderLayout.EAST：对应容器的右部(东部)。

BorderLayout.SOUTH：对应容器的底部(南部)。

BorderLayout.WEST：对应容器的左部(西部)。

BorderLayout.CENTER：对应容器的中部。

在向容器每加入一个组件时，应该指明把这个组件加在哪个区域中，即使用 add (Component c,Object o)方法，其中的约束条件 o 是上述常量中的一个。

在边框布局管理器中，分布在北部和南部区域的组件将横向扩展至占据整个容器的长度，分布在东部和西部的组件将伸展至占据容器剩余部分的全部宽度，最后剩余的部分将分配给位于中央的组件。如果某个区域没有分配组件，则其他组件可以占据它的空间。例如，如果北部没有分配组件，则西部和东部的组件将向上扩展到容器的最上方；如果西部和东部没有分配组件，则位于中央的组件将横向扩展到容器的左右边界。

边框布局管理器有两个构造方法。

1. BorderLayout()

创建一个缺省的边框布局管理器，其上的组件之间没有间距。

2. BorderLayout(int horz, int vert)

创建一个边框布局管理器，其上组件之间的间距由参数指定，水平间距由 hgap 指定，垂直间距由 vgap 指定。

【例 7.16】边框布局管理器的使用。

```
import java.awt.BorderLayout;//1 行
import javax.swing.*;
public class BorderLayoutDemo extends javax.swing.JFrame {
  private static final long serialVersionUID = 1543617637407720 39L;
  public static void main(String[] args) {//5 行
      new BorderLayoutDemo();
  }
  public BorderLayoutDemo() {
      String[] loc={BorderLayout.EAST,BorderLayout.SOUTH,BorderLayout.WEST,
                  BorderLayout.NORTH,BorderLayout.CENTER};//10 行
      for(int i=0;i<5;i++){//按东南西北中的顺序增加 5 个按钮
          JButton btn= new JButton(loc[i]+"按钮");
          getContentPane().add(btn, loc[i]);
      }
      setDefaultCloseOperation(WindowConstants.EXIT_ON_CLOSE);//15 行
      pack();
      setSize(400, 300);
      setLocationRelativeTo(null);
      setVisible(true);
  }//20 行
}
```

本例按边框布局设置了 5 个按钮，由于窗体类(JFrame)的缺省布局管理器是边框布局管理器，所以程序中没有再设置布局管理器。数组 loc 存储了布局管理器定义的位置常量(见程序第 9 行和程序第 10 行)，通过循环将按钮添加至窗体上(见程序第 11 至程序第 14 行)，其中，上述常量值分别用作了按钮标题的一部分(见程序第 12 行)。本程序的运行结果如图 7-16 所示。

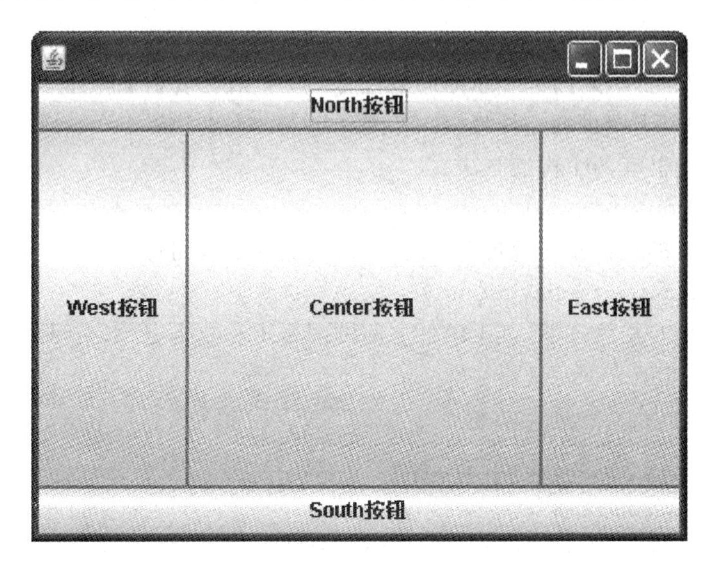

图 7-16 边框布局界面

7.5.3 网格布局管理器

网格布局把容器的空间划分成若干行乘以若干列的单元格区域，每个单元格的大小相同，一个单元格可以容纳一个组件，并且组件会填充整个单元格。在这种布局中，组件按从左到右、从上到下的顺序。网格布局比较灵活，划分多少网格由程序自由控制，而且组件定位也比较精确。

网格布局管理器(GridLayout)负责管理网格布局，它有三个构造方法：

1. GridLayout()

创建一个缺省的网格布局管理器，它只有一行，所有组件都只能添加到同一行中，组件之间没有间距。

2. GridLayout(int rows, int cols)

创建一个具有指定行和列的网格布局管理器，参数 rows 和 cols 分别指定行数和列数，组件之间没有间距。参数 rows 和 cols 中的一个可以为零(但不能两者同时为零)，这表示可以将任何数目的组件置于行或列中。当行数和列数都设置为非零值时，指定的列数将被忽略。列数通过指定的行数和布局中的组件总数来确定。例如，如果指定了三行和两列，在布局中添加了九个组件，则它们将显示为三行三列。仅当将行数设置为零时，指定列数才对布局有效。

3. GridLayout(int rows,int cols, int hgap,int vgap)

创建一个具有指定行和列的网格布局管理器，参数 rows 和 cols 的含义和特点同上，参数 hgap 和 vgap 指定了组件的间距。参数 hgap 代表左右两个组件之间的水平间距，参数 vgap 代表上下两个组件之间的垂直间距。

【例 7.17】网格布局管理器的使用。

```
import java.awt.*;//1 行
import javax.swing.*;
```

```
public class GridLayoutDemo extends javax.swing.JFrame {
  private static final long serialVersionUID = 6338002822670303714L;
  public static void main(String[] args) {//5 行
      new GridLayoutDemo();
  }
  public GridLayoutDemo() {
      String[] btnTxt={"*","0","#","重置","呼叫","查询"};
      setDefaultCloseOperation(WindowConstants.EXIT_ON_CLOSE);//10 行
      getContentPane().add(new JTextField(), BorderLayout.NORTH);//将文本框添加到窗
      体北部
      JPanel keyPanel = new JPanel();
      GridLayout keyPanelLayout = new GridLayout(5, 3);
      keyPanel.setLayout(keyPanelLayout);//设置面板的布局管理器
      getContentPane().add(keyPanel, BorderLayout.CENTER);//将面板添加到窗体的中部
        //15 行
      for(int i=0;i<9;i++)//创建按钮,并添加到按键面板中
          keyPanel.add(new JButton(String.valueOf(i+1)));
      for(int i=0;i<6;i++)//创建按钮,并添加到按键面板中
          keyPanel.add(new JButton(btnTxt[i]));
      pack();  //20 行
      setSize(300, 300);
      setLocationRelativeTo(null);
      setVisible(true);
  }
}//25 行
```

本例模拟了一个电话面板,窗体由两部分组成:上部是电话号码显示窗,下部是按键。窗体的缺省布局管理器是边框布局管理器,因此可以直接将文本框添加到窗体的北部(见程序第 11 行)。将一个面板放置到窗体的中部(见程序第 15 行),用来容纳电话按键。面板的缺省布局管理器是流水式布局管理器,根据程序需要,将其更改为网格布局管理器(见程序 13 行和第 14 行)。使用了两个循环语句向面板上添加按键,第一个循环用来添加“1”至“9”数字按键(见程序第 16 行和第 17 行),第二个循环用来添加另外 6 个按键(见程序第 18 行和第 29 行),这些按键的名称在数组中做了定义(见程序第 9 行)。本程序的运行界面如图 7-17 所示。

图 7-17　电话面板实例运行效果

7.5.4 网格袋布局管理器

网络袋布局,也称网格包布局或网格组布局,它与网格布局相似,不同之处在于网络袋布局允许使用不同大小和不同位置单元格来放置组件,是使用最复杂、功能最强大的一种布局管理器。

在网格布局中,每个单元格大小相同,并且强制组件与单元格大小也相同,因而容器中的每个组件都有着相同的大小,有时会显得很不自然,而且,网格布局中组件的加入容器也必须按照固定的行列顺序进行,不够灵活。在网络袋布局中,可以为每个组件指定其占用的单元格数量,从而使得界面上可以出现大小不同的组件,另外,还可以按任意的顺序将组件加入到容器的任何位置,能够做到真正自由地安排容器中每个组件的大小和位置。

在管理网格袋布局的过程中,要使用网格袋管理器(GridBagLayout)和网格袋约束条件(GridBagConstraints)两个类。前者用来创建网格袋管理器,后者用于定义组件在网格袋布局的信息,并将这些信息作为约束条件,规定了组件在添加到容器中时的位置和大小。

网格袋管理器类的构造方法为:

```
public GridBagLayout()
```

网格袋约束条件类的常用构造方法为:

```
public GridBagConstraints()
```

它们分别用于创建缺省的网格袋管理器和网格袋约束条件。

在使用网格袋布局时,最重要的工作是为每一个组件设置网格袋约束条件,这些约束条件由网格袋约束条件类的属性定义。

1. public int gridx/ public int gridy

指定当前组件左上角所在的单元格,gridx 为列坐标,gridy 为行坐标。gridy=0 表示容器中最上边的行,gridx = 0 表示容器中最左边的列。缺省值为 GridBagConstrains. RELATIVE,表示当前组件紧接着上一个组件(位于上一个组件的右边或者下边)。

2. public int gridwidth/ public int gridheight

指定组件在横向和纵向上占用的单元格数。Gridwidth 表示当前组件在横向上占用的单元格数(即占用的单元格的列数),gridheight 表示当前组件在纵向上占用的单元格数(即占用的单元格的行数)。缺省值为 1,表示当前组件只占用一个单元格。若 gridwidth 或 gridheight 取值为 GridBagConstrains. REMAINDER,则表示当前组件是当前行或当前列的最后一个组件。当前行或当前列中剩下的单元格都会被当前组件所占用。

3. public int anchor

当组件比它所在的显示区(一个或多个单元格)小的时候,anchor 属性决定组件在显示区内放置的位置。该属性的有效取值为:

GridBagConstrains. FIRST_LINE_START:将组件置于其显示区域的左上角;

GridBagConstrains. PAGE_START:沿显示区域的上部边缘居中放置组件;

GridBagConstrains. FIRST_LINE_END:将组件置于其显示区域的右上角;

GridBagConstrains. LINE_START:沿显示区域的左部边缘居中放置组件;

GridBagConstrains. CENTER：居中显示，缺省值；

GridBagConstrains. LINE_END：沿显示区域的右部边缘居中放置组件；

GridBagConstrains. LAST_LINE_START：将组件置于其显示区域的左下角；

GridBagConstrains. PAGE_END：沿显示区域的下部边缘居中放置组件；

GridBagConstrains. LAST_LINE_END：将组件置于其显示区域的右下角。

4. public double weightx/public double weighty

这两个属性决定如何为单元格分配空间，取值在 0.0 至 1.0 之间。缺省值为 0，表示单元格聚集在容器的中央，多余的空间被分配在单元格与容器的边界之间。取值越大，表示行或列单元格越能获得更多的空间。

5. public int fill

决定组件对显示区的填充方式，取值为：

GridBagConstraints. NONE：默认值，表示水平和垂直方向都不扩展，保持原来大小；

GridBagConstraints. HORIZONTAL：表示组件只在水平方向上填满它所在的显示区；

GridBagConstraints. VERTICAL：表示组件只在垂直方向上填满所在的显示区；

GridBagConstraints. BOTH：表示在水平和垂直方向都填满所在的显示区。

6. public Insets insets

insets 属性表示组件边缘与显示区边界之间的空间。该属性被定义成 java. awt. Insets 类型，Insets 类只有一个构造方法：

```
public Insets(int top, int left, int bottom, int right)
```

其中的参数分别指定了组件上方、左边、下方和右边的间距，单位为像素。insets 属性的缺省值对应了这些参数值为 0，表示组件与显示区边界之间没有距离。

7. public int ipadx/public int ipady

这两个属性用于指定当前组件在其首选大小基础上要增加或减少的高度和宽度，整数为增加，负数为减少。组件的实际宽度至少为其最小宽度加上 ipadx 像素。组件的实际高度至少为其最小高度加上 ipady 像素。缺省值为 0。

【例 7.18】网格袋管理器的使用。

```
import java.awt.*;//1 行
import javax.swing.*;
public class GridBagLayoutDemo extends javax.swing.JFrame {
  private static final long serialVersionUID = 2183062921517076995L;
  public static void main(String[] args) {
      new GridBagLayoutDemo();//5 行
  }
  public GridBagLayoutDemo() {
      String[] btnTxt={"*","0","#"};
      setDefaultCloseOperation(WindowConstants.EXIT_ON_CLOSE);//10 行
      getContentPane().add(new JTextField(), BorderLayout.NORTH);//将文本框添加到窗
      体北部
```

```
        JPanel keyPanel = new JPanel();
        getContentPane().add(keyPanel, BorderLayout.CENTER);
        keyPanel.setLayout(new GridBagLayout());
        GridBagConstraints gbc=new GridBagConstraints();//创建约束 //15 行
        int k = 1;//按键标题
        for(int i=0;i<3;i++){//创建按钮,并添加到按键面板中
            for(int j=0;j<3;j++){
                gbc.gridx=j;//单元格所在的列
                gbc.gridy=i;//单元格所在的行   //20 行
                gbc.fill=GridBagConstraints.BOTH;//按键双向延伸
                gbc.weightx=1;//为单元格分配空间
                gbc.weighty=1;//为单元格分配空间
                gbc.insets=new Insets(5, 5, 5, 5);//按键边界空间
                keyPanel.add(new JButton(String.valueOf(k++)), gbc); //25 行
            }
        }
        for(int i=0;i<3;i++){//创建按钮,并添加到按键面板中
            gbc.gridx=i;
            gbc.gridy=3; //30 行
            keyPanel.add(new JButton(btnTxt[i]),gbc);
        }
        //在最下方增加拨号键
        gbc.gridx=0;
        gbc.gridy=4; //35 行
        gbc.gridwidth=4;//按键宽度占四个单元格
        gbc.insets=new Insets(5, 15, 5, 15);//按键边界空间
        keyPanel.add(new JButton("呼叫"),gbc);
        //在右侧上部增加重置键
        gbc.gridx=3; //40 行
        gbc.gridy=0;
        gbc.gridheight=2;//按高度占两个单元格
        gbc.gridwidth=1;//按键宽度占两个单元格
        gbc.insets=new Insets(20, 10, 20, 10);//按键边界空间
        keyPanel.add(new JButton("重置"), gbc); //45 行
        //在右侧下方增加查询键
        gbc.gridx=3;
        gbc.gridy=2;
        keyPanel.add(new JButton("查询"), gbc);
        pack(); //50 行
        setSize(300, 300);
        setLocationRelativeTo(null);
        setVisible(true);
    }
} //55 行
```

本例是对例7.17的改进。从图7-17中可以看出,网格布局管理器虽然能够将组件按行和列编排,但效果并不理想。在本例中,将“重置”和“查询”按键移到电话面板的右侧,将“拨号”按键放在电话面板的最下方并使之延展基本填满电话面板的最下方,同时,数字按键之间留有一定的间距。为了达到这样的效果,需要使用网格布局管理器和网格袋约束条件。基本的做法是:将容器(本程序中是面板 keyPanel)的布局管理器设置成网格布局管理器(见程序第14行);创建一个新的网格袋约束条件(见程序第15行);在向容器添加按键时,先设置网格袋布局的约束条件(见程序第19行至24行、第29行和30行、第34行至37行、第40行至44行、第47行和48行),再按该约束条件将相应的组件添加到容器中(见程序第25行、第31行、第38行、第45行以及49行)。本程序界面如图7-18所示。

图7-18 网格袋布局的效果

7.6 事件处理

事件是指用户对组件的操作,例如单击按钮、鼠标移动等。程序对事件的响应,称为事件处理。为响应事件而执行的程序代码,叫做事件处理程序、事件处理代码或事件处理方法。

GUI程序一般都是由事件驱动的,当有事件发生时,程序才能获得CPU的使用权,同时调用事件处理方法来进行处理,在其余的时间里程序则在不断地等待事件发生。在这个过程中,事件消息(Event Message)是对象间通信的基本方式。当用户进行某种操作时,GUI组件对象根据用户交互的类型创建一个相应表达操作的事件,并作为事件消息传送该事件给程序中的事件处理代码,由该代码最终决定如何处理事件以便让用户得到相应的回应。

7.6.1 Java事件处理模型

Java采用授权模型(Delegation Model)对事件进行事件处理。Java的授权模型包括了事件源、事件以及事件监听器三个组成要素。

事件源：产生事件的对象，即组件。Java 包含了丰富的组件，用户可以在不同的组件上做不同的操作，从而引发不同的事件。由于每种组件有自身的外观和要加以实现的特定功能，不同的事件源能发生的事件是不同的，例如，普通按钮(JButton)和复选框 (JCheckBox) 外观和功能有很大的不同，普通按钮可以接受鼠标操作，从而引发鼠标事件，但不会有选项事件，选项事件只能发生在复选框上。

事件：是指用户对事件源进行的操作，如单击鼠标、选择了选择选项、移动了组件等。Java 将所有可能在组件上发生的事件均封装成类，不同的操作对应着不同的事件类。当某种事件发生时，Java 就会自动生成一个该事件类的实例(对象)，封装了与产生事件的事件源及事件相关的信息，并将其作为事件消息发送给事件处理程序，以使得事件处理程序能够根据这些信息进行相应的响应。

事件监听器：负责接收事件对象并根据事件对象中封装的信息做相应的响应，从而实现程序的功能。事件监听器在 Java 中被定义为接口或类，规定了事件处理的方法模板。在程序设计中，编程人员需要做的事情之一就是要实现其中的事件处理方法。

事件源、事件和事件监听器三者的关系如图 7-19 所示。

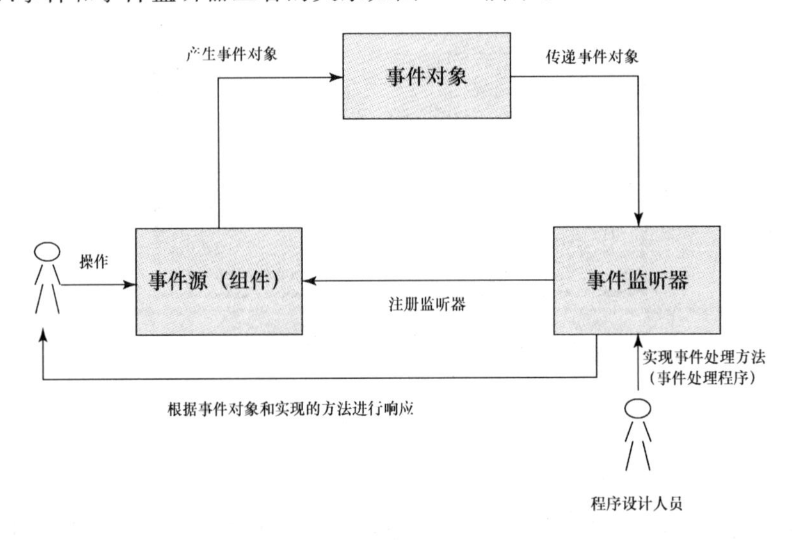

图 7-19　事件处理的授权模型

从图 7-19 中可以看出，Java 的事件授权模型实质上是一种委托模型，组件本身并不对事件进行处理，而是将事件的处理委托给外部实体即监听器来处理。事件发生后，Java 创建一个事件对象，将该对象通知并传递给已经在组件上注册的监听器，监听器在接收到事件对象后，获取事件对象中封装的信息并根据它们执行预设的程序代码，从而完成程序响应功能。

Java 这种授权模型的优点在于将事件源即组件和事件处理程序即事件监听器相分离，提高了程序的灵活性，降低了程序设计的复杂程度。

有必要说明，图 7-19 仅仅是一个简化的模型概略图，在实际的应用程序中，其界面上会包含多个组件，每个组件可能有不同的操作，会产生不同的事件对象，需要用不同的事件监听器来进行监听。也就是说，一个组件上可以同时注册多个监听器，用以实现对组件上不同类型操作的响应。

7.6.2 事件类型及其处理

事件在Java中被封装成类，位于java.awt.event包中，其根类是EventObject。本节介绍应用程序中常见的事件类。

1. 动作事件

动作事件(ActionEvent)是表示用户对组件产生预定义动作的事件，如按下按钮、双击列表框的选项、选中一个菜单项或者在文本框中输入了回车等等。

Java的大部分组件都可以产生动作事件，典型的组件包括普通按钮、切换按钮、复选框、文本框、列表框、组合框、菜单项等。

动作事件类的常用方法有两个：

(1) public String getActionCommand()。

返回动作命令名称，不同的组件定义了不同的动作命令名称，例如，普通按钮将动作命令名称定义为与其标题相同，组合框将其动作命令名称定义为“comboBoxChanged”。本方法可以返回组件定义的动作命令名称。

(2) public Object getSource()。

从EventObject类中继承，返回发生事件的对象。

处理动作事件的监听器是要实现动作事件监听器接口ActionListener，该接口只有一个方法actionPerformed()，当动作事件发生时，会自动执行该方法。应用程序需要实现该方法，以便对事件进行响应。ActionListener接口的定义如下：

```
public interface ActionListener extends EventListener {
    public void actionPerformed(ActionEvent e);
}
```

2. 焦点事件

焦点事件(FocusEvent)是组件获得或失去焦点时产生的事件。Swing中的所有组件都能产生焦点事件。FocusEvent类的常用方法是从EventObject类中继承getSource()方法。

焦点事件的监听器需要实现焦点监听器接口FocusListener，该接口如下定义：

```
public interface FocusListener extends EventListener {
    public void focusGained(FocusEvent e);
    public void focusLost(FocusEvent e);
}
```

其中，当组件获得焦点时，自动执行focusGained()方法；当组件失去焦点时，自动执行focusLost()方法。

3. 键盘事件

键盘事件(KeyEvent)表示组件中发生击键的事件，按下、释放或键入某个键时产生的事件。Swing的所有组件都能产生键盘事件。键盘事件的一种典型的应用是根据本文框或文本区中的相应输入来执行特定的动作。KeyEvent 类的常用方法如表 7-15 所示。

表 7-15　KeyEvent 类的常用方法

修饰符与返回值	方法	说明
public Object	getSource()	从 EventObject 类中继承,返回发生事件的对象
public char	getKeyChar()	返回按键的 Unicode 字符。如果对于此按键事件没有有效的 Unicode 字符,则返回 KeyEvent. CHAR_UNDEFINED
public int	getKeyCode()	返回按键的按键代码(keyCode)。按键代码在 KeyEvent 类中定义,形式为 VK_XXX
public static String	getKeyText(int keyCode)	返回描述 keyCode 的字符串,如"HOME"、"F1"或"A"等
public boolean	isActionKey()	返回按键是否为"动作"键。"动作"键是指空格键、插入键(Insert)、翻页键(Page Down 和 Page Up)以及功能键(F1、F2…)之外的按键。如果是"动作"键,则返回 true;否则返回 false
public boolean	isControlDown()	返回是否按下了 Ctrl 键,true 表示按下了 Ctrl 键
public boolean	isAltDown()	返回是否按下了 Alt 键,true 表示按下了 Alt 键
public boolean	isShiftDown()	返回是否按下了 Shift 键,true 表示按下了 Shift 键

按键监听器负责监听按键事件,必须实现按键监听器接口 KeyListener,KeyListener 接口的定义如下:

```
public interface KeyListener extends EventListener {
    public void keyTyped(KeyEvent e);
    public void keyPressed(KeyEvent e);
    public void keyReleased(KeyEvent e);
}
```

keyTyped()方法在用户击键时自动执行,该方法通常用来捕获用户键入的字符,对于非字符按键如功能键等不会激活此方法。所以,该方法一般与键盘事件的 getKeyChar()配合使用。

keyPressed()和 keyReleased()方法分别在按下按键和释放按键时自动执行,通常他们不用于捕获输入的字符,主要用来发现不生成字符的输入键(如 Ctrl、Alt、Shift 等)。一般与键盘事件的 getKeyCode()方法配合使用。

4. 鼠标事件

鼠标事件(MouseEvent)是拖动、移动、单击、按下或释放鼠标或在鼠标进入或退出一个组件时发生的事件。MouseEvent 类常用的方法如表 7-16 所示。

表 7-16　MouseEvent 类的常用方法

修饰符与返回值	方法	说明
public Object	getSource()	从 EventObject 类中继承，返回发生事件的对象
public int	getButton()	返回按下的鼠标按键，返回值是 MouseEvent 类中定义的常量，分别为 BUTTON1（鼠标左键）、BUTTON2（鼠标滚轮）和 BUTTON3（鼠标右键）
public Component	getComponent()	返回鼠标事件源所在的组件
public int	getX()	返回鼠标事件源的水平 x 坐标
public int	getY()	返回鼠标事件源的垂直 y 坐标
public boolean	isPopupTrigger()	返回此鼠标事件是否为当前平台的弹出菜单触发事件，如果是，返回 true
public int	getClickCount()	返回单击鼠标的次数

鼠标事件的监听，由鼠标事件监听器和鼠标移动监听器负责，前者用于监听单击、按下、释放鼠标以及鼠标进入或退出一个组件等操作，后者用于监听鼠标移动和拖动操作。这两种类型的监听器必须分别实现鼠标事件监听器接口 MouseListener 和鼠标移动监听器接口 MouseMotionListener。

MouseListener 接口的定义如下：

```
public interface MouseListener extends EventListener {
    public void mouseClicked(MouseEvent e); //单击鼠标时激活此方法
    public void mousePressed(MouseEvent e); //按下鼠标时激活此方法
    public void mouseReleased(MouseEvent e); //释放鼠标时激活此方法
    public void mouseEntered(MouseEvent e); //鼠标移入组件时激活此方法
    public void mouseExited(MouseEvent e); //鼠标移出组件时激活此方法
}
```

MouseMotionListener 接口的定义为：

```
public interface MouseMotionListener extends EventListener {
    public void mouseDragged(MouseEvent e); //在组件上拖动鼠标时激活此方法
    public void mouseMoved(MouseEvent e); //在组件上移动鼠标时激活此方法
}
```

5. 选项事件

选项事件(ItemEvent)是与选项有关的组件中相关选项被选择或取消时生成的事件。选项有关的组件包括复选框、单选钮、组合框、复选菜单项、单选菜单项等。除了 getSource()方法以外，ItemEvent 类还有以下两个常用方法：

(1) public Object getItem()。

返回导致事件发生的选项对象。

(2) public int getStateChange()。

返回导致事件发生的类型，返回值在 ItemEvent 类中定义，ItemEvent. SELECTED 表示事件由选中了的选项触发，ItemEvent. DESELECTED 表示事件由取消了的选项触发。

选项事件的监听器需要实现选项监听器接口 ItemListener，该接口如下定义：

```
public interface ItemListener extends EventListener {
    void itemStateChanged(ItemEvent e); //选项发生改变时执行此方法
}
```

6. 列表选择事件

列表选择事件(ListSelectionEvent)是列表框中选项发生改变所导致的事件。该事件类除 getSource()，还有两个常用方法：

```
public int getFirstIndex()/public int getLastIndex()
```

这两个方法分别返回多项选择中的第一个选项和最后一个选项的位置。

列表选择事件的监听器需要实现列表选择监听器接口 ListSelectionListener，该接口如下定义：

```
public interface ListSelectionListener extends EventListener{
    void valueChanged(ListSelectionEvent e); //选项值发生改变时执行此方法
}
```

7. 窗口事件

窗口事件(WindowEvent)是一个窗口激活、关闭、失效、恢复、最小化、打开或退出时产生的事件。WindowEvent 类的常用方法包括：

```
public int getOldState()/public int getNewState()
```

这两个方法分别返回窗体以前的状态和窗体现在的状态。返回值在 java. awt. Frame 中定义：

Frame. NORMAL：窗体处于正常状态；

Frame. ICONIFIED：窗体处于最小化(图标化)状态；

Frame. MAXIMIZED_BOTH：窗体处于最大化状态。

接口 WindowListener、WindowStateListener、WindowFocusListener 定义了不同窗体事件的监听器。在实际使用中应根据应用程序的功能对这些接口加以实现。

窗体监听器接口 WindowListener 主要用来监听窗口打开、关闭、激活或停用、图标化或取消图标化等操作。WindowListener 接口的定义如下：

```
public interface WindowListener extends EventListener {
    public void windowOpened(WindowEvent e); //窗口首次变为可见时执行此方法
    public void windowClosing(WindowEvent e); //窗口正在关闭时执行此方法
    public void windowClosed(WindowEvent e); //窗口已关闭(隐藏)时执行此方法
    public void windowIconified(WindowEvent e); //将窗口最小化时执行此方法
    public void windowDeiconified(WindowEvent e); //解除窗口最小化时执行此方法
    public void windowActivated(WindowEvent e); //窗口变为活动状态时执行此方法
    public void windowDeactivated(WindowEvent e); //窗口变为不活动状态时执行此方法
}
```

窗口状态监听器接口 WindowStateListener 主要监听导致窗口状态变化的操作，如窗体在正常状态、最大化、最小化之间的变化。WindowStateListener 接口的定义如下：

```
public interface WindowStateListener extends EventListener {
    public void windowStateChanged(WindowEvent e); //窗口状态变化时执行此方法
}
```

窗口焦点监听器接口 WindowFocusListener 用于监听窗口的焦点变化情况，其定义如下：

```
public interface WindowFocusListener extends EventListener {
    public void windowGainedFocus(WindowEvent e); //窗口获得焦点时执行此方法
    public void windowLostFocus(WindowEvent e); //窗口失去焦点时执行此方法
}
```

7.6.3　监听器的注册与实现

1. 事件监听器的注册

在 Java 的事件处理模型中，事件由事件监听器处理，事件监听器要发挥作用，必须事先注册相应的监听器。Java 的每个组件都有形式如下的一个或多个方法：

```
public void addXXXListener (XXXListener l)
```

该方法的功能是为组件注册监听器，其参数是特定事件监听器接口的一个具体实现。如表 7-17 所示常用事件监听器的注册方法。

表 7-17　常用事件监听器接口的注册方法

组件	监听器注册方法
窗体(JFrame) 对话框(JDialog)	addWindowListener(WindowListener l) addWindowStateListener(WindowStateListener l) addWindowFocusListener(WindowFocusListener l)
普通按钮(JButton)	public void addActionListener(ActionListener l)
切换按钮(JToggleButton) 复选框 (JCheckBox) 单选钮(JRadioButton) 组合框(JComboBox) 复选菜单项(JCheckBoxMenuItem) 单选菜单项(JRadioButtonMenuItem)	public void addActionListener(ActionListener l) public void addItemListener(ItemListener l)
列表框(JList)	addListSelectionListener(ListSelectionListener listener)
文本框(JTextField) 密码框(JPasswordField)	addActionListener(ActionListener l) addKeyListener(KeyListener l)
文本区(JTextArea)	addActionListener(ActionListener l)
菜单项(JMenuItem)	addActionListener(ActionListener l)
所有组件	addFocusListener(FocusListener l) addMouseListener(MouseListener l) addMouseMotionListener(MouseMotionListener l)

2. 事件监听器的实现

事件监听器接口定义了事件监听器的“模板”,规定了如何设计事件处理代码,不同的应用程序在事件产生时,执行的具体响应会有所不同,在设计事件处理过程中,必须实现具体的事件监听器接口,根据应用程序的要求,自行编写响应的代码。

事件监听器的实现主要有四种方式,分别是主类作为事件监听器、匿名类作为事件监听器、成员类作为事件监听器以及独立类作为事件监听器。以下以动作事件监听器为例,说明事件监听器的实现

(1) 主类作为事件监听器。

这种实现方式是由主类实现监听器接口,主类同时也是一个监听器。注册时直接将主类注册给组件。以下是这种方式的示例:

```
public class ListenerDemo extends JFrame implements ActionListener{//实现监听器接口
    private JLabel infoLabel;
    private JButton btn1,btn2;
    public static void main(String[] args) {
        new ListenerDemo();
    }
    public ListenerDemo() {
        ……
        infoLabel = new JLabel();
        getContentPane().add(infoLabel);
        btn1 = new JButton("按钮 1");
        getContentPane().add(btn1);
        btn2= new JButton("按钮 2");
        getContentPane().add(btn2);
        btn1.addActionListener(this);//注册监听器
        btn2.addActionListener(this);//注册监听器
        ……
    }
    //实现监听器接口的方法
    public void actionPerformed(ActionEvent e) {
        // 处理事件的代码
        if(e.getActionCommand()=="按钮 1")
             infoLabel.setText("单击了按钮 1");
        else
            infoLabel.setText("单击了按钮 2");
    }
}
```

这种方式的特点是多个组件共用一个相同类型的事件监听器,在组件少的时候实现起来比较简单,若组件较多,程序实现会很复杂。例如,上述示例中有两个按钮,为了区别出当前事件是哪个按钮引发的,需要用动作事件类的 getActionCommand()方法来判断事件源。

组件越多，需要做判断的工作就越多，代码就越长，导致难以阅读和维护。

(2) 匿名类作为事件监听器。

这种实现方式是在注册监听器的同时，以匿名类的形式实现监听器。示例代码如下：

```
public class ListenerDemo extends JFrame {
    private JLabel infoLabel;
    private JButton btn1,btn2;
    public static void main(String[] args) {
        new ListenerDemo();
    }
    public ListenerDemo() {
        ……
        infoLabel = new JLabel();
        getContentPane().add(infoLabel);
        btn1 = new JButton("按钮 1");
        getContentPane().add(btn1);
        btn1.addActionListener(new ActionListener() {//匿名类，在注册时实现
            public void actionPerformed(ActionEvent evt) {
                infoLabel.setText("单击了按钮 1");
            }
        });
        btn2 = new JButton("按钮 2");
        getContentPane().add(btn2);
        btn2.addActionListener(new ActionListener() {//匿名类，在注册时实现
            public void actionPerformed(ActionEvent evt) {
                infoLabel.setText("单击了按钮 2");
            }
        });
        ……
    }
}
```

使用匿名类实现监听器，可以避免判断事件源，不同组件的监听器各自独立，彼此不互相干扰。但由于事件处理代码是与组件结合在一起的，而一段程序中组件可能处于不同位置，因而事件处理的代码也会分散在程序的不同位置。而且，当事件处理比较复杂的时候，匿名类中的代码将很难阅读。

(3) 成员类作为事件监听器。

这种实现方式是在程序中定义若干实现相应事件监听器接口的成员类，并将它们注册为相应的组件。示例代码如下：

```
public class ListenerDemo extends JFrame {
    private JLabel infoLabel;
    private JButton btn1,btn2;
```

```
        public static void main(String[] args) {
            new ListenerDemo();
        }
        public ListenerDemo() {
            ……
            class Btn1Listener implements ActionListener{   //成员类
                public void actionPerformed(ActionEvent e) {
                    infoLabel.setText("单击了按钮 1");
                }
            }
            class Btn2Listener implements ActionListener{   //成员类
                public void actionPerformed(ActionEvent e) {
                    infoLabel.setText("单击了按钮 2");
                }
            }
            infoLabel = new JLabel();
            getContentPane().add(infoLabel);
            btn1 = new JButton("按钮 1");
            getContentPane().add(btn1);
            btn1.addActionListener(new Btn1Listener());//注册监听器
            btn2 = new JButton("按钮 2");
            getContentPane().add(btn2);
            btn2.addActionListener(new Btn2Listener());//注册监听器
            ……
        }
    }
```

这种方式避免了上述用主类和匿名类实现监听器时代码繁杂及难以阅读的问题，程序结构清楚，维护方便。但由于使用了内部类，这些类只能在类的内部使用，代码的重用性差，特别是在某些大型应用程序中，可能需要重用实现的监听器，在这种情况下，这种方式就无能为力了。

(4) 独立类作为事件监听器。

这种方式是独立的类来实现事件监听器，示例代码如下：

```
public class ListenerDemo extends JFrame {
    private JLabel infoLabel;
    private JButton btn1,btn2;
    public static void main(String[] args) {
        new ListenerDemo();
    }
    public ListenerDemo() {
        ……
        infoLabel = new JLabel();
```

```
            getContentPane().add(infoLabel);
            btn1 = new JButton("按钮 1");
            getContentPane().add(btn1);
            btn1.addActionListener(new BtnListener(infoLabel,"单击了按钮 1"));//注册监听器
            btn2 = new JButton("按钮 2");
            getContentPane().add(btn2);
            btn2.addActionListener(new BtnListener(infoLabel,"单击了按钮 2"));//注册监听器
            ……
        }
    }
    class BtnListener implements ActionListener{//独立类,实现了监听器接口
        private JLabel infoLabel;
        private String info;
        public BtnListener(JLabel infoLabel,String info){
            this.infoLabel=infoLabel;
            this.info=info;
        }
        public void actionPerformed(ActionEvent e) {
            infoLabel.setText(info);
        }
    }
```

这种方式的优点在于代码的重用性程度高,但由于实现监听器的类是一个独立的类,它脱离了主类而存在,因而无法直接使用主类中的组件或相关变量,必须通过参数的传递,才可以引用它们。

总的来看,上述四种方式各有优缺点,应该根据应用程序的具体情况选择使用。

7.6.4　适配器

在定义事件监听器时,应实现相应的事件监听器接口,而接口的实现必须实现其中定义的所有方法。但在大部分情况下,应用程序只需用到接口中定义的一部分方法。为了简化程序的设计,Java 中还提供了事件处理的适配器。

适配器是一种抽象类,它实现了相应的事件监听器接口。定义事件处理类时应将适配器作为父类,从而继承适配器的事件处理方法。使用适配器的好处是不必将事件监听器中所有的方法都列出,而只重写有操作的方法即可。常用的适配器包括焦点适配器、按键适配器、鼠标适配器以及窗口适配器等。

(1) 焦点适配器。

焦点适配器(FocusAdapter)实现了 FocusListener 接口,定义如下:

```
public abstract class FocusAdapter implements FocusListener {
    public void focusGained(FocusEvent e) {}
    public void focusLost(FocusEvent e) {}
}
```

(2) 按键适配器。

按键适配器 KeyAdapter 实现了 KeyListener 接口,定义如下:

```
public abstract class KeyAdapter implements KeyListener {
    public void keyTyped(KeyEvent e) {}
    public void keyPressed(KeyEvent e) {}
    public void keyReleased(KeyEvent e) {}
}
```

(3) 鼠标适配器。

鼠标适配器(MouseAdapter)实现了 MouseListener、MouseWheelListener、MouseMotionListener 三个接口,其定义如下:

```
public abstract class MouseAdapter implements MouseListener,
                        MouseWheelListener, MouseMotionListener {
    public void mouseClicked(MouseEvent e) {}
    public void mousePressed(MouseEvent e) {}
    public void mouseReleased(MouseEvent e) {}
    public void mouseEntered(MouseEvent e) {}
    public void mouseExited(MouseEvent e) {}
    public void mouseWheelMoved(MouseWheelEvent e){}
    public void mouseDragged(MouseEvent e){}
    public void mouseMoved(MouseEvent e){}
}
```

(4) 窗口适配器。

窗口适配器(WindowAdapter)实现了 WindowListener、WindowStateListener、WindowFocusListener 三个接口,定义如下:

```
public abstract class WindowAdapter implements WindowListener,
                        WindowStateListener, WindowFocusListener{
    public void windowOpened(WindowEvent e) {}
    public void windowClosing(WindowEvent e) {}
    public void windowClosed(WindowEvent e) {}
    public void windowIconified(WindowEvent e) {}
    public void windowDeiconified(WindowEvent e) {}
    public void windowActivated(WindowEvent e) {}
    public void windowDeactivated(WindowEvent e) {}
    public void windowStateChanged(WindowEvent e) {}
    public void windowGainedFocus(WindowEvent e) {}
    public void windowLostFocus(WindowEvent e) {}
}
```

【例 7.19】事件处理。

```
import java.awt.*;//1 行
import java.awt.event.*;
import javax.swing.*;
import javax.swing.text.BadLocationException;
public class EventHandler extends JFrame {//5 行
    private static final long serialVersionUID = 6909538986051070151L;
    JPopupMenu popMenu;
    JScrollPane scrollPane;
    JList list;
    JTextArea text;//10 行
    int pos;//用于记录当前光标位置的变量
    boolean flag=false;//用于标识文本区是否被输入了文本的变量
    public static void main(String[] args) {
        new EventHandler();
    }//15 行
    public EventHandler() {
        class TextAdapter extends KeyAdapter{//成员类继承适配器
            public void keyTyped(KeyEvent evt) {
                flag=true;//表示输入了文本
                if (popMenu.isShowing()) {//20 行
                    popMenu.setVisible(false);
                }
                if(evt.getKeyChar()=='王'){//捕获特定的字符
                    pos=text.getCaretPosition();//取得光标位置
                    try {//25 行
                        Rectangle r = text.modelToView(pos);//光标位置转换为屏幕位置
                        popMenu.show(text, r.x+r.width, r.y+r.height);//显示弹出式
                        菜单
                        text.requestFocus();
                    } catch (BadLocationException e) {
                        e.printStackTrace();//30 行
                    }
                }
            }
        }
        addWindowListener(new FrameListener(this));  //注册监听器  //35 行
        setDefaultCloseOperation(WindowConstants.DO_NOTHING_ON_CLOSE);
        popMenu = new JPopupMenu();
        String[] elements=new String[] {"王立", "王定好","王大伟",
                                "王康富", "王恩华"};
```

```
            list = new JList(elements);  //创建列表框  //40 行
            list.setSelectionMode(ListSelectionModel.SINGLE_SELECTION);
            scrollPane = new JScrollPane(list);//创建包含列表框的卷滚面板
            popMenu.add(scrollPane);//将卷滚面板添加到弹出式菜单
            popMenu.setPreferredSize(new Dimension(230, 80));
            list.addMouseListener(new ListMouseAdapter(this));//注册监听器//45 行   text =
            new JTextArea();
            text.setLineWrap(true);
            getContentPane().add(text, BorderLayout.CENTER);
            text.addKeyListener(new TextAdapter());//注册监听器
            pack();//50 行
            setSize(400, 300);
            setLocationRelativeTo(null);
            setVisible(true);
            }
    }//55 行
    class FrameListener implements WindowListener{//独立类实现监听器
        private EventHandler frame;
        public FrameListener(EventHandler frame){
            this.frame=frame;
        }//60 行
        public void windowActivated(WindowEvent e) {}
        public void windowClosed(WindowEvent e) {}
        public void windowClosing(WindowEvent e) {
            if(frame.flag){//是否输入了文本
                int result=JOptionPane.showConfirmDialog(null, "是否保存更改?", //65 行
                        null, JOptionPane.OK_CANCEL_OPTION);
                if(result==JOptionPane.CANCEL_OPTION||result==-1){
                    return;
                }
            }//70 行
            System.exit(0);//按确定钮时退出
        }
        public void windowDeactivated(WindowEvent e) {}
        public void windowDeiconified(WindowEvent e) {}
        public void windowIconified(WindowEvent e) {}//75 行
        public void windowOpened(WindowEvent e) {}
}
class ListMouseAdapter extends MouseAdapter{//独立类继承适配器
    private EventHandler frame;
    public ListMouseAdapter(EventHandler frame){//80 行
        this.frame=frame;
```

```
        }
        public void mouseClicked(MouseEvent evt) {
            if (evt. getClickCount() == 2){//双击鼠标时将列表框选项加入文本区
                    frame. text. select(frame. pos, frame. pos+1);  //85 行
                    frame. text. replaceSelection((String)frame. list. getSelectedValue());
                    frame. text. requestFocus();
                    frame. popMenu. setVisible(false);
            }
        }
    }  //90 行
```

本例模拟了姓名提示程序，用户在界面的文本区中输入字符“王”，程序自动弹出提示框（实际上是一个包含了列表框的弹出式菜单），其上列出了可能的姓名，用户可以双击鼠标从中选出需要的名字，也可以继续输入。

本程序使用了三个事件监听器。按键监听器 TextAdapter 以成员类的方式实现，它继承了按键适配器（见程序第 17 行至 34 行），其功能是捕获用户在文本区中的输入。当用户输入“王”时，弹出提示框。窗口监听器 FrameListener 以独立类的方式实现，它实现了窗口监听器接口（见程序第 56 行至 77 行）。在窗口监听器中，程序只处理窗口关闭操作，若未向文本区中进行过输入，则程序结束，否则，给出消息选择对话框，根据用户选择决定程序是否结束。鼠标监听器 ListMouseAdapter 也以独立类的方式实现，不过它继承了鼠标适配器（见程序第 78 行至 91 行），其功能是处理用户在提示框上鼠标双击事件，将用户选定的姓名添加到文本区的当前光标位置。如图 7-20 所示程序运行的界面。

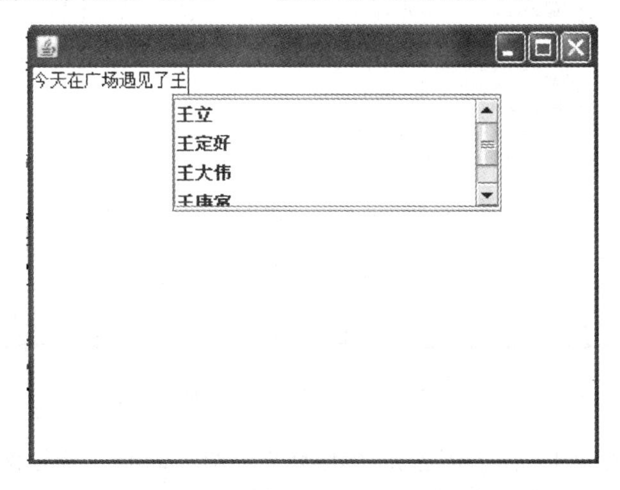

图 7-20 事件处理程序运行界面

7.7 利用 Eclipse 和第三方 GUI 插件进行界面设计

Eclipse 自身并不带有图形用户界面的工具，需要借助第三方的可视化开发插件。目前这样的插件比较多，例如 SWT-Designer、Jigloo、Eclipse 官方提供的 Visual Editor(VE)、

Visual Swing for Eclipse或WindowBuilder Pro。其中,Jigloo具有体积小巧、安装方便、效率较高以及简单易用等特点,而且,Jigloo可以免费用于非商业应用。

Jigloo的最新版本可从网站http://www.cloudgarden.com/jigloo/上下载,下载解压后,按第一章所述方法将其安装到Eclipse中。以下以一个未完成的文本编辑器程序为例,简要介绍在Eclipse中利用Jigloo插件开发GUI应用程序的步骤。

7.7.1 创建项目与窗体

在Eclipse中新建一个Java项目,名称为“文本编辑器”,这一步骤与以前创建项目没有区别。

创建窗体时,选择菜单“文件”→“新”→“其他”,弹出选择向导,选择其中的“GUI forms→Swing→JFrame”,如图7-21所示。

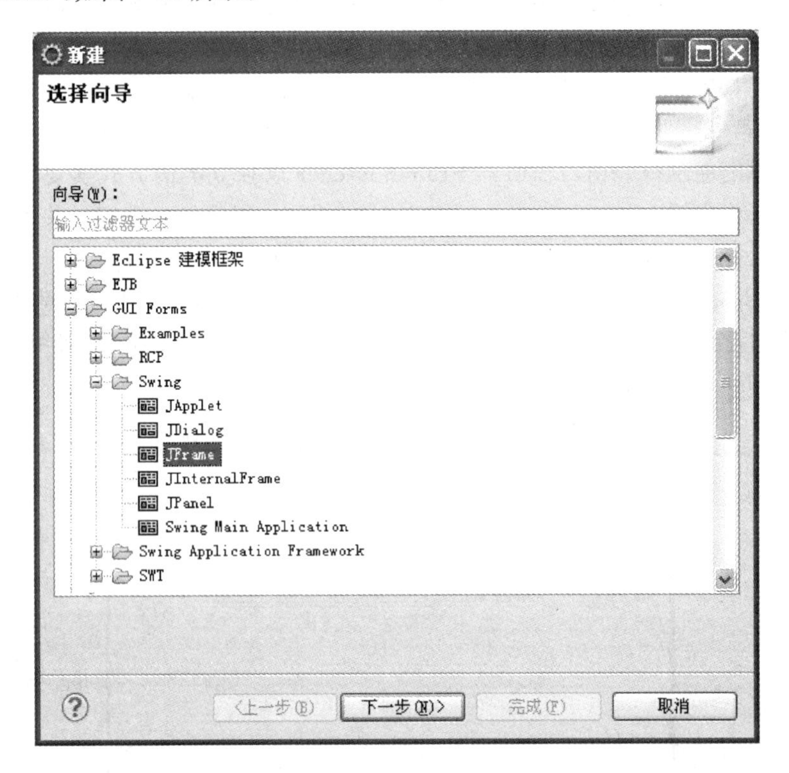

图7-21 选择向导对话框

单击选择向导窗口中“下一步”按钮,继续弹出如图7-22所示新建窗体对话框。其中缺省的类名是NewJframe,用户可以修改这个名称(本例中修改为Editor),同时,也可以根据需要指定包名和决定窗体类中是否包括主方法。

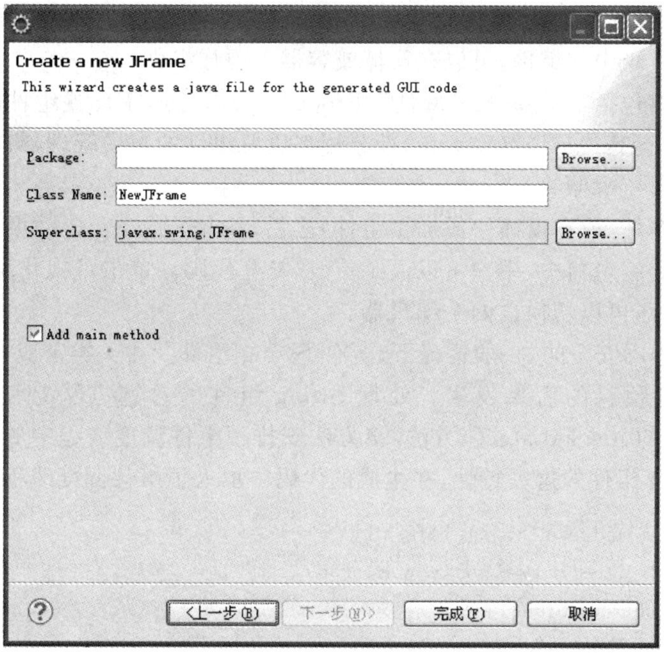

Create a new JFrame

This wizard creates a java file for the generated GUI code

Package: [ ] Browse...

Class Name: NewJFrame

Superclass: javax.swing.JFrame Browse...

☑ Add main method

〈上一步(B)　下一步(N)〉　完成(F)　取消

图 7-22　新建窗体对话框

单击“完成”按钮，在 Eclipse 中会自动生成必要的代码，并提供可视化的编辑界面，如图 7-23 所示。

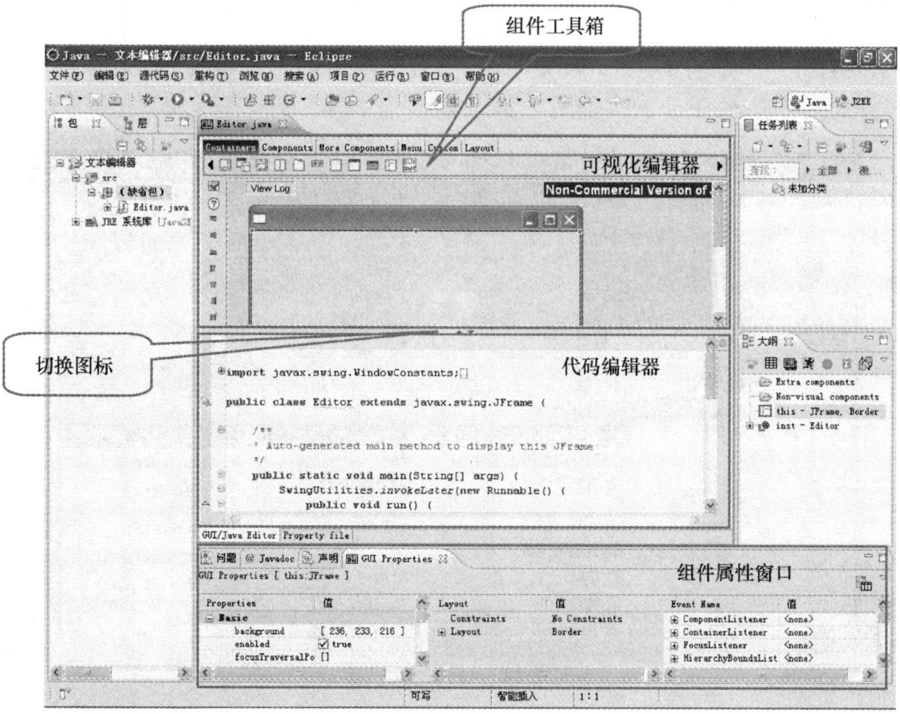

组件工具箱

Java — 文本编辑器/src/Editor.java — Eclipse

文件(F)　编辑(E)　源代码(S)　重构(T)　浏览(N)　搜索(A)　项目(P)　运行(R)　窗口(W)　帮助(H)

包　层

文本编辑器

src

（缺省包）

Editor.java

JRE 系统库

Editor.java

Containers　Components　More Components　Menu　Custom　Layout

可视化编辑器

View Log

Non-Commercial Version of

切换图标

代码编辑器

```
import javax.swing.WindowConstants;

public class Editor extends javax.swing.JFrame {

    /**
    * Auto-generated main method to display this JFrame
    */
    public static void main(String[] args) {
        SwingUtilities.invokeLater(new Runnable() {
            public void run() {
```

GUI/Java Editor　Property file

任务列表

查找：　全部　激...

未加分类

大纲

Extra components

Non-visual components

this - JFrame, Border

inst - Editor

问题　@ Javadoc　声明　GUI Properties

GUI Properties [this:JFrame]

组件属性窗口

Properties	值
Basic	
background	[236, 233, 216]
enabled	☑ true
focusTraversalPo	[]

Layout	值
Constraints	No Constraints
Layout	Border

Event Name	值
ComponentListener	<none>
ContainerListener	<none>
FocusListener	<none>
HierarchyBoundsList	<none>

可写　智能插入　1 : 1

图 7-23　窗体设计界面

在图 7-23 所示的界面中,可视化编辑器允许用户以可视的方式对程序界面进行编辑,通过拖放组件工具箱中的组件,可以在窗体或容器上添加组件。

组件属性窗口包括三个部分:"属性"(Properties)部分用于设置组件的各种属性,如名称、标题、大小、位置等;"布局"(Layout)部分用来设置组件的布局管理器;"事件"(Event)部分用来为组件注册监听器。

创建了一个窗体(或在窗体中添加了组件)之后,Jigloo 插件会自动生成相应的代码,这些代码显示在代码编辑器中,用户可以人工更改、补充代码。单击可视化编辑器与代码编辑器之间的切换图标,可以切换这两个编辑器。

Swing 是线程不安全的,一般情况下,所有 Swing 组件及相关类都应在事件调度线程上访问,以避免不可预料的后果发生。处理 Swing 组件的首选方法是使用 javax.swing.SwingUtilities 类的 invokeLater()方法,该方法安排了事件调度线程中的执行内容。Jigloo 插件考虑了 Swing 组件的这一特性,在生成的代码中加入了事件调度线程,程序如下:

```
public static void main(String[] args) {
    SwingUtilities.invokeLater(new Runnable() {
        public void run() {
            Editor inst = new Editor();
            inst.setLocationRelativeTo(null);
            inst.setVisible(true);
        }
    });
}
```

如果要打开一个已有的 Java 源文件,并使之呈现出图形编辑窗口,则需要使用右键菜单"打开方式"→"Form Editor",如图 7-24 所示。

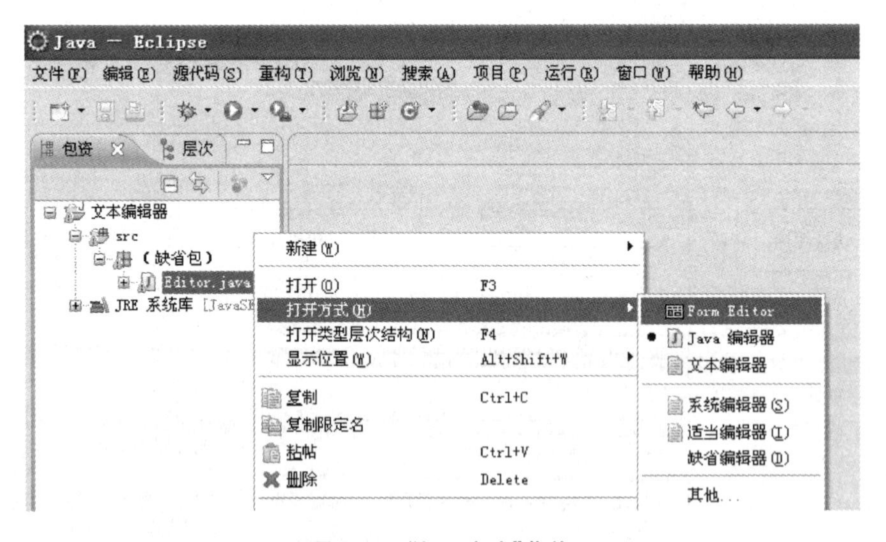

图 7-24 "打开方式"菜单

单击 Eclipse 的运行按钮或"运行"菜单,即可运行应用程序。

7.7.2　设置组件的属性

利用组件属性窗口，可以非常方便地设置组件的属性，只要在相应的属性名称所对应的“值”单元格中进行选择或者输入即可。假定要将窗体的标题设置成“编辑器”，经历如下两个步骤就可以完成：① 在可视化编辑器中选定窗体，或者在“大纲”窗口中选定窗体；② 在组件属性窗口中找到“属性”(Properties)部分内的“title”属性，在其后的“值”单元格中输入“编辑器”，如图 7-25 所示。

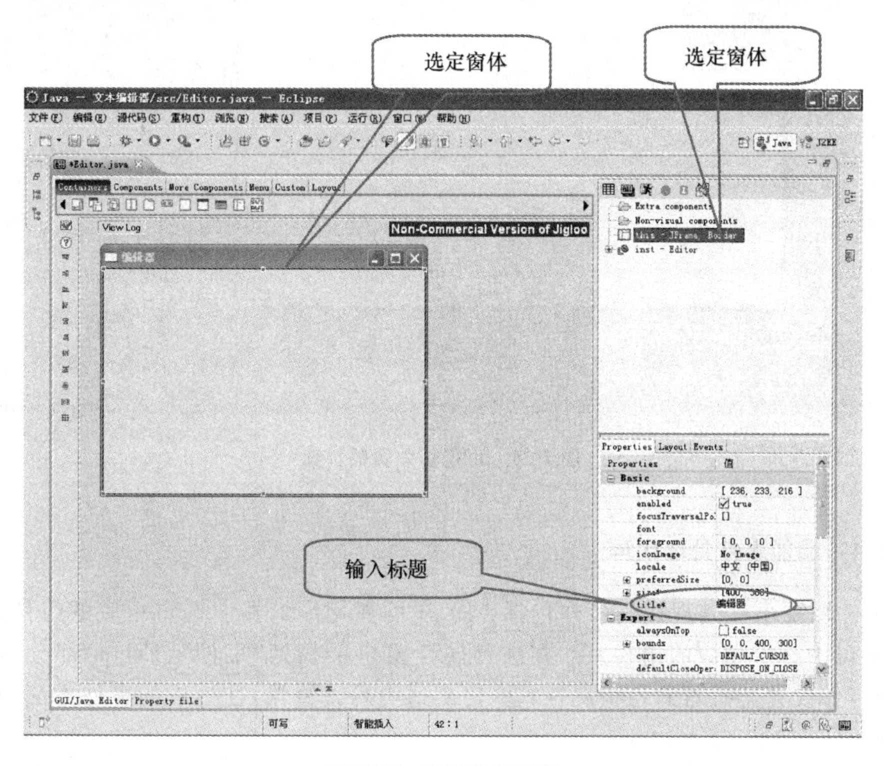

图 7-25　设置组件属性

7.7.3　添加组件

组件工具箱中包含了各种组件，单击工具箱中组件图标，将其拖放到要加入的窗体或者容器的特定位置上，即可完成组件摆放。组件工具箱中的组件共分为六组：容器(Container)、组件(Components)、更多组件(More Components)、菜单(Menu)、定制(Custom)、布局(Layout)。单击相应的选项，就可以显示出相应的组件图标。图 7-26 是在窗体上增加了文本区和菜单并设置了它们的属性后的可视化编辑器界面。

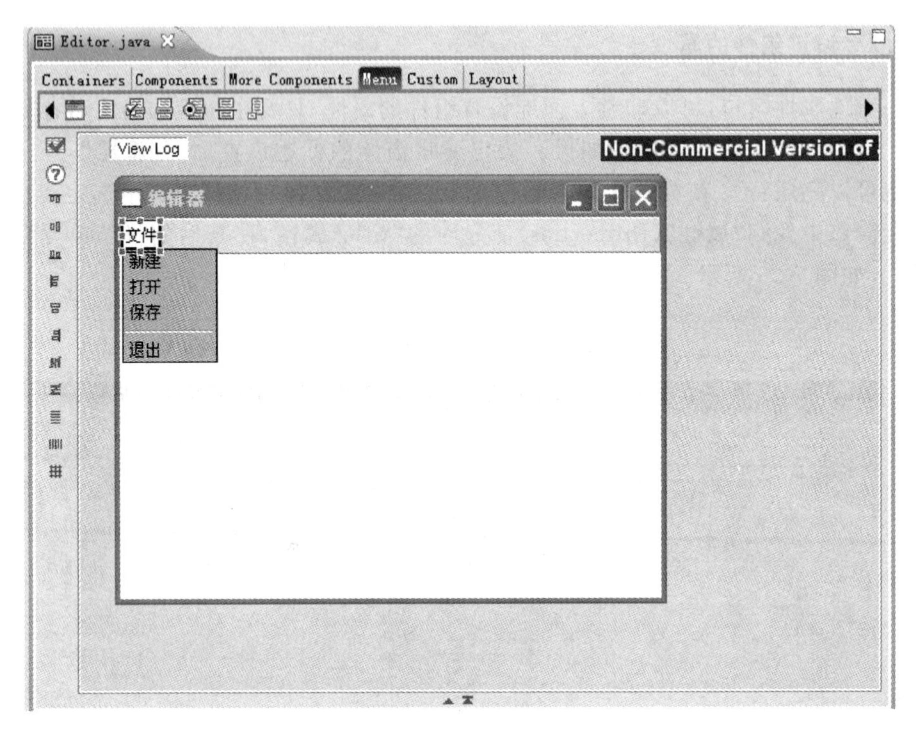

图 7-26　可视化编辑器界面

7.7.4　添加事件处理代码

给组件添加事件处理代码步骤包括：① 在可视化编辑器中选定相应的组件，或者在“大纲”窗口中选定相应的组件；② 在组件属性窗口中找到“事件”(Event)部分内的相应的监听器，并设置监听器的各种属性；③ 切换到代码编辑器，在生成的事件方法中编写所需的代码。

Jigloo 插件可以将类自身实现为监听器，也可以以匿名类的方式实现监听器，对应的值分别为“this” 和“〈anonymous〉”，可根据需要选择其一。如果选定了“〈anonymous〉”，则监听器中事件处理方法有两种布局方式共用户选择，一种是“inline”，即事件处理方法位于匿名类所在的代码行内，另一种是“handler method”，即会生成类级别的事件处理方法。两者的区别仅仅在于事件处理的代码位置不同。

假定要在“退出”菜单项中添加一个动作事件监听器，所涉及的步骤如图 7-27 所示。

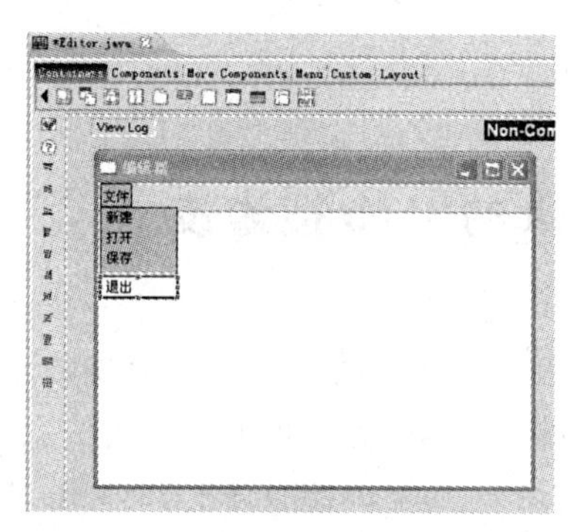

(a) 在可视化编辑器中选定组件(左)或者在"大纲"窗口中选定组件(右)

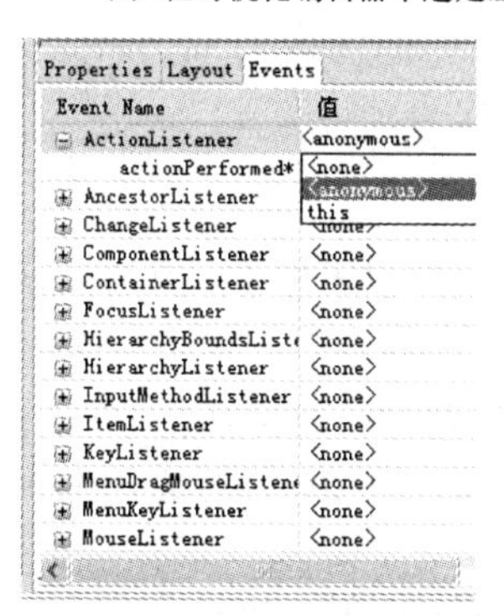

(b) 在组件属性窗口中将监听器的实现设置为匿名类

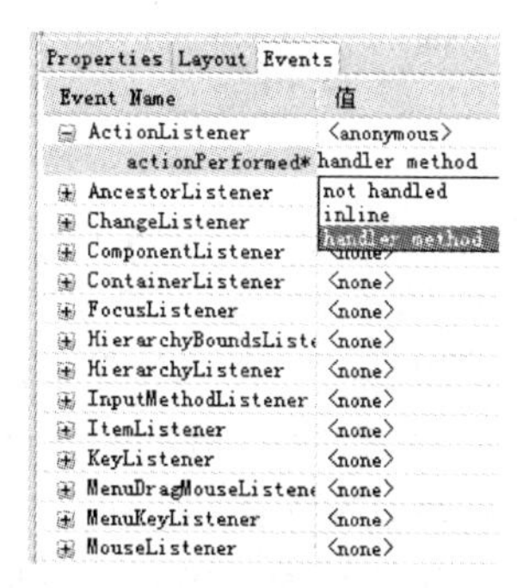

(c) 在组件属性窗口中将事件处理方法设置为类级方法

Editor.java

```
88              }
89              {
90                  jSeparator1 = new JSeparator();
91                  jMenu1.add(jSeparator1);
92              }
93              {
94                  jMenuItem3 = new JMenuItem();
95                  jMenu1.add(jMenuItem3);
96                  jMenuItem3.setText("\u9000\u51fa");
97                  jMenuItem3.addActionListener(new ActionListener() {
98                      public void actionPerformed(ActionEvent evt) {
99                          jMenuItem3ActionPerformed(evt);
100                     }
101                 });
102             }
103         }
104     }
105     pack();
106     setSize(400, 300);
107   } catch (Exception e) {          //add your error handling code here
108     e.printStackTrace();
109   }
110 }
111
112 private void jMenuItem3ActionPerformed(ActionEvent evt) {
113     System.out.println("jMenuItem3.actionPerformed, event="+evt);
114     //TODO add your code for jMenuItem3.actionPerformed
115     System.exit(0);
116 }
117
```

自动生成的匿名类监听器

自动生成的事件处理方法

用户自己添加的代码

(d) 在代码编辑器中编写代码

图 7-27 添加事件监听器的步骤

至此,完成了程序的雏形。

第八章　基于 Java 的 Web 搜索技术

随着网络技术的飞速发展，Web 已经成为一个开放的巨大信息资源库，对人们的生活、工作、学习产生越来越深刻的影响，如何从中快速准确地找到所需要的信息，是人们迫切要解决的问题，Web 搜索就是为解决这一问题而发展起来的技术。Java 强大的网络编程能力，能够很好地实现 Web 搜索。

8.1　Web 搜索概述

Web 搜索是指采用自动或半自动的方式，遵循一定的策略在 Web 上发现、采集信息。实现 Web 搜索的技术统称 Web 搜索技术。用 Web 搜索技术建立起来的系统称为 Web 搜索系统，也称网络爬虫(Crawler)、蜘蛛(Spider)或网络机器人(Robot)，是一种可以在 Web 上漫游并发现、下载 Web 信息的计算机程序，其主要功能是访问网站、下载网站的免费内容如网页、图像、音视频文件等。

Web 搜索系统是搜索引擎的重要组成部分，搜索引擎是一种自动或半自动从网络上采集信息，经过一定整理以后，提供给用户进行查询的系统，通常由两部分组成：一部分是网络爬虫，负责从网页上采集信息；另一部分是检索系统，将采集到的信息进行索引，提供检索界面，供用户查询。

除了搜索引擎之外，还有一些专门的应用，为特定的目的，也要用搜索系统来采集网络上的信息，例如，竞争情报系统为监测竞争对手和竞争环境而在网络上搜集相关信息，专题门户网站要搜集网络上的相关专题信息，等等，都要用到搜索系统或网络爬虫。随着 Web 的发展及其信息量的增加，Web 搜索系统有着十分广阔的应用前景。

8.1.1　Web 搜索的类型

Web 搜索依据不同的标准可分为多种类型，例如：

按搜索信息类型可分为网页搜索、语音搜索引擎、图像搜索引擎、视频搜索引擎等，它们仅搜索、下载特定类型的网络资源。

按工作语种可以区分为单语种搜索和多语种搜索。单语种搜索是指搜索时只处理一种语言的网络资源。多语种搜索则能处理多种语言的网络资源。

按使用的搜索技术可分为第一代、第二代和第三代搜索。其中第一代搜索技术在 1994 年前后出现，以 WebCrawler、Infoseek 和 Altavista 为代表，实现了全文搜索功能，而跨语言能力相对较弱、网络覆盖度相对较低；第二代搜索技术始于 1998 年，以 Google、百度、Yahoo! 和 Bing 为代表，这类搜索引擎的搜索技术具有更大的网络覆盖度并使用更加合理的搜索结果排名算法等来提高搜索的准确率。未来第三代 Web 搜索引擎将以语义 Web 搜索为主，借助人工智能、机器翻译、自然语言处理等技术的先进成果，提供跨语言、高精度、智能化搜索。

按更新方式可分为周期性搜索和增量式搜索。周期性搜索是指根据系统搜索要求采集足量的信息后停止搜索，经过一段时间这些数据过时，原有信息更新之后，重新进行搜索，用新采集来的信息代替原有的信息，以使得采集到的信息与网络上的信息保持一致。增量式搜索仅在需要的时候采集新产生或者已经发生变化了的页面，对于没有变化的页面则不进行采集。

按搜索对象的性质可分为表层搜索和深层搜索，表层搜索的对象是网络上的 HTML 页，深层搜索的对象则是以一定的格式存储在网络数据库里的资源。

总之，可以从不同角度对 Web 搜索进行分类，这主要取决于看问题的角度。通常综合考虑搜索对象、实现技术，将 Web 搜索分为通用搜索、主题搜索以及元搜索等三种类型。

1. 通用搜索

通用搜索通常以网络中所有领域、各种格式的信息资源为搜索对象。这类搜索返回的结果覆盖面广，信息量巨大，但是不能满足用户对于特定领域内信息获取的需要。使用通用搜索技术主要搜索引擎有 Google、AltaVista、Excite 等。

2. 主题搜索

主题搜索也称专业搜索、垂直搜索，是为满足用户特定的信息需求而开发的一种搜索技术，它可以针对某一主题、某一地区、某一类型的信息或某一特定群体的信息进行搜索，只返回符合特定要求的网络信息，而不采集那些与主题无关的信息。

3. 元搜索

元搜索又称集合型搜索，是一种以现有搜索系统为基础的搜索方法，它不去直接搜索网络上的信息，而是以现有的多个搜索系统（例如搜索引擎）为搜索对象，对现有的搜索系统进行搜索，对结果加以整合再提供给用户。

8.1.2　Web 搜索系统的功能结构

从技术上说，Web 搜索系统是一个功能很强的自动提取网页的程序，其目的是从 Web 上下载网页。它通过请求站点上的 HTML 文档访问某一站点，并遍历 Web 空间，不断从一个站点移动到另一个站点，将得到的网页保存至网页数据库。Web 搜索系统进入某个超文本内时，利用 HTML 语言的标记结构来搜索信息并获取指向其他超文本的 URL 地址，从而实现以完全不依赖人工干预的自动搜索和采集。

一般地说，Web 搜索系统由连接功能、网页处理功能、存储功能、队列管理功能以及调度功能等五个部分组成，如图 8-1 所示。

1. 连接功能

根据队列管理功能提供的资源地址，按着 Web 协议，连接网络资源。如果连接成功，则下载网页，传给网页处理功能进行处理。如果不成功，则将该地址返回给队列处理功能，暂由队列管理功能对其加以保存，在适当的时机由队列管理功能再次送给连接功能，重复下载相关网页。

2. 网页处理功能

对连接功能下载的网页进行处理，提取网页中包含的链接，传给队列管理功能，以保证 Web 搜索系统能遍历相互连通的 Web 空间。同时，网页处理功能还对页面做初步分析，如

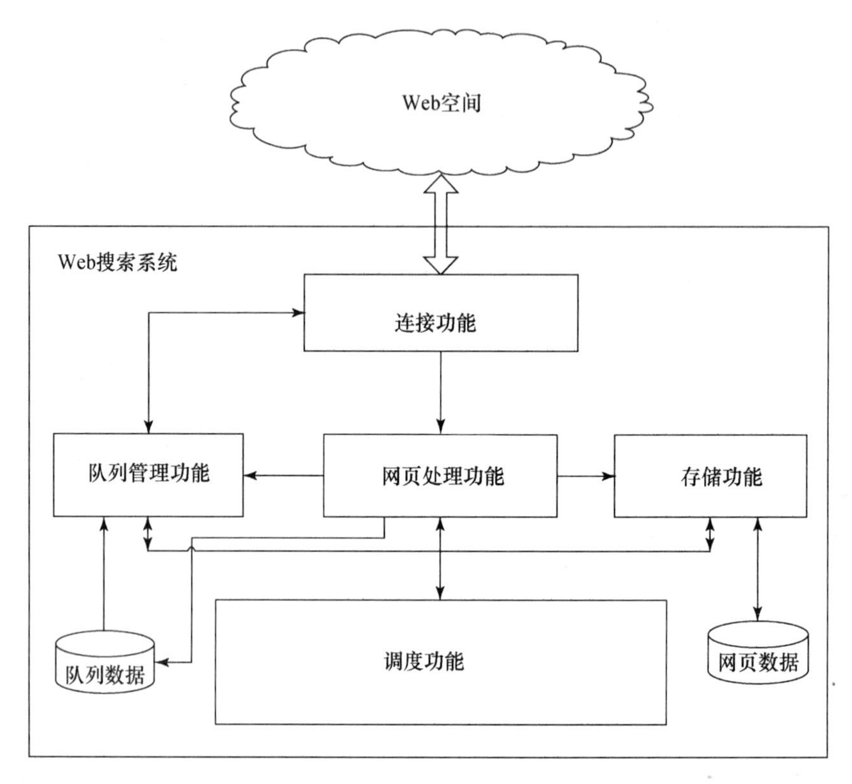

图 8-1　Web 搜索系统的功能结构

进行网页净化,提取标题、摘要以及记录网页的来源等,将这些信息连同网页本身传给存储功能。

3. 存储功能

主要任务是将网页资源及其相关信息保存起来,以供进一步处理。

4. 队列管理功能

对网页处理功能传来的链接以及连接功能返回的出错链接进行处理,按一定的策略保存网页链接并依次将链接发送给连接功能,从而源源不断地采集网页。一个 Web 搜索系统的搜索策略,决定了队列管理的方式,不同的搜索策略,需要不同的队列管理模式。

5. 调度功能

负责对 Web 搜索系统中的不同功能进行调度,使它们协调工作,提高系统效率,调度功能的基本技术是多线程技术。

以上是 Web 搜索系统的基本功能结构,当然,不同的 Web 搜索系统的目的可能有所不同,因而实现的功能也有多有少,但基本上应该包括以上功能。以下结合图 8-1 的总体结构中涉及的主要功能以及 Java 程序设计的特点,介绍如何用 Java 语言实现一个基本的 Web 搜索程序。

8.2　网页解析

网页解析主要包括获取网页编码、抽取网页链接和保存网页三项工作。

8.2.1　获取网页编码

在采集到页面后，需要对网页进行解析，提取其中的链接或其他信息如锚文字、文本信息等，通常这个过程需要将网页转换成字符串来处理。Java 内部使用 Unicode 字符集表示字符，所有的字符都被转换成 Unicode 字符在 Java 中处理。而互联网上世界各国的网页有不同的编码方式，如中文 GBK、GB2312、繁体中文 Big5、日文 EUC-JP、韩文 EUC-KR 等。如果在程序中不进行必要的转换，很有可能出现乱码，从而无法对网页做出正确的解析。

一般情况下，获得网页的编码有三种方法：

第一种是直接解析网页，从其〈meta〉标签的 charset 属性中获得网页的编码，网页中〈meta〉标签的格式如下：

```
<meta http-equiv="Content-Type" content="text/html; charset=gb2312" />
```

这种方法仅适用于严格按〈meta〉标签要求编写的网页，在实践中，有很多网页会忽略了〈meta〉标签，导致无法找到 charset 属性。

第二种方法是从 HTTP 响应头中获取网页的编码类型，利用 Java 的 URLConnection 类的 getContentEncoding()方法，可以获得网页的编码类型。这种方法取决于服务器端的设置，如果服务端没有设置过响应头中的 Content-Encoding 字段，就无法得到相关信息。

第三种方法是对数据流进行检测，无论网页使用何种编码，其数据流都会反映出该种编码的特点，可以根据这些特点，获得网页的编码类型，这种方法是最有效果、最普遍适用的方法，但缺点是实现起来比较复杂。目前有很多第三方机构开发了这样的功能，例如开源组织 sourceforge 发布的开源代码 cpdetector，就是其中的典型代表。以下对其做简要介绍。

登录 http://cpdetector. sourceforge. net/网站，下载 cpdetector_1. 0. 8 的类库，文件名为 cpdetector_1. 0. 8_binary. zip。将文件 cpdetector_1. 0. 8_binary. zip 解压，通常程序要用到其中的 cpdetector_1. 0. 8. jar、antlr-2. 7. 4. jar、chardet-1. 0. jar 三个包。将这三个包引入要开发的 Java 项目中，即可使用。

cpdetector API 共包括了九个包，比较常用的包是 info. monitorenter. cpdetector. io 中的相关类，最主要的类是 CodepageDetectorProxy，它负责用具体的检测器实现类来检测输入流的编码类型，如表 8-1 所示该类的常用方法。

表 8-1 CodepageDetectorProxy 类的常用方法

修饰符与返回值	方法	说明
public static CodepageDetectorProxy	getInstance()	返回 CodepageDetectorProxy 类的实例
public boolean	add(ICodepageDetector detector)	增加检测器
public Charset	detectCodepage(InputStream in, int length) throws IOException, IllegalArgumentException	用增加的检测器检测输入流 in 中的编码，length 指定了检测的长度

说明：

(1) CodepageDetectorProxy 类本身是一个 final 类，不能用 new 关键字创建实例，它提供了 getInstance()方法，用于返回该类的实例。

(2) CodepageDetectorProxy 类的 add()方法用来增加检测器的具体实现，参数 ICodepageDetector 为接口，该接口常用的具体实现类有 ParsingDetector、JChardetFacade、UnicodeDetector、ASCIIDetector 等，其中：

ParsingDetector 用于检查 HTML、XML 等文档的编码，它仅通过 HTML 中的〈meta〉标签和 XML 声明中的 encoding 属性来返回文档编码类型，该类为 public 型，可以用 new 关键字创建实例；

JChardetFacade 封装了 Mozilla 组织提供的 JChardet，JChardet 实现了 mozilla 自动字符集探测算法，可以检测目前常用的各种编码，通常这个探测器能满足大多数应用检测编码类型的要求，JChardetFacade 类是一个 final 类，要用其静态方法 getInstance()返回实例；

ASCIIDetector 是一个用于检测平面 ASCII 文本的简化检测器，通常用作后备检测器，以便在 ParsingDetector、JchardetFacade 类检测失败时使用，ASCIIDetector 类是一个 final 类，要用其静态方法 getInstance()返回实例；

UnicodeDetector 用于检测 Unicode 编码的快速检测器。UnicodeDetector 类是一个 final 类，要用其静态方法 getInstance()返回实例。

(3) detectCodepage()方法用指定的检测器实例检测输入流的编码类型，可以检测任意输入文本流的编码类型，其参数 in 为待检测的输入流，length 为实际检测的字节数。length 可在程序中指定，length 数字越大，检测结果就准确，但也会有更大的时间开销。length 不能超过流 in 的最大长度，否则会抛出 IllegalArgumentException 异常。若没有检测到可用的编码类型，detectCodepage()方法返回名称为 void 的 charset 类。

(4) 在检测编码类型的过程中，cpdetector 按照先有结果先返回原则确定被检测文本的编码类型。当 CodepageDetectorProxy 类注册有多个检测器实例时，哪个检测器先返回了非空的结果，cpdetector 就优先将其视为文本的编码。使用检测器的顺序是程序代码中添加检测器的顺序，因此，为提高效率和检测的准确性，应注意程序代码中添加检测器的顺序。

【例 8.1】检测指定输入流的编码类型。

本例程序由两个类组成，EncodingDetector 类负责检测文本的编码类型，放在 EncodingDetector.java 文件中，主类 EncodingMain 放在 EncodingMain.java 文件中。

(1) EncodingDetector类的代码如下。该类中定义了一个静态方法getCharset()方法，参数为表示网页的URL实例(见程序第11行)。getCharset()方法中的代码主要分为四个部分：第一部分为程序第14行，获得网页的输入流；第二部分为程序第16行至24行，这段代码获取CodepageDetectorProxy类的实例，并向其中添加多个检测器，请注意不同的检测器获得实例的方式不同(如程序第18行和程序第20行)；第三部分为程序第27行，用detectCodepage()方法检测输入流的编码，这里检测网页的头1000个字节。注意，实际应用中应先检查输入流的长度，保证输入流的长度大于1000个字节，否则应以输入流的实际长度作为检测长度，以避免抛出异常；第四部分为程序第29行至34行，判断返回的编码类型，并根据实际情况返回相应的编码类型。

```
package encodingDetector;//1行
import info.monitorenter.cpdetector.io.CodepageDetectorProxy;
import info.monitorenter.cpdetector.io.ASCIIDetector;
import info.monitorenter.cpdetector.io.JChardetFacade;
import info.monitorenter.cpdetector.io.ParsingDetector;//5行
import info.monitorenter.cpdetector.io.UnicodeDetector;
import java.io.*;
import java.net.URL;
import java.nio.charset.Charset;
public class EncodingDetector {//10行
    public static String getCharset(URL pageURL){
        InputStream in=null;
        try {
            in = pageURL.openStream();
            //获得CodepageDetectorProxy实例  //15行
            CodepageDetectorProxy detector = CodepageDetectorProxy.getInstance();
            //添加ParsingDetector检测器实例
            detector.add(new ParsingDetector());
            //添加JChardetFacade检测器实例
            detector.add(JChardetFacade.getInstance()); //20行
            //添加ASCIIDetector检测器实例
            detector.add(ASCIIDetector.getInstance());
            //添加UnicodeDetector检测器实例
            detector.add(UnicodeDetector.getInstance());
            Charset charset=null; //25行
            //检测输入流的编码类型
            charset = detector.detectCodepage(new BufferedInputStream(in),1000);
            in.close();
            if(charset.name()! ="void")
                return charset.name(); //返回编码类型
            else //30行
                return null; //编码类型未知
```

```
        } catch (IllegalArgumentException e) {
            return null;
        } catch (IOException e) { //35 行
            return null;
        }
    }
}
```

（2） EncodingMain 类的代码如下。该类为主类，调用 EncodingDetector 类的 getCharset()方法，检测 http://www.pku.edu.cn/首页的编码类型。

```
package encodingDetector;
import java.io.*;
import java.net.URL;
public class EncodingMain {
    public static void main(String[] args) throws IOException {
        String urlstring="http://www.pku.edu.cn/";
        URL pageURL = new URL(urlstring);
        String charset=EncodingDetector.getCharset(pageURL);
        System.out.println(charset);//
    }
}
```

程序运行后，控制台显示 UTF-8。

8.2.2 抽取网页链接及相关信息

抽取网页链接及相关信息是将获得的网页中所包含的链接或其他需要的内容提取出来，以便作为进一步搜索或判断网页内容属性等依据。如果将网页看做是一个字符串，则这个过程实际上就是从一个字符串中找出特定子串的过程。Java 中的 String 类提供了多种匹配、查找、替换、判断字符串的方法，可以完成这一任务，但通常编码比较繁琐。Java 还提供了另外一种解决这类问题的方案——正则表达式。以下简要介绍正则表达式及其在 Java 中的应用，然后介绍用正则表达式抽取网页链接的程序实现。

1. 正则表达式

正则表达式是一种定义模式匹配和替换的规范，从形式上看，一个正则表达式由普通的字符(例如字符 a 到 z)以及预定义字符组成的文字串，它描述了在一个字符串中待匹配的一个或多个子串。

(1) 字符和字符串。

最简单正则表达式由单个符号组成，表示匹配字符串中与之相同的字符“x”。例如，用正则表达式“i”匹配字符串“this is a java program”，则匹配的结果为“this”中的“i”以及“is”中的“i”。

正则表达式也可以是一个字符串，表示匹配字符串中的子串。例如，用正则表达式“this”匹配“this is a java program”，则匹配结果为“this”。

此外，正则表达式中还使用了转义字符，用来表示特定的含义，这些转义字符与前面谈过的Java转义字符相同。

(2) 字符集。

字符集是用方括号“[]”括起来的字符集合，表示匹配其中任意一个字符。例如：“[abc]”表示匹配a、b或c中的一个字符。

在字符集中使用连字符“-”定义字符范围，例如，[0-9]表示匹配0到9之间的单个数字。字符集中允许包括两个以上的范围，例如，[a-zA-Z] 表示匹配a至z或大写A至Z范围中的一个字符。[a-d[m-p]]表示匹配a到d或m到p中的一个字符。

符号“[^……]”表示指定范围之外的一个字符，例如，[^a-c] 表示匹配非小写a至c范围中一个字符(即除a、b、c之外的字符)，[^0-9a-z] 表示匹配0至9或非小写a至z范围中的一个字符。

符号“[……&&……]”表示交集，例如，[a-z&&[def]]表示匹配同时出现在a至z范围内和d、e、f中的一个字符，即匹配d、e或f中的一个字符。

(3) 预定义字符。

正则表达式中包含若干预定义字符，提供了常用正则表达式的简写形式，它们如表8-2所示。

表8-2　常用的预定义字符

预定义字符	说明
.	除行终止符外的任何字符(如果设置DOTALL标志，则表示任何字符)
\d	数字字符，等价于[0-9]
\D	非数字字符，等价于[^0-9]
\s	空白字符，等价于[\t\n\x0B\f\r]
\S	非空白字符，等价于[^\s]
\w	单词字符，等价于[a-zA-Z_0-9]
\W	非单词字符：[^\w]

(4) 边界匹配符。

边界匹配符用来匹配字符串中特定位置的符号，如表8-3所示边界匹配符及其用法。

表8-3　边界匹配符及其用法

符号	含义	实例
^	行的开头	“^java”匹配以java为开头字符
$	行的结尾	“java$”匹配以java为结尾字符
\b	单词边界	“\bjava\b”匹配 “the java is a programming language”中的java
\B	非单词边界	“\bjava\B”匹配 “the javalang is a programming language”中的java
\A	输入的开头	“\Athe\b”匹配“the java is programming”中的the

(5) 量词。

量词是用来指定匹配出现次数的特殊符号。量词放在要匹配的字符(集)的后面，指定匹配该字符(集)的次数，这样，就可以达到不用重复书写匹配字符(集)的目的。表8-4所示常用的量词及其用法。

表 8-4　常用的量词及其用法

符号	含义	实例
{n}	匹配 n 次	“a{2}”等价于 "aa"
{m,n}	至少匹配 m 次,最多匹配 n 次	“ba{1,3}”可以匹配“ba”或“baa”或“baaa”
{m,}	至少匹配 m 次	“\w\d{2,}”可以匹配“a12”、“_456”、“M12344”等
?	匹配 0 次或者 1 次,等价于 {0,1}	“a[cd]?”可以匹配 “a”、“ac”、“ad”
+	至少匹配 1 次,等价于{1,}	“a+b”可以匹配“ab”、“aab”、“aaab”等
*	匹配 0 次或者多次,等价于{0,}	“\^*b”可以匹配 “b”、“^^^b”等

Java 中支持三种类型的量词,分别是贪婪量词(greedy)、勉强量词(reluctant)和侵占量词(possessive)。

表 8-4 中的简单量词都是贪婪量词,贪婪量词在匹配过程中是先匹配尽可能多的字符,如果不匹配,就退一个字符再试,直至找到匹配或匹配结束。也就是说,贪婪量词总是将匹配满足条件的最长字符串作为命中结果,即使这个最长字符串中还包括符合匹配条件的子串,这些子串也不会作为匹配结果返回。例如,用正则表达式“\w*bbb”匹配“abbbaabbbaaabbb1234”,返回结果是“abbbaabbbaaabbb”,而“abbb”、“aabbb”、“aaabbb”不会作为匹配结果返回。

勉强量词与贪婪量词正好相反,它总是返回最短的匹配结果。勉强量词的表示方法是在简单量词的后面加上“?”,含义与简单量词一样,但返回最短的匹配结果。例如,用正则表达式“\w*? bbb”匹配“abbbaabbbaaabbb1234”,返回结果是“abbb”、“aabbb”、“aaabbb”,而“abbbaabbbaaabbb” 不会作为匹配结果返回。

侵占量词与贪婪量词相似,但在匹配过程中,只匹配整个字符串,如果整个字符串不能产生匹配,则匹配停止,不做进一步的匹配。而不会像贪婪量词那样退回一个字符进行匹配。侵占量词的表示方法是在简单量词的后面加上“+”,含义与简单量词一样,但只对整个字符串做一次匹配。例如,用正则表达式“\w*+bbb”匹配“abbbaabbbaaabbb”,返回结果是“不匹配”。这是因为,“abbbaabbbaaabbb”均符合“\w*”,因而被全部读入,并没有留下“bbb”,也不会退回字符进行匹配,所以结果是不能找到匹配的字符串。

(6) 逻辑运算与分组。

正则表达式提供了逻辑运算和分组运算。

假设 X 和 Y 分别表示字符(集),则正则表达式“X|Y”表示 X 或者 Y,即匹配 X 或者匹配 Y。“X|Y”类似于 Java 中的简洁或,匹配时从左到右地测试每个条件,如果满足了其中的一个条件,则会返回该匹配结果,不再管匹配其他的条件。例如,正则表达式“0\d{2}-\d{8}|0\d{3}-\d{7}”可以匹配“His telephone number is 021-88978456, and mine is 0451-6373889”中的 021-88978456 和 0451-6373889。

符号“()”表示分组,用于标记正则表达式中特定子表达式的开始与结束,当要重复一个一个特定的匹配时,应将该组匹配用“()”括起,然后再加上表示重复的符号,例如 “(abc)*c”表示 abc 重复 0 次或多次。另外,在匹配时,可以单独得到分组中子表达式中的匹配结果。

(7) 特殊字符匹配。

在正则表达式中,有些字符被赋予了特殊含义,例如前面提到的“.”、“^”、“$”等,如果要匹配这些字符本身，而不是按这些字符所赋予的含义进行匹配，这需要在这些字符前面加上“\”，表示匹配这些符号本身。例如，要匹配字符串中的“.”、“^”或“$”字符，则相应的表达式为“\.”、“\^”和“$”。

2. 处理正则表达式的类

Java的java.util.regex包提供处理正则表达式的类，其中包括处理和利用正则表达式的类Pattern和Matcher，以及用于在正则表达式模式中出现语法错误时抛出的异常类PatternSytaxException。

Java使用正则表达式的基本流程可以分成三个步骤：首先，用Pattern类对指定的正则表达式进行编译；然后，用编译好的正则表达式对指定的字符串进行查找匹配，匹配结果被存放在Matcher类；最后，利用Matcher类获取匹配的结果。

(1) Pattern类。

Pattern类用来表示正则表达式的编译形式，并返回该表达式的匹配内容。Pattern类是一个final型的类，不能使用new关键字创建实例，必须使用该类提供的相关方法返回Pattern类的具体实现。如表8-5和表8-6所示Pattern类的属性和主要方法。其中Pattern类的属性用来指定匹配的规则。

表8-5 Pattern类的属性

修饰符与类型	常量名称	说明
public static final int	CASE_INSENSITIVE	匹配时不区分大小写。缺省情况下，仅匹配US-ASCII字符集中的字符。若要不区分Unicode字符集中的大小写，应同时使用UNICODE_CASE常量
public static final int	UNICODE_CASE	感知Unicode字符集中的大小写，与UNICODE_CASE常量配合使用
public static final int	DOTALL	表达式“.”可以匹配包括行结束符在内的任意字符。缺省情况下，表达式“.”不会匹配行结束符
public static final int	MULTILINE	多行模式。缺省情况下，表达式“^”和“$”仅在整个输入序列的开头和结尾处匹配，而在多行模式中，这两个表达式逐行做匹配
public static final int	LITERAL	仅按字面匹配，任何输入的字符串都按字面值来匹配，不再考虑字符所代表的特殊含义，例如，“$”就是“$”，不再表示行的结尾
public static final int	UNIX_LINES	使用Unix行模式，在这种模式下，“.”、“^”和“$”只把“\n”识别为行终止符
public static final int	CANON_EQ	使用Unicode字符的规范等价匹配。同种字符在Unicode字符集中可能有多种编码表示，字符的不同表示序列被认为是等价的，例如“a\u030A”和“\u00E5”都表示“?”，两者是等价的。在此模式下，等价的字符被认为是匹配的。缺省情况下，不使用规范等价匹配
public static final int	COMMENTS	允许正则表达式中有空白和注释，匹配时会忽略空白和在行结束符之前以＃开头的嵌入式注释

表 8-6　Pattern 类的主要方法

修饰符与返回值	方法名称	说明
public static Pattern	compile(String regex)	编译正则表达式并返回代表该表达式 Pattern 类实例。regex 为要编译的表达式。如果表达式的语法无效，则抛出 PatternSyntaxException
public static Pattern	compile(String regex, int flags)	功能同上，增加了匹配标志 flags。flags 取值为 Pattern 类的属性
public Matcher	matcher(CharSequence input)	用已编译的正则表达式匹配指定的字符序列 input，并返回一个封装了匹配结果的 Matcher 类实例

下列代码可以找出"Java Application is a Java program that is run stand alone."这句话中所有以"a"开头的单词，不区分大小写。即可以找出"Application"、"a"和"alone"。

```
String matchedStr ="Java Application is a Java program that is run stand alone. ";
String regex = "\\ba\\w*\\b";
Pattern pattern = Pattern.compile(regex,Pattern.CASE_INSENSITIVE);
Matcher metcher = pattern.matcher(matchedStr);
```

在上述代码中，"\b"和"\w"是正则表达式中的预定义字符，而在 Java 中，用"\"表示转义字符，为了能够在 Java 程序中正确地表示正则表达式预定义字符的含义，要在"\b"和"\w"前面增加"\"，以表示"\b"和"\w"是一个转义字符，因此，程序中的正确写法是"\\b"和"\\w"。

(2) Matcher 类。

Matcher 类也是一个 final 类，其实例用 Pattern 类的 matcher()方法返回，它封装了正则表达式的匹配结果，并提供了一系列提取匹配结果的方法。

Matcher 类的方法不仅可以提取匹配的子串，还支持正则表达式的分组，可以提取出符合正则表达式分组中的匹配内容。Matcher 类的主要相关方法如表 8-7 所示。

表 8-7　Matcher 类的主要方法

修饰符与返回值	方法名称	说明
public boolean	find()	扫描匹配结果，查找下一个匹配子串，存在则返回 true，否则返回 false
public boolean	find(int start)	查找从指定位置 start 开始的下一个匹配子串，存在则返回 true，否则返回 false
public String	group()	返回当前匹配的子串
public int	start()	返回当前匹配的子串的起始位置
public int	end()	返回当前匹配的子串之后的偏移量
public int	groupCount()	返回匹配的分组数，第 0 组表示整个模式，它不包括在此计数中
public String	group(int i)	返回匹配的第 i 个分组，如果匹配成功，但指定组未能匹配输入序列的任何部分，则返回 null
public int	start(int i)	返回匹配的第 i 个分组的首个字符的位置；如果匹配成功但分组本身没有任何匹配项，则返回－1
public int	end(int i)	返回匹配的第 i 个分组的最后字符之后的偏移量；如果匹配成功但分组本身没有任何匹配项，则返回－1

此外，Matcher 类还提供了一些替换方法，可以替换匹配的子串，感兴趣的读者可以参阅 API 文档，这里不再赘述。

以下代码可以解析出字符串中的相应组成部分：

```
String regex = "(\\w+)@(\\S+)";
String matchedStr = "Webmaster@pku.edu.cn";

Pattern pattern = Pattern.compile(regex);
Matcher matcher = pattern.matcher(matchedStr);
if(matcher.find()){
    System.out.print("匹配的子串："+matcher.group());
    System.out.print(" 起始地址："+matcher.start());
    System.out.println(" 结束地址："+matcher.end());
    int gc = matcher.groupCount();
    for(int i = 0; i <= gc; i++){
        System.out.print("第" + i + "组:" + matcher.group(i));
        System.out.print(" 起始地址："+matcher.start(i));
        System.out.println(" 结束地址："+matcher.end(i));
    }
}
```

包含上述代码的程序输出是：

```
匹配的子串：Webmaster@pku.edu.cn 起始地址：0 结束地址：20
第 0 组:Webmaster@pku.edu.cn 起始地址：0 结束地址：20
第 1 组:Webmaster 起始地址：0 结束地址：9
第 2 组:pku.edu.cn 起始地址：10 结束地址：20
```

3. 提取网页链接与相关内容

网页用超文本标记语言(Hyper Text Markup Language)描述而成，一个 HTML 文档包含了 HTML 标签和纯文本，HTML 标签是由尖括号包围的关键词，它们通常成对出现，例如 <html>和 </html>分别表示 HTML 文档的起始标记和结束标记。

利用网页中的标签，在正则表达式的帮助下，可以抽取出所需的内容。例如，网页中的链接基本格式如下：

```
<A HREF="链接源地址">链接文字</A>
```

其中，锚标记<A>表示一个链接的开始；</A>表示链接的结束；属性“HREF”指明了链接地址。例如：

```
<A HREF="http://www.mysite.com">我的站点</A>
```

利用正则表达式，可以找出其中的 http://www.mysite.com，这就达到了抽取网页中包含的链接的目的。同样，利用<title>标签，可以提取出网页的标题，从而根据标题来判断网页的内容。

【例 8.2】提取网页的标题和包含的链接。

本例包括两个类：ParseHtlm 类负责解析网页；ParseMain 类是主类，它调用 ParseHtlm 类，显示处理结果。此外，本例还需要使用例 8.1 中的 EncodingDetector 类。

(1) ParseHtlm 类的代码如下：

```
package parseHtlm;//1 行
import java.io.*;
import java.net.*;
import java.util.*;
import java.util.regex.*;//5 行
import encodingDetector.EncodingDetector;
public class ParseHtlm {
    //判断网页是否是文本型
    public boolean isPageText(URL pageURL)   {
        String mimetype;//10 行
        try {
            mimetype = pageURL.openConnection().getContentType();
            if (! mimetype.startsWith("text")) return false;
            return true;
        }catch (NullPointerException e) {   //15 行
            return false;
        }
        catch (IOException e) {
            return false;
        }//20 行
    }
    //返回网页标题
    public String getTitle(URL pageURL) {
        //按编码类型返回网页,保证能正确提取网页内容
        String page=getEcodedPage(pageURL);//25 行
        if(page == null){//页面为 null,返回空标题
            return "";
        }
        //构造正则表达式
        String regex ="<title>\\s*(.*?)\\s*</title>";   //30 行
        Pattern pattern = Pattern.compile(regex);
        Matcher matcher = pattern.matcher(page);
        if(matcher.find()){
            int gc = matcher.groupCount();
            if (gc >=1)   //35 行
                return  matcher.group(1);
```

```
            else return "";
        }
        return "";
    } //40行
    //获取网页中包含的链接
    public List<URL> getLinks(URL pageURL) {
        List<URL> links=new ArrayList<URL>();
        //按编码类型返回网页,保证能正确提取网页内容
        String page=getEcodedPage(pageURL);
        if(page == null){
            return links;
        }
        String regex ="(<a|<area) \\s*. *? \\s*>";
        Pattern pattern = Pattern.compile(regex);//50行
        Matcher matcher = pattern.matcher(page);
        while(matcher.find()){
            String anchor=matcher.group();
            //从锚标记中获取href属性及其内容
            String s="href\\s*=\\s*[\"|\'].*? \\s*[\"|\']"; //55行
            Matcher linkMatcher =Pattern.compile(s).matcher(anchor);
            while(linkMatcher.find()){
                String link=linkMatcher.group();
                //替换掉href属性,获得网址
                link=link.replaceAll("(href\\s*=\\s*[\"|\'])|\\s*[\"|\']", "");//
                60行
                //去掉网址中的#号及其后面的内容
                String ss[]=link.split("#");
                if (ss.length! =0)link=ss[0];
                else link="";
                URL urllink=null; //65行
                try {
                    //获得绝对网址
                    urllink = new URL(pageURL,link);
                }catch (MalformedURLException e) {
                  // 忽略未知协议  //70行
                }
                if((urllink! =null)&&(! links.contains(urllink)))
                    links.add(urllink);
            }
        } //75行
        return links;
    }
```

```
    //按编码获得网页的字符串
    private String getEcodedPage(URL pageURL) {
        String line ="";  // 80 行
        String pageString ="";
        //返回网页的编码
        String charset=EncodingDetector.getCharset(pageURL);
        if(charset == null) {//编码为 null,
            return null;
        }
        InputStream in;
        try {
            in = pageURL.openStream();
            BufferedReader reader = new BufferedReader ( new InputStreamReader ( in,
            charset));//编码 //90 行
            while ((line = reader.readLine()) ! = null) {
                pageString+= line + "\r\n";//读取内容赋予 pageString 中
            }
            reader.close();
            in.close();//95 行
            return pageString;
        } catch (IOException e) {
            return null;
        }
    }//100 行
}
```

ParseHtlm 类包含了四个方法：isPageText isPageText()方法用于判断指定 URL 的媒体类型是否是文本型，本例程只处理文本型的网页；getEcodedPage()方法的功能是获得 pageURL 指定资源的编码类型，并将网页按该编码类型的字符串形式返回，它调用了例 8.1 中的 EncodingDetector 类；getTitle()方法提取指定网页的标题内容，并以字符串形式返回；getLinks()返回指定网页中包含的所有链接，且这些链接是绝对链接地址。以下对这几个方法做简要解释：

① 判断远程资源的内容类型。

网页提取的处理对象是 HTML 文档，因此在获得网页标题和包含的链接之前，需要判断所连接的远程资源的内容类型，只有文本类型的资源才有可能包含链接和标题，对于音频、视频文档则无需进行处理。一般情况下，文件的扩展名(后缀)能够反映文档的内容类型，但通常根据文件后缀判断文档内容类型是不可靠的，因为，文档名称可以被人为地修改。可靠的方法读取 HTTP 消息中的 Content-Type 字段，根据该字段的值，判断远程资源是否是文本类型。典型的 Content-Type 字段的值是“text/html”，表示所连接的远程资源是 HTML 文档。

Java 中 URLConnection 类的 getContentType()方法返回远程资源 HTTP 响应头中的

Content-Type字段的值，URLConnection类的实例可以通过URL类的openConnection()方法获得。

ParseHtlm类中的isPageText()方法(见程序第9行至21行)负责完成远程资源类型的判断，基本逻辑是看返回的content-type头字段的值是否以"text"开头(见程序第13行)。如果是，说明连接的资源是文本类型，返回true，否则，说明链接的资源不是文本类型，返回false(见程序第13行和第14行)。

在程序运行过程中，有可能出现资源类型未知(此时程序第12行中mimetype变量的值为null，从而导致程序第13行出现空指针异常)或出现I/O异常，程序在第15行和第18行捕获这两种异常，返回false。

② 按编码获得网页的字符串。

本例的核心功能是利用正则表达式提取网页中的标题和包含的链接。在提取之前需要将网页转换成适当的字符串。这里所说的适当的字符串是指与网页原本编码形式相一致的字符串。Java使用Unicode编码系统，但网络上网页的编码形式多种多样，必须对其正确的解码，才能保证获得不出现乱码的字符串，为正确地提取其中的相关内容奠定基础。

getEcodedPage()方法(见程序第79行至100行)用于返回经过正确解码的网页字符串形式。该方法使用EncodingDetector类的getCharset()方法，获得网页的编码类型(见程序第83行)，然后按该编码类型将网页内容转换成字符串。这里关键的语句是程序第90行，利用转换流InputStreamReader类将字节流按检测到的编码类型进行解码，转化成字符缓存流。最后，从字符缓存流中按行读出流的内容，组织成字符串返回(见程序第91行至93行)。这样，在对字符串进行处理时就不会出现乱码了。

若网页的编码未知或者出现I/O异常，getEcodedPage()方法均返回null(见程序第85行和第98行)。

③ 用正则表达式获取网页的相关内容。

用正则表达式获取网页的相关内容包括获取网页特定标签标识的文本(例如网页标题)和特定标签中的属性及属性值(例如网页链接)。由于要提取的内容受其所在标签的制约，因此，在实际提取相关内容时，要先找到网页中特定的标签，再从特定标签中取出需要的内容。

要做到这一点，可以用两种方法：一种是匹配网页的特定标签，并将要实际提取的内容作为匹配整个标签的正则表达式中的一个或多个分组，最后利用Matcher类中获取分组的方法group(int i)，提取出所需要的内容，通常这种方法比较适用于对标签做简单处理。本例中，getTitle()方法就采用了这种方式。另一种方法是逐层匹配，即先匹配所需要的标签，再进一步从获得的字符串中匹配出所需要的内容，在这个过程中，要使用多个正则表达式进行匹配，这种方法适用于标签结构比较复杂或要对提取的内容做进一步处理的情况。本例中，getLinks()方法采用了这种方式。

getTitle()方法负责获取网页的标题(见程序第23行至40行)。网页的标题由〈title〉标签描述，可以使用以下正则表达式来匹配网页的〈title〉标签：

```
〈title〉\\s*(.*?)\\s*〈/title〉
```

该正则表达式的含义是：匹配一个子串，其开始是〈title〉，后面跟着 0 个或多个空白(\\s＊)，之后是 0 个或多个任何字符(. ＊?)，然后是 0 个或多个空白(\\s＊)和〈/title〉。注意，“. ＊?”用括号括起，表示是一个分组，该分组的内容可以单独返回，是程序真正需要提取的内容，另外，分组中使用了勉强量词“?”，用来保证返回最短的匹配结果，避免返回嵌套的标签。如果匹配成功且存在下标为 1 的分组，则该分组的内容就是要提取的标题，程序中第 33 行至 38 行代码实现了这一点。

getLinks()方法负责提取网页中包含的链接，它采用了逐层匹配的方式，共分两个步骤。

第一步，取出以“＜a”或“＜area”为开始，以“＞”为结尾的子串，正则表达式如下(见程序第 49 行)：

```
(<a|<area) \\s*. *? \\s*>
```

以下是用上述正则表达式提取出的子串的示例：

```
<a href="homepage/notice/tzlb. html">
<a href="http://portal. pku. edu. cn/infoPortal/">
<area shape="rect" coords="96,73,186,95" href="/enterprise/cxy. jsp"  alt=""/>
<area shape="rect" coords="1,1,97,23" href="/schools/yxsz. jsp"  alt=""/>
```

第二步，将上述子串作为被匹配的串，从中找出 href 及其属性，正则表达式如下(见程序第 55 行)：

```
href\\s*=\\s*[\"|\']. *? \\s*[\"|\']
```

最后，用空字符替换掉找出的子串中的 href、空白、单引号和双引号，并除掉该子串中的“#”及其后面的内容，即可得到网页中包含的绝对链接和相对链接，见程序第 60 行至程序第 64 行。

由于 href 的值可能是绝对网址，也可能是相对网址，要继续按网页中的链接爬行，必须将相对网址转化为绝对网址。URL 类提供了一个将相对网址转化为绝对网址的构造方法，程序第 65 行至 71 行利用这个构造方法根据当前网页的网址和所获得的相对网址形成一个绝对链接地址。

最后，getLinks()方法做必要的查重，仅将不重复的新网址添加到网址列表中，见程序第 72 行和第 73 行。

(2) ParseMain 类的代码如下：

```
package parseHtlm;//1 行
import java. net. URL;
import java. util. List;
public class ParseMain {
    public static void main(String[] args) {  //5 行
        String urlstring="http://www. pku. edu. cn/";
        //创建 ParseHtlm 的实例
        ParseHtlm parseHtlm=new ParseHtlm();
```

```
        try{
            URL pageURL = new URL(urlstring);  //10 行
            if (parseHtlm.isPageText(pageURL)){
                    //获得网页的标题
                    String title=parseHtlm.getTitle(pageURL);
                    //获得网页中的链接
                    List<URL> links=parseHtlm.getLinks(pageURL);//15 行
                    System.out.println("网页地址：" + urlstring);
                    System.out.println("网页标题："+title);
                    System.out.println("本网页包含的链接" +
                                    "(不含重复链接共"+links.size()+"个)：");
                    //显示所有链接//20 行
                    for(int i=0;i<links.size();i++){
                        System.out.println(links.get(i));
                    }
            }else {
                    System.out.println("媒体类型不是文本型,不能处理："+urlstring);//25 行
            }
        }catch (Exception e) {
            System.out.println("不是 HTTP,不能处理："+urlstring);
        }
    }//30 行
}
```

主类调用 ParseHtlm 类的相关方法提取 http://www.pku.edu.cn/首页的标题和其中的链接。首先判断该网页是否是文本类型(见程序第 11 行),只对文本类型的网页进行处理。对于文本类型的网页,调用 ParseHtlm 类的 getTitle()和 getLinks()方法获得标题的内容以及网页中的所有链接(见程序第 13 行和第 15 行),并将它们显示到控制台上。

在某特定的时间运行本例,控制台显示的结果为:

```
网页地址：http://www.pku.edu.cn/
网页标题：北京大学
本网页包含的链接(不含重复链接共 23 个)：
http://english.pku.edu.cn/
http://www.pku.edu.cn/
http://pkunews.pku.edu.cn/
http://www.oir.pku.edu.cn/lse/
http://fresh.pku.edu.cn/index.jsp
http://www.beijingforum.org/
http://odp.pku.edu.cn/125/
http://www.pku.edu.cn/homepage/notice/tzlb.html
```

```
http://portal.pku.edu.cn/infoPortal/
http://www.pku.edu.cn/enterprise/cxy.jsp
http://www.pku.org.cn/
http://www.bjmu.edu.cn
http://www.pku.edu.cn/culture/xywh.jsp
http://hr.pku.edu.cn/rczp/jxkyry/
http://www.pku.edu.cn/administration/glfw.jsp
http://www.pku.edu.cn/schools/yxsz.jsp
http://162.105.131.106:8080/web/xxgk/
http://its.pku.edu.cn
http://bbs.pku.edu.cn/
http://www.pku.edu.cn/story/fg/js-1.jsp
http://www.pku.edu.cn/links/xglj.jsp
http://www.pku.edu.cn/sitemap/bzdt.html
mailto:webmaster@pku.edu.cn
```

8.2.3 保存网页

保存网页的功能是对于给定 URL，连接相应的网页，并将该网页保存至指定的位置。利用 Java 的 URL 类和 FileOutputStream 类可以很容易地实现这一功能。

【例 8.3】保存网页。

本例包括 SavePage 类和 SaveMain 类，前者是进行保存操作的核心类，后者为主类。本例还重用了例 8.1 和例 8.2 的代码。

（1）SavePage 类的代码如下：

```java
package savePage;//1 行
import java.io.*;
import java.net.*;
public class SavePage {
    public static void savePage(URL pageURL){   //5 行
        savePage(pageURL,"");
    }
    public static void savePage(URL pageURL,String title){
        InputStream in = null;
        String fileName= pageURL.getFile();//10 行
        fileName=fileName.replaceAll("/|[?]|:", "-");
        title=title.replaceAll("/|[?]|:", "-");
        fileName =title+"-"+pageURL.getHost() + fileName;
        try {
            FileOutputStream os = new FileOutputStream(fileName);//15 行
```

```
                in = pageURL.openStream();
                for (int c = in.read(); c != -1; c = in.read()) {
                    os.write(c);
                }
                in.close();//20 行
                os.close();
                System.out.print ("网页保存成功,文件名为: ");
                System.out.println(fileName);

            } catch (MalformedURLException e) {   //25 行
                //对异常进行处理,例如写入出错日志,此处忽略
            } catch (IOException e) {
                //对异常进行处理,例如写入出错日志,此处忽略
            }
        }//30 行
    }
```

SavePage 类是一个比较简单的保存程序,它利用字节流,将网页的内容照原样保存起来。该类有两个重载的方法: savePage(URL pageURL)方法和 savePage(URL pageURL, String title)方法。

savePage(URL pageURL,String title)方法保存的文件名为"网页标题+'-'+主机名+文件名"。网页标题从网页中获得,主机名及文件名则从 URL 类中获得。并且用"-"替换了其中的"/"、"?"和":"等不能用作文件名组成部分的符号(见程序第 11 行和第 12 行)。

savePage(URL pageURL)方法适用于保存媒体类型不是文本型的网络资源,例如可用于保存图片、音视频文件等,它调用 savePage(URL pageURL,String title)方法,并用空字符串代替其 title 参数。

(2) SaveMain 类的代码如下:

```
package savePage;//1 行
import java.net.*;
import parseHtlm.ParseHtlm;
public class SaveMain {
    public static void main(String[] args) {//5 行
        String urlstring="http://www.pku.edu.cn/index.html";
        //String urlstring="http://imgs.xinhuanet.com/icon/xilan/2007-10/xilan_logo.gif";
        //创建 ParseHtlm 的实例
        ParseHtlm parseHtlm=new ParseHtlm();
        try{  //10 行
            URL pageURL = new URL(urlstring);
            if (parseHtlm.isPageText(pageURL)){
                //获得网页的标题
```

```
                String title=parseHtlm.getTitle(pageURL);
                SavePage.savePage(pageURL,title); //15 行
            }else
                SavePage.savePage(pageURL);
        }catch (Exception e) {
            //忽略错误
        }//20 行
    }
}
```

主类中首先调用 ParseHtlm 类的 isPageText()方法判断网页的媒体类型是否是文本型,如果网页的媒体类型是文本型,就提取网页的标题,将其作为保存网页文件名的一部分,否则,仅用"主机名+文件名"作为保存网页的文件名。

在某特定的时间运行本例,控制台显示的结果为:

```
网页保存成功,文件名为:北京大学-www.pku.edu.cn-index.html
```

同时,在 Java 项目的目录下会保存名为"北京大学-www.pku.edu.cn-index.html"的文件。如果将程序中的第 6 行代码注释掉,换成第 7 行的代码,则程序运行后控制台显示的结果为:

```
网页保存成功,文件名为:-imgs.xinhuanet.com-icon-xilan-2007-10-xilan_logo.gif
```

同时,在 Java 项目的目录下会保存名为"-imgs.xinhuanet.com-icon-xilan-2007-10-xilan_logo.gif"的文件。

8.3 搜索策略与爬行队列

搜索策略是指搜索程序从给定的网页地址出发,不断发现和获取网页的方式方法。一般情况下,在搜索程序开始运行时,需要指定开始搜索的地址,称为种子地址或种子站点。搜索程序根据种子站点,获得一个或多个网页,或者进一步从这些网页中解析出它们包含的链接,作为进一步爬行的依据。在这个过程中,搜索程序通常将提取出的链接先保存起来,再根据一定的原则依次处理已经获得的链接。搜索程序用于存放从网页中抽取出的链接的数据结构,称为爬行队列(也称 URL 队列)。

8.3.1 搜索策略

搜索策略决定了搜索程序在发现和获取网页时,先使用爬行队列中的哪些链接,后使用爬行队列的哪些链接,即先爬行网络上的哪些网页,后爬行网络上的哪些网页。常见的搜索策略有线性搜索策略、宽度优先搜索策略、深度优先搜索策略以及最佳优先搜索策略。

1. 线性搜索策略

线性搜索策略是从一个起始的 IP 地址出发,按 IP 地址递增或递减的方式搜索后续的

每一个 IP 地址中所指向的网页,这种策略中不考虑各网页中包含的链接,只按地址获取和保存网页。例如,北京大学网站的 IP 地址是 162.105.131.113,利用该 IP 地址,可以定位到北京大学网站。线性搜索策略不适用于大规模的搜索,原因之一在于 IP 可能是动态的,但可以用于小范围的全面搜索,可以发现被引用较少或者还没有被其他网页文件引用的网页。近年来,由于网上很多网站攻击程序都是利用线性搜索策略的原理通过 IP 地址方式来入侵网站,所以,多数网站会屏蔽 IP 地址的访问方式,拒绝用 IP 地址访问网站,这在很大程度上限制了线性搜索策略的使用。

2. 宽度优先搜索策略

宽度优先搜索(Breadth-First Search)策略,又称广度优先搜索,其基本的搜索过程是:先搜索同一层中的内容(即同一个网页中包含的链接),同一层的网页搜索完毕后,再继续搜索该层的下一层内容,以此类推,直至搜索到全部网页。

例如,对于图 8-2 所示链接关系的几个网页,其中 A、B、C、D、E、F、G、H、I、J 表示网页的网址。按宽度优先搜索时,首先访问第一层网页 A,其次访问网页第二层网页 B、C、D。之后,访问下一层网页即第三层网页,例如首先访问 B 的下一层网页 E、F,再依次访问 C、D 的下一层网页,如先访问 C 的下一层网页 G,再访问 D 的下一层网页 G 和 H,在这个过程中,由于网页 G 先前已经访问过,可以不再重复访问。继续访问网页 H 的下层网页 I 和 J。因此,宽度优先搜索策略的一种实现方法是 A→B→C→D→E→F→G→H→I→J。其他的实现方法还包括 A→C→B→D→G → H→ E→F →I→J 或 A→D→C→B→ H→G→E→F → I→J 等。

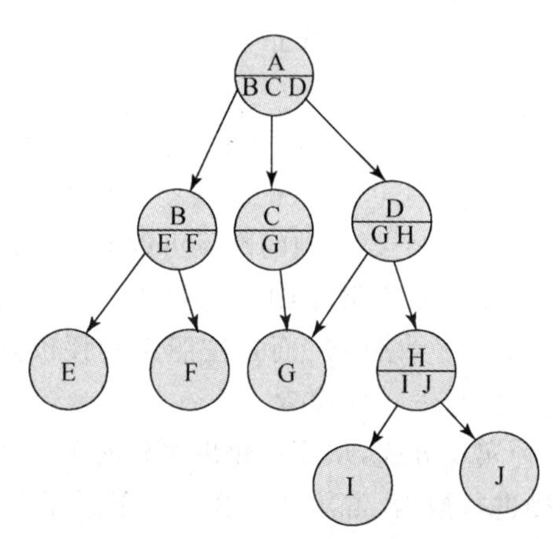

图 8-2 网页链接关系示意图

宽度优先搜索策略的优点在于能够先处理与当前网页距离比较近的网页,大部分情况下,如果两个网页之间存在着链接,则它们在内容上也可能比较相近,或者两者关系比较密切,宽度优先搜索策略可以保证这样的网页被首先抓取,缺点是需要花费比较长的时间才能到达深层的网页。

3. 深度优先搜索策略

深度优先搜索(Depth-First-Search)策略是从当前网页出发,沿着它所包含的链接指向的路径,不断向前处理未访问过的网页,直至达到那些不包含任何链接的网页或网页所包含的链接均被处理过，然后逐层返回寻找另外一个没有被处理的网页，重复上述过程进行，直至所有的网页都被处理。

仍以图 8-2 为例，按深度优先搜索时，首先处理网页 A，此时会发现 B、C、D 这三个链接，假定选择了网页 B 继续访问，处理网页 B 之后，会找到网页 E、F，假定继续处理网页 E，由于网页 E 不包含其他链接，则返回至 B，看其是否还有未处理的下一层网页，若有则进行处理，这时只有网页 F，处理完网页 F，返回至上一层，此时网页 B 的所有下层网页均被处理过，程序继续返回至网页 A。网页 A 的另外两个链接 C、D 还没有被处理，假定选择处理网页 C，处理网页 C 后继续处理网页 G，再处理网页 D 和 H，最后处理网页 I 和 J。由此，广度优先搜索策略的一种实现方法是 A→B→E→F→C→G→D→H→I→J。其他的实现方法还包括 A→D→H→I→J → G → C →B →E→F 或 A→C→G→ B→E→F→ D → H → I→J 等。

深度优先搜索是早期搜索程序使用较多的一种方法，其目的是要尽快找到网页的叶子结点（即那些不包含任何链接的网页），通常认为这些网页记录了更为具体的信息，而浅层的页面则更有可能是导航页面。一般来说，深度优先搜索比较适宜搜索一个指定的站点或者特定的网页集合，但不适用于对大规模的 Web 搜索。对于没有任何限制的深度优先搜索，由于网页的链接结构非常复杂，使得搜索程序很容易陷入到较深链接循环中而无法返回结果。

从理论上说，无论是深度优先搜索还是深度优先搜索，只要时间足够，这两种策略都能搜索整个互联网。但是在实际运行过程中，由于软硬件资源、带宽资源、时间要求等诸多因素的限制，不可能允许搜索程序爬完 Web 上的所有页面。通常会用搜索的层数和/或得到的网页总数量作为结束条件，以保证搜索程序正常运行。

4. 最佳优先搜索策略

最佳优先搜索策略（Best-First-Search），也称最好优先搜索策略。宽度优先搜索策略和深度优先策略属于盲目搜索，它们不去进一步甄别所发现的链接，只是简单地按一定原则顺序地访问所有链接，而没有考虑下一个要处理的网页可能与当前网页的相关度，无法满足采集某一专题网页的要求。最佳优先搜索策略则试图解决这一问题，其基本思想是：在得到一组链接后，并不是无差别地对待这些链接，而是按照某种评价方法对这些链接进行排序，尽量选择那些优先级高的链接进行下一次搜索。

最佳优先搜索策略有多种实现方式，从而演化出多种实现算法，核心是如何对链接的最佳判断，以选择出最好的链接进行搜索，常用的方法有基于页面内容评价的方法和基于链接结构的评价方法。

基于网页内容的分析方法利用网页内容（文本、数据等资源）特征进行的网页评价，判断网页是否与种子地址指向的网页相关，如果相关，则认为该网页所包含的链接指向的网页也有可能是相关网页，值得进一步处理，否则，就丢弃这些链接，不再进行处理。

基于链接结构的评价方法是利用网页之间的链接关系来判断网页的重要性，从而决定是否继续搜索该网页所包含的链接。基于链接结构的评价方法的典型代表之一是 PageRank 算法和改进的 PageRank 算法。PageRank 算法是用来标识网页重要性的一种方法，该方法认为，一个网页被多次链接，则它可能是很重要的；一个网页虽然没有被多次链接，但是被重要的网页链接，则它也可能是很重要的；一个网页的重要性被平均的传递到它所链接的网页。因此，通过分析网络上的链接结构，就可以判断一个网页是否是重要的，从而能够决定是否搜索指向该网页的链接。原始 PageRank 算法将整个网络作为计算域，其计算结果不与任何主题相关，仅适合发现权威网页，不适合发现主题资源，但利用这种思想，对 PageRank 算法做相应修改，将计算域由原来的整个网络改为与主题相关的文档集合，它采集到的与主题相关网页构成一个相关页面社区，然后在该区域内计算网页的 PageRank，从而找出重要的网页，将这些网页包含的链接作为后续处理的目标。

最佳优先搜索策略的优点是能够快速、有效地获得更多的重要网页或与主题相关的页面，主要用于专业搜索程序。缺点是计算最佳路径上有较大的开销并且可能会忽略搜索路径上很多相关网页。因此，最佳优先搜索策略通常要与宽度优先搜索策略或深度优先搜索策略相结合使用，而且，计算最佳路径的算法也在不断的改进中。

8.3.2　爬行队列与搜索策略的实现

爬行队列提供了一种对搜索过程中的链接进行管理的机制。爬行队列有两种基本的操作：一是将新发现的 URL 放入爬行队列，等待处理，称为入队操作；另一个是从爬行队列中取出一个 URL，以便对该 URL 指向的网页进行处理，称为出队操作。搜索的过程实际上就是入队操作和出队操作交替进行的过程。

爬行队列可以存放在内存中，也可以放在外存。一般情况下，对于一些小型应用，爬行队列可以存放在内存中，以便提高搜索程序的处理速度，但在一些大型应用中，需要缓存的 URL 数量巨大，内存数据结构难以容纳，需要将爬行队列存放在外部介质上。无论是存放在内存中，还是存放在外存中，爬行队列的入队操作和出队操作的原理都是相同的。

在具体实现过程中，为了程序处理方便，可能需要不止一个队列，程序设计人员可以根据实际需要设计队列。例如，设计待爬行队列、查重队列、已爬行过队列、出错队列等等。

1. 队列的结构

为简单起见，这里设计两个队列，一个是待爬行队列，另一个是查重队列。

(1) 待爬行队列。

待爬行队列用于存放待爬行的 URL。搜索程序在处理完一个网页后，根据采用的搜索策略从该队列中取出下一个 URL 进行处理，处理过程中将新发现的 URL 放入这个队列中。而且，在处理一个 URL 的同时，将该 URL 从队列中删除，以保证队列中保存的都是没有处理过的 URL。

在实践中，通常用搜索的层数来限制搜索程序的运行状态，当搜索程序发现的网页层数超出了指定的层数时，得到的 URL 将不再被放入待爬行队列中。网页的层数定义如下：

种子 URL 指向网页的层数定义为 0，一个层数为 n 的网页包含的链接所指向的网页的层数为 n+1。

除种子 URL 指向的网页外，其他网页的层数不是一成不变的，其层数取决于上层网页的层数，这是因为，不同链接路径上的不同网页可能会指向同一个网页，例如，在图 8-3 所示的网页层数示意图中，网页 C 的层数在 A→B→C 路径上的层数为 2，在 A→C 路径上的层数为 1。

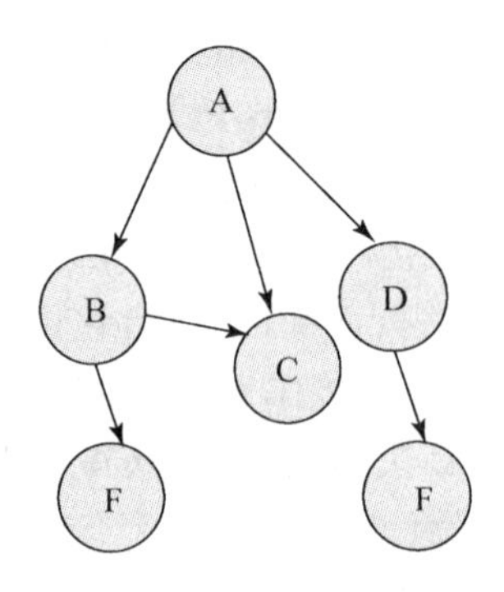

图 8-3　网页层数示意图

由此可见，为了计算网页的层数，首先要知道上级网页的层数，为此，有必要在待爬行队列中记录每个 URL 的层数，从而根据这个层数判断一个网页所包含的链接是第几层，进而决定是否将这些链接放入待爬行队列。由此，将队列中的每个表示 URL 的元素设计成一个二元组〈URL，n〉，其中 URL 表示链接，n 表示该链接的层数，用类表示如下：

```
public class Link  {
    private URL pageUrl; //待爬行的 URL
    private int depth; // URL 的层数
}
```

此外，还可以定义 Link 类的相关方法，如返回层数、设置层数等等，这里不再赘述。

待爬行的 URL 队列的入队操作和出队操作顺序，由搜索策略决定，不同的搜索策略决定了待爬行队列采用先进先出方式还是采用先进后出方式。在 Java 中，LinkedList 类可以同时实现这两种方式，因此，可以将待爬行队列设计成一个包含 Link 元素的 LinkedList 实例：

```
LinkedList<Link> toVisitURL=new LinkedList<Link>();
```

(2) 查重队列。

在 Web 网页结构中，经常出现不同的网页同时指向同一个网页的情况，以不同网页为入口获得的链接集合中可能存在大量的重复链接，这样的链接没有必要同时都放入待爬行队列，只选择其中一个进行处理就能达到搜索目的。也就是说，在将网页中提取出来的链接送入待爬行队列之前，需要做查重，保证送入待爬行队列中的链接是唯一的。

解决链接查重的方法之一是设计查重队列，该队列中存放从网页中提取的所有非重复的 URL。每次新发现了一个 URL，首先到查重队列中查找该 URL，若查重队列中不存在该 URL，则说明它是一个新 URL，将该 URL 放入查重队列，表示将对该 URL 进行处理，同时将该 URL 及其层数存入待爬行队列，否则，若该 URL 已经在查重队列中存在，就说明该 URL 已经进入了待爬行队列，这时，就丢弃该 URL。

查重队列的关键在于保证其中的元素(URL)不能重复，Java 中的 HashSet 类是一个不允许元素重复的集合类，比较适宜用作查重队列：

```
Set<URL> duplicateCheckingURL= new HashSet<URL>();
```

2. 宽度搜索策略中的队列操作

宽度搜索策略以先进先出的方式维护待爬行队列，下面以图 8-2 所示的网页结构为例，图示说明宽度搜索策略中待爬行队列的操作：

第一步，将 A 放入待爬行队列：

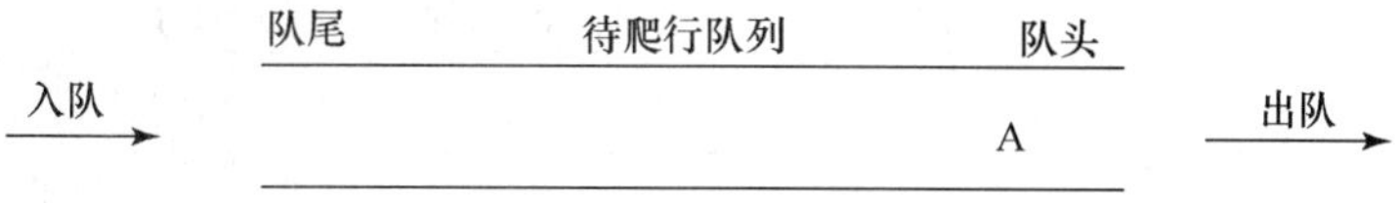

队尾　待爬行队列　队头
入队 →　A　出队 →

第二步，从待爬行队列队头取出网页 A(操作①)，解析 A，在处理完网页 A 之后，B、C、D 这三个链接被依次放入到爬行队列中(操作②)：

队尾　待爬行队列　队头
入队 → 操作②　D　C　B　出队 → 操作① A

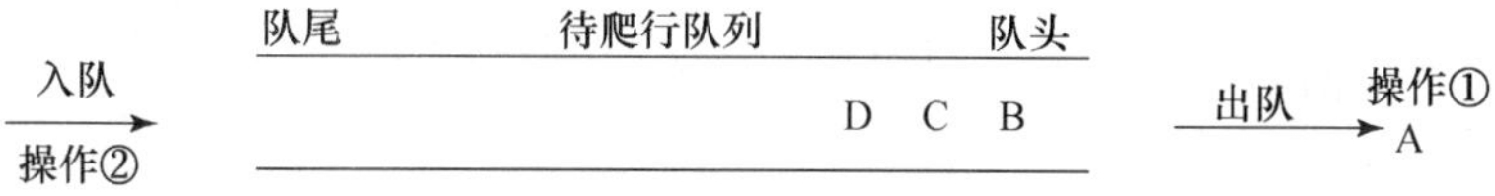

第三步，从待爬行队列队头取出网页 B(操作①)，解析 B，在处理完网页 B 之后，E、F 被依次放入到爬行队列中(操作②)：

队尾　待爬行队列　队头
入队 → 操作②　F　E　D　C　出队 → 操作① B

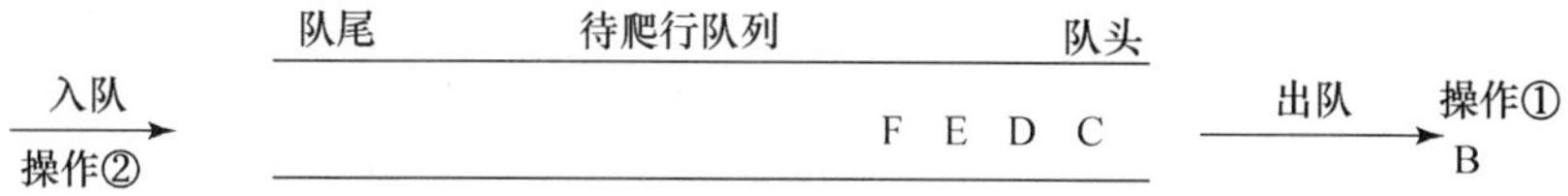

第四步，从待爬行队列队头取出网页 C(操作①)，解析 C，在处理完网页 C 之后，G 被放入到爬行队列中(操作②)：

队尾　待爬行队列　队头
入队 → 操作②　G　F　E　D　出队 → 操作① C

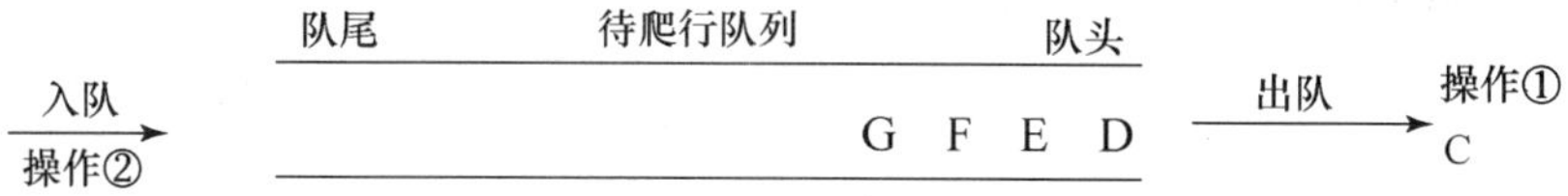

第五步，从待爬行队列队头取出网页 D(操作①)，解析 D，D 处理完毕之后，H 会被放入爬行队列(G 查重后，G 不再进入带爬行队列)(操作②)：

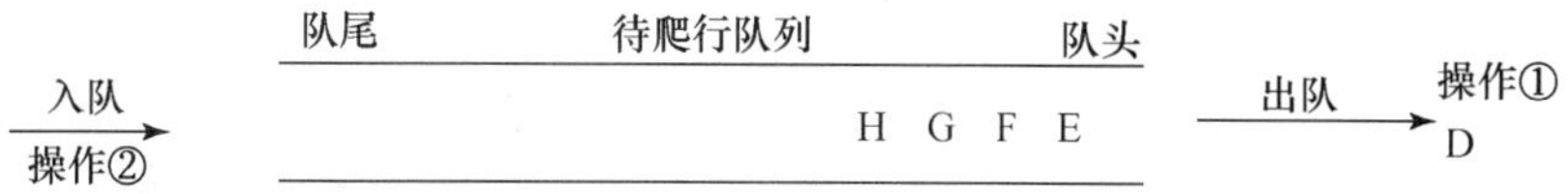

队尾　待爬行队列　队头
入队 → 操作②　H　G　F　E　出队 → 操作① D

至此，第一层的网页已经全部处理完毕，程序进入下一层，依次处理网页 E、F、G、H，并重复上述过程，直到爬行队列为空，程序爬行结束。

从以上操作可以看出，宽度搜索策略中，入队操作是将新的链接加到队尾，出队操作是从队头取出一个链接，同时从队头删除该链接，即：

```
//入队操作，追加到爬行队列的末尾
toVisitURL.addLast(link);


//出队操作，移除并返回待爬行队列的第一个元素
link = toVisitURL.removeFirst();
```

3. 深度搜索策略中的队列操作

深度搜索策略以先进后出的方式维护待爬行队列，仍以图 8-2 所示的网页结构为例，图示说明深度搜索策略中待爬行队列的操作：

第一步，将 A 放入待爬行队列：

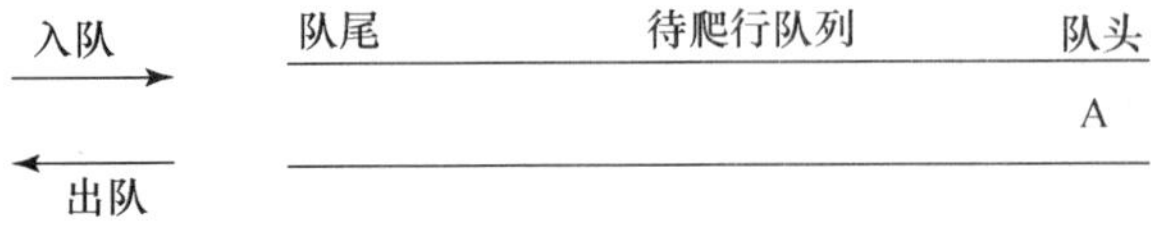

入队 → 队尾 待爬行队列 队头
A
← 出队

第二步，从待爬行队列队尾取出网页 A(操作①)，解析 A，在处理完网页 A 之后，B、C、D 这三个链被依次放入到爬行队列中(操作②)：

操作② 入队 → 队尾 待爬行队列 队头
D C B
操作① ← A 出队

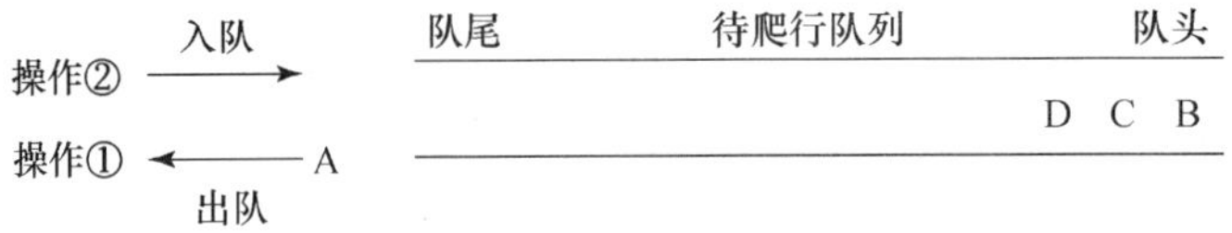

第三步，从待爬行队列队头取出网页 D(操作①)，解析 D，在处理完网页 D 之后，G、H 被依次放入到爬行队列中(操作②)：

操作② 入队 → 队尾 待爬行队列 队头
H G C B
操作① ← D 出队

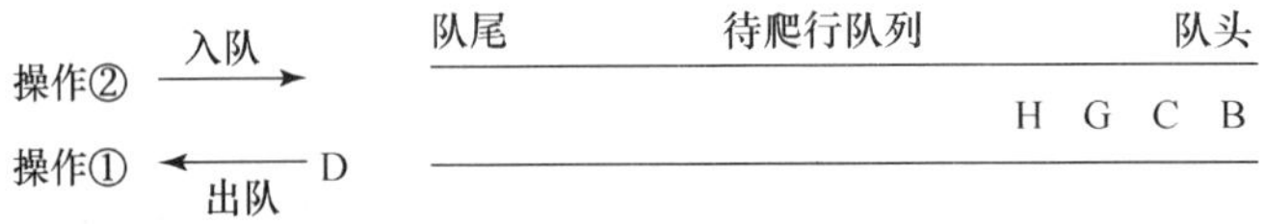

第四步，从待爬行队列队尾取出网页 H(操作①)，解析 H，在处理完网页 H 之后，I、J 被依次放入到爬行队列中(操作②)：

操作② 入队 → 队尾 待爬行队列 队头
J I G C B
操作① ← H 出队

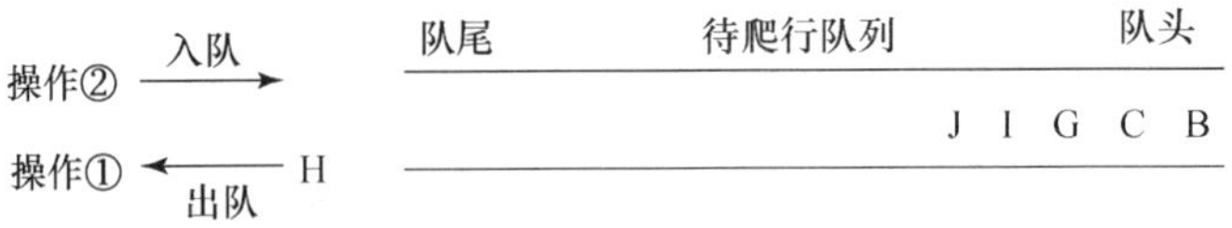

第五步，从待爬行队列队尾取出网页 J(操作①)，解析 J，J 不含有任何链接，不再有入队操作：

入队 → 队尾 待爬行队列 队头
I G C B
操作① ← J 出队

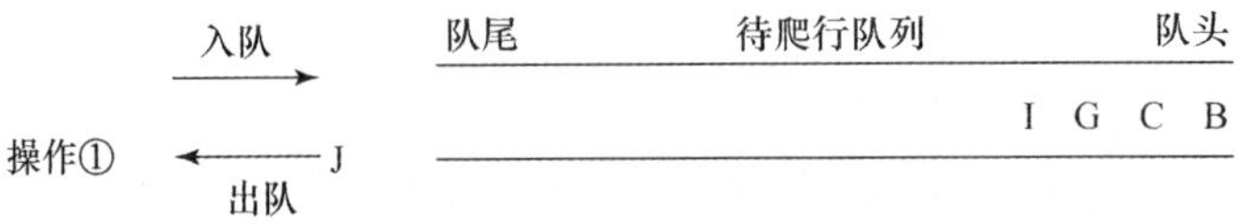

第六步，从待爬行队列队尾取出网页 I(操作①)，解析 I，I 不含有任何链接，不再有入队操作：

入队 → 队尾 待爬行队列 队头
G C B
操作① ← I 出队

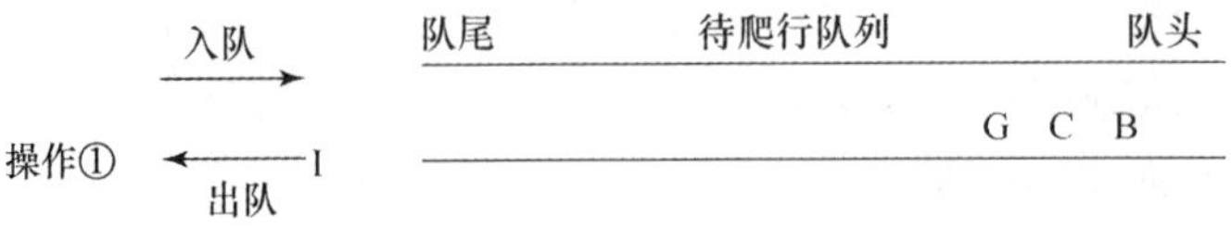

至此，A→D→H→I→J 路径上的网页已经全部处理完毕，程序开始处理其他分支路径上的网页，并重复上述过程，直到爬行队列为空，程序爬行结束。

从以上操作可以看出，深度搜索策略中，入队操作也是将新的链接加到队尾，但出队操作不是从队头取出一个链接，而是从队尾取出链接，同时从队尾删除该链接，即：

```
//入队操作，追加到爬行队列的末尾
toVisitURL.addLast(link);

//出队操作，移除并返回待爬行队列的最后一个元素
link = toVisitURL.removeLast();
```

【例 8.4】用不同搜索策略搜索网页。

本例包括了三个类：Link 类、URLQueue 类以及 MainProg 类。同时，本例还重用了例 8.1 至例 8.3 的代码。

(1) Link 类。

Link 类用于定义待爬行队列的元素，在前面“队列的结构”中已经介绍过，这里给出了 Link 类的完整内容。Link 类有四个方法：getURL()方法用于返回要搜索的网页 URL；setURL(URL url)方法用于设置要搜索的网页 URL；getDepth()方法用于返回要搜索的网页层数；setDepth (int depth)方法用于设置要搜索的网页层数。Link 类的代码如下：

```
package queue;//1 行
import java.net.URL;
/*
 * 本类定义了队列的元素
 */  //5 行
public class Link  {
    private URL pageUrl; //待爬行的 URL
    private int depth;// URL 的层数
    //返回要搜索的网页 URL  //10 行
    public URL getURL (){
        return pageUrl;
    }
    //返回要搜索的网页层数
    public int getDepth (){  //15 行
        return depth;
    }
    //设置要搜索的网页 URL
    public void setURL(URL url) {
        this.pageUrl = url; //20 行
    }
    //设置要搜索的网页层数
    public void setDepth (int depth) {
        this.depth = depth;
    }//25 行
}
```

(2) URLQueue 类。

URLQueue 类用于队列管理,负责管理待爬行队列和查重队列,并提供出队和入队方法。代码如下:

```
package queue;//1 行
import java.net.URL;
import java.util.*;
/*
 * URL 队列管理类   //5 行
 * 负责管理待爬行队列和查重队列
 * 提供出队和入队方法
 *
 */
public class URLQueue {   //10 行
    //待爬行链接队列
    private LinkedList<Link> toVisitURL;
    //已获得 URL 队列,用于查重
    private Set<URL> duplicateCheckingURL;
    //最大搜索层数限制   //15 行
    private int maxLevel;
    //最大抓取网页数限制
    private int maxPageNum;
    //构造方法,缺省不限制爬行网页数量和最大爬行层数
    public URLQueue() {   //20 行
        toVisitURL=new LinkedList<Link>();
        duplicateCheckingURL= new HashSet<URL>();
        maxLevel =-1;//缺省值,不限制最大搜索层数限制
        maxPageNum =-1;//缺省值,不限制抓取页面数
    } //25 行
    //设置最大抓取网页数
    public void setMaxElements(int maxPageNum) {
        this.maxPageNum= maxPageNum;
    }
    //设置最大访问层数   //30 行
    public void setMaxLevel(int maxLevel) {
        this.maxLevel = maxLevel;
    }
    //返回最大访问层数
    public int getMaxLevel() {   //35 行
        return maxLevel;
    }
    //返回爬行队列中的元素个数
```

```
        public int getQueueSize() {
            return toVisitURL. size();//40 行
        }
        //入队的方法
        public boolean push(Link link) {
            //获得当前链接的 URL
            URL url = link. getURL(); //45 行
            //获得当前链接的层数
            int level = link. getDepth();
            // 实现最大抓取数量控制
            if (maxPageNum ! =-1 && maxPageNum<= duplicateCheckingURL. size())
                return false; //50 行
            // 实现最大访问层数控制
            if (maxLevel ! =-1 && level > maxLevel)
                return false;
            // 实现重复访问控制,如果不重复追加到爬行队列的末尾
            if (duplicateCheckingURL. add(url)) {//55 行
                toVisitURL. addLast(link);//追加到爬行队列的末尾
                return true;
            }else return false;
        }
        //宽度优先出队方法 //60 行
        public Link popBFS() {
            //出队操作,移除并返回待爬行队列的第一个元素
            Link link = toVisitURL. removeFirst();
            return link;
        }//65 行
        //深度优先出队方法
        public Link popDFS() {
            //出队操作,移除并返回待爬行队列的最后一个元素
            Link link = toVisitURL. removeLast();
            return link;//70
        }
    }
```

URLQueue 类封装了待爬行队列（toVisitURL，见程序第 12 行）和查重队列(duplicateCheckingURL，见程序第 14 行)，并用搜索的最大层数(maxLevel，见程序第 16 行)和采集的网页总数(maxPageNum，见程序第 18 行)作为搜索的结束条件。在缺省的情况下，不对最大搜索层数和抓取页面数进行限制(变量 maxLevel 和 maxPageNum 的值为 −1，见程序第 23 行和第 24 行)。

URLQueue 类的重要方法是 push()、popBFS()和 popDFS()，分别提供了入队操作、宽度搜索策略下的出队操作以及深度搜索策略下的出队操作。有关不同搜索策略下的出队操

作前面已经讲过，这里重点介绍入队操作。

push()方法的参数为 Link 类的实例，其主要功能是将给定 Link 类型对象中封装的 URL 放入待爬行队列，在此之前，要进行一系列判断，包括：

在程序第 49 行，用“maxPageNum ! =−1”和“maxPageNum<= duplicateCheckingURL. size()”两个条件判断是否已经达到了所要求的网页总数，如果已经达到了所需的网页总数，则不再将当前链接放入待爬行队列。

在程序第 52 行，用“maxLevel ! =−1”和“level > maxLevel”两个条件判断是否已经达到了所要搜索的层数，如果已经达到了要求的网页层数，则不再将当前链接放入待爬行队列。其中变量 level 存放了 Link 类型对象中封装的 URL 的网页层数，其值用 Link 类型对象的 getDepth()方法返回(见程序第 47 行)。

在程序第 55 行，用“if (duplicateCheckingURL. add(url))”语句判断当前链接是否在查重队列中存在，如果查重队列中不存在当前链接，则 duplicateCheckingURL. add(url)返回 true，并且当前链接被加到查重队列中，程序进一步将当前链接及其层数加到待爬行队列中(见程序第 56 行)。否则，duplicateCheckingURL. add(url)返回 false，程序不再将当前链接放入待爬行队列。

URLQueue 类的其他方法较为简单，请参阅程序中的注释。

(3) MainProg 类。

MainProg 类是本例的主类，这个类实现了一个简单的搜索程序，代码如下：

```
package queue;//1 行
import java.net.*;
import java.util.List;
import parseHtlm.ParseHtlm;
import savePage.SavePage;//5 行
/*
 * 主类,简单的搜索程序
 * 使用宽度搜索策略和深度搜索策略
 */
public class MainProg {//10 行
    public static void main(String[] args) throws MalformedURLException   {
        String urlstring="http://127.0.0.1:8080/searchtest/A.htm";//种子站点
        //String urlstring="http://www.pku.edu.cn/";
        Link link=new Link();//代表种子站点的 Link 对象
        link.setURL(new URL(urlstring));// 种子站点的 URL//15 行
        link.setDepth(0);//种子站点的层数为 0
        System.out.println("————————宽度搜索策略————————");
        searcher(link,"BFS");
        System.out.println("————————深度搜索策略————————");
        searcher(link,"DFS");//20 行
    }
    //用于网页搜索的方法,参数 s 指示搜索策略
```

```
static void searcher(Link link,String s){
    URLQueue q = new URLQueue();
    q.push(link); //将当前 Link 对象入队  //25 行
    q.setMaxElements(1000);//设置最大采集网页数
    q.setMaxLevel(5);//设置最大搜索层数
    ParseHtlm parseHtlm=new ParseHtlm();//创建 ParseHtlm 的实例
    while (q.getQueueSize()! =0){
        Link qLink;//定义 Link 对象,存放从队列中取出的 元素 //30 行
        //不同策略,出队方法不同
        if (s=="BFS"){
            qLink=q.popBFS();
        }else
            qLink=q.popDFS();//35 行
        URL pageURL =qLink.getURL();//获得出队的 Link 对象中的 URL
        int currentLevel=qLink.getDepth();//获得出队的 Link 对象中 URL 的页面层数
        if (parseHtlm.isPageText(pageURL)){//当前出队的网页是否是文本
            //获得网页的标题
            String title=parseHtlm.getTitle(pageURL);//409 行
            //保存网页
            SavePage.savePage(pageURL,title);
            //获得网页中的链接
            List<URL> links=parseHtlm.getLinks(pageURL);
            //将网页中的链接存入待爬行队列  //45 行
            for(int i=0;i<links.size();i++){//遍历网页中的所有链接
                Link pushLink=new Link();//创建 Link 对象
                pushLink.setURL(links.get(i));//设置 Link 对象的 URL
                pushLink.setDepth(currentLevel+1);//设置出队中 URL 的页面层数
                q.push(pushLink);//将 Link 对象入队  //50 行
            }
        }else
            SavePage.savePage(pageURL);//保存网页
    }
}//55 行
}
```

在主类中,先创建一个 Link 对象,用来封装种子站点,并将种子站点的网页层数设置为0(见程序第 14 行至程序第 16 行)。然后调用 searcher()方法用两种不同搜索策略进行网页搜索(见程序第 18 行和程序第 20 行)。

searcher()方法的基本算法是:① 将种子存入 URL 队列,并设置网页采集数量和网页采集层数(见程序第 24 行至 27 行);② 判断 URL 队列是否为空,若 URL 队列为空,程序结束,否则,执行下一步骤,本例中用 while 语句实现这一操作,见程序第 29 行;③ 按指定的搜索策略从 URL 队列中取出要爬行的 Link 对象(见程序第 32 行至 35 行),获得取出的 Link

对象的 URL 及 URL 层数(见程序第 36 行和第 37 行);④ 保存当前网页(见程序第 42 行或程序第 53 行),若当前网页为文本,则获得网页中包含的链接(见程序第 44 行);⑤ 将获得的链接封装成 Link 对象,保存至 URL 队列(见程序第 46 行至 51 行),其中,链接的层数为步骤③中获得的 URL 层数加一。此后,循环执行步骤②至④,直至程序结束。

在本例中,为验证搜索算法,在本地服务器上建立了如图 8-1 所示的网页结构,网页的文件名分别为 A. htm、B. htm、C. htm、D. htm、E. htm、F. htm、G. htm、H. htm、I. htm、J. htm。这些文件存放在服务器所在目录的子目录\webapps\searchtest 下。启动服务器,运行本例程序,控制台上显示如下:

```
————————宽度搜索策略————————
网页保存成功,文件名为:网页 A-127.0.0.1-searchtest-A.htm
网页保存成功,文件名为:网页 B-127.0.0.1-searchtest-B.htm
网页保存成功,文件名为:网页 C-127.0.0.1-searchtest-C.htm
网页保存成功,文件名为:网页 D-127.0.0.1-searchtest-D.htm
网页保存成功,文件名为:网页 E-127.0.0.1-searchtest-E.htm
网页保存成功,文件名为:网页 F-127.0.0.1-searchtest-F.htm
网页保存成功,文件名为:网页 G-127.0.0.1-searchtest-G.htm
网页保存成功,文件名为:网页 H-127.0.0.1-searchtest-H.htm
网页保存成功,文件名为:网页 I-127.0.0.1-searchtest-I.htm
网页保存成功,文件名为:网页 J-127.0.0.1-searchtest-J.htm
————————深度搜索策略————————
网页保存成功,文件名为:网页 A-127.0.0.1-searchtest-A.htm
网页保存成功,文件名为:网页 D-127.0.0.1-searchtest-D.htm
网页保存成功,文件名为:网页 H-127.0.0.1-searchtest-H.htm
网页保存成功,文件名为:网页 J-127.0.0.1-searchtest-J.htm
网页保存成功,文件名为:网页 I-127.0.0.1-searchtest-I.htm
网页保存成功,文件名为:网页 G-127.0.0.1-searchtest-G.htm
网页保存成功,文件名为:网页 C-127.0.0.1-searchtest-C.htm
网页保存成功,文件名为:网页 B-127.0.0.1-searchtest-B.htm
网页保存成功,文件名为:网页 F-127.0.0.1-searchtest-F.htm
网页保存成功,文件名为:网页 E-127.0.0.1-searchtest-E.htm
```

8.4 搜索线程管理

事实上,例 8.4 已经基本实现了一个简单的网络搜索程序。在例 8.4 中,如果注释掉第 12 行的代码,使用第 13 行的种子站点,程序会以 http://www.pku.edu.cn/为种子,不断地进行网页爬行,只是爬行的速度较慢,效率不高。主要原因在于,例 8.4 的程序是一个单线程的搜索程序,只能顺序地处理网页和网页的链接。如果程序能使用 Java 的多线程机制,将会大大提高效率。

在搜索程序中，线程管理的对象是多个网页处理线程。每个单独的处理线程均完成相同的任务即下载、保存和解析网页并将新链接送入 URL 队列。多线程处理的主要优点是合理利用网络带宽，提高抓取效率。但对线程数量应采取必要的控制措施，避免过度使用的问题。在实际应用中，抓取网页的任务处于分布式作业的环境中，会有多个爬行器同时工作，每个爬行器同时又打开多个网页处理线程，对于每个爬行器而言都存在着线程管理的问题。

8.4.1　线程管理的体系架构

搜索程序中用于线程管理的构件有三个：网页处理线程、线程管理器以及搜索程序客户端。它们的关系如图 8-4 所示。

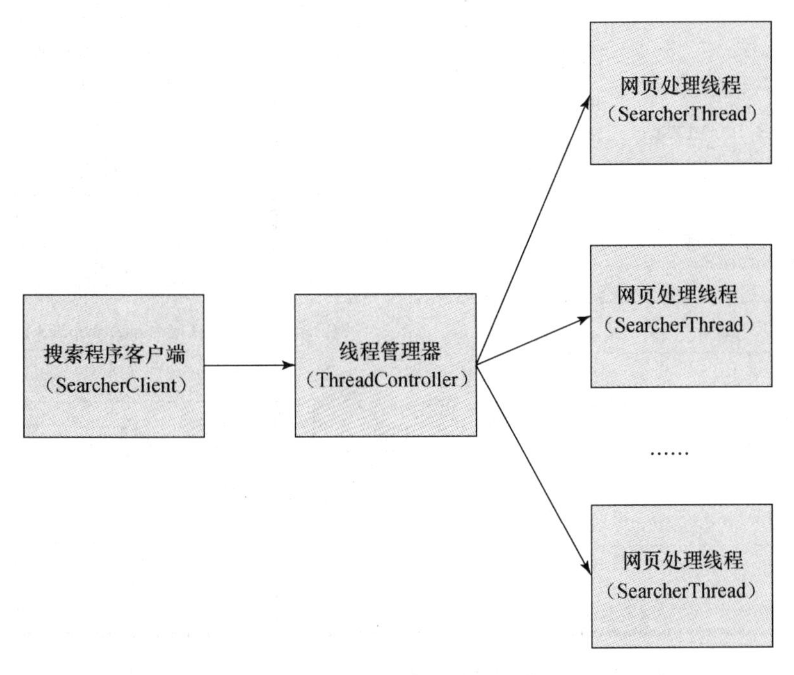

图 8-4　线程管理的体系架构

搜索程序客户端是搜索程序的起点，它与用户交互，获得种子地址、最大搜索层数、最大采集网页数、最大搜索线程数等，并用这些参数创建线程管理器的实例，启动网页搜索。

线程管理器创建多个网页处理线程，并负责对各个线程的开始、结束等进行管理。

网页处理线程是实际处理网页的过程，它被封装成类，由线程管理器启动，同时网页处理线程负责对网页进行处理。

如图 8-5 所示线程管理过程中各个主要功能之间的调用关系。

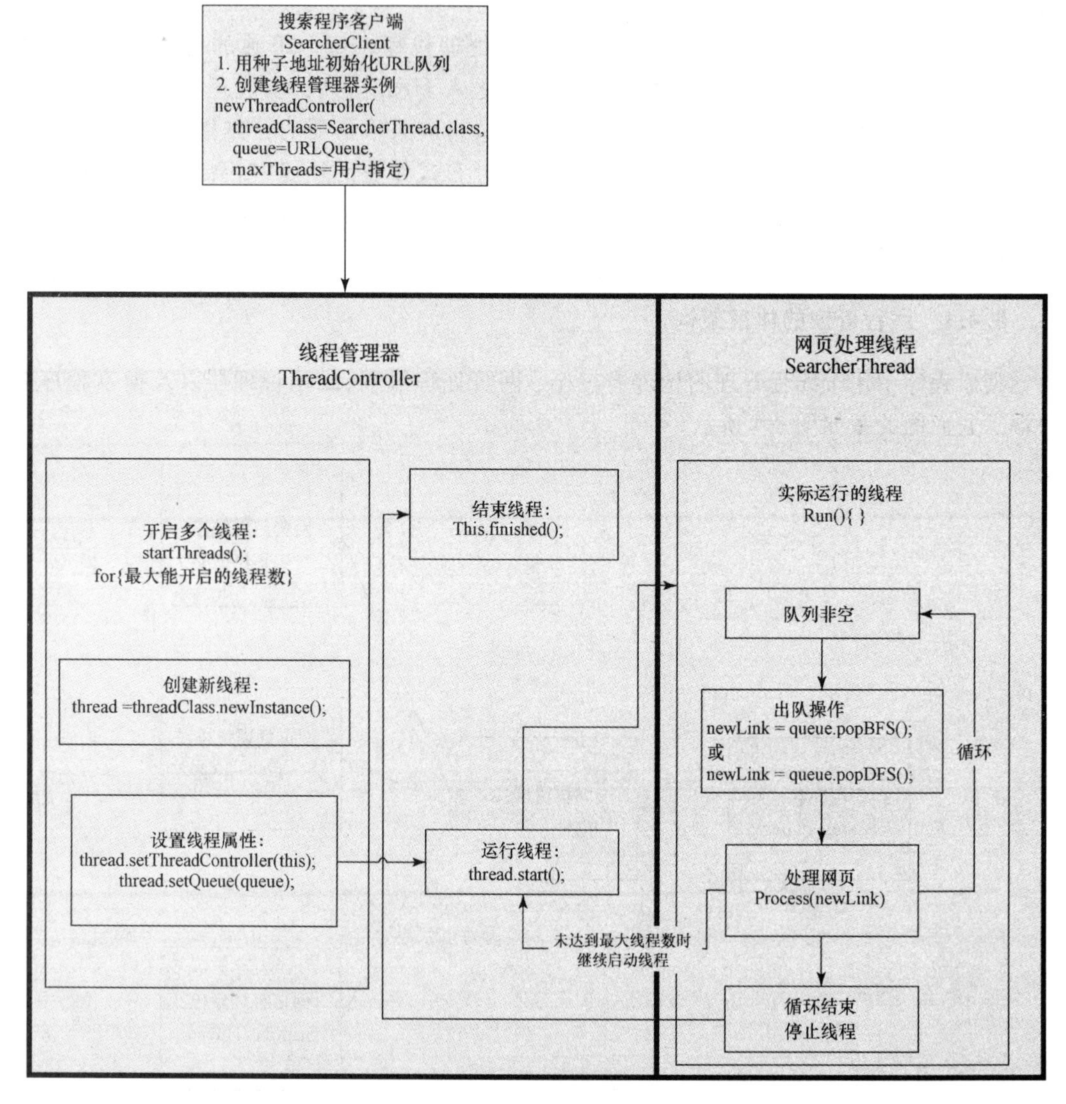

图 8-5　线程管理过程中各个主要功能之间的调用关系

8.4.2　线程管理器

线程管理器的功能包括开始线程、结束线程、返回最大线程数以及返回当前线程数。在本书的例程中，定义一个线程管理器类，命名为 ThreadController。

1. 线程管理器的构造方法

线程管理器由搜索程序客户端调用，接收搜索程序客户端传来的网页处理线程类、URL 队列以及客户端设置的最大线程数。

为什么要限制最大线程数呢？利用 Java 的多线程机制，可以提高搜索程序的效率，但是，在带宽一定的情况下，并不是线程越多越好，通常程序会在达到某一线程数量时效率最高，而超过这个数量，则效率下降，甚至导致程序崩溃。为保证程序的正常运行，一般的搜索程序中都会设置最大线程数。例如，将最大线程数的缺省值定为 10，如果用户不指定最大线程数，程序最多运行 10 个线程，如果用户指定了最大线程数，则按用户指定的最大线程数运行线程。

线程管理器 ThreadController 定义了两个构造方法，分别对应了用户指定最大线程数和不指定最大线程数这两种情况：

(1) 最大线程数缺省时的构造方法。

创建一个 queue 线程管理器的实例，参数 threadClass 指定了线程管理器所管理的网页处理线程类对象，queue 制定了网页爬行过程中使用的 URL 队列，搜索程序使用的最大线程数为 10。本构造方法的内部，调用了 ThreadController 类的另一个构造方法：

```
public ThreadController(Class<SearcherThread> threadClass,URLQueue queue)
                    throws InstantiationException, IllegalAccessException {
    this(threadClass,queue,10);
}
```

(2) 最大线程数非缺省时的构造方法。

创建一个 queue 线程管理器的实例，搜索程序使用的最大线程数由参数 maxThreads 指定。其他两个参数的含义同前。

在 ThreadController 类中，定义了四个私有的成员变量，分别用于记录搜索程序时使用的最大线程数、URL 队列、网页处理线程类对象以及当前正在运行的线程数量，这四个成员变量的定义如下：

```
private int maxThreads;    //最大线程数
private URLQueue queue;    //URL 队列
private Class<SearcherThread> threadClass;   //网页处理线程类
private int nThreads;    //当前运行的线程数量
```

本构造方法的内部对这四个成员变量进行初始化，并调用启动线程的方法，开始网页处理线程：

```
public ThreadController(Class<SearcherThread> threadClass,
                        URLQueue queue,
                        int maxThreads)
                                throws InstantiationException, IllegalAccessException {
    this.threadClass = threadClass;//初始化线程类
    this.maxThreads = maxThreads;//初始化最大线程数
    this.queue = queue;//初始化 URL 队列
    nThreads = 0;//初始化当前运行的线程数量

    startThreads();//调用开始线程的方法
}
```

2. 开始线程

在 ThreadController 类的构造方法中调用了 startThreads()方法，该方法是一个同步方法，用于启动一个网页处理线程，它所做的工作包括：

(1) 根据最大线程数和当前运行的线程数计算出当前还可以开启的线程数量 m：

```
int m = maxThreads-nThreads;
```

(2) 获取 URL 队列中的链接数 ts：

```
int ts = queue.getQueueSize();
```

(3) 比较当前还可以开启的线程数量 m 与 URL 队列中的链接数，如果 URL 队列中的链接数 m 小于等于可以开启的线程数量，表明没有必要按当前还可以开启的线程数量来开启线程，而只需按待爬行队列中的链接数来开启线程即可，否则，应该按当前还可以开启的线程数量来开启线程：

```
if (ts <=m) {
    m = ts;
}
```

(4) 开启线程 m 个网页处理线程，每开启一个线程，就是创建网页处理线程类(SearcherThread)的实例。在线程管理器中，网页处理线程类的类型是 Class，使用该类的 newInstance()方法来创建此 Class 对象所表示类的一个新实例。创建网页处理线程类的实例之后，设置该实例的属性，包括在该实例上注册线程管理器和 URL 队列。此外，还要使当前运行的线程数量增 1，记录当前已经运行了的线程数量。

线程管理器类中 startThreads()方法的完整代码如下：

```
public synchronized void startThreads()
        throws InstantiationException, IllegalAccessException {

    // 计算剩余线程数
    int m = maxThreads-nThreads;
    //获取 URL 队列中的链接数
    int ts = queue.getQueueSize();

    /*
     * 如剩余的线程数大于队列中的 URL 数，就只创建
     * 与 URL 队列中 URL 个数相同的线程数
     */
    if (ts <=m) {
        m = ts;
    }

    //开启 m 个线程
    for (int n = 0; n < m; n++) {
        //创建网页处理线程类实例
        SearcherThread thread =  threadClass.newInstance();
```

```
        //为网页处理线程注册线程管理器
        thread.setThreadController(this);
        //为网页处理线程注册URL队列
        thread.setQueue(queue);
        //开启线程
        thread.start();
        //增加当前线程数量
        nThreads++;
    }
}
```

3. 结束线程

结束线程的工作由同步方法 finished()负责，其主要功能是结束当前线程。它所做的工作是将当前运行的线程数量减1。另外，该方法还要进一步判断是否达到了程序结束的条件，如果是，则给出程序结束的提示。

在单线程搜索程序中，程序结束的条件是 URL 队列为空，但在多线程搜索程序中，情况要比单线程搜索程序复杂。URL 队列为空，并不意味着搜索程序可以结束，这是因为，即使在某一时刻待 URL 队列为空，此刻其他的线程可能依然在解析网页，并且随后会将获得的网页链接送入 URL 队列。换句话说，在多线程搜索程序中，只有所有的线程全部结束并且 URL 队列为空时，程序才可以结束，否则，不能结束程序。特别是，在当前运行的线程数为0(即所有当前线程都运行结束)，但 URL 队列不为空的情况下，反而应该继续开启新的线程，以便使程序能对网页继续处理。

finished()方法供网页处理线程类调用，网页处理线程类的 run()方法中的代码是实际运行的线程。run()方法在结束之前，应调用 finished()方法，告知线程管理器当前网页处理线程已经结束，并由 finished()方法进一步判断程序是否应该结束。finished()方法的代码如下：

```
public synchronized void finished() {
    //当前线程结束，运行的线程数减1
    nThreads--;
    //判断是否达到程序结束条件
    if (nThreads == 0) {
        if (queue.getQueueSize()==0) {
            //已达到程序结束条件，程序结束
            System.out.println("All threads finished");
            return;
        }
        try {
            // URL队列不为空且当前线程数为0，继续开启线程
            startThreads();
        } catch (InstantiationException e) {
            //忽略异常
```

```
            } catch (IllegalAccessException e) {
                //忽略异常
            }
        }
    }
```

4. 返回最大线程数和返回当前线程数

线程管理器还应提供返回最大线程数的方法以及返回当前线程数的方法。

getMaxThreads()方法用于返回最大线程数，最大线程数在初始化线程管理器时就已确定，getMaxThreads()方法仅起到传递该参数的作用。

getRunningThreads()方法用来返回当前正在运行的线程的数量。在线程管理器中，每开始一个线程，当前运行的线程数量就增 1；每结束一个线程，当前运行的线程数量就减 1。当前运行的线程数量保存在私有变量 nThreads 内，getRunningThreads()方法的功能是返回该变量的值。

上述两个方法供网页处理线程类调用，使得网页处理线程类能够判断当前是否需要继续启动新的线程。

【例 8.5】完整的线程管理器代码。

```
package thread;
import queue.URLQueue;
public class ThreadController {
    private int maxThreads;//最大线程数
    private URLQueue queue;//URL 队列
    private Class<SearcherThread> threadClass;   //网页处理线程类
    private int nThreads;//当前运行的线程数量
    /*
     * 最大线程数缺省时的构造方法
     * 只指定网页处理线程类和 URL 队列
     * 最大线程数为 10
     */
    public ThreadController(Class<SearcherThread> threadClass,URLQueue queue)
                              throws InstantiationException, IllegalAccessException {
        this(threadClass,queue,10);
    }
    /*
     * 线程管理器构造方法
     * 指定网页处理线程类、URL 队列和最大线程数量
     */

    public ThreadController(Class<SearcherThread> threadClass,
                         URLQueue queue,
                         int maxThreads)
```

```
                    throws InstantiationException, IllegalAccessException {
    this.threadClass = threadClass;//初始化线程类
    this.maxThreads = maxThreads;//初始化最大线程数
    this.queue = queue;//初始化 URL 队列
    nThreads = 0;//初始化当前运行的线程数量

    startThreads();//调用开始线程的方法
}
//返回最大线程数
public int getMaxThreads() {
    return maxThreads;
}
//返回当前正在运行的线程数量
public int getRunningThreads() {
    return nThreads;
}
//开始线程
public synchronized void startThreads()
        throws InstantiationException, IllegalAccessException {

    // 计算剩余线程数
    int m = maxThreads-nThreads;
    //获取 URL 队列中的链接数
    int ts = queue.getQueueSize();

    /*
     * 如剩余的线程数大于队列中的 URL 数,就只创建
     * 与 URL 队列中 URL 个数相同的线程数
     */

    if (ts <=m) {
        m = ts;
    }

    //开启 m 个线程
    for (int n = 0; n < m; n++) {
        //创建网页处理线程类实例
        SearcherThread thread = threadClass.newInstance();
        //为网页处理线程注册线程管理器
        thread.setThreadController(this);
        //为网页处理线程注册 URL 队列
        thread.setQueue(queue);
```

```
                //开始线程
                thread.start();
                //增加当前线程数量
                nThreads++;



            }
        }


        /*
         * 结束当前线程
         * 判断是否达到了程序结束的条件
         * 如果当前线程数为 0 且 URL 队列不为空,继续开启线程
         */
        public synchronized void finished() {
            //当前线程结束,运行的线程数减 1
            nThreads--;
            //判断是否达到程序结束条件
            if (nThreads == 0) {
                if (queue.getQueueSize()==0) {
                    //已达到程序结束条件,程序结束
                    System.out.println("All threads finished");
                    return;
                }
                try {
                    //URL 队列不为空且当前线程数为 0,继续开启线程
                    startThreads();
                } catch (InstantiationException e) {
                    //忽略异常
                } catch (IllegalAccessException e) {
                    //忽略异常
                }
            }
        }
    }
```

8.4.3 网页处理线程类

网页处理线程类的功能是从队列中取出 URL、处理该 URL 指向的网页,将获得的网页放入 URL 队列。在多线程搜索程序中,会同时启动多个网页处理类并发运行,以提高网页处理的效率。本书的例子中,定义一个网页处理线程类,命名为 SearcherThread。

1. 注册线程管理器和URL队列

网页处理线程类SearcherThread由线程管理器加以管理并使用URL队列处理网页链接。在SearcherThread类中，定义了两个私有的成员变量，用于记录网页处理线程类所属的线程管理器以及在处理网页过程中使用的URL队列，这两个成员变量的定义如下：

```
private URLQueue queue; //URL 队列
private ThreadController tc;//线程管理器
```

网页处理线程类的setQueue()方法和setThreadController()方法为当前网页处理线程对象注册URL队列和线程管理器。setQueue()方法用于指定网页线程处理类在处理网页过程中使用的URL队列，该队列在搜索程序客户端初始化，由客户端程序传给线程管理器，再由线程管理器在创建网页处理线程类时，通过调用setQueue()方法指定给网页处理线程类。setThreadController()方法用于在网页处理线程类中注册线程管理器，以便实现线程管理器与网页处理线程类之间的消息传递和相互操作，该方法也由线程管理器在创建网页处理线程类实例时调用。这两个方法的代码如下：

```
//为当前线程的注册 URL 队列
public void setQueue(URLQueue queue) {
    this. queue = queue;
}
//为当前线程的注册线程管理器
public void setThreadController(ThreadController tc) {
    this. tc = tc;
}
```

2. 线程代码

为实现多线程，网页处理线程类继承了线程类(Tread)，并且处理网页的代码写在run()方法中。与单线程搜索程序不同，网页处理线程类必须在每次执行run()方法时，都要判断当前运行的线程数是否达到了指定的最大线程数，如果没有达到，则开启新的网页处理线程，让更多的线程参与到网页处理中。同时，在run()方法结束时，还要调用线程管理器的finished()方法，结束当前线程并判断程序是否应该结束。以下是网页处理线程类中run()方法的代码：

```
public void run() {
    while (queue. getQueueSize()! =0)  {
        //以宽度优先搜索为例
        Link newLink = queue. popBFS();
        //处理当前链接
        process(newLink);
        //判断是否到达最大线程上限，没有则继续打开新线程
        if (tc. getMaxThreads() > tc. getRunningThreads()) {
            try {
                tc. startThreads();//开启新线程
```

```
                } catch (Exception e) {
                    //忽略异常
                }
            }
        }
        //结束当前线程
        //检查停止线程的条件,如果满足则停止线程
        //如果不满足,则继续启动线程
        tc.finished();
    }
```

其中 process(newLink)方法是实际处理网页的方法。

从上述程序可以看出,出队操作和入队操作均在线程中完成,在有多个线程同时进行入队操作和出队操作的情况下,URL 队列由多个线程所共享,必须保证一个线程在进行出队操作和入队操作时锁住 URL 队列,避免重复写入或读出链接。入队操作和出队操作封装在 URLQueue 类中,应在 URLQueue 类中的 push(Link link)、popBFS()和 popDFS()方法上加上 synchronized 关键字:

```
public synchronized boolean   push(Link link) {……}
public synchronized Link popBFS() {……}
public synchronized Link popDFS() {……}
```

3. 处理网页

SearcherThread 类中的 process()方法负责实际处理网页,功能是保存当前的网页、提取当前网页中包含的所有链接,对链接查重后,将不重复的链接保存至 URL 队列。process()方法实际上是实现了例 8.4 主类中 searcher()方法中的部分功能。process()方法的具体实现见例 8.6。

【例 8.6】完整的网页处理线程类代码。

```
package thread;
import java.net.URL;
import java.util.List;
import parseHtlm.ParseHtlm;
import queue.Link;
import queue.URLQueue;
import savePage.SavePage;
//网页线程处理类
public class SearcherThread extends Thread {
    private URLQueue queue; //URL 队列
    private ThreadController tc;//线程管理器
    //为当前线程的注册 URL 队列
    public void setQueue(URLQueue queue) {
        this.queue = queue;
```

```
}
//为当前线程的注册线程管理器
public void setThreadController(ThreadController tc) {
    this.tc = tc;
}

//接收线程管理器的开始指令后,实际运行的线程代码
public void run() {
    while (queue.getQueueSize()! =0)  {
        //以宽度优先搜索为例
        Link newLink = queue.popBFS();
        //处理当前链接
        process(newLink);
        //判断是否到达最大线程上限,没有则继续打开新线程
        if (tc.getMaxThreads() > tc.getRunningThreads()) {
            try {
                tc.startThreads();//开启新线程
            } catch (Exception e) {
                //忽略异常
            }
        }
    }
    //结束当前线程
    //检查停止线程的条件,如果满足则停止线程
    //如果不满足,则继续启动线程
    tc.finished();
}

//实际处理网页的方法
private void process(Link link) {
    URL pageURL=link.getURL();
    int currentLeve=link.getDepth();
    //创建 ParseHtlm 的实例
    ParseHtlm parseHtlm=new ParseHtlm();
    if (parseHtlm.isPageText(pageURL)){
        //获得网页的标题
        String title=parseHtlm.getTitle(pageURL);
        //保存网页
        SavePage.savePage(pageURL,title);
        //获得网页中的链接
        List<URL> links = parseHtlm.getLinks(pageURL);
```

```
                //将链接存入 URL 队列
                for(int i=0;i<links.size();i++){
                    Link pushLink=new Link();
                    pushLink.setURL(links.get(i));
                    pushLink.setDepth(currentLeve+1);
                    queue.push(pushLink);
                }
            }else
                SavePage.savePage(pageURL);   //保存网页
        }
    }
```

8.4.4 搜索程序客户端

搜索程序客户端的主要功能是允许用户制定搜索任务，并利用 Java 的反射机制向线程管理器传递网页处理类，实现多线程处理。

【例 8.7】完整的搜索程序客户端代码。

```
package thread;
import java.net.URL;
import queue.Link;
import queue.URLQueue;
//搜索程序客户端
public class SearcherClient {
    public static void main(String[] args) {
        try {
            String urlstring="http://www.pku.edu.cn/";
            //创建表示种子地址的 Link 对象
            Link link=new Link();
            link.setURL(new URL(urlstring));
            link.setDepth(0);
            //初始化最大访问层数
            int maxLevel = 5;
            //初始化最大线程数量
            int maxThreads = 20;
            //初始化最大抓取网页数量，-1 代表不限制
            int maxDoc =-1;
            //int maxDoc = 10;
            //初始化 URL 队列
            URLQueue q = new URLQueue();
            //设定最大抓取网页数量
            q.setMaxElements(maxDoc);
            //设定最大访问层数
```

```
            q.setMaxLevel(maxLevel);
            //将种子地址加入队列
            q.push(link);
            //向线程管理器传递搜索参数,并开始抓取线程
            new ThreadController(SearcherThread.class,q,maxThreads);
        } catch (Exception e) {
            System.err.println("An error occured: ");
            e.printStackTrace();
        }
    }
}
```

搜索程序客户端 SearcherClient 类是整个搜索程序的主类,本例以 http://www.pku.edu.cn/为种子站点,进行搜索。

至此,已经实现了一个完整的多线程搜索程序,将例 8.1 至例 8.7 的程序导入到 Eclipse 中(注意在 URLQueue 类的入队和出队方法之间加上关键字 synchronized)。运行 SearcherClient,可以在控制台上看到程序的运行提示,同时可以看到不断有网页被保存到项目的目录下。

应该注意,本章例子的主要目的是讲解如何实现多线程的搜索程序,本身没有做优化,实现的功能也比较简单,感兴趣的读者可以在此基础上做进一步的改进。

第九章　基于 Java 的信息检索技术

利用计算机大容量存储和快速计算的能力构建信息检索系统，是计算机的一个重要应用领域。也是程序设计的一项重要任务。本章介绍如何利用开源的信息检索 API—Lucene 构建信息检索系统。

9.1　概　　述

信息检索(Information Retrieval)是指将信息按一定的方式组织和存储起来，并根据信息用户的需要找出有关的信息过程，全称又叫"信息的存储与检索"(Information Storage and Retrieval)。与数据库查询不同，信息检索的处理对象是非结构化的信息。所谓非结构化信息是指没有固定和统一的数据模式的信息，如电子文本、网页、电子邮件、多媒体等。因此，信息检索系统建设，有自己的特点。

9.1.1　信息检索的一般流程

从信息检索的定义中可以看出，信息检索包括了两个重要环节：一个是组织和存储，根据检索对象的外在特征和内在特征，对它们进行有序化编排，为后续的快速查找奠定基础；另一个环节是从已经建立好的信息集合中，找出用户需要的信息。这两个环节分别称为索引和检索，是建立信息检索系统要解决的关键问题。如图 9-1 所示信息检索的基本流程。

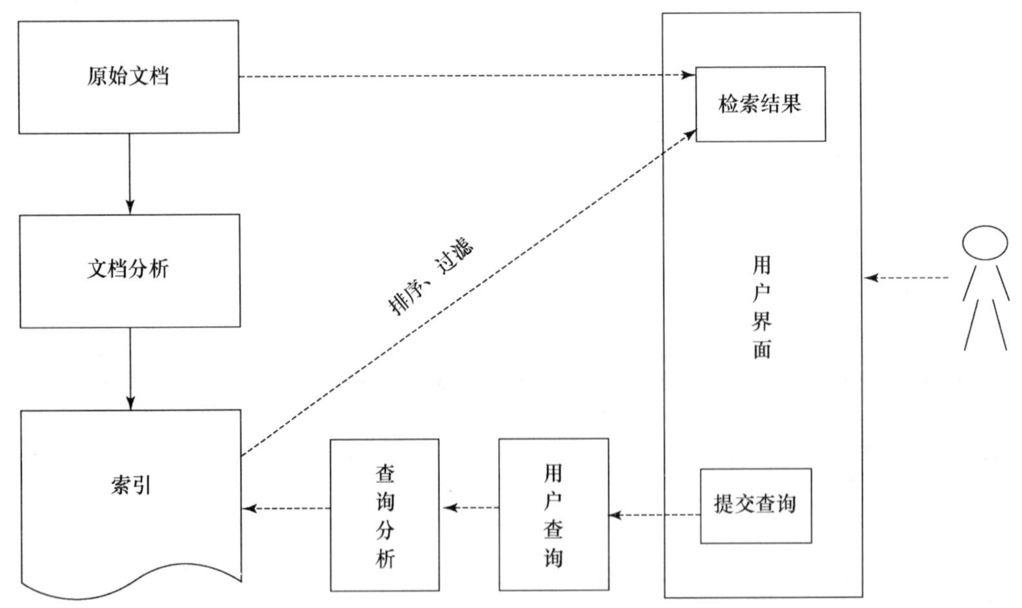

图 9-1　信息检索的基本流程

图9-1中实现表示信息存储的过程，对于所有要检索的文档，首先要对它们进行分析，从中提取出能表征其特征、有检索价值的标识及其属性信息，如关键词、关键词的位置、关键词的频率等，然后按可以快速查找的数据结构将这些信息存储起来形成索引，以供用户在后续查找信息阶段使用。

图9-1中点划线表示信息检索的过程，它可以看做是信息存储的逆过程，用户以检索表达式的形式向系统提问，检索系统对用户提问进行分析，并与索引中的内容相比较，一旦比较成功，就将命中的结果按一定的顺序和范围显示给用户，用户根据检索结果和自身需要，进一步调取原始文档，从而找到自己需要的信息。

9.1.2　Lucene API简介

Lucene是apache软件基金会jakarta项目组的一个子项目，是一个基于Java的开源全文信息检索工具包，可以帮助程序员实现上述信息检索的整个过程，很方便构建出基于计算机的信息检索系统。

Lucene最早由信息检索专家道格·卡廷(Doug Cutting)编写，在SourceForge网站上提供下载。2001年9月，Lucene加入到Apache软件基金会的开源项目中，并不断地推出新的版本，受到人们的广泛重视和认可。例如，apache软件基金会的网站使用了Lucene作为全文检索的引擎，IBM的商业软件Web Sphere中也采用了Lucene。

1. Lucene的特点

Lucene是一套纯Java的信息检索API，除了具有Java的跨平台和网络编程能力以外，还具有如下突出的优点：

(1) 遵循面向对象的架构，易于扩充。程序设计人员不仅可以用Lucene本身提供的API实现一个功能强大的信息检索系统，而且可以根据自己的需求，很方便地对Lucene进行扩充，进行个性化的功能定制。

(2) 完善的功能体系，Lucene比较全面的实现了信息检索的主要环节中的关键技术。索引方面，在传统倒排索引的基础上，优化了索引的存储结构，做到了索引体积小，查询速度快，提升了索引和检索的速度。在检索方面，实现了布尔操作、模糊查询、通配符查询、分组查询等多种常用的检索方式。在结果展示方面，综合利用文档频率(DF)、词频-逆文档频率(TF-IDF)和向量空间模型(VSM)计算检索结果与查询之间的相关度，实现了按文档相关度的结果排序输出，同时，允许使用者指定排序和过滤方式。

(3) 支持分布式索引与检索。Lucene允许将索引建立在不同的节点上，并能将来自不同节点的检索结果做合并，形成一个完整的统一检索结果集。同时，还提供了远程搜索的API。

(4) 有丰富的第三方支持和扩展。除了Lucene的核心功能以外，Lucene还包含丰富的第三方扩展包，可以实现多种语言的分词、拼写检查、高亮显示、XML文档解析等，极大地丰富了Lucene的功能。

2. 下载Lucene API

本书使用Lucen 3.5.0，可以从网址http://apache.etoak.com/lucene/java/3.5.0/下载，下载界面如图9-2所示。如果在Windows平台上开发，则下载lucene-3.5.0.zip；如果在

Linux 平台上开发，则下载 lucene-3.5.0.tar.gz。这里下载 lucene-3.5.0.zip。解压后的文件和目录主要有：

/lucene-3.5.0/：lucene-core-3.5.0.jar，这是 Lucene 的核心 API 包，使用 Lucene 时需要导入这个程序包。

/contrib/*：增强功能包，如中文分词、词干提取、解析、高亮显示等扩展功能，如需使用相关功能，也要导入其中的程序包。

/docs/api/index.html：API 文档。

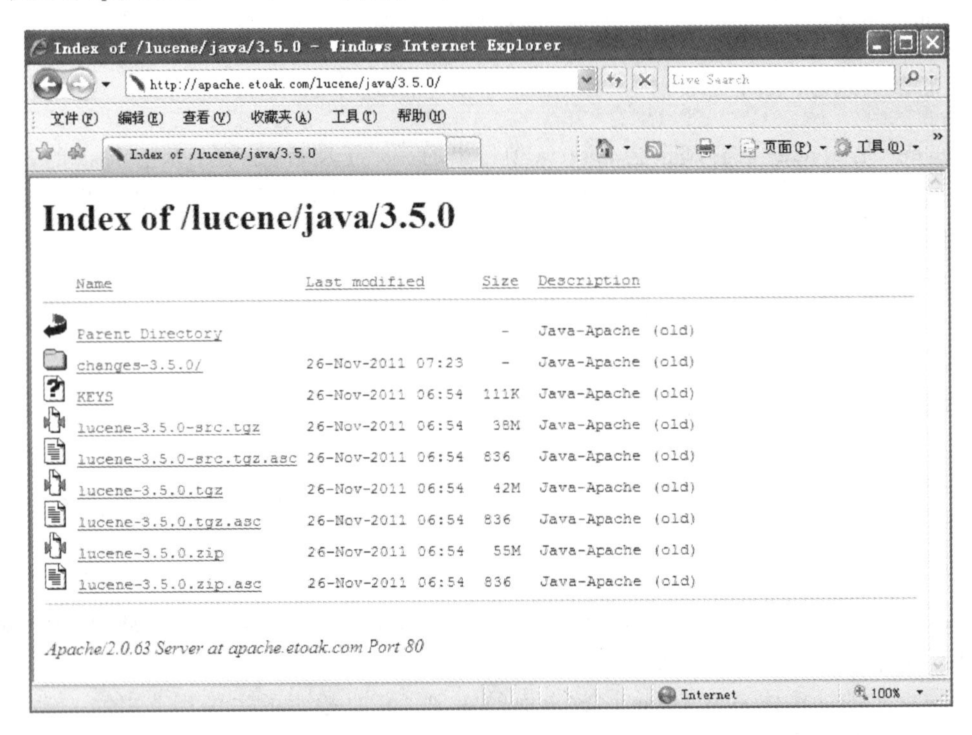

图 9-2　Lucene 的开发包下载页面

3. Lucene 的主要程序包

Lucene 主要的 Java 包有如下几个：

(1) org.apache.lucene.document。

这个包提供了封装索引和检索的文档所需要的类，主要包括 Document 类、Field 类、NumericField 类以及 Fieldable 接口等，它们是检索对象的逻辑表示，是索引和检索过程的处理单元。

(2) org.apache.lucene.analysis。

这个包提供了文档分析器类，文档分析器类的主要功能是对文档进行切分。在建立索引之前，必须对文档进行分析，从中提取出具有索引和检索价值的标识，将这些标识连同其属性信息(如出现频率、出现位置等)写入索引，以供后续检索使用。文档分析器类的作用就是提取标识及其属性信息。

（3）org. apache. lucene. index。

这个包提供了与索引操作有关的类，用于创建、读取和维护索引，主要包括索引编写器IndexWriter、索引读取器IndexReader、索引编写器配置IndexWriterConfig、索引词Term等类。

（4）org. apache. lucene. search。

这个包提供了与检索操作有关的类，用于对索引进行查找、对检索结果排序和过滤、获得命中结果等，主要有代表查询的Query类及其子类、索引检索器IndexSearcher类、排序接口Sort和排序字段SortField类、过滤器Filter类及其子类、封装命中结果的TopDocs类等。

（5）org. apache. lucene. queryParser。

这个包提供了与查询解析有关的类，其中最重要的类是QueryParser类，该类的主要功能是解析用户的查询表达式。

（6）org. apache. lucene. store。

这个包提供了与索引底层I/O存储结构有关的类，主要的类是表示索引所在位置的Directory类及其子类。

（7）org. apache. lucene. util。

这个包提供了一些实用工具类，表示Lucene版本的枚举类型Version就位于这个包内。

Lucene的内容非常丰富，以下仅介绍其基本的类和基本的功能。

9.2　Lucene基础类

这里所说的基础类，是指在建立索引和进行查询中都要用到的类，这些类包括文档类、字段类、目录类以及分析器类。

9.2.1　Document类

文档(Document)表示信息检索系统中索引和检索的对象，是索引和检索过程的处理单元，相当于数据库中的一条记录(行)。一个文档由一组字段(Field)组成，每个字段包括字段名和字段值，字段只有被存储在文档中才能被索引和检索。Document类代表了Lucene中的文档，用来封装一组字段。Document类在org. apache. lucene. document包中。

Document类只有一个无参数的构造方法：

```
public Document()
```

该构造方法创建一个不包括任何字段的Document实例。

Document类提供了在文档中增加、读取、删除字段的方法，其中主要的方法如下：

（1）public final void add(Fieldable field)。

向文档增加一个字段，参数为Fieldable类型，Fieldable是一个接口，Field类是该接口的一个具体实现。允许字段名重复。

(2) public final String get(String name)。

返回 name 指定字段的值。如果当前文档中存在该字段,则返回字段的值,否则返回 null。如果文档中存在重名字段,则返回第一次增加的那个字段的值。

(3) public Fieldable getFieldable(String name)/public Fieldable[] getFieldables(String name)。

返回文档中名称为 name 的第一个字段/所有字段,如果没有指定的字段,则返回 null 或一个空数组。

(4) public final List〈Fieldable〉 getFields()。

返回文档中所有的字段。

(5) public final void removeField(String name)/ removeFields(String name)。

从文档中移除 name 指定名称的第一个字段/所有字段,移除文档中的字段,不会对索引产生影响。

9.2.2 Field 类

Field 类代表了文档中的字段,相当于数据库中的列。字段由字段名和字段值组成。字段可以存储在文档中,也可以不存储在文档中。存储在文档中的字段内容会在检索命中时作为 Document 对象的组成部分返回,而没有存储在文档中的字段,则不会作为文档的组成部分返回。可以指定对文档中的哪些字段进行索引,只有做过索引的字段才能够被检索。Field 类在 org. apache. lucene. document 包中。

1. Field 类的属性

Field 类包含三个嵌套类: Field. Index、Field. Store 和 Field. TermVector。用这三个类的属性分别指示是否对字段进行索引以及如何做索引,是否将字段存储在文档中,以及是否处理词向量(词向量由文档中的检索词与该检索词在文档中出现的次数组成)。如表 9-1 所示这三个嵌套类的属性。

表 9-1 Field 类的三个嵌套类的属性

用途	常量	含义
指示是否对字段做索引以及如何对字段进行索引 Field. Index	NO	不对字段做索引
	ANALYZED	对字段值进行分词,并建立词汇级(分词结果)的索引。通常用于文本处理
	NOT_ANALYZED	不对字段值分词,只建立字段级索引
	ANALYZED_NO_NORMS	对字段值分词并建立词汇级索引,但不计算字段的权值,所有字段在检索时地位相同
	NOT_ANALYZED_NO_NORMS	只建立字段级的索引,不分词,也不计算字段的权值
指示是否及如何存储字段的值 Field. Store.	YES	在索引中存储字段的值,以便在索引中取出字段值
	NO	不在索引中存储字段的值

续表

用途	常量	含义
指示字段是否处理词向量 Field. TermVector	NO	不存储检索词向量
	YES	存储检索词向量
	WITH_POSITIONS	存储词向量以及词的位置信息(词的起始位置)
	WITH_OFFSETS	存储词向量以及词的偏移量信息(词的结束位置)
	WITH_POSITIONS_OFFSETS	存储词向量以及词的位置与偏移量信息

2. Field 类的构造方法

Field类的常用构造方法如下：

(1) public Field(String name, String value, Field. Store store, Field. Index index, Field. TermVector termVector)。

创建一个字段实例,字段的名称由参数 name 指定,参数 value 表示字段的值,其他三个参数分别表示字段的属性,值由 Field 类的三个嵌套类的常量决定。

(2) public Field(String name, String value, Field. Store store,Field. Index index)。

创建一个字段实例,参数的含义同前,字段中的词向量不存储到索引中。

(3) public Field(String name,TokenStream tokenStream)。

创建一个字段实例,字段的名称由参数 name 指定,索引中不存储字段值和词向量,只对词切分的结果(切分项)进行索引。词切分的结果由参数 tokenStream 指定,该参数为 TokenStream 类型,表示一个切分项流。TokenStream 类是一个抽象类,本身不能创建实例,通常由分词器(分析器)返回一个切分项。当需要对字段的值进行分词预处理时,可以使用字段类的这个构造方法对分词后的结果进行索引。切分项在文档被增加到索引之前,不能使用 TokenStream 类定义的 close()方法关闭切分项流。

(4) public Field(String name, TokenStream tokenStream, Field. TermVector termVector)。

创建一个字段实例,字段的名称由参数 name 指定,索引中不存储字段值,只对分词的结果进行索引。分词的结果由参数 tokenStream 指定。是否存储词向量,由参数 termVector 决定。

3. Field 类的普通方法

(1) String name()。

返回字段的名称,此方法由 Fieldable 接口定义。

(2) String stringValue()。

返回字段的值,此方法由 Fieldable 接口定义。

(3) public void setValue(String value)。

设置字段的值,新值由参数 value 确定。

(4) Reader readerValue()。

以字符输入流类的形式返回字段的值,此字符输入流类可用于在建立索引时生成索引项。

(5) TokenStream tokenStreamValue()。

返回索引时使用的此字段的切分项流。

【例 9.1】Document 类和 Field 类的使用。

```
import java.util.List;//1 行
import org.apache.lucene.document.Document;
import org.apache.lucene.document.Field;
import org.apache.lucene.document.Fieldable;
public class DocFieldDemo {//5 行
  public static void main(String[] args) {
      Document doc = new Document(); //建立文档对象
      Field field1 =new Field("ID","001", //建立字段对象
                 Field.Store.YES,Field.Index.NOT_ANALYZED,Field.TermVector.NO);
      Field field2 =new Field("Title","数据结构",//10 行//建立字段对象
                 Field.Store.YES,Field.Index.ANALYZED,Field.TermVector.NO);
      Field field3 =new Field("Abstract","本书是一本教材",//建立字段对象
                 Field.Store.NO,Field.Index.ANALYZED,Field.TermVector.NO);
      doc.add(field1);//将字段添加到文档
      doc.add(field2);//15 行
      doc.add(field3);
      List<Fieldable> list=doc.getFields();//获得文档的字段
      System.out.print("利用文档的 getFields()方法获得文档中的字段,");
      System.out.println("共有"+list.size()+"个字段");  //显示字段的数量
      for(Fieldable lst:list){//遍历字段,取得字段名和值  //20 行
            System.out.println("\t\t"+lst.name()+"="+lst.stringValue());
      }
      System.out.println("直接从文档中获得字段:");
      System.out.println("\t\tID="+doc.get("ID"));//显示
      System.out.println("\t\t Title ="+doc.get("Title"));//25 行
      System.out.println("\t\t Abstract ="+doc.get("Abstract"));
  }
}
```

本例创建一个文档对象(见程序第 7 行)以及三个字段对象(见程序第 8 行至 13 行),将这三个字段对象添加到文档中(见程序第 14 行至 16 行)。程序用两种方式访问文档中的字段:一种是利用文档的 getFields()方法从文档取出其中的字段,遍历字段的名称和值(见程序第 17 行至 22 行);另一种方式是利用文档对象提供的方法访问字段的名称和值(见程序第 24 行至 26 行)。

注意程序第 8 行至 13 行的三条语句,它们用于创建字段对象,一般情况下,诸如记录号、路径名之类的字段,不需要对它们进行切分,而是作为一个整体来创建索引,以保证可以直接用完整的记录号或路径名进行查找和检索,因此,第 8 行和第 9 行的语句中使用了 Index.NOT_ANALYZED。对于像书名、作者之类的有限长度字段,要支持全文检索,有必

要对它们先切分再做索引，同时，由于这些字段值的长度有限，也可以将其值存储在索引中，以便可以快速地从中读出并加以显示，所以，第 10 行和第 11 行的语句中使用了 Field. Store. YES 和 Field. Index. ANALYZED。而对于文摘、全文之类的字段，通常字数比较多，如果存储到索引中，将导致索引体积庞大，降低检索效率，一般只进行分析并做索引，字段值不再存储在索引中，因而程序第 12 行和第 13 行的语句使用了 Field. Store. NO 和 Field. Index. ANALYZED。

9.2.3　目录封装类

目录(Directory)代表了 Lucene 索引存储的位置，在创建索引时，需要指定索引的存放位置，在检索和查询时，也需要知道索引的位置。Lucene 中，用于表示索引位置的类包括 Directory、FileSwitchDirectory、FSDirectory、NRTCachingDirectory、RAMDirectory、DirectIOLinuxDirectory、MMapDirectory、NIOFSDirectory、SimpleFSDirectory、WindowsDirectory 等。

1. Directory 类

Directory 是一个抽象类，它是所有表示索引位置的目录类的超类，其他类型的目录封装类都是 Directory 类的具体子类。

(1) 构造方法。

Directory 类只有一个无参数的构造方法：

```
public Directory()
```

(2) 常用方法。

① public abstract void deleteFile(String name) throws IOException。

删除目录中指定的文件 name。

② public abstract String[] listAll()throws IOException。

以字符串数组形式返回目录中所有文件的名称。

③ public abstract boolean fileExists(String name)throws IOException。

判断文件是否存在，如果指定的文件 name 存在，则返回 true。

④ public abstract long fileLength(String name) throws IOException。

返回目录中 name 指定的文件的长度。

⑤ public abstract long fileModified(String name) throws IOException。

返回 name 指定的文件的上次修改时间，返回值为自 1970 年 1 月 1 日 00:00:00 经过的毫秒数。

⑥ public abstract void deleteFile(String name) throws IOException。

删除目录中参数 name 指定的文件。

⑦ public void copy(Directory to, String src, String dest) throws IOException。

将当前目录下的指定文件 src 复制到指定目录 to，拷贝后的文件名由参数 dest 指定。

⑧ public abstract void close() throws IOException。

关闭当前目录。

2. RAMDirectory 类

RAMDirectory 类表示内存目录，是 Directory 类的直接子类，表示存储在内存当中的索引的位置。将索引放到内存中,可以提高创建索引和查询索引的速度,但通常内存有限,如果索引太大,将导致系统崩溃。在实际操作中,通常将 RAMDirectory 作为内存缓存,在缓存中建立索引,当索引积累到一定数量以后,再将其写到磁盘上,从而提高应用程序的效率。

RAMDirectory 类有两个构造方法:

(1) public RAMDirectory()。

创建一个空的内存目录。

(2) public RAMDirectory(Directory dir) throws IOException。

创建一个新的内存目录,该目录的内容来自参数 dir 目录。dir 目录的内容仅会在创建当前内存目录时被加载至内存,而 dir 目录的任何后续的改变,都不会再反映到所创建的内存目录中。

3. FSDirectory 类

FSDirectory 是文件系统目录,表示用文件系统存储索引。该类是一个抽象类,不能用 new 关键字创建实例,其实例由其定义的方法 open()返回,open()方法的定义如下:

```
public static FSDirectory open(File path)   throws IOException
```

此方法根据当前程序的运行平台和操作系统,返回与程序运行环境最相匹配的目录系统。在 Lucene3.5 中,若当前系统平台为 Sun Solaris 和 Windows 64 位 JRE,实际返回的是 MMapDirectory 类。若当前系统平台是其他 Windows 操作系统下的非 64 位 JRE,则实际返回 SimpleFSDirectory 类。对于其他非 Windows 系统的 JRE,返回 NIOFSDirectory。

4. SimpleFSDirectory 类

SimpleFSDirectory 类为简单文件系统目录,是 FSDirectory 类的一个子类,用于封装 Windows 操作系统下的非 64 位 JRE 环境中的目录系统,使用 Java 随机文件(RandomAccessFile)实现文件的管理,其构造方法为

```
public SimpleFSDirectory(File path) throws IOException
```

如果程序明确运行在 Windows 操作系统下的非 64 位 JRE 环境,可以直接使用上述构造方法创建 SimpleFSDirectory 对象。

5. NIOFSDirectory 类

NIOFSDirectory 类为新 IO(New I/O)文件系统目录,是 FSDirectory 类的一个子类,用于封装非 Windows 系统中的目录系统,使用 java.nio.channels.FileChannel 实现文件管理,其构造方法为:

```
public NIOFSDirectory(File path) throws IOException
```

如果程序仅在非 Windows 环境下运行,可以直接使用上述构造方法创建 NIOFSDirectory 对象。

6. MMapDirectory 类

MMapDirectory 类为内存映射目录系统,也是 FSDirectory 类的一个子类,用于封装 Sun Solaris 和 Windows 64 位 JRE 环境下的目录系统,使用内存映射 I/O(Memory-Mapped IO)技术实现文件管理,适用于虚拟内存比较大的平台,构造方法为:

```
public MMapDirectory(File path)  throws IOException
```

如果程序仅运行于 Sun Solaris 和 Windows 64 位 JRE 环境，可以直接使用上述构造方法创建 MMapDirectory 对象。

【例 9.2】目录封装类的使用。

```
import java.io.*;//1 行
import java.util.Arrays;
import org.apache.lucene.store.*;
public class DirectoryDemo {
    public static void main(String[] args) throws IOException {//5 行
        Directory sfsd = new SimpleFSDirectory(new File(".\\index"));//创建磁盘目录对象
        RAMDirectory ramd=new RAMDirectory(sfsd);//创建内容来自磁盘的内存目录对象
        String s1[]=sfsd.listAll();//取出磁盘目录中的所有文件
        String s2[]=ramd.listAll();//取出内存目录中的所有文件
        System.out.print("磁盘中的文件为：");//10 行
        ShowFile(s1);//显示磁盘目录中的所有文件
        System.out.print("内存中的文件为：");
        ShowFile(s2);//显示内存目录中的所有文件
        sfsd.close();//关闭目录
        ramd.close();//15 行
        FSDirectory fsd=FSDirectory.open(new File(".\\index"));//返回文件系统目录
        System.out.print("当前系统的实际目录类型为：");
        if(fsd instanceof SimpleFSDirectory){//判断目录的类型
        System.out.println("SimpleFSDirectory");
        }//20 行
        if(fsd instanceof MMapDirectory){//判断目录的类型
        System.out.println("MMapDirectory");
        }
        if(fsd instanceof NIOFSDirectory){//判断目录的类型
        System.out.println("NIOFSDirectory");//25 行
        }
        fsd.close();//关闭目录
    }
    static void ShowFile(String s[]){
            Arrays.sort(s);//对文件排序  //30 行
            for (String a:s){//遍历文件并显示
                System.out.print(a+"\t");
            }
            System.out.println();
    }//35 行
}
```

本例演示了目录封装类的使用。先创建了一个简单文件系统目录，指向当前目录的下一级目录 index(见程序第 6 行)，该目录实际上是一个磁盘目录。程序第 7 行以该磁盘目录为基础创建了一个内存目录，将磁盘中的文件读入内存。程序第 10 行和第 13 行调用 ShowFile()方法分别显示磁盘和内存中的文件。ShowFile()方法在程序第 29 行至 35 行定义。程序第 16 行用 FSDirectory 类的静态方法创建该类的实例，实际返回的类型会因程序运行的系统而有所不同，程序第 18 行至 26 行判断具体返回的目录类型，并显示到控制台上。假设 index 目录已经存在，且其中存在有索引文件，则本程序的运行结果为：

```
磁盘中的文件为：_0.fdt  _0.fdx  _0.fnm  _0.frq  _0.nrm  _0.prx  _0.tii  _0.tis
  _0.tvd  _0.tvf  _0.tvx  segments.gen  segments_1
内存中的文件为：_0.fdt  _0.fdx  _0.fnm  _0.frq  _0.nrm  _0.prx  _0.tii  _0.tis
  _0.tvd  _0.tvf  _0.tvx  segments.gen  segments_1
当前系统的实际目录类型为：SimpleFSDirectory
```

9.2.4 分析器

语词切分是指将自然语言中文本字串转换成词串的过程，是信息检索的一个基本环节，也是一项关键技术。词是最小的、能独立运用的有意义的语言成分，信息检索系统中一般以词作为索引和检索单位。以词作为索引必须首先切分出单个词语，并建立词索引。同样，在检索过程中，用户的提问也要进行切分，形成检索词，并使之与索引词进行匹配，从而从文档集合中找到符合用户要求的文档。

无论是中文、还是英文或其他语言，都存在语词切分问题，在拼音文本中，词和词之间有空格和标点符号等明显的分隔标记，词串的分割相对容易，但也不是仅凭空格和标点符号就能解决所有问题，如缩写、带连字符的词等等，也需要进行处理，因此，英文等拼音文字文本也有语词切分问题。中文文本中的词和词之间没有空格，切分的难度更大。

分析器的目的就是要解决创建索引和进行检索过程中的语词切分问题。在 Lucene 中，分析器是一种可以对文本字串进行自动切分的类，Lucene 自带数十种分析器，可以对目前世界上的主要语言的文本进行切分。表 9-2 示出了 Lucene 自带的主要分析器。

表 9-2 Lucene 自带的主要分析器

分析器名称	作用
KeywordAnalyzer	关键词分析器
WhitespaceAnalyzer	空白分析器
SimpleAnalyzer	简单分析器
StopAnalyzer	停用词分析器
StandardAnalyzer	标准分析器
CJKAnalyzer	中日韩语言分析器
SmartChineseAnalyzer	智能中文分析器
ArabicAnalyzer	阿拉伯语分析器

续表

分析器名称	作用
BrazilianAnalyzer	巴西语分析器
BulgarianAnalyzer	保加利亚语分析器
CzechAnalyzer	捷克语分析器
DanishAnalyzer	丹麦语分析器
DutchAnalyzer	荷兰语分析器
EnglishAnalyzer	英语分析器
FinnishAnalyzer	芬兰语分析器
FrenchAnalyzer	法语分析器
GermanAnalyzer	德语分析器
GreekAnalyzer	希腊语分析器
HindiAnalyzer	印地语分析器
HungarianAnalyzer	匈牙利语分析器
IndonesianAnalyzer	印度尼西亚语分析器
ItalianAnalyzer	意大利语分析器
NorwegianAnalyzer	挪威语分析器
PersianAnalyzer	波斯语分析器
PolishAnalyzer	波兰语分析器
PortugueseAnalyzer	葡萄牙语分析器
RomanianAnalyzer	罗马尼亚语分析器
RussianAnalyzer	俄语分析器
SpanishAnalyzer	西班牙语分析器
SwedishAnalyzer	瑞典语分析器
ThaiAnalyzer	泰语分析器
TurkishAnalyzer	土耳其语分析器

表 9-2 中的前 5 个分析器均位于 Lucene 的核心程序包(lucene-core-3.5.0.jar)，其他的分析器位于扩展包内，使用中文分析器 SmartChineseAnalyzer 需要导入\contrib\analyzers\smartcn 目录下的 lucene-smartcn-3.5.0.jar，其余的分析器需要导入\contrib\analyzers\common 目录下的 lucene-analyzers-3.5.0.jar。

1. Analyzer 类

抽象类 Analyzer 是所有分析器的超类，该类一共定义了 7 个方法，其中唯一一个抽象方法是：

```
public abstract TokenStream tokenStream(String fieldName, Reader reader)
```

此方法返回一个切分项流，该切分项流封装了对原始文本的切分结果及其属性，原始文本由参数 reader 指定，参数 fieldName 指定了 reader 封装的原始文本的名称，可以为 null。Analyzer 类的所有子类都必须实现这个方法。

此外，Analyzer 类还实现了 java.io.Closeable 接口，实现了该接口的 close()方法，以便释放资源。

2. StopAnalyzer 类

StopAnalyzer 类是停用词分析器，它可以去除原始文本中的停用词，实现基本单词的切分，并将切分结果转换成小写字母。StopAnalyzer 不支持中文切分。例如：

原始文本：My email is Harold@example. com. Please contact me when you're at convenient time.
切分结果：/my/email/harold/example/com/please/contact/me/when/you/re/convenient/time/

StopAnalyzer 类的构造方法包括：

(1) public StopAnalyzer(Version matchVersion)。

创建一个停用词分析器，该分析器使用了缺省停用词表。StopAnalyzer 内置的缺省停用词表包括 a、an、and、are、as、at、be、but、by、for、if、in、into、is、it、no、not、of、on、or、such、that、the、their、then、there、these、they、this、to、was、will、with 等 33 个停用词。参数 matchVersion 表示使用的 Lucene 版本，对 3.5 版 Lucene 来说，此参数应为 Version.LUCENE_35。

(2) public StopAnalyzer(Version matchVersion, Set⟨?⟩ stopWords)。

创建一个使用外置停用词表的停用词分析器，外置停用词表以集合的形式存在，由参数 stopWords 指定。

(3) public StopAnalyzer(Version matchVersion, File stopwordsFile) throws IOException。

创建一个使用外置停用词表的停用词分析器，外置停用词表以文件的形式存在，由参数 stopwordsFile 指定。

(4) public StopAnalyzer(Version matchVersion, Reader stopwords) throws IOException。

创建一个使用外置停用词表的停用词分析器，外置停用词表以字符输入流的形式存在，由参数 stopwords 指定。

3. StandardAnalyzer 类

StandardAnalyzer 类是标准分析器，处理英文的性能与 StopAnalyzer 类似，但不完全只以空格作为切分依据，因而可以切分出网址等的切分项。对中文采用单字切分，例如：

原始文本：My email is Harold@example. com. Please contact me when you're at convenient time.
切分结果：/my/email/harold/example. com/please/contact/me/when/you're/convenient/time

原始文本：我的邮箱是 Harold@example. com，方便时请联系我
切分结果：/我/的/邮/箱/是/harold/example. com/方/便/时/请/联/系/我

StandardAnalyzer 类的构造方法包括：

(1) public StandardAnalyzer(Version matchVersion)。

创建一个标准分析器，该分析器使用了缺省停用词表，该停用词表与 StopAnalyzer 内置的缺省停用词表相同。

(2) public StandardAnalyzer(Version matchVersion,Set⟨?⟩ stopWords)。

创建一个使用外置停用词表的标准分析器，外置停用词表以集合的形式存在，由参数 stopWords 指定。

(3) public StandardAnalyzer(Version matchVersion,File stopwords) throws IOException。

创建一个使用外置停用词表的标准分析器，外置停用词表以文件的形式存在，由参数stopwordsFile指定。

(4) public StandardAnalyzer(Version matchVersion, Reader stopwords) throws IOException。

创建一个使用外置停用词表的标准分析器，外置停用词表以字符输入流的形式存在，由参数stopwords指定。

4. CJKAnalyzer类

CJKAnalyzer类是中日韩语言分析器，处理英文的性能与StopAnalyzer类似，可以处理中文、日文和韩文文本，对中文采用二元切分法，将相邻的两个字作为一个切分单元，例如：

原始文本：My email is Harold@example.com. Please contact me when you're at convenient time.
切分结果：/my/email/harold/example/com/please/contact/me/when/you/re/convenient/time

原始文本：我的邮箱是Harold@example.com，方便时请联系我
切分结果：/我的/的邮/邮箱/箱是/harold/example/com/方便/便时/时请/请联/联系/系我

CJKAnalyzer类只有两个构造方法：

(1) public CJKAnalyzer(Version matchVersion)。

创建一个中日韩语言分析器，该分析器使用了缺省停用词表。CJKAnalyzer类的内置停用词表与StopAnalyzer内置停用词表的个别地方略有差异，增加了www等停用词。

(2) public CJKAnalyzer(Version matchVersion, Set〈?〉 stopwords)。

创建一个使用外置停用词表的中日韩语言分析器，外置停用词表以集合的形式存在，由参数stopwords指定。

5. SmartChineseAnalyzer类

SmartChineseAnalyzer类代表了智能中文分析器，是中国科学院计算技术研究所开发的汉语词法分析系统ICTCLAS(Institute of Computing Technology, Chinese Lexical Analysis System)的Java实现，可以对中文和中英文混合文本进行切分，需要语料库的支持。ICTCLAS的算法基于隐马尔科夫模型(Hidden Markov Model, HMM)，分词效果较好。目前Lucene中开源提供的是ICTCLAS1.0版本的数据。以下是基于该数据的切分结果：

原始文本：My email is Harold@example.com. Please contact me when you're at convenient time.
切分结果：/my/email/is/harold/exampl/com/pleas/contact/me/when/you/re/at/conveni/time

原始文本：我的邮箱是Harold@example.com，方便时请联系我
切分结果：/我/的/邮箱/是/harold/exampl/com/方便/时/请/联系/我

SmartChineseAnalyzer类的构造方法包括：

(1) public SmartChineseAnalyzer(Version matchVersion)。

创建一个智能中文分析器，该分析器使用了缺省停用词表。

(2) public SmartChineseAnalyzer(Version matchVersion, boolean useDefaultStopWords)。

创建一个智能中文分析器，参数useDefaultStopWords指定了是否使用内置的缺省停用词表，false表示不使用内置停用词表。

(3) public SmartChineseAnalyzer(Version matchVersion, Set stopWords)。

创建一个使用外置停用词表的智能中文分析器,外置停用词表以集合的形式存在,由参数 stopWords 指定。

除 Lucene 内置的分析器以外,目前还有许多第三方开发的分析器,可以与 Lucene 配合使用。

6. 切分结果及其属性

如前所述,对于所有的具体的分析器,都必须实现 Analyzer 类的 tokenStream()方法,该方法的返回值是抽象类 TokenStream 的具体实现,它封装了切分结果及其属性,TokenStream 类常用方法包括:

(1) public abstract boolean incrementToken() throws IOException。

将流的指针向前移动至下一个切分项,所有的 TokenStream 实现类都必须实现这一方法,并在移动指针的同时更新切分项的属性,使得当前属性是指针指向的那个切分项的属性。若指针移动成功,返回 true,否则返回 false。

(2) public void reset() throws IOException /public void end() throws IOException。

将流的指针移至流的开始/结尾。

(3) public void close() throws IOException。

关闭流并释放资源。

(4) public 〈A extends Attribute〉 A addAttribute(Class〈A〉 attClass)。

向流添加属性,如果属性已经存在,返回已经存在的属性,如果属性不存在,则创建一个这样的属性并返回。方法的参数为 Class 类型的实例。常用的属性接口如表 9-3 所示,这些属性都继承了 Attribute 接口。

表 9-3 常用属性接口

属性	定义属性的接口	接口定义的主要方法	方法含义
切分项文本	CharTermAttribute	String toString()	返回切分项的字符串形式
切分项在切分项流中的相对起点的起始和结束位置	OffsetAttribute	int startOffset()	返回切分项的起始位置
		int endOffset()	返回切分项的结束位置
当前切分项在原始文本中相对于前一个切分项的位置增量	PositionIncrementAttribute	int getPositionIncrement()	返回切分项的位置增量,若两个切分项在原始文本时相邻,则返回 1,否则,返回两个切分项中间的词的个数加 1
		void setPositionIncrement(int p)	设置当前切分项的位置增量 p
切分项的词法类型	TypeAttribute	String type()	切分项的词法类型,缺省值是"word"
		void setType(String type)	设置切分项的词法类型
关键词标识	KeywordAttribute	boolean isKeyword()	当前切分项是否是关键词,是则返回 true,否则返回 false
		void setKeyword(boolean isK)	isK 为 true 表示将当前切分项标记为关键词

【例 9.3】获取切分结果的属性。

```
import java.io.*; //1 行
import org.apache.lucene.analysis.*;
import org.apache.lucene.analysis.standard.StandardAnalyzer;
import org.apache.lucene.analysis.cn.smart.SmartChineseAnalyzer;
import org.apache.lucene.analysis.tokenattributes.*; //5 行
import org.apache.lucene.util.Version;
public class AnalyzerDemo {
    public static void main(String[] args)throws Exception {
        AnalyzerDemo ad = new AnalyzerDemo();
        String enS="I bought a dress at shop 12.";//10 行
        String chS="我购买了一件衣服。";
        //用标准分析器对英文做切分
        System.out.println("-------StandardAnalyzer----------");
        ad.showTokensInfo(new StandardAnalyzer(Version.LUCENE_35), enS);
        //用智能中文分析器对中文做切分  //10 行
        System.out.println("-------SmartChineseAnalyzer------");
        ad.showTokensInfo(new SmartChineseAnalyzer(Version.LUCENE_35), chS);
    }
    public void showTokensInfo(Analyzer analyzer,String text)
                throws IOException {//20 行
        int position = 0;//切分项的位置
        StringBuffer no =new StringBuffer();//切分项在原始文本中的序号
        StringBuffer offposInfo=new StringBuffer();//切分项的偏移量、增量属性
        StringBuffer token=new StringBuffer();//切分项
        StringBuffer typeinfo=new StringBuffer();//切分项的类型属性//25 行
        StringBuffer keyInfo=new StringBuffer();//切分项的关键词属性
        TokenStream ts = analyzer.tokenStream("", new StringReader(text)); //对文本进行
        分析(切分)
        //添加属性
        CharTermAttribute termAtt = ts.addAttribute(CharTermAttribute.class); //添加切分
        项文本属性
        PositionIncrementAttribute pi =   //30 行
               ts.addAttribute(PositionIncrementAttribute.class); //添加位置增量属性
        OffsetAttribute offset = ts.addAttribute(OffsetAttribute.class);//添加位置偏移量
        属性
        TypeAttribute type = ts.addAttribute(TypeAttribute.class); //添加词法类型属性
        KeywordAttribute keyword= ts.addAttribute(KeywordAttribute.class);//添加关键词
        属性
        //获得切分项及其属性//35 行
        while (ts.incrementToken()) { //遍历切分项及其属性
```

```
                token.append("/" + termAtt.toString());//获得切分项文本,并添加到字串中
                int increment = pi.getPositionIncrement();//获得切分项增量
                position = position + increment;//计算切分项在文本中的位置
                no.append("/" + termAtt.toString()+ "("+position+")");//将切分项和位置
                添加到字串中//40 行
                offposInfo.append("/" + termAtt.toString()+ "(" +
                        offset.startOffset() + "-" + offset.endOffset() + "," +
                        increment +  ")");//将切分项、偏移量和增量添加到字串中
                typeinfo.append("/" + termAtt.toString()+"(" +
                        type.type() + ")");//将切分项及其类型添加到字串中//45 行
                keyInfo.append("/" + termAtt.toString()+  "(" +
                        keyword.isKeyword() + ") ");//将切分项及其关键词属性添加到字
                        串中
            }
            System.out.println("原始文本: "+text);//显示原始文本
            System.out.println("切分结果: "+token);//显示切分结果//50 行
            System.out.println("切分项位置: "+no);//显示切分项的位置
            System.out.println("切分项偏移量与增量位置: "+offposInfo);//显示偏移量和增量
            System.out.println("切分项类型: "+typeinfo);//显示切分项类型
            System.out.println("是否关键词类型: "+keyInfo);//显示是否是关键词
            ts.close();//关闭切分项流  //55 行
            analyzer.close();//关闭分析器
            System.out.println();//输出一个空行
        }
    }
```

本例以 Lucene 的标准分析器和智能中文分析器为例,对两个简单的文本进行了切分,从切分后的切分项流中读出每一个切分出来的语词的文本及其相关属性,并按一定格式显示到控制台上。

程序的核心代码是 showTokensInfo()方法(见程序第 19 行至 57 行)。程序第 22 行至 26 行定义了 5 个 StringBuffer 类型的变量,分别用于存储从分析其中获得的切分项文本(token 变量,见程序第 24 行)、切分项文本及其在原始文本中的位置(no 变量,见程序第 22 行)、切分项文本及其在原始文本中的起始偏移量、结束偏移量以及位置增量(offposInfo 变量,见程序第 23 行)、切分项文本及其词法类型(typeinfo 变量,见程序第 25 行)、切分项文本及其关键词属性(keyInfo 变量,见程序第 26 行)。

程序第 27 行调用分析器的 tokenStream()方法对文本进行分析(切分),并将分析结果以 TokenStream 流的方式返回,tokenStream()方法中要求用字符流 Reader 类型来封装原始文本,本例使用了内存字符串,因此需要将字符串先转换成内存流再传给 tokenStream()方法。另外,程序没有显式提供文档名称,所以在这里将文档名称置成空串,故程序第 37 行写成:

```
TokenStream ts = analyzer.tokenStream("", new StringReader(text));
```

程序第 23 行至 29 行使用 addAttribute()方法获取切分项流的各种属性，该方法的参数要求是 Class 类型的实例，程序使用反射机制获得各个属性的实例，因此这几行程序的形式如下（取其中的一行为例）：

```
CharTermAttribute termAtt = ts.addAttribute(CharTermAttribute.class);
```

程序第 36 行至 48 行利用切分项流的 incrementToken()方法遍历其中的切分项及属性，并利用各个属性提供的方法，取出属性的内容，按特点格式组织进程序第 22 行至 26 行定义的变量中。注意程序第 39 行，属性中的位置增量是自当前切分项相对于前一个切分项的增量，因此要得到当前切分项在原始文本中的位置，需要自行计算。计算的方法非常简单，只要记住前一个切分项在原始文本中的位置，并在此基础上加上当前切分项的位置增量，就可以得到当前切分项在原始文本中的位置。程序第 39 行实现了这个功能。

程序第 49 行至 54 行将切分项及其属性输出到控制台上。每一个分析器的输出共有 7 行：第一行为分析器名称（由程序第 13 行或第 16 行输出）；第二行为原始文本（见程序第 49 行）；第三行为切分结果（见程序第 50 行），该行显示了分析器切分出来的语词；第四行为切分项及其在原始文本中的位置（见程序第 51 行），在每一个切分项的后面用括号标注了该切分项在原始文本中的位置，由于原始文本中存在着停用词，所以，此行中的位置值不一定是连续的；第五行显示切分项文本及其在原始文本中的起始偏移量、结束偏移量以及位置增量（见程序第 52 行），形式为“切分项（起始位置—结束位置，位置增量）”；第六行显示切分项文本及其词法类型（见程序第 53 行），在每个切分项后面的括号里标注出切分项的词法类型；第七行显示用切分项文本及其关键词属性（见程序第 54 行），在每个切分项后面的括号里标注出切分项是否是关键词，由于没有特别指明每个切分项的关键词属性，所以本程序中的这一属性均显示为 false。

本程序运行结果如下：

```
-------StandardAnalyzer----------
原始文本：I bought a dress at shop 12.
切分结果：/i/bought/dress/shop/12
切分项位置：/i(1)/bought(2)/dress(4)/shop(6)/12(7)
切分项偏移量与增量位置：/i(0-1,1)/bought(2-8,1)/dress(11-16,2)/shop(20-24,2)/
12(25-27,1)
切分项类型：/i(<ALPHANUM>)/bought(<ALPHANUM>)/dress(<ALPHANUM>)/
shop(<ALPHANUM>)/12(<NUM>)
是否关键词类型：/i(false) /bought(false) /dress(false) /shop(false) /12(false)

-------SmartChineseAnalyzer------
原始文本：我购买了一件衣服。
切分结果：/我/购买/了/一/件/衣服
切分项位置：/我(1)/购买(2)/了(3)/一(4)/件(5)/衣服(6)
```

切分项偏移量与增量位置：/我(0-1,1)/购买(1-3,1)/了(3-4,1)/一(4-5,1)/件(5-6,1)/衣服(6-8,1)
切分项类型：/我(word)/购买(word)/了(word)/一(word)/件(word)/衣服(word)
是否关键词类型：/我(false) /购买(false) /了(false) /一(false) /件(false) /衣服(false)

9.3 建立索引

创建索引是建立信息检索系统的基础，其作用是在对文档中的字段进行分析的基础上，建立切分项的倒排文档，以便于为后续的检索过程能够快速有效地找到相关文档。

9.3.1 Lucene 的索引结构

Lucene 使用文件系统管理器索引，一个索引由多个子索引构成，每个子索引称为段(segment)。每个子索引或段本身是完整的索引，彼此相互独立，可以单独供检索过程使用。在建立索引过程中，当有新的文档被添加到索引中，或者对现有的段进行合并时，都会创建或产生新的段。

Lucene 索引的对象是文档，因此，段由文档组成，一个段可以包含多个文档，每个文档是该段的一个索引单元。文档由多个字段组成，字段经过分析器的分析，可以分解成若干切分项，同时还可以记录切分项的位置等属性信息，切分项及其属性信息是建立到排档的特征标识，称为索引项。

在 Lucene 的索引中，既包括了各组成部分的正向信息，也包括了它们之间的反向信息。正向信息是指描述“索引→段→文档→字段→索引词”之间包含关系的信息，反向信息是指“索引词→文档”之间关系的信息。这样，在建立索引过程中，可以按着正向信息的结构生成各种索引文件，而在检索过程中，则可以根据反向信息通过倒排档查到符合要求的文档。图 9-3 所示 Lucene 的索引逻辑结构，其中实线表示组成部分之间的正向信息，点划线表示组成部分的反向信息。

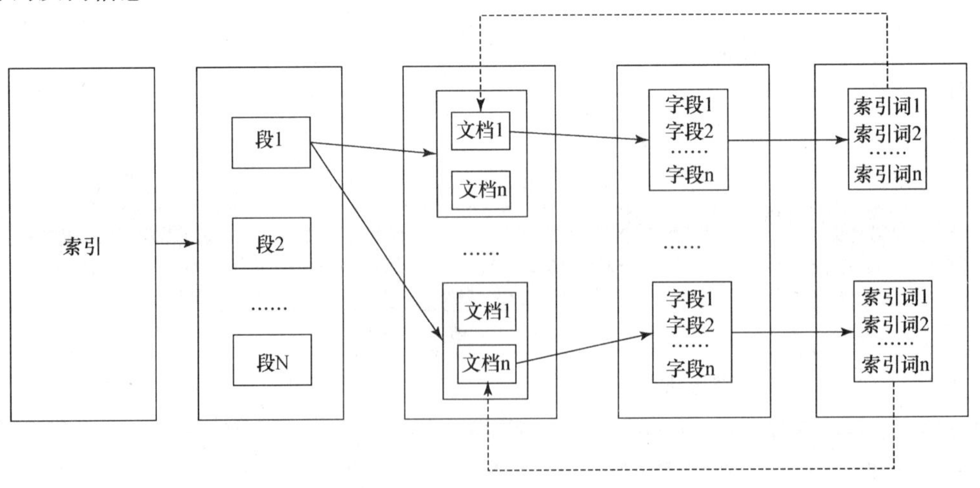

图 9-3 Lucene 的索引逻辑结构

在文件系统中，索引对应了文件目录，它由 Directory 类的子类指定。在物理上，存放索引文件的目录，就是一个索引。一个索引通常由 7 个文件组成：

1. 段文件

段文件记录了索引中有关段的信息以及段的组成信息，包括两个文件 segments. gen 和 segments_x 文件(x 为字母或数字)。

segments. gen 存储了当前索引文件中段的总体信息(关于 segments_X 的信息)。

segments_x 文件存储了一个段的相关信息，内容包括：建立索引时使用的 Lucene 版本号；索引被更改的次数；下一个新段(Segment)的段号，Lucene 索引中同一个段的相关文件均用段号命名，例如第一段为 0，其相关文件名称为_0. fdt、_0. fdx 等，以此类推；段的数量、段的名称、段中包含的文档数、段中文件的相关信息等等。

2. 与字段有关的文件

这些文件记录了与字段有关的信息，文件的后缀以“f”开头，具体包括三个文件：. fnm、. fdt、. fdx。

. fnm 文件存储了有关字段的信息，其中的每条记录表示一个字段的相关元信息，包括字段的名称、字段的索引方式等等。

. fdt 文件为文档字段数据文件，在建立索引时，凡是指明 Field. Store. YES 的字段，都会被存储在该文件中，该文件的每条记录表示一个文档中的字段数据，包括该文档中字段数、字段号和字段值。

. fdx 文件为文档字段数据的索引，该文件中的每条记录表示一个文档，值为指明该文档中的字段在文档数据文件(. fdt)中的位置。

3. 与索引项有关的文件

这些文件记录了与索引项有关的信息，文件的后缀以“t”开头，具体包括两个文件：. tis、. tii。

. tis 为索引项词典文件，所有的索引项按照字典顺序排序，其中的每条记录表示一个索引项，包括索引项文本、索引项所在字段的字段号。

. tii 为索引项词典索引文件，是为加快索引项的查找而建立的索引，以便能快速找出索引项词典文件中的索引项。

4. 与词向量有关的文件

记录索引词向量信息，包括三个文件：. tvf、. tvd、. tvx。

. tvf 为字段词向量文档，包含了一个段中的所有字段，每条记录表示一个字段中的一个索引词的词向量信息，包括索引项的文本、索引项的出现频次、偏移量的信息。

. tvd 存储了文档的信息，每条记录表示一个文档，包括该文档中字段的数量、每个字段在. tvf 中的位置。

. tvx 为文档索引，存储了每个文档在. tvd 文件中的位置以及文档中字段在. tvf 中的位置。

5. 与词特征有关的文档

包括. frq、. prx、. nrm 三个文件。

. frq 为词频文件，该文件的每条记录表示一个索引项，包含了索引项的频次、索引项所在文档的文档号等。

.prx 为索引项在文档中位置的文件，该文件的每条记录表示一个索引项，包括索引项在文档中的位置信息。

.nrm 为字段权值文档，存储了字段的权值信息，该文件的每条记录表示一个字段的权值。

6. 管理用文件

包括.del 和 write.lock 两个文件，前者用于记录被删除的文档的信息，后者是在对索引加锁时出现的文件，这个文件出现时，表示程序正在修改索引，通过这个文件可以确保在同一时刻只有一个操作对索引进行修改。

7. 复合索引文件

包括.cfs 和.cfe 两个文件，当索引内容较大，文件较多，有可能会因处理多个文件而耗费时间。为提高效率，Lucene 允许以复合索引文件的形式建立索引，即可以将上述除.del 以外的文件内容保存在.cfs 文件中，用单文件来构建索引。而.cfe 则存储了.cfs 中所有项目的项目入口表。

9.3.2 建立索引的基础类

Lucene3.5 提供两个建立索引的基础类：IndexWriterConfig 和 IndexWriter。另外，IndexReader 类也提供对索引管理操作的方法，这里先对这三个类做概要介绍。

1. IndexWriterConfig 类

IndexWriterConfig 类是索引的配置类，用来规定创建索引时的环境配置，如采用什么样的索引策略、使用什么样的分析器等。创建索引之前，必须实现 IndexWriterConfig 类的对象，并将其作为参数传递给 IndexWriter 对象。IndexWriterConfig 类只有一个构造方法：

```
public IndexWriterConfig(Version matchVersion, Analyzer analyzer)
```

该构造方法创建一个索引配置对象，用以给定创建索引时的配置，参数 matchVersion 表示使用的 Lucene 版本，对 3.5 版 Lucene 来说，此参数应为 Version.LUCENE_35。参数 analyzer 表示建立索引时使用的分析器。

2. IndexWriter 类

IndexWriter 类表示索引编写器，是实际创建索引的类，负责按 IndexWriterConfig 类指定的配置，将对文档字段的索引写到索引目录中，它只有一个构造方法：

```
public IndexWriter(Directory d, IndexWriterConfig conf)
                    throws CorruptIndexException,
                           LockObtainFailedException,
                           IOException
```

其中，在创建 IndexWriter 的实例时，参数 conf 只能使用一次。

3. IndexReader 类

IndexReader 类是一个抽象类，表示索引读取器，它可以读取索引的内容，该类的对象不仅可以用于对索引的管理，而且也用于信息检索。IndexReader 类提供了多种重写的 open()方法来返回具体实例，其中常用的两个是：

(1) public static IndexReader open(Directory directory) throws CorruptIndexException, IOException。

返回一个只读的索引读取器,只读索引读取器不能执行改变索引的操作。索引的位置由参数 directory 指定。

(2) public static IndexReader open(Directory directory, boolean readOnly) throws CorruptIndexException, IOException。

返回一个索引读取器。索引的位置由参数 directory 指定。参数 readOnly 为 true,表示该索引读取器为只读,参数 readOnly 为 false 时,可以改变索引的内容。

9.3.3　创建索引

1. 创建索引的基本操作

创建索引的基本操作包括四个步骤:

(1) 确定索引存放的位置,使用分析器(Analyzer 类及其子类)指定对索引字段内容的切分方式,使用目录封装类(Directory 类及其子类)指定索引存放的内容,为索引配置做准备。

(2) 创建 IndexWriterConfig 对象,指定索引的配置。

(3) 创建 IndexWriter 对象,将要索引的文档添加到 IndexWriter 对象中,该对象将按照指定的索引配置,将文档的索引写入到索引(目录)中。这个步骤中除了要使用 Lucene 的基础类 Document 类和 Field 类,确定要加以索引的文档对象和字段内容以外,还需要使用 IndexWriter 类定义的相关方法将文档对象添加到索引中,这些方法包括:

① public void addDocument(Document doc) throws CorruptIndexException,IOException。

将指定的文档 doc 添加到索引中。

② public void addDocument(Document doc, Analyzer analyzer) throws CorruptIndexException, IOException。

将指定的文档 doc 添加到索引中。对文档的分析使用指定的分析器 analyzer。

③ public void addDocuments(Collection〈Document〉 docs) throws CorruptIndexException, IOException。

将指定的文档集合 docs 添加到索引中。

④ public void addDocuments(Collection〈Document〉 docs, Analyzer analyzer) throws CorruptIndexException, IOException。

将指定的文档集合 docs 添加到索引中。对文档的分析使用指定的分析器 analyzer。

(4) 将所有文档都添加到索引中之后,应关闭 IndexWriter 对象。关闭 IndexWriter 对象,将提交所有的索引对象,IndexWriter 类中定义的关闭对象方法如下:

```
public void close() throws CorruptIndexException,IOException
```

【例 9.4】创建索引。

本例对存储在项目\source 子目录下的资源进行索引,这些资源是期刊文章,经初步加工成纯文本文档,共 10 篇文章,每篇文章为一个文件(文件名为 n.txt,其中 n=1,2,…,10),

文章每一部分的开始均有字段标识，格式示例如下：

TI 篇名
AU 作者
AB 文摘
JT 发表的刊物名称
PD 刊物出版年
SP 文章起始页码
EP 文章结束页码

程序读出各个文本文件的内容，对各个字段进行索引，程序代码如下：

```
import java.io.*;//1 行
import org.apache.lucene.analysis.Analyzer;
import org.apache.lucene.analysis.standard.StandardAnalyzer;
import org.apache.lucene.document.*;
import org.apache.lucene.index.*;//5 行
import org.apache.lucene.store.*;
import org.apache.lucene.util.Version;
public class BasicIndexDemo {
  public static void main(String[] args) throws Exception {
      //指定索引目录 //10 行
      Directory d=FSDirectory.open(new File(".\\index"));
      //指定分析器
      Analyzer analyzer=new StandardAnalyzer(Version.LUCENE_35);
      //创建索引配置对象
      IndexWriterConfig conf = new IndexWriterConfig(Version.LUCENE_35, analyzer);//
      15 行
      BasicIndexDemo bid=new BasicIndexDemo();
      //创建索引
      bid.CreateIndex(d, conf);
      analyzer.close();//关闭分析器
      d.close();//关闭目录  //20 行
  }
  void CreateIndex(Directory d, IndexWriterConfig conf) throws Exception{
      StringBuffer [] data=new StringBuffer[7];//数组中的元素依次对应 TI、AU、AB、JT、
      PD、SP、EP 字段的内容
      //创建索引编写器
      IndexWriter indexWriter=new  IndexWriter(d, conf);//25 行
      //取出目录下的所有文件
      File[] sF=new File(".\\source").listFiles();
      for (int i=0;i<=sF.length-1;i++){//遍历目录下的文件
      if(sF[i].isFile()&& sF[i].getName().endsWith(".txt")){//若是 TXT 文件，则进行索引
          data=readData(sF[i].getCanonicalPath());//返回包含各字段的数组//30 行
```

```
Document doc =new  Document();
//将原始文件的地址作为字段
Field FieldPath=new  Field("addr",sF[i].getPath(),
                    Field.Store.YES, Field.Index.NOT_ANALYZED);
doc.add(FieldPath);//将原始文件的地址作为字段加入文档 //35 行
for (int j=0;j<data.length;j++){//从 data 数组中读出各字段进行索引
    String s=new String(data[j]);//取出当前字段
    switch (j) {//判断当前字段是哪个字段
        case 0://TI 字段
            Field title=new Field("title",//建立 title 字段  //40 行
                        s,
                        Field.Store.YES,
                        Field.Index.ANALYZED,
                        Field.TermVector.WITH_POSITIONS_
                        OFFSETS);
            doc.add(title);//将 title 字段加入文档      //45 行
            break;
        case 1://AU 字段
            Field author=new Field("author",//建立 author 字段
                        s,
                        Field.Store.YES,//50 行
                        Field.Index.ANALYZED,
                        Field.TermVector.WITH_POSITIONS_
                        OFFSETS);
            doc.add(author); //将 author 字段加入文档
            break;
        case 2://AB 字段//55 行
            Field abstracts=new Field("abstracts",//建立 abstracts 字段
                        s,
                        Field.Store.YES,
                        Field.Index.ANALYZED,
                        Field.TermVector.WITH_POSITIONS_
                        OFFSETS); //60 行
            doc.add(abstracts); //将 abstracts 字段加入文档
            break;
        case 3://JT 字段
            Field jtitle=new Field("jtitle",//建立 jtitle 字段
                        s,    //65 行
                        Field.Store.YES,
                        Field.Index.ANALYZED,
                        Field.TermVector.WITH_POSITIONS_
                        OFFSETS);
```

```
                        doc.add(jtitle);//将 jtitle 字段加入文档
                        break; //70 行
                    case 4://PD 字段
                        Field pubdate=new Field("pubdate",//建立 pubdate 字段
                                                  s,
                                                  Field.Store.YES,
                                                  Field.Index.NOT_ANALYZED, //
                                                  75 行
                                                  Field.TermVector.WITH_POSITIONS_
                                                  OFFSETS);//80 行
                        doc.add(pubdate);//将 pubdate 字段加入文档
                        break;
                    case 5://SP 字段
                        Field spage=new Field("spage",//建立 spage 字段//80 行
                                                s,
                                                Field.Store.YES,
                                                Field.Index.NOT_ANALYZED,
                                                Field.TermVector.WITH_POSITIONS_
                                                OFFSETS);
                        doc.add(spage);//将 spage 字段加入文档      //85 行
                        break;
                    case 6: //EP 字段
                        Field epage=new Field("epage",//建立 epage 字段
                                                s,
                                                Field.Store.YES,//90 行
                                                Field.Index.NOT_ANALYZED,//95 行
                                                Field.TermVector.WITH_POSITIONS_
                                                OFFSETS);
                        doc.add(epage); //将 epage 字段加入文档
                        break;
                }    //95 行
            }
            indexWriter.addDocument(doc);//将文档添加到索引编写器
        }
        }
        indexWriter.close();////关闭索引编写器//100 行
        System.out.println("索引创建完毕");
    }
    static StringBuffer[] readData(String filename) throws IOException{
        StringBuffer [] data=new StringBuffer[7];//数组中的元素依次对应 TI、AU、AB、JT、
        PD、SP、EP 字段的内容
        String str; //105 行
```

```
            int currentFeild=0;
            String[] field={"TI ","AU ","AB ","JT ","PD ","SP ","EP "};//原始数据中的字
            段名称
            BufferedReader in =new BufferedReader(new FileReader(filename));
            //初始化 data 数组
            for(int i=0;i<data.length;i++){//110 行
                data[i]=new StringBuffer("");//将 data 的元素置成空串
            }
            boolean flag=false;//是否在数据中找到字段名称
            while ((str=in.readLine())!=null){//str 是原始数据中的一行
                for(int i=0;i<field.length;i++){//遍历 field  //115 行
                    if (str.startsWith(field[i])){//原始数据中的一行的开始是字段标识
                        flag=true;//找到字段标识
                        currentFeild=i;//保存当前正在处理的字段对应的数据元素下标
                        data[currentFeild].append(str+"\r\n");//将数据增加到字段数
                        据中
                        break;//120 行
                    }
                    flag=false;//没有找到字段标识
                }
                if (flag==false){//没有找到字段标识
                    data[currentFeild].append(str+"\r\n");//将数据增加到字段数据中//
                    125 行
                }
            }
            //去掉 data 数组中每个元素中的字段标识和结尾的回车换行符
            for(int i=0;i<data.length;i++){
                data[i]=data[i].delete(0, 3);//删除字段标识  //130 行
                data[i]=data[i].delete(data[i].length()-2,data[i].length());//删除最后的回车
                换行
            }
            in.close();
            return data;
        }  //135 行
    }
```

本例的核心代码是 CreateIndex()方法，它首先定义一个存放数据内容的数组 data(见程序第 23 行)，并创建 IndexWriter 对象(见程序第 25 行)。然后遍历\source 目录下的所有 TXT 文件，从中找出篇名、作者等字段，将字段的内容存放在 data 数组中(见程序第 30 行以及程序第 103 行至 135 行)。此后，建立与 data 数组中的各个元素的内容相对应的字段对象，并将这些字段对象加入文档对象(见程序第 40 行至 45 行、第 48 行至 53 行、第 56 行至 61 行、第 64 行至 69 行，第 72 行至 77 行、第 80 行至 85 行、第 88 行至 93 行)，最后，将文档

添加至 IndexWriter 对象(见程序第 94 行)。注意,本程序中,将 TXT 文档的文档名也作为一个字段存储到索引中(见程序第 33 行至 35 行),目的是在检索过程中通过这个字段找到文档的原始文本。

本例运行后,除控制台显示"索引创建完毕"之外,项目中增加了\index 目录,该目录下是所创建的索引文件,如图 9-4 所示。

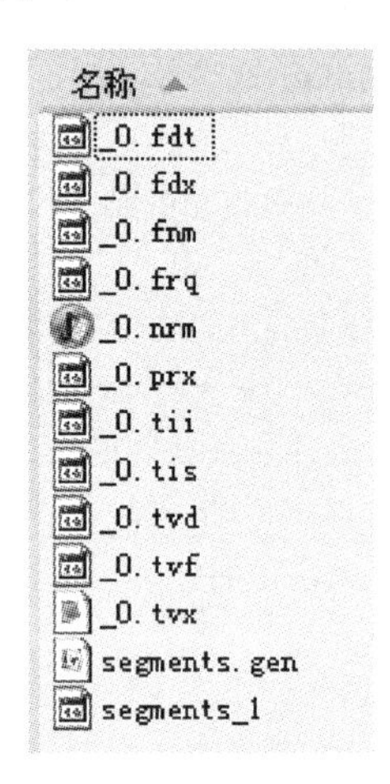

图 9-4 程序创建的索引文件

2. 读取索引

利用 IndexReader 类的实例,可以读取索引的内容。IndexReader 类中定义了读取索引内容的方法,其中常用的相关方法有:

(1) public long getVersion()。

返回索引的版本号。

(2) public abstract int numDocs()。

返回索引中的文档数量。

(3) public abstract int maxDoc()。

返回一个大于等于索引中文档数量的值。

(4) public Document document(int n) throws CorruptIndexException, IOException。

返回索引中第 i 个文档,文档中只包含存储字段。

(5) public abstract Collection〈String〉 getFieldNames(IndexReader.FieldOption fldOption)。

返回索引中的字段名,参数 fldOption 用于指定返回字段的类型,为 IndexReader.FieldOption 类的静态常量,主要有:

① IndexReader.FieldOption.ALL:所有字段。

② IndexReader.FieldOption.INDEXED:已进行了索引的所有字段。

③ INDEXED_NO_TERMVECTOR:已进行了索引但无词向量的所有字段。

④ INDEXED_WITH_TERMVECTOR:已进行了索引并且有词向量的所有字段。

⑤ OMIT_POSITIONS:没有位置信息的所有字段。

⑥ TERMVECTOR：带词向量的所有字段。

⑦ UNINDEXED：未作索引的所有字段。

（6） public int numDeletedDocs()。

返回被删除的文档数量。

（7） public final void close() throws IOException。

关闭 IndexReader 对象。

【例 9.5】读取索引。

```
import java.io.*;//1 行
import java.util.*;
import org.apache.lucene.index.IndexReader;
import org.apache.lucene.store.*;
public class ReadIndexDemo {//5 行
    public static void main(String[] args) throws IOException {
        Directory d=FSDirectory.open(new File(".\\index"));//指定索引目录
        IndexReader  indexReader=IndexReader.open(d);//指定分析器
        System.out.println("索引版本为："+indexReader.getVersion());//显示版本
        System.out.println("索引中文档总数不少于："+indexReader.maxDoc());//显示文档
        数 //10 行
        System.out.println("索引中文档总数："+indexReader.numDocs());//显示文档实际
        数量
        Collection<String> c=indexReader.getFieldNames(IndexReader.FieldOption.ALL);//
        返回所有字段名
        Iterator<String> iter = c.iterator();// 返回 Iterator 接口实现
        System.out.print("文档中字段为：");
        while (iter.hasNext()){  // 判断是否有元素   //10 行
              String s=iter.next();
        System.out.print(s+"   "); //显示字段
        }
        System.out.println();
        for (int i = 0; i < indexReader.numDocs(); i++) { //显示文档题名 //20 行
        System.out.println("第"+(i+1)+"篇文档的题名："+indexReader.document(i).get
        ("title"));
        }
        indexReader.close();//关闭索引读取器
        d.close();//关闭目录
    }//25 行
}
```

本程序读取例 9.4 生成的索引，其中，用集合的迭代器显示出索引中的全部字段（见程序第 12 行至 18 行），并遍历所有的文档，显示出文档的题名字段（见程序第 20 行至 22 行）。程序运行结果如下：

```
索引版本为：1343394009128
索引中文档总数不少于：10
索引中文档总数：10
文档中字段为：author  spage  title  abstracts  pubdate  jtitle  addr  epage
第 1 篇文档的题名：Testing a Multidimensional and Hierarchical Quality Assessment Model for Digital Libraries
第 2 篇文档的题名：The dragon on the gold：Myths and realities for data mining in biomedicine and biotechnology using digital and molecular libraries
第 3 篇文档的题名：An Ontological Representation of the Digital Library Evaluation Domain
第 4 篇文档的题名：AN ALGORITHMICALLY OPTIMIZED COMBINATORIAL LIBRARY SCREENED BY DIGITAL IMAGING SPECTROSCOPY
第 5 篇文档的题名：THE ORGANIZATION OF THE DIGITAL LIBRARY
第 6 篇文档的题名：Annotating Atomic Components of Papers in Digital Libraries：The Semantic and Social Web Heading towards a Living Document Supporting eSciences
第 7 篇文档的题名：A Framework for Transient Objects in Digital Libraries
第 8 篇文档的题名：E-science and information services：a missing link in the context of digital libraries
第 9 篇文档的题名：Assessing aesthetic relevance：Children's book selection in a digital library
第 10 篇文档的题名："What is a good digital library?" A quality model for digital libraries
```

3. 索引的追加与覆盖

索引的追加与覆盖是创建索引的两种不同方式。通常，信息检索系统中的资源应随着时间的推移而不断增长，也就是说，要不断有新的内容补充到现有索引中来，追加索引内容是建立索引的一种重要方式。有时也需要废弃现有的索引，建立全新的索引，这种情况称为覆盖索引。IndexWriterConfig 类提供了一个设置打开方式 setOpenMode()方法，用以确定建立索引的方式，该方法的定义如下：

```
public IndexWriterConfig setOpenMode(IndexWriterConfig.OpenMode openMode)
```

上述方法指定是以追加方式建立索引，还是以覆盖方式建立索引。参数为 IndexWriterConfig.OpenMode 类的静态常量：

① IndexWriterConfig.OpenMode.APPEND：以追加方式建立索引，新增文档不会影响索引中原有的内容。使用追加方式建立索引，指定的索引必须存在，否则，将抛出异常。

② IndexWriterConfig.OpenMode.CREATE：以覆盖方式建立索引，原有的索引将被清除，强制创建新的索引。

③ IndexWriterConfig.OpenMode.CREATE_OR_APPEND：缺省值，如果索引不存在，将创建新的索引，如果索引存在，则以追加方式创建索引。

与 setOpenMode()方法相对应，IndexWriterConfig 类还定义了获得打开方式的方法：

```
public IndexWriterConfig.OpenMode getOpenMode()
```

此方法返回 setOpenMode()方法的设置值。

【例 9.6】创建索引的方式。

```
import java.io.*;//1 行
import org.apache.lucene.analysis.Analyzer;
import org.apache.lucene.analysis.standard.StandardAnalyzer;
import org.apache.lucene.index.*;
import org.apache.lucene.store.*;//5 行
import org.apache.lucene.util.Version;
public class IndexModeDemo {
    public static void main(String[] args) throws Exception {
        BasicIndexDemo bid=new BasicIndexDemo();//创建 BasicIndexDemo 对象
        Directory d=FSDirectory.open(new File(".\\index"));//指定目录//10 行
        Analyzer analyzer=new StandardAnalyzer(Version.LUCENE_35);//指定分析器
        IndexWriterConfig conf=new IndexWriterConfig(Version.LUCENE_35, analyzer);
        //缺省方式创建索引
        bid.CreateIndex(d, conf);
        System.out.print("当前创建索引的方式为："+conf.getOpenMode());//15 行
        System.out.println(",索引中文档总数="+readDoc(d));
        //以覆盖方式创建索引
        conf=new IndexWriterConfig(Version.LUCENE_35, analyzer);
        conf.setOpenMode(IndexWriterConfig.OpenMode.CREATE);
        bid.CreateIndex(d, conf);//20 行
        System.out.print("当前创建索引的方式为："+conf.getOpenMode());
        System.out.println(",索引中文档总数="+readDoc(d));
        //以追加方式创建索引
        conf=new IndexWriterConfig(Version.LUCENE_35, analyzer);
        conf.setOpenMode(IndexWriterConfig.OpenMode.APPEND);//25 行
        bid.CreateIndex(d, conf);//
        System.out.print("当前创建索引的方式为："+conf.getOpenMode());
        System.out.println(",索引中文档总数="+readDoc(d));
        //缺省方式创建索引
        conf=new IndexWriterConfig(Version.LUCENE_35, analyzer);//30 行
        bid.CreateIndex(d, conf);
        System.out.print("当前创建索引的方式为："+conf.getOpenMode());
        System.out.println(",索引中文档总数="+readDoc(d));
        analyzer.close();//关闭分析器
        d.close();//关闭目录  //35 行
    }
    static int readDoc(Directory d) throws CorruptIndexException, IOException {
        IndexReader  indexReader=IndexReader.open(d);
```

```
            int docNum=indexReader.numDocs();//获取文档实际数量
            indexReader.close();//关闭索引读取器 //40 行
            return docNum; //返回文档实际数量
        }
    }
```

本程序演示了索引的创建方式，为简化起见，程序重用了例 9.4 中 BasicIndexDemo 类的 CreateIndex()方法，该方法在这里不再重复介绍。本例中 readDoc()方法（见程序第 37 行至 42 行）的功能是返回索引中文档的数量。

在主程序中，有四段类似的代码：第一段为第 14 行至 16 行，功能是以缺省方式创建索引，缺省方式为 CREATE_OR_APPEND，由于是第一次创建索引，因此，索引建立成功之后，包含了 10 篇文档；第二段为第 18 行至 22 行，以覆盖方式建立索引，将索引的打开方式设置成 CREATE（见程序第 19 行），这时，将清除现有的索引，重新创建新的索引，因而，索引总的文档数量仍然是 10；第三段为第 24 行至 28 行，以追加方式创建索引，将索引的打开方式设置成 APPEND（见程序第 25 行），以追加方式创建索引，不会清除原有的索引内容，故索引建立之后，其中包含了 20 篇文档；最后一段是第 30 行至 33 行，仍以缺省方式创建索引，由于索引已经存在，会自动向索引追加文档，所以，执行完此段代码之后，索引中包含了 30 篇文档。还有一点需要注意，在创建 IndexWriter 的实例时，其参数 IndexWriterConfig 对象只能使用一次，程序在每次调用 IndexWriter 类的构造方法时，都事先重新生成了 IndexWriterConfig 对象（见程序第 12 行、第 18 行、第 24 行和第 30 行）。本程序运行后，控制台上显示的信息如下：

```
索引创建完毕
当前创建索引的方式为：CREATE_OR_APPEND,索引中文档总数=10
索引创建完毕
当前创建索引的方式为：CREATE,索引中文档总数=10
索引创建完毕
当前创建索引的方式为：APPEND,索引中文档总数=20
索引创建完毕
当前创建索引的方式为：CREATE_OR_APPEND,索引中文档总数=30
```

4. 删除索引

删除索引是指从索引中删除不必要的内容，例如，当信息检索系统中的某篇文档被撤出系统时，其相关的索引也应该在索引文件中移除。

indexWriter 类和 IndexReader 类都提供了删除索引的方法，如表 9-4 所示这两个类中删除索引的方法。

表 9-4　IndexWriter 和 IndexReader 类中删除索引的方法

类	修饰符与返回值	方法	说明
IndexWriter	public void	deleteDocuments(Term term)	删除包含索引项 term 的文档
	public void	deleteDocuments(Term... terms)	删除包含 terms 中指定的任一索引项的文档
	public void	deleteDocuments(Query query)	删除与查询 query 相匹配的文档
	public void	deleteDocuments(Query... queries)	删除与查询 queries 中任何一个相匹配的文档
	public void	deleteAll()	删除索引中所有文档
	public void	forceMergeDeletes()	强制合并包含带有删除文件的段，执行此方法之后，真正从物理上删除了索引中的文档。缺省情况下，只有删除的文档比例超过10%，此操作才有效
IndexReader	public void	deleteDocument(int docNum)	删除文档号为 docNum 的文档
	public int	deleteDocuments(Term term)	删除包含索引项 term 的文档，返回值为被删除的文档的数量
	public void	undeleteAll()	恢复被删除的文档

(1) IndexWriter 类中的删除方法，除 deleteAll()方法抛出 IOException 异常以外，其他方法都抛出 CorruptIndexException 和 IOException 两种异常。

(2) IndexReader 类中的删除方法，全部会抛出 StaleReaderException、CorruptIndexException、LockObtainFailedException、IOException 四种异常。

(3) 在物理上，IndexWriter 类和 IndexReader 类的删除方法都提供了缓存机制，并非执行删除操作后马上从物理上删除索引中的文档。IndexWriter 类使用内存缓存，必须显式地执行 IndexWriter 对象的刷新或关闭操作，才能真正地从物理上删除索引中的文档。IndexReader 类将删除的文档存放在. del 文件中，可以使用 undeleteAll()方法恢复被删除的文档。若执行了 IndexWriter 对象的强制段合并操作，将物理地删除. del 文件。

(4) 在逻辑上，用 IndexWriter 对象的删除方法删除索引中的文档时，不会即时生效，仍然可以读取或检索到被删除的文档，除非该文档被物理地删除。用 IndexReader 对象的删除方法删除索引中的文档，将即时生效，即便是马上进行读取操作，也读取不到被删除的文档。

(5) 在执行删除操作时，IndexWriter 对象和 IndexReader 对象不能同时存在。

【例 9.7】索引的删除与恢复。

```
import java.io.*;//1 行
import org.apache.lucene.analysis.Analyzer;
import org.apache.lucene.analysis.standard.StandardAnalyzer;
import org.apache.lucene.index.*;
import org.apache.lucene.store.*;//5 行
import org.apache.lucene.util.Version;
```

```
public class DelIndexDemo {
    public static void main(String[] args) throws Exception {
        Directory d=FSDirectory.open(new File(".\\index"));   //指定索引目录
        createIndex(d);//以覆盖方式创建索引//10 行
        System.out.println("创建的索引中的文档总数："+readDoc(d));
        delByWriter(d);//用 indexWriter 对象删除索引中的全部文档
        System.out.println("关闭 IndexWriter 后，索引中文档总数："+readDoc(d));
        System.out.print("重新创建索引……");
        createIndex(d);//以覆盖方式创建索引//15 行
        delByReader(d);//用 IndexReader 对象删除索引
        undelete(d);//恢复索引
        System.out.println("用 IndexReader 恢复文档，索引中文档总数："+readDoc(d));
        delByReader(d);//用 indexReader 对象删除索引
        forceDelete(d);//强制段合并//20 行
        System.out.println("强制段合后索引中的文档总数："+readDoc(d));
        d.close();//关闭目录
    }
    static void createIndex(Directory d) throws Exception{
        BasicIndexDemo bid=new BasicIndexDemo();//25 行
        Analyzer analyzer=new StandardAnalyzer(Version.LUCENE_35);
        IndexWriterConfig conf=new IndexWriterConfig(Version.LUCENE_35, analyzer);
        conf=new IndexWriterConfig(Version.LUCENE_35, analyzer);
        conf.setOpenMode(IndexWriterConfig.OpenMode.CREATE);
        bid.CreateIndex(d, conf);//30 行
        analyzer.close();
    }
    static int readDoc(Directory d) throws CorruptIndexException, IOException {
        IndexReader   indexReader=IndexReader.open(d);
        int docNum=indexReader.numDocs();//获取文档实际数量   //35 行
        indexReader.close();//关闭索引读取器
        return docNum;//返回文档实际数量
    }//40 行
    static void delByWriter(Directory d) throws IOException{
        Analyzer analyzer=new StandardAnalyzer(Version.LUCENE_35);//40 行
        IndexWriterConfig conf=new IndexWriterConfig(Version.LUCENE_35, analyzer);
        IndexWriter indexWriter=new   IndexWriter(d, conf);
        indexWriter.deleteAll();
        System.out.println("用 IndexWriter 对象删除所有索引后，马上读取到的索引文档总数：
        "+readDoc(d));
        indexWriter.close();//45 行
        analyzer.close();//关闭分析器
    }
```

```
    static void delByReader(Directory d) throws CorruptIndexException, IOException{
        IndexReader  indexReader=IndexReader.open(d,false); //创建可读写的索引读取器
        indexReader.deleteDocument(1);//删除文档号为1的文档  //50行
        indexReader.deleteDocument(2);//删除文档号为2的文档
        System.out.println("用IndexReader对象删除两篇文档后,马上读取到的索引文档总数:
        "+indexReader.numDocs());
        indexReader.close();
    }
    public static void undelete(Directory d) throws CorruptIndexException, IOException {//
        55行
        IndexReader  indexReader = IndexReader.open(d,false); //创建可读写的索引读取器
        indexReader.undeleteAll(); //使用索引读取器恢复 删除的内容
        indexReader.close();
    }
    public static void forceDelete(Directory d)//60行
                throws CorruptIndexException, LockObtainFailedException, IOException {
        Analyzer analyzer=new StandardAnalyzer(Version.LUCENE_35);
        IndexWriterConfig conf=new IndexWriterConfig(Version.LUCENE_35, analyzer);
        IndexWriter indexWriter=new  IndexWriter(d, conf);
        indexWriter.forceMergeDeletes();  //强制段合并 //65行
        indexWriter.close();
    }
}
```

本例演示了索引的删除操作。程序中的createIndex()方法用来以覆盖方式创建索引(见程序第24行至32行),重用了例9.4中BasicIndexDemo类的CreateIndex()方法。readDoc()方法用来读取索引中的文档数量(见程序第33行至40行),与例9.5中的同名方法基本相同。这两个方法在本程序中起到辅助作用,不再赘述。本例delByWriter()方法使用IndexWriter对象删除索引中的全部文档(见程序第43行),删除之后马上调用readDoc()方法读取索引中的文档(见程序第44行)。delByReader()方法使用IndexReader对象删除索引中的两篇文档(见程序第50行和第51行),并在删除之后马上调用IndexReader对象的numDocs()方法读取索引中的文档(见程序第53行)。注意,在使用IndexReader对象删除索引时,应将其设置成可读写的(见程序第49行)。unDelete()方法使用IndexReader对象恢复所有被删除的文档(见程序第57行)。最后,forceDelete()方法使用IndexWriter对象对索引中包含了被删除文档的段做强制合并,以便从物理上删除文档(见程序第57行)。

在主方法中,程序第10行以覆盖方式创建包含10篇文档的索引,第11行调用readDoc()方法读取索引中的文档数量,此时索引中的文档数量为10。程序第12行调用delByWriter()方法删除索引中的全部文档,该方法中,在关闭IndexWriter对象之前调用了readDoc()方法,这时,删除实际尚未完成,故仍然显示索引中有10篇文档。程序第13行再次调用readDoc()方法,此时IndexWriter对象已经关闭,索引的删除已实际发生,所以会显示索引中有0篇文档。同时,索引目录下的除segments_x和segments.gen两个文件以外,其他文

件均已删除。程序第 15 行重新创建 10 篇文档的索引。程序第 16 行调用 delByReader()删除索引中的 2 篇文档，并马上显示索引中的文档数量，用 IndexReader 对象删除的索引可以立即生效，所以这时显示索引中有 8 篇文档。而且，索引目录下自动生成.del 文件，其中存放了被删除的文档。程序第 17 行调用 undelete()方法恢复索引，此方法结束后，索引目录下的.del 文件被删除，程序在第 18 行会显示出索引中有 10 篇文档，表明前面删除的文档被恢复进了索引。程序第 19 行再次调用 delByReader()方法删除索引中的 2 篇文档，索引目录下又会自动生成.del 文件。程序第 20 行调用 forceDelete()对包含了被删除文档的段进行强制合并，执行成功后，索引目录下的.del 文件被删除，被删除的文档无法恢复。程序第 21 行显示索引中有 8 篇文档。

需要注意的是，IndexWriter 类的 forceMergeDeletes()方法只有在被删除的文档超过索引中总文档数量的 10%的情况下才起作用，否则，该方法不会对索引进行合并，也不会删除.del 文件。例如，就本例而言，如果在 delByReader()方法中只删除一篇文档，则在执行 forceMergeDeletes()方法时并不会导致索引段的合并，也不会在物理上删除掉要在索引中删除的文档。本例运行后，控制台的显示如下：

```
索引创建完毕
创建的索引中的文档总数：10
用 IndexWriter 对象删除所有索引后，马上读取到的索引文档总数：10
关闭 IndexWriter 后，索引中文档总数：0
重新创建索引……索引创建完毕
用 IndexReader 对象删除两篇文档后，马上读取到的索引文档总数：8
用 IndexReader 恢复文档，索引中文档总数：10
用 IndexReader 对象删除两篇文档后，马上读取到的索引文档总数：8
强制段合后索引中的文档总数：8
```

5. *更新索引*

更新索引是指文档内容发生变化后，要对当前文档中的部分内容进行修改，用新的内容替换原有的内容。

IndexWriter 类提供了四种更新方法：

(1) public void updateDocument(Term term, Document doc) throws CorruptIndexException, IOException。

更新包含有索引项 term 的文档，原有内容用参数 doc 指定的文档替换。

(2) public void updateDocument(Term term, Document doc, Analyzer analyzer) throws CorruptIndexException, IOException。

更新包含有索引项 term 的文档，原有内容用参数 doc 指定的文档替换。对文档内容的分析使用指定的分析器 analyzer。

(3) public void updateDocuments(Term term, Collection〈Document〉 docs) throws CorruptIndexException, IOException。

更新包含有索引项 term 的文档，原有内容用参数 docs 指定的文档集合替换。

(4) public void updateDocuments(Term term, Collection〈Document〉 docs, Analyzer analyzer) throws CorruptIndexException, IOException。

更新包含有索引项 term 的文档,原有内容用参数 docs 指定的文档集合替换。对文档内容的分析使用指定的分析器 analyzer。

可以看出,更新索引的方法与添加文档的方法是对应的。事实上,Lucene 更新索引的方法采用了间接更新的方式,首先将找到的文档从索引中删除,然后把新的文档加入到索引中。如果更新过程中找不到相应的文档,则将指定的文档添加到索引中。这就是说,在更新文档时,新文档必须包含原有文档的所有字段,包括那些没有发生改变的字段,只有这样,才能保证那些没有发生变化的字段也出现在更新后的索引中。

【例 9.8】更新索引。

```
import java.io.*;//1 行
import org.apache.lucene.analysis.*;
import org.apache.lucene.analysis.standard.StandardAnalyzer;
import org.apache.lucene.document.*;
import org.apache.lucene.index.*;//5 行
import org.apache.lucene.store.*;
import org.apache.lucene.util.Version;
public class UpdateIndex {
    public static void main(String[] args) throws Exception {
        Directory d=FSDirectory.open(new File(".\\index"));//指定索引目录//10 行
        Analyzer analyzer=new StandardAnalyzer(Version.LUCENE_35);//指定分析器
        IndexWriterConfig conf= new IndexWriterConfig(Version.LUCENE_35, analyzer);//
        创建索引配置对象//15 行
        IndexWriter indexWriter=new  IndexWriter(d, conf);
        System.out.println("----执行更新操作之前----");
        readIndex(d);//15 行
        Document doc =getNewDoc(d,".\\source\\1.txt","abc"); //获取新文档
        indexWriter.updateDocument(new Term("addr",".\\source\\1. txt"), doc);//更新
        文档
        doc =getNewDoc(d,".\\source\\10. txt","efg");//获取新文档
        indexWriter.updateDocument(new Term("addr",".\\source\\10. txt"), doc);//更新
        文档
        indexWriter.forceMergeDeletes();//强制段合并  //20 行
        indexWriter.close();
        analyzer.close();
        System.out.println("----执行更新操作之后-----");
        readIndex(d);
        d.close();//25 行
    }
    static void readIndex(Directory d) throws Exception{
        IndexReader  indexReader=IndexReader.open(d);//指定读取器
```

```
    for (int i = 0; i < indexReader.numDocs(); i++) { //遍历文档
        if(indexReader.document(i).get("addr").equals(".\\source\\1.txt")) { //30 行
            System.out.println("文档地址:"+indexReader.document(i).get("
            addr"));
            System.out.println("文档题名:"+indexReader.document(i).get("title"));
        }
        if(indexReader.document(i).get("addr").equals(".\\source\\10.txt")){
            System.out.println("文档地址:"+indexReader.document(i).get("
            addr"));//35 行
            System.out.println("文档题名:"+indexReader.document(i).get("title"));
        }
    }
    indexReader.close();//关闭索引读取器
}//40 行
static Document getNewDoc(Directory d,String addr,String newTitle)
            throws CorruptIndexException, IOException{//找出指定的文档,用新内容
            替换
    Document doc =new  Document(); //建立文档对象
    IndexReader  indexReader=IndexReader.open(d);//指定读取器
    for (int i = 0; i < indexReader.numDocs(); i++) { //遍历文档 //45 行
        if(indexReader.document(i).get("addr").equals(addr)){
            doc.add(new Field("addr",indexReader.document(i).get("addr"), //保留
                        原文档的字段
                        Field.Store.YES, Field.Index.NOT_ANALYZED));
            doc.add(new Field("title", newTitle,//建立新值字段新值
                        Field.Store.YES,//50 行
                        Field.Index.ANALYZED,
                        Field.TermVector.WITH_POSITIONS_OFFSETS));
            doc.add(new Field("author",indexReader.document(i).get("author"), //保
                        留原文档的字段
                        Field.Store.YES,
                        Field.Index.ANALYZED, //55 行
                        Field.TermVector.WITH_POSITIONS_OFFSETS));
            doc.add(new Field("abstracts",indexReader.document(i).get("abstracts"),
                        //保留原文档的字段
                        Field.Store.YES,
                        Field.Index.ANALYZED,
                        Field.TermVector.WITH_POSITIONS_OFFSETS));//
                        60 行
            doc.add(new Field("jtitle",indexReader.document(i).get("jtitle"),//保留
                        原文档的字段
                        Field.Store.YES,
```

```
                                Field. Index. ANALYZED,
                                Field. TermVector. WITH_POSITIONS_OFFSETS));
                doc. add ( new  Field ( " pubdate ",  indexReader. document ( i ). get ( "
                                    pubdate"),//保留原文档的字段//65 行
                                    Field. Store. YES,
                                    Field. Index. NOT_ANALYZED,
                                    Field. TermVector. WITH_POSITIONS_OFFSETS));
                doc. add(new Field("spage",indexReader. document(i). get("spage"),//保留
                                原文档的字段
                                Field. Store. YES, //70 行
                                Field. Index. ANALYZED,
                                Field. TermVector. WITH_POSITIONS_OFFSETS));
                doc. add(new Field("epage", indexReader. document(i). get("epage"),//保
                                留原文档的字段
                                Field. Store. YES,
                                Field. Index. ANALYZED, //75 行
                                Field. TermVector. WITH_POSITIONS_OFFSETS));
                break;
            }
        }
        indexReader. close();//关闭索引读取器  //80 行
        return doc;
    }
}
```

本例演示如何更新索引，其中，程序中第41行至82行的getNewDoc()方法用于返回一个新的文档，该文档的地址由参数addr指定(见程序第46行)，题名字段被替换成了参数newTitle指定的内容(见程序第49行)，其余字段内容保持不变(见程序第47行、第53行、第61行、第65行、第69行以及第73行)。

程序第27行至40行的readIndex()方法用于显示地址字段的值为“. \source\1. txt”和“. \source\10. txt”的两篇文档的地址与题名。

本例程的逻辑是将源文件目录下1. txt和10. txt两篇文档在索引中的题名更新为“abc”和“efg”。在主方法中，首先显示当前索引中地址为“. \source\1. txt”和“. \source\\10. txt”的两篇文档的地址和题名(见程序第15行)；然后调用getNewDoc()方法获得题名更改了的文档(见程序第16行和第18行)，并利用updateDocument()方法更新索引(见程序第17行和第19行)；最后，做强制段合并操作，从物理上删除索引中的旧文档(见程序第12行)，将更新后的这两篇文档的地址和题名字段的内容显示到控制台上(见程序第24行)。从控制台上可以看到更新前后文档题名字段的变化。本程序运行后控制台上的显示结果如下：

```
----执行更新操作之前----
文档地址:.\source\1.txt
文档题名：Testing a Multidimensional and Hierarchical Quality Assessment Model for Digital Libraries
文档地址:.\source\10.txt
文档题名：The dragon on the gold：Myths and realities for data mining in biomedicine and biotechnology using digital and molecular libraries
----执行更新操作之后-----
文档地址:.\source\1.txt
文档题名：abc
文档地址:.\source\10.txt
文档题名：efg
```

9.4 信息检索

检索是信息检索系统的表现形式，是指在已经建立的文档集合中找出符合用户要求的特定文档的过程，具体地说，要根据用户提出的查询要求（词或者短语），在已经建立好的索引中进行搜索，找到与用户查询相匹配的文档，并将文档的内容展现给用户。

9.4.1 检索的基本类

Lucene 提供了丰富的检索功能，因此与检索过程有关的类也比较多，通常各种类型的检索都会用到 IndexSearcher、Query、QueryParser、Topdocs、TopFieldDocs 以及 ScoreDoc 等几个类。

1. IndexSearcher 类

IndexSearcher 类代表了索引搜索器，是检索操作的入口，用来根据查询条件返回查询结果以及与查询结果相关的信息。其常用构造方法：

```
public IndexSearcher(IndexReader r)
```

此构造方法可以创建一个索引搜索器，参数 r 为 IndexReader 类型，经由该参数，索引搜索器与指定的索引目录相关联。

IndexSearcher 类的核心方法是 search()方法、searchAfter()方法以及 doc()方法。search()方法用于返回指定数量的命中文档，searchAfter()方法用于在上一次检索的基础上，返回特定文档之后的指定数量的命中文档。这两种方法都有多种重写方式，并且抛出 IOException 异常。doc()方法可以返回检索到的文档对象，该方法抛出 CorruptIndexException 和 IOException 异常。如表 9-5 所示 IndexSearcher 类的常用方法（略去了抛出异常部分）。

表 9-5　IndexSearcher 类的常用方法

修饰符与返回值	方法	说明
public TopDocs	search(Query query,int n)	返回与查询 query 相匹配的前 n 个文档
public TopDocs	search(Query query, Filter filter, int n)	返回与查询 query 相匹配的、符合过滤条件 filter 的前 n 个文档，如不使用过滤器，可以将参数 filter 设定为 null
public TopFieldDocs	search(Query query, int n, Sort sort)	返回与查询 query 相匹配的前 n 个文档，返回结果按参数 sort 指定的标准排序
public TopFieldDocs	search(Query query, Filter filter, int n, Sort sort)	返回与查询 query 相匹配的、符合过滤条件 filter 的前 n 个文档，返回结果按参数 sort 指定的标准排序。如不使用过滤器，可以将参数 filter 设定为 null
public TopDocs	searchAfter(ScoreDoc after, Query query, int n)	返回与查询 query 相匹配的、位于文档 after 之后的前 n 个文档
public TopDocs	searchAfter(ScoreDoc after, Query query, Filter filter,int n)	返回与查询 query 相匹配的、位于文档 after 之后的前 n 个文档，返回结果用过滤条件 filter 进行了过滤。如不使用过滤器，可以将参数 filter 设定为 null
public Document	doc(int docID)	返回文档号 docID 指定的文档对象
public void	close()	释放资源

2. Query 类和 QueryParser 类

Query 类代表了用户的查询，它是一个抽象类，是所有查询类的基类，其实现类可以完成各种检索操作，如语词检索、布尔检索、短语检索、前缀检索、模糊检索等等。

QueryParser 类是对用户查询的解析器，其作用是对用户输入的查询表达式进行分析，将其转换为系统可以理解的形式，其常用的构造方法为：

```
public QueryParser(Version matchVersion,String f,Analyzer a)
```

其中，参数 matchVersion 表示使用的 Lucene 版本，f 为缺省情况下要查询的字段，a 为使用的分析器。

QueryParser 类的最重要方法是 parse()方法，定义如下：

```
public Query parse(String q) throws ParseException
```

上述方法对用户的查询字符串 q 进行解析，并将其转换为系统可以识别的查询类型，也即 Query 类的具体实现。

如表 9-6 所示 Lucene 允许的基本用户查询表达式及查询解析器解析结果。在实际应用中，允许使用它们的组合。

表 9-6　基本用户查询表达式及解析结果(以缺省查询字段 title 为例)

用户查询表达式示例	查询解析结果	说明
Computer	title:computer	查询 title 字段中包含 computer 的文档,title 为缺省查询字段,如不指定,将自动在该字段内查询
author:David	author:david	用户用冒号指定要查找的字段是 author 字段
computer science computer OR science	title:computer title:science	返回至少包含 computer 或 science 中一个词的文档
"computer science"	title:"computer science"	返回包含引号内完整词组的文档
computer + science	title:computer +title:science	"+"表示必须包含,返回一定包含 science 的文档
computer AND science computer && science	+title:computer +title:science	返回同时包含 computer 和 science 的文档
computer NOT science computer-science computer ! science	title:computer-title:science	返回包含 computer 但不包含 science 的文档
comput? comput *	title:comput? title:comput *	通配符检索,"?"表示单字符通配符,"*"星号表示匹配任意个字符。这两个通配符可以出现在字串的任何位置
roam~ roam~0.6	title:roam~0.5 title:roam~0.6	"~"表示模糊检索,"~"必须位于词的最后,返回包含有与 roam 一词最为相似的词的文档,例如返回包含 foam、roams 等词的文档。"~"的数字为相似度,在 0 和 1 之间,缺省值为 0.5
"computer science"~10	title:"computer science"~10	邻近检索,"~"必须位于用引号括起的短语之后,数字表示短语中词之间的最大距离,例如,本例返回题名字段中 computer 和 science 之间间隔不超过 10 个词的所有文档
author:{Aida TO Carmen} author:[Aida TO Carmen]	author:{aida TO carmen} author:[aida TO carmen]	范围检索,返回从包含 aida 至 carmen 的文档,"{}"是开区间,"[]"为闭区间

3. Topdocs 类和 TopFieldDocs 类

Topdocs 类封装了 IndexSearcher 对象的 search()方法和 searchAfter()方法返回的命中结果信息,该类有两个属性:

(1) public int totalHits。

此属性表示索引中符合 IndexSearcher 对象的 search()方法和 searchAfter()方法中,指定查询的所有文档的数量。

(2) public ScoreDoc[] scoreDocs。

此属性返回 ScoreDoc 类型的数组，该数组长度为 IndexSearcher 对象的 search()方法和 searchAfter()方法实际返回的文档数量，其值小于等于 search()方法和 searchAfter()方法中指定要返回的文档数 n。数组中的每一个元素封装了返回文档的信息。

TopFieldDocs 类是 Topdocs 类的子类，IndexSearcher 类中与排序有关的 search()方法所返回的结果均为 TopFieldDocs 类型，它封装了这些返回结果的信息。TopFieldDocs 类除了继承 Topdocs 类的 totalHits 和 scoreDocs 这两个属性以外，还有自己的一个属性：

```
public SortField[] fields
```

此属性的值为 SortField 类型的数组，其元素是参加排序的字段信息。

4. ScoreDoc 类

ScoreDoc 类用于封装一个检索返回文档的信息，包括文档在索引内部使用的序号(文档号)、文档的相关度等，可以用此类的属性获得这两个值：

(1) public int doc。

此属性值为检索结果文档在索引中的序号，将此值作为 IndexSearcher 对象的 doc()方法的参数，可以获得实际返回文档的文档对象。

(2) public float score。

此属性返回命中文档与查询的相关度。

【例 9.9】信息检索。

```
import java.io.*;//1 行
import org.apache.lucene.analysis.Analyzer;
import org.apache.lucene.analysis.standard.StandardAnalyzer;
import org.apache.lucene.document.Document;
import org.apache.lucene.index.*;//5 行
import org.apache.lucene.queryParser.*;
import org.apache.lucene.search.*;
import org.apache.lucene.store.*;
import org.apache.lucene.util.Version;
public class SearchDemo  { //10 行
    public static void main(String[] args)throws IOException,ParseException {
        SearchDemo sd=new SearchDemo();
        String queryString= "\"digital library\" OR \"digital libraries\"";//查询表达式
        Directory d=FSDirectory.open(new File(".\\index")); //索引地址
        Analyzer analyzer=new StandardAnalyzer(Version.LUCENE_35); //分析器//15 行
        IndexSearcher searcher=new IndexSearcher(IndexReader.open(d));//创建搜索器
        QueryParser qp= new QueryParser(Version.LUCENE_35,"title", analyzer);//创建查
        询解析器
        Query query=qp.parse(queryString); //解析查询表达式，建立查询对象
        TopDocs hits=searcher.search(query,5);//开始检索，最多返回前 5 个结果
        System.out.println("------共找到："+hits.totalHits +  "个结果------");//显示总命
```

```
        中数
        System.out.println("**显示"+hits.scoreDocs.length +"个结果**");//显示当前
        检索结果数//20 行
        sd.showRusult(hits, searcher);//显示当前结果
        ScoreDoc scoreDoc=hits.scoreDocs[hits.scoreDocs.length-1];//返回当前命中结果的
        最后一个文档
        hits= searcher.searchAfter(scoreDoc, query,5);//从上一次命中结果的最后一条之后
        检索
        System.out.println("**显示"+hits.scoreDocs.length +"个结果**");//显示当前
        检索结果数//25 行
        sd.showRusult(hits, searcher);//显示当前结果
        searcher.close();//释放资源
        analyzer.close();
        d.close();
    }  //30 行
    void showRusult(TopDocs hits, IndexSearcher searcher) throws CorruptIndexException,
    IOException{
    for(ScoreDoc scoreDoc:hits.scoreDocs){//遍历命中结果
        Document doc=searcher.doc(scoreDoc.doc);//从文档号获得文档对象
            System.out.println("文档地址="+doc.get("addr")+
                                ",相关度="+scoreDoc.score);//显示地址字段和相关度//
                                35 行
            System.out.println("文档题名="+doc.get("title"));//显示题名字段
            System.out.println("～～～～～～～～～～～～～～～～～～～～～～～～～～～
            ～");
        }
    }
}//40 行
```

本例演示了 Lucene 检索基本类的使用。基本逻辑是查找题名字段中出现"digital library"或"digital libraries"的文档(见程序第 13 行和程序第 17 行),检索结果每次最多显示 5 个文档(见程序第 19 行),下次显示时再用 searchAfter()方法检索(见程序第 24 行)。showRusult()方法的功能是遍历检索结果,取出结果文档的地址字段、查询表达式的相关度以及题名字段显示到控制台上。其他细节请参阅程序中的注释。

一般情况下,检索系统中的资源是大量的,每次检索的结果数量通常在数千或数万条,检索界面的分页浏览是信息检索系统必备的功能。实际应用中,可以通过 search()方法与 searchAfter()方法的结合,实现检索结果的分页。具体做法是,先用 search()方法检索一定冗余数量的文档,保存在 ScoreDocs 和 IndexSearcher 实例,在用户换页浏览时展现这几页的结果。当用户翻过或即将翻过 search()方法得到的结果时,再用 searchAfter()方法做进一步的检索,获取下一批检索结果。这样,就可以在很大程度上解决缓存和查询效率之间的矛盾。

本例程的运行结果：

```
------共找到：8个结果------
**显示5个结果**
文档地址=.\source\9.txt,相关度=1.0340154
文档题名="What is a good digital library?" A quality model for digital libraries
~~~~~~~~~~~~~~~~~~~~~~~~~~~
文档地址=.\source\4.txt,相关度=0.44084165
文档题名=THE ORGANIZATION OF THE DIGITAL LIBRARY
~~~~~~~~~~~~~~~~~~~~~~~~~~~
文档地址=.\source\6.txt,相关度=0.3380744
文档题名=A Framework for Transient Objects in Digital Libraries
~~~~~~~~~~~~~~~~~~~~~~~~~~~
文档地址=.\source\2.txt,相关度=0.33063123
文档题名=An Ontological Representation of the Digital Library Evaluation Domain
~~~~~~~~~~~~~~~~~~~~~~~~~~~
文档地址=.\source\8.txt,相关度=0.27552602
文档题名=Assessing aesthetic relevance：Children's book selection in a digital library
~~~~~~~~~~~~~~~~~~~~~~~~~~~
**显示3个结果**
文档地址=.\source\1.txt,相关度=0.24148169
文档题名=Testing a Multidimensional and Hierarchical Quality Assessment Model for Digital Libraries
~~~~~~~~~~~~~~~~~~~~~~~~~~~
文档地址=.\source\7.txt,相关度=0.24148169
文档题名=E-science and information services：a missing link in the context of digital libraries
~~~~~~~~~~~~~~~~~~~~~~~~~~~
文档地址=.\source\5.txt,相关度=0.19318536
文档题名=Annotating Atomic Components of Papers in Digital Libraries：The Semantic and Social Web Heading towards a Living Document Supporting eSciences
~~~~~~~~~~~~~~~~~~~~~~~~~~~
```

9.4.2　基本检索操作

从理论上说，例9.9的检索方式，可以用于实现各种类型的信息检索，前提是用户提交了正确的查询表达式，或者是程序员提供简单的用户界面，将用户的非表达式形式的输入组织成系统可以识别的检索字串。对于前者，要求用户本身了解和熟悉检索规则，这显然不够现实，也增加了用户负担。对于后者，无疑是增加了程序的编码量。另外，有些专门的查询，有自己的特点，仅通过 QueryParser 类无法实现。为了解决这些问题，Lucene 提供了实现各类型检索如语词检索、布尔检索、模糊检索等专门的类。利用这些类可以更好、更快地实现各种专门类型的检索。

1. 单词检索

单词检索是一种最为基本的检索，其主要实现的功能是从特定的字段中找出包含指定单词的文档。实施单词检索，需要用到两个类：Term 和 TermQuery。

（1）Term 类。

Term 类用来构建查询词对象。一个查询词对象由字段和查询单词组成。Term 类的构造方法如下：

```
public Term(String fld,String txt)
```

利用此方法，可以创建一个字段为 fld、查询单词为 txt 的查询词实例。

（2）TermQuery 类。

TermQuery 是 Query 类的直接子类，是该抽象类的一种具体实现，用于表示要进行单词检索的查询，该类只有一个构造方法：

```
public TermQuery(Term t)
```

该构造方法的参数为查询词对象 t。

使用单词检索有以下几点注意事项：

① 单词检索区分大小写，系统本身不负责大小写的转换，用户的查询单词必须与索引词的大小写相一致才能匹配，因此，在使用单词检索之前，必须根据建立索引时使用的分析器的特点，确定查询单词的大小写。例如，有些分析器在索引时会自动将所有的切分项转换成小写，查询时必须要考虑这一点。

② 查询单词的文本必须对应一个索引单元，必须根据建立索引时使用的分析器的特点，考虑其词切分的特征，确定有效的查询单词文本。例如，停用词、被分割了的复合词等作为查询单词是没有意义的，不会返回命中结果。

③ 单词查询特别适用于未分析但建立索引的文本，例如，本书例子中的地址字段 addr，对这类索引的查询，可以使用单词查询，以便快速定位到相关文档。

以下代码将检索索引中 addr 字段中的“.\source\4.txt”，并显示出 addr 字段的内容。

```
String queryWord  =".\\source\\4.txt"; //查询单词
Directory d=FSDirectory.open(new File(".\\index"));//索引地址
IndexSearcher searcher  =  new  IndexSearcher(IndexReader.open(d));//建立索引搜索器对象
Term t=new Term("addr",queryWord); //建立查询词对象，字段为 addr
Query query  =  new TermQuery(t); //建立单词查询对象
TopDocs hits  =  searcher.search(query,10); //进行检索，最多返回前 10 个结果
System.out.println("找到："+hits.totalHits +"个结果！");
for(ScoreDoc scoreDoc:hits.scoreDocs){//显示命中结果
        Document doc=searcher.doc(scoreDoc.doc);
        System.out.println(doc.get("addr"));
}
```

```
searcher.close();//释放资源
d.close();
```

2. 单词范围检索

单词范围检索是指查找同一字段中具有指定范围内的单词的文档，使用 TermRangeQuery 类来构建单词范围检索的查询，该类是 Query 类的间接子类，构造方法为：

```
public TermRangeQuery(String field,
                      String lowerTerm,
                      String upperTerm,
                      boolean includeLower,
                      boolean includeUpper)
```

其中，field 为要查找的字段；lowerTerm 为下界单词；upperTerm 为上界单词；includeLower 为检索结果文档中是否包括下界单词，true 表示检索结果文档包含下界单词，false 表示检索结果文档不包含下界单词；includeUpper 为检索结果文档中是否包括上界单词，true 表示检索结果文档包含上界单词，false 表示检索结果文档不包含上界单词。

构建单词范围检索的查询时，需要注意以下几点：

(1) 可以对文档的任何文本字段进行范围检索，既可以对分词的字段做范围检索，也可以对不分词并进行了索引的字段做范围检索，但通常后者的效果比较明显。

(2) 范围检索中的下界单词在排序上必须小于等于上界单词，这里的排序是指单词的字典排序。

(3) 下界单词和上界单词均可以为 null，null 表示无边界。

以下代码将检索到 pubdate 字段为 2007 和 2008 的所有文档。

```
Directory d=FSDirectory.open(new File(".\\index"));//索引地址
IndexSearcher searcher = new IndexSearcher(IndexReader.open(d));//建立索引搜索器对象
/* 查询 pubdate 字段中介于 2007 至 2009 之间的所有词
 * 第四个参数为 true,表示包含 2007,第五个参数为 false,表示不包括 2009 */
Query query =new TermRangeQuery("pubdate", "2007","2009", true,false);
TopDocs hits = searcher.search(query,10); //进行检索,,最多返回前 10 个结果
System.out.println("找到："+hits.totalHits +"个结果！");
for(ScoreDoc scoreDoc:hits.scoreDocs){//显示命中结果
        Document doc=searcher.doc(scoreDoc.doc);
        System.out.println(doc.get("title"));
        System.out.println(doc.get("pubdate"));
}
searcher.close();//释放资源
d.close();
```

3. 前缀检索

前缀检索是查找包含以指定字符开头的词的文档，前缀检索的实现过程与单词检索相类似，只是在建立查询对象时，应使用 PrefixQuery 类。PrefixQuery 类代表了前缀查询，是

Query 类的间接子类，其构造方法如下：

```
PrefixQuery(Term prefix)
```

其中 prefix 就是一个查询词对象，只不过用在 PrefixQuery 类的构造方法中时，它代表了要检索的前缀。

另外，前缀检索以索引词为查询单位，而不是以字段为单位，除非字段内容没有经过分词。

以下代码检索起始页码字段 spage 为 15 开头的所有文档，如返回该字段为 1577、1557 的文档(注意，在建立索引过程中，spage 字段只建立了索引，没有分词)：

```
String prefix  ="15"; //前缀
Directory d=FSDirectory.open(new File(".\\index"));//索引地址
IndexSearcher searcher=new  IndexSearcher(IndexReader.open(d));//建立索引搜索器对象
Term prefixTerm=new Term("spage",prefix); //建立查询词对象，字段为 spage
Query query  =  new PrefixQuery(prefixTerm); //建立前缀查询对象，参数 查询词实际上是前缀
TopDocs hits  =  searcher.search(query,10); //进行检索，最多返回前 10 个结果
System.out.println("找到："+hits.totalHits +"个结果！");
for(ScoreDoc scoreDoc:hits.scoreDocs){//显示命中结果
        Document doc=searcher.doc(scoreDoc.doc);
        System.out.println(doc.get("title"));
        System.out.println(doc.get("spage"));
}
searcher.close();//释放资源
d.close();
```

4. 通配符检索

通配符检索是一种简单的模糊匹配检索，通过在查询词中使用通配符，可以找到包含通配符代替字符的索引词。Lucene 通配符检索使用“?”和“*”两种通配符，“?”表示匹配 0 或 1 个任意字符，“*”表示匹配 0 个或多个任意字符。

使用 WildcardQuery 类建立通配符查询，再将其传给 IndexSearcher 对象的 search()方法，就可以完成通配符检索。WildcardQuery 类是 Query 类的间接子类，其构造方法如下：

```
public WildcardQuery(Term term)
```

其中的参数为查询词对象，在构建查询词对象时，查询单词中应包括通配符，通配符可以位于查询词文本中的任何位置。

以下代码检索中作者姓名以“y”开始、以“n”结尾的文档：

```
String wordWithWildcard  ="y*n"; //查询单词，包含通配符
Directory d=FSDirectory.open(new File(".\\index"));//索引地址
IndexSearcher searcher  =  new  IndexSearcher(IndexReader.open(d));//建立索引搜索器对象
Term termWithWildcard=new Term("author",wordWithWildcard); //建立查询词对象，字段为 author
Query query = new WildcardQuery(termWithWildcard);//建立通配符查询对象
TopDocs hits  =  searcher.search(query,10); //进行检索，，最多返回前 10 个结果
```

```
System.out.println("找到："+hits.totalHits +"个结果！");
for(ScoreDoc scoreDoc:hits.scoreDocs){//显示命中结果
        Document doc=searcher.doc(scoreDoc.doc);
        System.out.println(doc.get("author"));
}
searcher.close();//释放资源
d.close();
```

5．短语检索

单词检索只允许检索包含了一个单词的文档，而短语检索则允许查找包含多个单词的文档，而且可以指定多个单词之间有多个间隔。

进行短语检索，需要使用 PhraseQuery 类，该类是 Query 类的直接子类，代表短语查询，指示要查找包含特定单词序列文档，其构造方法为：

```
public PhraseQuery()
```

PhraseQuery 类只提供了一个创建空的短语查询对象的构造方法，这样创建的短语查询本身不包含要查询词的对象及其位置，因此，PhraseQuery 类提供了增加查询对象及其位置的方法：

(1) public void add(Term term)。

将查询词对象添加到短语查询对象中，查询词对象添加的顺序，决定了各查询单词的相对位置，后添加的查询单词位于上一次添加的查询单词的后面。例如，第一次添加的查询词对象包含了 digital。第二次添加的查询词对象包含了 library，则形成的短语为 digital library，相当于检索式"'digital library'"。

(2) public void add(Term term, int position)。

将查询词对象添加到短语查询对象中，参数 position 指定了当前添加的查询单词的位置，position 为 0，表示查询单词位于短语的第一个位置；position 为 1，表示查询单词位于短语的第二个位置，以此类推。使用此方法，可以使得在同一个位置上有多个查询词，在短语检索过程中，相同位置上的查询单词是"与"的关系。

(3) public void setSlop(int n)。

设置索引中的索引词要排列成查询短语规定的次序，单词需要移动的最少次数。

例如，查询单词的次序为 digital library，索引词的次序为 library digital，索引词要排列成查询单词的次序，需要移动的最小次数为 2：

第一次移动：library 移动至与 digital 相同的位置；

第二次移动：library 从与 digital 相同的位置移动至 digital 后面的位置，此次移动之后，索引词的次序与查询单词的次序相同。

又例如，查询单词的次序为 samll digital library，索引词的次序为 library technology digital small，索引词要排列成查询单词的次序，需要移动的最小次数为 5，其中一种可能的移动方案是：

第一步移动：library 移动至与 technology 相同的位置；

第二步移动：library 继续移动至与 digital 相同的位置；

第三步移动：small 移动至与 digital 相同的位置，此时 library 的当前位置也在该位置上；

第四步移动：small 继续移动至 digital 前面的位置；

第五步移动：library 从当前位置移动至 digital 后面的位置，至此，出现 samll digital library 这样的次序。

setSlop()方法的参数 n 是指为了要与查询短语相匹配，索引词应移动的最小次数。利用 setSlop()方法，可以使得短语检索过程返回索引词移动次数小于等于 n 的文档，缺省时 n 为 0，表示精确匹配。

以下代码演示了短语检索的实现：

```
Directory d=FSDirectory.open(new File(".\\index"));//索引地址
IndexSearcher searcher = new IndexSearcher(IndexReader.open(d));//建立索引搜索器对象
PhraseQuery query = new PhraseQuery();//建立短语查询对象
query.add(new Term("title","digital"));//添加查询词对象
query.add(new Term("title","library")); //添加查询词对象
query.setSlop(4); //设置移动次数
TopDocs hits = searcher.search(query,10); //进行检索，最多返回前 10 个结果
System.out.println("找到："+hits.totalHits +"个结果！");
for(ScoreDoc scoreDoc:hits.scoreDocs){//显示命中结果
        Document doc=searcher.doc(scoreDoc.doc);
        System.out.println(doc.get("title"));
}
searcher.close();//释放资源
d.close();
```

上述代码不仅可以命中题名 title 字段中出现 digital library 的文档，而且，可以命中题名为“AN ALGORITHMICALLY OPTIMIZED COMBINATORIAL LIBRARY SCREENED BY DIGITAL IMAGING SPECTROSCOPY”的文档。需要注意的是，在建立索引时记录索引词位置的情况下，尽管停用词不会进入索引，但在位置上是占位的，计算移动次数时需要算上停用词所占的位置。所以，对于上述文档来说，尽管“BY”是停用词，不会进入索引，但在索引中，“SCREENED”的位置是 6，“DIGITAL”的位置是 8，因此，索引词需要移动的次数是 4，而不是 3。

6. 多短语检索

多短语检索可以看做是短语检索的另外一种表现形式。在短语检索过程中，允许在同一个位置上添加多个查询单词，但这些单词之间是“与”的关系，而多短语检索则将同一位置上的查询单词视为“或”的关系。从而提供了更为灵活的检索。

实现多短语检索要用到多短语查询类 MultiPhraseQuery，它是 Query 类的直接子类，与 PhraseQuery 类相似，MultiPhraseQuery 只有一个创建多短语查询对象的构造方法，也需要使用 add()方法添加查询词对象，也具有 setSlop()方法设置索引词移动次数。不过，MultiPhraseQuery 类多了向同一位置添加多个查询词对象的方法：

```
public void add(Term[] terms)/public void add(Term[] terms,int position)
```

这两个方法将terms指定的查询词数组添加到相同位置上，如果不指定添加的位置position，则添加到位于上一次添加操作完成之后的位置上。

以下代码可以检索到题名字段中包括digital library或者包括digital libraries的所有文档：

```
Directory d=FSDirectory.open(new File(".\\index"));//索引地址
IndexSearcher searcher = new IndexSearcher(IndexReader.open(d));//建立索引搜索器对象
MultiPhraseQuery query = new MultiPhraseQuery();//建立多短语查询对象
query.add(new Term("title","digital")); //添加一个查询词对象
Term term1=new Term("title","library");//建立查询词对象
Term term2=new Term("title","libraries");//建立查询词对象
/* 以下语句将上述两个查询词对象添加到同一位置上
 * 表示在该位置上可以出现library,也可以出现libraries
 * 相当于检索"digital library" OR "digital libraries"
 */
query.add(new Term[] {term1, term2});
TopDocs hits = searcher.search(query,10); //进行检索,最多返回前10个结果
System.out.println("找到："+hits.totalHits +"个结果！");
for(ScoreDoc scoreDoc:hits.scoreDocs){//显示命中结果
        Document doc=searcher.doc(scoreDoc.doc);
        System.out.println(doc.get("title"));
}
searcher.close();//释放资源
d.close();
```

7. 布尔检索

布尔检索是信息检索中最为常用的一种检索形式，它将用户输入的检索词按照一定的布尔逻辑关系组合起来，查找满足要求的文档。

BooleanQuery类是代表布尔查询的类，该类是Query类的直接子类，它可以是多种其他子查询如TermQuery、PhraseQuery的布尔组合，也可以是其他BooleanQuery的布尔组合。组成布尔查询的每一个子查询，称为一个子句(clause)。

BooleanQuery类常用的构造方法是public BooleanQuery()，该构造方法创建一个空的布尔查询。其最主要的几个方法是：

(1) public void add(Query query,BooleanClause.Occur occur)。

向布尔查询添加一个子查询query，该子查询与其他子查询的关系由参数occur指定。参数occur的值来自枚举类型BooleanClause.Occur，具体取值为：

① BooleanClause.Occur.MUST：指示返回的文档必须与子查询相匹配，对应于逻辑与；

② BooleanClause.Occur.MUST_NOT：指示返回结果中不应包含与子查询相匹配的文档，对应于逻辑非；

③ BooleanClause. Occur. SHOULD：指示返回结果中可以包含与子查询相匹配的文档，对应于逻辑或。

(2) public static void setMaxClauseCount (int mClauseCount)/public static int getMaxClauseCount()。

设置/返回布尔查询中允许的最多子句数量，缺省值为 1024。

以下代码返回有以 a 开头的作者姓名及文章题名中包含 digital library 的文档：

```
Directory d=FSDirectory.open(new File(".\\index")); //索引地址
IndexSearcher searcher = new IndexSearcher(IndexReader.open(d));//建立索引搜索器对象
//前缀子查询,作者姓名中包含 a 开头的字母
Query prefixQuery = new PrefixQuery(new Term("author","a"));
//短语子查询,题名中包含 digital library
PhraseQuery phrasequery = new PhraseQuery();
phrasequery.add(new Term("title","digital"));
phrasequery.add(new Term("title","library"));
BooleanQuery booleanQuery = new BooleanQuery();//布尔检索对象
/*
 * 添加布尔查询子句
 */
booleanQuery.add(prefixQuery, Occur.MUST);//必须包含前缀子查询指定的条件
/*
 * 添加布尔查询子句
 */
booleanQuery.add(phrasequery, Occur.MUST);//必须包含短语子查询指定的条件
TopDocs hits = searcher.search(booleanQuery,10); //进行检索,最多返回前 10 个结果
System.out.println("找到: "+hits.totalHits +"个结果! ");
for(ScoreDoc scoreDoc:hits.scoreDocs){//显示命中结果
        Document doc=searcher.doc(scoreDoc.doc);
        System.out.println(doc.get("title"));
        System.out.println(doc.get("author"));
}
searcher.close();//释放资源
d.close();
```

8. 模糊检索

Lucene 中代表模糊查询的类是 FuzzyQuery 类。该类是 Query 类的间接子类，可以实现基于编辑距离(edit distance)的相似性检索。编辑距离是指将一个源字符串转换成目标字符串所需要的最少替换、插入、删除操作的次数。算法最早由前苏联科学家弗拉基米尔·莱温斯坦(Vladimir Levenshtein)在 1965 年提出，所以也称莱温斯坦距离(Levenshtein Distance)。两个字串的编辑距离越小，说明这两个字串就越相似，反之，两个字串的差距就越大。

FuzzyQuery 类共有四个构造方法：

(1) public FuzzyQuery (Term term, float minSimilarity, int prefixLength, int maxExpansions)。

创建一个模糊查询对象,查询词对象由参数 term 指定。参数 minSimilarity 指定查询词与索引词的最小相似度,取值范围是[0.0,1.0),缺省值为 0.5。minSimilarity 的值越大,要求匹配的相似度越大,返回的文档就越少,反之,对匹配相似度的要求低,返回的文档数量就会更多。在模糊查询中,可以指定查询词中的一部分前缀做精确匹配,其余部分进行模糊匹配,参数 prefixLength 的作用就是指定查询词中参加精确匹配(非模糊匹配)的前缀的长度,缺省值为 0。参数 maxExpansions 用来指定允许的最多匹配词数量,根据相似度的不同,可以有多个索引词与查询词相配,参数 maxExpansions 用于对这个数量的最大值进行控制。

(2) public FuzzyQuery(Term term, float minSimilarity,int prefixLength)。

创建一个模糊查询对象,该对象允许匹配的索引词数量小于等于 Integer. MAX_VALUE。参数的含义同前。

(3) public FuzzyQuery(Term term, float minSimilarity)。

创建一个模糊查询对象,所有查询词均参加模糊匹配(即参加精确匹配的前缀长度为0),并且允许匹配的索引词数量小于等于 Integer. MAX_VALUE。参数的含义同前。

(4) public FuzzyQuery(Term term)。

创建一个模糊查询对象,所有查询词均参加模糊匹配,匹配的相似度为 0.5,并且允许匹配的索引词数量小于等于 Integer. MAX_VALUE。参数的含义同前。

以下代码演示了模糊检索的过程:

```
Directory d=FSDirectory.open(new File(".\\index"));//索引地址
IndexSearcher searcher  = new IndexSearcher(IndexReader.open(d));//建立索引搜索器对
Term t=new Term("author","wasdon"); //建立查询词对象,字段为 author
FuzzyQuery  query  = new FuzzyQuery(t,0.6f,0);//建立模糊查询对象
TopDocs hits  =  searcher.search(query,10); //进行检索,,最多返回前 10 个结果
System.out.println("找到: "+hits.totalHits +"个结果! ");
for(ScoreDoc scoreDoc:hits.scoreDocs){//显示命中结果
    Document doc=searcher.doc(scoreDoc.doc);
    System.out.println(doc.get("addr"));
    System.out.println(doc.get("title"));
    System.out.println(doc.get("author"));
}
searcher.close();//释放资源
d.close();
```

以上代码对作者姓名做模糊检索,要求相似度为 0.6。就本书给出的数据而言,并没有姓名为 wasdon 的作者,但可以检出作者为 Watson 的文档。调节相似度,例如将其设置为 0.3,可以检出更多的结果,而将其设置为 0.7,将没有返回结果。

9.4.3 结果排序与过滤

在信息检索系统中,找出与用户查询表达式相关的文档,这仅仅是检索过程的第一步,

还要进一步考虑如何以灵活、方便、易于理解的方式将系统返回的结果全部或部分呈现给用户，这就是结果排序和过滤要解决的问题。

1. 结果排序

检索结果的排序是一个信息检索系统的基本功能。用户通常希望信息系统能够以不同的顺序展现检索结果。例如，关心最近出现的文档的用户，更希望检索结果按时间顺序排列，最新的文档能排在前面，而关注某作者的用户则希望同一作者的文档能够集中在一起，等等。

在缺省情况下，Lucene 按文档与查询的相关度(score)排列检索结果，Lucene 内部提供了相关度计算方法，对每一个返回的文档，根据检索词在文档中的位置的因素，为每篇文档赋予一个相关度值，返回的结果按该值的降序排列，相关度相同的文档再按文档在系统中的内部序号排列。为了满足不同的排序需求，Lucene 还提供了定制排序的机制。

Lucene 的排序机制涉及排序类 Sort 和排序字段类 SortField 两个类。

(1) Sort 类。

Sort 类封装了对检索结果的排序标准，通过将 Sort 类的实例作为参数传递给 IndexSearcher 对象的 search()方法，可以使得返回的命中结果按指定标准排序。

Sort 类共有三个构造方法：

① public Sort()。

创建缺省的排序类实例，指定返回的检索结果按 Lucene 内部计算的相关度排序。

② public Sort(SortField field)。

创建一个排序类实例，排序标准由参数 field 指定。

③ public Sort(SortField... fields)。

创建一个排序类实例，排序标准由参数 fields 指定。fields 是一个数组，其中每一个元素就是一个排序标准，这样创建的排序类实例允许按次序使用多个标准对结果进行排序。

(2) SortField 类。

SortField 类用来指定排序标准，指明检索结果按文档中的哪个字段排序。SortField 类的实例由 Sort 类对象封装，其常用的构造方法包括：

① public SortField(String field, int type)。

创建一个排序字段类实例，指定参加排序的字段 field 和排序值的类型 type。type 的取值由 SortField 类本身提供：

SortField.BYTE：将字段中的索引词当做字节参加排序，按升序排列；

SortField.SHORT：将字段中的索引词当做短整型参加排序，按升序排列；

SortField.INT：将字段中的索引词当做整型参加排序，按升序排列；

SortField.LONG：将字段中的索引词当做长整型参加排序，按升序排列；

SortField.FLOAT：将字段中的索引词当做单精度浮点数参加排序，按升序排列；

SortField.DOUBLE：将字段中的索引词当做双精度浮点数参加排序，按升序排列；

SortField.STRING：将字段中的索引词当做字符串参加排序，按升序排列；

SortField.SCORE：按文档相关度降序排列；

SortField.DOC：按文档内部序号升序排列。

若 type 取值为 SortField. SCORE 或 SortField. DOC，参数 field 可以为 null。

② public SortField(String field, int type, boolean reverse)。

创建一个排序字段类实例，指定参加排序的字段 field 和排序值的类型 type，type 的取值同前。参数 reverse 指定了排序的顺序，若为 true，表示与 type 中指定的排序顺序相反；若为 false，则与 type 中指定的排序顺序相同。

③ public SortField(String field, Locale locale)。

创建一个排序字段类实例，指定参加排序的字段 field，排序依据为参数 Locale 指定的语言环境。

④ public SortField(String field, Locale locale, boolean reverse)。

创建一个排序字段类实例，指定参加排序的字段 field，排序依据为参数 Locale 指定的语言环境，若参数 reverse 为 true，表示与 Locale 指定的语言环境中自然排序的顺序相反。

总之，SortField 类指定了排序的标准，即结果按文档中的哪个字段排序。参加排序的字段必须在文档中存在，且已经做过了索引，其中的索引词必须能够指明文档在检索结果中的相对顺序。

【例 9.10】检索结果排序输出。

```
import java.io.*;
import org.apache.lucene.analysis.Analyzer;
import org.apache.lucene.analysis.standard.StandardAnalyzer;
import org.apache.lucene.document.Document;
import org.apache.lucene.index.*; //5行
import org.apache.lucene.queryParser.*;
import org.apache.lucene.search.*;
import org.apache.lucene.store.*;
import org.apache.lucene.util.Version;
public class SortDemo {        //10行
    private IndexSearcher searcher;
    public SortDemo(IndexSearcher searcher) {//构造方法
        this.searcher=searcher;
    }
    public static void main(String[] args) throws IOException, ParseException {//15行
        String queryString= "\"digital library\" OR \"digital libraries\"";//查询表达式
        Directory d=FSDirectory.open(new File(".\\index")); //索引地址
        Analyzer analyzer=new  StandardAnalyzer(Version.LUCENE_35); //分析器
        IndexSearcher searcher=new  IndexSearcher(IndexReader.open(d));//创建搜索器
        QueryParser qp= new QueryParser(Version.LUCENE_35,"title", analyzer);//创建查
        询解析器 //20行
        Query query=qp.parse(queryString); //解析查询表达式，建立查询对象
        SortDemo sd=new SortDemo(searcher);//创建 SortDemo 对象
        System.out.println("结果按相关度降序排列");
        /*
```

```
    * 结果按相关度降序排列//25 行
    * 先建立排序字段，按相关度排序(SortField. SCORE)
    * 字段可以为 null
    */
   SortField sf=new SortField(null, SortField. SCORE);
   Sort sort=new Sort(sf);//建立排序对象 //30 行
   sd. showRusult(query,sort);//显示当前结果
   /*
    * 结果按题名升序排列
    * 先建立排序字段，按题名 title 字段字顺排序
    */ //35 行
   sf=new SortField("title", SortField. STRING);
   sort=new Sort(sf); //建立排序对象   //20 行
   System. out. println("结果按题名升序排列");
   sd. showRusult(query,sort);//显示当前结果
   /* //40 行
    * 结果按出版日期逆序排列
    * 先建立排序字段，按出版日期 pubdate 排序
    * 第三个参数为 true，指明按逆序排列
    */
   sf=new SortField("pubdate", SortField. STRING,true);//45 行
   sort=new Sort(sf); //建立排序对象
   System. out. println("结果按出版日期逆序排列");
   sd. showRusult(query,sort);//显示当前结果
   /*
    * 结果按出版日期逆序排列，再按相关度排列，需要建立两个排序字段对象//50 行
    * 一个是按出版日期逆序排列的排序字段 sf1，
    * 一个是 按相关度排列的 排序字段 sf2
    * 将两个排序字段作为数组元素传给排序对象 sort
    */
   SortField sf1=new SortField("pubdate", SortField. STRING,true);//55 行
   SortField sf2=new SortField(null, SortField. SCORE);
   sort=new Sort(new SortField [] {sf1,sf2});//建立排序对象
   System. out. println("结果按出版日期逆序排列，再按相关度排列");
   sd. showRusult(query,sort);//显示当前结果
   searcher. close();//释放资源 //60 行
   analyzer. close();
   d. close();
}
void showRusult(Query query,Sort sort) throws IOException{
   TopDocs hits=searcher. search(query,null,10,sort); //没有使用过滤器，将其设为 null
   //65 行
```

```
        System.out.println("------共找到：" + hits.totalHits +  "个结果------");//显示总命中数
        for(ScoreDoc scoreDoc:hits.scoreDocs){//遍历命中结果
        Document doc=searcher.doc(scoreDoc.doc);//从文档号获得文档对象
            System.out.print("文档题名=" + doc.get("title"));//显示题名字段
            System.out.println("  文档日期=" + doc.get("pubdate")); //70行
        }
    }
}
```

本程序演示了几种不同检索结果排序，有关程序实现的细节，请阅读程序中的注释。以下是程序输出结果，请注意比较结果的不同排序方式：

```
结果按相关度降序排列
------共找到：8个结果------
文档题名="What is a good digital library?" A quality model for digital libraries  文档日期=2007
文档题名=THE ORGANIZATION OF THE DIGITAL LIBRARY  文档日期=1995
文档题名=A Framework for Transient Objects in Digital Libraries  文档日期=2008
文档题名=An Ontological Representation of the Digital Library Evaluation Domain  文档日期=2011
文档题名=Assessing aesthetic relevance：Children's book selection in a digital library  文档日期=2007
文档题名=Testing a Multidimensional and Hierarchical Quality Assessment Model for Digital Libraries  文档日期=2011
文档题名=E-science and information services：a missing link in the context of digital libraries  文档日期=2008
文档题名=Annotating Atomic Components of Papers in Digital Libraries：The Semantic and Social Web Heading towards a Living Document Supporting eSciences  文档日期=2009
结果按题名升序排列
------共找到：8个结果------
文档题名=An Ontological Representation of the Digital Library Evaluation Domain  文档日期=2011
文档题名=THE ORGANIZATION OF THE DIGITAL LIBRARY  文档日期=1995
文档题名=A Framework for Transient Objects in Digital Libraries  文档日期=2008
文档题名=E-science and information services：a missing link in the context of digital libraries  文档日期=2008
文档题名="What is a good digital library?" A quality model for digital libraries  文档日期=2007
```

```
文档题名=Testing a Multidimensional and Hierarchical Quality Assessment Model for
  Digital Libraries  文档日期=2011
文档题名=Annotating Atomic Components of Papers in Digital Libraries: The
  Semantic and Social Web Heading towards a Living Document Supporting eSciences
  文档日期=2009
文档题名=Assessing aesthetic relevance: Children's book selection in a digital library
  文档日期=2007
结果按出版日期逆序排列
------共找到:8 个结果------
文档题名=Testing a Multidimensional and Hierarchical Quality Assessment Model for
  Digital Libraries  文档日期=2011
文档题名=An Ontological Representation of the Digital Library Evaluation Domain
  文档日期=2011
文档题名=Annotating Atomic Components of Papers in Digital Libraries: The
  Semantic and Social Web Heading towards a Living Document Supporting eSciences
  文档日期=2009
文档题名=A Framework for Transient Objects in Digital Libraries  文档日期=2008
文档题名=E-science and information services: a missing link in the context of digital
  libraries  文档日期=2008
文档题名=Assessing aesthetic relevance: Children's book selection in a digital library
  文档日期=2007
文档题名="What is a good digital library?" A quality model for digital libraries  文档
  日期=2007
文档题名=THE ORGANIZATION OF THE DIGITAL LIBRARY  文档日期=1995
结果按出版日期逆序排列,再按相关度排列
------共找到:8 个结果------
文档题名=An Ontological Representation of the Digital Library Evaluation Domain
  文档日期=2011
文档题名=Testing a Multidimensional and Hierarchical Quality Assessment Model for
  Digital Libraries  文档日期=2011
文档题名=Annotating Atomic Components of Papers in Digital Libraries: The
  Semantic and Social Web Heading towards a Living Document Supporting eSciences
  文档日期=2009
文档题名=A Framework for Transient Objects in Digital Libraries  文档日期=2008
文档题名=E-science and information services: a missing link in the context of digital
  libraries  文档日期=2008
```

文档题名="What is a good digital library?" A quality model for digital libraries　文档日期=2007
文档题名=Assessing aesthetic relevance：Children's book selection in a digital library　文档日期=2007
文档题名=THE ORGANIZATION OF THE DIGITAL LIBRARY　文档日期=1995

2. 结果过滤

结果过滤是指从查询表达式获得的结果中去除掉部分不符合要求的文档的一种机制和功能，目的是为用户提供更为相关的检索结果。例如，用户检索题名中包含 digital library 的文档，但只需要其中 2011 年至 2012 年的文档，则可以用过滤机制来实现。又例如，在一个 Web 信息检索系统中，可以通过 IP 或其他手段判断用户所在的位置，当用户查询某一街道名称时，系统使用过滤机制仅将用户所在城市的街道显示给用户，避免了用户看到大量无关的同名街道，等等。同时，结果过滤还可以作为二次检索的手段，从已有的查询中找出符合特定条件的子集。

在大多数情况下，过滤的最终结果与用复合查询得到的结果相同，但由于实现方式不同，两者还是有区别的。第一，查询表达式要达到同样的效果，往往需要使用比较复杂的子查询组合，增加了代码量；第二，在获得同样的结果的前提下，过滤比查询要快的多；第三，过滤功能可以使用缓存来存储被过滤的字段，这些字段在以后做同样或类似的过滤时可以被重用，从而提高了检索的速度；第四，大部分过滤操作会对结果文档的权重或相关度产生影响，在查询过程中，所有匹配的文档都参与相关度计算，而在过滤过程中被去除掉的文档不参加相关度计算。

Lucene 实现过滤的类称为过滤器，它们的基类是 Filter 抽象类，该抽象类有多个具体的子类，这些子类实现了不同类型的过滤功能。在实施过滤时，只要将过滤器对象作为参数传递给 IndexSearcher 实例的 search()或 searchAfter()方法即可。

(1) 多语词过滤器。

TermsFilter 类是多语词过滤器，是 Filter 类的直接子类，它可以指定对检索结果进行限定的多个语词，使得符合查询表达式的检索结果中仅包含具有过滤器中指定语词的文档。其效果与等价的布尔查询(在查询表达式基础上增加多个“should”关系的单词查询)相同，但速度要优于等价的布尔查询。

TermsFilter 类在 Lucene 的\contrib\queries 子目录下的 lucene-queries-3.5.0.jar 中，使用时要导入这个包。

TermsFilter 类仅有一个构造方法，创建一个空的多语词过滤器：

```
public TermsFilter()
```

TermsFilter 类的常用方法是向多语词过滤器中添加需要过滤的语词：

```
public void addTerm(Term term)
```

该方法向多语词过滤器中添加用户将要接受的语词，可以多次使用这一方法，以便向过滤器中增加多个符合要求的语词。添加的语词可以位于不同字段，因而 TermsFilter 类能够实现多个字段中的语词过滤。添加的多个语词之间的关系是“或”的关系。

以下代码将返回题名字段 title 中包含 digital library，同时题名字段中包含 model 一词，或者作者为 achim 的文档：

```
Directory d=FSDirectory.open(new File(".\\index"));//索引地址
IndexSearcher searcher  =  new  IndexSearcher(IndexReader.open(d));//建立索引搜索器对象
PhraseQuery query = new PhraseQuery();
query.add(new Term("title","digital"));
query.add(new Term("title","library"));
TermsFilter tf=new TermsFilter();//创建多语词过滤器
tf.addTerm(new Term("title","model"));//添加可以接受的语词
tf.addTerm(new Term("author","achim"));//添加可以接受的语词
TopDocs hits  =   searcher.search(query,tf,10); //进行检索，最多返回前 10 个结果
System.out.println("找到："+hits.totalHits +"个结果！");
for(ScoreDoc scoreDoc:hits.scoreDocs){//显示命中结果
    Document doc=searcher.doc(scoreDoc.doc);
    System.out.println(doc.get("title"));
    System.out.println(doc.get("author"));
}
searcher.close();//释放资源
d.close();
```

(2) 字段缓存多语词过滤器。

FieldCacheRangeFilter<T>类是字段缓存多语词过滤器，是 Filter 类的直接子类，其功能与 TermsFilter 相同，在使用和内部实现机制上有两点不同：第一，字段缓存多语词过滤器只能对同一个字段进行过滤，而不像多语词过滤器那样可以同时过滤多个字段的索引词；第二，字段缓存多语词过滤器在第一次使用时为字段建立内部缓存，将字段的内容存储在内存中，并在以后使用该过滤器时，重用缓存中的内容，从而提高了检索的速度，而多语词过滤器不支持缓存。字段缓存多语词过滤器的构造方法：

```
public FieldCacheTermsFilter(String field,String... terms)
```

其中，参数 field 为要过滤的字段名称，字段缓存多语词过滤器允许使用多个语词对同一个字段进行过滤，这些过滤用的语词存放在参数 terms 指定的数组内。

以下代码将返回题名字段 title 中包含 digital library，同时出版日期为 2007 和 2011 的文档：

```
Directory d=FSDirectory.open(new File(".\\index"));//索引地址
IndexSearcher searcher = new  IndexSearcher(IndexReader.open(d));//建立索引搜索器对象
Analyzer analyzer=new   StandardAnalyzer(Version.LUCENE_35); //分析器//15 行
QueryParser qp= new QueryParser(Version.LUCENE_35,"title", analyzer);//创建查询解析器
Query query=qp.parse("\"digital library\""); //解析查询表达式，建立查询对象
String[] terms={"2007","2011"};//建立过滤条件数组
FieldCacheTermsFilter fctf=new FieldCacheTermsFilter("pubdate",terms); //创建字段缓存多
```

```
  语词过滤器
TopDocs hits  =  searcher.search(query,fctf,10); //进行检索,最多返回前10个结果
System.out.println("找到: "+hits.totalHits +"个结果!");
for(ScoreDoc scoreDoc:hits.scoreDocs){//显示命中结果
    Document doc=searcher.doc(scoreDoc.doc);
    System.out.println(doc.get("title"));
    System.out.println(doc.get("pubdate"));
}
searcher.close();//释放资源
analyzer.close();
d.close();
```

(3) 语词范围过滤器。

TermRangeFilter 类是语词范围过滤器，为 Filter 类的间接子类，它可以过滤特定字段中的一定范围内的索引词。TermRangeFilter 类的一个常用构造方法是：

```
public TermRangeFilter(String fieldName,
                       String lowerTerm,
                       String upperTerm,
                       boolean includeLower,
                       boolean includeUpper)
```

其中，fiel 为要过滤的字段名称。lowerTerm 为下界单词。upperTerm 为上界单词。includeLower 为过滤结果文档中是否包括下界单词，true 表示过滤结果文档包含下界单词，false 表示过滤结果文档不包含下界单词。includeUpper 为过滤结果文档中是否包括上界单词，true 表示过滤结果文档包含上界单词，false 表示检索结果文档不包含上界单词。下界单词和上界单词均可以为 null，null 表示无边界。

以下代码对布尔检索进行限定，返回题名中包含 digital library 且出版时期在 2007 年以后(不含 2007 年)的文档。

```
Directory d=FSDirectory.open(new File(".\\index"));//索引地址
IndexSearcher searcher=new IndexSearcher(IndexReader.open(d));//建立索引搜索器对象
BooleanQuery booleanQuery = new BooleanQuery();//布尔检索对象
Term t1=new Term("title","digital");//创建查询词对象
Term t2=new Term("title","library");//创建查询词对象
booleanQuery.add(new TermQuery(t1), Occur.MUST);//创建布尔查询
booleanQuery.add(new TermQuery(t2), Occur.MUST);//创建布尔查询
TermRangeFilter trf=new TermRangeFilter("pubdate","2007",null,false,true);//创建过滤器
TopDocs hits=searcher.search(booleanQuery,trf,10); //进行检索,最多返回前10个结果
System.out.println("找到: "+hits.totalHits +"个结果!");
for(ScoreDoc scoreDoc:hits.scoreDocs){//显示命中结果
    Document doc=searcher.doc(scoreDoc.doc);
    System.out.println(doc.get("title"));
```

```
        System.out.println(doc.get("pubdate"));
    }
    searcher.close();//释放资源
    d.close();
```

(4) 字段缓存范围过滤器。

FieldCacheRangeFilter〈T〉类是字段缓存范围过滤器，是 Filter 类的直接子类，其功能与 TermRangeFilter 相同，但会在第一次使用时为字段建立内部缓存，这一点与字段缓存多语词过滤器相同，可以提高检索的效率。

FieldCacheRangeFilter 类本身是抽象类，提供了创建实例的静态方法：

```
public static FieldCacheRangeFilter<String> newStringRange(String field,
                                                            String lowerTerm,
                                                            String upperTerm,
                                                            boolean includeLower,
                                                            boolean includeUpper)
```

创建一个字符串类型的字段缓存范围过滤器。其中，field 为要过滤的字段名称；lowerTerm 为下界单词；upperTerm 为上界单词；includeLower 为过滤结果文档中是否包括下界单词，true 表示过滤结果文档包含下界单词，false 表示过滤结果文档不包含下界单词；includeUpper 为过滤结果文档中是否包括上界单词，true 表示过滤结果文档包含上界单词，false 表示检索结果文档不包含上界单词。下界单词和上界单词均可以为 null，null 表示无边界。

例如，可以将"(3)语词范围过滤器"中的示例代码中的过滤器和检索部分做如下修改，将返回与该示例相同的结果(注释掉的部分是原来的代码)：

```
//TermRangeFilter trf=new TermRangeFilter("pubdate","2007",null,false,true);//创建过滤器
FieldCacheRangeFilter<String> fcrf;//声明字段缓存范围过滤器
fcrf=FieldCacheRangeFilter.newStringRange("pubdate", "2007",null,false,true);//建立过滤
   器对象
TopDocs hits = searcher.search(booleanQuery,fcrf,10); //进行检索，最多返回前 10 个结果
//TopDocs hits = searcher.search(booleanQuery,trf,10);
```

(5) 前缀过滤器。

前缀过滤器 PrefixFilter 是 Filter 类的间接子类，功能与前缀查询相类似，可以对特定字段中具有指定前缀的语词进行过滤，前缀过滤器只有一个构造方法，其参数是表示前缀的查询词对象：

```
public PrefixFilter(Term prefix)
```

以下代码检索题名中出现 digital library 或 digital libraries，并且作者姓名中有以 le 开头的文档。

```
Directory d=FSDirectory.open(new File(".\\index"));//索引地址
IndexSearcher searcher = new IndexSearcher(IndexReader.open(d));//建立索引搜索器对象
```

```
MultiPhraseQuery query = new MultiPhraseQuery();//建立多短语查询对象
query.add(new Term("title","digital"));  //添加一个查询词对象
Term term1=new Term("title","library");//建立查询词对象
Term term2=new Term("title","libraries");//建立查询词对象
query.add(new Term[] {term1, term2}); //创建查询对象
PrefixFilter pf=new PrefixFilter(new Term("author","le"));//创建前缀过滤器
TopDocs hits  =  searcher.search(query,pf,10); //进行检索,最多返回前10个结果
System.out.println("找到: "+hits.totalHits +"个结果!");
for(ScoreDoc scoreDoc:hits.scoreDocs){//显示命中结果
    Document doc=searcher.doc(scoreDoc.doc);
    System.out.println(doc.get("title"));
    System.out.println(doc.get("author"));
}
searcher.close();//释放资源
d.close();
```

(6) 布尔过滤器。

布尔过滤器BooleanFilter是Filter类的直接子类,可以用布尔逻辑将多个过滤器(子过滤器)组合成一个新的过滤器,与布尔查询一样,布尔过滤器支持子过滤器之间的SHOULD、MUST及MUST_NOT组合。

BooleanFilter类只有一个构造方法是public BooleanFilter(),该构造方法创建一个空的布尔查询。其最主要的方法是:

```
public final void add(Filter filter, BooleanClause.Occur occur)
```

该方法向布尔过滤器添加一个子过滤器filter,参数occur的取值与布尔查询中的add()取值相同,用于指明多个子过滤器之间的关系。

以下代码检索2007年至2009年之间出版的、包含有以a开头和以j开头的作者姓名的文档。

```
Directory d=FSDirectory.open(new File(".\\index"));//索引地址
IndexSearcher searcher  =  new  IndexSearcher(IndexReader.open(d));//建立索引搜索器对象
Query query =new TermRangeQuery("pubdate", "2007","2012", true,true);//创建范围查询
PrefixFilter pf1=new PrefixFilter(new Term("author","a"));//创建前缀过滤器
PrefixFilter pf2=new PrefixFilter(new Term("author","k"));//创建前缀过滤器
BooleanFilter bf=new BooleanFilter();//创建布尔过滤器
bf.add(pf1, Occur.MUST);//将过滤器pf1添加到布尔过滤器
bf.add(pf2, Occur.MUST);//将过滤器pf2添加到布尔过滤器
TopDocs hits  =  searcher.search(query,bf,10); //进行检索,最多返回前10个结果
System.out.println("找到: "+hits.totalHits +"个结果!");
for(ScoreDoc scoreDoc:hits.scoreDocs){//显示命中结果
    Document doc=searcher.doc(scoreDoc.doc);
    System.out.println(doc.get("title"));
```

```
        System.out.println(doc.get("author"));
        System.out.println(doc.get("pubdate"));
    }
    searcher.close();//释放资源
    d.close();
```

(7) 建立过滤器缓存。

前面谈过,通过建立过滤器缓存可以提高信息检索的效率,但不是所有的过滤器都建立缓存,为此,Lucene 提供了缓存封装过滤器 CachingWrapperFilter,它用来缓存字段,以便在再次使用时提高效率。CachingWrapperFilter 类是 Filter 类的直接子类,有两个构造方法:

① public CachingWrapperFilter (Filter filter, CachingWrapperFilter. DeletesMode deletesMode)。

创建一个缓存封装过滤器的实例,它封装了过滤器 filter,并建立相应的缓存,以提高效率。参数 deletesMode 指定了缓存的使用方式,取值来自枚举类型 CachingWrapperFilter. DeletesMode,具体的值为:

CachingWrapperFilter. DeletesMode. IGNORE:缺省值,表示重用缓存;

CachingWrapperFilter. DeletesMode. RECACHE:缓存内容发生变化时重构缓存;

CachingWrapperFilter. DeletesMode. DYNAMIC:动态使用缓存。

② public CachingWrapperFilter(Filter filter)。

创建一个缓存封装过滤器的实例,它封装了过滤器 filter,并按缺省方式使用缓存。

例如,对于"(6)布尔过滤器"中的示例,可以用缓存封装过滤器对布尔过滤器进行封装,返回结果虽然相同,但在重用过滤器时会提高效率,修改的代码如下:

```
CachingWrapperFilter cwf=new CachingWrapperFilter(bf); //增加的代码
TopDocs hits = searcher.search(query,cwf,10); //修改的代码。进行检索,最多返回前 10 个结果
//TopDocs hits = searcher.search(query,bf,10); //原来的代码
```

9.5 数值索引与检索

前面谈到的索引与检索,都是针对文本进行的。然而,在信息检索的应用中,文本仅仅是信息检索系统的一种处理对象,还有大量的应用需要处理数值型数据,即系统索引和检索的对象都是数值型数据,例如,物质物理性能数据、环境监测数据、自然资源数据、社会统计数据等等。虽然可以将数值数据转换成字符串进行索引和检索,但是,由于数值与字符串的排序和比较方式有很大不同,这就必然增加了程序处理的难度和代码量。为了解决这一问题,Lucene 从 2.9 版开始,引入了对数值处理的支持,可以对数值数据建立索引并实施检索。

9.5.1 创建数值索引

在对数值进行索引的过程中,Lucene 不是把数字简单地用作字符串进行索引,而是对数值进行字节转换,将转换后的字节存储在 Trie 树结构中。Trie 树又称前缀树,特点是利用索引项的公共前缀来节约存储空间。在建立数值索引时,经字节转换后的数值并不直接

保存在 Trie 树的一个节点中，而是被分割成若干个段(每个段是一个索引项)分别存储不同的节点，一个节点的所有子孙都有相同的前缀，将根节点到某一子孙节点路径上经过的节点值拼接起来，就是该子孙在该节点对应的数值。

Lucene 中用精度步长(precision step)通过一定的算法来控制建立索引过程中对数值的分段数量(即索引项的个数)。精度步长越小，表示着分割的精度越大，索引项的数量就越多，索引的规模就会变大，但更有利于检索。

在大多数情况下，对于 64 位的数据类型(长整型和双精度浮点数)，精度步长的理想值是 6 或 8，而对于 64 位的数据类型(整型和单精度浮点数)，精度步长的理想值是 4。

Lucene 中处理数值数据的类是 NumericField 类，表示数值字段，是 Fieldable 接口的一种具体实现。该类与 Field 类相类似，也是一个文档对象的组成部分，处理的内容可以是 Java 的各种数值类型的数据，例如 int，long，float 和 double 等数据类型。另外，时间和日期类型的数据在 Java 中也是通过长整型数来表示的，因此也可以转换来加以处理。

利用 NumericField 类，将数值封装起来，添加到文档对象，从而实现数值数据的索引。

NumericField 类的构造方法一共有 4 个：

1. public NumericField(String name)

创建一个数值字段，字段名由参数 name 指定，只对字段的值做索引，但不存储，索引的精度步长为 4。

2. public NumericField(String name, Field.Store store, boolean index)

创建一个数值字段，参数 store 指定了是否在索引中存储该字段，取值与 Field 类的同名参数相同。参数 index 表示该字段是否被索引，true 表示做索引，false 表示不做索引。索引的精度步长为 4。

3. public NumericField(String name,int precisionStep)

创建一个数值字段，字段名由参数 name 指定，只对字段的值做索引，但不存储。索引的精度步长由参数 precisionStep 指定。

4. public NumericField(String name, int precisionStep, Field.Store store, boolean index)

创建一个数值字段，字段名由参数 name 指定，索引的精度步长由参数 precisionStep 指定，是否存储由参数 store 指定，是否对字段做索引由参数 index 指定。

注意，上述构造方法仅仅创建空的数值字段，还没有包括具体的数值，在对其索引之前，必须使用该类的相应方法，为数值字段进行赋值。表 9-7 所示 NumericField 类的主要方法。

表 9-7　NumericField 类的主要方法

修饰符与返回值	方法	说明
public NumericField	setIntValue(int value)	将字段的值赋值为整型数 value
public NumericField	setLongValue(long value)	将字段的值赋值为长整型数 value
public NumericField	setFloatValue(float value)	将字段的值赋值为单精度浮点数 value
public NumericField	setDoubleValue(double value)	将字段的值赋值为双精度浮点数 value
public Number	getNumericValue()	返回当前字段的值，若当前字段未赋值，则返回 null
public String	stringValue()	以字符串形式返回当前字段的值
public int	getPrecisionStep()	返回字段的精度步长

【例 9.11】创建数值索引。

```
import java.io.*;
import java.util.*;
import org.apache.lucene.analysis.Analyzer;
import org.apache.lucene.analysis.standard.StandardAnalyzer;
import org.apache.lucene.document.*;//5 行
import org.apache.lucene.index.*;
import org.apache.lucene.store.*;
import org.apache.lucene.util.Version;
public class NumericIndex {
    public static void main(String[] args) throws IOException {//10 行
        Directory d=FSDirectory.open(new File(".\\index"));//索引地址
        Analyzer analyzer=new StandardAnalyzer(Version.LUCENE_35);//指定分析器
        IndexWriterConfig conf=new IndexWriterConfig(Version.LUCENE_35, analyzer);//
        创建索引配置对象
        conf.setOpenMode(IndexWriterConfig.OpenMode.CREATE);//以追加方式创建索引
        IndexWriter indexWriter=new IndexWriter(d, conf);//创建索引编写器//15 行
        Calendar calendar = Calendar.getInstance();//创建日历对象
        calendar.set(1900,0,1); //设置日期上限
        long start=calendar.getTimeInMillis();
        calendar.set(2012,0,1); //设置日期下限
        long end=calendar.getTimeInMillis();//20 行
        Random rd=new Random();//创建随机数对象
        for(int i=1; i<=5000; i++) { //产生 5000 个文档
            Double v=rd.nextDouble();//产生随机数
            Document doc = new Document();//创建文档对象
            NumericField nf=new NumericField("content", Field.Store.YES, true);//创建
            数值字段//25 行
            doc.add(nf.setDoubleValue(v));//将随机数字段添加到字段,再添加到文档
            long date=start+(long)(v*(end-start));//产生随机日期
            doc.add(new NumericField("date", Field.Store.YES, true).setLongValue
            (date));//添加日期
            indexWriter.addDocument(doc);//将文档添加到索引编写器
        }//30 行
        indexWriter.close();////关闭索引编写器
        System.out.println("索引创建完毕");
    }
}
```

本例模拟了数值型文档的索引,每个文档包括两个字段,内容字段 content 存放了双精度浮点数类型的随机数,date 字段存放了模拟的日期,该日期在 1900 年 1 月 1 日至 2012 年 1 月 1 日之间(见程序第 16 行至 20 行)。本例共模拟了 5000 个文档的索引(见程序第 22

行)。程序第25行至程序第26行将产生的随机数添加到内容content字段,再将数值字段添加到文档对象。程序第27行生成随机日期,并在程序第28行将日期以长整数存储到date字段中,同时添加到文档对象中,程序第28行与第25行至26行两行程序的功能等价。

对于日期和时间数值的处理。可以有两种方式:一种是将代表日期的长整型数直接存储到字段中,本例程采用了这种方式,此时,字段中存储的是精确到毫秒的时间表示;另一种方式是,如果不需要精确到毫秒的时间,可以利用处理时间的类如Calendar等,对时间做进一步处理,取其中的年或月等进行存储和索引。

9.5.2　数值检索

在数值索引的基础上,可以使用数值范围查询类NumericRangeQuery对建立的索引进行查询。同时,可以使用数值范围过滤器NumericRangeFilter和FieldCacheRangeFilter对检索结果过滤。

1. 数值范围查询

数值检索的过程与语词检索的过程一样,都是先建立一个查询,再查询作为参数传递给IndexSearcher对象的search()或searchAfter()方法。

用于构建数值查询的类是数值范围查询类NumericRangeQuery〈T extends Number〉,它可以查询特定范围内的数值,是Query类的间接子类,适用范围是用数值字段建立的索引。其效率要比将数值转换为字符串,用语词范围查询进行检索的效率高得多。

NumericRangeQuery类将构造方法定义为私有的,因此不能用new关键字创建实例,但它提供了多种获取实例的静态方法,如表9-8所示。

表9-8　NumericRangeQuery类获得实例的方法

修饰符与返回值	方法	说明
public static NumericRangeQuery〈Integer〉	newIntRange(String field, Integer min, Integer max, boolean minInc, boolean maxInc)	返回整型数值范围查询的实例,field为要查询的字段名称;min为下界数值;max为上界数值;minInc为返回结果中是否包含下界数值,true为包含;maxInc为返回结果中是否包含上界数值,true为包含
public static NumericRangeQuery〈Integer〉	newIntRange(String field, int precisionStep, Integer min, Integer max, boolean minInc, boolean maxInc)	返回整型数值范围查询的实例,precisionStep为精度步长,缺省值为4,精度步长的值必须与建立索引时的精度步长相一致

续表

修饰符与返回值	方法	说明
public static NumericRangeQuery 〈Long〉	newLongRange(String field, Long min, Long max, boolean minInc, boolean maxInc)	返回长整型数值范围查询的实例，参数含义同前
public static NumericRangeQuery 〈Long〉	newLongRange(String field, int precisionStep, Long min, Long max, boolean minInc, boolean maxInc)	返回长整型数值范围查询的实例，参数含义同前
public static NumericRangeQuery 〈Float〉	newFloatRange(String field, Float min, Float max, boolean minInc, boolean maxInc)	返回单精度浮点数数值范围查询的实例，参数含义同前
public static NumericRangeQuery 〈Float〉	newFloatRange(String field, int precisionStep, Float min, Float max, boolean minInc, boolean maxInc)	返回单精度浮点数数值范围查询的实例，参数含义同前
public static NumericRangeQuery 〈Double〉	newDoubleRange(String field, Double min, Double max, boolean minInc, boolean maxInc)	返回双精度浮点数数值范围查询的实例，参数含义同前
public static NumericRangeQuery 〈 Double 〉	newDoubleRange(String field, int precisionStep, Double min, Double max, boolean minInc, boolean maxInc)	返回双精度浮点数数值范围查询的实例，参数含义同前

【例 9.12】数值检索。

```
import java.io.*;//1 行
import java.util.Calendar;
import org.apache.lucene.document.*;
import org.apache.lucene.index.IndexReader;
```

```
import org.apache.lucene.search.*;//5 行
import org.apache.lucene.store.*;
public class NumericRangeQueryDemo {
    public static void main(String[] args) throws IOException {
        Directory d=FSDirectory.open(new File(".\\index"));//索引地址
        IndexSearcher searcher=new IndexSearcher(IndexReader.open(d));//建立索引搜索器
        对象 //10 行
        Calendar calendar = Calendar.getInstance();
        calendar.set(2002,0,1); //设置查询的起始时间
        long from=calendar.getTimeInMillis();//将起始时间转换为长整数
        calendar.set(2012,0,1); //设置查询的结束时间
        long to=calendar.getTimeInMillis();//将结束时间转换为长整数    //15 行
        Query query =NumericRangeQuery.newLongRange("date", from,to, true,true);//按
        时间查询
        SortField sf=new SortField("date", SortField.LONG,true);//按日期字段逆序排序
        Sort sort=new Sort(sf); //建立排序对象
        TopDocs hits=searcher.search(query,null,10,sort); //检索并排序,最多返回前 10 个
        结果
        System.out.println("找到: "+hits.totalHits +"个结果! ");//20 行
        for(ScoreDoc scoreDoc:hits.scoreDocs){//显示命中结果
            Document doc=searcher.doc(scoreDoc.doc);
            Fieldable f=doc.getFieldable("content");//返回 Fieldable 类型的文档字段
            NumericField nf=(NumericField)f; //将 Fieldable 类型的字段转换为数值字段
            double content = nf.getNumericValue().doubleValue();//获得字段的数值 //25 行
            System.out.println("文档的内容: "+content);//显示文档的内容
            f=doc.getFieldable("date");//返回 Fieldable 类型的文档字段
            nf=(NumericField)f; //将 Fieldable 类型的字段转换为数值字段
            Long date=(Long) nf.getNumericValue();//获得字段的数值
            calendar = Calendar.getInstance();//日期转换//30 行
                calendar.setTimeInMillis(date);
                int y=calendar.get(Calendar.YEAR);
                int m=calendar.get(Calendar.MONTH);
                int day=calendar.get(Calendar.DAY_OF_MONTH);
            System.out.println("文档的时间: "+y+"-"+(m+1)+"-"+day); //显示文档的
            日期  //35 行
            System.out.println("-------------");
        }
        searcher.close();//释放资源
        d.close();
    }//40 行
}
```

本例使用例 9.11 建立的索引进行检索，从索引中找出时间范围在 2002 年 1 月 1 日至 2012 年 1 月 1 日之间的文档，结果输出时按日期的降序排序。如前所述，索引中的日期以表示时间的整型数存储，在检索时不可能要求用户输入这样的数值。只能让用户以通常习惯的日期形式提交检索表达式。因而，需要将用户输入的时间表示转换为系统存储的整型数。程序第 11 行至 15 行实现了这种转换，将用户提交的两个时间段转换为系统可以接受的长整数，进而在程序第 16 行构建了数值范围查询。程序第 17 行和第 18 行创建了排序条件，以便在程序第 19 行中的检索中实现检索结果的排序。

在语词检索的例程中，基本上使用了文档对象的 get()方法取得字段的内容，在数值检索中，也可以用该方法来显示结果。需要注意的是，get()方法以字符串的形式返回字段的内容。实际应用中存在着应以数值形式返回字段内容的要求，例如，需要使用字段返回的数据进行计算，或者要对返回的数据进行变换，再加以显示等。这种情况下，就不能使用 get()方法了，而应该使用文档对象的 getFieldable()方法获取文档的特定字段，将得到的字段转换成数值字段，再使用数值字段提供的获取数值的方法返回字段中的数值。程序第 23 行至 34 行演示了这种实现方式。

在建立索引过程中，由于使用了随机数来模拟文档的内容，因此，例 9.11 运行的时间不同，产生的文档可能是不同的，索引也自然会有所不同。对于例 9.11 某次运行的结果，本例的输出如下：

```
找到：455 个结果！前 10 个结果是：
文档的内容：0.9996015545000083
文档的时间：2011-12-16
------------
文档的内容：0.9993988285851548
文档的时间：2011-12-8
------------
文档的内容：0.9993575924466218
文档的时间：2011-12-6
------------
文档的内容：0.999220155221208
文档的时间：2011-11-30
------------
文档的内容：0.9991969615339218
文档的时间：2011-11-29
------------
文档的内容：0.9991861912647452
文档的时间：2011-11-29
------------
```

```
文档的内容：0.9990496992780483
文档的时间：2011-11-23
-------------
文档的内容：0.9985382799832769
文档的时间：2011-11-2
-------------
文档的内容：0.9985040226158509
文档的时间：2011-11-1
-------------
文档的内容：0.9983313313394812
文档的时间：2011-10-25
-------------
```

2. 检索结果过滤

与语词检索一样，数值检索结果也可以通过过滤器进行过滤，承担这项功能有两个类，一个是 NumericRangeFilter〈T extends Number〉类，另一个是 FieldCacheRangeFilter〈T〉类。两者的差别在于，NumericRangeFilter 类仅用于数值检索，而 FieldCacheRangeFilter 类既可以用于语词检索(见 9.4.3 中的字段缓存范围过滤器)，也可以用于数值检索。如前所述，FieldCacheRangeFilter 类的特点是能建立缓存，从而提高检索的效率。

NumericRangeFilter 类将构造方法定义为私有的，不能从外部调用，FieldCacheRangeFilter 类则是抽象类，两者都不能用关键字 new 创建实例，都是通过各自提供的相关方法来返回具体实现，而且其中有部分方法在外观上相同，表 9-9 综合给出了这两个类返回实例的方法，其中这两个类外观相同的方法在"修饰符与返回值"一栏标出了两种类型的返回值。

表 9-9　NumericRangeFilter 类和 FieldCacheRangeFilter 类返回实例的方法

修饰符与返回值	方法	说明
public static NumericRangeFilter〈Integer〉 public static FieldCacheRangeFilter〈Integer〉	newIntRange(String field, Integer min, Integer max, boolean minInc, boolean maxInc)	返回整型数过滤器的实例，field 为要过滤的字段名称；min 为下界数值；max 为上界数值；minInc 为过滤结果中是否包含下界数值，true 为包含；maxInc 为过滤结果中是否包含上界数值，true 为包含
public static NumericRangeFilter〈Integer〉	newIntRange(String field, int precisionStep, Integer min, Integer max, boolean minInc, boolean maxInc)	返回整型数值范围过滤器的实例，precisionStep 为精度步长，缺省值为 4，精度步长的值必须与建立索引时的精度步长相一致

续表

修饰符与返回值	方法	说明
public static NumericRangeFilter〈Long〉 public static FieldCacheRangeFilter〈Long〉	newLongRange(String field, Long min, Long max, boolean minInc, boolean maxInc)	返回长整型数值范围过滤器的实例,参数含义同前
public static NumericRangeFilter〈Long〉	newLongRange(String field, int precisionStep, Long min, Long max, boolean minInc, boolean maxInc)	返回长整型数值范围过滤器的实例,参数含义同前
public static NumericRangeFilter〈Float〉 public static FieldCacheRangeFilter〈Float〉	newFloatRange(String field, Float min, Float max, boolean minInc, boolean maxInc)	返回单精度浮点数数值范围过滤器的实例,参数含义同前
public static NumericRangeFilter〈Float〉	newFloatRange(String field, int precisionStep, Float min, Float max, boolean minInc, boolean maxInc)	返回单精度浮点数数值范围过滤器的实例,参数含义同前
public static NumericRangeFilter〈Double〉 public static FieldCacheRangeFilter〈Double〉	newDoubleRange(String field, Double min, Double max, boolean minInc, boolean maxInc)	返回双精度浮点数数值范围查询的实例,参数含义同前
public static NumericRangeFilter〈 Double 〉	newDoubleRange(String field, int precisionStep, Double min, Double max, boolean minInc, boolean maxInc)	返回双精度浮点数数值范围过滤器的实例,参数含义同前

以下两段代码,均在例 9.12 的基础上增加过滤功能,只检索出时间范围在 2002 年 1 月 1 日至 2012 年 1 月 1 日之间且内容字段的值在大于等于 0.9985 并小于等于 0.9993 的文档。

第一段代码,使用 NumericRangeFilter 类进行过滤:

```
Sort sort=new Sort(sf); //建立排序对象,原有的语句
```

```
NumericRangeFilter<Double> nrf;//增加的语句
nrf=NumericRangeFilter.newDoubleRange("content", 0.9985, 0.9993, true, true);//增加的语句
//TopDocs hits=searcher.search(query,null,10,sort); //原来的语句
TopDocs hits=searcher.search(query,nrf,10,sort); //检索并排序,最多返回前10个结果,修改
    的语句
System.out.println("找到:"+hits.totalHits +"个结果!"); //原有的语句
```

第二段代码,使用 FieldCacheRangeFilter 类进行过滤:

```
Sort sort=new Sort(sf); //建立排序对象,原有的语句
FieldCacheRangeFilter<Double> fcrf;//声明字段缓存范围过滤器//增加的语句
fcrf=FieldCacheRangeFilter.newDoubleRange("content", 0.9985, 0.9993,false,true);//增加的语句
//TopDocs hits=searcher.search(query,null,10,sort); //原来的语句
TopDocs hits=searcher.search(query,fcrf,10,sort); //检索并排序,最多返回前10个结果,修改
    的语句
System.out.println("找到:"+hits.totalHits +"个结果!"); //原有的语句
```

按上述形式对例 9.12 修改之后,程序将增加过滤功能。这两种修改的输出是相同的,如下所示,请注意比较与例 9.12 输出的不同:

```
找到:6个结果!
文档的内容:0.999220155221208
文档的时间:2011-11-30
-------------
文档的内容:0.9991969615339218
文档的时间:2011-11-29
-------------
文档的内容:0.9991861912647452
文档的时间:2011-11-29
-------------
文档的内容:0.9990496992780483
文档的时间:2011-11-23
-------------
文档的内容:0.9985382799832769
文档的时间:2011-11-2
-------------
文档的内容:0.9985040226158509
文档的时间:2011-11-1
-------------
```

主要参考文献

1. 明日科技. Java 从入门到精通(第 3 版). 北京:清华大学出版社,2012.
2. 李钟尉,周小彤,陈丹丹,等. Java 从入门到精通(第 2 版). 北京:清华大学出版社,2010.
3. Herbert Schildt. Java 完全参考手册(第 8 版). 王德才,吴明飞,唐业军,译. 北京:清华大学出版社,2012.
4. John Lewis, William Loftus. Java 程序设计教程(第 7 版). 罗省贤,李军,等译. 北京:电子工业出版社,2012.
5. 叶乃文,王丹. Java 语言程序设计教程. 北京:机械工业出版社, 2010.
6. 李发致. Java 面向对象程序设计教程(第二版). 北京:清华大学出版社,2009.
7. Michael McCandless,Erik Hatcher ,Otis Gospodnetic. Lucene 实战(第 2 版). 牛长流,肖宇,译. 北京:人民邮电出版社,2011.